U0263864

本丛书名由中国科学院院士母国光先生题写

光学与光子学丛书

光学与光子学丛书

飞秒激光加工技术
——基础与应用

邱建荣　编著

科 学 出 版 社

北　京

内 容 简 介

本书是一本介绍飞秒激光加工原理、技术和应用的著作。全书分20章。第1章和第2章是飞秒激光脉冲产生和放大的原理以及飞秒激光与物质相互作用的基本原理；第3～6章是飞秒激光加工系统、干涉技术、脉冲整形技术；第7章是表面加工技术；第8章是双光子聚合技术；第9～19章是内部加工技术；第20章是溶液中制备纳米颗粒技术。

本书可作为飞秒激光加工领域研究的教师和科研人员的参考书，也可作为相关专业的研究生和高年级本科生教材。

图书在版编目(CIP)数据

飞秒激光加工技术：基础与应用/邱建荣编著. —北京：科学出版社，2018.6
(光学与光子学丛书)
ISBN 978-7-03-057863-1
Ⅰ.①飞… Ⅱ. ①邱… Ⅲ.①激光加工–研究 Ⅳ.①TG665
中国版本图书馆CIP数据核字(2018) 第129493号

责任编辑：刘凤娟／责任校对：杨 然
责任印制：吴兆东／封面设计：耕 者

科学出版社出版
北京东黄城根北街16号
邮政编码：100717
http://www.sciencep.com
北京虎彩文化传播有限公司 印刷
科学出版社发行 各地新华书店经销
*
2018年6月第 一 版 开本：720 × 1000 1/16
2022年6月第四次印刷 印张：25 1/8 插页：6
字数：500 000
定价：179.00元
(如有印装质量问题，我社负责调换)

前　　言

人类的历史可以说是人类感知光、理解光、创造光、利用光的一部恢宏的历史画卷。激光是人类发明的一种特殊的光的形态，它具有高方向性、高亮度、高相干性、高单色性等特点，广泛应用于信息、能源、环境、医疗、国家安全等各个领域，被称为 20 世纪改变了人类生活方式和历史进程的最伟大的四项发明之一。迄今为止，从激光的基础理论到激光的前沿应用诞生了众多诺贝尔奖。而飞秒激光是激光的一种极端形态，它具有超短脉冲、超高峰值功率、超高电场强度等特点，自 20 世纪 80 年代横空出世以来，对各个领域的发展起到了极大的推动作用，诞生了新的学科分支。已有 Zewail, Hänsch 以及 Hall 等科学家因为利用飞秒激光的时间分辨光谱技术以及光学频率梳技术而获得了诺贝尔奖。

我在 1995 年初加入由日本京都大学平尾一之教授领衔的日本科技厅创造科学推进事业（ERATO）的研究团队，开始接触当时系统庞大的一台价格近 1 亿日元的飞秒激光器，为飞秒激光照射材料时所产生的各种神奇现象所吸引，于是盲打莽撞地开始飞秒激光与材料相互作用这个对我来说陌生但引人入胜的领域的研究。在平尾教授团队近 10 年的时间里，我和团队成员一起发现了众多的神奇现象，如飞秒激光诱导的偏振依赖的纳米光栅和沿激光传播方向的周期性纳米点串结构，开拓了飞秒激光直写光波导、超高密度光存储和三维打孔等新技术，这是我人生中最富有探索精神和创造激情的美好岁月。

2005 年回国后，我建立了光子材料与器件实验室。作为课题负责人，参加了由徐至展院士领衔的科技部 973 项目“超强超短激光科学中的若干重要前沿问题”，又和华东师范大学的贾天卿和张诗按老师合作主持承担了国家自然科学基金委的重点项目“飞秒激光诱导透明介质功能微结构的机理与应用”，继续开展飞秒激光诱导物质的超快动力学和微纳结构的系统研究，并取得了一定成绩，曾于 2005 年和 2015 年先后荣获德国 Abbe 基金颁发的国际 Otto-Schott 研究奖和美国陶瓷协会颁发的 G. W. Morey 奖，这是国际学术界对我们团队工作所取得的成绩的一种承认。我一直想把这 20 年来在这方面的工作做一个总结。

本书的写作除飞秒激光的结构以及原理、飞秒激光与物质相互作用原理外，主要整理归纳了我们团队在飞秒激光与物质相互作用方面的工作，也参考融入了相关领域国内外团队的重要的代表性工作。近年来国内不少团队如吉林大学、北京理工大学、北京大学、山东大学、南开大学、天津大学、西安交通大学、中国科技大学、华中科技大学、中山大学、江苏大学、华南理工大学、上海大学、昆明理工大学、中国科学院上海光学精密机械研究所、中国科学院西安光学精密机械研究所等团队在飞秒激光精细加工领域做出了系列创新性成果，引起了国际学术界的普遍关注，超短脉冲贝塞尔光束已用于手机面板玻璃等的切割。相关成果在本书中有一定体现。

在本书的写作中，贾天卿教授执笔了第 7 章，赵全忠研究员执笔了第 4 章和第 11 章，张诗按教授执笔了第 6 章，戴晔副教授执笔了第 12 章和第 13 章，宋娟副教授执笔了第 14 章。本人负责其他章节的撰写和统稿。我的研究室的博士后张航和研究生谭德志、张芳腾、于永泽、陈秋群、叶羽婷、王玮琦等对资料整理、书稿的录入和修改等做出了贡献，在此表示衷心感谢。

最后真诚感谢引领我进入飞秒激光与物质相互作用这片神奇土地的平尾一之教授，衷心感谢给了我指导和帮助的徐至展院士、朱从善先生、P. Kazhnsky 教授、三浦清贵教授，和我一起并肩作战精诚协作的研究团队成员，以及给予我宽容、体谅和照顾的家人。

飞秒激光与物质相互作用的研究范围很广，内容非常丰富，而本书所涉及的内容有限，没有将近年发展非常迅速的包括切割和打孔等飞秒激光表面加工通用技术以及时空整形和调制技术包括在内，在选择内容时又带有编著者个人的偏好，所以本书有不少表达不到位或介绍不全面之处，敬请同行不吝施教，提出宝贵意见。

邱建荣

2018 年 5 月于浙江大学

目　录

第1章　飞秒激光脉冲的产生与放大

1.1　引　　言

激光 (laser)，是“受激辐射光放大”(light amplification by stimulated emission of radiation) 的简称。激光和原子能、半导体以及计算机被称为 20 世纪影响人类文明进程的四大发明。自 1960 年美国休斯公司的科学家 Maiman 利用红宝石研制出第一台激光器以来，激光技术的应用和发展取得了巨大成就。激光作为全新的光源，具有方向性好、单色性好、亮度高以及相干性好等优点，已经在科学技术发展、工农业生产、医疗卫生技术革新、国防军事建设等领域中获得了广泛的应用。在 20 世纪 60 年代，激光器首次实现锁模，获得了小于谐振腔一周所需时间的皮秒 (ps，10^{-12} s) 量级光学相干脉冲。自此之后，超短脉冲在超快物理与化学过程的研究、超高速通信方面的应用等领域发挥了不可替代的作用。

按照脉冲激光的产生方式，其发展历程可以分为以下四个阶段。

(1)20 世纪 60 年代中后期，各种锁模理论初步建立，各种锁模方式的初步实验探索，获得激光脉冲的脉宽在 10^{-10} ~10^{-9} s，属于超短脉冲激光的初始研究阶段。

(2)20 世纪 70 年代中后期，各种锁模技术和理论建立完善，如主动锁模、被动锁模、同步泵浦锁模等，并在物理和化学领域开展了皮秒级激光脉冲的应用探索。

(3)20 世纪 80 年代是超短脉冲激光发展的第三个阶段，主要特征是激光脉冲宽度已进入飞秒 (fs，10^{-15} s) 阶段，以碰撞锁模染料激光器为代表。1981 年，美国贝尔实验室的 Fork 等首次利用碰撞脉冲锁模技术，在环形染料激光器中获得脉宽为 90 fs 的超短激光脉冲[1]。就基本锁模原理而言，碰撞锁模染料激光器仍属于被动锁模范畴，在锁模方式和机理上没有取得根本意义上的突破。能实现锁模的激发概率最高只能达到 70%，这导致染料激光器稳定性较差，不易调整和控制。但是由于脉冲碰撞效应，激光脉冲能够运转在飞秒量级，从此拉开了一个十分活跃的新的研究领域——超快激光科学与技术的序幕。

(4)20 世纪 90 年代以后是超短激光脉冲发展的第四个阶段，超短脉冲激光技术真正进入飞秒时代。20 世纪 80 年代后期，随着一批以钛宝石为代表的优质激光晶体的制备及各种锁模技术的发明，固体激光器发展的第二次革命就此到来。基于固体介质的飞秒激光器利用克尔透镜锁模原理和色散补偿技术，可以方便地从振荡器中输出脉宽低于 10 fs 的激光脉冲。在自锁模过程中，激光器的连续振荡模式可以通过微小振动过渡到锁模状态，省略了饱和吸收器及附加脉冲锁模装置，这使得固体介质飞秒激光放大系统结构更为简化，性能更加优越。1991 年，英国圣安德鲁斯大学的 Spence 等首次向人们介绍了由自锁模钛宝石激光器产生 60 fs 激光脉冲的研究成果，引领飞秒激光的研究进入以固体激光器为潮流的时代[2]。1999 年，Morgner 等在腔外利用啁啾镜和低色散棱镜对进行色散调控，产生了带宽超过 400 nm、脉宽 5.4 fs 的超短周期量级脉冲[3]。2001 年，Ell 等在钛宝石激光器腔内利用 BK7 玻璃片产生自相位调制效应将光谱进一步展宽，并且利用 CaF_2 棱镜对和啁啾镜对进行腔内色散补偿，获得脉冲宽度为 5 fs 的超短脉冲，其光谱宽度达到一个倍频程[4]。2003 年，Schenkel 等使用氩气填充的中空光纤进行展宽光谱，利用相位补偿技术，将钛宝石飞秒激光器出射的 25 fs 激光脉冲压缩至 3.8 fs[5]。在这个时期，除了钛宝石晶体，各种新的固体激光材料也研制成功，如 Cr:LiSAF[6], Cr:YAG[7] 等，具有非常好的物理特性和优良的光学性能。以这些材料为增益介质的克尔透镜锁模激光器拓宽了固体飞秒激光器的波长范围。另外，半导体可饱和吸收镜的研制和应用弥补了克尔透镜锁模激光器不能自启动的不足，并且增加了飞秒激光器锁模输出的稳定性。

钛宝石飞秒激光器在 20 世纪 90 年代的研制获得了很大的成功，到 21 世纪，方便、实用、高效的新一代光子晶体光纤飞秒激光器的研究也已蓬勃发展。自 1991 年 Russell 等提出在二维光子晶体中引入线缺陷[8]，通过光子带隙的作用限制某些频率光的传播的理论以来，光子晶体光纤开始进入广泛研究的时代。进而，基于光子晶体光纤的飞秒激光技术研究开始快速发展起来。2004 年，德国的 Moenster 等利用掺钕离子 (Nd^{3+}) 的光子晶体光纤结合半导体可饱和吸收镜实现被动锁模技术，实现了 26 ps 脉宽的激光脉冲输出[9]。2007 年，Ortaç 等利用掺镱 (Yb) 光子晶体光纤振荡器中的反常色散被动锁模技术获得脉宽小于 500 fs，平均功率大于 880 nW 的飞秒激光脉冲[10]。2010 年，Baumgartl 等开发了大模场面积光子晶体光纤激光器系统，输出脉冲脉宽被压缩至 77 fs，单脉冲能量高达 163 nJ[11]。目前，掺稀土元素全光纤飞秒激光脉冲的产生与放大技术已成为超快激光技术领域的研究热点。掺稀土元素光纤超短脉冲激光器可采用半导体激光器作为泵浦源，具有调节灵活、阈值低、稳定性好等优点，在现代通信技术、超快光学技术、医学、生物学等领域具有广泛的应用前景。光纤飞秒激光器的发展将成为超快激光技术研究领域一个十分活跃的新分支。

脉冲激光的发展历程可以从图 1.1 中了解，图中给出了各个时期对应的脉冲激光脉宽及用于产生脉冲激光的不同激光介质材料。

飞秒激光脉冲具有两个显著的特点：一个是脉冲宽度极短，在飞秒量级；另一个是峰值功率极高。这样的脉冲宽度和功率密度，给科学实验研究带来了前所未有的高时间分辨率、高电场及磁场强度、高压强和高温度的极端物理条件。飞秒激光的应用可以分为两个方面。一方面，可以直接利用飞秒激光脉宽所提供的时间尺度，直接进行时间分辨光谱学研究。飞秒激光可以用于观测物理、化学和生物等领域的超快过程。例如，将飞秒激光用作相干断层扫描的光源，可以观测到活体细胞的三维图像。1999 年，美国加州理工学院的 Zewail 因开创性地利用飞秒激光对化学反应过程中原子与分子转变状态进行时间分辨研究获得了诺贝尔化学奖。飞秒激光可以在各个领域进行快速诊断，能够记录原子、分子水平的一些超快过程，形成多种时间分辨光谱技术和泵浦探测技术，并提供超高的时间分辨率。另一方面，飞秒激光的峰值功率可以达到 $10^{12}\sim10^{15}$ W 量级。聚焦飞秒激光后的峰值功率密度可以达到 10^{20} W/cm^2 的量级，产生的电磁场作用强度足以超过原子核对其周围电子的库仑场强作用强度，达到普通激光所不能达到的强光与物质相互作用的程度，开拓了相关研究领域，如受控核聚变、激光等离子体物理、激光微纳加工等。飞秒脉冲激光在这些领域中日益扩大的应用前景，将不断激励着飞秒脉冲激光技术自身的发展。

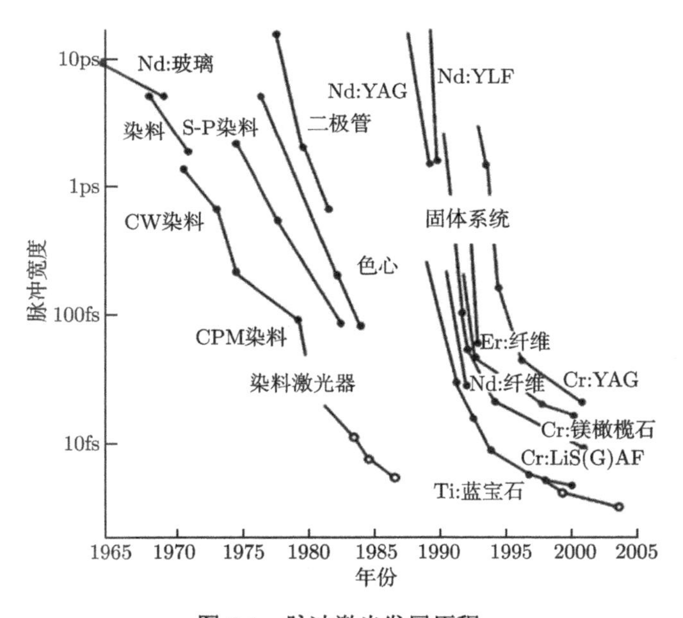

图 1.1 脉冲激光发展历程

1.2 钛宝石激光器飞秒激光脉冲的产生和放大

1.2.1 啁啾脉冲放大技术

自飞秒激光器问世以来，在过去 20 年里，激光技术领域发生了一场深刻的变革。虽然克尔透镜锁模钛宝石激光器输出的飞秒激光脉冲重复频率可以达到 100 MHz，平均功率可以达到几十毫瓦到几瓦，但是，单脉冲能量仅仅在纳焦量级，峰值功率也不超过几兆瓦，这远不能达到飞秒激光在强场物理研究领域中的应用。飞秒激光脉冲宽度很窄，直接放大飞秒脉冲往往会使脉冲能量很低时就具有很高的峰值功率，引起增益饱和效应，导致飞秒脉冲从增益介质中抽取能量的效率降低。同时，过高的峰值功率会在增益介质中诱导产生多种光学非线性效应，破坏光束质量及损伤仪器设备。

啁啾脉冲放大 (chirp pulse amplification，CPA) 技术是根据啁啾雷达技术发展起来的飞秒激光脉冲放大技术，是产生高能量飞秒激光脉冲的重要手段。与飞秒激光技术的相结合，使用啁啾脉冲放大技术产生的飞秒激光脉宽已几乎接近理论极限 3 fs。啁啾脉冲放大系统是由振荡器、展宽器、放大器和压缩器四个部分组成，其工作原理如图 1.2 所示。飞秒激光锁模振荡器输出待放大的飞秒种子光脉冲，首先经过展宽器将脉冲宽度展宽至皮秒量级，然后进入放大器中吸取增益介质存储的能量，成为高能量的皮秒或纳秒脉冲，最后利用压缩器补偿展宽器和放大器引入的色散，将脉宽压缩至飞秒量级，从而获得高能量的飞秒激光脉冲输出。

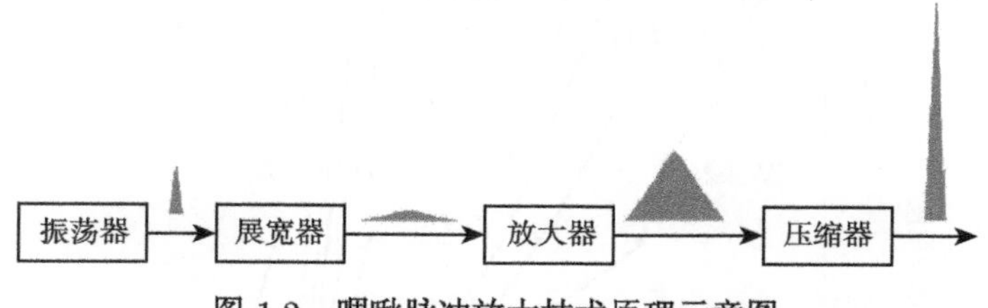

图 1.2 啁啾脉冲放大技术原理示意图

1.2.2 飞秒激光振荡器

1. 脉宽与谱宽的关系

对于一个光脉冲，其时域和频域的傅里叶变换关系可以表示为

$$\varepsilon(t) = \frac{1}{2\pi}\int_{-\infty}^{+\infty} E(\omega)\mathrm{e}^{-\mathrm{i}\omega t}\mathrm{d}\omega \tag{1.1}$$

$$E(\omega) = \int_{-\infty}^{+\infty} \varepsilon(t)\mathrm{e}^{\mathrm{i}\omega t}\mathrm{d}t \tag{1.2}$$

其中，$\varepsilon(t)$ 和 $E(\omega)$ 分别表示脉冲在时域和频域的电场。应用统计学标准计算脉宽和谱宽：

$$\langle \Delta t\rangle = \frac{\displaystyle\int_{-\infty}^{+\infty} t\left|\varepsilon(t)\right|^2 \mathrm{d}t}{\displaystyle\int_{-\infty}^{+\infty} \left|\varepsilon(t)\right|^2 \mathrm{d}t} \tag{1.3}$$

$$\langle\Delta\omega^2\rangle=\frac{\displaystyle\int_{-\infty}^{+\infty}\omega^2\left|E(\omega)\right|^2\mathrm{d}\omega}{\displaystyle\int_{-\infty}^{+\infty}\left|E(\omega)\right|^2\mathrm{d}\omega} \tag{1.4}$$

可以发现脉冲的脉宽和谱宽遵循以下不等式：

$$\Delta t\cdot\Delta\omega\geqslant\frac{1}{2} \tag{1.5}$$

即量子力学时间–能量测不准原理。式中 Δt 和 $\Delta\omega$ 分别为激光脉冲时域和频域的半极大全宽值。从式 (1.5) 中可以看出以下几点。

(1) 要产生短脉冲激光，需要有足够的光谱宽度。例如，1 ps 的高斯型激光脉冲，其光谱宽度达到 441 MHz。而对于 10 fs 的激光脉冲，假如中心波长在 620 nm，那么其光谱可以覆盖整个可见光波段。

(2) 只有在时间包络和光谱包络都是高斯型时，式 (1.5) 中等号才成立。此时的脉冲激光称为傅里叶变换极限脉冲，即脉冲瞬态频率不随时间变化，也称为无啁啾脉冲。

(3) 假如脉冲的时间或光谱包络不是高斯型，那么可以将式 (1.5) 表示成 $\Delta t\cdot\Delta\omega=\kappa(\kappa>1\cdot2)$，$\kappa$ 称为时间带宽积常数，κ 的值依赖于脉冲包络的对称性。表 1.1 给出了不同函数描述下激光脉冲的时间带宽积常数值。

表 1.1 描述激光脉冲的不同数学函数表达式及其相应的时间带宽积常数 κ

形状	$\varepsilon(t)$	κ
高斯函数	$\exp[-(t/t_0)^2/2]$	0.441
指数函数	$\exp[-(t/t_0)/2]$	0.140
双曲正割函数	$1/\cosh(t/t_0)$	0.315
矩形函数	—	0.892
基本正弦函数	$\sin^2(t/t_0)/(t/t_0)^2$	0.336
洛伦兹函数	$[1+(t/t_0)^2]^{-1}$	0.142

(4) 如果已知傅里叶变换极限脉冲的半极大全宽光谱值 $\Delta\lambda$、中心波长 λ_0，就可以根据式 (1.5) 计算出次光谱对应的时域宽度：

$$\Delta t_{\min}=\kappa\frac{\lambda_0}{\Delta\lambda\cdot c} \tag{1.6}$$

其中 c 为真空中光速。此时域宽度为该光谱所能支持的最窄脉冲宽度。

2. 掺钛蓝宝石晶体

固体可调谐激光技术是目前可调谐激光技术的发展方向，而掺钛 (Ti) 蓝宝石激光器在固体可调谐激光器中发展最迅速、最成熟，而且是最实用的。掺钛蓝宝石激光器是由美国麻省理工学院林肯实验室 Moulton 等首先研制成功的，以调谐范围宽、输出功率高而著称。

掺钛蓝宝石晶体是 Ti^{3+} 在 Al_2O_3 晶体中取代了具有三角对称的 C 位上的 Al^{3+} 而形成的晶体，属六角晶系。在掺钛蓝宝石晶体中，Ti^{3+} 位于一个正八面体的中心，受到周围六个 O^{2-} 的作用，其最外层的未配对电子受到周围立方场的作用，能级发生分裂。Ti^{3+} 的电子能级与周围蓝宝石晶格振动能级之间的电子–声子耦合作用非常强烈，使基态和激发态能级的分布范围非常宽。因此可以使钛宝石激光器进行可调谐运转。图 1.3 给出了掺钛蓝宝石的吸收谱及荧光谱。可以看出钛宝石晶体的主吸收峰在 488 nm，属蓝绿光波段，吸收谱带从 400 nm 到 600 nm，而增益峰在 795 nm，增益波段从 650 nm 到 1200 nm，理论上可以支持 3 fs 的超短脉冲产生。钛宝石晶体除了具有宽的吸收谱和宽的荧光发射峰外，还具有较长的上能级寿命 (~3.2 μs)、较高的储能密度 (~2 J/cm^2)、高的热导率和大的机械硬度，成为飞秒激光产生晶体中的佼佼者。

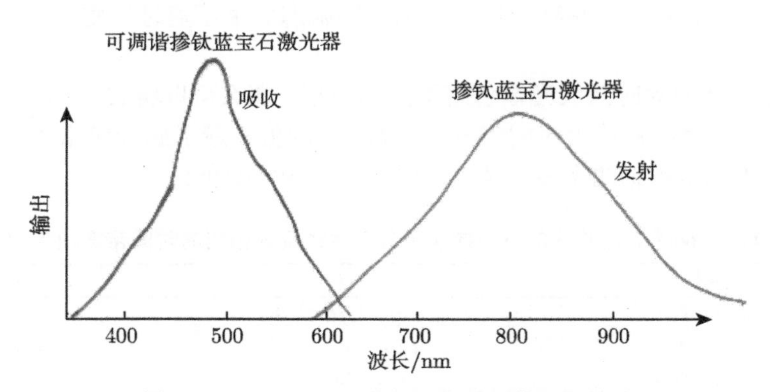

图 1.3　$Ti:Al_2O_3$ 晶体的吸收谱及荧光发射谱

3. 克尔透镜锁模原理

激光器输出波长的范围是由激光器的增益介质决定；激光器输出激光的重复频率由构成激光器的谐振腔决定。激光在谐振腔内的振荡是由在腔内建立的自洽场方程描述，其中垂直于谐振腔轴的场分布为横模，每一个横模都有无限个本征频率或间隔为 $c/2L$ 的纵模与之对应，其中，c 为光速，L 为谐振腔光学腔长。谐振腔内振荡的纵模一般相互独立，没有固定的相位关系，纵模之间的相干效应相互抵消，激光输出强度近似常数，即连续激光输出。如果这些振荡的纵模之间具有固定的相位关系，那么，激光器的输出强度不再近似常数，并伴有强度起伏的连续光，成为周期性相长干涉的强光脉冲：这样的激光器就处于纵模锁定或者相位锁定状态。将不同纵模之间相位进行锁定的过程就是锁模。锁模是一种用来产生超短激光脉冲的技术。

实现锁模的方法有很多，主要分为主动锁模和被动锁模两大类。主动锁模是通过外加主动调制信号使谐振腔内激光产生调制从而实现锁模，包括声光调制锁模、电光调制锁模、同步泵浦锁模等。主动锁模受到主动调制器件响应时间的限制，因此很难在主动调制情况下获得飞秒激光脉冲。被动锁模是指在谐振腔内放置一个被动元件，使谐振腔内激光自身产生调制，实现锁模。最常见的调制器是可饱和吸收元件，有选择地吸收弱光部分，使强光通过，实现激光脉冲在飞秒量级的锁模输出。

掺钛蓝宝石的自锁模现象是由 Spence 等在 1990 年发现的，该锁模机制不需要依靠材料的可饱和吸收特性就可以实现选择性通过强光、损耗弱光。这种锁模技术所依赖的基本原理，目前普遍认为是由固体增益介质在强聚焦泵浦下所形成的克尔效应所致，因此也称为克尔透镜锁模技术。

光克尔效应属于三阶光学非线性效应，是指在强光照射下，介质折射率变化与光强成正比：$\Delta n = n_2 I$，其中 n_2 为介质的非线性折射率，I 为入射光光强。介质折射率 $n = n_0 + \Delta n$，其中 n_0 为介质的线性折射率。因此，在强激光作用下，增益介质的折射率不再是常数，而是随着激光光强变化的变量。克尔透镜锁模技术的原理如图 1.4 所示。假设单模高斯激光在增益介质中传播，在光斑横截面上，光束空间强度分布不均匀，导致光增益介质的非线性折射率变化不同。在光强较强

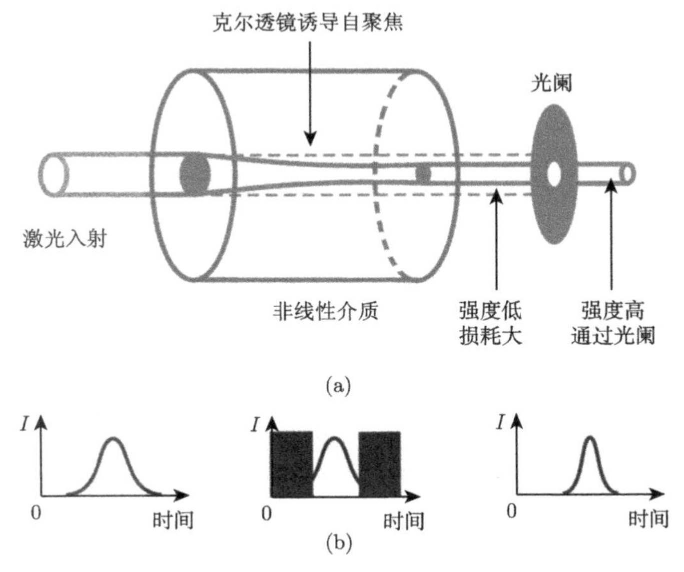

图 1.4　克尔透镜锁模技术原理

(a) 克尔透镜模型；(b) 光阑类似可饱和吸收体使脉冲窄化

的光束中心部分对应增益介质非线性折射率大，而在光强较弱的边缘部分对应增益介质折射率小，因此光束中心部分的传播速度比边缘部分的传播速度要慢。增益介质折射率变化导致光束不同部分传播速度变化不同，引起了光波阵面的畸变，相当于在光束传播路径上加入了正透镜效果，即克尔透镜效应，如图 1.4 所示。在克尔透镜效应的作用下，光束继续聚焦，而聚焦进一步加强克尔透镜效应，引起了非线性强度调制。因此，强激光通过增益介质后，由于克尔透镜效应，光强较强的脉冲光斑尺寸小，而光强较弱的脉冲光和连续光光斑尺寸大。在激光光束的束腰位置 (激光腔平面反射镜处) 配置光阑，则小尺寸强光脉冲就被空间选择出来，而大尺寸弱光脉冲和连续光被抑制。从时间分析，脉冲中心强度高，两端强度低，因此，脉冲中心尺寸小而通过光阑，脉冲两端尺寸大而被光阑抑制，又因克尔效应是一种响应非常快 (几个飞秒) 的非线性效应，系统则等价于一快速饱和吸收体，使脉冲窄化。

4. 自相位调制和色散补偿

初始锁模飞秒脉冲在谐振腔内形成后，由于峰值功率的增大，在增益介质中出现很强的自相位调制效应。由光克尔效应可知增益介质的非线性折射率为

$$n(t) = n_0 + \Delta n(t) = n_0 + \frac{1}{2}n_2\left|E(t)\right|^2 \tag{1.7}$$

假设平面波传输，那么 $E(t,x) = E_0\mathrm{e}^{\mathrm{i}(\omega_0 t - kx)}$，波矢 $k = \dfrac{\omega_0}{c}n(t)$，在激光脉冲传输距离 x 后，其瞬态频率为

$$\omega(t) = \frac{\partial}{\partial t}\phi(t) = \omega_0 - \frac{\omega_0}{c}\frac{\partial n(t)}{\partial t}x \tag{1.8}$$

由自相位调制引起的频率变化为

$$\Delta\omega(t) = \omega(t) - \omega_0 = -\frac{\omega_0 n_2}{2c}x\frac{\partial I(t)}{\partial t} \tag{1.9}$$

从式 (1.9) 中可以看出，在脉冲前沿部分，光强随时间的增加，引起的 $\Delta\omega$ 为负值，脉冲的瞬时频率随时间的增加而增大，产生正啁啾；相反，在原脉冲后沿部分，光强随时间减小，引起的 $\Delta\omega$ 为正值，脉冲的瞬时频率随时间的增加而减小，产生负啁啾。自相位调制产生的啁啾使脉冲前沿光谱红移，脉冲后沿光谱蓝移，同时各自产生新的边频信号，使脉冲的频谱展宽，如图 1.5 所示。增益介质存在色散，当脉冲通过色散介质时，色散介质的折射率随入射光频率的变化而变化，导致对不同频率的光具有不同的传播速度。在正色散介质 ($\mathrm{d}n/\mathrm{d}\omega > 0$) 中，脉冲低频部分的传播速度比脉冲高频部分大，形成具有正啁啾的激光脉冲；在负色散介质 ($\mathrm{d}n/\mathrm{d}\omega < 0$) 中，脉冲低频部分的传播速度比脉冲高频部分小，形成具有负啁啾的激光脉冲。总而言之，自相位调制引起脉冲频谱展宽，介质色散引起脉冲脉宽展宽。

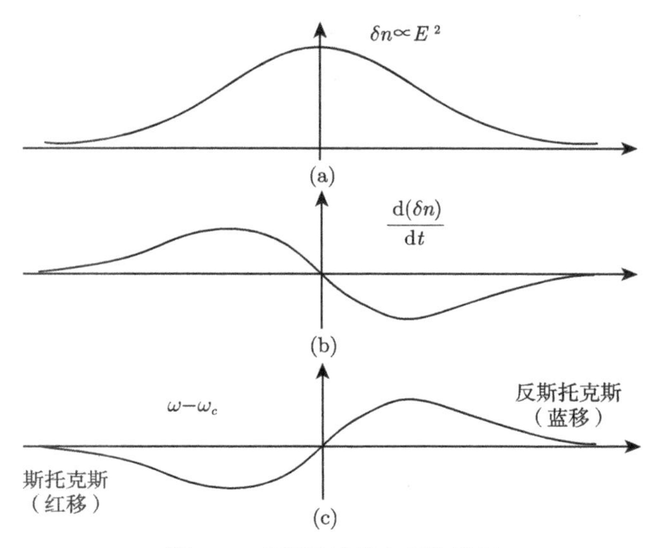

图 1.5 高斯脉冲的自相位调制

飞秒激光脉冲在增益介质中传播时，同时受到自相位调制和色散的作用，脉冲光谱和脉宽均被展宽。只有在引入能够产生与原色散符号相反的色散，即通过色散补偿抵消由正色散带来的脉冲展宽，激光脉冲的脉宽才能继续保持在飞秒量级。在钛宝石激光器中典型的色散补偿元件主要包括棱镜对和啁啾镜。

棱镜对是最常用的色散补偿元件，早在 1984 年就由 Fork 等提出[12]。棱镜对补偿色散主要是利用棱镜对光的折射原理，使激光脉冲不同波长成分经过不同的空间路径，如图 1.6 所示。

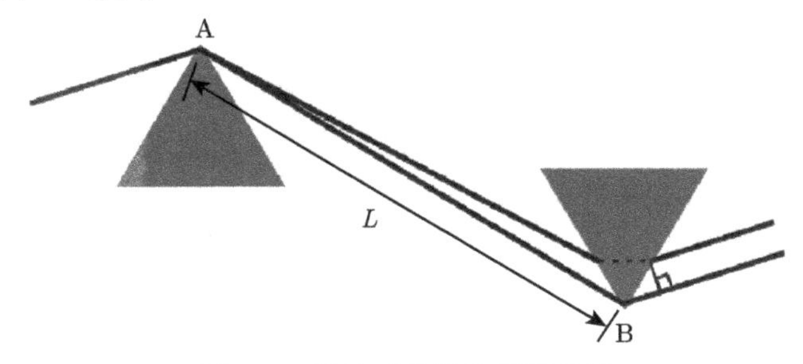

图 1.6 棱镜对补偿色散示意图

棱镜 A 和棱镜 B 是两个完全相同的棱镜，且棱镜 A 的出射面和棱镜 B 的入射面平行放置。激光脉冲通过棱镜对后，其出射方向与入射方向保持平行。由于棱镜的角色散，激光脉冲中不同光谱成分在空间上分开。在棱镜对中，长波长成分经过的路径比短波长经过的路径要长，相当于引入负色散，从而达到补偿钛宝石正色散的目的。引入的色散量随棱镜之间的距离 L 和棱镜 B 的插入量的变化而变化。

在谐振腔内的激光为水平偏振，为了减小损耗，激光脉冲以布儒斯特角入射棱镜 A，并以最小偏向角传播，因此这种棱镜也称布儒斯特角棱镜。棱镜对具有结构简单，使用灵活，损耗小，色散连续可调的优点，是比较常用的色散补偿元件。但是也存在着缺点：棱镜对的色散补偿带宽比较窄，不能在较宽光谱范围内提供平坦的色散补偿曲线；高阶色散补偿对超短脉冲的获取尤为重要，棱镜对虽然可以提供良好的二阶色散补偿，但是不能避免棱镜对自身引入的高阶色散。

啁啾反射镜是在 1994 年，由匈牙利固体物理研究所 Szipocs 等提出的用于补偿色散的元件。其原理是利用特定中心波长的波包可以被相应的四分之一膜 ($\lambda_B/4$，λ_B 为布拉格波长) 最有效反射。如果将厚度逐渐增大的多层介质膜沉积在反射镜上，并将长波成分四分之一反射膜置于更深处，这样长波经啁啾镜反射过程中经历更多的群延时，产生负色散，达到色散补偿的目的，如图 1.7 所示。

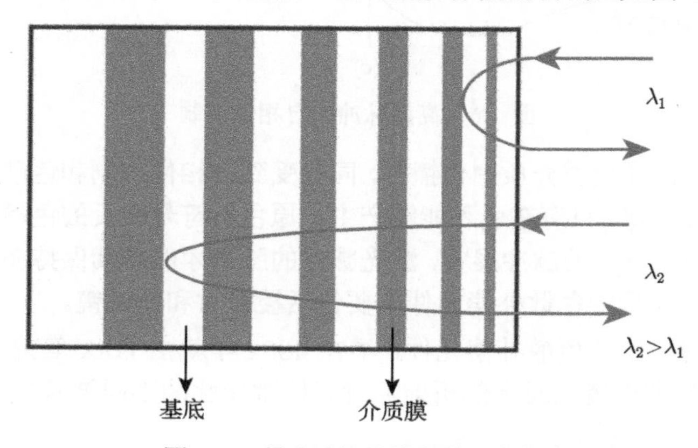

图 1.7　啁啾透镜补偿色散示意图

啁啾反射镜通过依赖波长穿透深度的变化可以很好地补偿激光增益介质的色散，尤其是高阶色散，有利于亚10 fs 激光脉冲的产生，这是相对于棱镜对的突出优势。同时，啁啾反射镜还具有高反射率 (可达 99.8%)、宽色散补偿带宽的优点，可以设计成激光腔镜使用。

1.2.3　展宽器

啁啾脉冲放大技术的主要路线是通过光栅展宽器，将振荡器输出的飞秒种子脉冲在时域上展宽至百皮秒甚至纳秒量级的啁啾脉冲，经过多级激光放大器进行放大后再采用压缩器将高能量脉冲压缩至飞秒量级。其中，设计性能优良的展宽器是极为重要的一个环节，因为：一方面，只有种子光脉冲获得足够的展宽，才能在保证光脉冲得到充分放大的同时，又避免非线性效应对脉冲包络的影响以及高峰值功率对光学元件的损伤；另一方面，结构合理的展宽器不会给系统引入压缩器无法补偿的色散失配，最终可以获得脉宽窄、峰值功率高的光脉冲。最初的展宽器采用光纤提供正色散延迟，但是，因光纤的三阶色散为正，而压缩器的光栅对的三阶色散也为正，这使展宽器和压缩器的三阶色散不匹配，达不到压缩脉冲的目的。

传统的 $4f$ 系统光栅展宽器，也称为标准马丁内兹展宽器，光路如图 1.8 所示。两个焦距相同的透镜 L1 和 L2 构成望远镜系统，光栅 1 位于透镜 L1 的焦点上。入射激光脉冲经过光栅 1 将光谱展开，经过望远镜系统后，汇聚到光栅 2 上，再经过光栅 2 衍射后出射。如果光栅 2 位于 L2 的焦点处 (位置 1)，那么激光脉冲长波和短波部分之间没有光程差，系统不提供色散；如果光栅 2 置于位置 3 处 (L2 焦平面外)，那么短波比长波部分光程短，系统提供负色散；如果光栅 2 置于位置 2(L2 焦平面内)，那么短波比长波部分光程长，系统提供正色散。

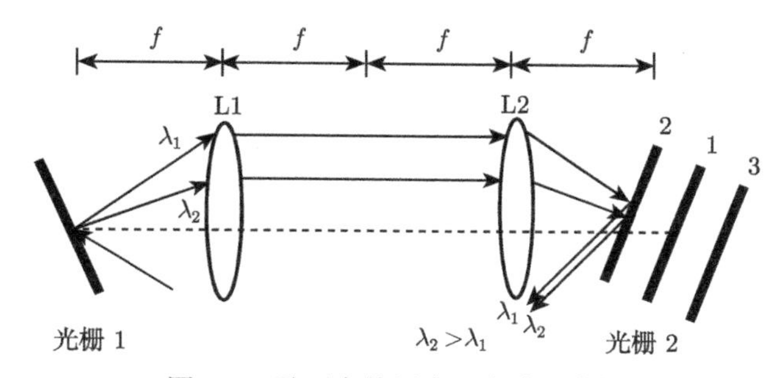

图 1.8　马丁内兹展宽器光路示意图

目前，钛宝石飞秒激光器中常用的展宽器主要有三种。

第一种是折叠型 $4f$ 系统，如图 1.9 所示。该系统相当于在传统 $4f$ 系统的两个透镜中加入一个折叠镜，所以只需要一个光栅。入射光以 45° 角入射进入折叠型 $4f$ 展宽系统，光栅 G 将光谱空间展宽后入射到左边球面反射镜后，被反射至最右端反射镜 M1。M1 将展宽后的光谱反射回至球面镜，再次入射光栅 G，然后经反射镜 M2 反射后按原光路返回。折叠型 $4f$ 系统展宽器结构紧凑，展宽效率高，但是由于激光脉冲引出光路有一定空间位移，会带来小的空间啁啾。

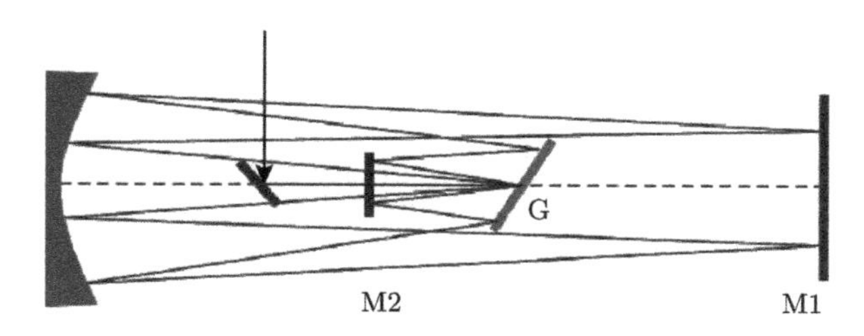

图 1.9　折叠型 $4f$ 展宽器示意图

第二种是柱面镜光栅展宽器，是由 Lemoff 和 Barty 于 1993 年设计的，可以获

得超过 10^4 倍展宽比[13]，其结构如图 1.10 所示。该光栅展宽器的望远镜系统由两个平行放置的柱面反射镜 M1 和 M2 组成。由于激光脉冲的入射角偏大，可以有效减小空间啁啾。使用柱面镜，可以使光进行离轴传播，在光线经过一个直脊反射镜 M3 后返回，与原入射光在空间上错开又不产生球差，从而可以使激光脉冲在垂直方向上多次通过展宽器。一般情况下，采用让激光脉冲两次通过展宽器，在第二次通过展宽器时的激光脉冲经过四个偏折反射镜，使光斑产生镜像翻转，以补偿第一次通过展宽器时产生的像差，减小光斑空间畸变。1998 年，日本的 Yamakawa 等使用该结构光栅展宽器，获得了 100 TW，20 fs 的超短激光脉冲[14]。

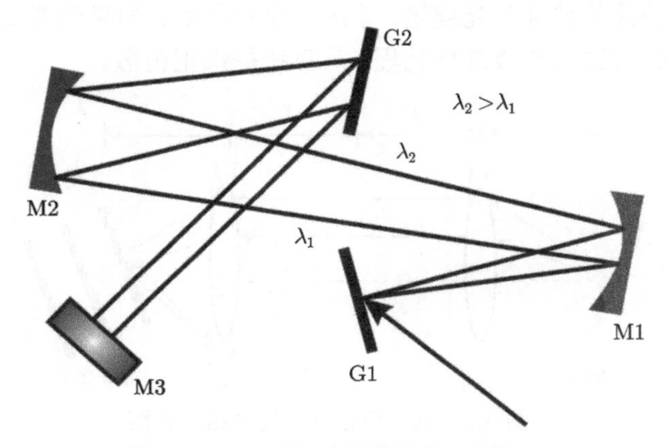

图 1.10　柱面镜光栅展宽器光路图

第三种是消像差展宽器，又称为 Offner 展宽器，最初由 Cheriaux 等在 1996 年提出[15]。该展宽系统以全息衍射光栅 G 为色散元件，基于 Offner 型望远镜。M1 和 M2 作为共心放置的球面凸、凹反射镜，曲率半径分别为 R 和 $2R$。两个球面镜的共心放置引入对称像差，但是这两个球面镜的曲率之比为 2，且符号相反，因此可以消除像差。通过对该系统的改进，使用柱面镜代替球面镜，结构如图 1.11 所示，使光栅 G 位于曲率中心与 M1 之间的光轴上，且与曲率中心 O 的距离为 L。

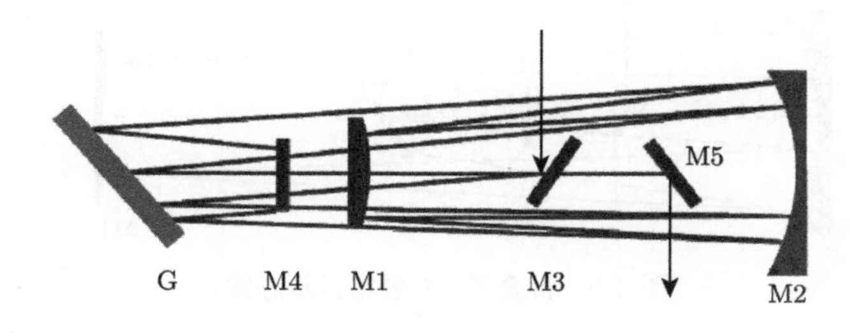

图 1.11　消像差展宽器结构图

激光脉冲由 45° 角入射 M3 进入展宽系统，中心波长以 Littrow 角度入射至光栅 G，光栅 G 将激光脉冲光谱展宽反射至 M2。经两次反射，光线会聚至光栅 G，经平行入射至平面反射镜 M4 后按原路径返回，进行第二次展宽。当激光脉冲完成两次展宽后，最终会聚在光栅 G 处，最后由 M5 反射输出。该改进的系统能够解决球面镜带来光束发射导致光束质量下降的不足，并且使用柱面镜有利于光路调节，非常适合脉宽在 10 fs 以下的种子光脉冲的展宽。

1.2.4 放大器

放大器与振荡器基于同一物理过程，即受激辐射光放大。激光脉冲的放大过程: 泵浦光激励增益介质，使增益介质中的离子数反转，当信号光通过增益介质时，激发态上的粒子在信号光作用下产生强烈的受激辐射，并与信号光叠加形成信号光放大。在啁啾脉冲放大技术中，常用的放大器有多通放大器和再生放大器两种。

多通放大器是利用多个镜子反射脉冲种子光，使其多次通过放大器中的增益介质。在种子光每次通过增益介质的过程中，不断吸取增益介质中的能量，放大种子光。多通放大器不存在谐振腔，放大的种子光只需一次经过选单元件 (普克尔盒与格兰棱镜) 选择单脉冲，极大地减少了啁啾脉冲放大系统中材料色散，有利于压缩器的色散补偿和脉冲压缩。以单端泵浦的钛宝石四通放大器结构为例，如图 1.12 所示。多通放大器做初级放大器时，采用聚焦反射镜折返种子光，使种子光脉冲在增益介质处聚焦，充分提取能量。多通放大器用于功率放大器时，通常采用平面反射镜折返种子光，避免过高功率密度激光脉冲对放大器元件的损坏。在多通放大器中，不能保证每次种子光脉冲与泵浦光有较好的共线耦合，这会导致光束质量下降，但是多通放大器仍非常适用于窄脉宽 (<20 fs) 飞秒激光产生系统。

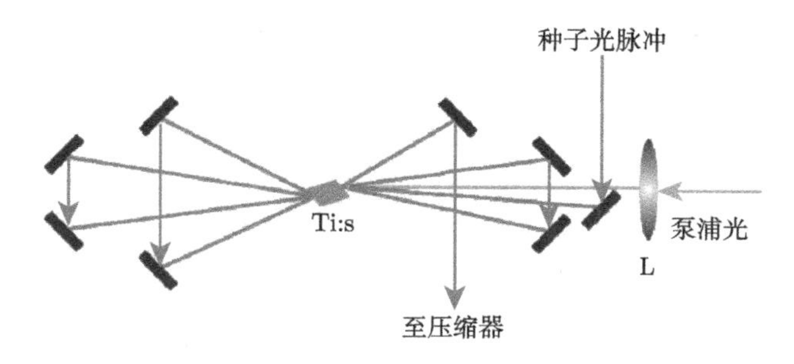

图 1.12 多通放大器光路结构图

再生放大器是把种子光脉冲导入放大器的谐振腔内，待种子光脉冲在腔内多次往返获取足够能量后再从谐振腔中导出。再生放大器由泵镜、谐振腔、增益介质和选单元件 (普克尔盒与格兰棱镜，PC) 构成，如图 1.13 所示。再生放大器本身是一个调 Q 脉冲激光器，在没有种子光入射时可以输出一个纳秒级调 Q 脉冲。在普克尔盒上不施加电压，普克尔盒相当于一个四分之一波片。经展宽的种子光以垂直偏振方式通过格兰棱镜 G 进入谐振腔，两次通过普克尔盒成为水平偏振，从而穿过 G 向谐振腔另一端传输。从另一端反射回来的种子光脉冲又经过两次普克尔盒后，被还原成垂直偏振，就可以由 G 反射出放大器。假如在种子光脉冲第二次通过普克尔盒前，给普克尔盒施加电压，使其等价为半波片，这时返回脉冲的偏振态仍保持水平，反复经过增益介质提取能量而被放大。当种子光脉冲在腔内经数次放大后，脉冲能量达到一定程度，只需要在脉冲离开普克尔盒向增益介质传输的瞬间撤去普克尔盒上的电压，普克尔盒就恢复为四分之一波片。当放大脉冲再次返回，即可被格兰棱镜 G 导出谐振腔外。再生放大器的再生谐振腔内是由普克尔盒与格兰棱镜构成 Q 开关，种子光脉冲每经过一次放大就要两次通过 Q 开关，导致引入材料色散较大，给脉冲压缩造成困难。

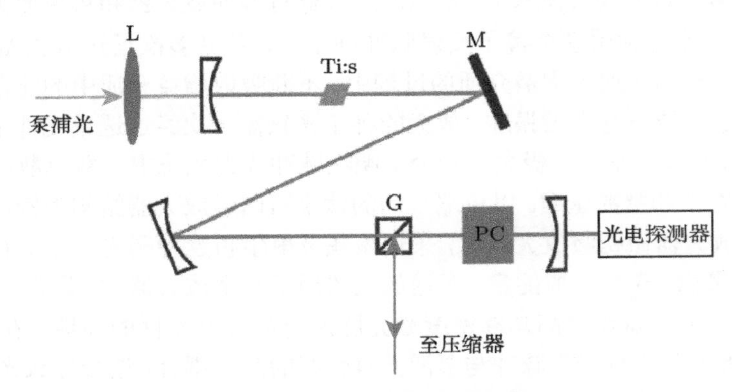

图 1.13 再生放大器光路结构

多通放大器和再生放大器的选用视放大功率要求和飞秒激光脉宽要求而定，在脉冲能量要求较高的情况下，一般先采用再生放大器进行预放大，再使用多通放大器进行功率放大。

1.2.5 压缩器

振荡器输出的种子光脉冲经放大器放大后，需要经过压缩器压缩才能获得高功率飞秒激光脉冲输出。压缩器是啁啾脉冲放大系统的最后一级，压缩器的色散补偿及压缩效率将直接影响啁啾脉冲放大系统输出飞秒激光脉冲的质量。

啁啾脉冲放大技术中常用的压缩器就是光栅对，结构如图 1.14 所示。两个光栅平行放置，经放大器放大的激光脉冲经过光栅的两次衍射后出射，出射方向与入射方向平行。入射光在光栅 1 处由 A 点入射，由于光栅衍射，入射光脉冲的各光谱成分在空间分开。短波长成分 λ_S 的衍射角度小，经过光栅 2 后超前于长波成分 λ_L，提供负啁啾。因此光栅对能够提供负的群延时色散，用于补偿展宽器和放大器引入的正色散，从而将放大的激光脉冲压缩回至飞秒量级。

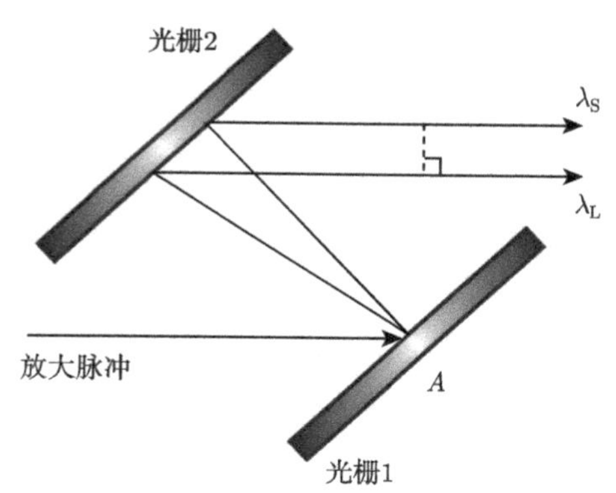

图 1.14 光栅对补偿色散示意图

1.3 超短脉冲光纤激光器

1.3.1 光纤激光器发展及特点

光纤激光器是利用稀土掺杂光纤作为增益介质的激光器，其发展历程几乎与激光技术的发展历史一样长。早在激光器诞生后的第二年，即 1961 年，美国光学公司的 Snitzer 就提出了掺稀土元素光纤放大器和光纤激光器的构想：他们在掺 Nd^{3+} 的光纤中观察到了中心波长为 1.06 μm 的受激辐射现象[16]。紧接着在 1964 年，Snitzer 与 Koester 在多组分玻璃光纤中实现了光放大[17]。到 20 世纪 80 年代中期，得益于光通信技术的迅猛发展，激光二极管泵浦技术和双包层结构光纤的提出，光纤激光器的研究进入了蓬勃发展的阶段。

与其他类型激光器相比，光纤激光器有着独特的特点，因此备受世界各国科研工作者的青睐，成为国际学术界的热门研究对象。

(1) 高增益、高功率密度，输出光束质量好。光纤纤芯掺杂稀土离子是光纤激光器的增益介质，决定光纤激光器的输出波长。将泵浦光耦合进入纤芯中，可以获得很高的激发功率密度，极易形成增益介质的“粒子数反转”，通过谐振腔形成激光输出。由于光纤长度可以控制，泵浦光与增益介质的作用距离可以很长，总体的增益将很高。另外一方面，光纤激光器输出光束限制在细小的纤芯中，可以轻易接近衍射极限，M^2 可以接近于 1，这意味着输出激光被聚焦在极小的范围内，可以大大提高输出激光功率密度。

(2) 多波长输出。光纤激光器的纤芯可以掺入 Er^{3+}, Yb^{3+}, Nd^{3+}, Pr^{3+} 和 Tm^{3+} 等稀土离子。稀土离子种类多，能级丰富，因此可以选择不同的激发光波长实现不同波长激光输出。如掺 Tm^{3+} 光纤激光器可以在 790 nm 泵浦光下输出 1.4 μm 波长的激光，也可以通过 1.2 μm 波长泵浦实现 1.65 μm 的激光输出。由于稀土离子能级宽，玻璃光纤的荧光谱宽，因此光纤激光器输出波长可调谐。

(3) 光纤激光器制造成本低、技术成熟，易于实现激光器集约化、小型化；细长的光纤构造具有很高的表面积/体积比，产生热量沿光纤长度分布，具有散热快、损耗小的优势；光纤激光器利用全光纤系统传输，谐振腔内无光学元件，可以实现光信号的高稳定、超长距离传输。目前光纤激光器可以实现 800~2100 nm 光谱范围的激光输出，最大功率可以达到万瓦量级，应用范围覆盖光学工程、光通信、生物工程和医疗卫生等领域。

1.3.2　光纤激光器锁模技术

超短脉冲光纤激光器是根据锁模原理实现脉冲激光输出，即光纤中各纵模频率间隔相同且相邻纵模间相位差恒定时，可以获得锁模脉冲激光输出。根据锁模方式不同，锁模激光器可以分为主动锁模光纤激光器和被动锁模光纤激光器。

主动锁模光纤激光器是通过外界信号周期性调制谐振腔参量，实现腔体纵模之间相位锁定的一种技术，具有脉冲重复频率高、形状对称、中心波长可调谐、易实现高阶谐波锁模的特点。但是由于受到调制带宽的限制，主动锁模光纤激光器的输出脉冲脉宽通常在皮秒量级，而且容易受外界环境 (如温度、机械振动) 的影响导致不稳定。

被动锁模技术是目前超短脉冲光纤激光器常用的锁模技术。飞秒光纤激光器就是由被动锁模技术实现飞秒量级激光脉冲输出。被动锁模技术是利用光纤或其他元件中的非线性光学效应实现锁模，结构简单，在一定条件下不需要插入任何调制元件就可以实现自启动锁模。实现超短脉冲光纤激光器被动锁模的方法主要包括附加脉冲被动锁模、非线性偏振旋转被动锁模和可饱和吸收体被动锁模。

(1) 附加脉冲被动锁模

附加脉冲锁模技术是利用非线性放大环镜 (nonlinear amplifying loop mirror, NALM) 或非线性光纤环镜 (nonlinear optical loop mirror, NOLM) 作为等效可饱和体。NALM 和 NOLM 的基本结构都是 Sagnac 干涉，具有全光纤特性。

NALM 结构是将一个放大器非对称地置于耦合器一侧，如图 1.15 所示。中间耦合器将输入光分成两个传播方向相反的光束。提供放大的掺杂光纤放在靠近中间耦合器的位置，使其中一路光刚进入环路就被放大，另一路则在离开环路时被放大，形成非线性放大环镜。由于自相位调制的作用，这两列相反方向传输的光在 NALM 内往返一次后获得了不同的非线性相移，且其相位差不是常数而是随脉冲外形而变化的。如果非线性放大环镜的相移对脉冲中心部分而言被调整为接近 π，那么这部分脉冲将被传输，而脉冲两侧，因其低强度和小相移而被反射不能通过。

最终，从 NALM 输出的脉冲较其输入脉冲要窄。

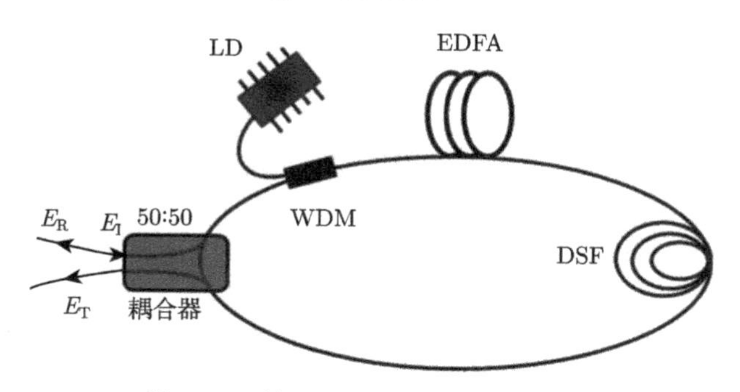

图 1.15 基于 NALM 被动锁模结构

与 NALM 的不同，NOLM 没有放大器，采用非对称的耦合器，或者环路中采用不同色散的光纤。如图 1.16 所示。在 NOLM 结构中将一个光纤耦合器的两个输出端相连，构成一个 Sagnac 光纤干涉环。干涉叠加后的光是被非线性光纤环镜反射还是透射取决于这两束反向传输光的相位差。若在 NOLM 中采用 50:50 耦合器，由于耦合器两个接口端有固定的相位差，叠加后的光被 NOLM 全部反射，此时的 NOLM 就相当于一个全反镜；若采用非 50:50 的耦合器，由于光纤的非线性克尔效应，相向传输的两束光将获得不同的非线性相移，形成非线性相位差。NOLM 的响应时间仅为飞秒量级，利用其强度干涉特性，很容易实现超短脉冲输出。

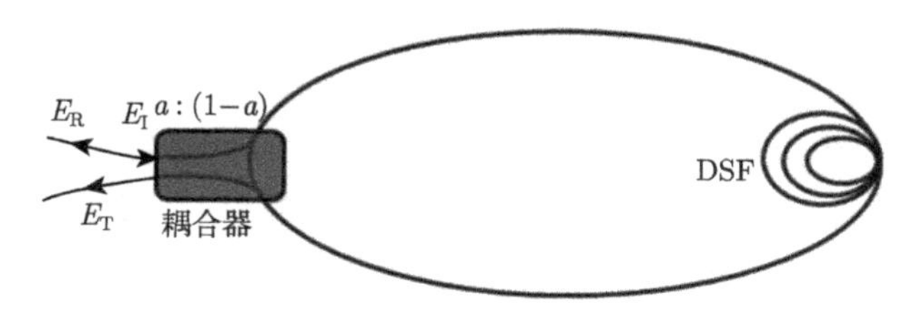

图 1.16 基于 NOLM 被动锁模结构

(2) 非线性偏振旋转被动锁模

非线性偏振旋转是被动锁模产生超短脉冲序列的一种最简单、最有效的技术。图 1.17 描述了基于非线性偏振旋转的被动锁模掺铒光纤环形腔激光器的结构。一个偏振相关隔离器放置于两个偏振控制器之间，起到隔离和偏振的双重作用。经偏振相关隔离器产生的线偏振光通过第一个偏振控制器后变成椭圆偏振光，可以认为，椭圆偏振光是强度不同的左旋与右旋圆偏振光的合成。这两个旋转方向不同的圆偏振光分量经过掺杂光纤获得增益放大时，通过腔内光纤非线性效应 (克尔效应) 产生不同的非线性相移。由于非线性相移与强度有关，因而沿脉冲不同位置处的偏振态不同。偏振隔离器将使脉冲中心强度大的部分通过，阻止脉冲两侧低强度部分通过。每经过环形腔一个循环，脉冲将变得更窄，最后形成稳定的超短光脉冲输出。

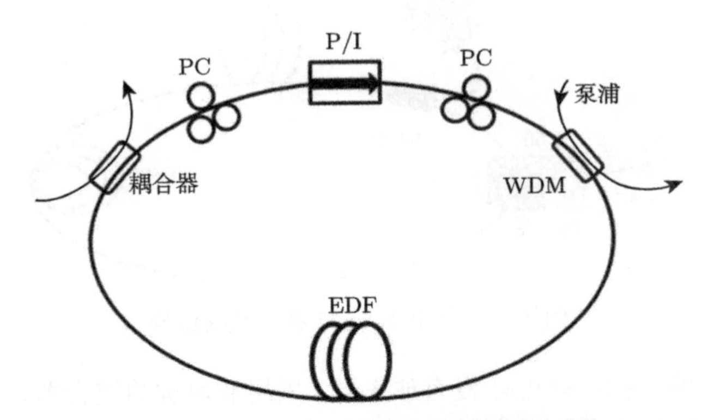

图 1.17　基于非线性偏振旋转被动锁模结构

(3) 可饱和吸收体被动锁模

早在 20 世纪 70 年代，可饱和吸收体就已用于被动锁模，是实现被动锁模的有效方法之一。在低入射光强下，光子经过可饱和吸收体时，就被电子吸收而跃迁至高能态。当入射光强增大，虽然部分光子被可饱和吸收体吸收，但强光有效泵浦并饱和吸收介质，未被吸收的光子就可以无吸收地通过。这样就实现了阻止弱光通过强光的“漂白”作用。另一方面，可饱和吸收体利用其自身的响应恢复时间作为时间选通门对激光脉冲进行时间上的整形。当可饱和吸收体达到饱和吸收阈值时，可饱和吸收体在强光作用下被漂白而变得“透明”，这样使得后续入射光在漂白恢复时间内无损耗地通过。当可饱和吸收体达到响应恢复时间，重新恢复吸收特性后，新的可饱和吸收过程再次启动。如此循环，可以对入射光脉冲进行压缩。

半导体可饱和吸收镜 (SESAM) 出现于 20 世纪 90 年代，以半导体中的吸收漂白特性为基础，具有响应时间快、结构简单、插入损耗小、自启动锁模且重复频率稳定等优点。半导体可饱和吸收镜是一种将反射镜与可饱和吸收半导体结合在一起的腔镜，实质为一个法布里–珀罗腔，结构如图 1.18 所示。以半导体材料制作成基底，在基底上布置布拉格全反镜，再在其上生长一层半导体可饱和吸收体薄膜，最上一层覆盖半导体材料制作的反射镜。当腔内光强较弱时，大部分光子被半导体可饱和吸收镜吸收。增大光强，可饱和吸收体的吸收达到饱和状态，腔内大部分光子可以通过饱和吸收体，然后被反射镜反射回腔内。这一功能使腔内脉冲相位锁定，实现相干叠加，并对脉冲进行压缩整形。通过调节可饱和吸收体的厚度、反射镜的反射率，可以改变饱和吸收体的调制深度和反射镜的带宽。半导体可饱和吸收镜在光纤激光器中的应用如图 1.19 所示。如今，随着分子束外延技术及半导体技术的发展，可以根据需要对半导体材料的饱和恢复时间、饱和通量、插入损耗等关键参量进行设计，获得超短脉冲激光输出。

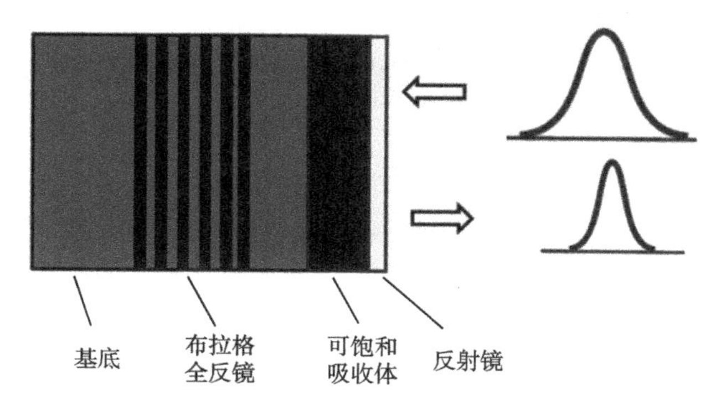

图 1.18 可饱和吸收镜结构

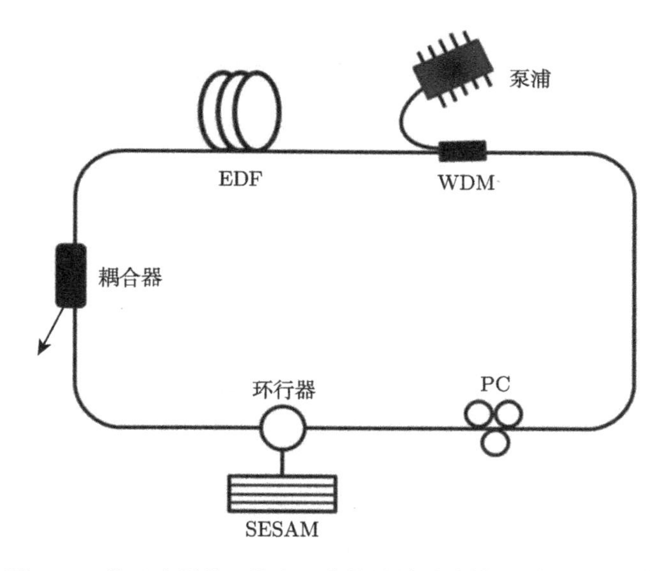

图 1.19 基于半导体可饱和吸收镜的被动锁模光纤激光器结构

通常，制备 SESAM 的半导体可饱和吸收介质为 InGaAsP 等材料构成的单层或多层量子阱机构，造成了光纤激光器系统的非全光纤结构。目前，一些具有饱和吸收特性的二维纳米材料 (如石墨烯、碳纳米管)、金属纳米棒 (如 Au 纳米棒) 也可以用于被动锁模技术，与此同时，应用的锁模技术可以继续保持超短脉冲激光器的全光纤结构。纳米材料集成于锁模光纤激光器系统中的结构主要有三种，包括“三明治”结构、隐失波耦合结构和波导内部镶嵌结构。

“三明治”结构是最简单有效的方法，也是目前应用最广泛的。它是将具有饱和吸收特性的纳米材料分散在聚合物材料中，再涂覆到光纤端面上，并与另一个光纤端面通过光纤适配器构成“三明治”结构。由于光纤激光器腔内所有光都穿过涂覆层，饱和吸收材料很容易吸收光而产生热，造成涂覆层的热损伤。一般可以通过调控纳米材料的结构和涂覆聚合物材料种类进行损伤阈值的提高，如图 1.20 所示。

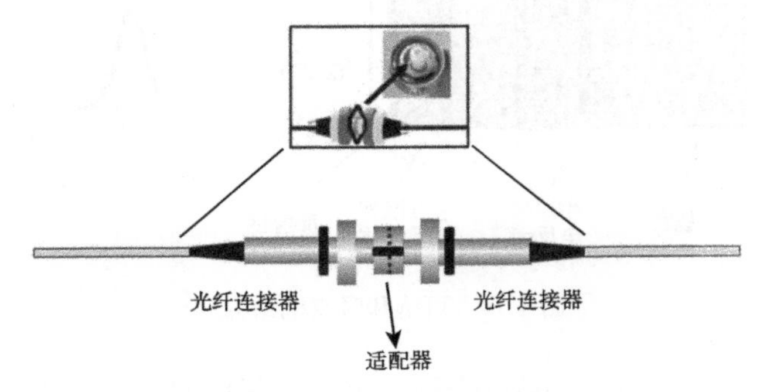

图 1.20　“三明治”结构锁模技术

隐失波耦合结构具有更高的损伤阈值，是利用倏逝场与可饱和吸收体相互作用形成饱和吸收器件，如图 1.21 所示。但是由于只有部分光与可饱和吸收体进行作用，这种结构的调制深度必然会降低。另一方面使用隐失波耦合结构需要将光纤侧面研磨成“D”形或锥形直至接近纤芯，造成了工艺上的困难和传输光的泄漏。

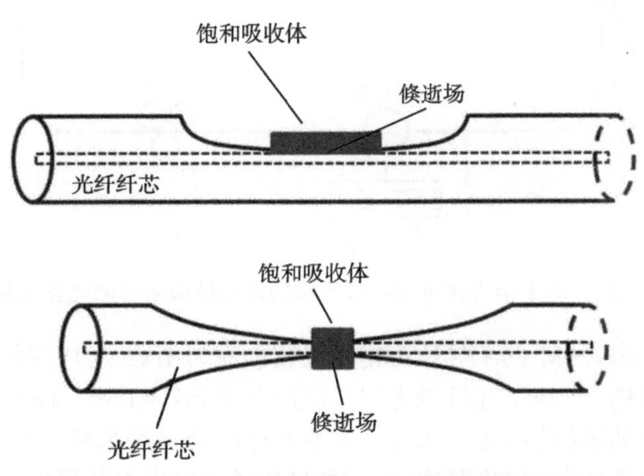

图 1.21　“D”形和锥形隐失波耦合结构锁模技术

波导内部镶嵌结构是将饱和吸收纳米材料灌入部分空气孔的光子晶体光纤中，集成一个整体的饱和吸收器，如图 1.22 所示。与隐失波耦合结构原理相似，光子穿过未被灌入饱和吸收体的空气隙时，受到倏逝场调制，形成超短脉冲输出。

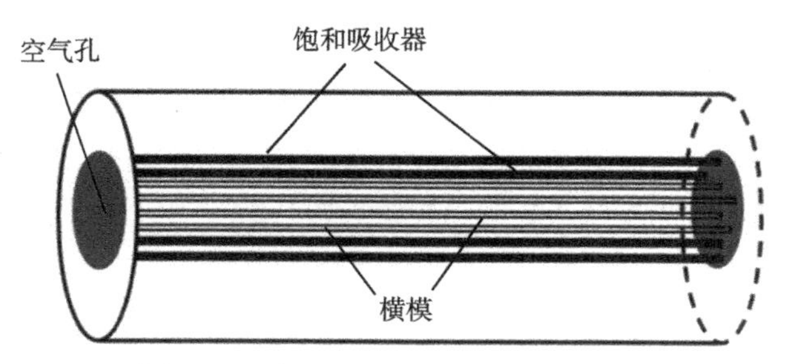

图 1.22 波导内部镶嵌结构锁模技术

1.4 小结和展望

脉冲激光器已经成为现代工业技术发展的关键设备之一，涵盖了科学研究、商业、生物医学等应用领域。本章介绍了飞秒激光器发展历程及相应的结构和相关锁模技术。目前飞秒激光器主要有四大类，包括飞秒染料激光器、钛宝石飞秒激光器、量子阱飞秒半导体激光器和掺稀土元素光纤激光器。随着现代科技进步及商业应用发展的需要，未来各种飞秒激光器发展必然向着高功率、集成化、多波长的趋势发展。

参 考 文 献

[1] Fork R L, Greene B I, Shank C V. Generation of optical pulses shorter than 0.1 psec by colliding pulse mode locking[J]. Appl. Phys. Lett., 1981, 38(9): 671-672.

[2] Spence D E, Kean P N, Sibbett W. 60-fsec pulse generation from a self-mode-locked Ti: sapphire laser[J]. Opt. Lett., 1991, 16(1): 42-44.

[3] Morgner U, Kärtner F X, Cho S H, et al. Sub-two-cycle pulses from a Kerr-lens mode-locked Ti:sapphire laser[J]. Opt. Lett., 1999, 24(6): 411-413.

[4] Ell R, Morgner U, Kärtner F X, et al. Generation of 5-fs pulse and octave-spanning spectra directly from a Ti:sapphire laser[J]. Opt. Lett., 2001, 26(6): 373-375.

[5] Schenkel B, Biegert J, Keller U, et al. Generation of 3.8-fs pulse from adaptive compression of a cascaded hollow fiber supercontinuum[J]. Opt. Lett., 2003, 28(20): 1987-1989.

[6] Blanchot N, Rouyer C, Sauteret C, et al. Amplification of sub-100TW femto-second pulses by shifted amplifying Nd:glass amplifiers: theory and experiments[J]. Opt. Lett., 1995, 20(4): 395-397.

[7] Perry M D, Pennington D, Stuart B C, et al. Petawatt laser pulses[J]. Opt. Lett., 1999, 24(3): 160-162.

[8] Knight J C, Birks T A, St P, et al. All-silica single-mode optical fiber with photonic crystal cladding[J]. Opt. Lett., 1996, 21(19): 1547-1549.

[9] Moenster M, Glas P, Steinmeyer G, et al. Mode-locked Nd-dpped microstructured fiber laser[J]. Opt. Express, 2004, 12(19): 4523-4528.

[10] Ortaç B, Limpert J, Tünnermann A. High-energy femtosecond Yb-doped fiber laser operating in the anomalous dispersion regime[J]. Opt. Lett., 2007, 32(15): 2149-2151.

[11] Baumgartl M, Ortaç B, Lecaplain C, et al. Sub-80 fs disspative soliton large-mode-area fiber laser[J]. Opt. Lett., 2010, 35(13): 2311-2313.

[12] Fork R L, Martinez O E, Gordon J P. Negative dispersion using pairs of prisms[J]. Opt. Lett., 1984, 9(5): 150-152.

[13] Lemoff B E, Barty C P J. Quintic-phase-limited, spatially uniform expansion and recompression of ultrashort optical pulses[J]. Opt. Lett., 1993, 18(19): 1651-1653.

[14] Yamakawa K, Aoyama M, Matsuoka S, et al. Generation of 100TW Sub-20fs pulses at a 10Hz repetition rate in Ti: Sapphire [C]//Ultrafast Phenomena XI, Proceedings of the 11th International Conference. New York: Springer, 1998: 44.

[15] Cheriaux G, Rousseau P, Salin F, et al. Aberration-free stretcher design for ultrashort-pulse amplification[J]. Opt. Lett., 1996, 21(6): 414-416.

[16] Snitzer E. Optical maser action of Nd^{3+} in a barium crown glass[J]. Phys. Rev. Lett., 1961, 7: 444.

[17] Koester C, Snitzer E. Amplification in a fiber laser[J]. Appl. Opt., 1964, 3(10): 1182-1186.

第 2 章　飞秒激光与物质的相互作用原理

2.1　引　　言

激光具有一系列独特的性质，例如，单色性、相干性、方向性和高光强等，自从 Maiman 发明了第一台红宝石激光器以后，就引起了科学界和工业界的极大兴趣[1]。经过近 50 年的发展，激光在许多领域展现出强大的应用能力，并促进了新兴学科的产生与发展。例如，在工业领域，激光加工技术实现了光、机、电技术于一体的加工制造方法，它具有无接触、效率高、方便快捷、可以进行特殊加工等优点，广泛应用于汽车、航天、船舶、冶金、仪器仪表、微电子等工业领域，用来切割、焊接、打孔、材料表面的改性和合成等。在科研领域，使用激光器代替单色光源，使得探测物质的分辨率提高了百万倍 (10^6)，探测灵敏度提高了百亿倍 (10^{10})；在互联网领域，信息高速公路的建设离不开激光通信技术的迅猛发展；在军事国防领域，激光测距、激光制导、激光雷达等技术的出现也大大增强了各个国家的军事实力。总而言之，激光的发展在人类社会的方方面面都发挥着巨大作用，也在极大程度上改变着人类社会发展的进程。

激光加工技术开始于 20 世纪 60 年代，利用大功率的二氧化碳 (CO_2) 激光器和 Nd:YAG 激光器输出的红外和近红外激光，把光能转化为热能，通过热累积效应沉积在材料上，使材料发生熔融、气化、等离子化等物理或化学变化。这种激光加工技术广泛应用于切割、打孔、焊接等机械制造领域，相对于其他加工方法，方便、快捷、高效。这种连续激光器或长脉冲激光器在能量沉积过程中，能量被材料吸收是一个线性的过程，加工的区域仅限于材料的表面，不能实现三维空间选择性的加工，在物理机制上属于热加工，并且在微加工过程中，由于激光脉冲的持续时间远大于电子–晶格的热耦合时间以及材料内部的热扩散时间，因此，激光脉冲的能量不可避免地会扩散到周围的材料中，极大地降低了微加工的精确度，限制了激光微加工的应用。

在 20 世纪 80 年代，超快飞秒激光技术的出现，为激光微加工技术带来新一轮的革新。与其他脉冲激光及连续激光不同，它具有超短脉冲、超高电场和超宽频谱等特性，其与物质相互作用时产生形形色色的基于光与物质非线性相互作用的现象，可以实现超精细、空间三维加工，目前已广泛应用于材料微加工领域。在 1994 年，飞秒激光首次被用来在硅和银表面加工微米尺度的结构[2,3]，随后其在材料表面的加工精度被提高至纳米尺度[4]。

2.2　飞秒激光的特点

飞秒激光具有很窄的脉冲宽度，因此可以用来研究物质中电荷移动等超快过程的物理化学机制[5]。美国加州理工大学的 Zewail 教授获得 1999 年诺贝尔化学奖，就是基于他利用飞秒激光进行化学反应动力学过程研究所作出的系列开创性的研究成果。另外，飞秒激光经聚焦后的能量密度可高达 $10^{14}\sim10^{15}$ W/cm^2，即电场强度可达 10^{10} V/cm，超过了氢原子的库仑场强。因此，飞秒激光能够在短于晶格热扩散的时间 (10^{-12} s 数量级) 将能量注入材料中具有高度空间选择的区域，这一高度集中的能量甚至可以在瞬间剥离原子的核外电子，用来进行纳秒和皮秒激光难以实现的材料微观修饰[6]。同时，由于聚焦飞秒激光的焦点附近具有超高电场强度，即使材料本身在激光波长处不存在本征吸收，也会因激光诱导的多光子吸收、多光子电离等非线性反应，而实现高度空间选择性的微结构改性，并赋予材料独特的光功能[7]。

因为飞秒激光焦点附近的能量密度很高，在极短的时间内将巨大的能量注入材料内部激光焦点附近，激光与材料间会产生复杂的非线性相互作用，需要考虑以下一些影响微结构变化的因素。

(1) 自聚焦

当在介质中传播的光的强度不是很高时，介质的折射率可以看作是常数。但当高强度的飞秒激光脉冲在介质中传播时，由于非线性效应将引发折射率的改变，折射率变为光强的函数，即 $n=n_0+n_2I+\cdots$，这里 n_2 为非线性折射率系数。当 $n_2>0$(大多数介质满足此条件) 时，由于激光束的空间强度分布按高斯分布，光束中心强度最高，折射率最大，因而传输也最慢。相应地，光束周围强度较低，折射率较小，因而传输也较快。这与光通过凸透镜产生的汇聚非常相似，这种现象称为自聚焦。是否能在非线性介质中产生自聚焦的焦点，取决于自聚焦作用是否比光束本身的衍射作用大，此时自聚焦作用只改变衍射作用造成的光束发散趋势。在自聚焦和衍射平衡时，光束能像在光纤中传输那样波导状前进。飞秒激光在介质中传输时，可以产生传播距离达几厘米的细丝状光束，如果 Δn 为负值，这会导致光束的自散焦。很多飞秒激光诱导的微结构需要考虑自聚焦的效应。

(2) 自相位调制

飞秒激光的颜色 (频率) 变化与时间相关。光脉冲的尖峰和下沿随着光的传输速度不同而变化。激光是具有连续波的电磁波，在高强度脉冲的内部时间引起相位频率改变。在脉冲的前沿波长变长，脉冲的后沿波长变短，这便使频谱展宽。此现象称为自相位调制。

设想在这种情况下，由电子云畸变机制所导致的折射率变化是主要的，则考虑到传输效应后的光场脉冲的包络线波形可表示为

$$E_0(z,\tau) = A_0(z,\tau)\mathrm{e}^{\mathrm{i}^{\Delta\phi(\tau)}} \tag{2.1}$$

式中，A_0 为场振幅随时间变化的函数，含时间因子为 $\tau = t-(z/v')$，这里 v' 为光脉冲在介质内传播的群速度，而光场感应相位变化因子为

$$\Delta\phi\,(\tau) = \frac{2\pi}{\lambda}n_2 A_0^2\,(z,\tau)\,z \tag{2.2}$$

n_2 为非线性折射率系数。

研究表明，以超短脉冲激光入射到光克尔效应贡献可忽略的介质中时，电子云畸变贡献通常是主要的，自相位调制曲线可以呈现出较为对称的分布，则在入射光频率两侧近似对称的谱线加宽效应可以被观察到，并同时存在着明显的平移啁啾效应。在禁带宽度大的玻璃等固体介质中，由于产生自相位调制，可获得从紫外、可见到红外的超宽带相干飞秒白光。业已发现，白光产生的阈值与飞秒激光诱导的缺陷形成的阈值接近或一致。

(3) 脉冲展宽

介质的折射率因光的波长的不同而变化 (光的色散)，而且超短脉冲的频谱宽度较宽。在光脉冲通过玻璃时，即使低强度的光脉冲，不同的波长成分也以不同的传输速度 (群速色散) 通过。无论将脉冲强度降低多少，脉冲也会展宽。对于 10 fs 级的光脉冲，只要通过几厘米厚的石英玻璃及光学元件时，超短脉冲就会展宽到 100 fs 左右。

2.3 飞秒激光与介质作用机理

2.3.1 非线性吸收过程

对于介质材料来说，其对飞秒激光的能量吸收是一个非线性过程。通常介质材料的能带间隙 E_g 大于激光的光子能量 $h\nu$，电子是不可能通过线性吸收过程从价带跃迁到导带。然而，在高强度飞秒激光激发下，处于价带的电子可以通过非线性过程，比如多光子电离、隧穿效应、雪崩电离等物理过程，跃迁到导带上面。

多光子电离 在透明介质中，束缚电子的电离势要远远大于近红外激光单光子的能量，在一般情况下不会发生电子吸收单个光子能量跃迁到导带。但当辐射激光光子的简并度非常高时，介质的价电子可以同时吸收多个光子的能量从而使电子激发到导带 (见图 2.1(a))，这一过程称为多光子电离[8]。

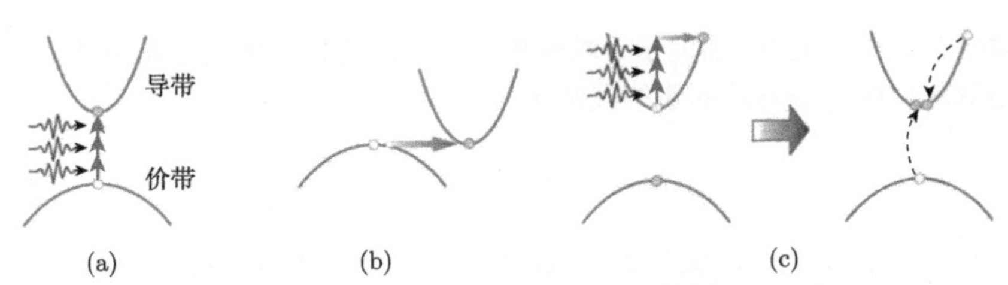

图 2.1　飞秒激光在透明介质内部诱导的非线性吸收过程

(a) 多光子电离过程；(b) 隧穿效应；(c) 雪崩电离过程

将电介质价带电子激发到导带的非线性光电离过程还包括隧道电离。飞秒脉冲产生的超高电场会降低介质的库仑势垒，从而使价带电子通过量子力学的隧道效应穿过势垒变为导带电子。事实上，多光子电离和隧道电离存在一种竞争机制，可以根据 Keldysh 参数[9] 对两者进行描述，$\gamma=\omega(2m^*E_{\mathrm{g}})^{1/2}/e\xi$。其中，$m$ 和 e 是电子的有效质量和电荷，ξ 是电场在频率 ω 下的振幅。如 $\gamma\leqslant1.5$，介质的非线性电离过程以隧道电离为主；$\gamma\geqslant1.5$，则介质的非线性电离过程以多光子电子为主，这两种电离过程的本质区别在于电子穿过势垒的时间与激光诱导的电场振荡周期之间的关系不同；$\gamma\sim1$，则多光子电离和隧道电离同时决定着非线性光电离过程。例如，当我们用飞秒激光刻写光波导时，γ 典型值为 1，就同时包含有这两种非线性过程。

雪崩电离　在电介质材料导带中总有少量的自由电子，这些自由电子来源于物质不纯态的热激发或齐纳隧穿过程[10]，处于导带能量最低位置。当受到高强度光场激发时，通过逆向韧致辐射过程[11] 吸收能量，使自由电子加速获得动能。当种子电子所获得的动能大于束缚电子的电离势时，它会挣脱本身原子的束缚与其他原子相碰撞，把能量传给处于价带的其他电子，从而获得两个处于导带能量较低位置的自由电子 (图 2.1(c))。这一过程重复发生，将会导致自由电子的数量在短时间内呈现指数形式的增长，自由电子密度的增加同时会使电介质对激光能量吸收增强，从而发生雪崩电离现象。

通过多光子电子和雪崩电离产生的自由电子密度 ρ 的变化过程可以表示为[12]

$$\frac{\mathrm{d}\rho(t)}{\mathrm{d}t}=\eta_{\mathrm{MPI}}(I,t)+\eta_{\mathrm{AI}}(I,t)\rho(t)-[g\rho(t)+\eta_{\mathrm{rec}}\rho^2(t)]$$

式中，η_{MPI} 为多光子电离速率，η_{AI} 为雪崩电离速率，自由电子的减少是由扩散项 $g\rho$ 和复合项 $\eta_{\mathrm{rec}}\rho^2$ 造成的。

下面我们比较一下“长脉冲”激光 (皮秒或纳秒脉冲) 和“短脉冲”激光 (亚皮秒脉冲) 的非线性吸收机理[13]。当电介质被长脉冲激光辐射时，即使单脉冲能量非常高，但脉冲的脉宽相对来说比较长，其峰值功率不足以使材料发生多光子吸收和雪崩电离。唯一可能的吸收能量的方式是，存在于介质导带上的少量种子自由电子，以雪崩电离的方式吸收激光能量。由于自由电子的数量会存在较大的波动，因而这种吸收能量的方式是不稳定的以及不可持续的。当短脉冲激光与材料作用时，其脉冲的峰值功率非常高，一般可达到 10^{14} W/cm^2，此时多光子电离或隧道电离变为主要的吸收能量过程。激光功率密度达到一定阈值时，在激光聚焦点处会基于以上两种过程生成大量自由电子，这些自由电子又进一步引发雪崩电离。当这些自由电子的频率达到或接近辐射激光的频率时，介质会对激光产生强烈的吸收[14]。科学家 Rayner[15] 曾通过实验证实，当飞秒激光诱导的等离子体与飞秒激光共振时，玻璃对激光能量的吸收率可以达到 90%。

2.3.2 能量传递与转化过程

电介质对飞秒激光能量的吸收通过多光子电离、隧道电离、雪崩电离等非线性过程完成。当电介质吸收大量的能量后，在激光聚焦点区域形成高温高压的等离子体，这些等离子体将立即展开一系列复杂的二次过程，直至材料结构的修改及损伤。Vonder 提出用以下物理过程发生时间尺度来描述能量弛豫过程 (图 2.2)[16]。

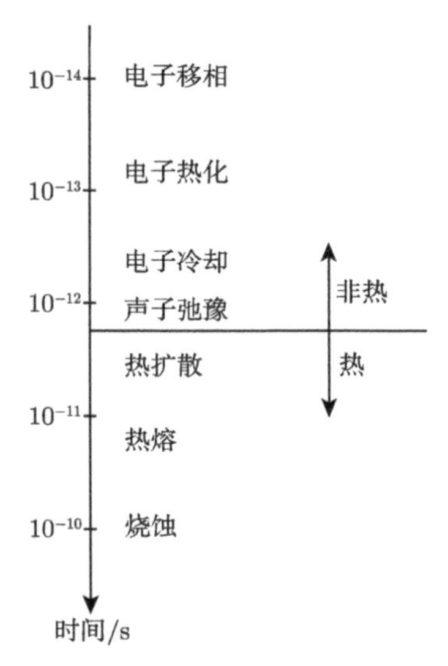

图 2.2 各种二次过程的发生时间尺度

第一个过程：$\tau_e < 10^{-13}$ s。

在大约 10^{-14} s 时间范围内，自由电子受到激发后会伴随产生对材料短暂的相干极化过程，随后自由电子的自旋–自旋弛豫过程改变了受激态的相位，对材料的极化状态造成破坏，但此时自由电子的能量分布不受影响。处于激发态的电子一开始分布于不同的能级，随后受电子–电子散射的影响，其电子能级分布发生改变，在 $\tau_e \approx 10^{-13}$ s 时间内，电子达到准热平衡状态。能量的分布规律服从于 Fermi-Dirac

定律。此时激发态电子的温度远高于周围晶格的温度。

第二个过程：$10^{-13}\sim10^{-12}$ s。

处于准热平衡态的自由电子通过向外辐射 LO 光学声子向周围晶格传递能量，由于强烈的 Frohlich 耦合效应[17]，这是电子能量弛豫的主要方式。虽然自由电子辐射 LO 光学声子的时间为 200 fs 左右，但由于需要大量的声子参与这种能量的转变，所以完成有效的电子能量弛豫过程需要的时间要长一些 (~2 ps)。以上电子–声子耦合的物理过程发生在 $10^{-13}\sim10^{-12}$ s 内。

第三个过程：$\tau_l > 10^{-12}$ s。

接下来是声子动力学过程。声子的弛豫主要是通过与其他模式的声子进行非和谐相互作用。在这过程中首先建立一个 LO 声子的非平衡聚集区，然后 LO 声子弛豫过程通过辐射声学声子完成。最终热平衡过程是声子依照 Bose-Einstein 规律重新分布于布里渊区域，此时，我们才可以定义激光诱导材料产生的温度，能量的分布以温度为特征。目前普遍认为，经过 $\tau_l \approx 10^{-12}$ s 时间范围，飞秒激光沉积的能量可以达到热平衡状态。

第四个过程：达到热平衡状态后，能量的分布状态可以用温度分布来表征。

对于短脉冲激光来说，这种温度分布特点是由介质对激光能量的吸收决定的，通常会产生较大的温度梯度，这取决于材料的热扩散系数及光学属性。热扩散时间 $\tau_{\mathrm{th}} = \delta^2/D$，取决于热扩散特征长度 δ 和热扩散系数 D。在这种温度梯度下，热量的扩散时间尺度为 10^{-11} s 量级。当材料中沉积足够的能量时，就会达到其熔融温度，从而发生由固态到液态的转变。

从以上四个过程看[17–20]，热平衡时间 τ_l 将整个激光烧蚀过程明显分为非热熔过程和热熔过程。如果入射激光的脉冲持续时间为 τ_{p}，则有以下几种情况[21]。

当 $\tau_{\mathrm{p}} \geqslant \tau_{\mathrm{th}} \geqslant \tau_l \geqslant \tau_{\mathrm{e}}$ 时，即激光脉冲宽度可与热扩散时间相比或更长，如连续激光，调 Q 脉冲激光等。在单脉冲与介质相互作用的时间内，包含了介质对激光能量的吸收、电子与晶格的耦合、晶格与晶格的耦合等热弛豫和热扩散过程。从而使得材料在单个脉冲周期作用时间内，一方面持续吸收光子能量获得受激电子；另一方面受激电子储存的能量又通过声子的形式转变为热能，实现对材料的熔融，气化等热效应。由于热传导的影响，热能由激光聚焦点向周围扩散，最终造成作用区域边缘严重热损伤。

当 $\tau_{\mathrm{th}} \geqslant \tau_{\mathrm{p}} > \tau_l \geqslant \tau_{\mathrm{e}}$ 时，即激光脉冲的宽度与电子–声子耦合时间相当，远小于材料的热扩散时间，如皮秒脉冲激光。在单脉冲作用周期内，不仅存在电子吸收光子、受激储能过程，而且也存在激发态电子通过声子耦合实现能量转移、转化等热效应。作用区域的材料也会以熔化和气化的方式发生改变，作用区域边缘受到一定程度的热损伤影响。

上述两种情况有个共同点：激光对材料加工的本质是入射光子—受激电子—声

子转化热能，材料通过固态—液态—气态相变过程发生物质结构改变，其热扩散过程影响加工处理的质量。另一方面，激光脉冲较长的持续时间降低了脉冲的峰值功率，这使材料对激光能量的吸收以单光子共振线性吸收为主，因此无法加工相对透明的介质材料，并且加工材料的范围也受到材料光吸收特性的限制。我们将此类激光定义为“长脉冲激光”，其脉冲宽度一般大于 10 ps。

当 $\tau_{\mathrm{th}} \geqslant \tau_{\mathrm{l}} \geqslant \tau_{\mathrm{p}} \geqslant \tau_{\mathrm{e}}$ 时，即激光脉冲的宽度远小于电子与声子耦合作用的时间，在激光脉冲持续时间内，仅会发生自由电子吸收入射光子能量和储能过程，而电子与声子的能量弛豫过程及热扩散过程不会出现。在这种方式作用下，激光与物质的作用被“冻结”在电子受激吸收和能量储存过程，避免了能量的转移、转化，热量的生成、传播和扩散。当激光脉冲入射材料时，仅在激光聚焦点处发生能量的吸收，瞬间生成的电子温度远高于材料的熔化、气化的温度，形成超高温、超高压状态的等离子体，实现了激光的非热熔加工。我们将此种类型的激光定义为超短脉冲激光，其脉冲脉宽一般为飞秒量级[22]。

2.3.3 飞秒激光作用材料诱导的微结构

通过非线性吸收和能量转移过程，如果能量沉积达到一定的阈值，就会使得材料结构发生永久性的改变。材料结构改变的类型取决于辐射激光的参数 (脉冲能量、脉宽、波长、重复频率、激光偏振状态等) 和材料本身的性质 (带隙宽度、热导率等)，Qiu 等将飞秒激光在透明材料中诱导的微纳结构归结为以下四种，如图 2.3 所示[23]。第 16 章中介绍的纳米光栅结构只在部分材料中发现，可以认为是介于折射率变化和微孔洞的特殊结构。

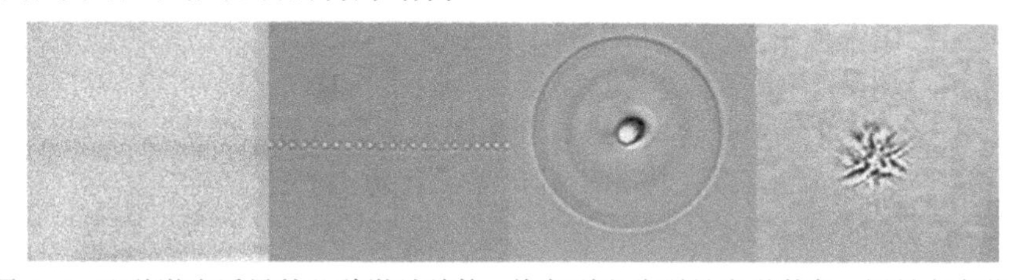

图 2.3 飞秒激光诱导的几种微纳结构，从左到右分别是光学着色、折射率变化、微孔洞和微裂纹

(1) 光学着色

主要由色心的形成，活性离子 (例如，稀土离子或者过渡金属离子) 价态的变化所引起。飞秒激光诱导材料产生色心，其激光能量一般低于能使材料结构发生永久性改变的阈值，其电离机制是多光子电离或雪崩电离。通常这种变色是可逆的，在适当温度下退火其色心便会消失，材料恢复初始透明状态。在一些特殊材料和激光参数下，有些色心也是永久性的[24]。

(2) 折射率变化

当飞秒脉冲的能量恰好达到使材料发生永久性结构改变的阈值时，会使材料辐照区发生折射率的改变。尽管关于飞秒激光对透明材料的折射率修饰已经被大量研究，但是目前仍没有完整的理论模型可以描述激光诱导材料折射率改变的机理。这里介绍两种目前普遍较为认可的解释。其中一种解释认为，飞秒激光诱导材料产生的高温高压使材料致密是改变材料折射率的主要原因。当激光能量短时间内大量沉积在焦点处，材料开始发生熔融，随后的再次固化过程使材料的密度发生改变，从而改变材料的折射率[22]。另一种解释认为，折射率的改变是材料被激光熔融后，在冷却过程中的不一致所形成的应力造成的。在材料冷却过程中，由于在激光作用区域存在温度梯度，不同的位置有不同的冷却速度。作用区域边缘的材料相对中心区域冷却速度快，形成材料较为疏松，因此会对中心区域产生应力，应力的存在从而使材料的折射率发生改变。

(3) 微孔洞

微孔洞是由微爆炸、热熔化和冲击波所产生。当飞秒激光的能量超过材料的损伤阈值，聚焦在材料内部会发生自聚焦现象。自聚焦现象可以进一步减小飞秒激光高斯光束的束腰半径，瞬间在极小的空间内产生高温高压。当这种压力超过固体材料能承受的强度值时便会产生冲击波。在冲击波作用下，材料迅速向周围扩散形成微孔结构。

(4) 微裂纹

微裂纹是由光学击穿所产生。当激光能量足够大时，强大的冲击波会使材料产生微裂纹。

在透明材料中利用飞秒激光照射选择性地引入这四种微纳结构或多种微纳结构的组合，可以制造出很多具有光学功能或其他功能的元器件。飞秒激光诱导离子变价可制作可重复擦除光存储设备[25]；飞秒激光诱导折射率变化可刻写光波导[26]；飞秒激光诱导微孔洞可形成三维光子晶体[27]；飞秒激光诱导微裂纹可用于材料精细加工。

2.3.4　飞秒激光加工材料的特点

首先，相比于以往的依赖于热熔化实现材料微加工的手段，飞秒激光对材料的微加工是非热熔性的，能量沉积的速度远大于热扩散的速度，因此避免了周围材料的熔化，可以在极大程度上提高微加工精细度；其次，由于飞秒激光与材料相互作用过程是基于非线性吸收，它与光子强度的 n 次方成正比，也就是说，对脉冲能量的吸收高度依赖于激光强度，因此可以将飞秒激光诱导的微纳结构高度局限于微小的空间内，诱导产生亚微米级尺度的结构；再次，通过将微纳加工的空间局限性与激光脉冲扫描或者平台移动相结合，可以在材料内部诱导形成复杂的三维结构，并且可以达到一定的深度；另外，由于飞秒激光诱导微纳结构是基于材料对激光能量的非线性吸收，只取决于材料中的原子特性和激光脉冲的强度，因而对材料的种类要求很低，只要激光脉冲的脉宽足够窄，能量足够高，都能实现对材料的微纳加工；最后，飞秒激光将能量在时间上高度集中，这导致在同样的平均功率下，飞秒激光的峰值能量是纳米激光的 100 倍以上。因此，飞秒激光诱导微纳结构过程中所需要的脉冲能量阈值较低，相比于传统激光加工所消耗的光能量低。

2.3.5 重复频率对飞秒激光诱导微纳结构的影响

脉冲重复频率是飞秒激光的一个重要参数，同时也决定着飞秒激光诱导微纳结构的机理及结果。高重复频率飞秒激光在与透明材料相互作用的过程中会产生热累积效应，这是低重复频率飞秒激光所不具备的。图 2.4 展示了 Herman 等对热累积效应的系统研究[28]。在他们的实验中，采用了波长为 1045 nm，脉冲能量为 450 nJ 的频率可调的飞秒激光器。激光光束经过聚焦以后直径大约为 2 μm。在实验中，他们发现，如果使用重复频率在 200 kHz 以上的飞秒激光照射，诱导产生的热影响区域会随着照射时间延长急剧变大，而使用重复频率较低的激光脉冲照射则不会产生这种现象。为了研究其机理，他们采用 FDTD 方法对飞秒激光照射产生的热场进行了模拟，结果如图 2.5 所示。可以看到，在高重复频率飞秒激光照射时，激光聚焦区域的温度可以达到几千摄氏度，远远高于低重复频率激光照射时诱导产生的热场的温度。这一现象可以从激光与材料相互作用的典型的物理现象的时间尺度方面去解释。如前面所述，飞秒激光与材料相互作用过程中，光子加热电子和电子–声子耦合的时间尺度 (<1 ps) 远小于热扩散的时间尺度 (>0.1 s)，这样会产生一个热场。对于低重复频率飞秒激光，由于脉冲之间的间隔时间较长，在下一个脉冲到达材料的时候，激光聚焦区域的温度已经下降到环境温度。而对于高重复频率飞秒激光，由于其脉冲之间的间隔时间较短，当这个时间短于激光照射产生

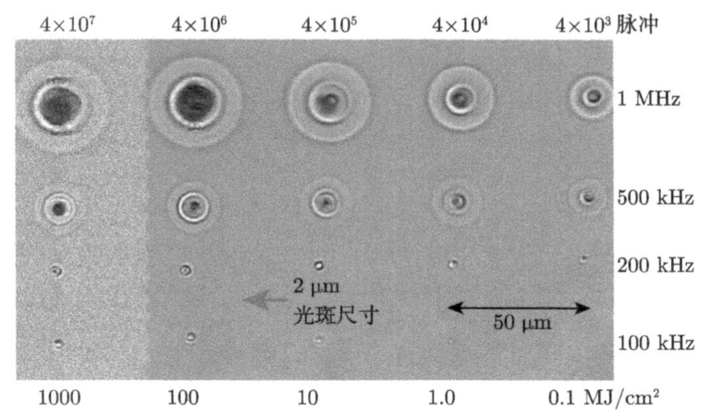

图 2.4 飞秒激光在肖特 AF45 玻璃样品中诱导的热影响区域的光学照片

的热场扩散所需的时间的时候，下一个脉冲到达样品时，前一个脉冲产生的热场还没有完全消散，这样就会导致热量的累积作用。而随着照射时间的延长，激光脉冲数量的增加，激光聚焦区域的温度会逐渐升高，直至到达动态平衡。高重复频率飞秒激光照射过程中产生的热场虽然会增大激光诱导微纳结构的尺寸，但它对某些微纳结构的形成也是至关重要的。

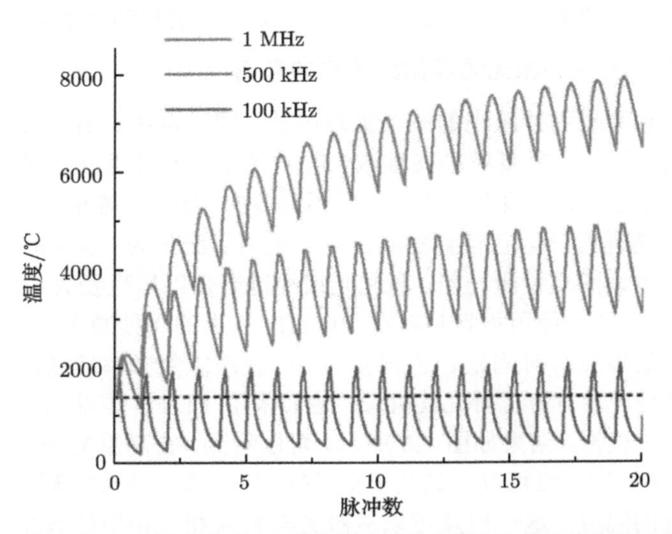

图 2.5　距激光束中心 2μm 径向位置处玻璃温度对曝光次数的有限差分模拟结果

参 考 文 献

[1] Maiman T. Stimulated optical radiation in ruby lasers[J]. Nature, 1960, 187: 493-494.

[2] Du D, Liu X, Korn G, et al. Laser-induced breakdown by impact ionization in SiO_2 with pulse widths from 7 ns to 150 fs[J]. Appl. Phys. Lett., 1994, 64: 3071-3073.

[3] Pronko P P, et al. Machining of submicron holes using a femtosecond laser at 800-nm[J]. Opt. Commun., 1995, 114, 106-110.

[4] Joglekar A P, et al. A study of the deterministic character of optical damage by femtosecond laser pulses and applications to nanomachining[J]. Appl. Phys. B, 2003, 77: 25-30.

[5] Inouye H, Tanaka K, Tanahashi I, et al. Ultrafast dynamics of nonequilibrium electrons in a gold nanoparticle system[J]. Phys. Rev. B, 1998, 57: 11334.

[6] Stuart B C, Feit M D, Rubenchik A M, et al. Laser-induced damage in dielectrics with nanosecond to subpicosecond pulses[J]. Phys. Rev. Lett., 1995, 74: 2248-2251.

[7] Davis K M, Miura K, Sugimoto N, et al. Writing waveguides in glass with a femtosecond laser[J]. Opt. Lett., 1996, 21: 1729-1731.

[8] Mainfray G, Manus C. Multiphoton ionization of atoms[J]. Rep. Prog. Phys., 1991, 54: 1333-1372.

[9] Joglekar A P, Liu H, Meyhofer E, et al. Optics at critical intensity: applications to nanomorphing[J]. Proc. Natl. Acad. Sci., 2004, 101: 5856.

[10] Joglekar A, Liu H, Meyhofer E, et al. Optics at critical intensity: applications to nanomorphing[J]. Proc. Natl. Acad. Sci., 2004, 101: 5856-5861.

[11] Lindl J. Development of indirect-drive approach to inertial confinement fusion and the target physics basis for ignition and gain[J]. Phys. Plasmas, 1995，2: 3933-4024.

[12] Noack J, Vogel A, Laser-induced plasma formation in water at nanosecond to femtosecond time scales; Calculation of thresholds, absorption coefficients and energy density[J]. IEEE J. Quantum Electron, 1999，35: 1156-1167.

[13] Du D, Liu X, Korn G, Squier J, et al. Laser-induced breakdown by impact ionization in SiO_2 with pulase width from 7 ns to 150 fs[J]. Appl. Phys. Lett., 1994, 64: 3071.

[14] Bloembergen N. Laser-induced electric breakdown in solids[J]. IEEE J. Sel. Top. Quantum Electron, 1974, 10: 375-386.

[15] Rayner D, Naumov A, Corkum P. Ultrashort pulse non-linear optical absorption in transparent media[J]. Opt. Express, 2005, 13: 3208.

[16] Vonder Linde D, Sokolowski-Tinten D, Bialkowski K. Laser-solid interaction in the femtosecond time regime[J]. Appl. Surf. Sci., 1997: 109-110.

[17] Goldmann J R, Prybyla J A. Ultrafast dynamics of laser-excited electron distributions in silicon[J]. Phys. Rev. Lett., 1994, 72: 1364.

[18] Kash J A, et al. Subpicosecond time-resolved Raman spectroscopy of LO phonons in GaAs[J]. Phys. Rev. Lett., 1985, 54: 2151.

[19] Langot P, et al. Femtosecond investigation of the hot-phonon effect in GaAs at room temperature[J]. Physical Review B, 1996, 54: 14487.

[20] Linde D, Tinten K S, Bialkowski. Laser-solid interaction in the femtosecond tinle region[J]. Appl. Surf. Sci, 1997, 109: 1-10.

[21] Becker P C, Fragnito H L, Brito C H. Femtosecond photon echoes from band-to-band transitions in GaAs[J]. Phys. Rev. Lett., 1988, 61: 1647-1649.

[22] 杨建军. 飞秒激光超精细冷加工技术及其应用[J]. 激光与光电子学进展, 2004, 41: 42-57.

[23] Qiu J. Femtosecond laser-induced microstructures in glasses and applications in micro-optics[J]. The Chemical Records, 2004, 4: 50-58.

[24] Dickinson J, Orlando S, Avanesyan S, et al. Color center formation in soda lime glass and NaCl single crystals with femtosecond laser pulses[J]. Appl. Phys. A, 2004, 79: 859-864.

[25] Schaffer C B, Garcfa J F, Mazur E. Bulk heating of transparent materials using a high-repetition-rate femtosecond laser[J]. Appl. Phys. A, 2003, 76: 351.

[26] Qiu J, Kojima K, Miura K, et al. Infrared femtosecond laser pulse-induced permanent reduction of Eu^{3+} to Eu^{2+} in a fluorozirconate glass[J]. Opt. Lett., 1999, 24: 786-788.

[27] Miura K, Qiu J, Inouye H, et al. Photowritten optical waveguides in various glasses with ultrashort pulse laser[J]. Appl. Phys. Lett., 1997, 71: 3329-3331.

[28] Eaton S M, Zhang H, Herman P R. Heat accumulation effects in femtosecond laser-written waveglides with variable repetition rate[J]. Opt. Express, 2005, 13: 4708-4716.

第3章 飞秒激光微纳加工系统

3.1 引　　言

早在 1960 年，Maiman 就预言激光可以用于材料切割和焊接[1]。现在，激光加工处理已经成为很多产业不可或缺的一部分。由于激光可以在不破坏透明材料表面的情况下，对材料内部进行加工，具有得天独厚的优势。

目前工业上用于进行材料加工与处理的激光系统主要有 CO_2 激光器、Nd:YAG 激光器及准分子激光器等。CO_2 激光器和 Nd:YAG 激光器是高平均功率、大能量输出的激光加工系统，被广泛应用于激光加工领域。此类激光系统脉宽为连续光到纳秒范围，利用电子对激光光子的共振线性吸收加热材料，达到熔化、蒸发 (或气化) 去除材料，属于热熔性加工过程。激光脉冲持续时间较长，大于材料的热扩散时间，这导致热影响区域大，主要应用于对金属、合金等材料进行焊接、打孔、切割及表面处理等。紫外准分子激光系统波长短，脉宽通常为纳秒量级，单光子能量较大。通过材料对光子的线性吸收，并发生光化学作用，导致材料化学键破坏，实现对材料的微加工。其属于光化学反应过程，热扩散影响较小或可忽略。准分子激光器利用材料对短波长光子的线性吸收来加工，加工精度较前两种激光系统有所提升，但仍受限于光学衍射极限。其对材料的加工基于光化学反应，限制了其加工材料的种类和范围，并且只能在衬底表面较浅的区域进行加工，限制了紫外准分子激光加工的应用。飞秒激光的出现，给材料加工带来了革命性的突破。

飞秒激光微加工是飞秒激光脉冲在材料的表面或者内部诱导出微米尺寸结构的过程。材料在飞秒激光极强的光电场中，通过多光子吸收、光致电离和雪崩电离等过程在焦点附近产生高密度的等离子体，导致加工区域的材料结构改变。激光能量是通过使材料电子电离的形式将能量传播到材料的。飞秒激光具有的极高峰值功率与极短脉冲持续时间，使其与材料相互作用的方式和传统长脉冲激光完全不同。飞秒激光微加工的特点主要有以下四点：①脉冲持续时间极短，且单脉冲能量较小，与材料相互作用时热扩散区域较小，实现“冷”加工，适合于有保护性要求的加工应用，如对生物组织、易爆炸材料的加工；②材料通过多光子吸收等非线性吸收激光能量，使得在聚焦激光焦点中心区域结构发生改变，可以突破光学衍射极限达到亚波长的空间加工精度；③飞秒激光可以聚焦到透明材料内部，实现真正的三维微纳加工；④飞秒激光加工具有确定的不依赖于材料的破坏阈值，可实现加工材料种类的多样性。

飞秒激光加工引起材料变化按激光光强可以分为两类：当激光光强低于材料损伤阈值时产生一些非破坏性的可逆相变，如光折变效应、色心形成和暗化效应等；当激光光强超过材料损伤阈值时产生的永久性结构改变。超短脉冲作用于各种玻璃 (熔融石英玻璃、硼硅酸盐玻璃、氟化物玻璃等) 和透明聚合物 (如 SU8, PDMA, SCR 等)。目前研究热点主要有：①飞秒激光表面烧蚀加工；② 微爆炸或冲击波形成的体内微孔结构；③ 色心缺陷造成的暗化或着色现象；④ 材料致密化或其他机制导致的局部折射率修饰；⑤ 单束飞秒激光引起的自组织周期结构等。通常飞秒激光加工是各种效应综合作用的结果，其与物质相互作用的机制仍有待进一步研究。

飞秒激光微纳加工技术包括直写、干涉和投影技术。飞秒直写加工技术比较灵活且有较高的自由度，通常用于各种点、线扫描加工；干涉方法常用于加工多维空间周期结构；投影成形技术可以在材料表面制备任意形状的二维图案。

3.2 飞秒激光直写加工系统

3.2.1 飞秒激光直写加工系统结构

飞秒激光直写加工系统的基本组成如图 3.1 所示，主要由飞秒激光放大器、控制系统、光路和一些附属设备 (如聚光灯等) 组成。飞秒激光脉冲从脉冲放大系统出来，经衰减片、快门、折反镜，最后经物镜聚焦于样品表面或者内部。衰减片和快门分别用于控制脉冲能量和脉冲个数。样品放置于三维移动控制平台上，由计算机精确控制，其加工过程可以通过 CCD 相机在计算机上实时观察，实时反馈加工过程和状态。

飞秒激光器是飞秒激光微纳加工系统的核心，其输出飞秒脉冲的能量、模式、波长、脉宽等因素对激光微纳加工的结果有着重要的影响。

样品控制系统一般选用三维移动平台，加工系统的可运动部分通过电脑控制。平台由三个移动精度为纳米量级的步进电机分别控制样品 x-y-z 方向的移动，实现样品的精确定位。加工过程中，首先通过 3D Max 设计微结构模型，然后经过切片分割处理保存为 DXF 文件，以便于图像处理部分读取。用 Visual Basic 语言编制的程序对 DXF 文件进行处理，生成点阵数据文件，形成可识别指令。点阵数据文件由加工程序读取后，按照点阵中各点三维位置驱动转镜或三维平移台，使激光焦点按照点阵逐点移动，便可以开始对设计的微纳结构进行加工。

光束控制包括光束方向、直径的控制以及光束发散角的控制，主要由导向镜和缩束镜组成。

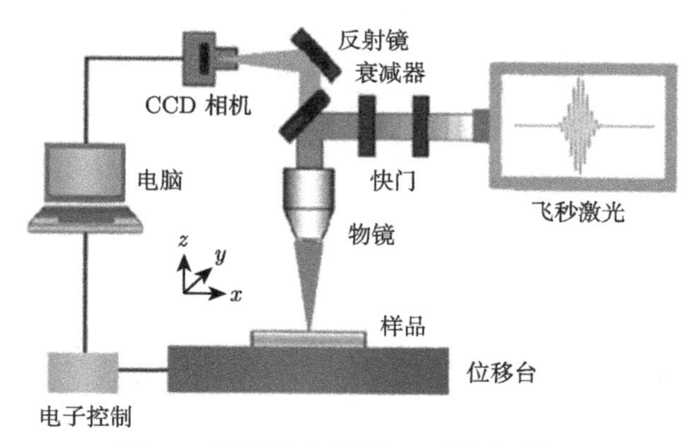

图 3.1 飞秒激光直写加工系统光路图

(1) 方向控制

导向系统主要由反射镜组成，主要作用是将激光脉冲导入微加工显微镜。脉冲激光从飞秒放大系统出来，经 4 个反射镜准直后通过两个固定小孔光阑，而后经一对提束镜导入显微镜中。通过控制两个提束镜的角度，使激光脉冲垂直入射到水平放置的样品表面。小孔光阑可以控制光束的直径，但要以损失部分激光脉冲能量为代价。

(2) 光束直径与发散角控制

控制光束直径的主要作用是控制激光脉冲能量密度；控制光束发散角的主要作用是改变激光脉冲经物镜聚焦后焦点的纵横比。从飞秒放大系统中输出的光斑被放大，光束具有一定的发散角。光束直径与发散角通过望远系统进行控制，望远系统由一个凹面镜和一个凸面镜组成。从飞秒激光放大系统出来的激光照射在凹面镜上被反射并会聚，将凸面镜放在凹面镜的焦点前合适位置，调节凸面镜的位置就使得激光半径和发散角被调整到合适值。

激光放大系统出射的飞秒激光脉冲能量密度较低，较难直接加工样品。实验通过显微物镜对飞秒激光脉冲聚焦，将激光能量聚焦到样品表面或者内部，直接加工样品。显微镜聚焦系统的主要参数为物镜数值孔径 NA。数值孔径决定了实验中所能聚焦光斑的最小尺寸，亦即决定了经透镜聚焦后，焦点处的功率密度。对于不同的样品和不同的加工目的，选用不同的物镜。如加工普通玻璃和 SiC 片，由于它们损伤阈值不同，在相同能量下需要用不同物镜来加工，以获得较好的实验结果。玻璃阈值较低，可选用 NA 较小的物镜聚焦入射激光；SiC 阈值较高，可选用 NA 较大的物镜进行加工。

功率可以由可变衰减器、偏振片、光阑等光学元件进行控制。可变衰减器可以连续改变功率，但是由于上面的镀膜是渐变的，对光的空间强度分布会造成一定影响，从而对飞秒激光加工有一定影响。偏振片对光的调节也是渐变的，可以通过偏振片与半波片的结合来调整脉冲激光功率和偏振方向，但不能在高功率下使用。光阑通过控制光斑大小，从而控制脉冲能量。光阑能够从光斑中选择能量分布比较均匀部分透过，但光阑过小，光阑的衍射就会对光斑分布造成影响。

监测系统用来实时观测脉冲激光状态和加工结果。可以使用 CCD 成像系统实时观测，也可以使用其他探测器，比如光谱仪或者功率计进行监测。常用的监测方法有同轴监测和侧面监测。同轴监测指探测器与飞秒激光传输方向在同一轴线；侧面监测指探测器与激光的传播方向成一定角度，在侧面进行观察。

3.2.2　飞秒激光直写诱导微结构

无机非金属材料具有不导电、物理化学稳定性好等特点，被广泛应用于制造微电动机械系统 (MEMS)、微全分析系统 (TAS)、生物医学系统等。各种微系统巨大的潜在应用价值与飞秒激光三维微纳精细加工的特点，使得利用飞秒激光加工无机非金属材料成为飞秒激光微纳精细加工的研究热点之一。在各种无机非金属材料中，玻璃材料具有物理化学稳定性好、制作工艺成熟、近红外波段透明等特点，飞秒激光加工玻璃成为最引人注目的研究热点之一。

飞秒激光在透明材料内部诱导形成微纳结构的类型受飞秒激光的波长、脉冲能量、重复频率、激光聚焦条件、辐照时间、透明材料性质等多种因素的制约。所形成的微纳结构的类型也多种多样。飞秒激光在透明材料中诱导的微纳结构归结为以下四种：

(1) 光学着色，主要由色心的形成，活性离子 (例如，稀土离子或者过渡金属离子) 价态的变化所引起；

(2) 折射率变化，由缺陷的产生，局部结构密度的变化或组成成分的变化所引起；

(3) 微孔洞，由微爆炸、热熔化和冲击波所产生；

(4) 微裂纹，由光学击穿所产生。

在透明材料中利用飞秒激光照射选择性地引入这四种微纳结构或多种微纳结构的组合，可以制造出很多具有光学功能或其他功能的元器件。在此章先进行概述，后续章节中将详细阐述。

3.2.3　飞秒激光直写光波导

光波导将光波束缚在光波长量级尺寸的介质中进行定向传输，是集成光学重要的基础部件。飞秒激光聚焦到材料内部时，若激光功率小于材料的破坏阈值则可以在激光焦点区域引起材料的折射率变化。这种变化可以归因为多光子效应引起的色心产生、局部致密和基团重组等机制。这种材料的结构改性只是折射率变化而不是光学损伤，因此，利用这种变化，可以在玻璃、晶体、聚合物等透明介质内部写入光学波导、分束器、耦合器等集成光学器件。

1996 年，日本京都大学的 Hirao 研究小组首先发现聚焦的近红外飞秒激光脉冲可以在掺锗石英玻璃内部诱导出折射率变化的结构改变[2]。通过测量发现破坏区域的折射率增加 0.01~0.035，从而在石英玻璃内部制作出了光波导。而后通过调节激光的功率和扫描速度等参数，实现单模或多模波导传输。接着又在硼酸盐玻璃、氟化玻璃、钠钙玻璃中制作出光波导，并且采用不同的能量在氟化玻璃中制作出长 15 mm，直径分别为 8 μm, 17 μm, 25 μm 的波导。通过测量 8 μm 波导的不同入射波长远场光强分布，得出其单模传输的截止波长在 800 nm 左右，波导属于折射率渐变型[3]。采用飞秒激光直写光波导可以实现复杂的光波导结构，如图 3.2 所示的直角拐弯的光波导结构，它巧妙地利用了三棱镜对侧面入射的光的全反射。

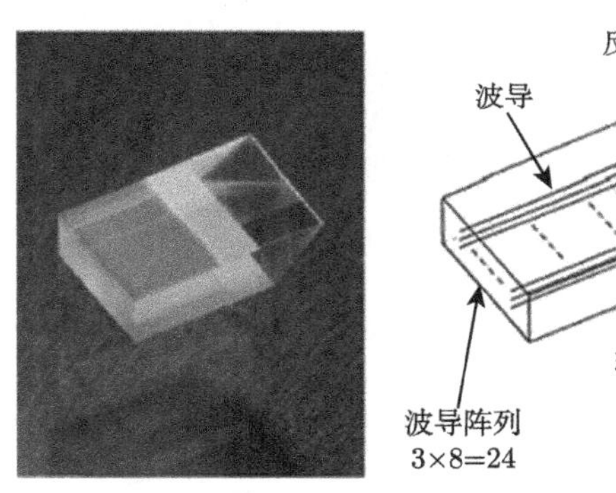

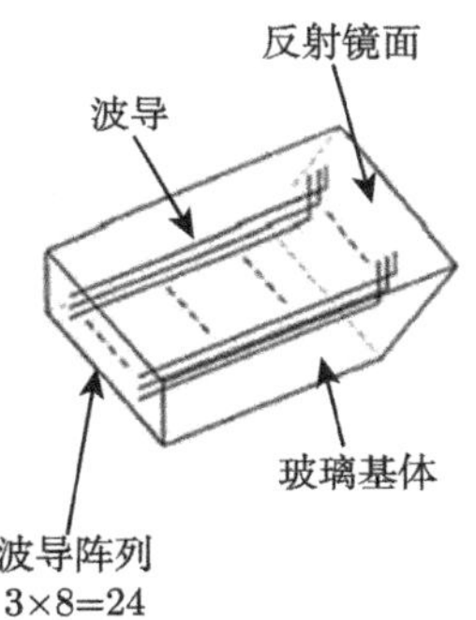

图 3.2 飞秒激光直写直角拐弯的光波导结构

经过十多年的发展，目前飞秒激光直写光波导的传输损失、折射率差异、弯曲半径等参数已经有了很大的提高。传输损失在 0.1 dB/mm 量级的光波导已经在很多材料中和多种制备条件下实现。飞秒激光直写光波导不仅仅在各种玻璃材料里实现，同时也在活性离子掺杂的玻璃、晶体和高分子材料中实现；通过在玻璃基质中引入具有光学活性的发光中心，还可以使制备的光波导具有光学增益的效果。飞秒激光直写光波导技术也广泛应用于制备耦合器、分波器和微光栅等光功能器件领域。相比于传统的等离子体增强化学气相沉积法和离子交换等技术制备光波导，飞秒激光直写光波导具有步骤简单、写入速度快以及更好的空间选择性等优点。

3.2.4 飞秒激光诱导离子价态变化

离子价态的操控对于制备活性离子掺杂的光学器件具有重要的意义，可以用于光存储和防伪领域。而飞秒激光则提供了一种可以空间选择性操控离子价态的方法。1999 年，Qiu 等观察到了基于飞秒激光照射引起的稀土离子的还原[4]。经过飞秒激光照射以后，玻璃中掺杂的铕离子 (Eu^{3+}) 被还原成 Eu^{2+}，同时在玻璃中形成了捕获电子空穴的缺陷。这种离子价态的变化会导致玻璃在紫外光照射时产生不同颜色的发光，如图 3.3 所示。2002 年，Miura 等利用飞秒激光诱导的钐离子 (Sm^{3+}) 的选择性还原，在玻璃内部成功演示了超高密度的三维光学存储[5]，存储密度可达到 10 TB/cm^3。并且，他们发现还原形成的 Sm^{2+} 可以通过氩离子激光器的进一步辐照被氧化成 Sm^{3+}，从而实现了一种可擦写的三维光存储技术。目前，不仅限于稀土离子，过渡金属离子以及金属离子价态的操控也已经实现。相比于利用飞秒激光诱导的折射率变化实现的光存储，基于不同离子发光光谱差异的光存储具有信噪比较高、采用普通激光器作为激发源就可以实现信号读出且可擦写的特点，因此具有广泛的应用前景。

图 3.3　Eu^{3+}—Eu^{2+} 离子价态变化在紫外光下形成的蓝色发光图案 (后附彩图)

3.2.5　飞秒激光诱导微纳光栅结构

随着信息化时代的到来，人们对信息量需求的不断膨胀，对信息的获取与处理开始转向二维化发展，信息容量将急剧上升，这就促使各种器件朝着微型化、集成化发展，一些微光学器件如分束器、耦合器、滤波器、起偏器、存储器、微光开关等，以及新兴概念的光学器件将成为未来光电子信息处理技术及各种智能传感技术的关键部件。微光学器件将是下一代光通信技术的基本材料。飞秒激光直写微加工技术可以在玻璃 (或其他透明介质) 芯片上实现诸如微反射镜、微透镜、微光学分束器和微光源等微光学元件的集成制作。

作为一种重要的光学衍射元件，微纳光栅的制备对于集成光路的发展具有重要的意义。如何高效、准确地制备微纳光栅是一个亟待解决的问题。飞秒激光为此提供一种解决思路。2003 年，Shimotsuma 等利用飞秒激光照射在石英玻璃内部诱导形成了纳米级周期条纹，从而将光栅的制备拓展到了纳米级[6]。在激光照射区域的背散射电子照片中，他们观察到了条纹宽度为 20 nm，重复周期为 160 nm 的纳米光栅结构，如图 3.4 所示。这种周期性的纳米光栅结构的方向与飞秒激光脉冲的偏振方向垂直，他们认为这种奇特结构的形成是基于飞秒激光与其诱导的等离子体波的干涉作用。并且，这个现象的发现更好地解释了 Qiu 等在 2000 年观察到的具有偏振发光依赖特性的荧光现象[7]。Taylor 等发现，随着飞秒激光的偏振方向的改变，之前诱导的纳米光栅结构逐渐消失，而在新的垂直于激光偏振的方向上形成了一系列新的纳米光栅，亦即这种纳米光栅具有可擦写的特性。2008 年，他们又发现，采用圆偏振光同样可以诱导产生纳米光栅结构，同时这种纳米光栅也是圆形的[7]。近几年，这方面的报道越来越多，包括采用不同的材料、不同的激光偏振条件、不同的激光照射条件诱导产生纳米光栅以及研究纳米光栅周期对采用的激光波长的依赖性，演示纳米光栅的一些应用等。利用飞秒激光制备微纳光栅结构为纳米有序结构的制备以及集成光路工艺的发展开辟了新途径。

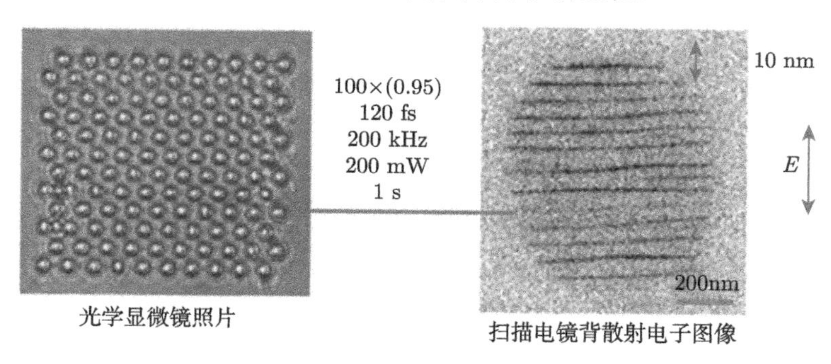

图 3.4 飞秒激光诱导的自组装纳米光栅结构

3.2.6 飞秒激光诱导析出金属纳米颗粒

贵金属纳米颗粒掺杂的玻璃，具有很高的三阶非线性系数以及超快响应时间，是制备超快全光开关的理想材料。制备金属纳米颗粒掺杂的玻璃材料的传统方法包括熔融冷却、溅射，以及溶胶–凝胶法等。但这些方法都不能实现金属纳米颗粒的空间选择性析出。利用飞秒激光照射 Ag^+ 掺杂的钠钙硅玻璃以后，采用合适的热处理条件，可以在玻璃内部空间选择性地析出 Ag 纳米颗粒[8]。这是由于在飞秒激光照射过程中，Ag^+ 被选择性地还原为 Ag 原子。在随后的热处理过程中，Ag 原子发生团聚形成 Ag 纳米颗粒析出。采用类似的方法在玻璃内部实现 Au 纳米颗粒的析出。同时，析出的 Au 纳米颗粒的尺寸随着照射条件的改变而改变，基于 Au 纳米颗粒的表面等离子体效应产生的颜色也会随之变化，如图 3.5 所示。目前应用该技术制备的三维彩色激光内雕产品已经投放海内外市场，广受好评，如图 3.6 所示。同时，测试表明，玻璃中析出金属纳米颗粒的区域具有的三阶非线性系数可高

达 10^{-8} esu(1esu=cC·(10cm·s^{-1}))，响应时间在几百飞秒数量级，体现了这种材料在制备超快光开关方面的潜在应用。不仅限于 Au 和 Ag 纳米颗粒，利用飞秒激光照射和热处理结合，还可以成功析出铅 (Pb)、镓 (Ga) 等金属纳米颗粒，以及硅 (Si)、锗 (Ge) 等半导体纳米颗粒。这一技术将在微型化、集成化和功能化的光学器件领域内具有很好的应用前景。

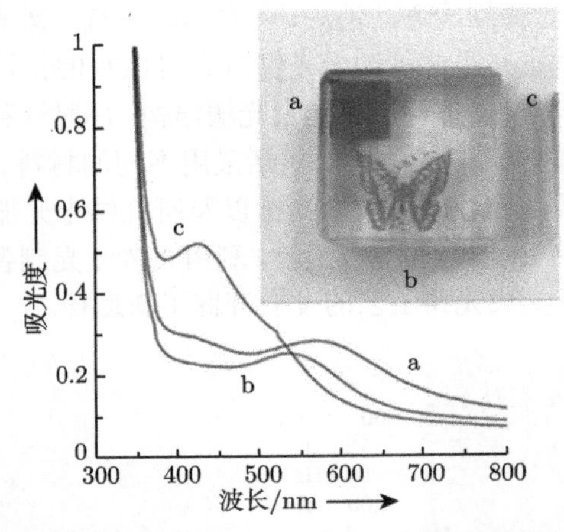

图 3.5　Au^{3+} 掺杂的硅酸盐玻璃在不同功率激光照射下的吸收光谱以及照射形成图案的光学照片

图 3.6　三维彩色内雕工艺品

3.2.7　飞秒激光诱导析出光功能晶体

传统二维光学数据存储系统的存储容量依赖于激光在光盘上聚焦点的尺寸大小, 为了增大容量必须设法减小记录点的尺寸, 但无法突破衍射极限。使用短波长蓝光仅能将存储容量提高 2～3 倍, 如果波长短于 200 nm 则会被空气强烈吸收。三维光存储系统可以通过在存储介质的不同平面记录数据信息来提高存储容量。由于量子尺寸效应、表面效应，以及纳米结构的协同效应，纳米晶体具有一系列的电子学和光学特性。纳米晶体掺杂的玻璃材料已经被证明是光学器件的替代材料，可以应用于集成光路、三维光存储、三维光学显示以及非线性光学等领域。传统的制备纳米晶体掺杂的玻璃的方法包括化学气相沉积、离子交换、离子注入等。但这些方法不能精确控制玻璃材料中纳米晶体的存在位置。

利用高重复频率飞秒激光照射玻璃，会产生热累积效应，从而导致激光聚焦区域的温度达到上千度，利用这一特性，可以实现玻璃内部空间选择性析出纳米晶体。2000 年，Miura 等发现利用 200 kHz 的飞秒激光照射，可以在激光聚焦区域附近析出具有二阶非线性效应的 β-BaB_2O_4 晶体[9]。2007 年，Dai 等在钡钛硅玻璃中析出具有高二阶非线性系数的 $Ba_2TiSi_2O_8$ 晶体[10]。2009 年，Liu 等利用飞秒激光照射在玻璃内部析出了 CaF_2 纳米晶体，并且观察到了 Er^{3+} 在纳米晶体中的上转换发光[11]。基于这一现象，他们成功地演示了玻璃内的三维光学存储，如图 3.7 所示，存储信号读出的信噪比为 29，而一般利用折射率变化进行光学存储

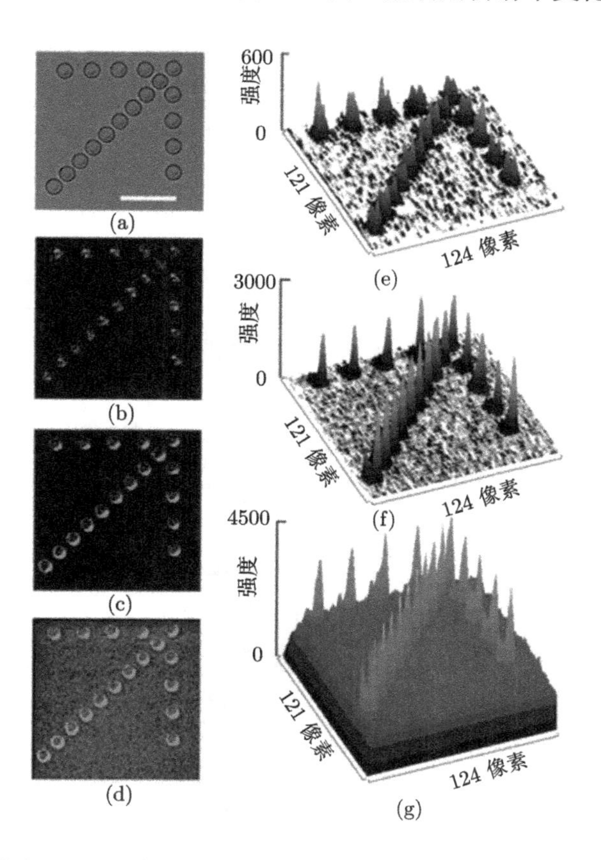

图 3.7 飞秒激光写入的“箭头”图案的显微光学照片，以及利用激光照射读出该图案的荧光成像照片

的信噪比在 0.5 左右，这一技术对于未来的光存储领域技术的发展将会起到巨大的推动作用。飞秒激光空间选择性诱导析出光功能纳米晶体技术，可以将各种非线性光功能晶体三维集成于透明的玻璃中，在制备新型集成光学元件方面显示出了巨大的潜力。

3.3　飞秒激光多光束干涉微纳加工系统

近几年，二维、三维等各种周期微结构在高密度存储、光子晶体等领域的应用引起了人们越来越多的关注。飞秒激光微纳加工技术已经成为直接获得这些微纳结构的手段之一。飞秒激光在整个脉冲宽度内具有极好的相干性，从同一个脉冲分出的光束相干叠加，可以形成强度周期性调制的电磁场，与材料作用就可以产生相应的周期微结构。

飞秒激光双光束干涉微纳加工系统如图 3.8 所示。从飞秒激光器出射的飞秒激光通过一个分束镜分成两束，其中一束飞秒激光通过一个光学延时器来调整与另一束飞秒激光的光程差，确保两束光在时间上和空间上的相干。干涉形成的条纹周期与激发波长和光束夹角 θ 有关，满足：$\Lambda = \lambda/(2\sin\theta/2)$。干涉条纹周期随两束光的夹角变化关系如图 3.9 所示[12]。2002 年，Si 等利用飞秒激光双光束干涉

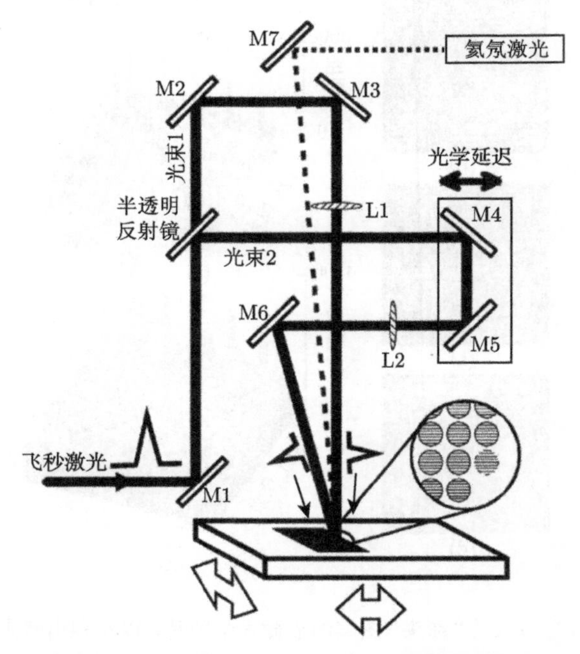

图 3.8　飞秒激光双光束干涉加工系统光路图

法，在偶氮染料分子材料中制备的微米光栅，其一阶衍射效率可以达到 76%[13]。通过双光束干涉对材料进行方向不同的两次或多次曝光处理 (即在第一次曝光产生光栅结构后，将样品旋转一定角度重复进行干涉曝光)，可以产生二维的微纳周期结构。

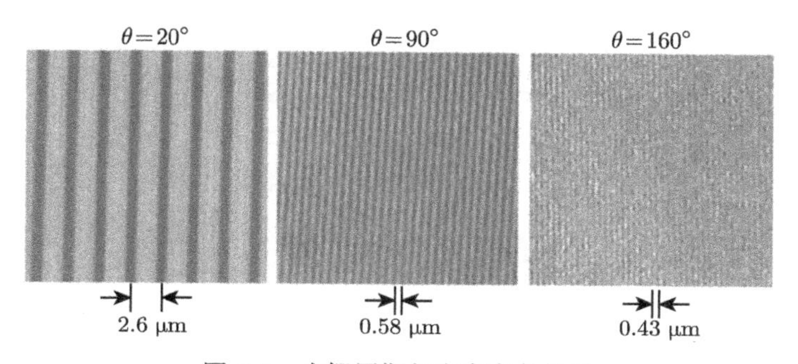

图 3.9 光栅周期与光束夹角关系

相对于双光束干涉微纳加工技术一次曝光获得一维周期微结构，飞秒激光三光束或更多光束干涉技术可以一次曝光获得二维、三维周期结构，因此在光子晶体制备方面有很大的应用前景。飞秒激光多光束干涉微纳加工系统是在光路中添加光栅分束片，将飞秒激光分成多束，通过透镜准直后再利用小孔阵列获得所需干涉场型并聚焦到样品表面或内部，实现多光束干涉微纳加工，如图 3.10 所示[14]。

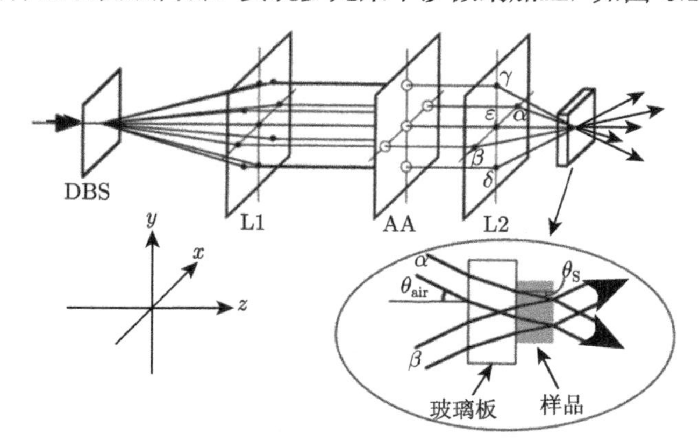

图 3.10 飞秒激光多光束干涉加工系统光路图

结合空间光调制器，飞秒激光多光束干涉微纳加工系统可以进一步改进，如图 3.11 所示。从飞秒激光器出射的飞秒激光以一定角度入射到空间光调制器上，通过给空间光调制器附加多棱锥镜的相位，可以对飞秒激光的空间相位进行调制，实现多光束干涉，形成均匀分布的空间点阵。由于空间光调制器为反射式工作，且便于 CCD 相机观测，系统中利用透镜 L1 和 L2 构成 $4f$ 系统，将空间点阵引出，再通过显微物镜聚焦后进行微纳加工。

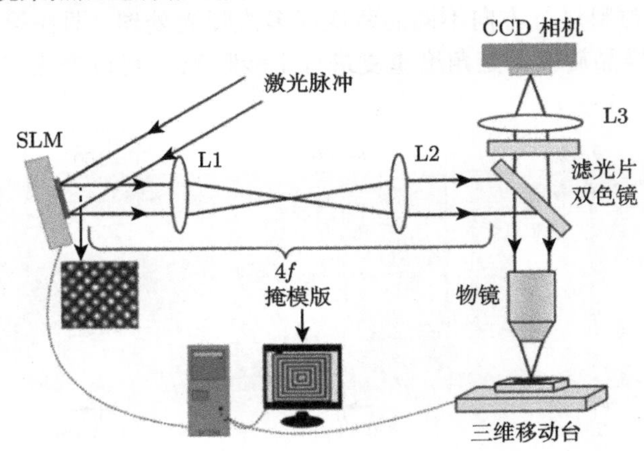

图 3.11　利用空间光调制器实现飞秒激光多光束干涉微纳加工系统

光子晶体是一种具有空间周期性结构的电磁介质材料，是 1987 年 Yablonovitch 和 John 在研究周期性电介质结构对材料中光传播行为的影响时各自独立地提出的[15,16]。光子晶体 (尤其是完全带隙的三维光子晶体) 的制备仍较困难，目前主要是利用颗粒自组装、电子束或粒子束刻蚀、全息光刻等技术，但这些技术，工艺复杂且难以制作可见光波段的光子晶体。利用多束飞秒激光干涉制作光子晶体为光子晶体的制备带来了新的曙光。2001 年，Kondo 等利用三束、四束飞秒激光干涉辐照光刻胶制备了一维、二维、三维光子晶体结构[17]，如图 3.12 所示。这种技术无需掩模，具有简单、高效、周期可控的特点，适合于快速、大面积的光子晶体制备。

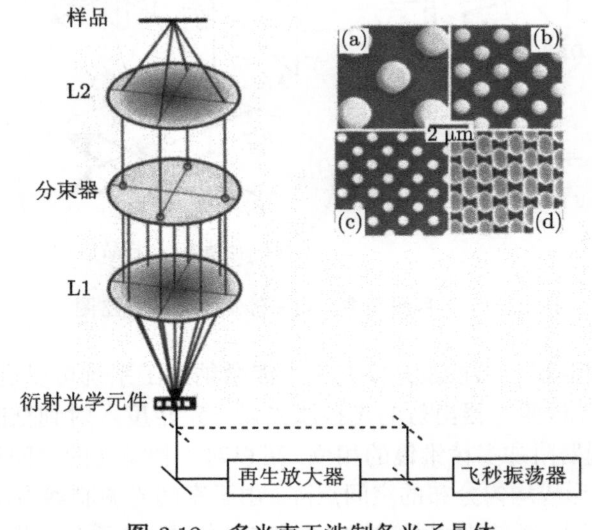

图 3.12　多光束干涉制备光子晶体

3.4 飞秒激光投影成形技术

投影光刻是一项用于微电子和微机电系统 (MEMS) 的加工技术，包括曝光、刻蚀、清晰等多个步骤，可制备纳米级的准三维结构。传统投影制备技术常使用长脉冲激光作为光源，热扩散效应影响加工精度，只能在一些具有光解离性能的聚合物材料中制备一些较大面积的图案。

飞秒激光投影成形技术光路如图 3.13 所示，飞秒激光器出射飞秒激光照射模板图案，后传输至一个光学傅里叶变换系统。该傅里叶变换系统由两个透镜组成，长焦距透镜在前，短焦距透镜在后。这些模板图案是由计算机产生的全息图，改变透镜的焦距可以获得不同放大率的图案。根据飞秒激光诱导的不同现象，这种投影加工技术可以在多种材料表面加工二维图案或微型图案，如利用飞秒激光诱导晶化现象在无定形硅材料表面加工二维图案，如图 3.14 所示[18]。与传统的光刻技术相比，飞秒激光投影成形技术不需要显色剂，并且加工效率和加工精度很高。

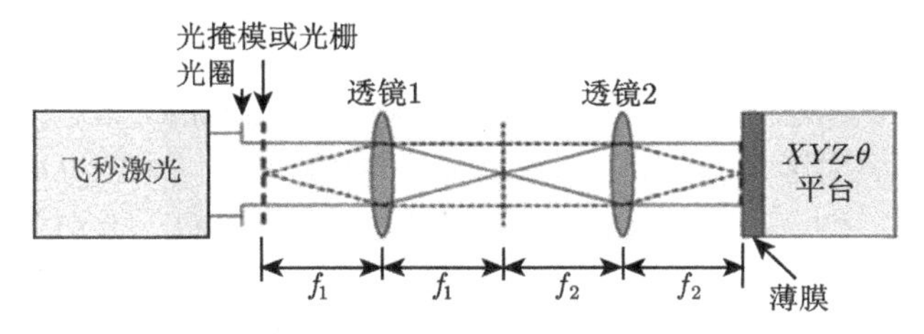

图 3.13 飞秒激光投影成形加工系统光路

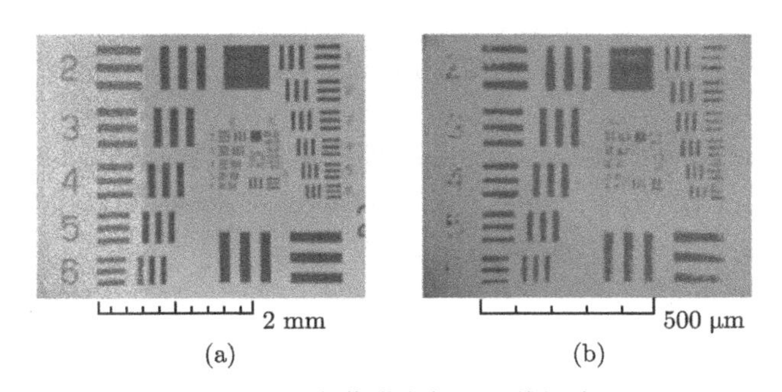

图 3.14 金薄膜上加工二维图案

参 考 文 献

[1] Maiman T H. Stimulated optical radiation in Ruby[J]. Nature, 1960, 187: 493, 494.

[2] Davis K M, Miura K, Sugimoto N, et al. Writing waveguides in glass with a femtosecond

laser[J]. Opt. Lett., 1996, 21(21): 1729-1731.

[3] Miura K, Qiu J, Inouye H, et al. Photo written optical waveguides in various glasses with ultrashort pulse laser[J]. Appl. Phys. Lett., 1997, 71(23): 3329-3331.

[4] Qiu J, Kojima K, Miura K, et al. Infrared femtosecond laser pulse-induced permanent reduction of Eu^{3+} to Eu^{2+} in a fluorozirconate glass[J]. Opt. Lett., 1999, 24(11): 786-788.

[5] Miura K, Qiu J, Fujiwara S, et al. Three-dimensional optical memory with rewriteable and ultrahigh density using the valence-state change of samarium ions[J]. Appl. Phys. Lett., 2002, 80(13): 2263-2265.

[6] Shimotsuma Y, Kazansky P G, Qiu J, et al. Self-organized nanogratings in glass irradiated by ultrashort light pulses[J]. Phys. Rev. Lett., 2003, 91(24): 247405.

[7] Taylor R S, Simova E, Hnatovsky C. Creation of chiral structures inside fused silica glass[J]. Opt. Lett., 2008, 33(12): 1312-1314.

[8] Qiu J, Shirai M, Nakaya T, et al. Space-selective precipitation of silver nanoparticles inside glasses[J]. Appl. Phys. Lett., 2002, 81(16): 3040-3042.

[9] Miura K, Qiu J, Mitsuyu T, et al. Space-selective growth of frequency-conversion crystals in glasses with ultrashort infrared laser pulses[J]. Opt. Lett., 2000, 25(6): 408-410.

[10] Dai Y, Zhu B, Qiu J, et al. Direct writing three-dimensional $Ba_2TiSi_2O_8$ crystalline pattern in glass with ultrashort pulse laser[J]. Appl. Phys. Lett., 2007, 90(18): 181109.

[11] Liu Y, Zhu B, Dai Y, et al. Femtosecond laser writing of Er^{3+} doped CaF_2 crystalline patterns in glass[J]. Opt. Lett., 2009, 34(21): 3433-3435.

[12] Hirano M, Kawamura K, Hosono H. Encoding of holographic grating and periodic nanostructure by femtosecond laser pulse[J]. Appl. Surf. Sci., 2002, 197: 689-698.

[13] Si J, Qiu J, Zhai J, et al. Photoinduced permannent gratings inside bulk azodye-doped polymers by the coherent field of a femtosecond laser[J]. Appl. Phys. Lett., 2002, 80(3): 359-361.

[14] Kondo T, Matsuo S, Juodkazis S, et al. Femtosecond laser interferece technique with diffractive beam splitter for fabrication of three-dimensional photonics crystals[J]. Appl. Phys. Lett., 2001, 79(6): 725-727.

[15] Yablonovitch E. Inhibited spontaneous emission in solid-state physics and electronics[J]. Phys. Rev. Lett., 1987, 58(20): 2059-2062.

[16] John S. Strong localization of photons in certain disordered dielectric superlattices[J]. Phys. Rev. Lett., 1987, 58(23):2486-2489.

[17] Kondo T, Matsuo S, Juodkazis S, et al. Multiphoton fabrication of periodic structures by multibeam interference of femtosecond pulses[J]. Appl. Phys. Lett., 2003, 82(17):2758-2760.

[18] Nakata Y, Okada T, Maeda M. Lithographical laser ablation using femtosecond laser[J]. Appl. Phys. A, 2004, 79: 1481-1483.

第 4 章　飞秒激光共振干涉技术

4.1　引　　言

众所周知，干涉、衍射与偏振是波动光学的三大主题。自托马斯 · 杨的双缝干涉实验以来，干涉现象在许多科学及技术领域得到了广泛的应用。近二十年来，激光干涉光刻技术由于能产生亚微米至纳米尺寸的周期性阵列图形，无须采用掩模，并且光学系统简单，成本低廉而得到人们的广泛关注[1-4]。在传统的干涉光刻中，将连续或纳秒激光器产生的激光进行分束，使之干涉并对光致抗蚀剂 (光刻胶) 进行曝光，然后通过显影、定影、刻蚀等工艺，可形成需要的周期微纳结构。与之相比，飞秒激光干涉技术不需要光刻胶，可以直接在材料上诱导微纳结构。另外，利用飞秒激光与透明材料相互作用的非线性光学效应，将干涉的飞秒激光束聚焦到透明材料内部还可以诱导材料内部周期微结构。

飞秒激光的超短脉冲、超高强度特性，使其在诱导、制备功能显微结构方面得到广泛的应用[5-8]。飞秒脉冲属于傅里叶变换极限脉冲。飞秒激光给出的测不准原理中时间 Δt 和能量 $\Delta\omega$ 的乘积最小，也就是说，是相干性最好的激光，它在整个脉冲宽度内都具有极好的相干性，因而当从同一光束分出的两束或两束以上的光束实现时间与空间上的相互叠加时，将会产生强度周期性调制的电磁场。这种周期调制的电磁场与材料产生相互作用，能诱导出相关的周期微纳结构。最近，用两束或两束以上飞秒激光诱导功能微纳结构的激光干涉技术得到了广泛研究[9-29]。

4.2　飞秒激光共振干涉理论

4.2.1　飞秒激光脉冲干涉的实现

理论上，脉冲时间越短，相干区域越小。对于两束夹角为 θ 的光束，叠加区的尺寸由公式 $L=c\tau/(\sin\theta/2)$ 给出[9]，这里 c 为光在媒质中的传播速度，τ 为脉冲持续时间。例如，对于脉冲宽度为 120 fs，夹角为 30° 的两束光束，其相干长度约为 140 μm。由两束光产生的干涉条纹的数量与两光束的夹角是独立的，对于一定的脉宽，由公式 $2c\tau/\lambda$ 决定 (λ 为激光波长)。例如，脉冲宽度为 120 fs，波长为 800 nm 的两束激光相干，大约可以产生 90 个干涉条纹。

目前有两种飞秒激光干涉光路的搭建方法，包括分束镜 (mirror beam splitter，MBS) 分光和衍射光栅 (diffractive beam splitter, DBS) 分光，如图 4.1 所示。

使用分束镜的情形, 在用分束镜进行分光后，两束光再通过两面透镜 (lens) 聚焦到样品上。为了实现两束飞秒激光的干涉，必须使得两束光在时间和空间上严格叠加，这通过光学延迟 (optical delay) 以及观测在焦点处通过非线性光学晶体产生的三次谐波或在空气中产生的三次谐波来实现[10]。这种方法可以实现单脉冲飞秒激光相干，但当需要多束 (三束或以上) 飞秒激光相干时，则增加了光路的复杂性并且难于调节。

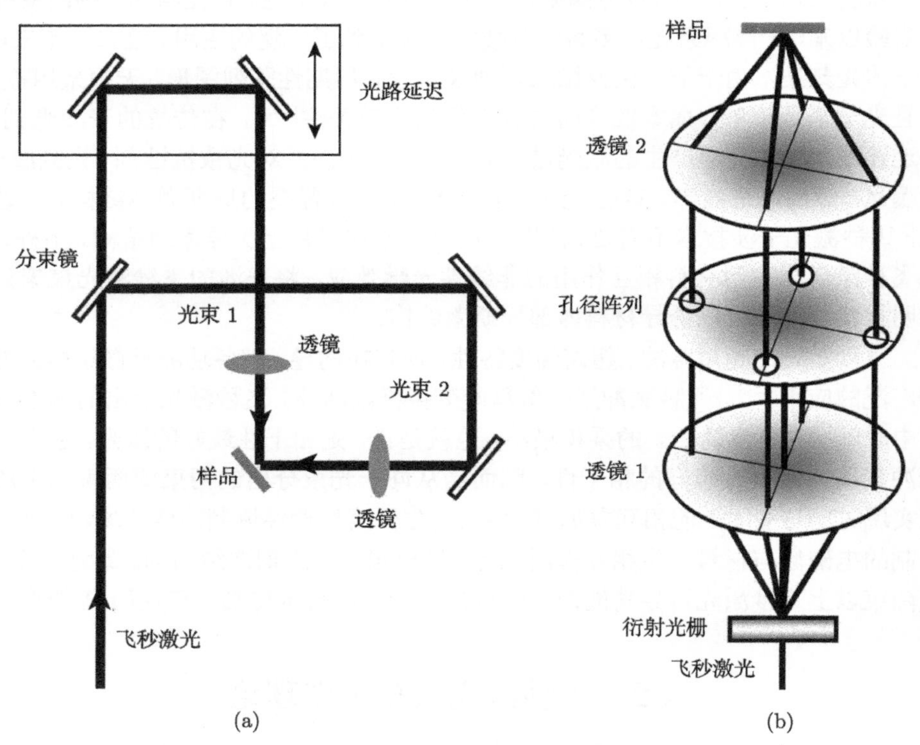

图 4.1　实现飞秒激光干涉的光路

(a) 使用分束镜进行分光；(b) 使用衍射光栅进行分光

为实现多束飞秒激光相干，采用衍射光栅分光可以克服利用分束镜分光的不足，在图 4.1(b) 中，首先使用衍射光栅将飞秒激光分成几束，然后通过一个共焦成像系统将透过孔径阵列 (aperture array) 的几束光聚焦到样品上，这样不用调节光程就能取得时间上的相干。采用衍射光栅分光与采用分束镜分光的本质差别在于：从衍射光栅出射的各级衍射光束的波前与入射光束的波前互相平行，这样使得采用衍射光栅分束后干涉区域的尺寸最大可以和入射光束相当。图 4.2 形象地揭示了这两种相干的差别。

在图 4.2(a) 中，由于两束光平面波前不平行，因此在两束光的相交区域相干叠加的长度为 $W=c\tau/\sin(\theta/2)$。而在图 4.2(b) 中，由于两束平面波的波前互相平行 (均与入射到衍射光栅光束的波前平行)，因此两束光的叠加长度可以与入射光 (入射到衍射光栅) 的直径相当。

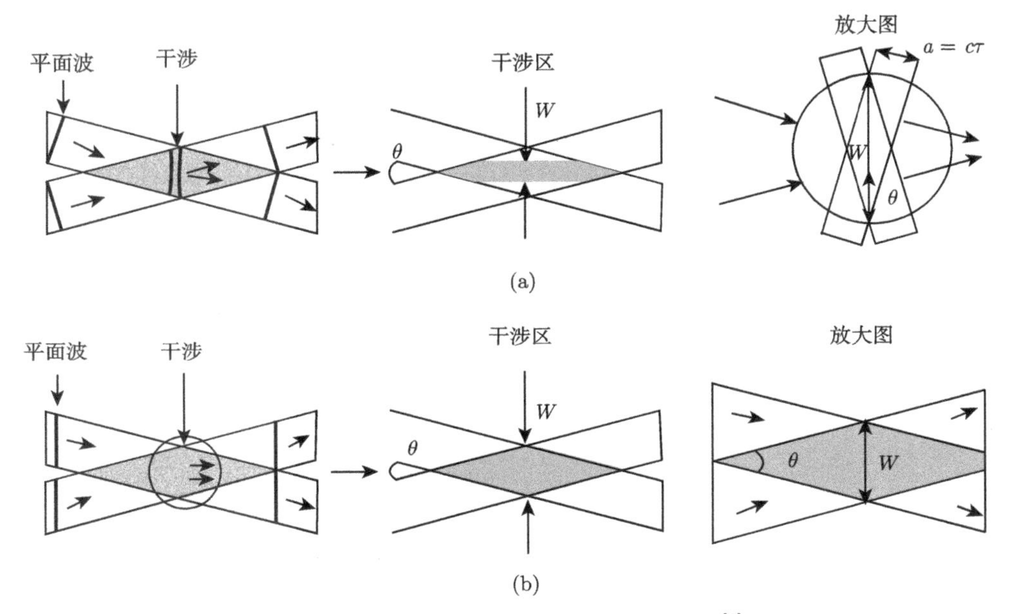

图 4.2 不同光束系统的干涉区和相干长度[9]

(a) 分束镜分光的相干长度；(b) 衍射光栅共焦成像系统分光的相干长度

4.2.2 干涉区光场分布

为了研究多束非共面激光束的干涉图样，这里以四束光干涉为例来推导干涉区域内的光强分布 (图 4.3)。其他多束干涉的推导大体相同。

根据电磁波理论，平面波可以表述为 $\boldsymbol{E}=A\exp[-\mathrm{i}(\omega t-\boldsymbol{k}\cdot\boldsymbol{r})]$，改写为坐标的形式为

$$E=A\exp\{-\mathrm{i}[\omega t-k(x\cos\alpha+y\cos\beta+z\cos\gamma)]\} \tag{4.1}$$

这里，A,k 以及 ω 分别为平面波的振幅、波矢和角频率。α, β 和 γ 是平面波的方位角。在图 4.3 插图中，在两个正交平面内的四束光辐照在样品上，其入射角分别为 $\theta_1,\theta_2,\theta_3$ 和 θ_4。从图中也可以计算出四束光的方位角，见表 4.1。

将表 4.1 中的方位角表达式代入式 (4.1)，可以得到四束光的复振幅表达式

如下：

$$\begin{cases} \widetilde{E}_1 = A_1 \exp\{\mathrm{i}[k(x\cos\alpha_1 + y\cos\beta_1 + z\cos\gamma_1)]\} \\ \quad = A_1 \exp\{\mathrm{i}k[x(-\sin\theta_1) + z(-\cos\theta_1)]\} \\ \widetilde{E}_2 = A_2 \exp\{\mathrm{i}[k(x\cos\alpha_2 + y\cos\beta_2 + z\cos\gamma_2)]\} \\ \quad = A_2 \exp\{\mathrm{i}k[x(-\sin\theta_2) + z(-\cos\theta_2)]\} \\ \widetilde{E}_3 = A_3 \exp\{\mathrm{i}[k(x\cos\alpha_3 + y\cos\beta_3 + z\cos\gamma_3)]\} \\ \quad = A_3 \exp\{\mathrm{i}k[y(-\sin\theta_3) + z(-\cos\theta_3)]\} \\ \widetilde{E}_4 = A_4 \exp\{\mathrm{i}[k(x\cos\alpha_4 + y\cos\beta_4 + z\cos\gamma_4)]\} \\ \quad = A_4 \exp\{\mathrm{i}k[y(-\sin\theta_4) + z(-\cos\theta_4)]\} \end{cases} \tag{4.2}$$

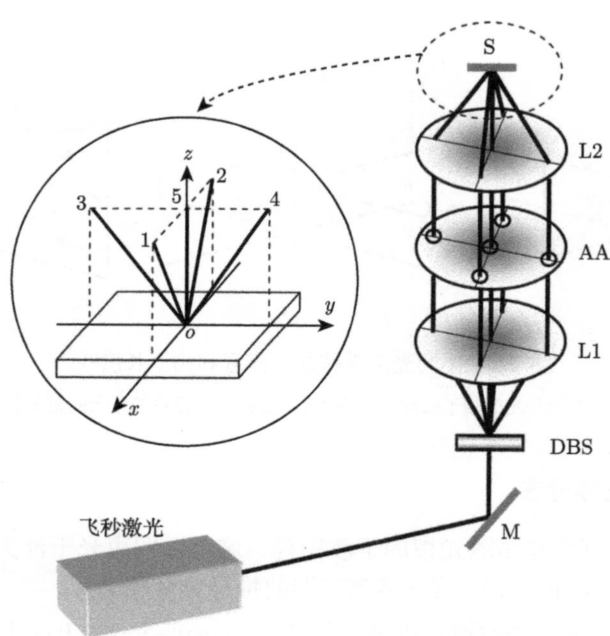

图 4.3 多光束飞秒激光干涉光路图

DBS 为衍射光栅，L1 和 L2 为透镜，AA 为孔径阵列；插图为多光束干涉几何布局

因此，在干涉场中，四束光叠加的复振幅可以写为

$$\widetilde{E} = \sum_{n=1}^{4} \widetilde{E}_n, (n = 1, 2, 3, 4) \tag{4.3}$$

假设这四束光的光强相等，入射到样品的入射角相同，亦即 $A_1 = A_2 = A_3 = A_4 =$

$A, \theta_1 = \theta_2 = \theta_3 = \theta_4 = \theta$，合并式 (4.2) 和式 (4.3)，可以得到

$$\begin{aligned}\widetilde{E} =& A\{\exp[\mathrm{i}kx(-\sin\theta)] + \exp(\mathrm{i}kx\sin\theta) + \exp[\mathrm{i}ky(-\sin\theta)] \\ &+ \exp(\mathrm{i}ky\sin\theta)]\exp[\mathrm{i}kz(-\cos\theta)]\end{aligned} \tag{4.4}$$

表 4.1　四束入射光的方位角

方位角	α	β	γ
光束 1	$-(90^\circ + \theta_1)$	90°	$+(180^\circ - \theta_1)$
光束 2	$-(90^\circ - \theta_2)$	90°	$-(180^\circ - \theta_2)$
光束 3	90°	$-(90^\circ + \theta_3)$	$+(180^\circ - \theta_3)$
光束 4	90°	$-(90^\circ - \theta_4)$	$-(180^\circ - \theta_4)$

以及

$$\widetilde{E}^* = A\{\exp(\mathrm{i}kx\sin\theta)+\exp(-\mathrm{i}kx\sin\theta)+\exp(\mathrm{i}ky\sin\theta)+\exp(-\mathrm{i}ky\sin\theta)\}\exp(\mathrm{i}kz\cos\theta) \tag{4.5}$$

这里,“*”代表复共轭。

最后，我们可以得到在干涉区中的光强分布：

$$\begin{aligned}I &= \widetilde{E}\widetilde{E}^* \\ &= A^2[\exp(-\mathrm{i}kx\sin\theta) + \exp(\mathrm{i}kx\sin\theta) + \exp(-\mathrm{i}ky\sin\theta) \\ &\quad + \exp(\mathrm{i}ky\sin\theta)]\exp(-\mathrm{i}kz\cos\theta) \\ &\quad \times [\exp(\mathrm{i}kx\sin\theta) + \exp(-\mathrm{i}kx\sin\theta) + \exp(\mathrm{i}ky\sin\theta) \\ &\quad + \exp(-\mathrm{i}ky\sin\theta)]\exp(\mathrm{i}kz\cos\theta)\end{aligned} \tag{4.6}$$

利用等式 $\cos\alpha = (\mathrm{e}^{\mathrm{i}\alpha} + \mathrm{e}^{-\mathrm{i}\alpha})/2$，式 (4.6) 可以简化为

$$\begin{aligned}I_{4\text{beams}} =& 2A^2\{2 + \cos(2kx\sin\theta) + \cos(2ky\sin\theta) \\ &+ 2\cos[k(x-y)\sin\theta] + 2\cos[k(x+y)\sin\theta]\}\end{aligned} \tag{4.7}$$

利用相似推导过程，两束以及五束光相干涉的光强分布可以得到如下：

$$I_{2\text{beams}} = 2A^2[1 + \cos(2kx\sin\theta)] \tag{4.8}$$

$$I_{5\text{beams}} = A^2\left\{\begin{array}{l} 5 + 2\cos(2kx\sin\theta) + 2\cos(2ky\sin\theta) + 8\cos(kx\sin\theta)\cos(ky\sin\theta) \\ +4[\cos(kx\sin\theta) + \cos(ky\sin\theta)]\cos[kz(\cos\theta - 1)] \end{array}\right\} \tag{4.9}$$

从式 (4.7)~式 (4.9)，我们可以看到，两束和四束光相干涉，强度分布是与 z 独立的，然而五束光相干涉，强度分布依赖于 z。因此，两束和四束光干涉诱导的结构

与深度无关，也就是说，在任何 xy 平面得到的结构是相同的。然而，对于五束光干涉，中心光束在 z 轴方向的波矢不同，所以，由五束光干涉诱导的结构在 z 方向也呈周期分布。

干涉图案的周期可以由光场强度的分布推出，例如两束光干涉，干涉图案的周期 Λ 可以表示为

$$\Lambda = 2\pi/2k\sin\theta = \lambda/2\sin\theta \tag{4.10}$$

当 θ 等于 90° 时，我们可以看到，干涉图案具有最小的周期，即半个波长。

4.3　飞秒激光干涉场诱导微纳结构

为了便于分类，按照 4.2 节介绍的两种光路诱导的微纳结构来介绍飞秒激光干涉技术的一些应用，其中把由分束镜分光光路诱导的微纳结构称为两束飞秒激光干涉诱导的微纳结构；把由衍射光栅分光光路诱导的微纳结构称为多束飞秒激光干涉诱导的微纳结构。

4.3.1　飞秒激光双光束干涉诱导的微纳结构

飞秒激光干涉技术最直接的应用就是在材料表面诱导光栅结构，日本 Hosono 小组在这方面进行了较多的工作[10-15]。该小组利用图 4.1(a) 所示的光路在石英玻璃、蓝宝石 (sapphire)、石英薄膜 (沉积在硅片上) 以及一些电介质上诱导了表面浮雕光栅。图 4.4 是用两束飞秒激光干涉在石英玻璃上获得的表面浮雕光栅结构，通过调整两干涉光束之间的夹角，获得了不同周期的光栅。另外，通过两次曝光，即先诱导出图 4.4 中的光栅，然后将样品旋转 90° 再一次曝光，则可以得到如图 4.5 所示的二维阵列光栅结构。

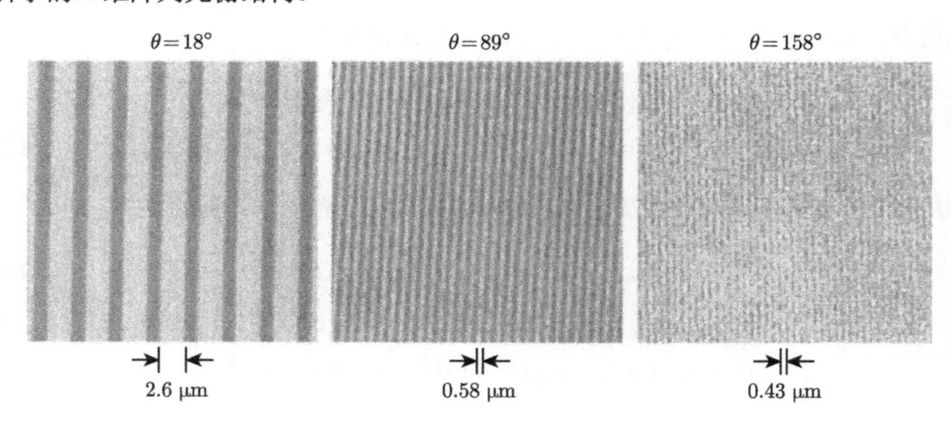

图 4.4　在不同夹角条件下，两束飞秒激光干涉辐照在石英玻璃上获得的表面浮雕光栅结构[10]

(a) (b)

图 4.5 两束飞秒激光干涉二次曝光在石英玻璃上得到的阵列光栅结构[10]

我们利用相近的方法在贵金属掺杂玻璃上诱导出了含有贵金属纳米粒子的表面浮雕光栅[16]。首先利用两束飞秒激光干涉辐照 Au 离子掺杂玻璃，然后将激光辐照后的样品进行 550°C, 30 min 热处理，则在干涉激光束辐照区域形成由 Au 纳米粒子调制构成的光栅结构。

另外，Kaneko 等通过双光束飞秒激光辐照金属离子掺杂的聚合物，利用双光子聚合同样在聚合物表面诱导出了含有金属纳米粒子的光栅结构[17]。

相对于诱导表面光栅，两束飞秒激光干涉可以在材料内部诱导出体光栅。Si 等[18,19] 利用两束飞秒激光干涉在聚甲基丙烯酸甲酯 (PMMA) 聚合物以及有机无机材料中诱导了体光栅结构，其中在 PMMA 中诱导的体光栅其一级 Bragg 衍射效率可以达到 90%。图 4.6 为 Si 等在 PMMA 表面及内部同时诱导出的表面浮雕光栅及体光栅。

相对于在非光敏玻璃表面诱导表面光栅，在非光敏玻璃内部诱导体型光栅具有较大的困难，Kawamura 等认为可能是以下两个原因[20]：首先，强激光脉冲与材料的非线性相互作用会破坏相干过程；其次，可能是自由载流子的产生提高了光吸收，因为由激光辐照引起自由载流子或等离子体引起的吸收带的频率与自由载流子的平方根成正比，这意味着如果激光功率足以产生自由载流子时，在红外区的光吸收系数提高了，而自由载流子的弛豫时间与激光脉冲的时间相当。因此如果将飞秒脉冲展宽，将有可能在材料内部制备出体光栅。Kawamura 等[20] 利用啁啾脉冲放大 (CPA) 技术将飞秒脉冲展宽到 500 fs，通过两束飞秒激光干涉在石英玻璃内部诱导出了体型光栅结构。图 4.7 为他们利用啁啾脉冲干涉在石英玻璃内部诱导的光栅结构，而且通过飞秒激光在样品内的移动，可以诱导出多层光栅结构。

Kawamura 等[21] 演示了利用两束干涉的飞秒激光在氟化锂 (LiF) 晶体内部写入一维光栅阵列从而获得分布反馈 (DFB) 色心激光输出的实验。他们利用脉宽达到 510 nm 的干涉飞秒激光在 LiF 晶体内部写入长达 10 mm 周期为 510 nm 的光栅阵列，这里光栅的周期为 510 nm 是为了与 LiF 中 F_2 色心实现在 710 nm 波长的分布反馈振荡的理论值一致。飞秒激光写入光栅后，再利用 X 射线辐照以提高 F_2 色心的浓度。利用波长 450 nm 的激光泵浦，获得了中心波长 707 nm，线宽小于 1 nm 的分布反馈激光振荡。

Li 等[22] 利用没有展宽的飞秒脉冲同样在非光敏玻璃中诱导了多层光栅结构，这与 Kawamura 等的分析不一致。相关原因尚需进一步探讨。

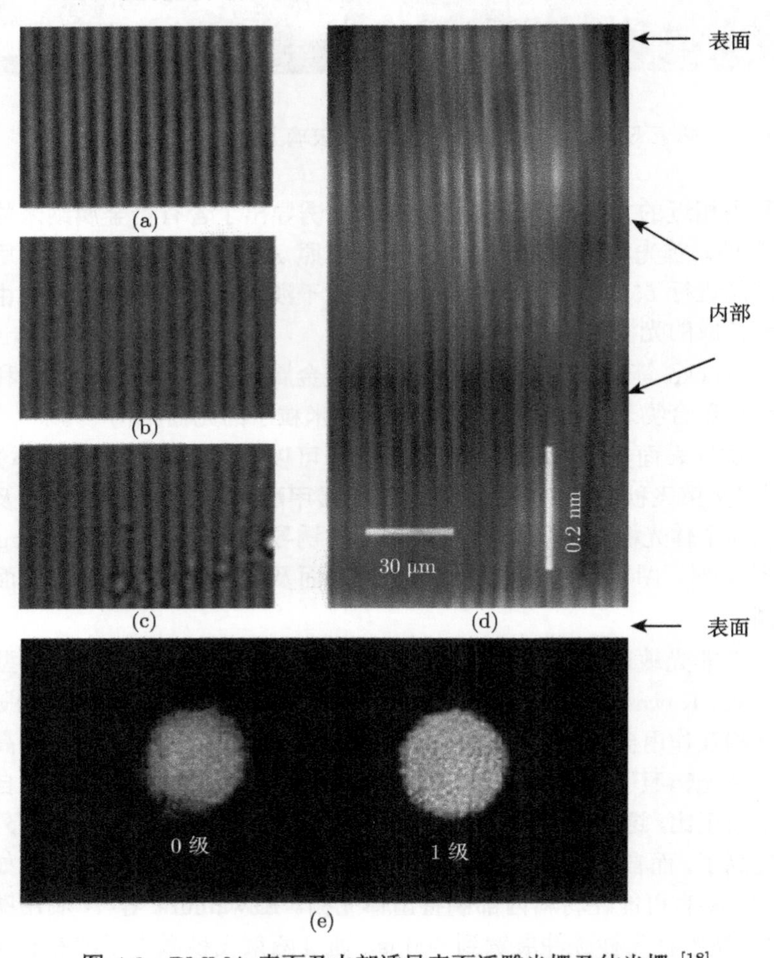

图 4.6　PMMA 表面及内部诱导表面浮雕光栅及体光栅 [18]

(a) 表面处诱导的光栅；(b) 表面以下 0.4 mm 处的光栅结构；(c) 样品底部的光栅结构；(d) 光栅剖面图；(e) 光栅衍射图

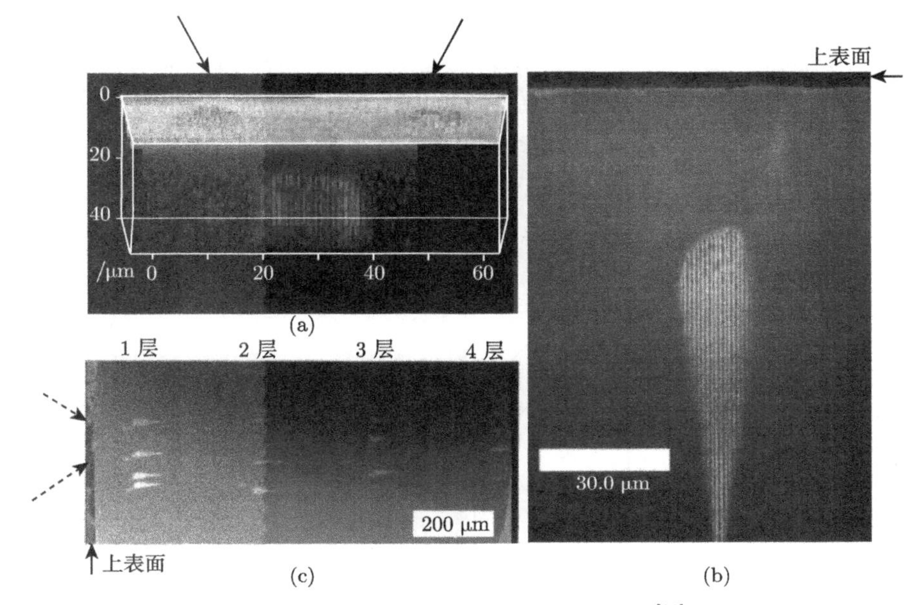

图 4.7 石英玻璃内部诱导的体光栅 [20]

(a) 利用啁啾脉冲干涉在石英玻璃内部诱导的光栅结构；(b) 光栅剖面图 (1%HF 刻蚀后，光栅可见)；(c) 石英玻璃内部诱导的四层光栅的剖面图

4.3.2 飞秒激光多光束干涉诱导的微纳结构

相对于两束飞秒激光干涉的一次曝光诱导一维结构以及二次曝光诱导二维结构，利用衍射光栅分光的多束飞秒激光干涉技术可以直接一次性地诱导二维到三维的周期结构。

我们利用三到五束飞秒激光干涉，在硅片、金属以及光敏玻璃等材料上诱导二维、三维的周期微纳结构。图 4.8 为利用五束飞秒激光干涉在硅片上诱导的周期结构及其衍射图[23]。通过五束飞秒激光干涉一步曝光，可以诱导直径大约 300 μm 的斑点结构 (图 4.8(a))，通过连续扫描硅片，这些斑点结构将连成一条直线。图 4.8(b) 是斑点内结构扫描电镜图，可以看到周期的阵列孔出现在硅片表面。这一周期结构可以作为衍射分束器，将波长为 532 nm 的激光耦合到该周期结构中，可以得到图 4.8(d) 所示的衍射图。

Kondo 等[24,25] 利用三束、四束飞秒激光干涉辐照光刻胶制备了二维光子晶体结构。图 4.9 为制备的周期结构，其中 (a) (b) (c) 为四束飞秒激光干涉，干涉角分别为 10.8°, 21.9°, 33.6° 时诱导的结构，(d) 为三束飞秒激光干涉，干涉角为 33.6° 时诱导的结构，(e) 为四束飞秒激光干涉，干涉角为 21.9° 时诱导的结构的剖面图。

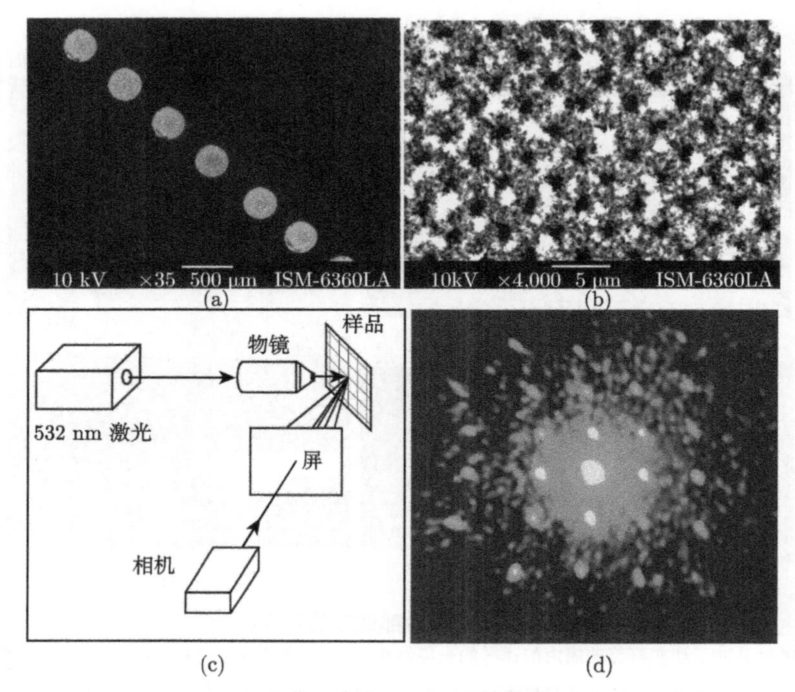

(a)　(b)　(c)　(d)

图 4.8　五束飞秒激光干涉在硅片表面诱导的周期结构[23]

(a) 干涉斑阵列；(b) 和 (c) 衍射检测装置；(d) 衍射图

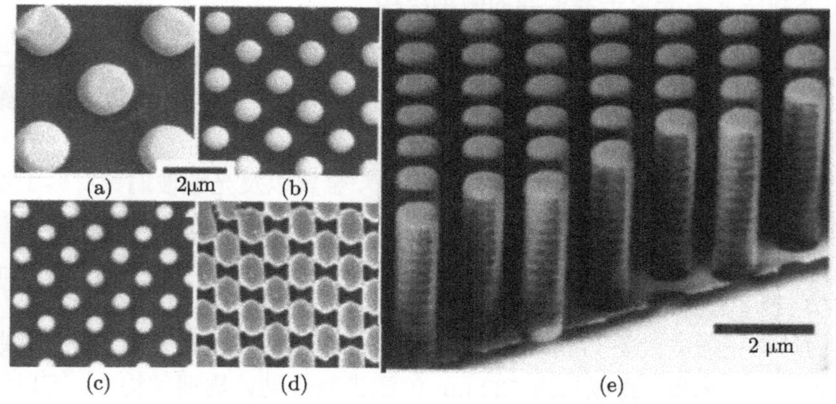

(a)　(b)　(c)　(d)　(e)

图 4.9　多束飞秒激光干涉在光刻胶上诱导的周期微纳结构[24]

Nakata 等[26] 利用四束飞秒激光干涉辐照金薄膜，通过提高能量密度研究了阵列结构的演变过程，如图 4.10 所示。首先当用能量密度为 77 mJ/cm^2 的激光辐照时，在薄膜表面形成了阵列的凸起 (bump) 结构 (图 (a))，当能量密度增加到 89 mJ/cm^2 时，凸起的高度增加 (图 (b))，当能量密度增加到 97 mJ/cm^2 时，在凸起上形成了珠粒状结构 (bead on bump)(图 (c)), 继续增加能量密度到 110 mJ/cm^2 时，结构转变为阵列孔中的珠粒状结构 (standing bead on hole)(图 (d))，最后，当能量密度增至 114 mJ/cm^2 时，完全形成了阵列孔结构 (图 (e))。这一演变过程如图 4.10 (a)~(e) 所示。

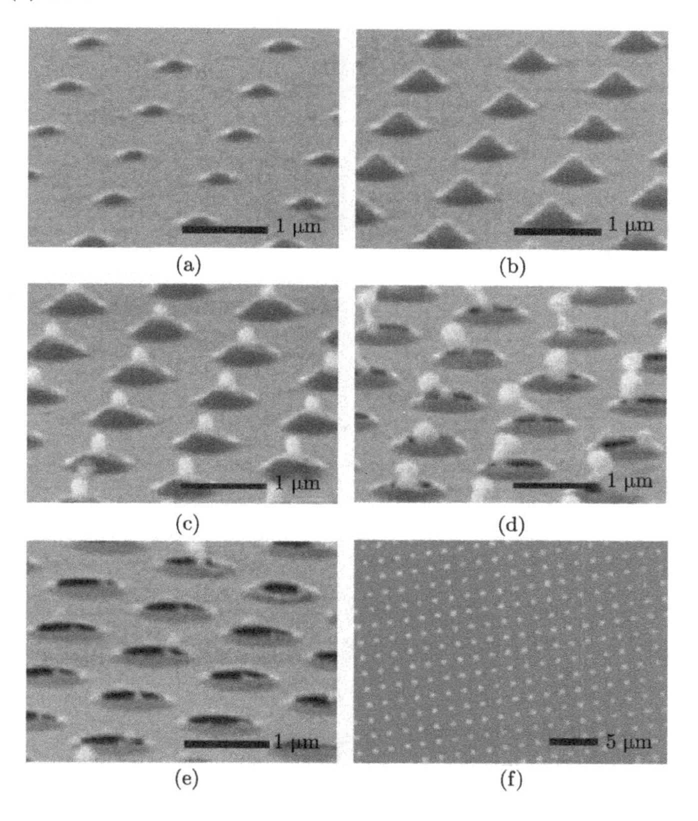

图 4.10 四束飞秒激光干涉在金膜上诱导周期结构的演变[26]

(a)~(e) 微纳结构演变过程；(f) 图 (c) 的俯视图

中国科学院上海光学精密机械研究所利用多束飞秒激光干涉技术，并结合激光图形传输技术，成功地将周期结构从一个基体复制到另一个基体[30]。图 4.11 是实验原理图以及制备的结构。首先，将镀有金属薄膜基体 (支撑基体) 与另一透明基体 (接受基体) 互相接触，然后将多束干涉的飞秒激光从接受基体一方 (或支撑一方) 照射金属薄膜，曝光一定时间后，将支撑基体与接受基体分离，则在接受基体上沉积形成了周期的金属薄膜微纳结构，同时在支撑基体的金属薄膜上形成了与接受基体上正负相反的周期微纳结构，如图 4.11(A) 和 (B) 所示。

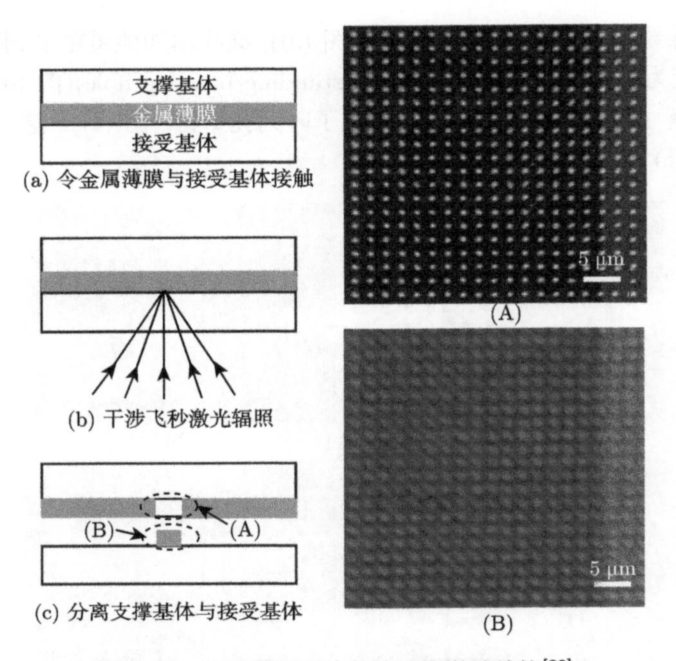

图 4.11　飞秒激光干涉传输周期微纳结构[30]

(a)~(c) 实验过程；(A) 金属薄膜上诱导的周期结构，(B) 传输的周期结构

将波长为 532 nm 的激光通过聚焦物镜耦合进支撑基体和接受基体上诱导的结构，得到了如图 4.12 所示的衍射图。飞秒激光干涉传输技术有望在制备衍射光学元件、微纳电子封装中布置焊点阵列等领域得到应用。

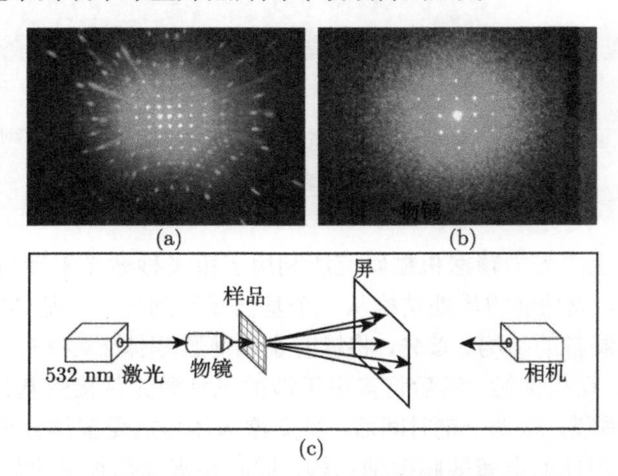

图 4.12　飞秒激光干涉传输周期微纳结构衍射图[30]

(a) 和 (b) 分别为支撑基体与接受基体上周期结构的衍射图；(c) 衍射观察光学系统

华东师范大学的贾天卿等利用多束飞秒激光干涉技术，并结合偏振控制，实现了在 ZnO 表面非常精细的结构控制 (图 4.13)，有望应用于提高太阳能电池的转换效率以及荧光增强等 [31]。

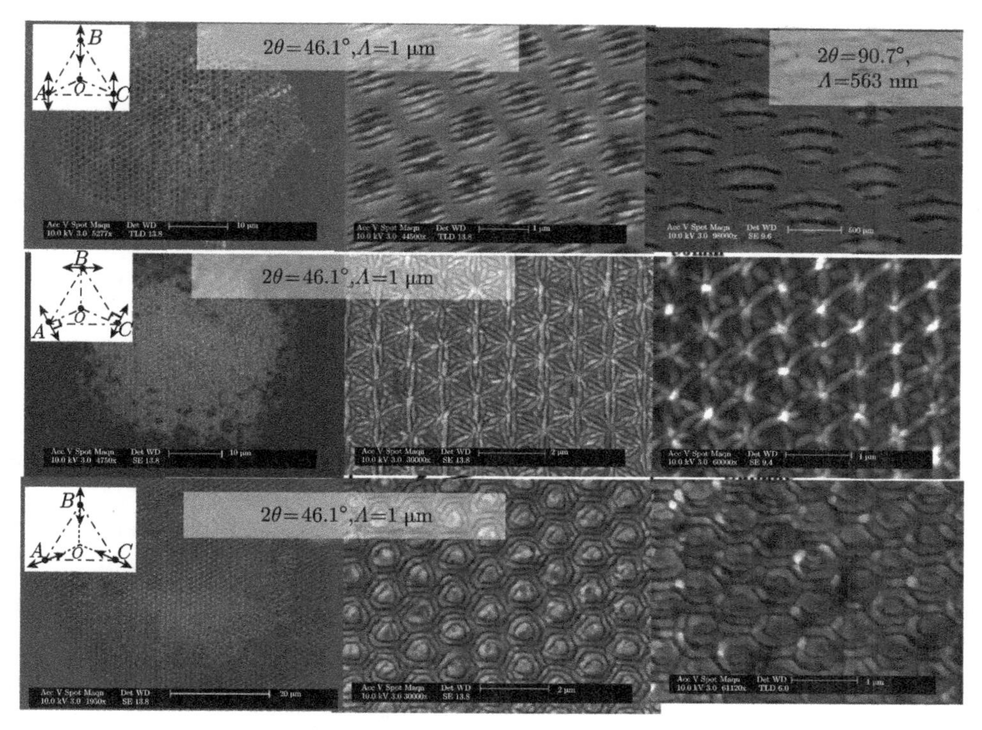

图 4.13 飞秒激光干涉诱导的 ZnO 表面的微纳结构

4.4 小结和展望

本章介绍了飞秒激光干涉技术的原理及其在诱导周期功能微纳结构方面的一些应用，飞秒激光干涉诱导微纳结构技术具有无需掩模、无光刻胶、能够聚焦到任何透明材料 (即使是没有光敏性) 的表面与内部形成周期性功能微纳结构，以及单步、高效、周期可控等优点，使得其在诱导周期性功能微纳结构方面具有得天独厚的优势。通过调控激光能量、光束夹角、光束数量、透镜焦距、辐照时间、激光波长等参数，可以对周期微纳结构的周期、形状、维度等参数进行调节。另外，利用飞秒激光干涉技术制备具有特殊功能的周期结构也大有可为。例如，制备周期磁阵列点可以满足信息存储领域高存储能力的要求；制备具有荧光性能的周期阵列点可以在有源光子学器件中得到应用；制备含有量子点的周期阵列结构可以在纳米器件领域得到应用；制备含有 DNA 的周期阵列结构可以探索在生物医疗领域的应用。再有，制备特殊空间结构的周期结构将会在超材料领域得到应用。因此，飞秒激光干涉技术有望成为制备功能周期结构的有力工具。我们认为，今后新的思路、新的现象、新的应用将不断涌现，飞秒激光及其干涉技术必将对科学与技术的发展起到极大的推动作用。

参 考 文 献

[1] Zaidi S H, Brueck S R J. Multiple-exposure interferometric lithography[J]. J. Vac. Sci. Technol. B, 1993, 11: 658.

[2] Choi J O, Akinwande A I, Smith H I. 100 nm gate hole openings for low voltage driving field emission display applications[J]. J. Vac. Sci. Tech. B, 2001, 19: 900.

[3] Pati G S, Heilmann R K, Konkola P T, et al. Generalized scanning beam interference lithography system for patterning gratings with variable period progressions[J]. J. Vac. Sci. Tech. B, 2002, 20: 2617.

[4] Solak H H, David C. Patterning of circular structure arrays with interference lithography[J]. J. Vac. Sci. Tech. B, 2003, 21: 2883.

[5] Glezer E N, Milosavljevic M, Huang L, et al. Three-dimensional optical storage inside transparent materials[J]. Opt. Lett., 1996, 21: 2023.

[6] Sun H, Xu Y, Juodkazis S, et al. Arbitraty-lattice photonic crystals created by multiphoton microfabrication[J]. Opt. Lett., 2001, 26: 325.

[7] Miura K, Qiu J, Inouye H, et al. Photowritten optical waveguides in various glasses with ultrashort pulse laser[J]. Appl. Phys. Lett., 1997, 71: 3329.

[8] Qiu J, Jiang X, Zhu C, et al. Manipulation of gold nanoparticles inside transparent materials[J]. Angew. Chem. Int. Ed., 2004, 43: 2230.

[9] Maznev A A, Crimmins T F, Nelson K A. How to make femtosecond pulses overlap[J]. Opt. Lett., 1998, 23: 1378.

[10] Kawamura K, Ito N, Sarukura N, et al. New adjustment technique for coincidence of femtosecond laser pulses using third harmonic generation in air and its application to holograph encoding system[J]. Rev. of Sci. Instrum., 2002, 73: 1711.

[11] Kawamura K, Ogawa T, Sarukura N, et al. Fabrication of surface relief gratings on transparent dielectric materials bt teo-beam holographic method using infrared femtosecond laser pulses[J]. Appl. Phys. B, 2000, 71: 119.

[12] Kawamura K, Sarukura N, Hirano M, et al. Holographic encoding of fine-pitched micrograting structures in amorphous SiO_2 thin films on silicon by a single femtosecond laser pulse[J]. Appl. Phys. Lett., 2001, 78: 1038.

[13] Kawamura K, Sarukura N, Hirano M, et al. Periodic nanostructure array in crossed holographic gratings on silica glass by two interfered infrared-femtosecond laser pulses[J].

Appl. Phys. Lett., 2001, 79: 1228.

[14] Hirano M, Kawamura K, Hosono H. Encoding of holographic grating and periodic nanostructure by femtosecond laser pulse[J]. Appl. Surf. Sci., 2002, 197-198: 688.

[15] Hosono H, Kawamura K, Matsuishi S, et al. Holographic writing of micro-gratings and nanostructures on amorphous SiO_2 by near infrared femtosecond pulses[J]. Nucl. Instrum. Meth. Phys. Res. B, 2002, 191: 89.

[16] Qu S L, Qiu J R, Zhao C J, et al. Metal nanoparticle precipitation in periodic arrays in Au_2O-doped glass by two interfered femtosecond laser pulses[J]. Appl. Phys. Lett., 2004, 84: 2046.

[17] Kaneko K, Sun H, Duan X, et al. Two-photon photoreduction of metallic nanoparticle gratings in a polymer matrix[J]. Appl. Phys. Lett., 2003, 83: 1426.

[18] Si J, Qiu J, Zhai J, et al. Photoinduced permanent gratings inside bulk azodye-doped polymers by the coherent field of a femtosecond laser[J]. Appl. Phys. Lett., 2002, 80: 359.

[19] Qian G, Guo J, Wang M, et al. Holographic volume gratings in bulk perylene-orange-doped hybrid inorganic-organic materials by the coherent field of a femtosecond laser[J]. Appl. Phys. Lett., 2003, 83: 2327.

[20] Kawamura K, Hirano M, Kamiya T, et al. Holographic writing of volume-type micro-gratings in silica glass by a single chirped laser pulse[J]. Appl. Phys. Lett., 2002, 81: 1137.

[21] Kawamura K, Hirano M, Kurobori T, et al. Femtosecond-laser-encoded distributed-feedback color center laser in lithium fluoride single crystals[J]. Appl. Phys. Lett., 2004, 84: 311.

[22] Li Y, Watanabe W, Yamada K, et al. Holographic fabrication of multiple layers of grating inside soda–lime glass with femtosecond laser pulses[J]. Appl. Phys. Lett., 2002, 80: 1508.

[23] Zhao Q Z, Qiu J R, Jiang X W, et al. Formation of array microstructures on silicon by multibeam interfered femtosecond laser pulses[J]. Appl. Surf. Sci., 2005, 241: 416.

[24] Kondo T, Matsuo S, Juodkazis S, et al. Multiphoton fabrication of periodic structures by multibeam interference of femtosecond pulses[J]. Appl. Phys. Lett., 2003, 82: 2758.

[25] Kondo T, Matsuo S, Juodkazis S, et al. Femtosecond laser interference technique with diffractive beam splitter for fabrication of three-dimensional photonic crystals[J]. Appl. Phys. Lett., 2001, 79: 725.

[26] Nakata Y, Okada T, Maeda M. Effect of etch gas on dry etching of ferroelectric $Bi_{3.25}La_{0.75}Ti_3O_{12}$[J]. Jpn. J. Appl. Phys., 2003, 42(L): 1452.

[27] Nakata Y, Okada T, Maeda M. Fabrication of dot matrix, comb, and nanowire structures using laser ablation by interfered femtosecond laser beams[J]. Appl. Phys. Lett., 2002, 81: 4239.

[28] Nakata Y, Okada T, Maeda M. Lines of periodic hole structures produced by laser ablation using interfering femtosecond lasers split bt a transmission grating[J]. Appl. Phys. A, 2003, 77: 399.

[29] Qu S L, Zhao C J, Zhao Q Z, et al. One-off writing of multimicrogratings on glass by two interfered femtosecond laser pulses[J]. Opt. Lett., 2004, 29: 2058.

[30] Zhao Q Z, Qiu J R, Zhao C J, et al. Optical transfer of periodic microstructures by interfering femtosecond laser beams[J]. Opt. Express, 2005，13: 3104.

[31] Jia X, Jia T Q, Zhang S A, et al. Manipulation of cross-linked micro/nanopatterns on ZnO by adjusting the femtosecond laser polarizations of four-beam interference[J]. Appl. Phys. A, 2014, 114: 1333.

第 5 章　飞秒激光非共振干涉技术

5.1　引　　言

光与材料作用产生的各种光学效应本质上都来源于该材料在光场中的极化。在弱光 (光电场强度与原子内的电场强度相比很微弱) 作用下极化是线性的。其极化强度 $\boldsymbol{P}$(感应电偶极矩的矢量和) 与光波电场 $\boldsymbol{E}(\omega)$ 的关系为

$$\boldsymbol{P} = \varepsilon_0 \boldsymbol{\chi}^{(1)} \boldsymbol{E}(\omega)$$

式中 ω 为光波频率，ε_0 为真空介电常数，$\boldsymbol{\chi}^{(1)}$ 为材料的线性极化率，极化的方向与光电场的方向一致。

强光引起的材料极化是非线性的，其极化方向与光电场方向也不一定相同。为了解释这些现象，人们假设 $\boldsymbol{P}$ 与 $\boldsymbol{E}(\omega)$ 不再呈简单的线性关系 (可以把线性极化看成是非线性极化的特殊现象)，代之以更具普遍意义的幂级数关系[1]:

$$\begin{aligned}\boldsymbol{P} =& \varepsilon_0[\boldsymbol{\chi}^{(1)} \cdot \boldsymbol{E} + \boldsymbol{\chi}^{(2)} \cdot \boldsymbol{EE} + \boldsymbol{\chi}^{(3)} \cdot \boldsymbol{EEE} + \cdots] \\ =& \boldsymbol{P}^{(1)} + \boldsymbol{P}^{(2)} + \boldsymbol{P}^{(3)} + \cdots = \boldsymbol{P}^{\mathrm{L}} + \boldsymbol{P}^{\mathrm{NL}}\end{aligned}$$

式中，$\boldsymbol{P}$ 为线性极化强度，$\boldsymbol{P}^{\mathrm{L}}$ 为非线性极化强度，$\boldsymbol{\chi}^{(2)}$, $\boldsymbol{\chi}^{(3)}$ 分别为二阶、三阶非线性极化率张量。$\boldsymbol{P}^{(1)}$, $\boldsymbol{P}^{(2)}$, $\boldsymbol{P}^{(3)}$ 分别表示线性、二阶和三阶极化强度。各种非线性光学效应都来源于上式的非线性极化项。根据对称性要求，在极化强度表达式中电场的偶次方项在具有中心对称的材料中为零。因此二阶非线性光学效应只能在非中心对称的材料中观察到，而与奇次方项相关的非线性光学效应在所有材料中都存在，如三阶非线性光学效应。

二阶非线性光学是指材料中三个光波相互作用的现象，对应于二阶非线性极化 $\boldsymbol{P}^{(2)}$。它包括旋光性理论、法拉第效应、线性电光效应、光整流效应、和频与差频的产生、参量变换、参量放大与振荡、二次谐波 (SHG) 效应等。

5.2　$\omega + 2\omega$ 非共振相干技术

激光技术的快速发展带动了非线性光学的研究。二阶非线性光学聚合物在光通信和光学高密度存储等应用方面显得非常重要[2,3]。近年来，国际上兴起了非

线性光学材料的研究热潮。由于聚合物和玻璃具有中心反演对称结构，不存在二阶非线性光学效应。为了使这些材料具有二阶非线性光学性质，通常要采用外场极化 (poling) 的方法打破材料的中心反演对称结构。传统的极化方法是电场极化 (electric field poling)[4]，但这种方法需要复杂的电极装置，难以实现三维极化的控制以及精确极化，可能引入较多表面缺陷。

对偏振光诱导材料产生光致变色、光诱导双折射等效应的研究为光极化方法的提出和研究奠定了基础。光极化的方法首先在玻璃光纤中取得突破。1986 年，Österberg 和 Margulis [5] 用强近红外光照射玻璃光纤几小时后，首次在原来各向同性的光纤中观察到了二阶非线性光学效应。而后，Stolen 和 Tom [6] 改用基频光和倍频光同时照射时发现，得到倍频光信号的时间大大减少，SHG 转换效率也提高了，预计全光极化得到的非线性光学系数值有望与电极化得到的值相比较，这种方法引起了人们极大的兴趣。1992 年，Charra 等[7] 用六波混频装置首次证实了在染料溶液中光诱导顺态非中心对称的可能性。随后，Charra 等[8] 首次引入了全光极化 (all-optical poling) 的概念：利用短脉冲激光的基频和倍频构成的非线性干涉场与材料的相互作用破坏材料的中心对称结构。

与电场极化相比，全光极化具有许多优点 [9,10]：不需用复杂的电极装置；可以在低温下 (远低于玻璃化转变温度 T_{g}) 直接进行极化；可以进行三维极化的控制以及精确极化；与电晕极化相比，全光极化引入的表面缺陷比较少，因此全光极化薄膜的光学性能比较好，更适合制作电光器件和波导器件等。

全光极化又可分为共振全光极化和非共振全光极化。前期研究结果表明，共振全光极化倍频写入光波长通常在偶氮染料分子的共振吸收区内，这不利于提高二次倍频信号的转换效率。Fiorini 等[11] 提出非共振全光极化的方法。实验中基频和倍频写入光的波长分别为 1064 nm 和 532 nm，非线性分子对硝基苯胺 (paranitroaniline) 在写入波长下无线性吸收。但是偶氮分子的非共振全光极化的取向效率不如共振全光极化的取向效率。

具有高峰值功率和短脉冲特点的飞秒激光可以很容易地实现材料的多光子吸收。在非线性光学方面，超短激光脉冲因其高的峰值强度和良好的时间分辨本领，广泛用于研究各种材料的非线性光学性质。利用飞秒激光非线性干涉技术可以提高材料的非共振全光极化的效率。目前，全光极化已经应用到了偶氮掺杂或键合的聚合物薄膜中，发展起了一种完全采用光学方式实现偶氮分子极化取向的方法[12-19]。利用全光极化技术研究玻璃的二阶非线性光学性能也引起了人们的关注[20-25]。

5.3　飞秒激光非共振相干实验系统

利用飞秒激光非共振相干技术实现全光极化的实验光路如图 5.1 所示。激光光源为再生放大的红宝石激光器，激光参数分别为 800 nm, 150 fs, 1 kHz。光学参量放大器 (OPA) 可以使飞秒激光的波长在 300~3000 nm 之间调节。首先通过分束器 (BS) 将飞秒激光光束分成两束，其中一束光作为基频写入光，另外一束光经过倍频晶体 (KDP) 后作为倍频写入光。基频和倍频写入光在共轴状态下被聚焦到样品中，该聚焦点的直径约为 0.6 mm, 使用延迟线 (delay line) 和 $\lambda/2$ 波片分别控制基频写入光的光程和偏振状态。通过观察 CS_2 的光克尔效应，不断调节延迟线使基频和倍频写入光在时间上相干叠加。

在非共振全光极化的写入过程时，基频和倍频写入光同时引入到样品中; 在探测过程时，倍频光被隔离，仅剩下基频光。通过样品的基频光被滤波器 (IR filter) 滤掉，只剩下基频光的 SHG 信号。基频光的 SHG 信号由光电倍增管 (PMT) 探测，通过示波器可以直接观察该信号。

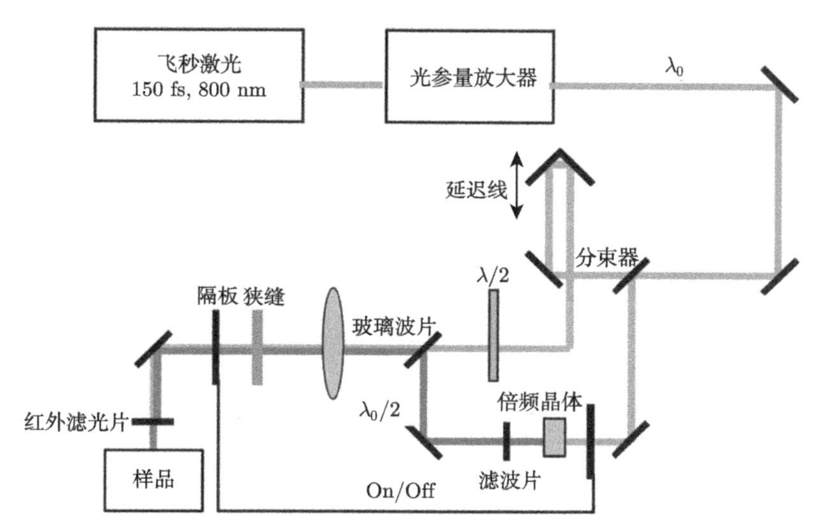

图 5.1 使用双频光束非线性干涉技术实现非共振全光极化实验装置图

5.4 飞秒激光非共振相干诱导玻璃二阶非线性光学效应

1999 年，司金海等[28] 利用 Nd:YAG 纳秒脉冲激光器的基频光 (ω) 和倍频光 (2ω) 作为制备光源，三倍频光 (3ω) 作为泵浦光源，三束激光同时导入样品，在锗硅酸盐玻璃中编码了二次谐波。他们发现，只有把制备光源和泵浦光源同时导入玻璃中，才能探测到二次谐波产生，且二次谐波的强度对紫外泵浦光的强度有很强的依赖性。通过对玻璃中缺陷的分析，他们认为玻璃中通过带间激发产生的 GEC 色心与紫外光的增强效应有关。几乎同时，他们利用飞秒激光非线性干涉技术，将飞秒激光 810 nm 的基频和 405 nm 的倍频通过相干叠加的方式导入样品，在同一组分的锗硅酸盐玻璃中观察到类似现象。图 5.2 给出了二次谐波的生长和衰减过程。相比于纳秒 Nd:YAG 激光诱导二次谐波需 $(\omega+2\omega+3\omega)$ 同时导入样品，飞秒激光诱导二次谐波只需 $(\omega+2\omega)$。此外，飞秒激光诱导二次谐波达到饱和时间只需纳秒激光的 1/10 左右，即飞秒激光诱导二次谐波的速度是纳秒激光的近 10 倍。通过对样品处置前后吸收光谱的差谱分析，他们认为，飞秒激光诱导二次谐波产生的光化学过程如下：在高峰值功率飞秒激光照射下，桥氧中占据价带中最高能级的孤电子对通过多光子吸收的方式，实现带间跃迁至导带上，随之被锗氧四面体 (GeO_4) 中的 Ge 离子捕获，形成 GEC^- 中心。此外，GEC^- 中心又可转变为 GeE' 和 NBO^-，相反，桥氧 (BO) 则转变为自捕获空穴中心，称为 STH^+。整个过程表示如下：

$$\mathrm{GeO_4 + BO \xrightarrow{h\nu} GEC(GeO_4 + e^-) + STH}$$

$$\mathrm{GEC \longrightarrow GeE' + NBO}$$

电子的定向移动和带一个正电荷的 STH^+ 以及带一个负电荷的 GEC^- 随之产生，导致了一个周期性冻结的直流电场的形成，以满足二次谐波产生的相位匹配。

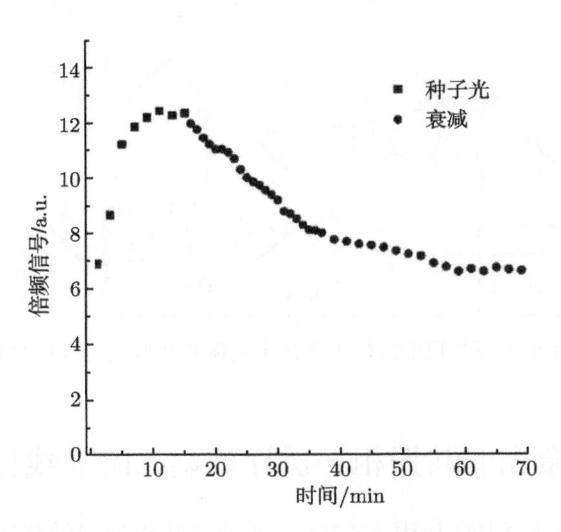

图 5.2 飞秒激光基频 (810 nm) 和倍频 (405 nm) 非线性干涉诱导二次谐波信号增长和衰减过程

2001 年，我们采用 Nd:YAG(1064 nm, 3 ns) 纳秒脉冲激光器，利用飞秒激光非线性干涉技术的原理，在硫系玻璃 (20Ge-20As-60S) 中诱导了稳定的二次谐波产生[25]。我们发现，激光在这一系统组分的硫系玻璃中诱导的二次谐波远大于其他的氧化物玻璃，例如，同一条件下此硫系玻璃中诱导的二次谐波大小是碲酸盐玻璃的 10^4 倍。同时，我们还观察到，硫系玻璃中激光诱导的二次谐波有很强的稳定性，在 60 min 内几乎不衰减，见图 5.3 所示。张量分析显示，对于共线偏振写入光，诱导的玻璃二阶非线性 $\chi^{(2)}$ 沿写入光的偏振方向具有轴对称性。结合实验结果分析，对于硫系玻璃中二次谐波的产生过程，我们认为，首先是激光的非线性干涉场 $(\omega+2\omega)$ 的引入使玻璃产生自由电子，随后在非线性干涉场的驱使下，自由电子沿着激光的偏振方向移动。最后，电子在移动过程中被玻璃中的活性位置捕获，导致玻璃的微观反对称性破坏，引起二次谐波产生。

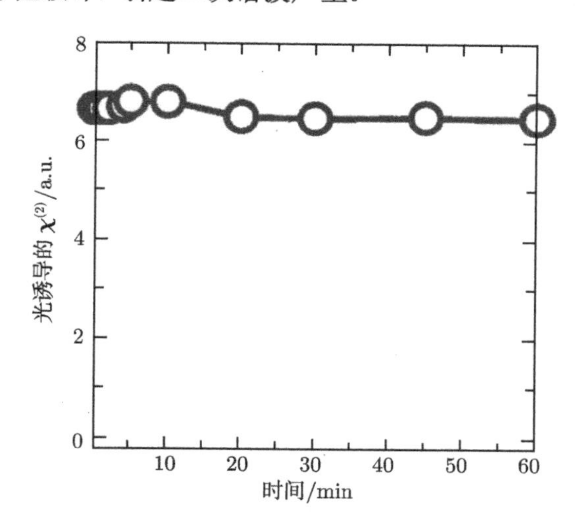

图 5.3 激光诱导硫系玻璃 (20Ge-20As-60S) 的二阶非线性 $\chi^{(2)}$ 的衰减曲线

ω 的强度和重复频率分别为 1 GW/cm^2 和 20 Hz

全光极化在玻璃中的研究目前主要集中在二次谐波的形成机理上，飞秒激光非线性干涉技术的应用将会对二次谐波形成机理的探讨起到极大的促进作用，使之在微观和超快的尺度上有更加明确的认识，并最终推动玻璃全光极化技术在全光器件上的应用发展。

5.5 飞秒激光非共振相干诱导聚合物二阶非线性光学效应

相比于玻璃，由于二阶非线性光学聚合物在光通信和光学高密度存储等应用方面显得非常重要[2-3]，全光极化技术在聚合物和有机–无机复合材料中的应用研究显得更为广泛。目前，全光极化已经应用到了偶氮掺杂或键合的聚合物薄膜中，发展了一种完全采用光学方式实现偶氮分子极化取向的方法。它的物理机制起源于偶氮分子的光学取向烧孔和偶氮分子光致异构引起的取向重新分布。具体地说，在基频和倍频写入光的非线性干涉场的作用下，偶氮分子被选择性地有极激发；同时伴随着偶氮分子的顺式 (trans)—反式 (cis)—顺式异构循环过程，导致偶氮分子在聚合物中取向重新分布。最终，原来具有中心反演对称结构的聚合物被破坏，诱导产生了二阶非线性光学效应。

全光极化技术在聚合物上的研究最早也是使用纳秒和皮秒激光器进行的，如司金海等[26] 利用 10 ns 的调 Q Nd:YAG 激光 (1064 nm, 10 Hz) 在偶氮苯基团掺杂的侧链聚酰亚胺薄膜中实现了永久性的全光极化。诱导的二阶非线性光学系数 d_{33} 约为 2.6 pm/V, 并且可以在 85°C 下保持稳定。该工作表明，全光极化不仅能在低玻璃化转变温度的聚合物中实现，还能在具有较高玻璃化转变温度的聚合物 (如聚亚酰胺) 中实现。但是，使用纳秒或皮秒激光实现全光极化技术的应用面临两个难题，一个是诱导的偶氮染料分子的极化取向的松弛，另一个是很低的 SHG 转换效率。

飞秒激光的使用使得上述问题有望得到解决。1999 年，Kitaoka 等[27] 报道了利用飞秒激光的 1500 nm 基频和 750 nm 倍频，在偶氮染料掺杂的 PMMA 薄膜上实现了全光极化。虽然他们获得的 SHG 转换效率依然比较低，但非共振激发的方式使得更大厚度的薄膜的使用变得可行，而薄膜厚度的增加则会使转换效率提高。2001 年，我们利用飞秒激光非共振全光极化技术，在偶氮掺杂聚合物薄膜中获得了相位匹配的 SHG 信号[28]。实验中使用了三种不同的条件，分别是基频 1500 nm 及其倍频 750 nm、基频 1320 nm 及其倍频 660 nm 和基频 1300 nm 及其倍频 650 nm 的飞秒激光，获得了相似的结构。我们观察到，SHG 信号对样品的厚度存在平方依赖关系，在 105 μm 厚的薄膜上获得了 2%的 SHG 转换效率。2004 年，我们报道了在偶氮染料掺杂的聚合物块体材料中，利用全光极化技术实现了相位匹配的二次谐波产生 [29]。该工作有望推动非共振全光极化技术在光子器件上的应用。

2003 年，Guo 等[30] 利用 150 fs, 1 kHz 的飞秒激光的非线性干涉场 (基频和倍频写入光的波长分别为 1500 nm 和 750 nm) 在 DRI 掺杂乙烯基改性 SiO_2 无机–有机杂化材料中实现了非共振全光极化，得到了一种新的偶氮染料掺杂无机–有机杂化二阶非线性光学材料。该新型杂化材料的二阶非线性光学系数 d_{33} 约为 10^{-3}pm/V。研究表明，偶氮染料掺杂无机–有机杂化材料的非共振全光极化主要来源于偶氮分子的光致异构。对 SHG 信号的写入光功率依赖研究表明，在基频光与倍频光功率之比固定在 750:1 的前提下，随基频光功率的增加，SHG 信号强度的衰减被有效地抑制。在 DRI 掺杂无机–有机杂化材料中，基频写入光 (1500 nm) 和倍频写入光 (750 nm) 的线性吸收可以忽略，但是双光子吸收和三光子吸收刚好在该材料的线性吸收区域内。光诱导极化取向归因于双光子 $(\omega + 2\omega)$ 和三光子 $(\omega + \omega + \omega)$ 的同时吸收。提高基频写入光的功率会使极化取向对二阶非线性光学信号的贡献有所增加，反映在衰减过程中就是 SHG 信号强度的衰减被抑制。该工作表明，非共振全光极化不但可以在聚合物中实现，也可以在无机–有机杂化材料中实现。

5.6 小结和展望

从技术领域到研究领域，非线性光学的应用都是十分广泛的。例如，①利用各种非线性晶体做成电光开关和实现激光的调制；②利用二次及三次谐波的产生、二阶及三阶光学和频与差频实现激光频率的转换，获得短至紫外、真空紫外，长至远红外的各种激光，同时，可通过实现红外频率的上转换来克服在红外接收方面的困难；③利用光学参量振荡实现激光频率的调谐，与倍频、混频技术相结合已可实现从中红外一直到真空紫外宽广范围内调谐；④利用一些非线性光学效应中输出光束所具有的相位共轭特征，进行光学信息处理、改善成像质量和光束质量。⑤利用折射率随光强变化的性质做成非线性标准具和各种双稳器件；⑥利用各种非线性光学效应，特别是共振非线性光学效应及各种瞬态相干光学效应，研究物质的高激发态及高分辨率光谱、物质内部能量和激发的转移过程及其他弛豫过程等。

而飞秒激光非线性干涉技术的发展必将使非线性光学的应用前景更加光明。

参 考 文 献

[1] Boyd R. Contemporary nonlinear optics[M]. New York: Academic Press, 1992.

[2] Burland D M, Miller R D, Walsh C A. Second-order nonlinearity in poled-polymer systems[J]. Chemical Reviews, 1994, 94(1): 31-75.

[3] Si J, Mitsuyu T, Ye P, et al. Optical poling and its application in optical storage of a polyimide film with high glass transition temperature[J]. Applied Physics Letters, 1998, 72(7): 762-764.

[4] Margulis W, Garcia F C, Hering E N, et al. Poled glasses[J]. MRS Bulletin, 1998, 23(11): 31-35.

[5] Österberg U, Margulis W. Dye laser pumped by Nd: YAG laser pulses frequency doubled in a glass optical fiber[J]. Optics Letters, 1986, 11(8): 516-518.

[6] Stolen R H, Tom H W K. Self-organized phase-matched harmonic generation in optical fibers[J]. Optics Letters, 1987, 12(8): 585-587.

[7] Charra F, Devaux F, Nunzi J M, et al. Picosecond light-induced noncentrosymmetry in a dye solution[J]. Physical Review Letters, 1992, 68(16): 2440.

[8] Charra F, Kajzar F, Nunzi J M, et al. Light-induced second-harmonic generation in azo-dye polymers[J]. Optics Letters, 1993, 18(12): 941-943.

[9] Fiorini C, Charra F, Nunzi J M. Six-wave mixing probe of light-induced second-harmonic generation: example of dye solutions[J]. JOSA B, 1994, 11(12): 2347-2358.

[10] Churikov V M, Hsu C C. Dynamics of photoinduced second order nonlinearity in dimethylamino-nitrostilbene polymer thin films[J]. Optics Communications, 2001, 190(1): 367-371.

[11] Fiorini C, Charra F, Raimond P, et al. All-optical induction of noncentrosymmetry in a transparent nonlinear polymer rod[J]. Optics Letters, 1997, 22(24): 1846-1848.

[12] Si J, Xu G, Liu X, et al. All-optical poling of a polyimide film with azobenzene chromophore[J]. Optics Communications, 1997, 142(1): 71-74.

[13] Xu G, Si J, Liu X, et al. Permanent optical poling in polyurethane via thermal crosslinking[J]. Optics Communications, 1998, 153(1): 95-98.

[14] Xu G, Liu X, Si J, et al. Optical poling in a crosslinkable polymer system[J]. Applied Physics B: Lasers and Optics, 1999, 68(4): 693-696.

[15] Chalupczak W, Fiorini C, Charra F, et al. Efficient all-optical poling of an azo-dye copolymer using a low power laser[J]. Optics Communications, 1996, 126(1): 103-107.

[16] Yu X, Zhong X, Li Q, et al. Method of improving optical poling efficiency in polymer films[J]. Optics Letters, 2001, 26(4): 220-222.

[17] Martin G, Toussaere E, Soulier L, et al. Photo-induced non-linear susceptibility patterns in electro-optic polymers[J]. Synthetic Metals, 2002, 127(1): 49-52.

[18] Tsutsumi N, Shingu T. $\chi^{(2)}$ holography induced by all-optical poling[J]. Chemical Physics Letters, 2005, 403(4): 420-424.

[19] Wang Y, Tai O Y H, Wang C H. Second-harmonic generation in an optically poled azo-dye/polymer film[J]. The Journal of Chemical Physics, 2005, 123(16): 164704.

[20] Lawandy N M. Intensity dependence of optically encoded second-harmonic generation in germanosilicate glass: evidence for a light-induced delocalization transition[J]. Physical Review Letters, 1990, 65(14): 1745.

[21] Anderson D Z, Mizrahi V, Sipe J E. Model for second-harmonic generation in glass optical fibers based on asymmetric photoelectron emission from defect sites[J]. Optics Letters, 1991, 16(11): 796-798.

[22] Tsai T E, Saifi M A, Friebele E J, et al. Correlation of defect centers with second-harmonic generation in Ge-doped and Ge-P-doped silica-core single-mode fibers[J]. Optics Letters, 1989, 14(18): 1023-1025.

[23] Si J, Kitaoka K, Mitsuyu T, et al. Optically encoded second-harmonic generation in germanosilicate glass via a band-to-band excitation[J]. Applied Physics Letters, 1999, 75(3): 307-309.

[24] Quiquempois Y, Villeneuve A, Dam D, et al. Second-order nonlinear susceptibility in As_2S_3 chalcogenide thin glass films[J]. Electronics Letters, 2000, 36(8): 733-734.

[25] Qiu J, Si J, Hirao K. Photoinduced stable second-harmonic generation in chalcogenide glasses[J]. Optics Letters, 2001, 26(12): 914-916.

[26] Si J, Kitaoka K, Mitsuyu T, et al. Optically encoded second-harmonic generation in germanosilicate glass by a femtosecond laser[J]. Optics Letters, 24(13): 911-913.

[27] Kitaoka K, Si J, Mitsuyu T, et al. Optical poling of azo-dye-doped thin films using an ultrashort pulse laser[J]. Applied Physics Letters, 1999, 75(2): 157-159.

[28] Si J, Qiu J, Kitaoka K, et al. Photoinduced phase-matched second-harmonic generation in azodye-doped polymer films[J]. Journal of Applied Physics, 2001, 89(4): 2029-2032.

[29] Si J, Qiu J, Zhai J, et al. Phase-matched second-harmonic generation in bulk azodye-doped polymers by all-optical poling[J]. Journal of Applied Physics, 2004, 95(7): 3837-3839.

[30] Guo J, Si J, Qian G, et al. Second-order nonlinearity in bulk azodye-doped hybrid inorganic–organic materials by nonresonant all-optical poling[J]. Chemical Physics Letters, 2003, 381(5): 677-682.

第6章　飞秒激光脉冲整形技术

6.1　引　　言

飞秒激光器的出现给激光光学的发展注入了新的活力，并带动了相关研究领域的发展。由于飞秒激光具有极短脉冲宽度、极高脉冲强度、极宽光谱带宽等特点，因而在一些相关研究领域，飞秒激光表现出非常优越的性能，从而得到广泛的应用。随着飞秒激光的广泛应用，一系列基于飞秒激光的技术也随之发展起来，飞秒激光脉冲整形技术就是其中一项十分重要的技术。飞秒激光脉冲整形的基本原理就是通过对飞秒激光脉冲幅度、相位以及偏振方向的控制，来产生所需的几乎任意光波脉冲形状的技术，目前已经被广泛应用于分子动力学、非线性光谱学、飞秒化学、高速光通信、生物医学成像以及量子运算等诸多领域[1-4]。

自 1960 年世界上第一台激光器诞生以来，获得皮秒和飞秒时间尺度的激光就一直是科学家努力的方向。1981 年，美国贝尔实验室的 Fork 等，在环形染料激光器中运用碰撞脉冲锁模技术首次获得 90 fs 的激光脉冲[5,6]，超短激光脉冲从此进入了飞秒阶段。

超快激光脉冲尚未跨入飞秒阶段之前，就已经有了脉冲整形的概念。1969 年，Treacy 等利用光栅对的色散作用实现了对啁啾脉冲的压缩和放大，这是人们对脉冲整形的早期尝试；1984 年，Shank 等使用棱镜对完成了色散补偿实验[6]；1994 年，Kashyap 等提出利用啁啾反射光栅对光纤传输脉冲进行色散补偿[7]。目前，在脉冲整形中使用最为广泛的是基于傅里叶光学原理的脉冲整形技术。1873 年，Abbe 等就提出了相干成像的理论，1906 年，Porter 等进行了相应的实验，这次实验验证了 Abbe 的显微镜成像理论，也奠定了傅里叶光学的基础。傅里叶光学能方便地实现对光频谱的调控，这正是脉冲整形所需要的。傅里叶光学与飞秒激光的结合推动了飞秒激光脉冲整形技术的迅速发展。

在飞秒激光脉冲整形技术尚未发展之前，核磁共振方面的研究人员就已经开始进行射频波段脉冲整形的尝试。射频波段脉冲长度在毫秒量级，研究人员利用微波电路对其进行整形。这种脉冲整形采用的是线性时不变滤波方法，这种方法是基于电子工程学里的一种概念。线性滤波能处理从低频 (声波或更低频段) 到高频 (微波频段) 之间的广大范围的信号。这种技术在核磁共振中得到了广泛的应用，人们就自然地想到将这一技术推广到光频波段，但是，对飞秒激光脉冲进行可调线性滤波所需的硬件与常规信号线性滤波所需的电阻、电容、电感差异非常大。从概念上来说，线性滤波既能在时域进行也能在频域进行。

在时域中，滤波器可以用时间响应函数 $g(t)$ 来描述。滤波器输出脉冲 $E_{\text{out}}(t)$ 可以用输入脉冲 $E_{\text{in}}(t)$ 和时间响应函数 $g(t)$ 的卷积来表示。如果是狄拉克函数的脉冲，那么输出信号就是 $g(t)$。对于脉冲时间足够短的脉冲，产生特定脉冲形状输出的问题，就等效于制作出具有特定时间响应的滤波器，但是，由于没有能在皮秒或低于皮秒的时间尺度工作的电子器件，到目前为止，在这个时间量级的时域超快脉冲整形还无法实现。目前的调制器最高只能工作在 60 GHz 的范围，这比飞秒脉冲整形所需的频率低太多，为此，人们采用间接的方式实现脉冲整形。

为解决时域脉冲整形中无法对超快脉冲进行整形的问题，人们提出了在频域上进行间接脉冲整形的方法。在频域中，滤波器由其频率响应 $G(\omega)$ 来表示，线性滤波器的输出信号 $E_{\text{out}}(\omega)$ 是输入信号 $E_{\text{in}}(\omega)$ 和频率响应 $G(\omega)$ 的乘积。这样，$E_{\text{in}}(t)$, $E_{\text{out}}(t)$, $g(t)$ 与 $E_{\text{in}}(\omega)$, $E_{\text{out}}(\omega)$, $G(\omega)$ 构成傅里叶变换关系：

$$G(\omega) = \int g(t)\mathrm{e}^{-\mathrm{i}\omega t}\mathrm{d}t \tag{6.1}$$

$$g(t) = (1/2\pi)\int G(\omega)\mathrm{e}^{\mathrm{i}\omega t}\mathrm{d}t \tag{6.2}$$

1983 年，Froehly 等首次提出了 $4F$ 结构的脉冲整形器[8]，并进行了 30 ps 脉冲激光的整形控制实验。1987 年，Weiner 等沿用这种设计，并采用固定的相位板对 100 fs 的激光脉冲进行了一系列的实验[9]，随后 1992 年，又改用 128 像素的液晶空间光调制器开展了很多脉冲整形实验[10,11]。此外，他们还在原 $4F$ 结构的基础上提出改进方案，将光路中的透镜更换为凹面镜以减少透镜引入的色差，并成功实现了输入脉宽在 10~20 fs 的激光脉冲的整形。Weiner 等的大量工作使飞秒激光脉冲整形技术不断地走向成熟。1992 年，Judson 和 Rabitz 等提出了利用自适应反馈控制实现最优化的飞秒脉冲整形的想法[12]，并在理论上进行了分析，随后开展了一系列的实验验证了自适应反馈控制脉冲整形的可行性。自适应反馈控制脉冲整形方法的提出使飞秒激光脉冲整形技术走向了一个新的高度，极大地拓宽了飞秒脉冲整形的应用范围。

6.2 飞秒激光脉冲整形的技术方法

目前，飞秒激光脉冲整形技术的主要实现方法是利用 $4F$ 系统通过傅里叶变换对激光脉冲实现整形，如图 6.1 所示。$4F$ 系统由一对相同的光栅、一对相同的柱透镜以及放置在中间位置的相位板组成，由于各相邻元件之间的距离都为透镜的焦距 F，所以称之为 $4F$ 系统 (其中柱透镜也可以用凹面镜代替)。

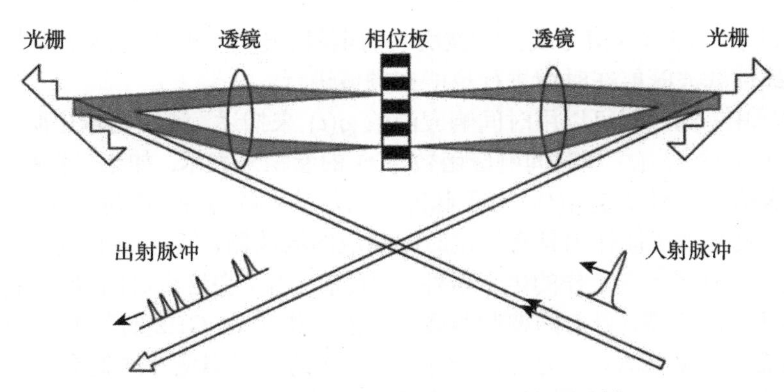

图 6.1　用于脉冲整形的 $4F$ 系统示意图[1]

$4F$ 系统的工作原理　入射的飞秒激光脉冲首先以一定角度照射到第一个光栅上，在横向上产生色散，不同的频率成分的激光以不同的衍射角度入射到柱透镜上。由于光栅中心到柱透镜中心距离为 F，发散的激光经过柱透镜后平行出射。这样入射激光经过第一块光栅和透镜后，实现了时域到频域的傅里叶变换，并且不同频率成分的光在空间上依次分布。而位于焦平面的相位板就能够对横向分布的不同频率成分的光进行独立的调制，可以调控的量包括相位、振幅以及偏振。通过相位板后，激光入射到第二块透镜，聚焦到第二块光栅上，经光栅压缩后射出，实现了频域到时域的转换。对飞秒激光脉冲的整形是通过相位板的调制来实现的。如果相位板不对脉冲进行调制，出射的飞秒脉冲与入射的完全相同，因此这套系统也被称为零色散的 $4F$ 脉冲整形装置。

相位板主要是对横向分布的飞秒激光各频谱成分进行独立调制，由于不同频谱成分在空间上的分布比较紧密，对相位板的分辨率就有较高的要求。早期的脉冲整形装置中相位板的制作采用了显微光刻图形技术以获得足够高的分辨率。针对不同的脉冲整形需求，需要制作不同的相位板，成本较高并且效率偏低。在人们的不断研究过程中，可编程调制器的概念被提出并成功实现。通过对可编程调制器的控制可以实现不同的脉冲整形模式，并能在不同模式间方便地切换，这一显著的优势使得可编程调制器在被制作出后不久，便得到广泛的应用。可编程调制器的种类很多，以下介绍几种被广泛使用的可编程调制器。

6.2.1　液晶空间光调制器

图 6.2 中展示了液晶空间光调制器的基本结构，它能够独立地控制相位或者振幅。这个基本的结构包括两块玻璃基板以及灌注在其中的向列相液晶材料。向列相液晶一般是由细长的棒状分子组成，它们指向有序，但位置无序，所以能像液体一样流动，另外，液晶分子的指向会随着施加的电场而改变。

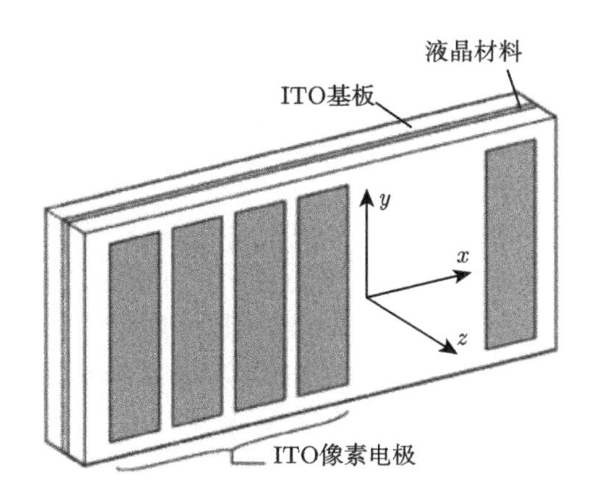

图 6.2 液晶空间光调制器的基本结构[4]

如图 6.3(a) 所示，液晶盒的玻璃基板内侧经过摩擦取向处理，使得在未施加电场时，液晶分子的长轴指向都沿着 y 方向，此时液晶盒就具有了双折射效应，偏振方向沿着 y 方向 (平行于分子长轴方向) 的偏振光折射率最大，而沿着 x 方向 (垂直于分子长轴方向) 的偏振光折射率最小。在图 6.3(b) 中，当液晶盒的基板间施加电压，也就是对液晶施加 z 方向的电场时，液晶分子会沿着 z 方向倾斜，偏振方向沿着 y 轴的偏振光折射率降低，液晶盒的双折射效应减弱。正是基于液晶的这种性质，可以通过对液晶盒上电场的控制从而改变 y 方向偏振光的相位。

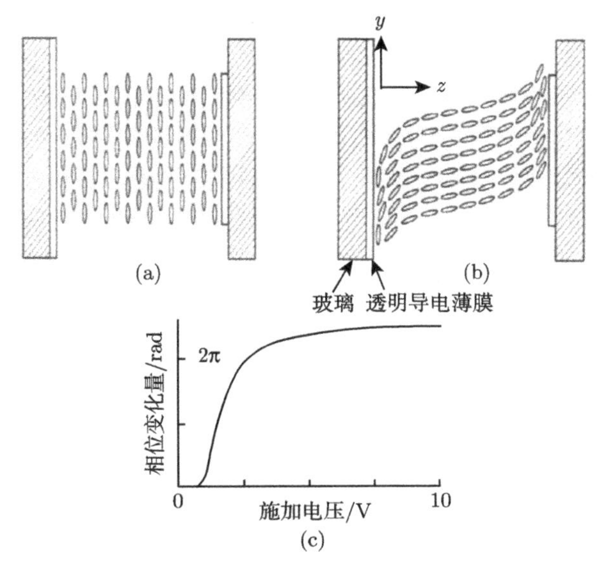

图 6.3 空间光调制器液晶层调制原理图[4]

(a) 没有外加电场；(b) 加入轴向电场；(c) 相位随电压变化曲线

为了施加所需的电场，两块玻璃基板内侧都附着一层透明导电薄膜，比如氧化铟锡材料 (ITO)，其中一块基板上导电薄膜被制作成很多分离电极的形式，与外部电路相连，另一块基板上的导电薄膜不做成分离电极的形式，能够整体导电。一个典型的液晶调制器件一般包含 128~640 个像素，其中相邻像素中心的间距在 100 μm 的数量级，而相邻像素的边界距离只有几微米。图 6.3(c) 显示了偏振方向沿 y 轴的偏振光的相位随施加电场电压的变化。当施加电压低于阈值电压时液晶分子不发生倾斜，相位不发生改变。当施加电压大于阈值电压以后，分子在电场作用下迅速倾斜，偏振方向沿 y 轴的偏振光折射率迅速降低，相位差随之迅速增大。当施加电压增大到一定程度达到饱和时，液晶分子与电场方向几乎平行，相位差趋于平缓不再增加，相位差的最大值对应于双折射的最小值。为了实现对相位的完全控制，调制器的最大相位差至少要达到 2π。最大相位差与液晶层的厚度成正比，所以要实现相位的完全控制，液晶层要有足够的厚度。相位与电压之间的对应关系校准处理后做成对照表，以便后续使用。一种常用的校准方法是将偏振光以 45° 角入射 (与 x 轴 y 轴都呈 45° 角)，这样电压控制的双折射就决定了输出光的偏振状态。透过正交偏振片的功率由下式决定：

$$\frac{P_{\text{out}}}{P_{\text{in}}} = \sin^2\left[\frac{\Delta\phi(V)}{2}\right] \tag{6.3}$$

其中，$\Delta\phi(V)$ 表示和电压相关的双折射率，所以 $\Delta\phi(V)$ 可以通过功率透过率与施加电压的关系计算出来。

通常，人们使用电脑结合多通道电路对调制器施加特定的驱动信号，这样能实现对各个单元独立的灰度控制。值得一提的是，驱动信号一般是由不同振幅的频率 (几百赫兹或者更高频率) 的方波组成，而不是直流电压，之所以采用交流驱动信号是为了防止液晶的电致迁移效应[13]，增加液晶材料的使用寿命。另外，液晶分子的旋转只依赖于施加电压的振幅，所以用方波代替直流电压不会改变调制器的工作情况。驱动电路在设计合适的情况下能够保证液晶空间光调制器提供的相位函数基本不变，所以，在使用类似锁模激光器这样的高重复率光源时，调制器能够对脉冲进行连续的整形，从而获得比较理想的结果。

采用液晶空间光调制器的脉冲整形装置的整形速度取决于调制器的响应时间，由于液晶本身的动力学特性被限制在毫秒量级，还会进一步受到控制电路等因素限制。

单层空间光调制器主要用于脉冲的相位整形[14,15]，也可以在不考虑相位改变的情况下用于振幅整形。早期的一些实验就利用单层空间光调制器实现了 45° 夹角的入射偏振光的振幅整形。为了实现对振幅相位进行独立的控制，人们设计出包含两个液晶盒的空间光调制器[16]，两个液晶盒背对背地装配在一起，它们的液晶分子长轴指向与 x 轴的夹角分别为 45° 和 −45°，在一个液晶盒的一个像素上施加电压时，在这个像素处的液晶分子朝着 z 轴旋转实现了平行于液晶方向光分量的相位调制。当入射偏振片和出射偏振片偏振方向都与 y 轴平行时，特定像素处的输出光有以下形式[16]：

$$E_{\text{out}} = E_{\text{in}} \exp\left[\frac{\Delta\varphi_1(V_1) + \Delta\varphi_2(V_2)}{2}\right] \cos\left[\frac{\Delta\varphi_1(V_1) - \Delta\varphi_2(V_2)}{2}\right] \tag{6.4}$$

其中，$\Delta\varphi_1(V_1)$ 和 $\Delta\varphi_2(V_2)$ 分别是第一个和第二个液晶盒在电压作用下的双折射。透过功率依赖于两个液晶盒双折射之差，而附加相位依赖于两个液晶盒双折射的平均值。这样，就可以通过改变 V_1 和 V_2 对相位和振幅进行独立的控制。

双层液晶空间光调制器也可以被用于脉冲偏振整形[17]。在脉冲偏振整形的情况下，要去除空间光调制器的后置偏振片，这样的结构使得调制器能对两个正交的偏振分量进行独立的相位控制。正交的偏振分量在同一个空间光调制器的不同位置进行调制，对各个路径上的延迟进行细微平衡调节，就能实现对不同频率成分偏振状态的调制[17,18]。此外，还有一种方法是利用四个或更多的液晶层来实现对振幅、相位和偏振的完全整形[19-21]。

6.2.2 硅基液晶调制器

由于通信连接的问题，液晶空间光调制器在光学有效区域像素数量受到限制，最多只能做到几百个像素。为了在脉冲整形中获得更加精细的波前控制，就需要提高像素密度，硅基液晶技术 (LCoS) 的出现解决了像素密度的问题[22-24]。

硅基液晶最初是用于微型显示的技术，硅基液晶空间光调制器是一种反射器件，如图 6.4 所示。硅芯片上制作有像素化的电极阵列用来施加驱动信号，硅芯片上首先放置一个反射镜，之后是一个液晶层和一块带有 ITO 的玻璃基板，由于像素电极是直接在驱动电路上制造的，硅基液晶调制器能得到很大的像素数目，这就是硅基液晶调制器的主要优点。一维的硅基液晶调制器可以有几万个像素，而二维阵列可以有几百万个像素。

与传统的液晶空间光调制器相比，硅基液晶调制器除了像素数目增加了很多外，像素的尺寸也小了很多。一个设计合理的脉冲整形器应该做到像素尺寸与傅里叶平面每个频率的光斑尺寸相接近，而一维和二维硅基液晶像素的尺寸大小可以分别达到 1.6 μm 和 8 μm[25,26]，每个频率成分的光斑尺寸都要比一个像素尺寸大得多，也就是说有一组像素组成一个“超像素”控制单个频率成分。值得一提的是，由于电场边界的扩展效应，即使是像素尺寸很小，空间光调制器的分辨率也不会有明显的提高。

由于 LCoS 只有一个液晶层，所以要实现同时对相位振幅进行独立控制就要采用新的方法。通过对超像素上不同的像素施加不同的驱动信号来形成衍射模式，图 6.5 中给出了 3 个超像素上施加的相位调制信号，相位与位置的关系设置成正弦光栅的形式：

$$M(x) = \exp\left[\mathrm{i}\varDelta\sin(\frac{2\pi x}{\varLambda}) + \mathrm{i}\varPhi(x)\right] \tag{6.5}$$

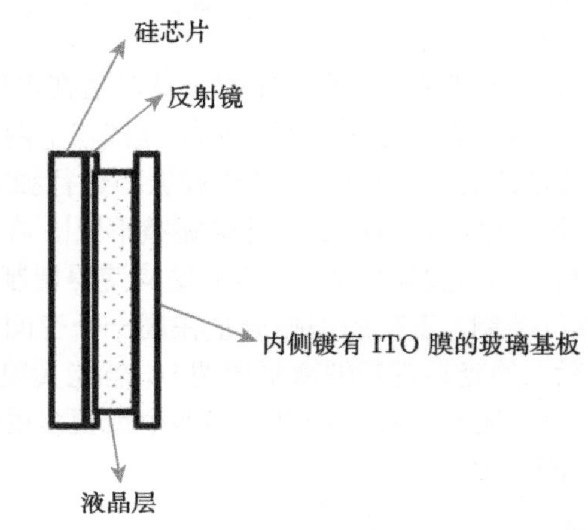

图 6.4　硅基液晶空间光调制器结构图

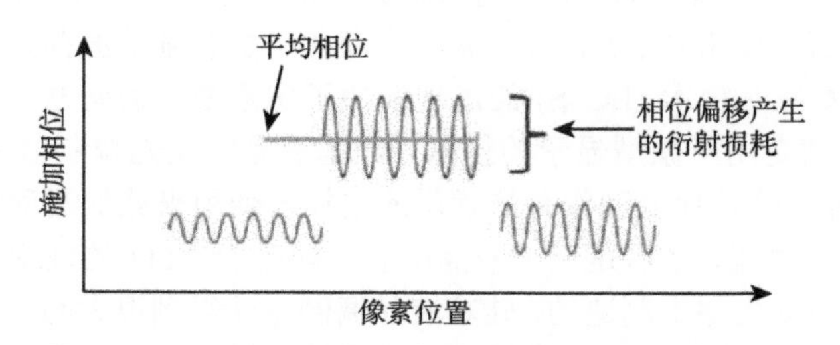

图 6.5　一维硅基液晶调制器中施加相位与位置的关系[4]

当光栅周期 $\varLambda$ 与傅里叶平面上单频光斑尺寸 ω 相比足够小时，入射光就会以不同的振幅衍射到分离的衍射级上，而振幅的大小是由光栅的相位偏移 $2\varDelta$ 决定的，这种方法能将功率从反射的零级光束中耦合出来，这样来控制它的振幅。另外，反射的零级光束的相位是由施加的平均相位 $\varPhi(x)$ 控制，通过这种方法就实现了相位和振幅的独立控制[25]。对反射式硅基液晶空间光调制器进行脉冲整形的实验测试发现，零级衍射具有最低的介入损耗，而一级衍射具有最高的消光比。

采用二维调相硅基液晶空间光调制器的脉冲整形可以用来实现商用的波长选择开关，应用于光通信网络中[27]。空间光调制器在垂直于光谱色散方向上以不同的角度将入射光反射出去，通过程序控制将出射光耦合到不同的输出光纤里，这样在脉冲整形过程中不同的波长成分可以被独立地关断或者任意地衰减。

6.2.3 声光空间光调制器

除了液晶空间光调制器之外，声光空间光调制器也是一种应用较多的调制器，如图 6.6 所示。声光调制器是由 Warren 等发明的[28-31]。声光调制器的调制是基于声波传播导致介质折射率变化来实现的，首先利用射频电信号驱动压电转换器，产生声波在适当的介质里传播，声波在介质中传播使得介质的折射率周期性变换，形成了一个折射率光栅。经过声光介质衍射后的光束频率会转换到与射频驱动信号相等 (一般为几百兆赫兹)，理想情况下，衍射后的光束振幅和相位也与射频驱动信号相等。采用声光调制器的装置与采用液晶空间光调制器的装置类似，但在角度上要考虑声光介质的衍射角。经过介质的声波信号是经过拓展和延时的时间驱动信号，因此采用任意波前射频发生器 (目前在几百兆赫兹范围，技术已经比较成熟) 来驱动声光调制器，控制产生声波的轮廓，进而实现了可编程的调制脉冲整形 (尽管还需要考虑声波的衰减和非线性效应)。

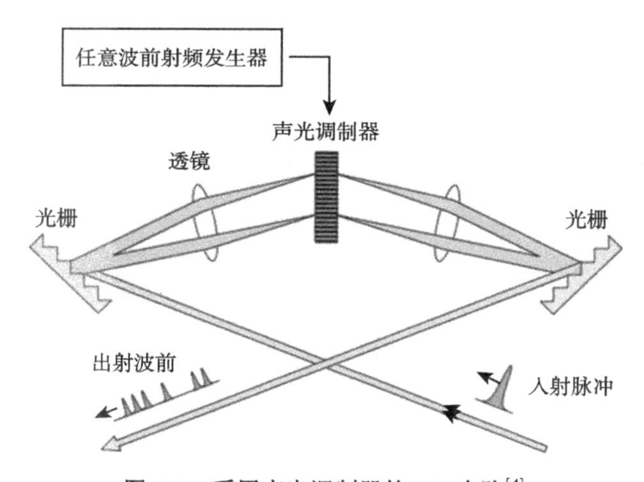

图 6.6 采用声光调制器的 $4F$ 光路[4]

由于脉冲整形是通过对一束声波的衍射产生，这种声光相位板就会带有行波的特点。总的来说，声光调制器不适合对一般锁模激光器输出的高重复率脉冲进行脉冲整形，因为声光调制的原理决定了声光调制脉冲整形是随时间变化的，不过有些特殊情况下，可以将随时间的变化巧妙地消除[32]。然而，声光调制器对于飞秒激光脉冲整形是可以采用的，声光调制器的再编程时间是由声波在声光介质的传播时间决定的 (大约几十毫秒)，对于脉冲间重复率在千赫兹量级的激光系统来说有足够的时间对脉冲整形器的整形模式进行刷新或更改。

值得一提的是，声光空间调制器提供了一个空间连续的相位板，而液晶空间光调制器提供的是像素不可连续的相位板，人们已经证实，声光调制器的时间带宽积大约是液晶空间光调制器几百倍。声光调制器的另一个优点是脉冲整形的波长范围大，人们已经证实，声光调制器能够调制从 260 nm[33] 到 5 μm[34]，也就是从超紫外到中红外的范围内的光波，而由于液晶材料性质的影响，液晶空间光调制器的工作范围只能在可见光和近红外波段。

6.2.4　其他调制器

除了以上介绍的这三种调制器外，还有一些调制器也可以用于脉冲整形，比如移动镜和变形镜，如图 6.7 和图 6.8 所示。对于一些简单的光谱纯相位调制来说，采用特殊的反射结构元件就能实现，移动镜和反射镜就是通过改变反射镜的状态获得理想的相位调制。移动镜是通过改变反射镜的偏转角度来改变相位，例如，Kwong 等利用移动镜扫描调制方式在 100 ps 的时间窗口实现了对 60 fs 脉冲的扫描，获得了傅里叶转换脉冲整形方法中最高的复杂度[35,36]，而变形镜是通过对反射镜不同位置施加大小、方向不同的力，使其发生扭曲或者控制微反射镜阵列来实现对相位的调制[37-42]。

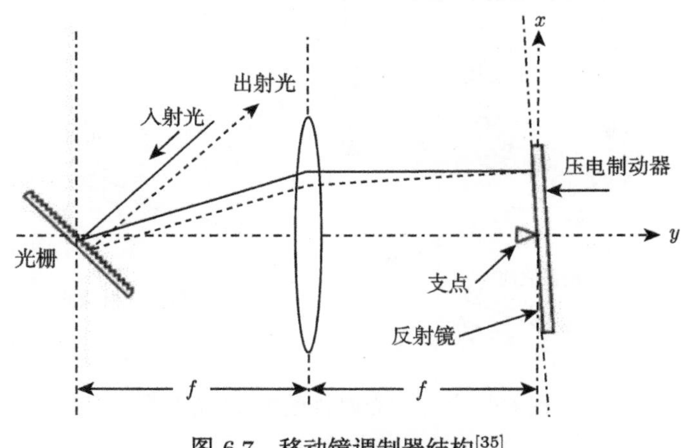

图 6.7　移动镜调制器结构[35]

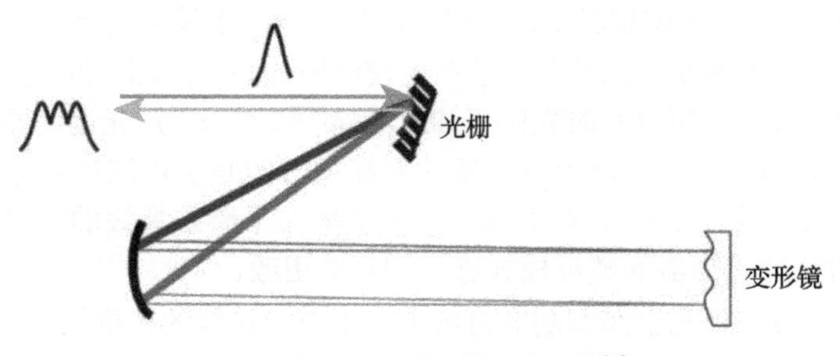

图 6.8　变形镜调制器的结构[3]

6.3 飞秒激光脉冲整形技术的控制方式

在飞秒激光脉冲整形技术的应用过程中，也会涉及控制方式的问题，和其他控制技术一样，脉冲整形的控制方式分为开环控制和闭环控制。

开环脉冲整形是指在入射激光脉冲的基础上，根据所要达到的目标脉冲，设计相应的相位板，或者在可编程空间光调制器上施加相应的信号，从而得到整形的激光脉冲输出。比如在脉冲整形技术发展初期，就是根据需要制作相应的固定相位板进行脉冲整形。

在实际的实验中，对实验体系的能级结构难以完全了解，并且多原子分子的最优控制函数精确计算十分复杂，即使能够计算出最优控制的函数，由于仪器噪声以及其他限制因素，施加在体系上的激光脉冲也已经不是最优整形的脉冲。由于这些因素的存在，在具体的实验过程中开环控制脉冲整形方法难以获得最优的整形脉冲。为了解决这个问题，Rabitz 等提出了闭环控制脉冲整形方法[12]。闭环控制脉冲整形也被称为自适应反馈控制脉冲整形或者自学习脉冲整形，在这种方法中，可编程空间光调制器可以通过改变驱动信号改变其调制模式，并能够在不同模式间快速切换。可编程空间光调制器的使用，避免了固定相位板制作复杂、成本高、效率低的问题，更大的意义在于，它使得脉冲整形闭环控制得以实现。

自适应反馈控制脉冲整形方法构造了一个闭环反馈回路，通过量子体系的测量结果来评估整形控制的完成度，再对其进行优化，直到控制结果达到最优状态，如图 6.9 所示。在每次循环过程中，都会有调整后的整形脉冲与体系相互作用，将探测的目标信号 (比如特定反应产物的产率或者目标能级的粒子数布局) 反馈到自适应算法中，自适应算法将测量的信号与预设的控制目标进行比较评估，朝着最优结果的方向做出可行的优化控制。自反馈控制脉冲整形方法不仅能够在电脑上进行模拟[43-55]，它更大的优势在于能够直接在实验室中使用。

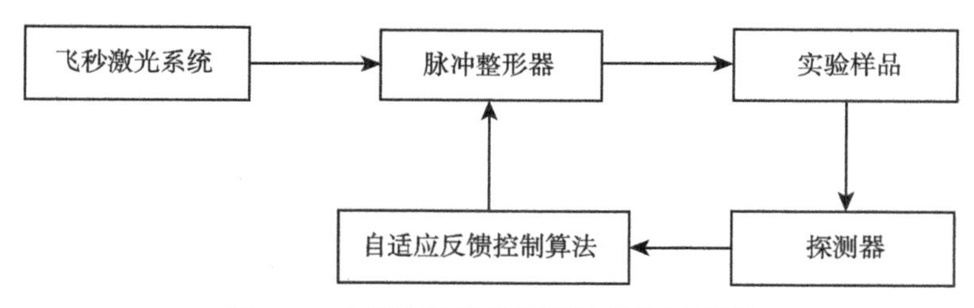

图 6.9 自适应反馈控制脉冲整形原理图

具体来说，自适应反馈控制脉冲整形方法有以下优点：第一，自适应反馈控制脉冲整形方法不需要对实验量子体系建立良好的模型，这一优势使得飞秒激光脉冲整形技术迅速应用到很多研究方向上，比如，对于液相中的大型多原子分子体系这样的复杂系统，在理论上只有非常粗糙的模型，但是通过自适应反馈控制脉冲整形方法就能实现最优控制；第二，自适应反馈控制方法不再需要对激光场进行精确测量，任何能够反映控制效果的参量都能用来进行自适应反馈控制，这种方法减少了对脉冲激光场的要求限制；第三，自适应反馈控制脉冲整形方法获得的最优控制对仪器噪声表现稳定，因为反馈算法会排除掉不稳定的解；第四，利用演化量子体系用最快方式自解薛定谔方程的概念优势，以及全自动高重复率激光的技术优势，自适应反馈控制脉冲整形方法能够进行高强度每秒成百上千次的实验；第五，在自适应反馈控制回路中，采用新型的量子系综能够完全避免量子体系测量过程中的倒退问题[2]。

6.4　飞秒激光脉冲整形技术的应用

飞秒激光脉冲整形技术在超快领域应用范围十分广泛，自适应反馈控制方法的出现进一步拓展了飞秒激光脉冲整形技术的适用性，以下介绍其主要的几种应用。

6.4.1　分子动力学中的应用

由于分子动力学过程持续时间很短，通常在飞秒量级，因此飞秒激光脉冲常用于分子动力学过程的研究，而飞秒激光脉冲整形技术通过对激光脉冲形状的操控，能够实现对分子动力学过程的有效控制。以下给出飞秒激光脉冲整形技术在分子动力学中的几种主要应用。

1. 分子多光子吸收控制

分子的多光子吸收是一种典型的非线性过程，是指分子能够同时吸收两个或者两个以上的光子从基态跃迁到高激发态的过程，多光子吸收在多光子显微镜、光谱学、物性研究、同位素分离和光化学等领域有着重要的应用。利用飞秒激光脉冲整形技术对分子多光子吸收过程进行控制有着十分重要的意义，可以极大拓展分子多光子吸收在各种相关领域的应用。

早在 1973 年，Makhanek 等就对分子中双光子吸收过程进行了理论研究[56]，1998 年，González-Díaz 对分子的多光子吸收过程做了进一步的理论分析和拓展[57]。飞秒激光脉冲整形技术的出现，使得对多光子吸收过程的操控得以实现，结合自适应反馈控制方法，就能够完成分子多光子吸收的最优增强。Lee 等基于退火算法的自适应反馈控制脉冲整形方法，实现了 DCM 溶液中双光子荧光的最优增强[58]，实验结果表明，双光子荧光增强的最优脉冲是负啁啾脉冲，并指出双光子荧光的增强是由于激发态波包的局域化。Otake 等基于基因遗传算法的自适应反馈控制脉冲整形方法实现了苝溶液中双光子荧光的增强[59]，实验结果表明，最优脉冲是具有特定重复率的脉冲串，并解释了荧光增强的机制与分子中的动力学过程的关系。Zhang 等同样基于基因遗传算法自适应反馈控制脉冲整形技术，在香豆素 515 溶液中实现了双光子荧光的最优控制[60]，实验结果表明，双光子荧光强度能够增强大约 20%，而且最优脉冲是正啁啾脉冲，同时还研究了双光子荧光强度与脉冲的啁啾调制之间的关系，证实了分子双光子吸收有效粒子数布居转移的理论模型。此外，他们利用相位跳跃调制方法实现了二氯荧光黄溶液中双光子荧光的增强[61]，并运用分子激发态波包干涉解释双光子荧光增强的物理机制。最近，他们进一步研究了各向同性分子体系中双光子吸收过程的偏振和相位调制[62]，理论结果表明，激光从线偏振到圆偏振的变化过程中，双光子吸收会降低，而且偏振的变化不会影响光谱相位整形的控制效率，并以香豆素 480 为实验对象进行了双光子荧光偏振与相位控制实验，证实了这些理论结论。

2. *分子光解离控制*

在光化学领域，对分子解离产物进行选择性控制一直是人们努力的目标。在过去的十几年间，自适应反馈控制飞秒激光脉冲整形技术在这个目标上取得了重大的进展。1998 年，Assion 等利用自适应反馈控制飞秒激光脉冲整形技术首次实现了分子光解离的选择性量子控制[63]，研究对象是一种有机金属络合物 $CpFe(CO)_2Cl$(其中 Cp 为 C_5H_5)，这种络合物中含有独特的金属配位键，而且在与整形的飞秒激光脉冲作用时有不同的解离通道。通过采用自适应反馈控制脉冲整形技术，实现了解离产物 $[CpFe(CO)_2Cl]^+/[FeCl]^+$ 分支比例的最大化和最小化，这一实验取得的巨大成功掀起了分子光解离领域的研究热潮。此外，他们研究五羰基铁 $Fe(CO)_5$ 的光电离解离过程[64,65]，实现了解离产物 $[Fe(CO)_5]^+/Fe^+$ 分支比例的最优控制，研究结果表明，其中的控制机制并不仅仅是简单的强度依赖关系，光谱相位分布能够调节激发分子振动波包动力学过程，使其朝着目标反应通道进行。Damrauer 等以 CH_2ClBr 为研究对象，利用自适应反馈控制脉冲整形技术对解离产物 $[CH_2Cl]^+/[CH_2Br]^+$ 分支比例进行了最大化和最小化控制，进一步证实了控制机制中除了强度依赖效应外，还包含了对波包动力学过程的操控[66]。

2001 年，Levis 等利用经过整形的强飞秒激光脉冲实现了在有机多原子分子中特定化学键的断裂和重排[67]，研究对象包括处于气相的 $(CH_3)_2CO$, CH_3COCF_3 以及 $C_6H_5COCH_3$。实验得到的结果是从 $(CH_3)_2CO$ 中形成 CH_3CO，从 CH_3COCF_3 中形成 CH_3 或者 CF_3，从 $C_6H_5COCH_3$ 中形成 $C_6H_5COCH_3$ 的过程都能以很高的选择性实现。整形后的强飞秒激光场 (大约 10^{13} W/cm^2) 产生的动态 Stark 位移能够使很多激发态达到共振激发，从而促进跃迁的发生，有效地提高可用带宽，这种效应开拓了很多在弱场情况下由于共振限制无法进行的反应路径。虽然复杂强场动力学过程的理论处理十分困难，但是实验中采用自适应反馈控制脉冲整形方法不会受到影响，因为自适应反馈控制中分子能够在飞秒的时间尺度上解出自身的薛定谔方程，在高速循环控制条件下，闭环控制回路中的自学习算法通常只需几分钟就能获得最优激光脉冲。

Levis 等开展的一系列实验证实了利用飞秒激光脉冲整形技术对化学反应进行选择性控制的可行性。自适应反馈控制脉冲整形技术作为一种新型的反应操控方法受到了广泛关注，很多研究人员用这种方法对不同的化学反应体系进行了大量的研究[68-70]。比如，Wöste 等研究了碱金属团簇光电离和光解离的动力学过程控制；Wells 等研究了 S_8 分子在强激光场下光解离产物 S_N^+/S_M^+(N 和 M 是不同的值) 的分支比例[71]，实验结果表明最优整形脉冲的控制效果比傅里叶变换极限脉冲好得多；Wells 等通过控制瞬态 CO^{2+} 振动布居数分布来操控 CO^{2+} 与 $C^{+}+O^{+}$ 产物的分支比例[72]；Chen 等通过控制高价电离 CO_2 弯曲振动模式振幅来增强对称的六价离子碎裂通道 $CO_2^{6+} \rightarrow O^{2+}+C^{2+}+O^{2+}$，并将激光光谱相位作泰勒展开，来说明光电离动力学的控制过程[73]；Laarmann 等利用飞秒激光脉冲整形技术实现了氨基酸复合物中打断强主键而不改变弱键的操控，基于这些结果，他们提出，使用自适应反馈控制方法得到的最优整形的激光脉冲能够作为复杂多原子体系质谱的分析工具[74,75]。

2008 年，Palliyaguru 等研究了强飞秒激光场作用下甲基膦酸二甲酯光解离产物分支比例的操控[76]，实验的最优化控制是选取了飞行时间质谱仪中高碳氢化合物和水的背景信号进行的，在这种条件下还能进行高效的选择性控制，说明自适应反馈脉冲整形技术提供了一种能够识别复杂气体分子的方法。

Lozovoy 等在 2008 年，报道了一个利用强飞秒激光脉冲进行分子光解离的实验[77]，在实验中他们没有采用自适应反馈控制方法，而是采用一系列预先设定好的脉冲形状，他们得到的结论是光解离产物的产量主要由脉冲的强度决定，而脉冲的具体形状对产量影响不大。这一结论与以上介绍的大量实验结论相违背，其根本原因是 Dantus 等的实验是在激光强度大于电离饱和阈值的情况下进行的，在利用最优脉冲整形实现反应选择性控制机制中，相干过程起到主要作用，所以，要实现光诱导分子解离产物的相干控制，就必须满足激光强度低于饱和阈值[78]。

3. 分子多光子电离控制

经过偏振整形的飞秒激光脉冲能够显著地增强分子多光子电离的控制能力。2004 年，Brixner 等证实了经过适当偏振整形的激光脉冲能够比最优整形的线偏振激光脉冲更加显著地增强 K_2 光电离的产率[79]，这种效应可以用分子中存在不同的多光子电离路径，并且其中包括能够被偏振激光更容易激发的偶极跃迁来解释。同年，Suzuki 等利用自适应反馈控制方法结合偏振整形的激光脉冲研究了 I_2 的多光子电离并实现了奇电荷产物 (I_2^+ 和 I_2^{3+}) 和偶电荷产物 (I_2^{2+}) 产量的最优控制[80]。2008 年，Weber 等以 NaK 分子为研究对象，用自适应反馈控制偏振整形的激光脉冲研究了其光电离产量的优化[81]。Wöste 等用自适应反馈控制相位和振幅调制整形脉冲进一步研究了 K_2 和 NaK 的光电离过程，发现自适应反馈控制获得的最优脉冲与理论计算得到的脉冲十分吻合[82-87]。Rabitz 等将注意力集中到研究电离过程以及其中的控制机制上，提出了通过自学习最优算法将光场中与控制无关的成分 (控制脉冲清除方法，CPC) 消除，从而获得合适的调制脉冲，简化研究过程。在 K_2 同位素选择性激发实验中，通过施加微弱的调制就能将无用的脉冲成分移除，只研究参与分子振动跃迁的部分。在 NaK 的光电离实验中施加了强烈的调制并获得了多目标产物的最优化，最优的光电离路径依赖于 CPC 的强度，而 CPC 能够用来识别到达特定振动能级的重要电子跃迁，这些结果说明 CPC 中包含了控制机制的重要信息。

4. 分子排列取向控制

多原子分子具有一定的方向性，通常情况下体系中分子的排列是杂乱无章的，但是可以通过适当的办法使体系的分子在某些方向的排列程度增大。沿着某个特定方向排列的分子具有一些重要特性，比如能够使得某些化学反应的概率大大增强，因而分子的排列取向控制吸引了研究人员的广泛关注。在高强度激光场下分子极化的动态变化对取向有很大的影响，通过对强飞秒激光脉冲进行适当的整形就能实现分子取向控制。激光诱导分子取向的量子电动力学过程已经能够在理论上进行处理和优化，而且用简单的超快激光脉冲就能成功实现[88-92]。飞秒激光脉冲整形技术提供了一种控制分子排列取向的有效工具。Zhang 等提出利用周期性方波相位调制的飞秒激光脉冲来控制 CO 分子排列的方法[93]，研究表明，分子排列程度和瞬态时间结构可以被有效控制，分子排列程度可以被抑制或者重构，分子排列瞬态时间结构可以被控制成想要的结构，而且分子排列和反排列可以被任意转换。此外，他们又提出运用三次相位调制增强分子排列程度的方案[94]，证实了分子排列既能在整形脉冲作用时绝热地产生，又能在整个转动周期内以与脉冲作用时相同的排列程度重现。他们还发现，三次相位调制脉冲作用下的分子排列行为与缓慢上升快速下降激光脉冲作用下相同，但是相同激光强度下三次相位调制脉冲作用下的分子排列程度会稍强一些。Horn 等用脉冲整形技术方法以气体的双折射强度为反馈信号进行自适应调制，在室温下实现了 N_2 分子排列程度有效增强[95,96]，他们证实傅里叶变换极限脉冲能使 N_2 分子排列程度达到最强。他们还发现，在较高的温度下调制效果较好，当温度降低时，调制效果变差，这说明调制作用来源于整体效果而不只是各个转动态的相干动力学过程。Pinkham 等实现了室温下 CO

分子取向的最优控制[97]，从理论和实验上都证实相同能量的整形脉冲与超短傅里叶变换极限脉冲能产生同样的分子排列效果。脉冲整形会导致激光峰值功率降低，即使激光强度达到了能诱导电离的程度，也能继续增强分子排列程度。他们还提出具有用固定极化率的刚性转子模型来精确地描述激光诱导的分子动力学过程。

5. 分子能量转移控制

飞秒激光脉冲整形技术还能用于分子尺度能量转移的控制。Kuroda 等以供体–受体大分子为研究对象，以受体辐射荧光为反馈信号，通过对激发脉冲的自适应反馈相位调制使得量子发射产率增强了 15%，并对优化过程和最优脉冲特性进行了分析，分离出能量转移控制机制中的主要因素[98]。他们证实光谱相位的阶跃函数诱导了供体部分的动力学过程，描述了供体激发态的相干性质，通过对激发脉冲的相位调制，能控制分子中供体受体间的能量转移。为了证明这个结论，他们还进行了一个涉及 2+1 光子控制路径的泵浦探测实验，最优脉冲通过相长干涉促进了到达第二激发态的延迟激发。

Batista 对 Kuroda 等的实验结果进行了进一步的分析[99]，研究表明，实现能量转移效率最大化的最优脉冲是双脉冲结构，一个尖峰脉冲后伴随着一个次脉冲。这样的双脉冲控制机制是第一个脉冲分量通过非共振双光子激发使得体系到达第一激发态，随后延迟的次脉冲使体系通过单光子跃迁到达第二激发态。这样的控制机制使得体系绕过了不利的非辐射路径，使得荧光产量得到增强。

6.4.2　非线性光谱学中的应用

在非线性光谱学和显微光谱学中，飞秒激光脉冲整形技术能够用来提高探测的灵敏度和分辨率。

飞秒激光脉冲整形技术在非线性分子光谱学中的一个重要应用就是通过受激拉曼 (Raman) 散射对振动模式进行操控。在气相中，人们主要利用自反馈控制脉冲整形的高强度冲击激光脉冲 (激光脉冲持续时间比振动周期短) 通过受激拉曼散射控制分子的振动。比如，Hornung 等通过冲击受激拉曼散射实现了 K_2 的振动动力学过程控制，还采用了不同参量整形的飞秒脉冲进行控制来研究控制的物理机制[100]。其他的一些气相实验包括六氟化硫 (SF_6) 中振动模式增强和抑制、二氧化碳中振动模式选择激发[101]，以及四氯化碳 (CCl_4) 中多模振动波包整形[102]。在液相中，Bucksbaum 等以甲醇为研究对象开展了一系列的实验[103-106]，由于甲醇的碳氢键具有对称和反对称拉伸模式，通过非冲击受激拉曼散射 (激光脉冲的持续时间大于振动周期) 激发，以测量的拉曼光谱为反馈信号对激光脉冲进行整形，通过自适应反馈控制方法控制其拉曼光谱峰的相对强度，最终实现振动模式的选择激发。不过，人们认为，非冲击受激拉曼散射光谱的相对峰值并不能反映振动模式的相对布居数，实验中对光谱特性的控制主要基于经典非线性效应而不是振动激发的量子干涉。

飞秒激光脉冲整形技术在非线性分子光谱学中的另一个应用是通过相干反斯托克斯拉曼散射对分子振动模式进行控制。Zeidler 等、Konradi 等[108-112]、Zhang 等[113] 和 Vacano 等[114] 都利用相干反斯托克斯拉曼散射装置，结合自适应反馈控制脉冲整形技术实现了复杂分子的振动动力学控制，实验过程中以相干反斯托克斯拉曼散射谱的强度为反馈信号对泵浦光或者斯托克斯光进行整形。Materny 等做了大分子的自适应反馈控制实验，实现了对一个振动基态模式的选择性激发，而对其他模式进行抑制，不同模式之间的延迟还能调节。Vacano 等对光子晶体光纤获得的宽带脉冲进行整形，研究了单光束相干反斯托克斯拉曼散射实验[114]，利用自适应反馈控制方法获得了理想的分子振动模式干涉图案。

6.4.3 光纤光学中的应用

由于脉冲整形方法得到的方波与未经整形的脉冲相比有更好的开关特性，所以在使用光纤非线性耦合器的光开关实验中，常用脉冲整形来获得飞秒的方波脉冲[115]。

飞秒激光脉冲整形技术还能用于产生暗脉冲，1988 年，Wenier 等利用飞秒激光脉冲整形技术实现了波长 620 nm、脉宽 185 fs 的暗脉冲在单模光纤中的传播，传播过程中暗脉冲没有展宽，这是暗孤子可在光纤中传播的第一次被明确证实[116]。之后 Emplit 等又成功验证了利用脉冲整形技术产生的暗孤子在远距离光纤中的无畸变传输[117]。此外，通过采用相位调制整形脉冲的实验，还证实了相位调制的高阶亮孤子的周期演化和再聚焦现象[118]。

6.4.4 光通信系统中的应用

基于光谱相位编码与解码的超短脉冲光码分多址 (CDMA) 光通信是一种不同用户采用不同光谱编码共享同一根光纤介质的通信技术。脉冲整形在这一技术中起到十分关键的作用，通过多路干涉，对正确解码和不正确解码脉冲之间的强度对比识别，并接受正确的信息[119]。20 世纪 80 年代后期，采用固定相位板的脉冲整形技术首次实现了飞秒脉冲的编码与解码[120]，不久以后飞秒脉冲光码分多址的理论分析就被提出[121]。20 世纪 90 年代早期，光纤光学技术迅速地发展[122]，美国普渡大学搭建了一套飞秒脉冲光码分多址测试系统，这套系统中包含了脉冲编码、解码、远距离传输编码脉冲的色散补偿和用于区分正确解码与不正确解码脉冲的非线性光学阈值判断系统。除了以上这些应用外，脉冲整形技术还可用来对波分复用技术通信中不同波长成分进行滤波，比如，利用平缓频率响应[123] 和多通道波分复用增益均衡器[124] 构造波分复用交叉连接开关。

6.4.5 生物医学中的应用

常规的医学成像技术只能达到 100 μm~1 mm 的分辨率，这对于癌症和动脉粥样硬化等疾病早期的组织异常检查来说不够灵敏。采用移动镜的脉冲整形装置可以对生物医学样品进行快延时光学相干断层成像扫描，目前已经能将这种方法用于内窥镜上，获得了分辨率为 10 μm 的兔子胃肠道和呼吸道截面图像[125,126]。脉冲整形还能用于多光子生物光谱学研究 [127]，研究发现，光谱成分的微小改变就能对生物多光子成像中的非线性过程效率造成显著的影响，可以通过脉冲整形使非线性过程的效率最大化，这样就能使脆弱的生物样本样品在受到尽量少的激光照射下得到足够清晰的图像。

Batista 等把飞秒激光脉冲整形技术控制分子能量转移方面的研究成果进一步应用到光合作用的操控上[99]。他们实验中采用的供体–受体大分子与自然界的光合作用体系结构类似，都是通过供体吸收光子并将能量转移到受体上，因此，研究飞秒激光脉冲整形技术控制能量转移过程就为实现光合作用的增强或抑制带来可能。

6.4.6 飞秒放大器的相位补偿

精确完整的啁啾补偿是飞秒啁啾脉冲放大系统中优化脉冲质量的一项关键问题。大部分强激光在应用中需要极高强度对比度的脉冲，而光谱相位补偿在减小脉冲宽度和抑制压缩脉冲旁瓣上起到了十分重要的作用。在早期的实验中，三阶和四阶的光谱相位都是通过调节脉冲整形器里的透镜进行补偿的，这样就能使脉冲的时域侧翼明显地减小。在飞秒放大器中使用可编程脉冲整形器进行相位补偿，已经能够得到大约 15 fs 的短脉冲[128,129]。

在飞秒放大器中使用脉冲整形技术的意义有两个：一是通过相位补偿获得持续时间更短质量更好的脉冲；二是降低啁啾脉冲放大系统的搭建难度，即使在搭建啁啾脉冲放大系统时光谱相位未达到最优，也可以通过脉冲整形的调节使其输出脉冲接近傅里叶变换极限。

6.4.7 带通滤波的应用

脉冲整形器结合放置在傅里叶平面处的可调狭缝就组成了一个可变带通光学滤波器。很多研究小组已经用这种装置实现了从飞秒的白光连续体系中产生可调谐以及傅里叶变换极限的脉冲，这一技术已经应用于半导体时间分辨光谱学、微结构以及原子气体的强场研究[130,131]。有些实验里还采用两套脉冲整形器从同一个白光连续体系产生不同调谐波段的同步脉冲，这样的带通滤波器还能应用到相干锁模激光器中，可以对脉冲的时域宽度进行控制。此外，该方法还可以应用在非线性波导光子探测器中双光子吸收对脉宽依赖性的测量[132] 以及半导体微腔极化散射的研究[133]。

6.5 未来应用趋势

由于飞秒激光脉冲整形技术对脉冲控制的强大灵活性，它的应用十分广泛，除了现在已经成熟的应用外，以下几个方面也是飞秒激光脉冲整形技术的未来发展方向。

6.5.1 量子计算

量子计算是相干控制的一个重要的应用领域。脉冲整形技术能够提供激发的选择性，这是建造实用的量子计算机所需的基石。量子计算机的光学结构中需要反馈控制的脉冲整形部分，Ahn 等证实了这一部分能通过量子相位的控制实现信息的存储和检索[134]。在八能级里德伯原子的情况下，他们将信息以量子相位的形式存储到一个或多个翻转态中，之后还能通过 Grover 量子算法将信息检索出来，这些实验证实了在不远的将来相干控制应用于量子计算的潜力。此外，最近的一些实验还验证了经典傅里叶光学中的 Grover 算法[135]。

实现量子计算最重要的一个挑战是抑制退相干。虽然液相分子的核磁共振光谱学技术中退相干时间比较长，是实现量子计算的重要方法[136]，但是它很难解决多量子比特的拓展问题[137]，人们就开始寻找实现量子计算的新方法。分子和纳米颗粒的光谱学技术是一种很有潜力的方法，但是即便是孤立分子，分子内振动弛豫 (IVR) 等弛豫过程会明显地影响退相干。对相干控制来说 IVR 控制也很重要[138]，因为它关系到化学键的选择性，通过脉冲整形限制 IVR 是实现在大量分子的体系中选择性激发的可行方案。尽管如此，大多数限制 IVR 的光子中间态方法要用到十分复杂的脉冲整形，对强度和精度的要求十分严格。

Goswami 提出了用简单的啁啾脉冲抑制退相干的想法[139]。与复杂的脉冲整形相比，简单啁啾脉冲能获得很高的强度，可以在不同的应用中采用不同的波长，例如，相干控制中的选择性激发[140]。其对分子体系的选择性光学控制如同核磁共振光谱仪中对单个自旋的寻址一样独一无二，也为大型光学体系中量子运算提供了可能。相干控制的主要作用是控制一个可观测量，而在量子计算中是通过控制可观测量的方式施加逻辑门。换句话说，就是用整形的光脉冲与量子体系相互作用来保持更长的相干时间，这样就能施加更多数量的逻辑门。在量子计算中，当一束调制好的啁啾脉冲序列作用在一定体系上，执行了一系列量子逻辑门，这实际上就构成了整套量子计算。飞秒激光脉冲整形技术对未来量子计算的发展很有可能起到巨大的推动作用。

6.5.2 生物医学应用

在生物医学的应用方面，激光一般用于诊断、用作外科手术工具或者用来成像。超短脉冲整形技术的迅速发展为其在生物医学方面的应用打下了基础，虽然现在超短脉冲整形技术在生物医学方面应用很少，但是它将来的应用方向十分清晰。

现在用于三维轮廓测量采用最多的成像方法就是光学相干断层扫描[141-143] 或者采用宽带低相干的白光干涉仪。最近，利用光谱调制飞秒激光脉冲整形技术与联合转换相干器相结合构造出时空联合转换相干器，这项技术的优势是不再需要一维深度扫描，在很大程度上减少了测量时间，获得图像所需的电子运算也大大减少，这样它就能制作成一台全光设备。最初这种设备是用来进行表面测量的，不久它就很方便地拓展到生物样本的断层扫描。另外，由于探测光与样品组织之间没有表面接触，这是一种非侵入式检测技术。这种技术使人们能够获得亚表面组织形态的高分辨成像，再配合上选择适当的活体组织就有可能实现“光学活检”的目标[144]。

在 20 世纪 80 年代后期，病毒和细菌的光学捕获和操纵就已经实现了[145]，现在，这样的光镊还能用来定位更大的细胞以及观察细胞各个组件的生物机械学过程，而采用脉冲整形技术调制的光脉冲，就有可能实现对特定组件运动的操控。脉冲整形技术已经在化学反应的相干控制实验中证明了它在化学中的应用潜力，我们相信，在不远的将来，能够用光镊控制细胞的特定组件，诱导一些反应或者调节这一部分的功能。采用宽带光源，这种技术还可能识别即将癌变的细胞[146]，尤其是组织的上表皮细胞。这种方法是通过探测细胞核的尺寸来判断细胞是否有癌变的倾向，一旦发现即将癌变的细胞，就利用整形的脉冲去触发细胞核的光反应，阻止细胞变成癌细胞或者对癌细胞进行破坏。所以，超快脉冲整形技术不仅可能用来进行癌症诊断，还可能用来进行癌症的治疗。

6.5.3　新型半导体器件

半导体量子点是一种通过量子限制控制电学性质的微尺寸量子结构，这种微结构的光谱与原子类似，都是分离而尖锐的谱线。原子与量子点之间的相似性表明，对量子点也有可能进行相干光学相互作用。与更高维度的半导体体系相比，量子点利用相干光学相互作用进行波函数控制的方式与原子相似，但是具有固态体系的技术优势。因此，原子中相干控制的结果能很好地适用到量子点的局部量子态以实现特定能级波函数的控制。Steel 等利用皮秒的激发光进行单个量子点激发的相干控制[147]，激光时间尺度比量子点退相干时间尺度短，通过两束偏振可调且相互之间延迟可调的激光脉冲能够实行对激子波函数的操纵。这些实验为未来量子计算的不同实现方案以及相干信息处理和转换提供了可能性，对寻址和量子单元的相干控制很重要。

人们已经预言了一些采用飞秒激光脉冲整形技术的新型光电器件，比如基于非掺杂量子阱的光开关。Neogi 等证实，这种光器件的性能依赖于光学非线性程度，除了系统的弛豫时间，通过脉冲整形对耦合脉冲激光场进行脉冲形状、延迟或者峰值功率的控制，都能用来对非掺杂半导体量子阱的带间跃迁进行操纵以增强开关性能[148]。他们还展示了如何通过耦合激光场诱导光学带间跃迁来控制半导体量子阱带间跃迁的光学非线性，从而导致强烈的共振和超快的带间非线性响应。

飞秒激光脉冲整形技术应用于半导体量子点材料有可能获得性能优异的半导体器件，这也是一个十分有潜力的发展方向。

6.6 小结和展望

飞秒激光脉冲整形技术从被提出的那一刻开始就备受关注，其应用范围也越来越广泛，尤其在过去的十几年间发展十分迅速，在很多领域的研究上起到了关键的作用，比如，通过光与物质的相互作用控制分子内振动转动，在光通信中实现 Tbit/s 的高速数据传输以及在生物医学中对细胞分子的操控。在不同的应用条件下，需要根据应用的需求搭建合适的脉冲整形光路，而自适应反馈控制技术的应用使得最优脉冲整形得以方便地实现，将飞秒激光脉冲整形技术的发展又推向了一个新的高度。

随着飞秒激光脉冲整形技术的不断成熟，相信在不远的将来，在生物医学以及量子计算等领域的应用也会取得令人瞩目的成果。可以这么说，飞秒激光脉冲整形技术依然有着庞大的潜力等待发掘。

参 考 文 献

[1] Weiner A M. Femtosecond pulse shaping using spatial light modulators[J]. Review of Scientific Instruments, 2000, 71(5): 1929-1960.

[2] Brif C, et al. Control of quantum phenomena: past, present and future[J]. New Journal of Physics, 2010, 12(7): 075008.

[3] Goswami D. Optical pulse shaping approaches to coherent control[J]. Physics Reports, 2003, 374(6): 385-481.

[4] Weiner A M. Ultrafast optical pulse shaping: A tutorial review[J]. Optics Communications, 2011, 284(15): 3669-3692.

[5] Fork R L, et al. Generation of optical pulses shorter than 0.1 psec by colliding pulse mode locking[J]. Applied Physics Letters, 1981, 38(9): 671-672.

[6] Shank C V, et al. Compression of femtosecond optical pulses[J]. Applied Physics Letters, 1982, 40(9): 761-763.

[7] Kashyap R, et al. UV written reflection grating structures in photosensitive optical fibres using phase-shifted phase masks[J]. Electronics Letters, 1994, 30(23): 1977-1978.

[8] Froehly C, et al. Shaping and analysis of picosecond light pulses[J]. Progress in Optics, 1983, 20: 63-153.

[9] Weiner A M, Heritage J P. Picosecond and femtosecond Fourier pulse shape synthesis[J]. Revue de Physique Appliquée, 1987, 22(12): 1619-1628.

[10] Weiner A M. Femtosecond Fourier optics: Shaping and processing of ultrashort optical pulses[J]. International Trends in Optics and Photonics, Heidelberg: Springer, 1999: 233-246.

[11] Weiner A M, Kan'an A M. Femtosecond pulse shaping for synthesis, processing, and time-to-space conversion of ultrafast optical waveforms[J]. Selected Topics in Quantum Electronics, IEEE Journal of Selected Topics in Quantum Electronics, 1998, 4(2): 317-331.

[12] Judson R S, Rabitz H. Teaching lasers to control molecules[J]. Physical Review Letters, 1992, 68(10): 1500.

[13] De Gennes P G. The Physics of Liquid Crystals[M]. Oxford: Clarendon Press, 1974.

[14] Weiner A M, et al. Programmable femtosecond pulse shaping by use of a multielement liquid-crystal phase modulator[J]. Optics Letters, 1990, 15(6): 326-328.

[15] Weiner A M, et al. Programmable shaping of femtosecond optical pulses by use of 128-element liquid crystal phase modulator[J]. Quantum Electronics, IEEE Journal of Selected Topics in Quantum Electronics, 1992, 28(4): 908-920.

[16] Wefers M M, Nelson K A. Generation of high-fidelity programmable ultrafast optical waveforms[J]. Optics Letters, 1995, 20(9): 1047-1049.

[17] Brixner T, Gerber G. Femtosecond polarization pulse shaping[J]. Optics Letters, 2001, 26(8): 557-559.

[18] Ninck M, et al. Programmable common-path vector field synthesizer for femtosecond pulses[J]. Optics Letters, 2007, 32(23): 3379-3381.

[19] Weise F, Lindinger A. Full control over the electric field using four liquid crystal arrays[J]. Optics Letters, 2009, 34(8): 1258-1260.

[20] Miao H, et al. Sensing and compensation of femtosecond waveform distortion induced by all-order polarization mode dispersion at selected polarization states[J]. Optics Letters, 2007, 32(4): 424-426.

[21] Miao H, et al. All-order polarization-mode dispersion (PMD) compensation via virtually imaged phased array (VIPA)-based pulse shaper[J]. IEEE Photonics Technology Letters, 2008, 20(5/8): 545.

[22] Mu Q, et al. An adaptive optics imaging system based on a high-resolution liquid crystal on silicon device[J]. Optics Express, 2006, 14(18): 8013-8018.

[23] Wolfe J E, Chipman R A. Polarimetric characterization of liquid-crystal-on-silicon panels[J]. Applied optics, 2006, 45(8): 1688-1703.

[24] Wang X, et al. Performance evaluation of a liquid-crystal-on-silicon spatial light modulator[J]. Optical Engineering, 2004, 43(11): 2769-2774.

[25] Wilson J W, et al. Ultrafast phase and amplitude pulse shaping with a single, one-dimensional, high-resolution phase mask[J]. Optics Express, 2007, 15(14): 8979-8987.

[26] Frumker E, Silberberg Y. Femtosecond pulse shaping using a two-dimensional liquid-crystal spatial light modulator[J]. Optics Letters, 2007, 32(11): 1384-1386.

[27] Baxter G, et al. Highly programmable wavelength selective switch based on liquid crystal on silicon switching elements[C]. Optical Fiber Communication Conference, Optical Society of America, 2006: OTuF2.

[28] Hillegas C W, et al. Femtosecond laser pulse shaping by use of microsecond radio-frequency pulses[J]. Optics Letters, 1994, 19(10): 737-739.

[29] Tull J X, et al. Advances in Magnetic and Optical Resonances[M]. Elsevier Science, 1997.

[30] Fetterman M, et al. Ultrafast pulse shaping: amplification and characterization[J]. Optics Express, 1998, 3(10): 366-375.

[31] Tian P, et al. Femtosecond phase-coherent two-dimensional spectroscopy[J]. Science, 2003, 300(5625): 1553-1555.

[32] Dugan M A, et al. High-resolution acousto-optic shaping of unamplified and amplified femtosecond laser pulses[J]. Journal of Optical Society of America B, 1997, 14(9): 2348-2358.

[33] Pearson B J, Weinacht T C. Shaped ultrafast laser pulses in the deep ultraviolet[J]. Optics Express, 2007, 15(7): 4385-4388.

[34] Shim S H, et al. Femtosecond pulse shaping directly in the mid-IR using acousto-optic modulation[J]. Optics Letters, 2006, 31(6): 838-840.

[35] Kwong K F, et al. 400Hz mechanical scanning optical delay line[J]. Optics Letters, 1993, 18(7): 558-560.

[36] Tearney G J, et al. High-speed phase-and group-delay scanning with a grating-based phase control delay line[J]. Optics Letters, 1997, 22(23): 1811-1813.

[37] Zeek E, et al. Pulse compression by use of deformable mirrors[J]. Optics Letters, 1999, 24(7): 493-495.

[38] Delfyett P J, et al. High-power ultrafast laser diodes[J]. Quantum Electronics, IEEE Journal of Selected Topics in Quantum Electronics, 1992, 28(10): 2203-2219.

[39] Zeek E, et al. Ultrafast amplifier phase correction to the transform limit through the use of a deformable mirror pulse shaper[C]. Lasers and Electro-Optics, 1999. CLEO'99. Summaries of Papers Presented at the Conference on, IEEE, 1999: 186-187.

[40] Druon F, et al. Wave-front correction of femtosecond terawatt lasers by deformable mirrors[J]. Optics, 1998, 23(13): 1043-1045.

[41] Braun A, et al. Compensation of self-phase modulation in chirped-pulse amplification laser systems[J]. Optics Letters, 1997, 22(9): 615-617.

[42] Bruner L R, et al. Linear pre-compensation of SPM-induced pulse distortions with a deformable mirror[C]. Lasers and Electro-Optics, 1999. CLEO'99. Summaries of Papers Presented at the Conference on, IEEE, 1999: 187.

[43] Geremia J M, et al. Incorporating physical implementation concerns into closed loop quantum control experiments[J]. The Journal of Chemical Physics, 2000, 113(24): 10841-10848.

[44] Omenetto F G, et al. Genetic algorithm pulse shaping for optimum femtosecond propagation in optical fibers[J]. Journal of Optical Society of America B, 1999, 16(11): 2005-2009.

[45] Brixner T, et al. Ultrafast adaptive optical near-field control[J]. Physical Review B, 2006, 73(12): 125437.

[46] Brixner T, et al. Adaptive ultrafast nano-optics in a tight focus[J]. Applied Physics B, 2006, 84(1-2): 89-95.

[47] Hertz E, et al. Optimization of field-free molecular alignment by phase-shaped laser pulses[J]. Physical Review A, 2007, 75(3): 031403.

[48] Voronine D, et al. Coherent control of pump-probe signals of helical structures by adaptive pulse polarizations[J]. The Journal of Chemical Physics, 2006, 124(3): 034104.

[49] Voronine D V, et al. Manipulating multidimensional electronic spectra of excitons by polarization pulse shaping[J]. The Journal of Chemical Physics, 2007, 126(4): 044508.

[50] Tuchscherer P, et al. Analytic coherent control of plasmon propagation in nanostructures[J]. Optics Express, 2009, 17(16): 14235-14259.

[51] Zhu W, Rabitz H. Closed loop learning control to suppress the effects of quantum decoherence[J]. The Journal of Chemical Physics, 2003, 118(15): 6751-6757.

[52] Grace M, et al. Encoding a qubit into multilevel subspaces[J]. New Journal of Physics, 2006, 8(3): 35.

[53] Gollub C, De Vivie-Riedle R. Theoretical optimization and prediction in the experimental search space for vibrational quantum processes[J]. Physical Review A, 2008, 78(3): 033424.

[54] Gollub C, De Vivie-Riedle R. Modified ant-colony-optimization algorithm as an alternative to genetic algorithms[J]. Physical Review A, 2009, 79(2): 21401.

[55] Weiner A M, et al. Programmable femtosecond pulse shaping by use of a multielement liquid-crystal phase modulator[J]. Optics Letters, 1990, 15(6): 326-328.

[56] Makhanek A G, et al. Two-photon absorption in molecules[J]. Journal of Applied Spectroscopy, 1973, 18(6): 732-737.

[57] González-Díaz P F. Multiphoton absorption by molecules[J]. Journal of Molecular Structure: THEOCHEM, 1998, 433(1): 59-62.

[58] Lee S H, et al. Adaptive quantum control of DCM fluorescence in the liquid phase[J]. The Journal of Chemical Physics, 2002, 117(21): 9858-9861.

[59] Otake I, et al. Pulse shaping effect on two-photon excitation efficiency of α-perylene crystals and perylene in chloroform solution[J]. The Journal of Chemical Physics, 2006, 124(1): 014501.

[60] Zhang S, et al. Optimal feedback control of two-photon fluorescence in Coumarin 515 based on genetic algorithm[J]. Chemical Physics Letters, 2005, 415(4): 346-350.

[61] Zhang S, et al. Coherent enhancement in two-photon fluorescence in molecular system induced by phase-jump modulated pulse[J]. The Journal of Chemical Physics, 2010, 132(9): 094503.

[62] Lu C, et al. Polarization and phase control of two-photon absorption in an isotropic molecular system[J]. Chinese Physics B, 2012, 21(12): 123202.

[63] Assion A, et al. Control of chemical reactions by feedback-optimized phase-shaped femtosecond laser pulses[J]. Science, 1998, 282(5390): 919-922.

[64] Bergt M, et al. Controlling the femtochemistry of $Fe(CO)_5$[J]. The Journal of Physical Chemistry A, 1999, 103(49): 10381-10387.

[65] Brixner T, et al. Problem complexity in femtosecond quantum control[J]. Chemical Physics, 2001, 267(1): 241-246.

[66] Damrauer N H, et al. Control of bond-selective photochemistry in CH BrCl using adaptive femtosecond pulse shaping[J]. The European Physical Journal D-Atomic, Molecular, Optical and Plasma Physics, 2002, 20(1): 71-76.

[67] Levis R J, et al. Selective bond dissociation and rearrangement with optimally tailored, strong-field laser pulses[J]. Science, 2001, 292(5517): 709-713.

[68] Daniel C, et al. Analysis and control of laser induced fragmentation processes in CpMn $(CO)_3$[J]. Chemical Physics, 2001, 267(1): 247-260.

[69] Vajda Š, et al. Analysis and control of ultrafast photodissociation processes in organometallic molecules[J]. The European Physical Journal D-Atomic, Molecular, Optical and Plasma Physics, 2001, 16(1): 161-164.

[70] Daniel C, et al. Deciphering the reaction dynamics underlying optimal control laser fields[J]. Science, 2003, 299(5606): 536-539.

[71] Wells E, et al. Closed-loop control of intense-laser fragmentation of S_8[J]. Physical Review A, 2005, 72(6): 063406.

[72] Wells E, et al. Closed-loop control of vibrational population in CO^{2+}[J]. Journal of Physics B-Atomic Molecular and Optical Physics, 2010, 43: 015101.

[73] Chen G Y, et al. Adaptive control of the CO_2 bending vibration: Deciphering field-system dynamics[J]. Physical Review A, 2009, 79(1): 011401.

[74] Laarmann T, et al. Coherent control of bond breaking in amino acid complexes with tailored femtosecond pulses[J]. The Journal of Chemical Physics, 2007, 127(20): 201101.

[75] Laarmann T, et al. Femtosecond pulse shaping as analytic tool in mass spectrometry of complex polyatomic systems[J]. Journal of Physics B: Atomic, Molecular and Optical Physics, 2008, 41(7): 074005.

[76] Palliyaguru L, et al. Multicomponent control via shaped, strong laser fields mass spectrometry[J]. Journal of Modern Optics, 2008, 55(1): 177-185.

[77] Lozovoy V V, et al. Control of molecular fragmentation using shaped femtosecond pulses[J]. The Journal of Physical Chemistry A, 2008, 112(17): 3789-3812.

[78] Zhu X, et al. Comment on "Closing the Loop on Bond Selective Chemistry Using Tailored Strong Field Laser Pulses"[J]. The Journal of Physical Chemistry A, 2009, 113(17): 5264-5266.

[79] Brixner T, et al. Quantum control by ultrafast polarization shaping[J]. Physical Review Letters, 2004, 92(20): 208301.

[80] Suzuki T, et al. Optimal control of multiphoton ionization processes in aligned I_2 molecules with time-dependent polarization pulses[J]. Physical Review Letters, 2004, 92(13): 133005.

[81] Weber S M, et al. Parametric polarization pulse shaping demonstrated for optimal control of NaK[J]. The Journal of Chemical Physics, 2008, 128(17): 174306.

[82] Lupulescu C, et al. Frequency dependent optimization of the ionization process in NaK by means of fs-pulses[J]. Chemical Physics, 2004, 296(1): 63-69.

[83] Weber S M, et al. Temporal and spectral optimization course analysis of coherent control experiments[J]. Chemical Physics, 2004, 306(1): 287-293.

[84] Schäfer-Bung B, et al. Optimal control of ionization processes in NaK: Comparison between theory and experiment[J]. The Journal of Physical Chemistry A, 2004, 108(19): 4175-4179.

[85] Lindinger A, et al. Revealing spectral field features and mechanistic insights by control pulse cleaning[J]. Physical Review A, 2005, 71(1): 013419.

[86] Bartelt A F, et al. Understanding optimal control results by reducing the complexity[J]. Chemical Physics, 2005, 318(3): 207-216.

[87] Lindinger A, et al. Optimal control methods applied on the ionization processes of alkali dimers[J]. Journal of Photochemistry and Photobiology A: Chemistry, 2006, 180(3): 256-261.

[88] Stapelfeldt H, Seideman T. Colloquium: Aligning molecules with strong laser pulses[J]. Reviews of Modern Physics, 2003, 75(2): 543.

[89] Bisgaard C Z, et al. Observation of enhanced field-free molecular alignment by two laser pulses[J]. Physical Review Letters, 2004, 92(17): 173004.

[90] Renard M, et al. Controlling ground-state rotational dynamics of molecules by shaped femtosecond laser pulses[J]. Physical Review A, 2004, 69(4): 043401.

[91] Renard M, et al. Control of field-free molecular alignment by phase-shaped laser pulses[J]. Physical Review A, 2005, 72(2): 025401.

[92] Lee K F, et al. Field-free three-dimensional alignment of polyatomic molecules[J]. Physical Review Letters, 2006, 97(17): 173001.

[93] Zhang S, et al. Field-free alignment in linear molecules by a square laser pulse[J]. Journal of Physics B: Atomic, Molecular and Optical Physics, 2011, 44(5): 055403.

[94] Zhang S, et al. Coherent control of molecular rotational state populations by periodic phase-step modulation[J]. Physical Review A, 2011, 84(4): 043419.

[95] Horn C, et al. Adaptive control of molecular alignment[J]. Physical Review A, 2006, 73(3): 031401.

[96] De Nalda R, et al. Pulse shaping control of alignment dynamics in N_2[J]. Journal of Raman Spectroscopy, 2007, 38(5): 543-550.

[97] Pinkham D, et al. Optimizing dynamic alignment in room temperature CO[J]. Physical Review A, 2007, 75(1): 013422.

[98] Kuroda D G, et al. Mapping excited-state dynamics by coherent control of a dendrimer's photoemission efficiency[J]. Science, 2009, 326(5950): 263-267.

[99] Batista V S. Energy Flow Under Control[J]. Science, 2009, 326(5950): 245-246.

[100] Hornung T, et al. Optimal control of molecular states in a learning loop with a parameterization in frequency and time domain[J]. Chemical Physics Letters, 2000, 326(5): 445-453.

[101] Weinacht T C, et al. Coherent learning control of vibrational motion in room temperature molecular gases[J]. Chemical Physics Letters, 2001, 344(3): 333-338.

[102] Bartels R A, et al. Nonresonant control of multimode molecular wave packets at room temperature[J]. Physical Review Letters, 2002, 88(3): 033001.

[103] Weinacht T C, et al. Toward strong field mode-selective chemistry[J]. The Journal of Physical Chemistry A, 1999, 103(49): 10166-10168.

[104] Pearson B J, et al. Coherent control using adaptive learning algorithms[J]. Physical Review A, 2001, 63(6): 063412.

[105] White J L, et al. Extracting quantum dynamics from genetic learning algorithms through principal control analysis[J]. Journal of Physics B: Atomic, Molecular and Optical Physics, 2004, 37(24): L399.

[106] Pearson B J, Bucksbaum P H. Erratum: control of raman lasing in the nonimpulsive regime [J]. Physical Review Letters, 2005, 94(20): 209901.

[107] Zeidler D, et al. Optimal control of ground-state dynamics in polymers[J]. The Journal of Chemical Physics, 2002, 116(12): 5231-5235.

[108] Konradi J, et al. Mode-focusing in molecules by feedback-controlled shaping of femtosecond laser pulses[J]. Physical Chemistry Chemical Physics, 2005, 7(20): 3574-3579.

[109] Konradi J, et al. Application of feedback-controlled pulse shaping for control of CARS spectra: the role of phase and amplitude modulation[J]. Journal of Raman Spectroscopy, 2007, 38(8): 1006-1021.

[110] Konradi J, et al. Selective spectral filtering of molecular modes of β-carotene in solution using optimal control in four-wave-mixing spectroscopy[J]. Journal of Raman Spectroscopy, 2006, 37(6): 697-704.

[111] Konradi J, et al. Selective excitation of molecular modes in a mixture by optimal control of electronically nonresonant femtosecond four-wave mixing spectroscopy[J]. Journal of Photochemistry and Photobiology A: Chemistry, 2006, 180(3): 289-299.

[112] Scaria A, et al. A comparison of the selective excitation of molecular modes in gas and liquid phase using femtosecond pulse shaping[J]. Journal of Raman Spectroscopy, 2008, 39(6): 739-749.

[113] Zhang S, et al. Selective excitation of CARS by adaptive pulse shaping based on genetic algorithm[J]. Chemical Physics Letters, 2007, 433(4): 416-421.

[114] Von Vacano B, et al. Actively shaped supercontinuum from a photonic crystal fiber for nonlinear coherent microspectroscopy[J]. Optics Letters, 2006, 31(3): 413-415.

[115] Weiner A M, et al. Use of femtosecond square pulses to avoid pulse breakup in all-optical switching[J]. Quantum Electronics, IEEE Journal of Selected Topics in Quantum Electronics, 1989, 25(12): 2648-2655.

[116] Weiner A M, et al. Experimental observation of the fundamental dark soliton in optical fibers[J]. Physical Review Letters, 1988, 61(21): 2445.

[117] Emplit P, et al. Picosecond dark soliton over a 1-km fiber at 850 nm[J]. Optics Letters, 1993, 18(13): 1047-1049.

[118] Warren W S. Effects of pulse shaping in laser spectroscopy and nuclear magnetic resonance[J]. Science, 1988, 242(4880): 878-884.

[119] Sardesai H P, et al. A femtosecond code-division multiple-access communication system test bed[J]. Lightwave Technology, Journal of Selected Topics in Quantum Electronics, 1998, 16(11): 1953-1964.

[120] Weiner A M, et al. Encoding and decoding of femtosecond pulses[J]. Optics Letters, 1988, 13(4): 300-302.

[121] Salehi J A, et al. Coherent ultrashort light pulse code-division multiple access communication systems[J]. Lightwave Technology, Journal of Selected Topics in Quantum Electronics, 1990, 8(3): 478-491.

[122] Tsuda H, et al. Photonic spectral encoder/decoder using an arrayed-waveguide grating for coherent optical code division multiplexing[C]//Wavelength Division Multiplexing Components. Optical Society of America, 1999: 206.

[123] Patel J S, Silberberg Y. Liquid crystal and grating-based multiple-wavelength cross-connect switch[J]. IEEE Photonics Technology Letters, 1995, 7: 514-516.

[124] Ford J E, Walker J A. Dynamic spectral power equalization using micro-opto-mechanics[J]. Photonics Technology Letters, IEEE, 1998, 10(10): 1440-1442.

[125] Tearney G J, et al. High-speed phase-and group-delay scanning with a grating-based phase control delay line[J]. Optics Letters, 1997, 22(23): 1811-1813.

[126] Tearney G J, et al. In vivo endoscopic optical biopsy with optical coherence tomography[J]. Science, 1997, 276(5321): 2037-2039.

[127] Bardeen C J, et al. Effect of pulse shape on the efficiency of multiphoton processes: implications for biological microscopy[J]. Journal of Biomedical Optics, 1999, 4(3): 362-367.

[128] Backus S, et al. High power ultrafast lasers[J]. Review of Scientific Instruments, 1998, 69(3): 1207-1223.

[129] Maine P, et al. Generation of ultrahigh peak power pulses by chirped pulse amplification[J]. Quantum electronics, IEEE Journal of Selected Topics in Quantum Electronics, 1988, 24(2): 398-403.

[130] Ulman M, et al. Femtosecond tunable nonlinear absorption spectroscopy in $Al_{0.1}Ga_{0.9}As$[J]. Physical Review B, 1993, 47(16): 10267.

[131] Sanders G D, et al. Carrier-gain dynamics in $In_xGa_{1-x}As/Al_yGa_{1-y}As$ strained-layer single-quantum-well diode lasers: Comparison of theory and experiment[J]. Physical Review B, 1994, 50(12): 8539.

[132] Zheng Z, et al. Ultrafast optical thresholding based on two-photon absorption GaAs waveguide photodetectors[J]. Photonics Technology Letters. IEEE, 1997, 9(4): 493-495.

[133] Baumberg J J, et al. Suppressed polariton scattering in semiconductor microcavities[J]. Physical Review Letters, 1998, 81(3): 661.

[134] Ahn J, et al. Information storage and retrieval through quantum phase[J]. Science, 2000, 287(5452): 463-465.

[135] Bhattacharya N, et al. Implementation of quantum search algorithm using classical Fourier optics[J]. Physical Review Letters, 2002, 88(13): 137901.

[136] Gershenfeld N A, Chuang I L. Bulk spin-resonance quantum computation[J]. Science, 1997, 275(5298): 350-356.

[137] Warren W S. The usefulness of NMR quantum computing[J]. Science, 1997, 277(5332): 1688-1690.

[138] Goswami D, Sandhu A S. Advances in Multi-Photon Processes and Spectroscopy[M]. World Scientific, 2001.

[139] Goswami D. Laser phase modulation approaches towards ensemble quantum computing[J]. Physical Review Letters, 2002, 88(17): 177901.

[140] Melinger J S, et al. Adiabatic population transfer with frequency-swept laser pulses[J]. The Journal of Chemical Physics, 1994, 101(8): 6439-6454.

[141] Benaron D A, et al. Tissue optics[J]. Science, 1997, 276(5321): 2002-2003.

[142] Yasuno Y, et al. Optical coherence tomography by spectral interferometric joint transform correlator[J]. Optics Communications, 2000, 186(1): 51-56.

[143] Rollins A, et al. In vivo video rate optical coherence tomography[J]. Optics Express, 1998, 3(6): 219-229.

[144] Tearney G J, et al. In vivo endoscopic optical biopsy with optical coherence tomography[J]. Science, 1997, 276(5321): 2037-2039.

[145] Ashkin A, Dziedzic J M. Optical trapping and manipulation of viruses and bacteria[J]. Science, 1987, 235(4795): 1517-1520.

[146] Backman V, et al. Polarized light scattering spectroscopy for quantitative measurement of epithelial cellular structures in situ[J]. Selected Topics in Quantum Electronics, IEEE Journal of Selected Topics in Quantum Electronics, 1999, 5(4): 1019-1026.

[147] Bonadeo N H, et al. Coherent optical control of the quantum state of a single quantum dot[J]. Science, 1998, 282(5393): 1473-1476.

[148] Neogi A, et al. Enhancement of interband optical nonlinearity by manipulation of intersubband transitions in an undoped semiconductor quantum well[J]. Optics Communications, 1999, 159(4): 225-229.

第 7 章　飞秒激光表面加工技术

7.1 引　　言

激光具有方向性好、相干性好、能量高和单色性好等一系列优点，自 20 世纪 60 年代初第一台激光器诞生以来就被广泛应用于科研和产业的各个领域。其中，利用激光进行材料加工的应用成果尤其显著，极大地促进了现代工业的发展。传统的激光加工，主要是指利用聚焦激光束作用于物体的表面而引起物体形貌或性能改变的加工过程。根据光与物质相互作用的机理，激光加工大致可分为激光热加工和光化学反应加工两类。激光热加工是指利用聚焦后的激光束作用于物体表面所引起的快速热效应的各种加工过程，而激光光化学反应加工是指聚焦激光束作用于物体表面，利用高密度高能量光子引发或控制光化学反应的各种加工过程，也被称为冷加工。热加工和冷加工均可对金属、非金属和高分子材料进行各种类型的加工，其中，热加工对金属材料进行焊接、表面强化和切割等优势明显，冷加工则对光化学沉积、激光刻蚀、掺杂和氧化等效果显著。激光加工作为激光系统最常用的应用，主要技术包括激光焊接、激光切割、表面改性、激光打标、激光钻孔、微加工及光化学沉积、立体光刻、激光刻蚀等。

激光加工属于无接触加工，相对于传统加工技术，它具有以下优点：① 光点小，能量集中，热影响区域小，加工精度高，重复性好；② 无刀具磨损，对工件无污染，不会对材料造成机械挤压或机械应力；③ 激光束容易控制，易于与精密机械、精密测量技术和电子计算机相结合，实现加工的高度自动化和达到很高的加工精度；④ 适用范围广泛，几乎可对任何材料进行切割雕刻等加工；⑤ 可以对运动的工件或密封在玻璃壳内的材料进行加工；⑥ 不受电磁干扰，与电子束加工相比应用更方便；⑦ 数控编程，可加工任意的平面图，可以对幅面很大的整板切割，无需开模具，经济省时。

除了进行大型的机械加工以外，激光在微加工领域发挥的作用更是无法替代，目前广泛应用于微电子、微机械和微光学加工三大领域。近年来，随着飞秒激光器的快速发展，利用飞秒激光制备功能结构的研究受到了极大的关注 [1,2]。与传统连续激光以及长脉宽 (纳秒，皮秒) 激光相比，飞秒激光加工材料具有如下几个特点。① 峰值功率高，容易引起材料的解离。目前采用多级啁啾脉冲放大技术获得的飞秒激光脉冲峰值功率已经达到了 PW(10^{15}W) 量级。超强的飞秒激光与材料相互作用时，材料能够在数百飞秒的时间内发生电离 [1]。② 热效应小，加工精度高，在材料精密加工方面有独特的优势。飞秒激光脉冲的脉宽在数十到数百飞秒之间，远小于电子–晶格散射时间 (皮秒量级)，激光脉冲作用完成时能量来不及传递给晶格，此时的晶格是冷的。③ 应用范围广。目前研究已经将飞秒激光加工应用于众多固体材料，范围涵盖金属、半导体、电介质以及聚合物等。同时，对于透明材料，飞秒激光还可以进行内部的三维加工。

进入 21 世纪以来，科学家们已经将传统激光加工和新型微纳结构功能材料制备紧密地结合起来。飞秒激光由于其相比较于连续或长脉冲激光的独特优点，成为这一新型加工领域的重头戏。飞秒激光应用于微纳结构加工的研究方向主要有四个：一是利用飞秒激光加工的“非热”烧蚀特性对材料进行精密切割或钻孔 [3]；二是利用双光子聚合技术，设计和制备微纳结构材料 [4]；三是利用飞秒激光直写技术在透明材料内部制备光子学微纳结构 [1]；四是利用飞秒激光诱导材料表面微纳结构，改变材料性质 [2]。尤其是最后一项研究，由于其加工技术简单灵活，材料可选择范围广泛，且加工后微纳结构在表面的形成，材料的性质如光学性质 (反射、吸收、光致发光等)、电学性质 (掺杂、电致发光等) 以及亲水性或疏水性等会发生很大的改变，因此，其在材料改性、光子晶体、光存储等方面都有广阔的应用前景。深入研究飞秒激光诱导材料表面微纳结构的形成机制，调控微纳结构形貌特征，分析材料在加工前后的物理性质变化，不仅有助于揭示飞秒激光与物质复杂相互作用的奥秘，更是推动飞秒激光微加工技术不断发展的关键。

本章将首先简要介绍飞秒激光与材料表面相互作用的机理，然后综述当前利用单束飞秒激光在各种材料表面制备微纳周期结构及其应用的研究工作，进而介绍利用多束飞秒激光干涉技术制备表面周期结构及应用的研究，最后对这一方向的研究现状进行总结，指出其未来的发展方向。

7.2 飞秒激光烧蚀材料表面基本过程及物理机制

7.2.1 飞秒激光烧蚀材料表面的基本过程

飞秒激光脉冲由于其脉宽极短 (商用飞秒激光器目前可达几十飞秒) 而具有超快和超强的特点，在较低的脉冲能量就可以获得极高的峰值功率，聚焦到材料中能发生很强的非线性效应。飞秒激光作用于材料中引起的表面结构修饰的第一步是激光能量在材料中的沉积，烧蚀过程中时域和空间域的能量分布决定了最终的形貌分布。由于处于材料格点上的离子质量大，响应慢，不能直接吸收激光能量，激光将首先通过激发电子，进而通过一系列的能量传递过程，引起材料的一系列变化。激光与材料相互作用中的基本物理过程以及这些过程发生的时间尺度，如

图 7.1 所示 [5]。在激光辐照下，电子吸收光子被激发的时间在飞秒范围 (脉冲作用过程中)，随后发生电子–声子耦合，能量传递至晶格与晶格达到热平衡的时间在皮秒量级。热扩散、材料熔融的时间尺度随着材料的不同而有所区别，但基本处于几十到几百皮秒时间量级上。材料表面烧蚀形成的时间为几百皮秒到纳秒不等。在纳秒及皮秒激光作用下，电子气中沉积的激光能量在激光脉冲照射材料的时间内就传给晶格，从而引起材料的加热、熔化甚至烧蚀，过程中热效应的作用明显。而飞秒激光的脉冲宽度小于电子–声子相互作用的时间尺度，电子气中沉积的激光能量来不及传给离子，激光脉冲辐照就已经就结束。此时电子气的温度非常高，而离子的温度却很低，材料发生的是“冷”烧蚀过程，抑制了流体力学效应、热学效应等，加工的精度得到了很大的提升。

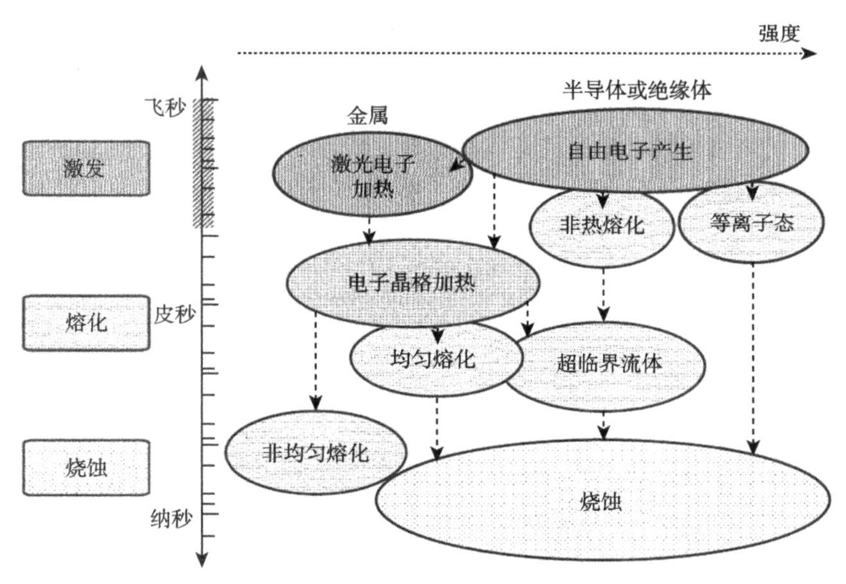

图 7.1 脉宽约为 100 fs 的激光脉冲辐照材料过程中和随后发生的现象以及过程所对应的时间尺度[5]

7.2.2 飞秒激光烧蚀材料的物理机制

激光对材料的损伤和烧蚀这一研究课题一直以来都吸引着研究者们的大量关注。在飞秒激光之前，研究介质材料烧蚀使用的激光脉冲宽度通常为几十皮秒到纳秒的数量级，激光对材料的损伤主要是由外在因素如样品中的缺陷、杂质以及表面吸附物等引起的非本征损伤 [6,7]。热损伤、雪崩击穿、自聚焦等物理模型被相继提出，用以解释材料的损伤机制。这些模型中，杂质和缺陷引起的热损伤模型得到了较深入的研究。根据该理论，材料发生热致损伤的阈值与脉冲宽度的平方根成正比 [7]，影响材料损伤阈值的主要因素还包含材料的熔点、热膨胀系数、热传导系数、抗张强度等性质。这一理论也得到了大量实验结果的验证。

飞秒激光脉冲作用时，透明介质损伤阈值对应的激光峰值功率密度达到 10^{12} W/cm^2 以上，缺陷、杂质等外在因素的影响比较小，材料发生的是由材料本身固有的性质所决定的本征损伤。1994 年，Du 等用脉冲宽度 150 fs~7 ns 连续可调的、输出波长为 780 nm 的掺钛蓝宝石激光器研究了超精细研磨的超纯石英玻璃薄片的损伤机制[8]。他们发现，当脉冲宽度大于 20 ps 时，石英玻璃的损伤阈值与脉冲宽度的平方根成正比，即石英玻璃发生热损伤。当脉冲宽度小于 10 ps 时，损伤阈值与脉冲宽度的依赖关系明显偏离平方根的规律。综合实验结果，他们提出当脉冲宽度小于 10 ps 时，材料的损伤主要是由雪崩击穿引起。1995 年，Stuart 等使用掺钛蓝宝石激光器输出波长为 1053 nm、脉冲宽度从 140 fs~1 ns 可调谐的激光辐照石英玻璃和氟化钙薄片[9,10]，研究了材料的损伤阈值与脉冲宽度的依赖关系。他们的实验结果进一步验证了 Du 等提出的观点。

光辐照的材料损伤雪崩模型是由早期的直流电子雪崩击穿概念引入的 [11]。其基本物理图像为：在强电场作用下，一个电子被加速到能量高于带隙宽度时，它将与价电子碰撞并产生两个动能较小的导带电子。如此的链式过程不断重复，电子数随时间以指数规律增长，关系式为 $n_{\mathrm{e}} = n_0 \exp\beta$，其中 β 是雪崩速率，n_0 是初始电子数密度。如果雪崩产生的电子数密度在脉冲辐照时间内达到临界值，材料将被击穿。

2006 年，Jia 等发展了雪崩击穿模型 [12]。他们将量子方法与经典近似相结合，研究了导带电子的光吸收，根据 flux-double 模型和 Keldysh 理论分别算出了雪崩速率和光致电离速率，对材料中导带电子数密度的演化进行了数值计算。他们提出石英玻璃中导带电子能够扩散，并研究了材料中电子密度、激光能量沉积密度的分布，对材料的损伤阈值与脉冲宽度的依赖关系，烧蚀深度、烧蚀体积与激光强度的依赖关系加以解释。还建立了激光与材料相互作用的耦合的动力学模型，并采用有限元方法进行数值运算，揭示了材料的损伤阈值与波长、脉宽、深度及介质材料电子的超快激发的关系，给出了飞秒激光诱导库仑微爆炸的微观演化的物理图景。

飞秒激光作用于金属时，由于飞秒激光的脉冲宽度小于电子–声子相互作用的时间尺度，电子吸收的激光能量来不及传给离子就结束了，所以电子的温度很高而离子的温度还很低，飞秒激光烧蚀金属是一个非平衡烧蚀。S. I. Anisimov 等 [13,14] 在 1974 年提出了飞秒激光和金属相互作用的双温模型。模型中考虑到超短脉冲与电子及电子与晶格两种不同的相互作用过程，电子与晶格的温度变化微分方程组为如下的形式:

$$C_{\mathrm{e}}\frac{\partial T_{\mathrm{e}}}{\partial x}=\nabla(K_{\mathrm{e}}\nabla T_{\mathrm{e}})-g(T_{\mathrm{e}}-T_{\mathrm{l}})+S \tag{7.1}$$

$$C_{\mathrm{l}}\frac{\partial T_{\mathrm{l}}}{\partial t}=\nabla(K_{\mathrm{l}}\nabla T_{\mathrm{l}})+g(T_{\mathrm{e}}-T_{\mathrm{l}}) \tag{7.2}$$

其中，下标 e, l 分别代表电子和晶格两个子系统，$T_{\mathrm{e}}, C_{\mathrm{e}}, K_{\mathrm{e}}$ 分别代表电子温度，电子比热容和电子热导率；而 $T_{\mathrm{l}}, C_{\mathrm{l}}, K_{\mathrm{l}}$ 分别代表晶格温度，晶格比热容和晶格热导率；g 是电子晶格耦合系数；S 是激光光源项。方程 (7.1) 是电子温度变化的微分方程，这个方程反映出电子的温度变化跟激光光源、电子热传导以及电子–晶格耦合有关；方程 (7.2) 是晶格温度变化的微分方程，反映了电子和晶格之间的作用。双温模型显示，晶格的温度变化跟晶格热传导和电子–晶格耦合有关。这个模型被广泛用来讨论飞秒激光烧蚀金属的各种现象。

2002 年，E. G. Gamaly 等通过大量的解析演算，揭示了在高强度 ($\geqslant 10^{14}$ W/cm^2) 飞秒激光的作用下，材料的电离完成于脉冲作用时间 (~100 fs) 结束前，此时金属和介质的烧蚀机理是一样的 [15]。这种新的烧蚀形式的物理机制包含了离子在高能电子脱离靶材时产生电荷分离导致的静电场中的加速。他们结合激光和靶材的参数，推导并通过实验验证了金属和介质的烧蚀阈值和烧蚀速度公式。由于篇幅关系，具体的推导过程和公式不在此一一列出，感兴趣的读者可以自行查阅。

7.3 单束飞秒激光诱导的表面微纳结构及应用

单束飞秒激光直写诱导的表面微纳结构基本可以分为以下几类：① 飞秒激光诱导的周期和准周期结构；② 单个纳米孔和纳米孔阵列；③ 各种可控的不规则纳米结构 (如纳米腔、纳米球、纳米线等)；④ 纳米结构纹饰的微结构。限于篇幅，本章内容将主要聚焦于飞秒激光诱导的表面周期和准周期微纳结构，包括表面周期条纹结构 [16-19] 和锥状结构 [20-22]。

7.3.1 表面周期条纹结构

激光诱导的表面周期条纹结构是表面结构研究中的一个重要方向。1965 年，Birnbaum 使用连续激光照射硅、砷化镓等半导体时，在样品表面首次发现了规则的周期条纹 [23]。从此，激光诱导周期条纹结构的现象引起了人们广泛的关注。人们利用连续和长脉冲激光照射金属、半导体、电介质等，在材料表面形成了垂直于激光偏振方向的周期条纹，同时这些条纹的周期与激光的波长相近 [24-27]。这一类条纹通常被称为低空间频率周期结构，它们被认为是入射光与激发的表面散射波干涉，导致能量在材料表面形成空间周期发布的结果。激光辐照材料时，其粗糙的表面会产生散射光。激光倾斜入射时，在表面产生的散射光沿着散射中心上下传播，散射波与入射波干涉产生两种不同的周期条：$d = \lambda/(1 \pm \sin\theta)$，其中，$\lambda$ 为激光的波长，θ 为激光的入射角，符号“±”用以表示散射光传播的两个不同方向 [28]。后来，J.E. Sipe 等对这一理论进行了完善，他们认为周期结构的产生与材料表面粗糙程度有关。高度远小于入射光波长的表面粗糙结构，引起了激光光场在材料表面的不均匀分布，激光入射角与偏振方向决定了条纹的方向与周期 [29]。

近十多年来，飞秒激光脉冲诱导材料表面周期条纹的现象引起了人们广泛关注。飞秒激光诱导的表面周期结构在金属 [30-34]、半导体 [35-39] 和介质 [40,41] 中均有观察到。与长脉冲激光诱导的表面周期结构不同的是，飞秒激光诱导的条纹结构的周期在一个比较宽的范围内变化。根据条纹周期与激光波长的比例，这些条纹被分类为低空间频率和高空间频率周期条纹。考虑到高空间频率周期条纹的特点不同于经典条纹，人们提出了多种观点解释条纹形成的机理，但直到现在，高空间频率周期条纹的形成机制仍然是一个待解决的问题。另一方面，越来越多的实验结果显示，当飞秒脉冲激光垂直入射时，低空间频率条纹周期明显小于入射光波长。因此，经典散射模型太简单，无法解释不断出现的新实验现象。本节我们将通过列举近年来一些具有代表性的在金属、半导体和介质表面进行的实验和理论研究，讨论飞秒激光诱导周期条纹机理及应用前景。

1. 金属表面的周期条纹

近些年来，科学家们利用飞秒激光在金、银、铜、镍、铁、不锈钢等许多种金属表面成功制备出周期性的条纹 [33,42-45]。在金属表面形成的条纹概括起来有如下特点: ① 条纹周期为亚波长结构，间距均小于入射激光的波长；② 条纹的方向垂直于入射激光的偏振方向。2005 年，Wang 等 [33] 利用 800 nm 的飞秒激光在 Au, Ag, Cu 的表面诱导了纳米周期结构 (见图 7.2)。相对于 Au 和 Ag 来说，他们在实验中发现在 Cu 上更容易诱导形成纳米周期条纹。Wang 等认为造成这种现象的原因是两个超快动力学过程的竞争 —— 热电子扩散和电子–声子耦合。飞秒激光形成周期性条纹与能量在空间的不均匀分布有关，如果电子–晶格能量耦合过程占据主导地位，则能量将顺利地传递给晶格，最终形成清晰的周期性条纹。如果电子扩散过程占据主导地位，能量的不均分布被破坏，则形成的周期性条纹会变模糊。在这三种材料中，Cu 的电子–声子的耦合效率为 $10 \times 10^{16}\ \mathrm{W/m^3K}$，而 Ag 和 Au 分别只有 $3.6 \times 10^{16}\ \mathrm{W/(m^3{\cdot}K)}$ 和 $2.1 \times 10^{16}\ \mathrm{W/(m^3{\cdot}K)}$，因此 Cu 上面形成的条纹最清晰。

2007 年，A. Vorobyev 等 [31] 使用光强近于损伤阈值的飞秒激光脉冲照射贵金属铂 (Pt) 和 Au，诱导了小于激光波长的纳米结构覆盖的纳米周期条纹。他们的实验结果显示，周期条纹的周期随着照射脉冲数的增加而减小。他们认为，飞秒激光脉冲首先使金属表面产生稀疏无序的纳米结构，后续脉冲与这些结构的耦合激发产生局域和传播的表面等离子体激元，这个过程的重复进行会激发传输的圆柱体表面等离子体激元，随后与入射激光发生干涉，导致周期结构的形成。在进一步的研究中，他们提出导致周期减小的主要原因是纳米结构的形成和发展影响了表面等离子体激元的传播，使得材料空气–金属界面处的有效介电常数的实部增大。随后，他们又在金属钛片表面诱导了周期为 530 nm 左右的亚微米周期条纹结构 [32]。实验发现，随着激光参数的改变，钛表面会形成各种不同的微纳结构，而亚微米级的周期条纹只在较小的一个激光密度范围内形成。

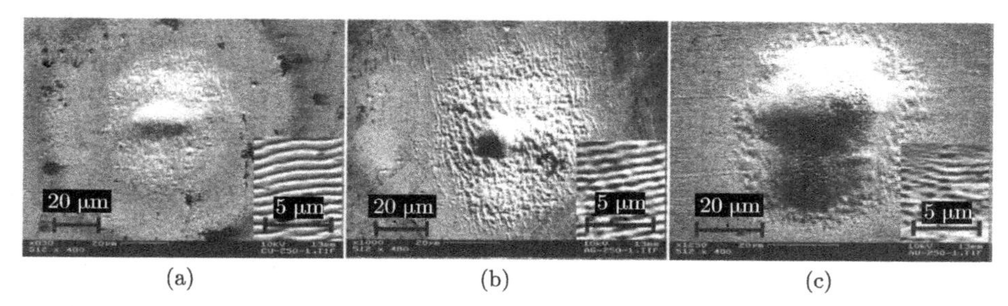

图 7.2 飞秒激光在 (a) Cu (b) Ag 和 (c) Au 表面诱导亚波长周期性条纹 [33]

2008 年，他们用 400 nm 和 800 nm 的飞秒激光在钨 (W) 表面均诱导出亚波长周期条纹，对应的条纹周期分别约为 289 nm 和 542 nm，如图 7.3 所示 [46]。理论计

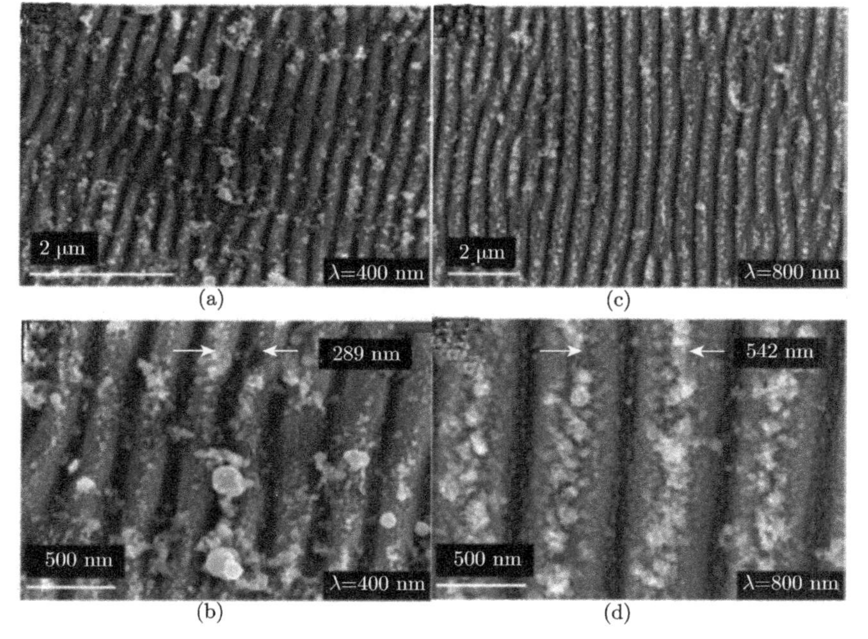

图 7.3 400 nm 和 800 nm 飞秒激光在金属钨表面诱导的纳米周期条纹 [46]

算表明，平整光滑的钨表面不支持表面等离子体激元的产生，而表面等离子体激元却是周期条纹形成的关键，同时他们发现钨表面纳米条纹的周期与其他能产生表面等离子体激元的金属 (如铂) 遵从同样的规律。由此他们认为，在飞秒激光照射过程中，由于强激光的加热和熔化，使钨表面粗糙化，钨的介电常数产生了很大的变化，钨和其他支持表面等离子体激元产生的金属有了类似的属性，从而产生了纳米周期条纹。

Tang 等 [47] 在激光诱导化学气相沉积存储的过程中，利用 400 nm 飞秒激光脉冲扫描蓝宝石，在其上制备了高均匀的钨光栅，而且他们的结果表明，光栅的周期和长度可以通过激光功率和扫描速度调节。

在应用方面，由于表面周期性条纹的形成，条纹所在区域具有了光栅一样的性质，在白光照射下，从不同的入射角度观察，会有各种色彩的光出现，形成彩色金属。如图 7.4 为 Dusser 等 [48] 利用条纹的偏振依赖特性，在不锈钢表面制作的彩色世界地图。2009 年，Wu 等 [49] 在不锈钢表面诱导了超疏水性的纳米条纹和纳米条纹覆盖的微锥结构，为防水材料的应用提供了一个简便的加工方法。2015 年，Bonse 等 [50] 研究了飞秒激光诱导周期条纹结构在机械摩擦方面的应用。

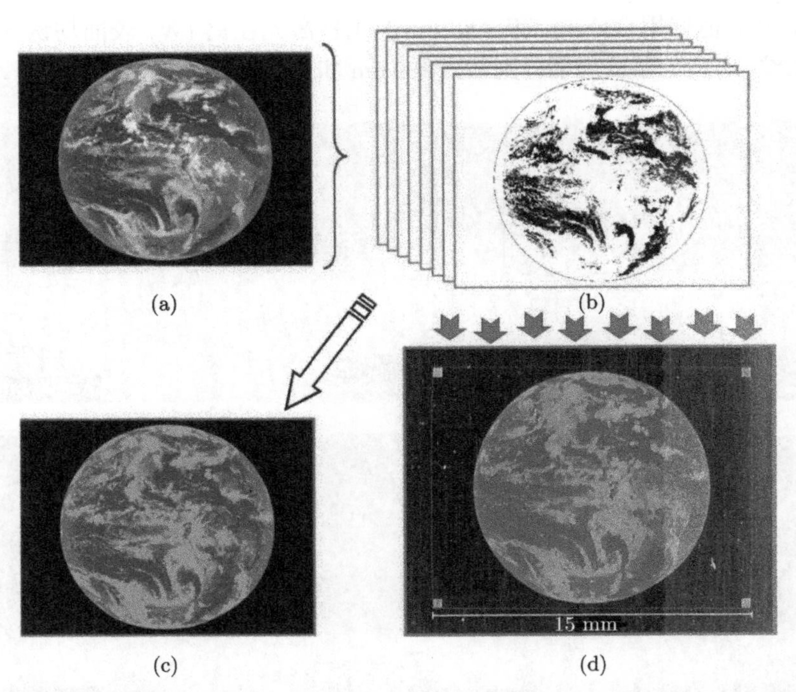

图 7.4　通过软件把原图 (a) 分割成几个不同的激光标记面 (b)；通过计算机模拟显示的效果图 (c)；在不锈钢表面形成的世界地图 (d)[48]

2. 半导体表面的周期条纹结构

半导体由于其独特的光电特性，在微电子领域得到了广泛的应用。当多个飞秒激光脉冲照射到半导体材料表面，会形成多种周期的条纹结构。2003 年，Borowiec 等 [51] 归纳了在 2100 nm、1300 nm 和 800 nm 飞秒激光脉冲照射下，砷化铟 (InAs)、磷化铟 (InP)、磷化镓 (GaP)、砷化镓 (GaAs)、硅和锗表面的周期结构。发现当材料的带隙小于激光光子能量时，主要能得到低空间频率的周期条纹结构，当材料的带隙大于光子能量时，可以得到低空间频率和高空间频率两种条纹结构。

2005 年，Jia 等 [52] 用 800 nm 和 400 nm 的两束飞秒激光同时照射硒化锌 (ZnSe) 表面得到了规则的纳米条纹结构，并研究了一些常见半导体材料表面诱导的条纹周期与激光波长的依赖关系，发现条纹周期 Λ 和样品折射率 n 之间近似满足 $\Lambda = \lambda/2n$，并且发现纳米结构周期与激光入射角无关。同时，他们还发现通过调整 400 nm 光束和 800 nm 光束之间的能量比，可以使光栅的取向实现 90° 的旋转，如图 7.5 所示。由此他们认为是 800 nm 激光的散射光与 400 nm 入射光的干涉导致了纳米条纹结构的形成。实验结果还表明飞秒激光激发的表面二次谐波在周期条纹的形成过程中起了重要作用。

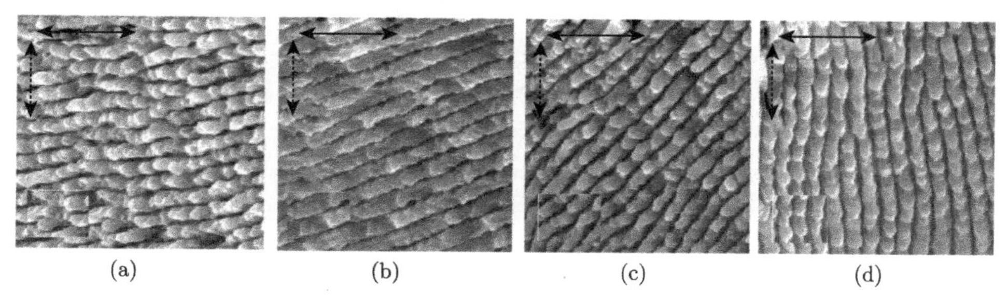

图 7.5 光栅取向随 800 nm 和 400 nm 激光脉冲能量比的变化过程 [52]

(a) 800 nm (9 μJ); (b) 400 nm (0.05 μJ)+800 nm (1.4 μJ); (c) 400 nm (0.1 μJ)+800 nm (1.9 μJ); (d) 400 nm (1.1 μJ)+800 nm (1.9 μJ)

把硅片放在空气中，800 nm 飞秒激光脉冲通常诱导出接近激光波长的低空间频率周期条纹。2008 年，M. Shen 等 [53] 将硅片置于水中，当功率密度为 5 kJ/m^2 的 800 nm 飞秒激光烧蚀后，Si 表面上出现了周期约等于激光波长的周期条纹。当激光的功率密度降低到 3 kJ/m^2 时，Si 表面上出现了周期只有 120 nm 的条纹。如果改变激光的偏振方向两次照射，则可以在表面得到直径 120 nm 的纳米棒。水能大量带走激光烧蚀过程中产生的热量和烧蚀浮尘物，在高空间频率条纹的形成过程中起了非常重要的作用。2010 年，Harzic[54] 等利用重复频率为 80 MHz、中心波长在 690~1060 nm 范围内的飞秒激光，在 Si 表面制备出了高空间频率周期条纹。条纹的周期随着激光的波长增大，与二次谐波理论公式 $\Lambda = \lambda/2n^*$ (n^* 为修正后

Si 的折射率) 计算出的理论值符合得很好。他们在 800 nm 飞秒激光烧蚀宽带隙半导体表面制备周期条纹的过程中，发现了很强的二次谐波，支持了表面二次谐波在周期条纹的形成过程中起了重要作用的观点。

2010 年，Jia 等 [55] 用不同波长的超短脉冲照射 ZnO 晶体表面，他们发现当脉冲能量较大时，随着激光脉冲数的增加，晶体表面产生的条纹周期从 λ 逐渐变化为 $\lambda/2n$；当脉冲能量小于单脉冲烧蚀阈值时，条纹周期的变化规律是从 $\lambda/10$ 趋近于 $\lambda/2n$，且规则的纳米条纹通常出现在材料内表层。

Huang 等 [56] 通过调控飞秒激光脉冲的波长、能量、偏振等，在 ZnO 和 ZnSe 等材料表面实现了大面积的纳米光栅、纳米颗粒及纳米方块等结构的制备。他们用垂直偏振的两束光交替照射 ZnO 晶体表面，得到了尺寸 250～300 nm 的纳米方块 (图 7.6)。

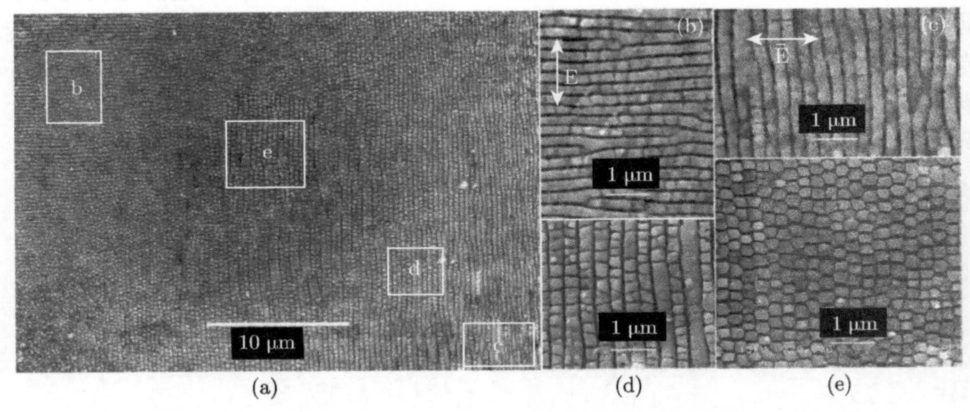

图 7.6　飞秒激光辐照 ZnO 晶体表面后不同照射区域形成的纳米结构 [56]

(a) 全景图；(b) 竖直偏振的单束光照射 1 s 后形成的条纹结构；(c) 水平偏振的单束光照射 1 s 后形成的条纹结构；(d) 受到部分竖直偏振光束影响的水平偏振光照射区域形成的条纹形态；(e) 受到能量相同的两束正交偏振光交替均匀照射后形成的规则纳米方块结构

基于激光诱导周期条纹的均匀、规则、大面积光刻是未来重要的一个发展方向。Guo 等 [57] 利用单束飞秒脉冲扫描 ZnO 制备了周期仅为 160 nm 的纳米光栅，而且他们实现了两个单独扫描过程形成的纳米光栅的连接。另外，他们还通过多线扫描的方法制备了均匀的大尺度光栅。2013 年，Öktem 等 [58] 展示了一种利用非局域正反馈用于产生、负反馈用于校准的控制方法，在不平坦和具有弹性的表面，实现了高速低耗、均匀、大面积的纳米结构制备。通过非定域性的反馈控制，可以在无限大的表面无缝地制备均匀的纳米周期。他们给出了这种技术在 TiCb 和 WO_3 表面的应用实例，并且指出此方法可以应用于许多其他材料中。以上研究说明自组装的方法可以用于制备大面积光栅。

3. 介质表面的周期条纹结构

飞秒激光在电介质如 CaF_2, BaF_2, 硅石，金刚石等材料表面同样能诱导出周期性的条纹 [59-62]。由于电介质的带隙较宽，飞秒激光与其相互作用时多光子吸收等非线性效应占据主导地位。飞秒激光在电介质表面形成的条纹既有低空间频率亚波长条纹 ($0.41\ \lambda < \Lambda < \lambda$)，也有高空间频率亚波长条纹 ($\Lambda < 0.41\ \lambda$)，一般情况下，条纹的方向与激光偏振垂直。在某些报道中也有平行于偏振的周期性条纹存在 [41,63]。

2002 年，Costache 等用飞秒激光烧蚀 BaF_2 和 CaF_2 表面，制备了垂直激光偏振方向的纳米周期条纹结构 [59]。他们认为飞秒激光激发材料表面到很高的激发态，经过自组织过程形成了周期条纹结构。

2003 年，Wu 等 [63] 究飞秒激光辐照金刚石薄膜材料时，在其表面发现了三种周期性条纹。周期为 $\Lambda \sim 210$ nm ($\Lambda < \lambda/3$)，$\Lambda \sim 750$ nm ($\Lambda \sim \lambda$) 的纳米结构，这些纳米结构垂直于偏振光方向，与入射角相关；同时他们也得到了平行于激光偏振方向、周期为 $\Lambda \sim$900 nm 的亚微米结构，并用激光与表面结构散射光干涉的理论很好地解释了这些结果。同一年，Yasumaru 等 [64] 在 TiN 和 DLC 薄膜表面也观察到了飞秒激光诱导的纳米条纹的形成。

2009 年，Shinoda 等 [65] 利用脉冲能量低于烧蚀阈值 800 nm 飞秒激光在金刚石单晶表面制备了 40 nm 宽，500 nm 深的周期约为 146 nm 的纳米槽结构。他们认为这种远小于波长的纳米结构的形成机制与玻璃内部纳米光栅的形成机制类似，归因于飞秒激光脉冲与激光诱导的表面等离子体之间的相互作用。

韩艳华等 [66] 利用飞秒激光在 ZF6 玻璃上同时诱导出平行和垂直于激光偏振方向的两种周期结构，如图 7.7 所示。他们研究发现，平行于激光偏振方向的条纹周期随辐照脉冲数和激光脉冲能量的增加逐渐增大，而垂直于偏振的条纹周期随脉冲数和激光脉冲能量的增加保持不变，但是随着脉冲数的增加，在其周界处观察到了精细结构。由此，他们认为，平行于激光偏振的条纹是由激光的温度梯度和电场诱导的自组装对流滚动然后再凝固形成的，垂直于激光偏振的条纹结构则是由局域等离子体云膨胀至空气及后续的表面重组形成的，精细结构是在低光子流辐照的非热格子系统形成的。

Bonse 等 [67] 总结了近十余年来飞秒激光在各类代表性材料表面诱导亚波长周期条纹的研究工作，从表 7.1 中可以看出，无论是金属、半导体还是介质材料，表面条纹结构的空间频率和与激光偏振方向之间的关系均不尽相同。在特定条件下，飞秒激光可以在三类材料中同时诱导低空间频率和高空间频率的周期条纹结构，且两者的取向可以是平行或垂直。鉴于不同文献中报道的现象的多样性，有必要对目前提出的表面周期条纹形成机理进行归纳和梳理。

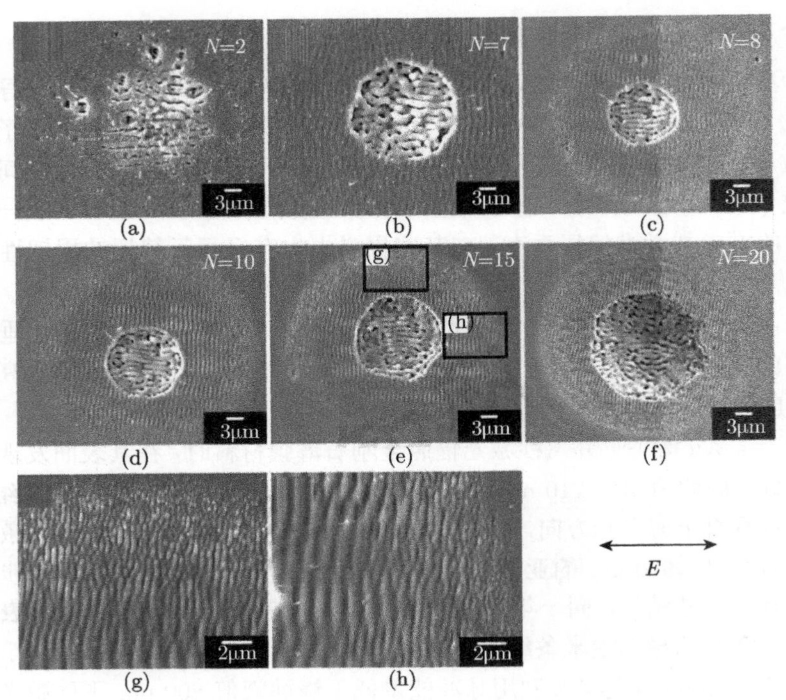

图 7.7　飞秒激光诱导的周期表面结构随脉冲数的演化 [66]

激光脉冲能量为 50 μJ，(g) 和 (h) 分布是 (e) 中区域 (g) 和 (h) 的放大图

4. 飞秒激光诱导材料表面周期性条纹形成机制

从上面的论述中可以清楚地看到，飞秒激光诱导材料表面周期性条纹主要分为低空间频率亚波长条纹和高空间频率亚波长条纹两种；条纹的方向具有良好的偏振依赖特性，在大部分情况下与入射激光的偏振方向垂直，一些情况下也会出现与入射激光偏振方向平行的情况。对于低空间频率亚波长条纹的形成机制，目前国际上主要有以下三种理论解释。

(1) 飞秒激光与表面散射波干涉作用理论 [26,28,29,68]

尽管 Emmony, Sipe 等没有考虑飞秒激光与材料相互作用的机制，但是他们的理论影响深远。许多学者认为飞秒激光同样适用于该理论模型，即低空间频率亚波长条纹的形成是入射激光与表面散射波相互干涉，致使能量在空间上周期性的分布造成的。该理论给出的周期性条纹的公式为 $\Lambda = \lambda/(1 \pm \sin\theta)$。但是，它的一个不足之处是不能解释飞秒激光垂直入射时，形成的周期性条纹总是小于入射激光的波长这一情况。

表 7.1 飞秒激光在金属、半导体及介质表面诱导的周期条纹结构特征及其与入射激光偏振之间的关系 [67]

材料	类型	E_g/eV	LSFL		HSFL	
			Λ_{LSFL}/nm	取向	Λ_{HSFL}/nm	取向
pc-Al	M	—	500~530	⊥	20~220	n.s.
pc-Au	M	—	580	⊥	—	—
pc-Cu	M	—	500~700	⊥	270	⊥
pc-Pt	M	—	550~620	⊥	—	—
	M	—	600~700	⊥	—	—
钢 (316L)	M	—	660	⊥	—	—
pc-Ti	M	—	700	⊥	—	—
	M	—	500~700	⊥	200~400	⊥
	M	—	510~670	⊥	70~90	∥
pc-TiN	M	—	590	⊥	170	⊥
	M	—	400~640	⊥	120~240	⊥
pc-W	M	—	400~600	⊥	—	—
c-InAs	S	0.4	700	⊥	—	—

续表

材料	类型	E_g/eV	LSFL		HSFL	
			Λ_{LSFL}/nm	取向	Λ_{HSFL}/nm	取向
c-Si	S	1.1	560~770	⊥	未观察到 < 1000	pulses
	S	—	600~700(20 000 脉冲)	⊥	200(60 000 脉冲)	∥
c-InP	S	1.4	590~750	⊥	330~360	⊥
c-GaP	S	2.3	520~680	⊥	150~175	⊥
c-ZnSe	S	2.7	—	—	160~180	∥
4H-SiC	S	3.2	500	⊥	250	⊥
c-ZnO	D	3.4	630~730	⊥	200~280	⊥
c-TiO_2(金红石)	D	3.5	—	—	170	⊥
c-C(金刚石)	D	5.5	750	⊥	210	∥
a-SiO_2	D	7.8	500~800	∥	200~400	⊥
	D	—	—	—	170~350	⊥
	D	—	—	—	160~220	⊥
c-BaF_2	D	9.1	600~900	∥	230	⊥
c-Al_2O_3	D	9.9	740	⊥	—	—
	D	—	730	—	260	—
c-MgF_2	D	10.8	—	—	210~260	⊥
c-LiF	D	13.6	—	—	175~255	⊥

(2) 飞秒激光与表面等离子体激元干涉作用理论 [69-73]

这也是目前获得支持最多的理论。这一理论认为低空间频率亚波长条纹的形成是由入射的飞秒激光与激发出的表面等离子体激元 (surface plasmon polaritons, SPPs) 相互干涉，致使能量在空间上周期性的分布造成的。飞秒激光与材料相互作用时，会激发出高浓度的载流子，此时无论材料是金属、半导体，还是电介质，表面的光学性质均会显示金属性，飞秒激光会在粗糙的材料表面上激发出表面等离子体激元。

事实上，Sipe 等提出的“辐射残余”的概念与 SPPs 有着直接的联系。2009 年，中山大学 Huang 等 [69] 对于飞秒激光与表面等离子体激元干涉作用理论做出了突出贡献，他们在研究了大量材料，分析了大量实验数据的基础上，给出了最为完整的模型分析，如图 7.8 所示。利用这一模型，不但可以解释周期性条纹总是小于入射激光波长这一现象，还能解释在一个烧蚀坑中条纹分布中间粗，边缘细的分布特点以及条纹随脉冲数目增多，周期减少的特点。

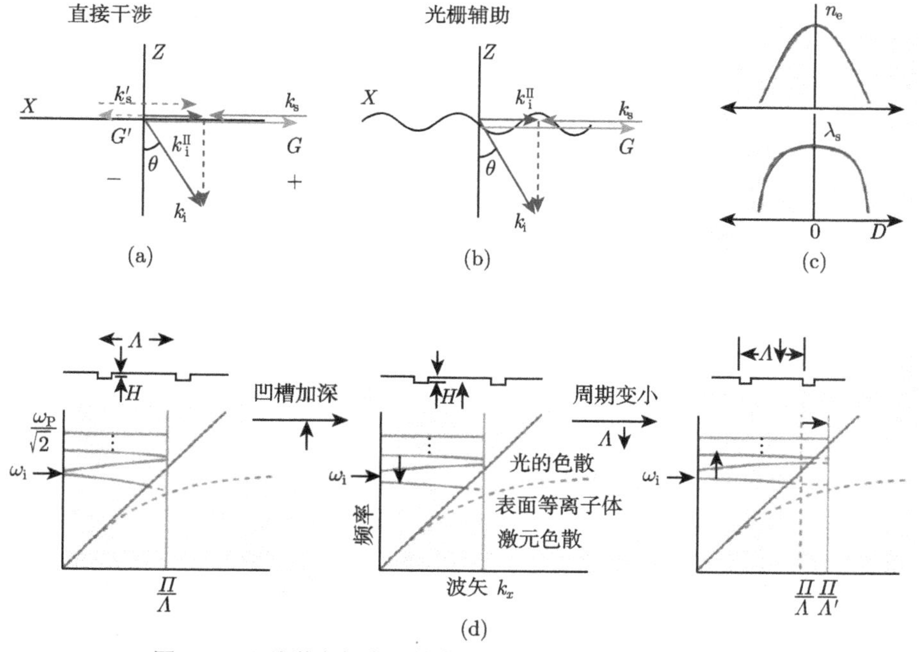

图 7.8　飞秒激光与表面等离子体激元干涉的物理模型 [69]

(a) 飞秒激光与表面等离子体激元直接干涉；(b) 光栅辅助的表面等离子体激元–激光耦合；(c) 焦点处光场的高斯分布；(d) 随着凹槽的加深，光栅耦合机制发生作用，导致周期 Λ 变小

如图 7.8(a) 所示，当光以一定角度 θ 入射到材料表面时，会出现平行于表面的波矢分量 $\boldsymbol{k}_{//}$，此分量与激发的 SPPs 相互作用，总波矢 $\boldsymbol{G}=\boldsymbol{k}_{//}\pm\boldsymbol{k}_{\rm SPP}$，这两种电

波相互叠加，使得能量在空间上产生周期性的分布，最终有周期为 $\Lambda = \lambda/(\lambda/\lambda_{\text{SPP}} \pm \sin\theta)$ 的条纹产生。当飞秒脉冲垂直入射时，$\theta = 0$，条纹周期为 $\Lambda = \lambda_{\text{SPP}}$。因为 λ_{SPP} 总是小于入射激光波长的，所以通常所见的垂直入射的飞秒激光诱导出的周期条纹为亚波长结构。

对于条纹随脉冲数目增多，周期减少的现象，可以解释为光栅辅助刻蚀的影响，如图 7.8(b) 和 (d)。形成的周期性条纹起到了光栅的作用，增加了 SPPs 的激发效率，SPPs 的形成又增加了激光对表面的刻蚀，使得条纹被刻蚀得更深。等离子体共振波长会发生红移，在特定的激发波长下，随着刻蚀深度的加深，只有周期 Λ 的减少，才能继续满足 SPPs 的激发条件。而对于一个烧蚀坑中条纹分布中间粗、边缘细的分布特点，可以从图 7.8(c) 中找到答案。飞秒脉冲能量是高斯分布的，其激发的电子浓度也会呈现相同趋势的空间分布，从而能够推导出表面等离子体激元波长与电子浓度的关系图。在烧蚀坑的边缘，电子浓度低，其激发的 SPPs 的波长也小；而在烧蚀坑的中心，电子浓度高，其激发的 SPPs 的波长大。

这一理论很好地解释了已知低空间频率亚波长周期性条纹的大部分现象，是一个比较成功的理论。但是，飞秒激光作用到材料表面现象十分复杂，在强场作用下，材料表面会发生迅速的相变 (熔化或气化)，它们的产生使得表面不稳定性增加，在一定情况下也会影响周期性条纹的形成。

(3) 自组织理论 [74-76]

在飞秒激光诱导的周期性条纹中，经常会观察到条纹分叉的现象，这种现象的产生是材料在飞秒激光辐照表面时，引起表面不稳定性 (如表面熔化等) 引起的，无法用表面等离子体激元理论去解释。Reif 等 [74] 根据这些现象提出了关于周期性条纹形成的自组织理论。他们认为飞秒激光诱导表面周期性结构是由两个过程竞争产生的，一个是由于材料解离引起的表面粗糙过程，另一个是扩散作用引起的表面平滑过程。由于飞秒激光引起材料表面的不稳定性类似于液体膜，因此他们引入了流体力学方程描述这一不稳定性, 如公式 (7.3) 所示，$h(x,y,t)$ 表示材料表面空间上不同位置的高度随时间的变化，υ 表示刻蚀速度，$-K\boldsymbol{\nabla}^2(\boldsymbol{\nabla}^2\eta)$ 表示表面扩散过程，K 为扩散速度，η 为统计波动。表面刻蚀的速度与能量在空间的沉积有关，而能量的沉积与电子的动能有关。电子动能越大，通过与晶格碰撞，把能量传给晶格的速度也就越快。被激发的电子在激光的电场驱动下，沿电场的方向上运动最快，在垂直于激光电场方向上运动最慢。这也决定了最终形成的结构与激光的偏振有关。周期性条纹就是在这两个过程的竞争中形成的。

$$\frac{\partial h(x,y,t)}{\partial t} = -\upsilon(\varphi,\theta,R)\sqrt{1+(\boldsymbol{\nabla}h)^2} - K\boldsymbol{\nabla}^2\left(\boldsymbol{\nabla}^2 h\right) + \eta(x,y,z) \tag{7.3}$$

利用自组织模型，他们成功地模拟了不同激光偏振下材料表面形貌的图样，与实际实验结构有着极高的吻合，如图 7.9 所示 [75]。伪彩图为模拟的不同偏振辐照下的表面自组织图案，灰度图为飞秒激光辐照 CaF_2 表面微结构的扫描电镜图。自组织模型在定性地描述条纹图案的形成和发展变化上，有其成功之处。但是，在计算条纹周期时，却显得苍白和令人费解，这也是该理论的不足之处。

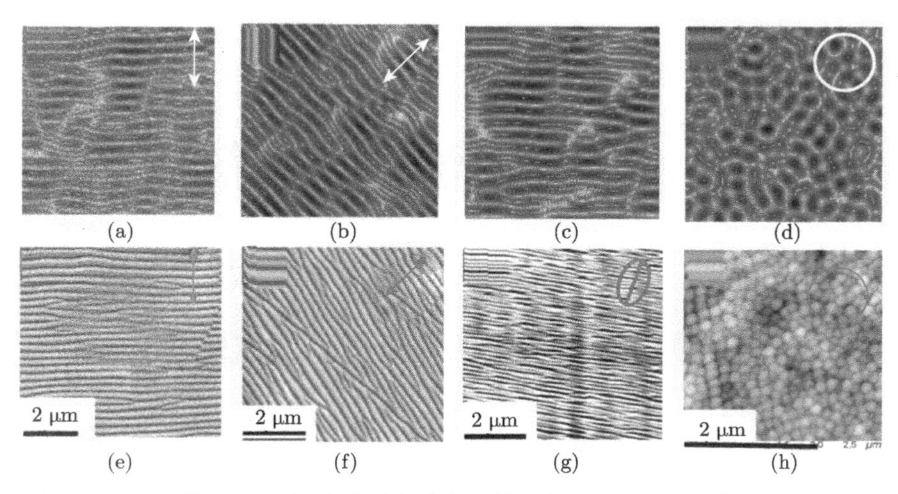

图 7.9 飞秒激光诱导周期性条纹的自组织模型模拟图及对应的在 CaF_2 表面进行实验得到的扫描电镜图[75]

此外，Liang 等 [77-81] 在系统研究石英玻璃表面纳米光栅形成条件的基础上，提出了高空间频率亚波长周期条纹形成的机理解释。实验中他们观察了纳米光栅随着入射脉冲数增加变化过程，发现在光栅形成的初始阶段，其周期随着入射脉冲数的增加而逐渐变小，直到达到一个稳定值，如图 7.10 所示 [80]。由此，他们结合 Bhardwaj 等 [82] 提出的纳米等离子体 (nanoplasmonics) 和他们发现的孵化效应 [78] 在纳米光栅形成过程中的作用，提出了一个新的物理模型，如图 7.11 所示。首先假设飞秒激光焦点处在一个脉冲作用后形成了半球形的超密等离子体，等离子体的形成致使半球内部的介电常数 (ε_i) 远小于周围材料的介电常数 (ε_e)，从而有了如图 7.11(A) 所示的强度分布。根据这个分布特点，局域强度在两极陡降 (沿着偏振方向 x 轴)，而烧蚀区域内部及赤道方向 y 轴强度得到增强。据此，所有与辐照有关的过程如孵化过程会在沿赤道方向得到增强，而在两极受到抑制。沿赤道方向得到增强的孵化过程对等离子体区域的扩展起到一个正反馈的作用，进而影响烧蚀区域沿 y 轴的扩展。因此，入射脉冲数的增加导致孵化效应，焦点处的烧蚀坑有沿着垂直激光电场方向发展成为长条形的槽结构的趋势。相反，沿着 x 轴，在两极强度锐减之后出现副极大值。这些副极大值的精确位置由等离子体的强度和烧蚀区域的尺寸共同决定，通过孵化效应，它们的出现会使所在位置的烧蚀阈值降低，这样，随着脉冲数的增加，这些位置也逐渐达到烧蚀阈值。一旦达到烧蚀阈值，中心对称的外围纳米等离子体区域会在这些位置形成，而后和焦点处的等离子体一样，导致局域强度增强。这些副极大值的不断出现和演化，以及相应的孵化效应导致的“自成核”过程，导致了周期结构的形成。根据上述原理，图 7.10 中的实验结果可以由图 7.11(B) 中的示意图得到完整解释。

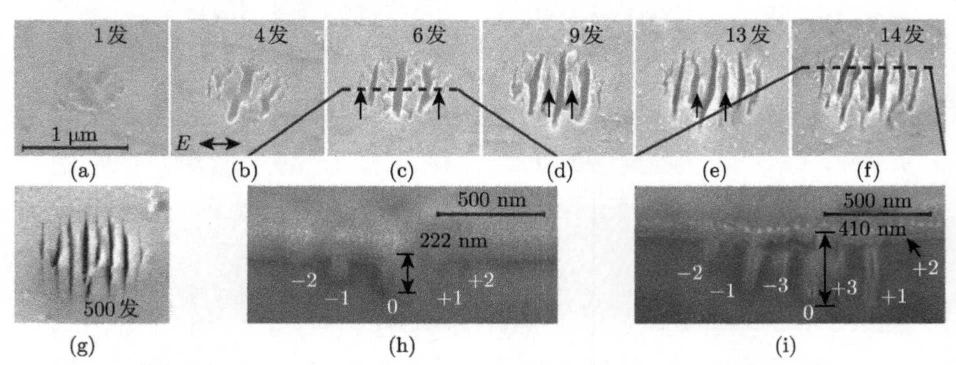

图 7.10　脉冲能量为 90 nJ 的飞秒激光照射下，石英玻璃表面结构随入射脉冲数的变化 [81]

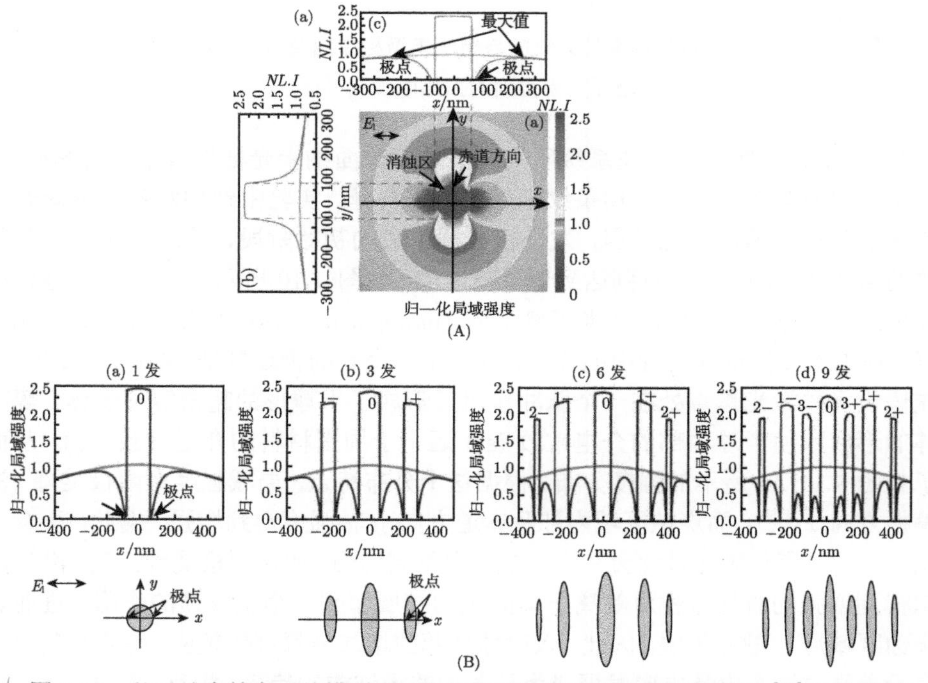

图 7.11　基于纳米等离子体模型和孵化效应的纳米光栅形成机制模型 [80](后附彩图)

(A) 一个脉冲后的局域强度分布；(B) 根据模型对图 7.10 中结构的解释

这一模型对高空间频率亚波长条纹结构的形成给出了比较完整的解释，但它是建立在纳米等离子体模型的基础上的，而纳米等离子体模型目前也尚未得到彻底的确证。

以上我们介绍了目前在飞秒激光诱导材料表面亚波长条纹 (纳米光栅) 周期性研究方面比较公认的几种理论解释。这几种理论对于条纹形成机制的解释都有其合理之处，但是每一种理论都不能完整地解释条纹形成的机制。因此物理学界依然对这一课题继续进行探索，不断地推进理论完善。

7.3.2 飞秒激光诱导的锥状结构

1. 不同材料中的锥状结构形成

在 J. Bonse 的实验中 [83]，当辐照激光脉冲数增加到 100 时，随着激光功率密度增大，圆锥状结构逐渐出现在辐照坑的底部。一般来说，圆锥状结构易于形成在飞秒激光辐照放置在真空池或者充有氯气、氦气和 SF_6 气体的 Si 表面。这种圆锥长钉结构在等离子体显示上具有潜在应用，所以受到广泛关注。

Her 等 [20,84] 在氯气、SF_6 气体、氮气、氖气以及真空环境中利用脉宽 100 fs，波长 800 nm 的飞秒激光辐照 Si，发现在氯气和 SF_6 气体的环境中诱导出尖锐带有球冠的圆锥形长钉结构，而在氮气、氦气和真空条件下得到的却是较钝的圆锥形长钉结构，如图 7.12 所示。他们认为结构的差异性可能是因为氯气和 SF_6 气体与 Si 或者熔化了的液体 Si 发生了化学反应。随后，他们发现通过加掩模的方法，可以使 Si 表面制备的微锥结构排列更加规则 [85]。由此，他们认为掩模通过对激光束的衍射，形成了序列，同时为激光熔融区域的表面张力波提供了边界条件。此外，他们课题组利用脉宽 100 fs，波长 400 nm 的飞秒激光，在浸在水中的 Si 表面甚至获得了亚微米的长钉结构 [22]。

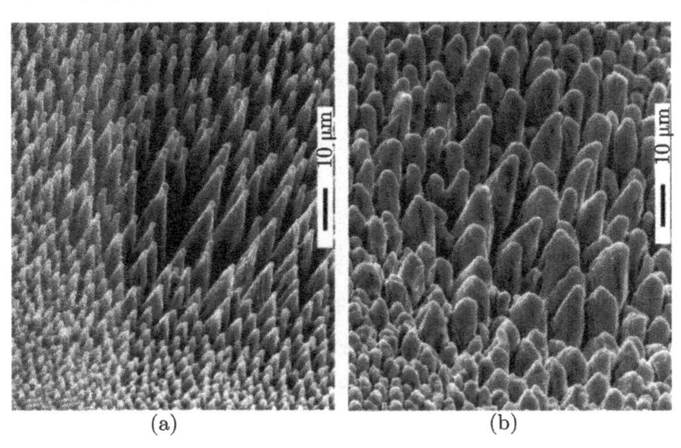

图 7.12 飞秒激光在 (a) SF_6 和 (b) 真空中辐照 Si 表面形成圆锥长钉结构的比较 [20]

观测角与表面法线成 45°

2007 年，Nayak[86] 等用飞秒激光在 SF_6 气体环境中辐照半导体元素 Ge 表面也获得了圆锥状长钉结构。长度约为 2 μm，尖端半径约 100 nm 的纳米钉形成于 5 μm 宽，10 μm 高的微锥上。与在硅上得到的结构相比，在 Ge 上得到的结构比较不规则，高度和宽度都相对较小。同样条件辐照，在 Ge 上得到的圆锥长钉结构的表面比比较小。随后，他们又发现，飞秒激光辐照真空中或 100 mbar He 气压中的金属钛表面，也能形成类似的微锥结构 [87]。不久，Oliveira 等 [88] 也发现，当激光能量密度为 0.5~2 J/cm^2 的时候，在金属钛表面，飞秒激光照射区域形成了微锥结构。在定点照射的情形下，微锥形成于激光照射区域的中心，而在激光移动扫描的情形下，在形成的微锥上面还覆盖着一层周期约为 700 nm 的周期条纹结构。同时，他们还在照射区域的边缘观察到了周期条纹的形成，并确认其形成阈值低于微锥的形成阈值而高于材料的熔化阈值。

2. 锥状结构的应用

目前，对于飞秒激光诱导微锥结构的形成机理，还没有找到行之有效的物理模型解释，需要更多系统的研究工作来澄清。但是，对于这一类结构的应用，科学工作者们已经开始陆续做出一些有益的探索。

2006 年，Mazur 研究组的 Baldacchini 等 [89] 研究了飞秒激光诱导 Si 表面微锥结构的亲疏水性的问题，他们发现锥结构越高硅表面疏水性就越强。2010 年，Barberoglou 等 [90] 将这种微锥结构用于电润湿技术的研究，证明了这种结构具有非常好的疏水性，并且证明了在加电压控制的情况下表面亲疏水性有良好的可逆性，具有替代传统平板硅基底的潜力。

2013 年，Chen 等 [91] 利用了时间分辨光谱技术研究了不同温度下飞秒激光在空气中制备的 Si 表面微锥结构的发光性质。他们认为，空气中形成的硅锥发光是由于 Si 和 SiO_2 界面处的氧缺陷造成的，在硅基发光器件的制备上具有潜在应用。

7.4　多束飞秒激光干涉形成的表面周期结构及应用

材料表面的周期性结构制备是材料科学中十分重要的领域，这一制备技术在光子晶体、高密度光存储、平板显示等领域具备了巨大的应用潜力。多光束干涉刻蚀技术是利用光的干涉和衍射特性，通过特定的光束组合方式，调控干涉场内的光强分布，并通过感光材料或直接烧蚀样品记录下来，从而产生规则的周期图案。由于激光干涉技术不需要昂贵的投影光学系统，曝光场的面积仅受限于系统的通光孔径，因而它适合于制备大面积的周期结构。同时，由于飞秒激光超快、超强的特性，使用多光束飞秒激光干涉能够精细加工周期结构，并且通过聚合物的多光子吸收过程能够实现三维周期结构的制备。目前，许多研究小组利用多光束飞秒激光干涉技术制备周期结构，应用于光子晶体的研究 [92-101]。本节内容中，我们将选择性地介绍一下利用双光束干涉、三光束干涉和四光束干涉制备表面周期结构的研究工作。

7.4.1 飞秒激光双光束干涉制备表面周期结构

一般情况下，双光束干涉技术比较适用于一维光栅结构的制备。图 7.13 显示了 Kawamura 等 [96] 利用 800 nm，100 fs 激光脉冲的双光束干涉在石英玻璃表面烧蚀得到了规则的一维光栅结构。

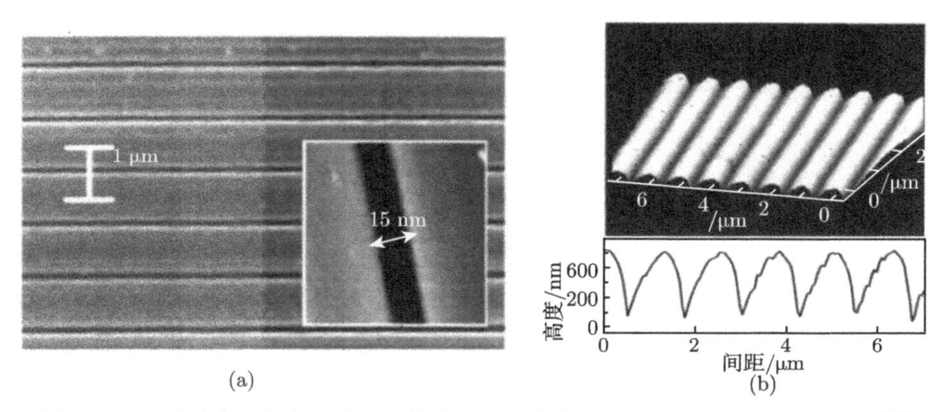

图 7.13 飞秒激光双光束干涉在石英玻璃表面烧蚀得到了规则的一维光栅结构 [96]

Lai 等 [97] 通过双光束干涉多次曝光成功地在光敏材料 SU8 上得到了二维、三维周期结构，如图 7.14 所示。

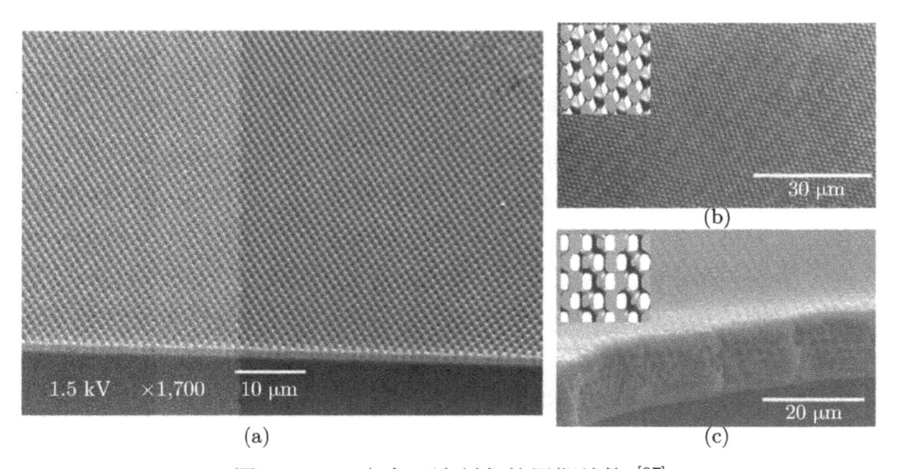

图 7.14 双光束干涉制备的周期结构 [97]

(a) 两次曝光制备的二维周期结构；(b) 和 (c) 三次曝光制备的三维周期结构，其中 (c) 为 (b) 的横截面

将激光干涉技术与飞秒激光诱导纳米周期结构相结合，烧蚀过程中适当地调节脉冲能量与脉冲数，能够实现二维周期结构的制备。Jia 等 [102] 提出了偏振调制的飞秒激光双光束干涉方法，得到了多种非传统双光束干涉能够得到的纳米复合周期结构。他们用两束同偏振的飞秒激光进行干涉，不仅得到了一维光栅结构，同时在光栅结构中还嵌入了垂直于激光偏振方向的纳米周期条纹结构，如图 7.15 所示。他们保持激光的空间分布不变，仅改变两束光偏振方向的夹角，即得到了各种不同指向的二维纳米周期结构；利用大能量的飞秒激光进行双光束干涉，他们在 ZnO 等多种材料表面制备了亚微米坑阵列结构。

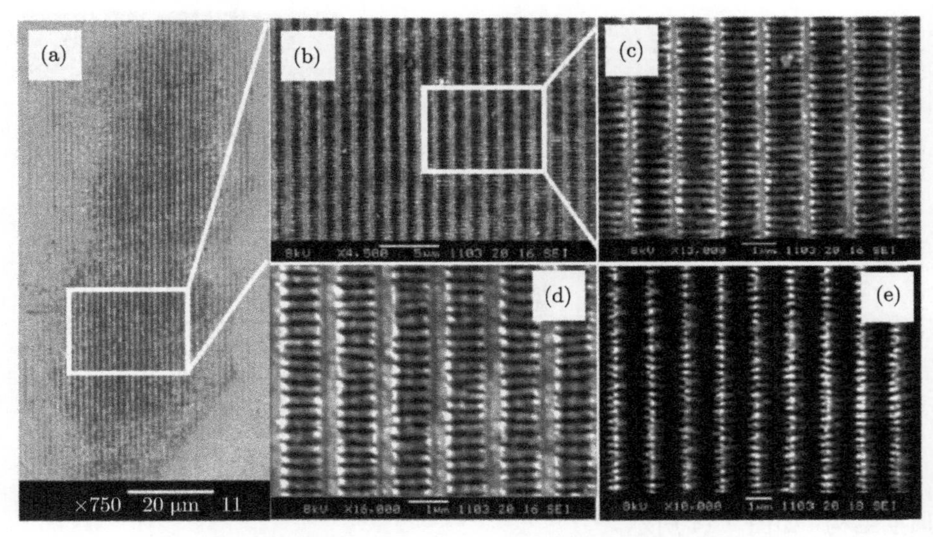

图 7.15　飞秒激光双光束干涉在 ZnO 晶体表面制备二维微纳复合结构 [104]

7.4.2　飞秒激光三光束干涉制备表面周期结构

I. B. Divliansky 等 [103] 使用三光束干涉技术在 CdSe 表面得到了二维光子晶体，并测量这种结构的透射谱，确定了光子带隙的存在。Jia 与 Xiong 等 [104-106] 报道了飞秒激光光束干涉诱导材料表面复合微纳周期结构。他们在不同的光束夹角 2θ 下，通过改变三光束间的偏振组合，在宽带隙半导体 SiC, ZnO 上制备花样繁多的复合微纳周期结构，如图 7.16 所示 [105]。利用相同偏振的三光束干涉，制备了长度小于 1 μm 的纳米光栅结构，并呈六角形分布 (图 7.16(a))；以及宽 20 nm、长 500 nm 的纳米线花样 (图 7.16(b))。调节三光束的偏振组合如图 7.16(c) 中插图所示，利用飞秒激光三光束干涉制备了辐射状的纳米条纹、六角形纳米花等微纳复合周期结构 (图 7.16(c) 和 (d))。进一步变化偏振组合如图 7.16(e) 中插图所示，能够制备环状分布的纳米条纹结构 (图 7.16(e) 和 (f))。纳米结构的尺寸远小于激光的衍射极限，这在飞秒激光纳米制备上具有很大的应用潜力。

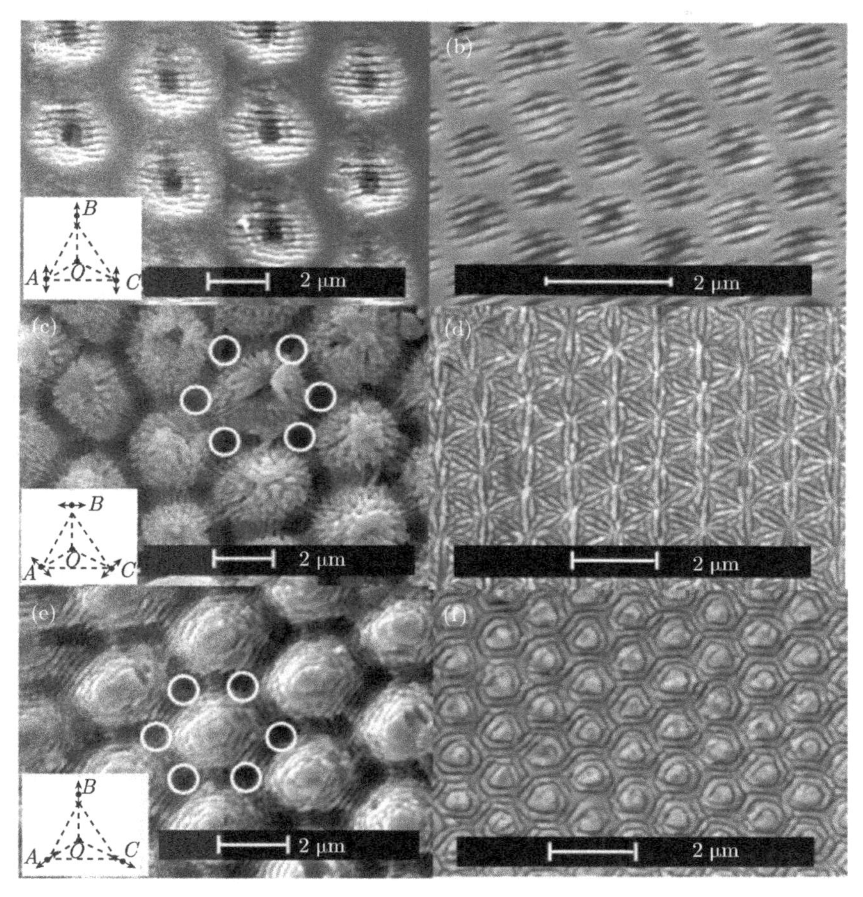

图 7.16 飞秒激光三光束干涉制备复合微纳周期结构扫面电镜照片，插图显示了激光的偏振组合[105]

为了解释上述各种复合微纳周期结构的形成，Jia 等 [104] 理论计算了多光束干涉的光强分布及偏振分布。他们假设激光为平面波入射，对多光束的电场进行矢量合成，计算得到了多光束干涉后的合成电场分布情况，包括光强、偏振分布等。结果表明，光强分布决定了长周期微米结构，偏振分布则决定了纳米结构花样的变化。

2010 年，Li 等在飞秒激光三光束干涉的基础上，通过改变激光照射强度、激光照射时间以及偏振组合调制新型复杂光场，制备了一系列 ZnO 与 ZnO/Ag 纳米周期结构阵列，其精细结构尺寸远小于入射激光波长 [107]。这些纳米阵列可作为量子比特的拓展途径之一，用于自旋研究。

Pan 等 [108,109] 使用 800 nm 飞秒激光三光束干涉，通过调节激光的能量和控制三光束的偏振组合，结合光学成像系统及快门与位移控制系统，在 ZnSe 和 ZnO 晶体表面制备了大面积二维复合微米/纳米周期结构。数值计算结果表明：二维复合微/纳米周期结构的长周期结构由三光束干涉的光场强度分布决定，短周期纳米结构由激光光场偏振分布决定。

7.4.3　飞秒激光四光束干涉制备表面周期结构

2014 年，Jia 等 [110] 实现了使用偏振调制的四光束干涉技术，制备 ZnO 表面微纳复合结构。图 7.17 所示为四光束干涉的实验装置图。使用三片分束片将光束分为能量、偏振相同的四束光，每束光的光路上放置了波片用以改变光束的偏振态。四束光分别经过四个透镜会聚到样品表面同一点，右上角的插图显示了四束光的空间位置分布。图 7.18(a) 所示为同偏振情况下，四光束干涉在 ZnO 晶体表面制备的二维微纳复合周期结构。正方形的微米网格结构是由四光束干涉所引起的，在每个斑上还出现了飞秒脉冲诱导的周期约为 200 nm 纳米条纹，条纹方向与激光偏振方向相垂直。调节四束光的偏振方向如图 7.18(c) 中插图所示，二维复合周期结构发生变化，相邻斑上的纳米条纹互相垂直，不再是单一方向。调整一束光 (光束 D) 的偏振为圆偏振，两套微纳复合结构相互接近，条纹呈扇形分布，如图 7.18(e) 所示。图 7.18(g) 显示了飞秒激光四光束干涉在 ZnO 表面制备的另一种结构，嵌套型结构中横向条纹所在的烧蚀斑弱于纵向条纹。

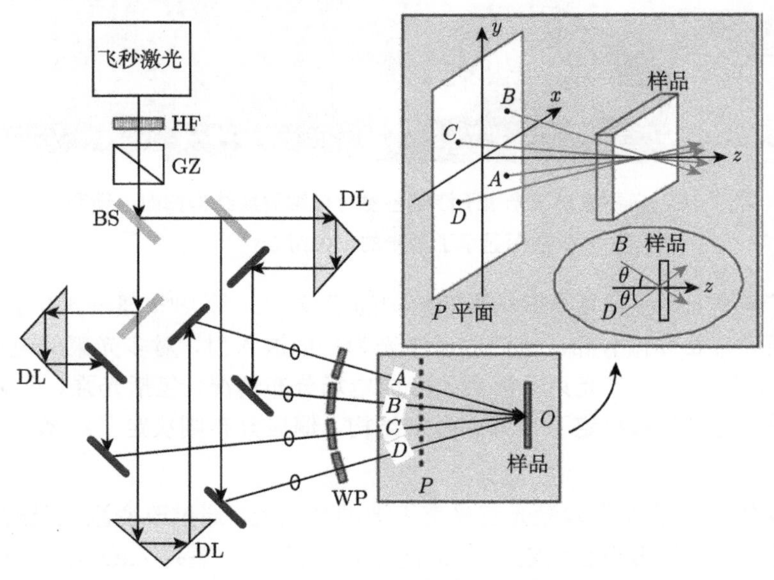

图 7.17　所示为四光束干涉的实验装置图 [110]

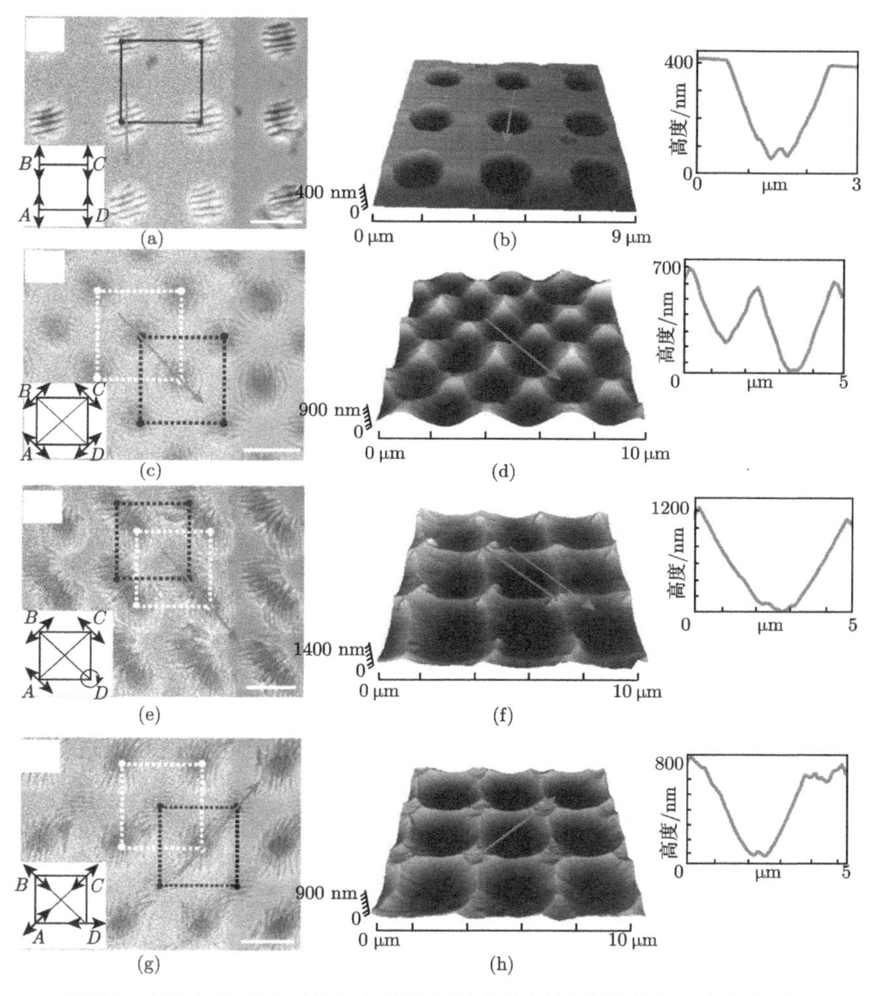

图 7.18 飞秒激光四光束干涉制备的嵌套型微纳复合周期花样的扫描电镜照片 (a) (c) (e) (g) 和原子力显微镜照片 (b) (d) (f) (h)[110]

7.5 小结和展望

飞秒激光以其非凡的特点，几乎适用于所有材料的表面微纳结构加工，在科研和工业领域都受到了广泛的关注和研究。目前，飞秒激光表面加工技术的实验研究主要集中在不同材料表面形成的周期结构的特点，以及与激光参数、加工环境之间的联系上。对于各类结构的形成机理，研究人员提出了不同的物理模型，它们能很好地解释特定的实验现象，却又都有各自的不足。建立完备的飞秒激光微加工理论体系，还有待理论和实验科学家们进一步的合作。对于飞秒激光制备的表面微纳结构的应用，科学家们对其进行了一些有益的探索，但目前尚缺乏系统性。为了进一步挖掘飞秒激光表面加工技术在机械、微电子、生物传感、物理、化学等领域巨大的应用潜力，尚需要进一步深入探索和研究。

参考文献

[1] Gattass R R, Eric M. Femtosecond laser micromachining in transparent materials[J]. Nature photonics, 2008, 2(4): 219-225.

[2] Vorobyev Anatoliy Y, Guo C. Direct femtosecond laser surface nano/microstructuring and its applications[J]. Laser & Photonics Reviews, 2013, 7(3): 385-407.

[3] Chichkov B N, et al. Femtosecond, picosecond and nanosecond laser ablation of solids[J]. Applied Physics A, 1996, 63(2): 109-115.

[4] Serbin J, et al. Femtosecond laser-induced two-photon polymerization of inorganic–organic hybrid materials for applications in photonics[J]. Optics letters, 2003, 28(5): 301-303.

[5] Rethfeld B, Sokolowski-Tinten K, Von Der Linde D, et al. Timescales in the response of materials to femtosecond laser excitation[J]. Applied Physics A, 2004, 79(4-6): 767-769.

[6] Papernov S, Schmid A W. Localized absorption effects during 351 nm, pulsed laser irradiation of dielectric multilayer thin films[J]. Journal of Applied Physics, 1997, 82(11): 5422-5432.

[7] Hacker E J, Hans L, Weissbrodt P. Review of structural influences on the laser damage thresholds of oxide coatings[C]// Laser-Induced Damage in Optical Materials. SPIE, 1995.

[8] Du D, et al. Laser-induced breakdown by impact ionization in SiO_2 with pulse widths from 7ns to 150fs[J]. Applied physics letters, 1994, 64(23): 3071-3073.

[9] Stuart B C, et al. Laser-induced damage in dielectrics with nanosecond to subpicosecond pulses[J]. Physical review letters, 1995, 74(12): 2248.

[10] Stuart B C, et al. Nanosecond-to-femtosecond laser-induced breakdown in dielectrics[J]. Physical Review B, 1996, 53(4): 1749.

[11] Yablonovitch E, Bloembergen N. Avalanche ionization and the limiting diameter of filaments induced by light pulses in transparent media[J]. Physical Review Letters, 1972, 29(14): 907.

[12] Jia T Q, et al. The ultrafast excitation processes in femtosecond laser-induced damage in dielectric omnidirectional reflectors[J]. Journal of applied physics, 2006, 100(2): 023103.

[13] Anisimov S I, Kapeliovich B L, Perelman T L. Electron emission from metal surfaces exposed to ultrashort laser pulses[J]. Zh. Eksp. Teor. Fiz., 1974, 66(2): 375-377.

[14] Anisimov S I, Rethfeld B. Theory of ultrashort laser pulse interaction with a metal[C]// Nonresonant Laser-Matter Interaction. International Society for Optics and Photonics, 1997.

[15] Gamaly Eugene G, et al. Ablation of solids by femtosecond lasers: Ablation mechanism and ablation thresholds for metals and dielectrics[J]. Physics of Plasmas (1994-present), 2002, 9(3): 949-957.

[16] Huang M, et al. The morphological and optical characteristics of femtosecond laser-induced large-area micro/nanostructures on GaAs, Si, and brass[J]. Optics Express, 2010, 18(104): A600-A619.

[17] Dufft D, et al. Femtosecond laser-induced periodic surface structures revisited: a comparative study on ZnO[J]. Journal of Applied Physics, 2009, 105(3): 034908.

[18] Reif J, et al. Multipulse feedback in self-organized ripples formation upon femtosecond laser ablation from silicon[J]. Applied Physics A, 2010, 101(2): 361-365.

[19] Amirkianoosh K, Venkatakrishnan K, Tan B. Direct patterning of silicon oxide on Si-substrate induced by femtosecond laser[J]. Optics Express, 2010, 18(3): 1872-1878.

[20] Her T H, et al. Microstructuring of silicon with femtosecond laser pulses. Applied Physics Letters, 1998, 73(12): 1673.

[21] Younkin R, et al. Infrared absorption by conical silicon microstructures made in a variety of background gases using femtosecond-laser pulses[J]. Journal of Applied Physics, 2003, 93: 2626-2629.

[22] Shen M Y, et al. Femtosecond laser-induced formation of submicrometer spikes on silicon in water[J]. Applied Physics Letters, 2004, 85(23): 5694-5696.

[23] Birnbaum M. Semiconductor surface damage produced by ruby lasers[J]. Journal of Applied Physics, 2004, 36(11): 3688-3689.

[24] Emmony D C, Howson R P, Willis L J. Laser mirror damage in germanium at 10.6μm[J]. Applied Physics Letters, 1973, 23(11): 598-600.

[25] Zhou G S, Fauchet P M, Siegman A E. Growth of spontaneous periodic surface structures on solids during laser illumination[J]. Physical Review B, 1982, 26(10): 5366.

[26] Young J F, et al. Laser-induced periodic surface structure. II. Experiments on Ge, Si, Al, and brass[J]. Physical Review B, 1983, 27(2): 1155.

[27] Clark S E, and Emmony D C. Ultraviolet-laser-induced periodic surface structures[J]. Physical Review B, 1989, 40(4): 2031.

[28] Emmony D C, Howson R P, Willis L J. Laser mirror damage in germanium at 10.6 μm[J]. Applied Physics Letters, 1973, 23(11): 598-600.

[29] Sipe J E, et al. Laser-induced periodic surface structure. I. Theory[J]. Physical Review B, 1983, 27(2): 1141.

[30] Vorobyev A Y, Guo C. Enhanced absorptance of gold following multipulse femtosecond laser ablation[J]. Physical Review B, 2005, 72(19): 195422.

[31] Vorobyev A Y, Makin V S, Guo C. Periodic ordering of random surface nanostructures induced by femtosecond laser pulses on metals[J]. Journal of Applied Physics, 2007, 101(3): 034903.

[32] Vorobyev A Y, Guo C. Femtosecond laser structuring of titanium implants[J]. Applied surface science, 2007, 253(17): 7272-7280.

[33] Wang J C, Guo C. Ultrafast dynamics of femtosecond laser-induced periodic surface pattern formation on metals[J]. Applied Physics Letters, 2005, 87(25): 251914.

[34] Weck A, et al. Ripple formation during deep hole drilling in copper with ultrashort laser pulses[J]. Applied Physics A, 2007, 89(4): 1001-1003.

[35] Borowiec A, Haugen H K. Subwavelength ripple formation on the surfaces of compound semiconductors irradiated with femtosecond laser pulses[J]. Applied Physics Letters, 2003, 82(25): 4462-4464.

[36] Florenta C, Kouteva-Arguirova S, Reif J. Sub-damage-threshold femtosecond laser ablation from crystalline Si: surface nanostructures and phase transformation[J]. Applied Physics A, 2004, 79(4-6): 1429-1432.

[37] Bonse J, Munz M, Sturm H. Structure formation on the surface of indium phosphide irradiated by femtosecond laser pulses[J]. Journal of Applied Physics, 2005, 97(1): 013538.

[38] Vorobyev A Y, Guo C. Antireflection effect of femtosecond laser-induced periodic surface structures on silicon[J]. Optics Express, 2011, 19(105): A1031-A1036.

[39] Ouyang H, et al. Photochemical etching of silicon by two photon absorption[J]. Physica Status Solidi (A), 2007, 204(5): 1255-1259.

[40] Wagner R, et al. Subwavelength ripple formation induced by tightly focused femtosecond laser radiation[J]. Applied Surface Science, 2006, 252(24): 8576-8579.

[41] Rohloff M, et al. Formation of laser-induced periodic surface structures on fused silica upon multiple cross-polarized double-femtosecond-laser-pulse irradiation sequences[J]. Journal of Applied Physics, 2011, 110(1): 014910.

[42] Vorobyev A Y, Guo C. Colorizing metals with femtosecond laser pulses[J]. Applied Physics Letters, 2008, 92(4): 041914.

[43] Huang Y G, et al. Two-dimensional periodic structure induced by single-beam femtosecond laser pulses irradiating titanium[J]. Optics Express, 2009, 17(23): 20756-20761.

[44] Benjamin D, et al. Controlled nanostructrures formation by ultra fast laser pulses for color marking[J]. Optics Express, 2010, 18(3): 2913-2924.

[45] Md Shamim A, et al. Colorizing stainless steel surface by femtosecond laser induced micro/nano-structures[J]. Applied Surface Science, 2011, 257(17): 7771-7777.

[46] Vorobyev A Y, Guo C. Femtosecond laser-induced periodic surface structure formation on tungsten[J]. Journal of Applied Physics, 2008, 104(6): 063523.

[47] Tang M Z, Zhang H T, Her T H. Self-assembly of tunable and highly uniform tungsten nanogratings induced by a femtosecond laser with nanojoule energy[J]. Nanotechnology,

2007, 18(48): 485304.

[48] Dusser, Benjamin, et al. Controlled nanostructrures formation by ultra fast laser pulses for color marking[J]. Optics Express, 2010, 18(3): 2913-2924.

[49] Wu B, et al. Superhydrophobic surfaces fabricated by microstructuring of stainless steel using a femtosecond laser[J]. Applied Surface Science, 2009, 256(1): 61-66.

[50] Bonse J, et al. Femtosecond laser-induced surface nanostructures for tribological applications[C]//Optically Induced Nanostructures: Biomedical and Technical Applications. 2015: 141.

[51] Borowiec A, Haugen H K. Subwavelength ripple formation on the surfaces of compound semiconductors irradiated with femtosecond laser pulses[J]. Applied Physics Letters, 2003, 82(25): 4462-4464.

[52] Jia T Q, et al. Formation of nanogratings on the surface of a ZnSe crystal irradiated by femtosecond laser pulses[J]. Physical Review B, 2005, 72(12): 125429.

[53] Shen M, et al. High-density regular arrays of nanometer-scale rods formed on silicon surfaces via femtosecond laser irradiation in water[J]. Nano Letters, 2008, 8(7): 2087-2091.

[54] Harzic L R, Dörr D, Saure D, et al. Generation of high spatial frequency ripples on silicon under ultrashort laser pulses irradiation[J]. Applied Physics Letters, 2011, 98(21): 211905.

[55] Jia X, et al. Periodic nanoripples in the surface and subsurface layers in ZnO irradiated by femtosecond laser pulses[J]. Optics Letters, 2010, 35(8): 1248-1250.

[56] Huang M, et al. A uniform 290 nm periodic square structure on ZnO fabricated by two-beam femtosecond laser ablation[J]. Nanotechnology, 2007, 18(50): 505301.

[57] Guo X D, et al. Coherent linking of periodic nano-ripples on a ZnO crystal surface induced by femtosecond laser pulses[J]. Applied Physics A, 2009, 94(2): 423-426.

[58] Öktem, Bülent, et al. Nonlinear laser lithography for indefinitely large-area nanostructuring with femtosecond pulses[J]. Nature Photonics, 2013, 7(11): 897-901.

[59] Costache F, Henyk M, Reif J. Modification of dielectric surfaces with ultra-short laser pulses[J]. Applied Surface Science, 2002, 186(1): 352-357.

[60] Costache F, Henyk M, Reif J. Surface patterning on insulators upon femtosecond laser ablation[J]. Applied Surface Science, 2003, 208: 486-491.

[61] Han Y, Qu S. Uniform self-organized grating fabricated by single femtosecond laser on dense flint (ZF6) glass[J]. Applied Physics A, 2010, 98(1): 167-170.

[62] Ozkan A M, et al. Femtosecond laser-induced periodic structure writing on diamond crystals and microclusters[J]. Applied Physics Letters, 1999, 75(23): 3716-3718.

[63] Wu Q, et al. Femtosecond laser-induced periodic surface structure on diamond film[J]. Applied Physics Letters, 2003, 82(11): 1703-1705.

[64] Yasumaru N, Miyazaki K, Kiuchi J. Femtosecond-laser-induced nanostructure formed on hard thin films of TiN and DLC[J]. Applied Physics A, 2003, 76(6): 983-985.

[65] Shinoda, Masataka, Rafael R Gattass, Eric Mazur. Femtosecond laser-induced formation of nanometer-width grooves on synthetic single-crystal diamond surfaces[J]. Journal of Applied Physics, 2009, 105(5): 053102.

[66] Han Y, Zhao X, Qu S. Polarization dependent ripples induced by femtosecond laser on dense flint (ZF 6) glass[J]. Optics Express, 2011, 19(20): 19150-19155.

[67] Bonse J, et al. Femtosecond laser-induced periodic surface structures[J]. Journal of Laser Applications, 2012, 24(4): 042006.

[68] Young J F, Sipe J E, Van Driel H M. Laser-induced periodic surface structure. III. Fluence regimes, the role of feedback, and details of the induced topography in germanium[J]. Physical Review B, 1984, 30(4): 2001.

[69] Huang M, et al. Origin of laser-induced near-subwavelength ripples: interference between surface plasmons and incident laser[J]. Acs Nano, 2009, 3(12): 4062-4070.

[70] Bonse J, Rosenfeld A, Krüger J. On the role of surface plasmon polaritons in the formation of laser-induced periodic surface structures upon irradiation of silicon by femtosecond-laser pulses[J]. Journal of Applied Physics, 2009, 106(10): 104910.

[71] Bonse J, Rosenfeld A, Krüger J. Implications of transient changes of optical and surface properties of solids during femtosecond laser pulse irradiation to the formation of laser-induced periodic surface structures[J]. Applied Surface Science, 2011, 257(12): 5420-5423.

[72] Han Y, Qu S. The ripples and nanoparticles on silicon irradiated by femtosecond laser[J]. Chemical Physics Letters, 2010, 495(4): 241-244.

[73] Garrelie, Florence, et al. Evidence of surface plasmon resonance in ultrafast laser-induced ripples[J]. Optics Express, 2011, 19(10): 9035-9043.

[74] Reif J, Varlamova O, Costache F. Femtosecond laser induced nanostructure formation: self-organization control parameters[J]. Applied Physics A, 2008, 92(4): 1019-1024.

[75] Varlamova O, et al. The laser polarization as control parameter in the formation of laser-induced periodic surface structures: Comparison of numerical and experimental results[J]. Applied Surface Science, 2011, 257(12): 5465-5469.

[76] Reif J, et al. The role of asymmetric excitation in self-organized nanostructure formation upon femtosecond laser ablation[J]. Applied Physics A, 2011, 104(3): 969-973.

[77] Liang F, et al. The transition from smooth modification to nanograting in fused silica[J]. Applied Physics Letters, 2010, 96(10): 101903.

[78] Liang F, et al. Role of ablation and incubation processes on surface nanograting formation[J]. Optical Materials Express, 2011, 1(7): 1244-1250.

[79] Liang F, Vallée R, Chin S L. Pulse fluence dependent nanograting inscription on the surface of fused silica[J]. Applied Physics Letters, 2012, 100(25): 251105.

[80] Liang F, Vallée R, Chin S L. Mechanism of nanograting formation on the surface of fused silica[J]. Optics Express, 2012, 20(4): 4389-4396.

[81] Liang F, Vallée R, Chin S L. Physical evolution of nanograting inscription on the surface of fused silica[J]. Optical Materials Express, 2012, 2(7): 900-906.

[82] Bhardwaj V R, et al. Optically produced arrays of planar nanostructures inside fused silica[J]. Physical Review Letters, 2006, 96(5): 057404.

[83] Bonse J, et al. Femtosecond laser ablation of silicon–modification thresholds and morphology[J]. Applied Physics A, 2002, 74(1): 19-25.

[84] Her T H, et al. Femtosecond laser-induced formation of spikes on silicon[J]. Applied Physics A, 2000, 70(4): 383-385.

[85] Shen M Y, et al. Formation of regular arrays of silicon microspikes by femtosecond laser irradiation through a mask[J]. Applied Physics Letters, 2003, 82(11): 1715-1717.

[86] Nayak B K, Gupta M C, Kolasinski K W. Spontaneous formation of nanospiked microstructures in germanium by femtosecond laser irradiation[J]. Nanotechnology, 2007, 18(19): 195302.

[87] Nayak B K, Gupta M C, Kolasinski K W. Formation of nano-textured conical microstructures in titanium metal surface by femtosecond laser irradiation[J]. Applied Physics A, 2008, 90(3): 399-402.

[88] Oliveira V, Ausset S, Vilar R. Surface micro/nanostructuring of titanium under stationary and non-stationary femtosecond laser irradiation[J]. Applied Surface Science, 2009, 255(17): 7556-7560.

[89] Baldacchini T, et al. Superhydrophobic surfaces prepared by microstructuring of silicon using a femtosecond laser[J]. Langmuir, 2006, 22(11): 4917-4919.

[90] Barberoglou Marios, et al. Electrowetting properties of micro/nanostructured black silicon[J]. Langmuir, 2010, 26(15): 13007-13014.

[91] Chen Z, et al. Time-resolved photoluminescence of silicon microstructures fabricated by femtosecond laser in air[J]. Optics Express, 2013, 21(18): 21329-21336.

[92] Cumpston Brian H, et al. Two-photon polymerization initiators for three-dimensional optical data storage and microfabrication[J]. Nature, 1999, 398(6722): 51-54.

[93] Campbell, M, et al. Fabrication of photonic crystals for the visible spectrum by holographic lithography[J]. Nature, 2000, 404(6773): 53-56.

[94] Toader, Ovidiu, Timothy Y M Chan, Sajeev John. Photonic band gap architectures for holographic lithography[J]. Physical Review Letters, 2004, 92(4): 043905.

[95] Jang J H, et al. 3D Micro-and Nanostructures via Interference Lithography[J]. Advanced Functional Materials, 2007, 17(16): 3027-3041.

[96] Kawamura K, et al. Periodic nanostructure array in crossed holographic gratings on silica glass by two interfered infrared-femtosecond laser pulses[J]. Applied Physics Letters, 2001, 79(9): 1228-1230.

[97] Lai N D, et al. Fabrication of two-and three-dimensional periodic structures by multi-exposure of two-beam interference technique[J]. Optics Express, 2005, 13(23): 9605-9611.

[98] Cai L Z, Yang X L, Wang Y R. All fourteen Bravais lattices can be formed by interference of four noncoplanar beams[J]. Optics Letters, 2002, 27(11): 900-902.

[99] Kondo T, et al. Femtosecond laser interference technique with diffractive beam splitter for fabrication of three-dimensional photonic crystals[J]. Applied Physics Letters, 2001, 79(6): 725-727.

[100] Sun H B, Shigeki M, and Hiroaki M. Three-dimensional photonic crystal structures achieved with two-photon-absorption photopolymerization of resin[J]. Applied Physics Letters, 1999, 74(6): 786-788.

[101] Liang G Q, et al. Fabrication of two-dimensional coupled photonic crystal resonator arrays by holographic lithography[J]. Applied Physics Letters, 2006, 89(4): 041902.

[102] Jia T, et al. Fabrication of two-dimensional periodic nanostructures by two-beam interference of femtosecond pulses[J]. Optics Express, 2008, 16(3): 1874-1878.

[103] Divliansky I B, et al. Fabrication of two-dimensional photonic crystals using interference lithography and electrodeposition of CdSe[J]. Applied Physics Letters, 2001, 79(21): 3392-3394.

[104] Jia X, et al. Complex periodic micro/nanostructures on 6H-SiC crystal induced by the interference of three femtosecond laser beams[J]. Optics Letters, 2009, 34(6): 788-790.

[105] Xiong P, et al. Ultraviolet luminescence enhancement of ZnO two-dimensional periodic nanostructures fabricated by the interference of three femtosecond laser beams[J]. New Journal of Physics, 2011, 13(2): 023044.

[106] Jia X, et al. Polarization effects on interference of three femtosecond laser beams for fabrication of asymmetric micro/nanopatterns[J]. Indian Journal of Physics, 2014, 88(2): 203-210.

[107] Li X, et al. Fabrication of a two-dimensional periodic microflower array by three interfered femtosecond laser pulses on Al: ZnO thin films[J]. New Journal of Physics, 2010, 12(4): 043025.

[108] Pan J, et al. Great enhancement of near band-edge emission of ZnSe two-dimensional complex nanostructures fabricated by the interference of three femtosecond laser beams [J]. Journal of Applied Physics, 2013, 114(9): 093102.

[109] Pan J, et al. Infrared femtosecond laser-induced great enhancement of ultraviolet luminescence of ZnO two-dimensional nanostructures[J]. Applied Physics A, 2014, 117(4): 1923-1932.

[110] Jia X, et al. Manipulation of cross-linked micro/nanopatterns on ZnO by adjusting the femtosecond-laser polarizations of four-beam interference[J]. Applied Physics A, 2014, 114(4): 1333-1338.

第 8 章　飞秒激光诱导双光子聚合

8.1 引　　言

光聚合是指在光照下，液态单体经过聚合和交联反应形成固态产物的过程。聚合物一般由低聚物、单体和光引发剂组成。单体可以直接接受光激发引起聚合，也可以通过光引发剂受光激发而引起聚合。低聚物提供光聚合反应中的物理和化学环境，可以构成光聚合固化产品的基本骨架。基于多光子同时吸收过程，飞秒激光可以诱导空间选择性的双光子甚至是多光子聚合，其在光电子领域有广泛的应用，是当今飞秒激光制造的热点之一。

在单光子吸收过程中，原子或分子具有固定的能级，通常只有当辐射到物质的光子能量 $h\nu_1$ 大于或等于物质内原子或分子的能级时，物质原子或分子一次只吸收一个能量为 $h\nu_1$ 的光子使原子或分子从基态 S_0 跃迁到激发态 S_1，然后通过发射荧光或无辐射跃迁回到基态。但是，如果入射光强足够高，便可以产生多光子吸收的情况，即原子或分子可以一次性吸收多个光子而处于激发态。双光子吸收过程是多光子吸收的一种典型的类型。如图 8.1 所示，材料分子同时吸收两个能量相同或不同的光子，到达激发态 S_1 或 S_2, S_n 后，经非辐射跃迁到达 S_1 态，然后经过与单光子吸收过程相同的方式，以荧光发射或非辐射跃迁回到基态。

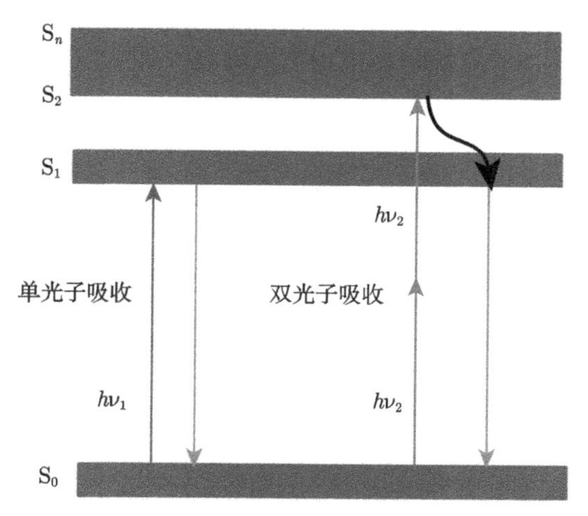

图 8.1　单光子吸收和双光子吸收示意图

双光子吸收是一种典型的三阶非线性光学效应，其产生概率与吸收截面大小有关。双光子吸收截面正比于光子通量密度的平方，通常为 $10^{-50}\mathrm{cm}^4\mathrm{s/photon}$，远小于单光子吸收截面 10^{-17} $\mathrm{cm}^2\mathrm{s/photon}$，因此双光子吸收发生概率比较小。即使光强很弱，单光子聚合也可以在光线传输路径上发生，而双光子聚合只能在光强足够高的地方，如激光焦点处，才能同时吸收两个光子引起双光子吸收聚合，如图 8.2 所示。但是超短脉冲激光的出现，使这一现象有了发展。激光器发射的光子具有相同方向、相同频率、偏振和相位的特点。经过锁模后的飞秒激光具有脉宽窄、峰值功率超高的特点。聚焦后的飞秒激光功率可以达到 GW 量级，在焦点处可以足够提供发生双光子吸收的强光场，因此很容易在焦点处发生材料的双光子吸收。

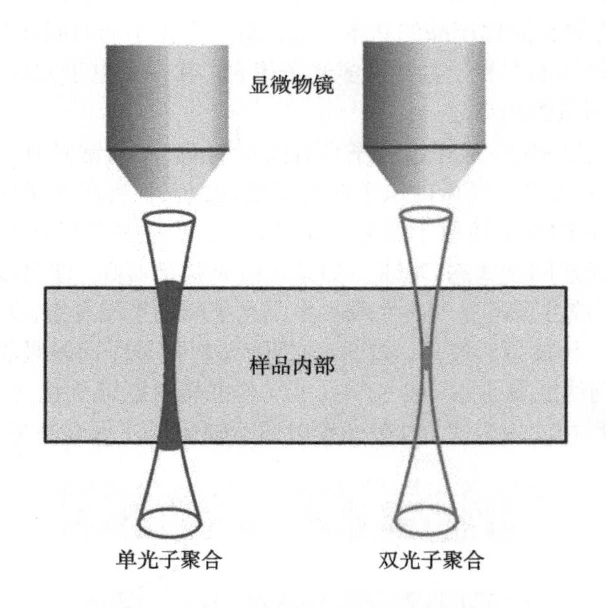

图 8.2　双光子与单光子聚合示意图

8.2　双光子聚合材料

典型的双光子光聚合材料是由树脂聚合物单体和光敏引发剂及一些添加剂构成的光刻胶，又称光致抗蚀剂，是一种感光高分子全息记录材料。经过光照后，光刻胶图层中发生化学反应，随着曝光量的不同产生不同的溶解力，用合适的显影液可以使曝光或未曝光区域加速溶解。根据溶解区域的不同，光刻胶可以分为正性光刻胶和负性光刻胶两大类。正性光刻胶曝光部分在显影过程中被溶解，未曝光部分被保留，而负性光刻胶恰恰相反，曝光部分被固化，未曝光部分在显影过程中被溶解，如图 8.3 所示。

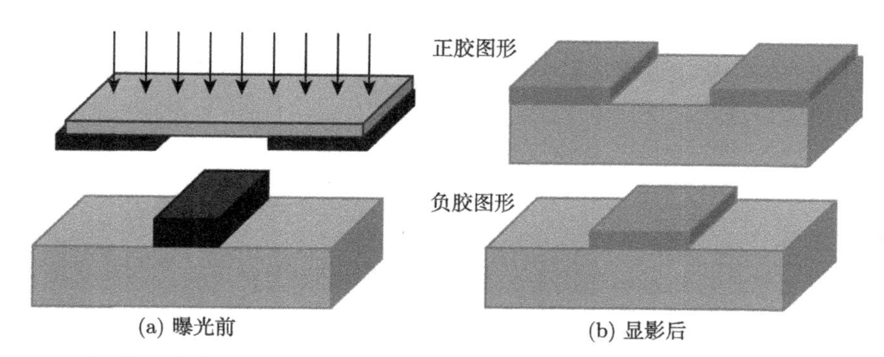

图 8.3 正型和负型光刻胶的区别：几乎所有的光刻胶都是由单体、光引发剂、溶剂和一些添加剂组成，外观上呈现为胶状液体

8.2.1 单体

单体是能够发生聚合反应生成高分子聚合物的分子，可以分为单官能团单体和多官能团单体两大类。单官能团单体分子中只含有一个可参与交联反应的基团，如 HEMA(甲基丙烯酸 -β- 羟乙酯)，经过聚合反应后只能得到线型产物。多官能团单体分子中含有两个或两个以上可参与交联反应的基团，如 HDDA(1,6 乙二醇二丙烯酸酯)，经过聚合反应后能得到体型产物。

8.2.2 光引发剂

光引发剂是指通过吸收辐射能发生化学变化产生活性中间体的物质，是光刻胶的主体部分，决定了单体的聚合速率。光引发剂的种类繁多，按照聚合机理可以分为自由基型和阳离子型。自由基型光引发剂又可以分为裂解型 (类型 I) 和夺氢型 (类型 II) 两种。

1. 裂解型光引发剂

裂解型光引发剂多数为芳香族羰基化合物。在吸收光能后，由于激发态的激发能高于碳—碳化合键的解离能，分子中与羰基相邻的碳—碳共价键拉长、弱化、断裂，生成初级自由基：

$$X-Y——(X\cdots Y)\cdot \rightarrow X\cdot +Y\cdot$$

生成的这两个初级自由基可以相同，也可以不同。

2. 夺氢型光引发剂

夺氢型光引发剂多数为芳香酮类化合物。在光照下，这类化合物可以吸收光子能量形成相对稳定的三线激发态。由于三线激发态的能量低于碳—碳键的解离能，且只要三线态的能量超过碳—氢键的解离能，就能夺取供氢体的氢质子，产生羰基自由基和供体自由基。

3. 阳离子光引发剂

阳离子光引发剂是另一类非常重要的光引发剂，包括重氮盐、二芳基碘鎓盐、三芳基硅氧醚等。它的基本作用是光活化使分子到激发态，分子发生系列分解反应，最终产生超强质子酸 (也叫布朗斯特酸)，作为阳离子聚合的活性种而引发环氧化合物、乙烯基醚、内酯、缩醛、环醚等聚合。阳离子光引发剂可分为鎓盐类、金属有机物类、有机硅烷类，其中以碘鎓盐、硫鎓盐和铁芳烃最具代表性。

与自由基聚合相似，阳离子聚合也是链式聚合，包括引发和增长。但是在很多情况下，阳离子的聚合反应没有通过中和发生终止，而是在体系中含有的亲核物质作用下发生终止。

8.2.3　添加剂

为了改进光刻胶的某些特性，可以在光刻胶中加入适量的添加剂。比如添加适量的染色剂，能够改善光刻胶的反射；添加三乙二醇双醋酸酯作为增塑剂，能够增加干膜光刻胶的均匀性和柔韧性。

8.3　紫外负性 SU8 光刻胶

8.3.1　紫外负性 SU8 光刻胶的主要成分和性质

SU8 是一种具有高纵横比的环氧基负光刻胶，适用于蓝–紫外光谱区域的平面光刻技术，曝光之后形成的聚合结构有很好的抗腐蚀性和很高的机械强度，在微机电系统 (MEMS) 的加工中被广泛应用。SU8 的主要成分是双酚 A 型环氧树脂，是一种具有多个官能团和高度分叉的聚合物，如图 8.4 所示。从图中可以看出双酚 A 型环氧树脂平均一个分子中含有 8 个环氧基，这也是 SU8 名称的由来。SU8 溶解在 γ-丁内酯 (BGL) 中，这两者的体积比例决定了配置出的 SU8 的黏度。再在这两种树脂中加入一定比例的紫外光引发剂，并且充分混合，就可以配置成 SU8 光刻胶。

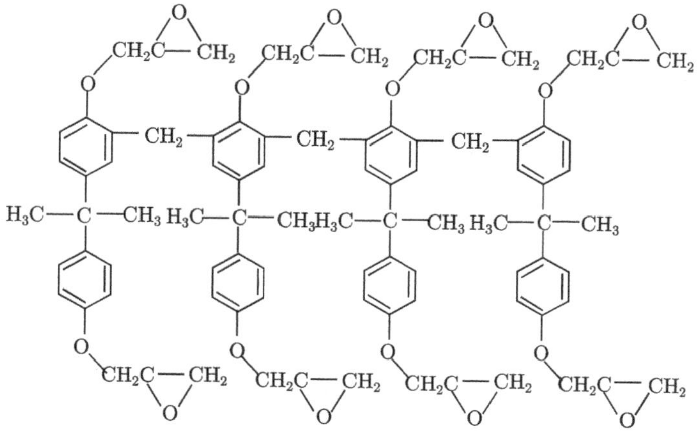

图 8.4 双酚 A 型环氧树脂 (引自天津大学周彬硕士论文)

8.3.2 紫外负性 SU8 光刻胶的感光机理

紫外负性 SU8 光刻胶中含有一种由三苯基磺酸盐组成的光引发剂，在吸收了光子后发生光化学反应生成一种强酸：

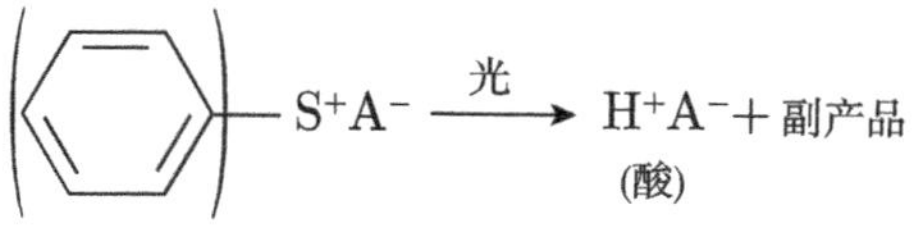

$$\left(C_6H_5\right)_3 S^+A^- \xrightarrow{\text{光}} \underset{(\text{酸})}{H^+A^-} + \text{副产品}$$

有了强酸环境，并且在适当的温度下，双酚 A 型树脂分子中的环氧基就会与同一分子或不同分子中的环氧基发生反应，产生交联结构。这种交联结构将树脂中的多个分子连接起来形成聚合结构。随着交联程度的不断增大，交联反应速度也会逐渐下降直至基本停止。在显影过程中，曝光的交联结构会留下，就是所需要的聚合结构。

8.4 双光子聚合加工原理

根据双光子吸收的光强要求可以发现，双光子具有空间选择“点”聚合的能力。通常使用的固体飞秒激光波长在 800 nm，对大部分的光刻胶介质都是透明的，因此可以将飞秒激光聚焦于介质内部，进行定点操控，获得高空间分辨率的双光子聚合结构。

双光子吸收是介质与光场之间通过光子能量的吸收进行交换能量，属于三阶非线性光学过程。双光子诱导的聚合过程单位时间内吸收的光子数与单位体积内的分子数 M 成正比，与光子流量 N 的平方成正比，因此自由基聚合材料的双光

子引发速率 R 为 [1]

$$R = \sigma_2 N^2 M \tag{8.1}$$

其中，σ_2 为有效双光子吸收截面，$\sigma_2 = \sigma_2^a \times \eta$，$\sigma_2^a$ 是普通的双光子吸收截面 ($\mathrm{cm^4S}$)，η 为双光子过程的引发效率。由于聚合单体的结构不同，光引发效率的差异也很大，变化范围为 $0.001 \leqslant \eta \leqslant 1$。

在紧聚焦的飞秒激光照射下，光引发剂激活的自由基诱发单体在树脂内部发生聚合反应，高浓度低聚物或单体相互缠绕交联，形成固化的体积元。在飞秒激光连续扫描的情况下，这些体积元连接在一起形成各种固化的聚合结构。

自由基的激发状况直接影响聚合反应的引发及增长过程，从而影响体积元的尺寸。假设自由基的浓度按 $\rho = \rho(r, z, t)$ 的规律分布，当某处自由基浓度 ρ 超过材料聚合反应所需的最小浓度值 (临界值)ρ_{th}，该处的聚合反应就可以被引发。设 ρ_0 为材料中光引发剂的初始浓度，飞秒激光脉冲诱发的自由基浓度与时间的速率方程为 [2]

$$\frac{\partial \rho}{\partial t} = (\rho_0 - \rho)\sigma_2 \left(\frac{I}{h\nu}\right)^2 \tag{8.2}$$

其中，σ_2 为双光子吸收截面，$h\nu$ 为光子能量。

求解速率方程 (8.2)，考虑 t 为 0 时刻，双光子引发的活性自由基浓度为零，可以得到

$$\rho = \rho_0 \left[1 - \exp\left(-\sigma_2 \left(\frac{I}{h\nu}\right)^2 t\right)\right] \tag{8.3}$$

当 ρ 超过临界浓度 ρ_{th} 时，双光子诱导聚合被引发。忽略自由基由高浓度区域向低浓度区域的扩散运动等影响因素，可以计算出临界光强度 [3]：

$$I_{\mathrm{th}} = \sqrt{\frac{(h\nu)^2}{\sigma_2 t} \ln \frac{\rho_0}{\rho_0 - \rho_{\mathrm{th}}}} \tag{8.4}$$

从 (8.4) 式中可以看出，对于特定的聚合物材料，其自由基聚合浓度阈值 ρ_{th} 一定，可以用激发光强阈值 I_{th} 进行聚合反应的描述：当 $I > I_{\mathrm{th}}$ 时，材料通过双光子吸收，达到聚合要求的自由基浓度，引发聚合反应，使该区域固化；相反，当 $I < I_{\mathrm{th}}$ 时，光激发的自由基浓度不能达到聚合反应的浓度要求，不能使该区域固化。以光强为 I_0 的飞秒激光照射聚合物材料，只有在光强达到 I_{th} 的空间区域中发生聚合，形成固化单位，在其他区域光强达不到临界值，产生的活性自由基很快就被数值内的其他分子淬灭。因此可以通过改变激光能量和曝光时间，有效控制自由基浓度，达到空间选择固化的目的。

8.5 双光子聚合加工分辨率

飞秒激光高斯光束强度截面决定了固化体积元的形状和特征尺寸。固化体积元的空间分辨率主要取决于横向和纵向的尺寸。飞秒激光高斯振幅为

$$\psi = \frac{1}{\sqrt{1+(z/z_0)^2}} \exp\left(\mathrm{i}\arctan\frac{z}{z_0}\right) \exp\left\{-\frac{r^2}{\omega_0^2[1+(z/z_0)^2]}(1+\mathrm{i}z/z_0)\right\} \tag{8.5}$$

其中，$r=\sqrt{x^2+y^2}$，ω_0 为 $z=0$ 处的光斑尺寸，也称为束腰。

高斯光束沿 r 方向 $(z=0)$ 的强度截面分布为

$$I(r) = I_0 \exp\left(-2\frac{r^2}{\omega_0^2}\right) \tag{8.6}$$

高斯光束沿 z 轴 $(r=0)$ 方向的强度分布为

$$I(z) = \frac{I_0}{1+(z/z_{\mathrm{R}})^2} \tag{8.7}$$

其中，$z_{\mathrm{R}} = \frac{\pi\omega_0^2}{\lambda}$，为瑞利长度。

假设飞秒激光波长为 796 nm，用数值孔径为 1.25 的物镜聚焦至聚合物内部，聚合物折射率为 1.5。这样加工条件下的瑞利长度和束腰分别为 388 nm 和 973 nm。图 8.5 为飞秒激光高斯光束横向和轴向的强度分布截面的示意图。从这两个方向的强度分布示意图可以看出，聚合物固化发生在 $I_0 > I > I_{\mathrm{th}}$ 区域，呈椭球形，是最小的固化体积元。

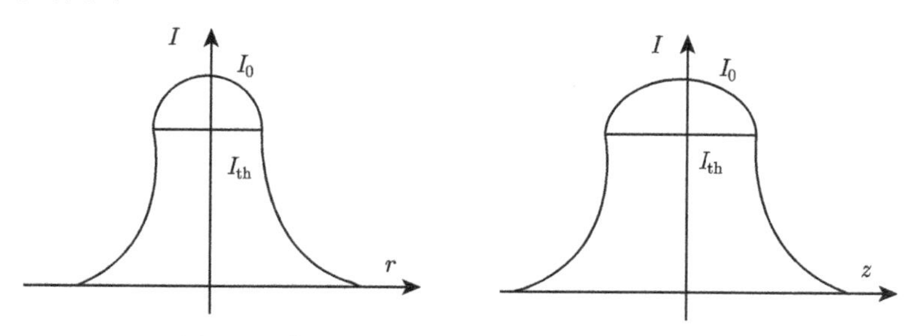

图 8.5 高斯光束横向和轴向强度分布示意图

在 $I_0 > I > I_{\mathrm{th}}$ 区域，根据焦点平面 $(z=0)$ 光强分布公式 (8.6)，

$$I_0 \exp\left[-2\frac{r^2}{\omega_0^2}\right] = \sqrt{\frac{(h\nu)^2}{\sigma_2 t} \ln\frac{\rho_0}{\rho_0-\rho_{\mathrm{th}}}} \tag{8.8}$$

获得焦斑处的平均光子流密度为

$$I = \frac{\int_0^{2\pi} \mathrm{d}\theta \int_0^{\omega_0} I(r) r \mathrm{d}r}{\pi\omega_0^2} = \frac{I_0}{2}\left(1 - \frac{1}{\exp(2)}\right) \tag{8.9}$$

从而获得固化体积元的半径：

$$r = \frac{\omega_0}{2}\left[\ln \frac{\sigma_2 t I_0^2}{(h\nu)^2 \cdot \ln \dfrac{\rho_0}{\rho_0 - \rho_{\mathrm{th}}}}\right]^{1/2} \tag{8.10}$$

其中，t 为曝光时间。在实际飞秒激光加工过程中，曝光时间应为有效的曝光时间：

$$t_{\mathrm{eff}} = f_{\mathrm{q}} \times t \times \tau \tag{8.11}$$

其中，f_{q} 为飞秒激光重复频率，τ 为脉冲宽度。

那么，飞秒激光诱导聚合物双光子聚合的固化体积元半径成为

$$r = \frac{\omega_0}{2}\left[\ln \frac{\sigma_2 \times (f_{\mathrm{q}} \times t \times \tau) \times I_0^2}{(h\nu)^2 \cdot \ln \dfrac{\rho_0}{\rho_0 - \rho_{\mathrm{th}}}}\right]^{1/2} \tag{8.12}$$

在进行双光子聚合过程中，光聚合反应并不在光束通过的所有区域内发生，而是仅发生在光强高于反应阈值的焦点区域内。该区域并非呈理想球形，而是呈具有短轴和长轴的椭球形。双光子聚合阈值 I_{th} 正比于曝光时间与曝光功率的乘积，聚合元位于光强高于 I_{th} 的椭球区域，可近似认为聚合椭球短轴 [4]：

$$D(r) \propto \omega_0 \sqrt{2 \ln[I(r)/I_{\mathrm{th}}]} \tag{8.13}$$

聚合椭球长轴：

$$L(z) \propto 2 z_R \sqrt{[I(r)/I_{\mathrm{th}}]^{1/2} - 1} \tag{8.14}$$

从横向半径表达式 (8.12) 中可以看出双光子聚合加工的体积元尺寸受到多种加工因素的影响，包括飞秒激光本身参数 (如脉宽、重复频率) 和聚合物树脂的双光子吸收特性，同时还与加工的激光功率 P、曝光时间 t、加工速度 V 等工艺参数有关。

8.6　双光子聚合研究进展

双光子吸收概率与激光功率的平方成正比，因而光聚合反应仅仅发生在激光聚焦点附近的极小范围，远远超出衍射极限的分辨本领，因此可实现三维超精细微

结构的加工。利用双光子聚合微加工技术可以制备一些具有光机电功能的微纳米器件，这具有广阔的应用前景。

如图 8.6 所示，日本大阪大学的 Kawata 和 Sun 等研究者利用双光子聚合效应在聚合物材料 SCR 500 中制备整个尺寸为微米量级的三维公牛 [5]，这是飞秒激光双光子聚合微加工技术的标志性成果。他们利用波长为 780 nm、脉宽 150 fs、重复频率 76 MHz 的飞秒激光经数值孔径为 1.4 的物镜进行聚焦，进行三维公牛的制备。利用双光子聚合微纳技工技术，该研究组还制作了微管道、微链条、微齿轮以及微弹簧等 [6]。

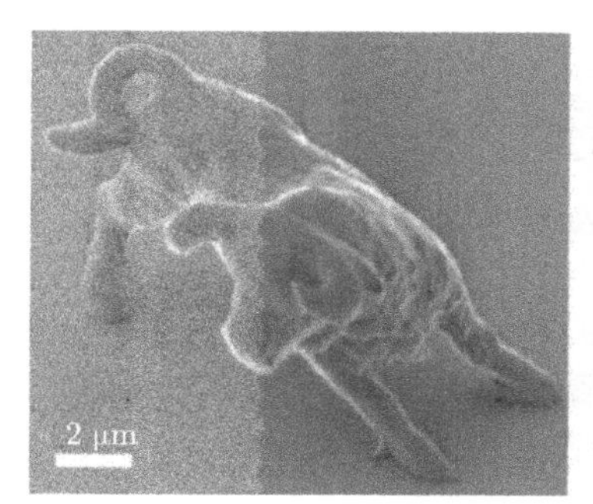

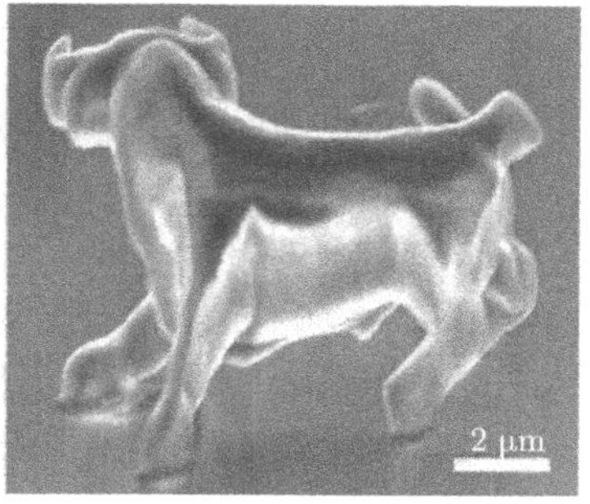

图 8.6 三维微米公牛的扫描电子显微镜图片

2006 年，S. Maruo 等利用飞秒激光聚合技术实现了功能元件的制备 [7,8]，包括用光驱动的微探针、微泵等。图 8.7 为该课题组制备的可以用光驱动的微泵的实物图片。

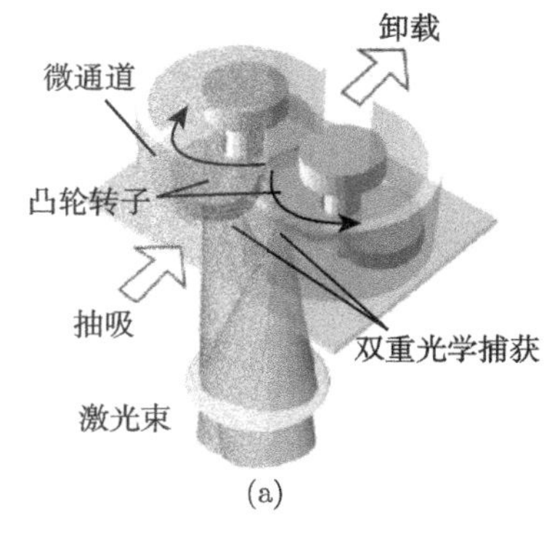

(a)

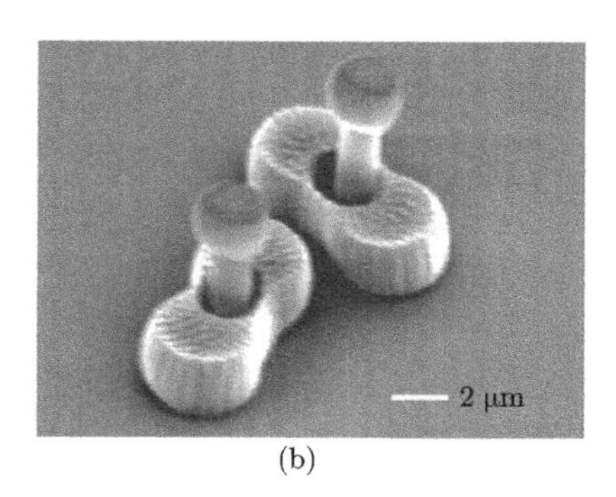

(b)

图 8.7 光驱动的微泵示意图和实物图

(a) 示意图；(b) 实物图

2005 年，J. Kato 等研究人员利用微型透镜辅助实现了飞秒激光并行处理，在光敏聚合物材料里加工出了微结构阵列，实现了飞秒激光微加工的快速制备 [9]，如

图 8.8 所示。

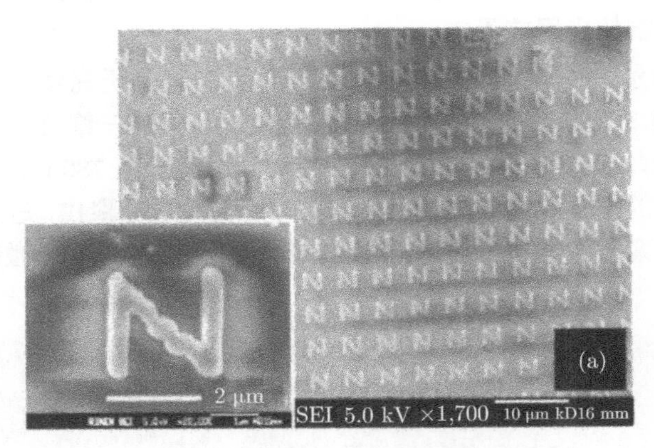

图 8.8　飞秒激光并行处理制备的微结构阵列

2004 年，W. H. Teh 等利用双光子聚合技术在 SU8 材料里制备了三维结构。SU8 光刻胶旋涂在 Si 基片上，首先将样品放置在 95℃ 温度下预烘 15 min~10 h，然后将飞秒激光聚焦到样品的内部，根据预先设定好的程序进行扫描。曝光后的样品在 95℃ 温度下烘制，然后用有机溶液处理并风干。图 8.9 为制备的各种微结构 SEM 图片 [10]。

利用飞秒激光双光子聚合技术还可以制备光子晶体。光子晶体是一种具有空间周期性结构的人工电磁介质材料，由两种或两种以上不同介电常数的材料呈周期性重复排列，排列的周期为光波波长数量级。当电磁波在光子晶体中传播时受到多重散射，散射波之间的干涉作用使其具有类似于固体晶体的能带结构，在带与带之间存在带隙，可以控制光波在其中传播。由于存在光子带隙，因而光子晶体表现出许多崭新的物理性质，利用这些性质可以制备诸如负折射率材料、高 Q 值谐振腔、90°弯折的光波导、超棱镜等光子学器件 [11,12]。由于光子晶体具有奇特的性质和广阔的应用前景，有希望成为未来光子产业的基础材料。光子晶体制作技术是光子晶体走向实际应用的关键环节，也是光子晶体研究的重点和难点，因而世界各国的研究人员纷纷展开研究工作 [13-15]，开发那些技术上易于制造的具有宽禁带的光子晶体，并实现其商业化应用。光子晶体的制备技术有很多，其中精密加工法是光子晶体的制备方法之一，而飞秒激光微加工技术在光子晶体的制备研究中具有独特的优势。

2003 年，德国汉诺威大学 J. Serbin 等 [2] 利用飞秒激光双光子聚合技术在 SU8 光刻胶里制备了木堆型光子晶体。2006 年，北海道大学 Misawa 研究小组更进一步在 SU8 光刻胶里制备了禁带宽度小于 1 μm 的螺旋形光子晶体 [16,17]，如图 8.10 所示。

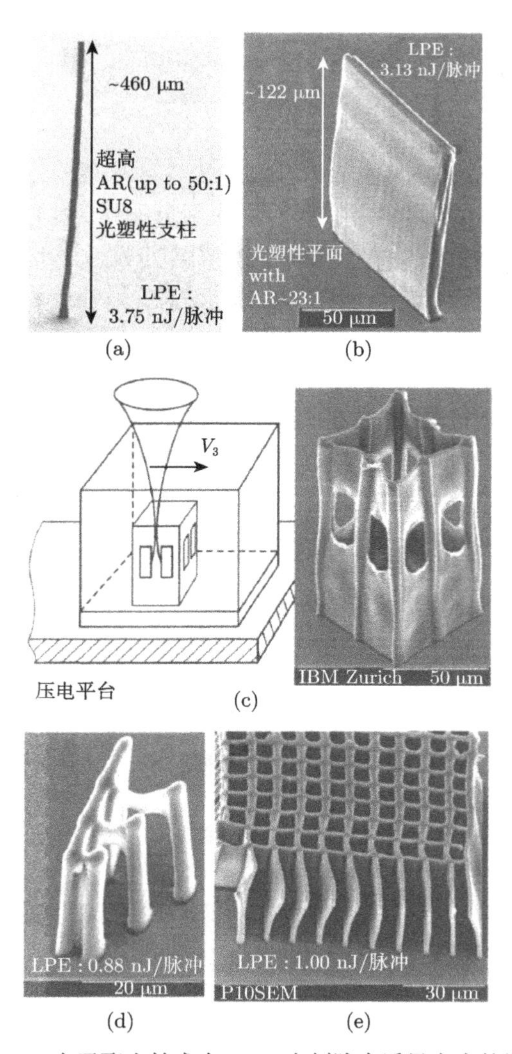

图 8.9 双光子聚合技术在 SU8 光刻胶中诱导产生的微结构

图 8.10 飞秒激光诱导的螺旋形光子晶体

8.7　小结和展望

双光子聚合可以实现传统加工难以实现的各种复杂的三维结构，已广泛用于构建演示各种功能元器件，展示了其巨大的应用可能性。研究人员进一步从理论和实验上探索了双光子聚合实现单元结构的极限，并且通过光刻胶的组成和配比以及光照条件的控制，已实现了几十纳米尺度的结构，另外通过光束整形技术和干涉法一次曝光实现了复杂形状立体结构的形成。另一方面，光刻胶材料的立体结构由于其组成决定了功能上的限制，所以人们探讨了通过将 TiO_2 等灌到立体结构里面，再进一步高温烧掉光刻胶，形成光刻胶结构的逆结构，用于形成光子晶体和蜂窝状陶瓷结构，其在光电子和催化等领域具有重要的应用前景。研究人员还进一步发现其实不只是光刻胶，一些无机材料如硫系玻璃也具有光聚合或光裂解特性，这为飞秒激光诱导多光子过程的应用开辟了新的途径。

参 考 文 献

[1] Boyd R W. Nonlinear Optics [M]. 3rd. New York: Academic Press, 2008: 549-559.

[2] Serbin J, Egbert A, Ostendorf A, et al. Femtosecond laser-induced two-photon polymerization of inorganic–organic hybrid materials for applications in photonics[J]. Optics Letters, 2003, 28(5): 301-303.

[3] 周明，刘立鹏，戴起勋，等. 飞秒激光双光子微细结构的制备 [J]. 中国激光，2005, 32(10): 1342-1346.

[4] 宋旸，董贤子，赵震声，等. 飞秒激光双光子加工的极限分辨力 [J]. 强激光与粒子束，2011, 23(7): 1780-1784.

[5] Kawata S, Sun H B, Tanaka T, et al. Finer features for functional microdevices[J]. Nature, 2001, 412(6848): 697-698.

[6] Galajda P, Ormos P. Complex micromachines produced and driven by light[J]. Applied Physics Letters, 2001, 78(2): 249-251.

[7] Maruo S, Ikuta K, Korogi H. Submicron manipulation tools driven by light in a liquid[J]. Applied Physics Letters, 2003, 82(1): 133-135.

[8] Maruo S, Inoue H. Optically driven micropump produced by three-dimensional two-photon microfabrication[J]. Applied Physics Letters, 2006, 89(14).

[9] Kato J, Takeyasu N, Adachi Y, et al. Multiple-spot parallel processing for laser micro-nanofabrication[J]. Applied Physics Letters, 2005, 86(4): 044102.

[10] Teh W H, Dürig U, Salis G, et al. SU-8 for real three-dimensional subdiffraction-limit two-photon microfabrication[J]. Applied Physics Letters, 2004, 84(20): 4095-4097.

[11] Shoji S, Sun H B, Kawata S, et al. Photo-fabrication of wood-pile three-dimensional photonic crystal by using laser interference[J]. Proc. of SPIE, 5000: 35-42.

[12] Takadaa K, Sun H B, Kawata S, et al. The study on spatial resolution in two-photon induced polymerization[J]. Proc. of SPIE, 6110: 61100A-1-61100A-7.

[13] Deubel M, Wegener M, Linden S, et al. 3D-2D-3D photonic crystal heterostructures fabricated by direct laser writing[J]. Optics Letters, 2006, 31(6): 805-807.

[14] Sun H B, Xu Y, Juodkazis S, et al. Arbitrary-lattice photonic crystals created by multiphoton microfabrication[J]. Optics Letters, 2001, 26(6): 325-327.

[15] Zhou G, Ventura M J, Vanner M R, et al. Fabrication of three-dimensional void photonic crystals using ultrafast-laser-driven microexplosion in a solid polymer material[C]//Photonics Asia 2004. International Society for Optics and Photonics, 2005: 129-135.

[16] Seet K K, Mizeikis V, Juodkazis S, et al. Three-dimensional circular spiral photonic crystal structures recorded by femtosecond pulses[J]. Journal of Non-crystalline Solids, 2006, 352(23): 2390-2394.

[17] Seet K K, Mizeikis V, Juodkazis S, et al. Three-dimensional horizontal circular spiral photonic crystals with stop gaps below 1μm[J]. Applied Physics Letters, 2006, 88(22): 221101.

第9章 飞秒激光诱导色心形成

9.1 引言

所谓色心，是指透明材料中由点缺陷、点缺陷对或点缺陷群捕获电子或空穴而构成的一种缺陷，分为电子中心和空穴中心两大类。在特定的条件下，很多材料中都可观察到色心。容易产生色心的材料有碱金属卤化物、碱土金属氟化物和部分金属氧化物。色心可以在高能电子束的照射下产生，也可以在一定的氧化或还原性气氛中加热晶体得到，还可以用电化学方法产生出一些特定的色心。最常见并研究得最充分的是碱金属或碱土金属卤化物中的 F 色心，它由卤素离子空位捕获一个电子组成，它们可结合形成 F_2 心、F_3 心 ……，或与近邻的代位碱金属杂质离子结合成 F_A 心、F_B 心。它们在导带以下形成被电子占据的局域能级，通常在可见光范围内引起特征吸收带。最常见的空穴中心是 V_k 心及 H 心，它们分别是一对近邻卤素离子捕获一个空穴，以及在一列卤素离子中挤进一个卤素原子所组成。它们在价带以上形成空着的局域能级，相应的吸收带一般不在可见光范围内。碱卤化物如果没有色心，在紫外到红外的区段是完全透明的。色心的存在对某些固体电子器件带来危害，但是，大量人为控制的色心材料在诸如半导体、发光、信息存储、光电导、激光等许多技术领域中有着广泛的应用。

利用 X 射线和紫外线的辐照可以在玻璃中形成色心早已有报道 [1-3]，但以往的研究重点是对色心形成机理的探讨和如何消除色心。通常情况下，还可以通过 γ 射线辐照、X 射线辐照、紫外光辐照等方法在晶体中诱导色心 [4]。但是这些高能射线和晶体的相互作用是线性过程，因此在晶体内部产生色心的同时，也会在表面诱导出色心，给应用带来诸多麻烦。

高功率密度的超快激光为激光与物质相互作用的研究开发出了新的领域，包括缺陷的制造和排列。最近，通过对包括色心在内的电子缺陷的控制以实现功能化，即所谓的缺陷工程或缺陷操控，引起了人们的关注 [5]。飞秒激光具有极高的峰值功率密度，能与透明材料发生非线性相互作用 [6]，具有良好的空间选择性。因此，通过透明材料对基频的多光子吸收及因自相位调制而产生的白光的多光子吸收，可以利用飞秒激光在透明材料内部空间选择性地诱导出色心，同时对透明材料的表面不会产生影响，可以实现三维光存储和其他重要的光学应用。

本章主要从飞秒激光在不同材料中诱导色心形成的现象、色心的形成机理研究和飞秒激光诱导色心的应用等方面，介绍和总结了近十几年来利用飞秒激光在透明材料内部诱导色心的代表性工作。

9.2 飞秒激光在透明材料内部诱导色心

9.2.1 飞秒激光在玻璃中诱导色心

1998 年，Efimov 等 [7] 首次发现，将激光能量远低于自聚焦和光损伤阈值的近红外飞秒激光脉冲聚焦到多组分硅酸盐玻璃中，可以诱导玻璃着色。他们观察到，玻璃样品在飞秒激光辐照后的吸收光谱和 γ 射线辐照产生色心后的吸收光谱的吸收带是一致的，经过热漂白后吸收光谱的变化是相似的。因此，他们推断这种着色是色心的产生所导致的。对于飞秒激光诱导色心产生的机理，他们认为，色心的形成与飞秒激光诱导的高阶非线性过程无关，而是飞秒脉冲在玻璃内部传输过程中光谱展宽的结果 (图 9.1)：先是飞秒激光脉冲在玻璃内部传输过程中因光学相位调制而导致光谱展宽，诱导产生白光超连续谱；再由白光超连续谱中的短波成分诱导线性电离或者双光子电离，使价带电子被激发到导带，同时在价带留下空穴，这些电子和空穴被玻璃的本征缺陷捕获后，分别形成电子捕获型色心 (F 心) 和空穴捕获型色心 (V 心)。Siiman 等 [8] 的研究也支持这一解释。

2000 年，Juodkazis 等 [9] 利用高于损伤阈值的近红外飞秒激光在纯石英玻璃中诱导出色心，包括 E′ 色心、POR(peroxy radicals) 色心、非桥氧空穴色心 (NBOHC)。随着热处理温度从室温上升到 773 K，这些色心会逐渐消失。Sun 等 [10] 也同样发现了紧聚焦的飞秒激光可以在石英玻璃中诱导两种色心，分别为未弛豫的氧空位 (ODC(Ⅱ)) 和 NBOHC。在 5 eV 能量激发下，ODC(Ⅱ) 的发射峰位在 2.7 eV 和 4.4 eV，而 NBOHC 的发射峰位在 1.9 eV。

2001 年，姜雄伟等 [11] 通过 ESR 谱研究了多种光学玻璃和激光玻璃的光致暗化现象，发现 800 nm, 1 kHz 飞秒激光作用后玻璃出现光致暗化的原因是玻璃中产生了色心。根据 ESR 谱计算的色心 g 因子表明，玻璃中产生的色心属于空穴型缺陷。由于所研究的玻璃对 800 nm 光是透过的，且聚焦后的光强高达 10^{14} W/cm^2，足以诱导各种非线性过程发生，因而可认为色心是通过玻璃的多光子吸收产生的。通过多光子吸收过程所吸收的能量将玻璃价带中的电子激发到导带，同时在价带中留下空穴，当激发出的电子和空穴在玻璃中移动时，很容易被玻璃中的各种缺陷所捕获，从而形成各种各样的色心。此外，通过对比研究了飞秒和皮秒脉冲激光作用下不同玻璃的暗化过程 [12]，发现在 1064 nm 任意光强的皮秒激光照射后，所有玻璃直至破坏均未出现光致暗化现象，而在 810 nm 飞秒激光照射后，K9 和镧火石玻璃均出现了暗化。但是石英玻璃在两种激光照射后均未观察到暗化现象。由此，认为光功率密度大小不能简单地作为判断色心产生的条件，还应考虑激光的波长和脉宽，波长会影响多光子过程，而脉宽则会导致热效应的变化。

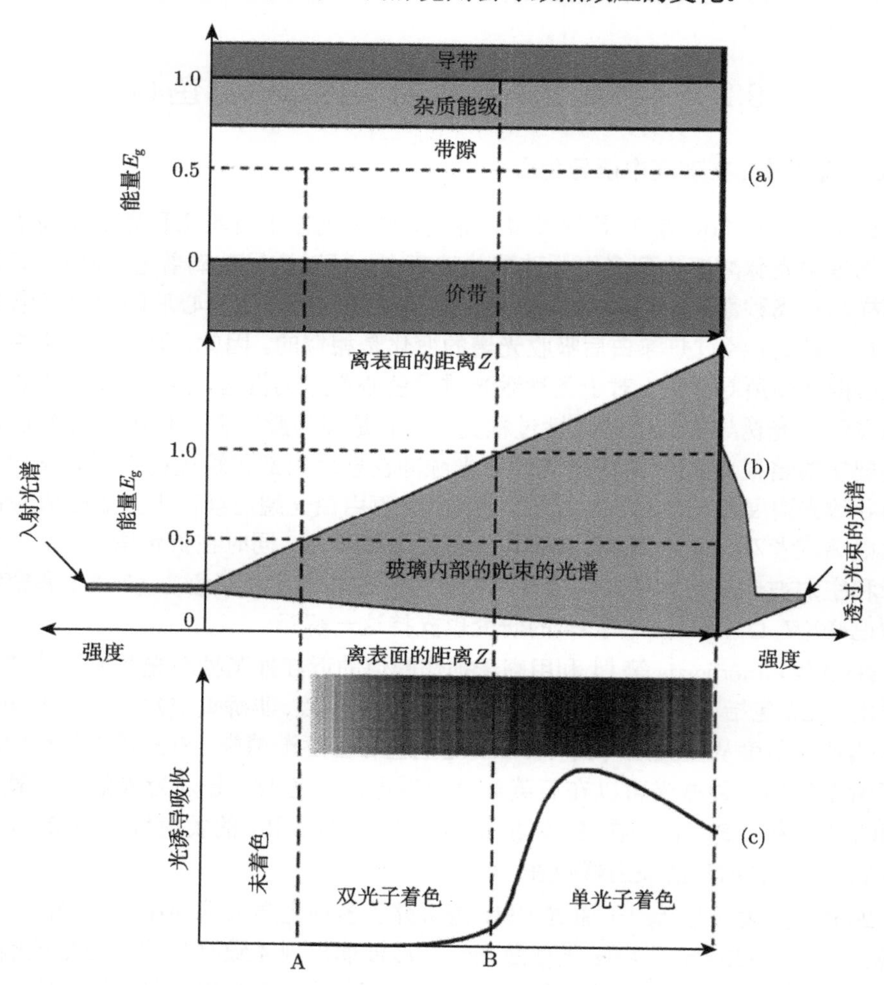

图 9.1　飞秒激光诱导玻璃中色心形成的过程示意图 [7]

2002 年，Chan 等 [13] 利用共焦荧光显微镜实时观察了飞秒激光照射一种磷酸盐玻璃时照射区域的荧光变化，发现在 488 nm 激光激发下，照射区域出现了一个峰位在 600 nm 附近的宽带荧光峰，他们分析认为，这一荧光峰来源于飞秒激光照射产生的磷氧空穴中心 (POHC)。随后，Jiang 等 [14] 利用类似参数的飞秒激光脉冲照射磷酸盐玻璃，通过对比玻璃在飞秒激光照射前后吸收光谱的变化 (如图 9.2 所示)，发现激光照射区域发生了光致暗化现象，预示着激光照射后玻璃中产生了色心。通过 ESR 分析 (见图 9.3)，Jiang 等确认了飞秒激光照射后磷酸盐玻璃内所生产的色心属于空穴捕获型缺陷。根据实验结果计算得到的磷酸盐激光玻璃的光致暗化阈值为 10^{12} W/cm^2 左右。对于磷酸盐玻璃中空穴捕获型缺陷的形成过程，我们提出了如下机理：根据玻璃结构理论，在纯磷酸盐玻璃中，氧离子以两种形式存在，P—O—P 和 P═O；当金属离子加入纯磷酸盐玻璃后，便产生了两种形式的氧离子，P—O—M$^+$ 和 P—O—M；这两种形式的氧离子，在飞秒激光的照射下，很容易吸收光子的能量而失去一个电子，形成了过渡结构；过渡结构中，当金属离子由于热效应而迁移到其他地方时，便形成了空穴捕获型色心。他们还在 Tb^{3+} 掺杂和 Tb^{3+}/Ce^{3+} 共掺的重锗酸盐玻璃中利用飞秒激光照射诱导产生了色心 [15]。他们发现，飞秒激光照射到玻璃内部，产生了电子和空穴，通过捕获束缚成电子空穴对，最终形成色心。另外，Ce^{3+} 不仅会抑制色心的形成，同时还会加速电子空穴对的复合，即色心的漂白。Dekker 等 [16] 研究发现，飞秒激光在磷酸盐玻璃 (Kigre ‘QX’) 中刻写的波导布拉格光栅 (WBG) 中，色心可承受 70℃ 的温度。

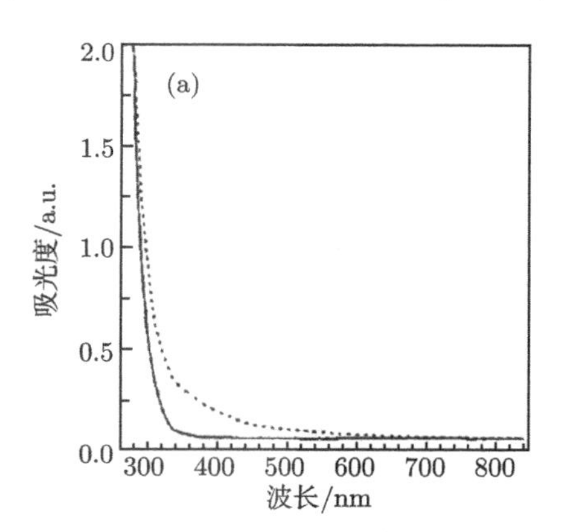

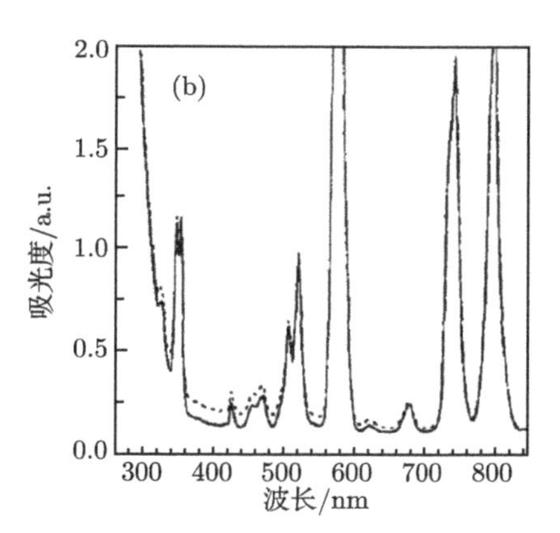

图 9.2 (a) 未掺和 (b) 掺 Nd^{3+} 的 N_{21} 型磷酸盐玻璃飞秒激光照射前后的吸收光谱 [14]

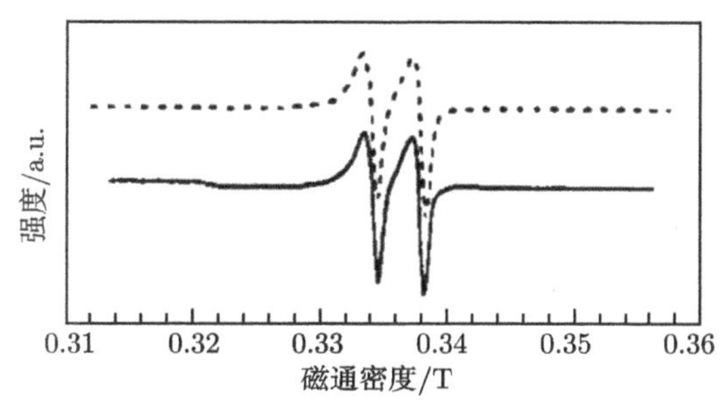

图 9.3 飞秒激光照射后 N_{21} 型磷酸盐玻璃的 ESR 谱 [14]

同一年，华盛顿州立大学的 Lonzaga 等 [17] 发现，即使在不是通常认为的光敏介质钠钙玻璃中，通过 800 nm 飞秒激光脉冲的照射色心也能产生。通过吸收光谱的分析，诱导产生的色心有两类，一类是 H_2^+ 心，另一类是 H_3^+ 心。他们把 633 nm 的氦氖激光与飞秒激光共聚焦到钠钙玻璃中，通过时间分辨测试 633 nm 激光的透射变化，分析了色心产生的过程。研究表明，着色的初始阶段会随着脉冲能量的不同呈现一个极端非线性的变化，对于 800 nm 飞秒激光，非线性阶数可达 15，而对于 400 nm 和 267 nm 的飞秒脉冲，其非线性阶数也可以达到 5 左右。基于在 400 nm 和 267 nm 激光辐照时线性过程占据主导的事实，他们认为，暗化对激光脉冲能量极强的依赖性只是部分归因于非线性吸收效应。他们把这类强非线性归因于一个需要高激发强度的缺陷产生机制，也就是说，需要多次激发才能产生一个缺陷。研究还指出，导致光致暗化发生所需的脉冲能量远低于产生超连续谱发射所需的阈值，此结果与 Efimov 等 [7] 提出的色心形成过程相悖。另外，他们还观察到，在碱硅酸盐二元玻璃系统中，着色随着碱金属离子半径的增加有显著的增强。在较长的一个时间范围，着色的部位会发生缓慢的部分伸展指数过程的漂白，这是电荷输送和电子空穴对复合导致的。2004 年，Dickinson 等 [18] 进一步研究发现，钠钙玻璃中飞秒激光诱导色心缺陷只有 30%左右可以在很长的一个时间极限内保存下来。

2004 年，周秦岭等 [19] 利用飞秒激光在纯石英玻璃里面诱导了 E′ 心以后，发现 E′ 心含量随激光功率密度、辐照脉冲数呈线性关系增长。ESR 测试结果显示，玻璃中形成了两种 SiE′ 色心，分别为 $E'_\gamma(g = 2.0006)$ 和 $E'_\delta(g = 2.0021)$。通过解谱发现，在单次扫描中，E'_δ 心含量略高于 E'_γ 心，色心的含量随激光功率密度呈线性关系增长；在多次扫描中，E'_γ 心含量超过了 E'_δ 心，增长趋势也近乎呈线性关系。他们从玻璃微观结构变化的角度分析，认为色心形成的主要原因不是玻璃中的杂质元素、点缺陷，而是由激光辐照焦点处的能量沉积引起的微观结构畸变和激子自陷，属于玻璃网络的本征结构改变。根据实验结果，他们认为，近红外飞秒激光在石英玻璃中诱导产生色心的过程可以这样描述：玻璃中的价带电子吸收激光能量，通过多光子电离和雪崩电离，产生大量的自由电子；自由电子线性吸收激光能量使其动能迅速增加；自由电子通过声子将能量传递给晶格，引起焦点附近玻璃结构由高温到急剧冷却的热历史过程，从而引起玻璃网络结构的改变以及折射率增加等效应。在大量电子激发下，束缚极化子的势能的强烈变化促进了结构驰豫，并伴随激子自陷。此外，他们采用多脉冲辐照玻璃，发现累积效应对于色心形成有一定影响。2005 年，他们研究发现，在飞秒激光作用下，K9 玻璃出现了明显的着色现象和折射率改变 [20]。实验结果显示，激光强度越高，扫描速度越慢，扫描行间距越小，颜色变化越明显，亦即点缺陷含量越高。通过电子自旋共振谱分析，发现在样品中形成的点缺陷均为 NBOHC、HC_2 空穴心等不同类型的空穴心。他们认为，飞秒诱导 K9 玻璃中产生色心的过程与诱导石英玻璃产生色心的过程是一致的。Vega 等 [21] 在研究飞秒激光在一种含铅硅酸盐玻璃中刻写的波导结构时通过荧光显微分析发现，在脉冲能量小于 14 μJ 时，波导结构的中心形成了较低浓度的色心，这些色心有助于提高波导区域的折射率；当脉冲能量大于 14 μJ 时，照射区域中心形成了高浓度的色心，会对光造成强烈吸收，因而不能导光。

从以上研究可知，利用合适条件的飞秒激光可以在各种不同带隙的玻璃中诱导出不同种类的色心。根据使用条件和玻璃带隙的不同，色心形成的动力学过程可能并不一致，这可以从不同课题组的研究结果中体现出来。由于缺乏系统的研究工作，色心的形成机理研究还没有形成完备的理论模型，需要更多系统的、深入的实验来进一步论证。

9.2.2 飞秒激光在晶体中诱导色心

2003 年，Kurobori 等 [22] 首次发现，在室温下利用单脉冲飞秒激光照射 LiF 晶体后，形成了两种具有激光活性的色心 F_2 和 F_3^+，它们在 450 nm 波长激发下的发射峰位分别位于 650 nm 和 530 nm，如图 9.4(a) 所示。图 9.4(b) 展示了飞秒激光在 LiF 晶体中写入的波导的荧光图像，波导显示很强的绿光，证明飞秒激光照射产生的色心中 F_3^+ 比例大于 F_2，与 X 射线产生的二者比例相反。计算表明，飞秒激光照射产生的 F_3^+ 浓度可以高达 $10^{18}/\text{cm}^3$。他们认为，飞秒激光 (800 nm，光子能量为 1.55 eV) 照射 LiF 晶体 (带隙能量为 14 eV) 产生色心的机理与飞秒激光诱导的非线性过程 (如多光子吸收、雪崩电离和隧道电离等) 有关，这些过程使电子被非线性激发到导带，在后续运动过程中被缺陷捕获从而形成色心。随后，我们 [23] 也利用波长为 800 nm 的飞秒激光在 LiF 晶体中成功地诱导了两种色心：一种是 F 心，另一种是 F_3^+ 心。我们发现，和未经飞秒激光照射的区域相比，色心处的折射率发生

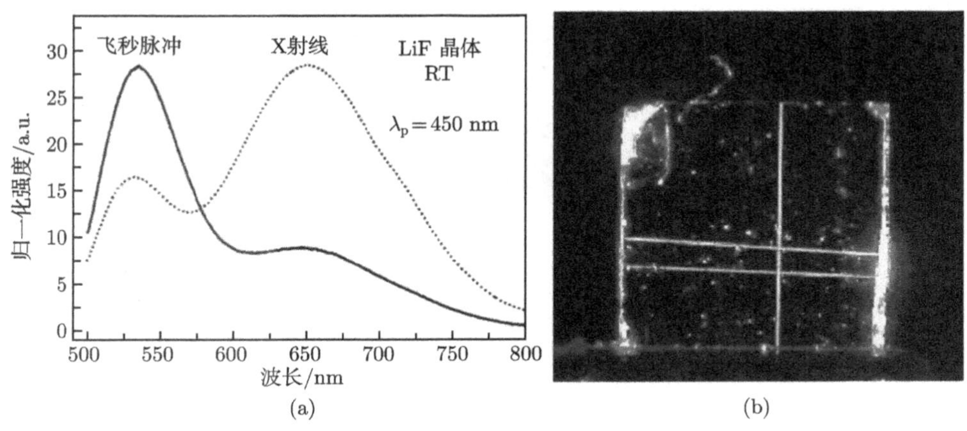

图 9.4 LiF 诱导结构的发射光谱及发光图像 [22](后附彩图)

(a) 飞秒激光和 X 射线在 LiF 晶体中诱导的色心发射谱；(b) 飞秒激光在 LiF 晶体中刻写的波导在 450nm 波长激发下的荧光图像

了变化。对飞秒激光照射过的 LiF 晶体进行热处理 (温度低于 LiF 晶体的熔点) 以后，虽然色心消失了，但是折射率变化却依然存在。这说明折射率的变化与色心无明显关系，而主要是由其他的因素造成的，比如材料转移。研究指出，这两种色心是由飞秒激光和 LiF 晶体相互作用时的多光子吸收过程诱导产生的。

后来，Courrol 等 [24] 又进一步在 LiF 晶体中观察到飞秒激光诱导的除 F 心和 F_3^+ 心之外的两种色心：F_2 心和 F_2^+ 心，并研究了 F 心和其他几种色心之间的转变过程，如图 9.5 所示。从图中可以看出，绿光发射在激光焦点之前，而白光连续谱在焦点之后，证实了产生绿光 (色心) 的阈值低于白光连续谱。绿色发光在飞秒激光照射结束后仍然在晶体中保存下来。他们从初步结果推算出 LiF 晶体中色心的形成阈值约为 2 TW/cm^2，由此计算出电离后电子的最大动能约为 0.3 eV，从而确认可以通过电离辐射造成色心的 X 射线并没有参与色心的形成过程。因此他们提出，多光子电离通过激光场中电子的颤抖移动使 F 离子和它们的替代者电荷中和是色心形成的主要机制。色心形成的具体过程如下：LiF 晶体中 F 离子是带一个负电荷离子，由于飞秒激光脉冲的多光子电离，它变成中性原子；一旦失去电荷，F 离子便无法被晶体场固定位置，容易被加速电子的振动“驱离”原来的位置，从而在这个位置上留下一个空位；辐照结束后，留下的空位可以捕获一个电子，从而形成 F 色心；其他类型的色心则是由 F 色心的聚集形成的。在后续研究中 [25,26]，他们还对比了飞秒激光在 LiF 晶体、纯氟化锂钇 (YLF) 晶体、掺氧 YLF(YLF:O) 晶

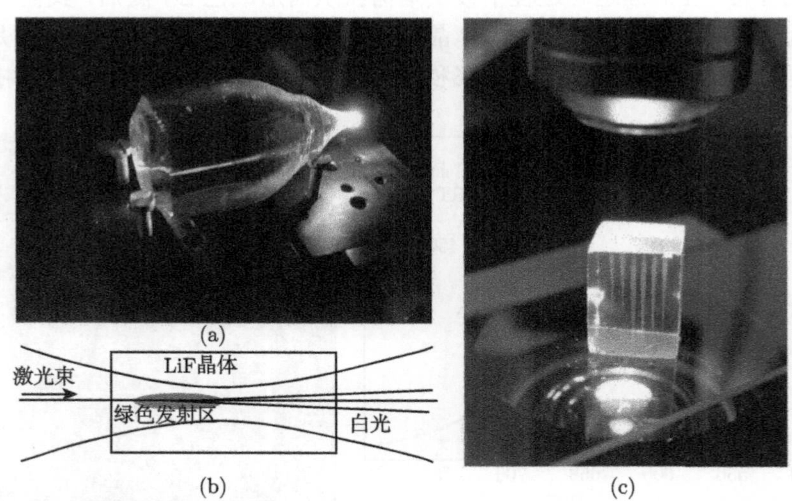

图 9.5　飞秒激光诱导时的 LiF 晶体及诱导结构在白光照射下的发光 [24] (后附彩图)

(a) 飞秒激光辐照时沿着光路方向的绿光发射和白光产生 (激光从左边入射)；(b) 图 (a) 中光路的示意图：色心在束腰 (焦点) 和白光前产生，束腰后由于束腰位置发生晶体破坏对激光束造成散射而没有色心形成；(c) 在白光激发下 F_3^+ 心的发光 (激光从样品上表面入射)

体和掺铥 YLF(YLF:Tm) 晶体中诱导的色心，图 9.6 为不同样品放置几天后的吸收光谱 [26]。分析发现，在 LiF 晶体诱导出的 F_2^+ 心很不稳定，在放置过程中被逐渐还原成了 F 和 F_2 心 (250 nm 和 450 nm 吸收峰增强)。在 YLF:O 中产生的色心种类多于纯 YLF 晶体，在 YLF:Tm 晶体中杂质的出现降低了色心形成的阈值，且色心和 Tm 离子之间存在能量传递过程。

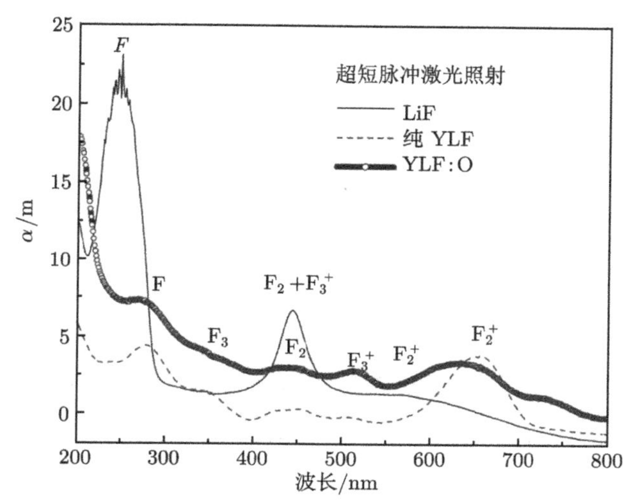

图 9.6 飞秒激光在不同晶体中诱导的色心的吸收光谱 [26]

最近，尹传磊等 [27] 分别利用 1 kHz 和 200 kHz 两种重复频率的近红外飞秒激光，经过低数值孔径的物镜聚焦，空间选择性地辐照 KCl 晶体，在 KCl 晶体内部诱导出了一系列色心缺陷。通过飞秒激光辐照前后 KCl 晶体的吸收光谱分析 (如图 9.7 所示)，发现飞秒激光照射后 KCl 晶体内部产生了 5 种色心。对应于吸收光谱中 277 nm, 634 nm, 786 nm, 873 nm 和 1050 nm 吸收带的色心类型分别为

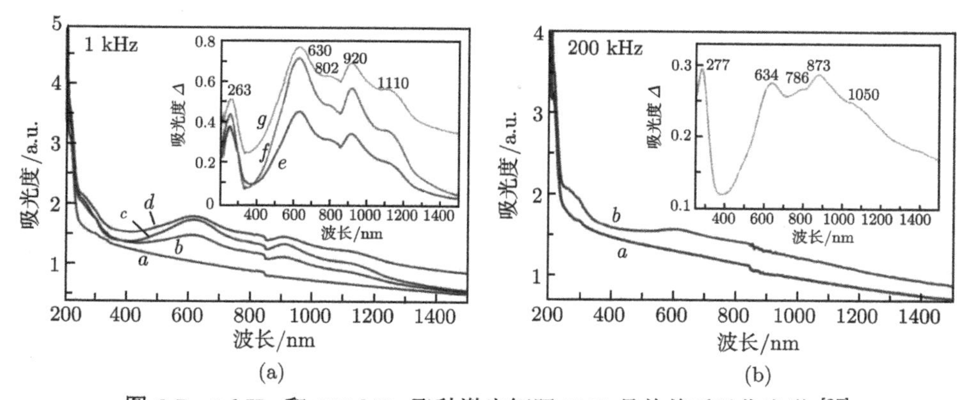

图 9.7 1 kHz 和 200 kHz 飞秒激光辐照 KCl 晶体前后吸收光谱 [27]

V_2心、R_2心、N_1心、N_2心、M^+心。另外，色心的浓度会随着飞秒激光功率的升高而增长。对吸收光谱的分析还表明，两种重复频率的飞秒激光所诱导的色心吸收带相应的峰值略有偏移，他们认为这是由高重复频率的飞秒激光的热累积效应引起的。通过理论分析提出，KCl 晶体内部的点缺陷和高功率密度飞秒激光与 KCl 晶体相互作用所诱导的多光子吸收是色心形成的主要原因。

9.3 飞秒激光诱导色心的应用

飞秒激光诱导的色心在很多方面具有应用潜力，例如，玻璃中高浓度色心的存在可以改变玻璃的折射率，在飞秒激光直写波导过程中起到辅助作用 [28,29]；F 心聚集的 LiF 晶体是色心激光器的工作物质；利用色心的分布可以对材料进行图案化操控 (如制备光栅)[16,30]，金刚石里的氮空穴 (NV) 色心在量子光学方面具有重要应用 [31] 等。其中，日本的 Hosono 课题组对飞秒激光在晶体中诱导的色心在制造色心激光器上的应用进行了探索 [30,32,33]。

他们利用两束飞秒激光干涉照射 LiF 晶体之后形成了周期为 510 nm 的含有大量 F_3^+ 色心的光栅区域，为了产生近红外的分布式反馈 (DFB) 激光，光栅区域后续需要经过 X 射线照射使 F_3^+ 色心还原成 F_2 色心以增加红光的发射 [30]。图 9.8(a) 是用 450 nm 激光泵浦时 DFB 输出光谱和放大的自发辐射光谱的对比图，可以看出，DFB 实现了谱宽约为 1 nm 的 706.8 nm 波长的激光输出。图 9.8(b) 为 DFB 激光工作时的实物照片。最后他们指出，这种技术不仅可以用来产生具有激光活性的色心，还可以用在各种宽带隙材料中刻写不可擦除的周期性折射率结构以制备微型光器件。

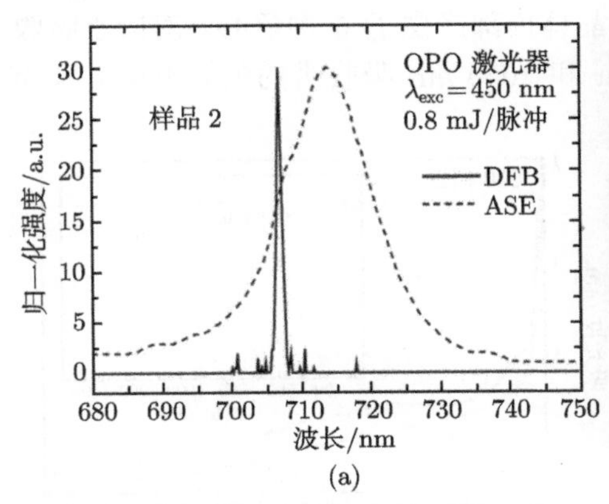

(a)

(b)

图 9.8　飞秒激光在 LiF 晶体中制备的分布式反馈色心激光腔的输出光谱及实物图 [30]

9.4 小结和展望

综上所述，飞秒激光诱导色心这一方向的研究还处于起始阶段，大部分的研究主要集中于现象发现和色心的形成机理探讨上。就目前来说，这一方向的研究重点是彻底弄懂色心形成机理及其动力学过程，实现对色心的数量和类型的精确控制。这对于利用色心来制造各种重要的光学元件和器件，如色心激光器件、色心信息存储器件等具有决定性的意义。

可以预见，利用飞秒激光在透明材料中制备色心器件这一新技术将在未来的光电子学领域拥有广阔的应用前景。

参考文献

[1] Griscom D L. Self-trapped holes in amorphous silicon dioxide[J]. Physical Review B, 1989, 40(6): 4224.

[2] Hosono H, Kawazoe H, Nishii J. Defect formation in SiO_2:GeO_2 glasses studied by irradiation with excimer laser light[J]. Physical Review B, 1996, 53(18): R11921.

[3] 干福熹. 玻璃的光学和光谱性质 [M]. 上海: 上海科学技术出版社, 1992, 65-90.

[4] Baldacchini G, De Nicola E, Montereali R M, et al. Optical bands of F_2 and F_3^+ centers in LiF[J]. Journal of Physics and Chemistry of Solids, 2000, 61(1): 21-26.

[5] Qiu J, Nakaya T, Hirao K. 欠陥があるゆえに発光する [J]. O Plus E, 2001, 23: 513.

[6] Schaffer C B, Brodeur A, Mazur E. Laser-induced breakdown and damage in bulk transparent materials induced by tightly focused femtosecond laser pulses[J]. Measurement Science and Technology, 2001, 12(11): 1784.

[7] Efimov O M, Gabel K, Garnov S V, et al. Color-center generation in silicate glasses exposed to infrared femtosecond pulses[J]. JOSA B, 1998, 15(1): 193-199.

[8] Siiman L A, Glebov L B. Color center generation in sodium-calcium silicate glass by nanosecond and femtosecond laser pulses[C]//Boulder Damage Symposium XXXVII: Annual Symposium on Optical Materials for High Power Lasers. International Society for Optics and Photonics, 2005: 599112-599112-5.

[9] Juodkazis S, Watanabe M, Sun H B, et al. Optically induced defects in vitreous silica[J]. Applied Surface Science, 2000, 154: 696-700.

[10] Sun H B, Juodkazis S, Watanabe M, et al. Generation and recombination of defects in vitreous silica induced by irradiation with a near-infrared femtosecond laser[J]. The Journal of Physical Chemistry B, 2000, 104(15): 3450-3455.

[11] 姜雄伟, 邱建荣, 朱从善, 等. 飞秒激光作用下光学玻璃和激光玻璃的光致暗化及其 ESR 研究 [J]. 物理学报, 2001, 50(5): 871-874.

[12] 姜雄伟, 朱从善, 干福熹, 等. 光学玻璃在皮秒与飞秒脉冲激光作用下的暗化现象 [J]. 中国激光, 2001, 28(7): 603-606.

[13] Chan J W, Huser T, Hayden J S, et al. Fluorescence spectroscopy of color centers generated in phosphate glasses after exposure to femtosecond laser pulses[J]. Journal of the American Ceramic Society, 2002, 85(5): 1037-1040.

[14] Jiang X, Qiu J, Zhu C, et al. Femtosecond laser induced color-center in phosphate glasses[J]. Journal of Inorganic Materials, 2003, 1: 4.

[15] Chen G, Yang Y, Qiu J, et al. Formation of infrared femtosecond laser induced colour centres in Tb^{3+}-doped and Tb^{3+}/Ce^{3+}-codoped heavy germanate glasses[J]. Chinese Physics Letters, 2003, 20:1997-2000.

[16] Dekker P, Ams M, Marshall G D, et al. Annealing dynamics of waveguide Bragg gratings: evidence of femtosecond laser induced colour centres[J]. Optics Express, 2010, 18(4): 3274-3283.

[17] Lonzaga J B, Avanesyan S M, Langford S C, et al. Color center formation in soda-lime glass with femtosecond laser pulses[J]. Journal of Applied Physics, 2003, 94(7): 4332-4340.

[18] Dickinson J T, Orlando S, Avanesyan S M, et al. Color center formation in soda lime glass and NaCl single crystals with femtosecond laser pulses[J]. Applied Physics A, 2004, 79(4-6): 859-864.

[19] 周秦岭, 刘丽英, 徐雷, 等. 近红外飞秒激光在纯石英玻璃中诱导产生色心 [J]. 红外与毫米波学报, 2004, 23(5): 360-366.

[20] 周秦岭, 刘丽英, 徐雷, 等. 飞秒激光辐照 K9 玻璃引起的暗化和折射率变化 [J]. 中国激光, 2005, 32(1): 119-122.

[21] Vega F, Armengol J, Diez-Blanco V, et al. Mechanisms of refractive index modification during femtosecond laser writing of waveguides in alkaline lead-oxide silicate glass[J]. Applied Physics Letters, 2005, 87(2): 021109.

[22] Kurobori T, Kawamura K, Hirano M, et al. Simultaneous fabrication of laser-active colour centres and permanent microgratings in lithium fluoride by a single femtosecond pulse[J]. Journal of Physics: Condensed Matter, 2003, 15(25): L399.

[23] Zhao Q, Qiu J, Yang L, et al. Fabrication of microstructures in LiF crystals by a femtosecond laser[J]. Chinese Physics Letters, 2003, 20(10): 1858.

[24] Courrol L, Samad R, Gomez L, et al. Color center production by femtosecond pulse laser irradiation in LiF crystals[J]. Optics Express, 2004, 12(2): 288-293.

[25] Courrol L C, Samad R E, Gomes L, et al. Color center production by femtosecond-pulse laser irradiation in fluoride crystals[J]. Laser Physics, 2006, 16(2): 331-335.

[26] Courrol L C, Ranieri I M, Baldochi S L, et al. Study of color centers produced in thulium doped YLF crystals irradiated by electron beam and femtosecond laser pulses[J]. Optics Communications, 2007, 270(2): 340-346.

[27] 尹传磊, 赵全忠. 飞秒激光在 KCl 晶体中诱导色心 [J]. 中国激光, 2012, 39(9): 32-35.

[28] Miura K, Qiu J, Inouye H, et al. Photowritten optical waveguides in various glasses with ultrashort pulse laser[J]. Applied Physics Letters, 1997, 71(23): 3329-3331.

[29] Streltsov A M, Borrelli N F. Study of femtosecond-laser-written waveguides in glasses[J]. JOSA B, 2002, 19(10): 2496-2504.

[30] Kurobori T, Kitao T, Hirose Y, et al. Laser-active colour centres with functional periodic structures in LiF fabricated by two interfering femtosecond laser pulses[J]. Radiation Measurements, 2004, 38(4): 759-762.

[31] Waldermann F C, Olivero P, Nunn J, et al. Creating diamond color centers for quantum optical applications[J]. Diamond and Related Materials, 2007, 16(11): 1887-1895.

[32] Kawamura K, Hirano M, Kurobori T, et al. Femtosecond-laser-encoded distributed-feedback color center laser in lithium fluoride single crystals[J]. Applied physics letters, 2004, 84(3): 311-313.

[33] Kawamura K, Takamizu D, Kurobori T, et al. Nano-fabrication of optical devices in transparent dielectrics: Volume gratings in SiO_2 and DFB Color center laser in LiF[J]. Nuclear Instruments and Methods in Physics Research Section B: Beam Interactions with Materials and Atoms, 2004, 218: 332-336.

第10章 飞秒激光诱导离子价态变化

10.1 引 言

在透明介质内部实现三维的微结构调控技术，在光学领域具有极大的应用价值。到目前为止，已经有大量的研究工作围绕三维微加工技术展开。例如，通过模版导向电化学沉积技术在半导体内制备三维微结构[1]；利用双光子聚合效应加工出微光学元器件[2]；全息光刻技术制备三维光子晶体[3] 等。近几年来，由于简单快捷、加工精度高等优点，飞秒激光三维微加工技术广泛应用于光学微元器件的加工制备。飞秒激光经聚焦后的能量密度可高达 $10^{14} \sim 10^{15}$ W/cm^2，即电场强度可达 10^{10} V/cm，超过了氢原子的库仑场强。因此，飞秒激光能够在短于晶格热扩散的时间内 (10^{-12} s 数量级) 将能量注入材料中具有高度空间选择的区域，这一高度集中的能量甚至可以在瞬间剥离原子的核外电子，可以用它来进行纳秒和皮秒激光难以实现的材料微观修饰 [4,5]。同时，聚焦飞秒激光的焦点附近具有超高电场强度，即使材料本身在激光波长处不存在本征吸收，也会因激光诱导的多光子吸收、多光子电离等非线性反应，而实现空间高度选择性的微结构改性，并赋予材料独特的光功能[6-8]。

稀土、过渡金属和重金属等光活性离子在温度、压力、放射线、激光等外场作用下，价态会发生变化[9]。研究在三维空间内操纵离子价态的转变具有重要意义，其已被证明有希望应用于超高密度的三维光存储。通过对掺杂活性离子的玻璃照射飞秒激光，可以实现空间选择性的活性离子的价态操控。

10.2 飞秒激光诱导离子价态操控

10.2.1 飞秒激光诱导过渡金属离子价态变化

如图 10.1 所示，Mn^{2+} 和 Fe^{3+} 共掺的无色透明碱金属硅酸盐玻璃经飞秒激光照射后，其吸收光谱的 530 nm 处出现了由 Mn^{3+} 的 d—d 跃迁所引起的吸收带，激光聚焦照射过的位置由无色变成了紫色 [10]。激光诱导的这种离子价态变化经一定温度退火，及室温放置一个月后，其在 530 nm 处吸收没有任何减退，说明飞秒激光诱导产生的 Mn^{3+} 非常稳定。

对于 Mn^{2+} 和 Fe^{3+} 共掺的硅酸盐玻璃，在 800 nm 附近是没有吸收峰的。因此，Mn 离子价态的转变是由非线性效应引起的，通过多光子吸收过程及雪崩电离过程吸收激光能量并且产生大量的自由电子。在玻璃基质中，Fe^{3+} 作为电子捕获中心捕获自由电子，与此同时，Mn^{2+} 捕获空穴变为 Mn^{3+}。飞秒激光在玻璃内诱导的离子价态变化区域的长度 (1.5 mm) 远大于激光聚焦斑点的长度 (200 μm)，因此还存在其他能够引起离子价态变化的原因。飞秒激光聚焦后其功率密度可达 10^{14} W/cm^2，折射率中非线性部分将显著地影响整个折射率的大小。当激光能量变强时，折射率变大，同时发生自聚焦现象。另一方面，非线性吸收产生的等离子体又会使激光发生自散焦现象。在自聚焦与自散焦平衡状态下，飞秒激光会产生丝状聚焦状态，由于自相位调制，会产生超连续白光。白光中存在的短波长的成分会引起过渡金属离子 Mn^{2+} 氧化为 Mn^{3+}。因此，总的来说，飞秒激光诱导产生的高温高压等离子体以及超连续白光，是过渡金属离子价态发生变化的主要原因。

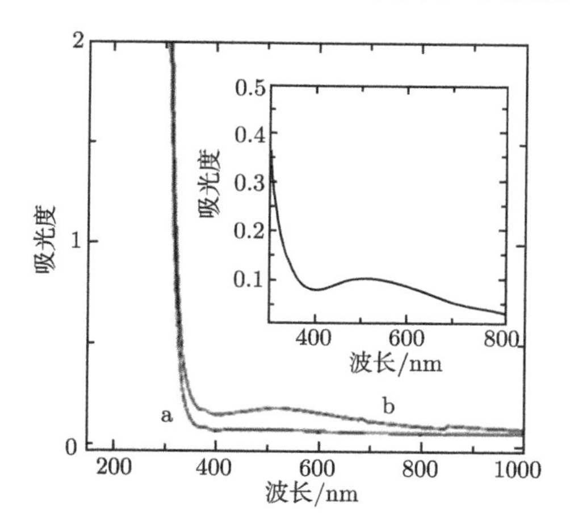

图 10.1 Mn^{2+} 和 Fe^{3+} 共掺硅酸盐玻璃的吸收光谱

a 表示飞秒激光辐照前；b 表示飞秒激光辐照后；插图表示两者吸收光谱的差别

10.2.2 飞秒激光诱导重金属离子价态变化

除了锰 (Mn) 元素，还探索了其他类似的过渡金属元素在飞秒激光诱导下离子价态变化的现象，比如铋 (Bi) 元素。Bi 元素属于过渡金属元素，由于其在近红外光通信波段有超宽的发光，在光通信领域具有极大的应用价值。然而关于 Bi 元素是以何种价态产生近红外发光的问题，目前还存在争议。2009 年，Peng 等利用飞秒激光诱导 Bi 元素价态发生变化，为“Bi 元素近红外发光价态归属于低价 Bi^{+}”这一观点，提供了强有力的证据 [11]。

Bi 元素掺杂的玻璃为淡黄色，是由 Bi^{3+} 引起的。经过飞秒激光辐照后，其辐照区域颜色变为粉红色，在 500 nm 处出现了很明显的吸收峰 (图 10.2)。

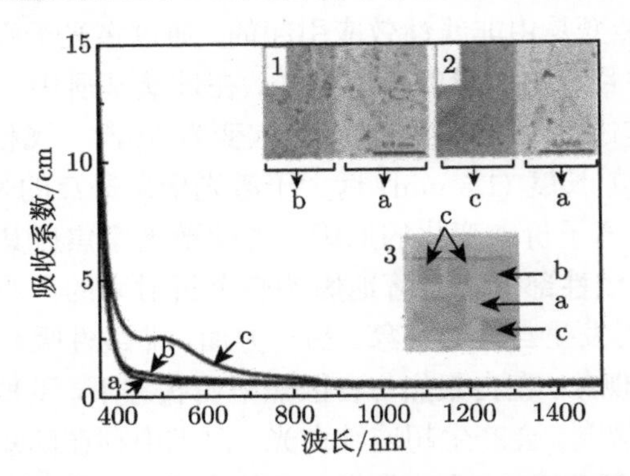

图 10.2　Bi 元素掺杂玻璃吸收光谱 (后附彩图)

a 表示飞秒激光未辐照区域；b 表示辐照激光能量为 1 μJ；c 表示辐照激光能量为 2.5 μJ；插图为未辐照区域和辐照区域的显微照片

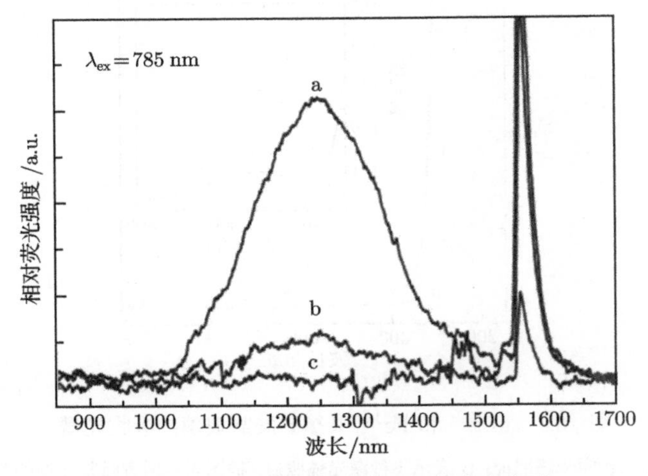

图 10.3　Bi 元素掺杂玻璃近红外发光光谱

a 表示飞秒激光未辐照；b 表示辐照激光能量为 1 μJ；c 表示辐照激光能量为 2.5 μJ

未经飞秒激光辐照的玻璃其在近红外没有发光，而经过飞秒激光辐照后，在 1000~1500 nm 出现了一个宽带的近红外发光 (图 10.3)。并且随着辐照激光能量的增强，发光强度也随着提高。对于 Bi 元素在近红外波段的发光，目前普遍认为是由 Bi^+ 或 Bi 团簇引起的。至于到底属于哪一种形式，存在较大争议。当脉宽为 33 fs, 1 μJ 的飞秒激光聚焦到玻璃内部时，功率密度可达到 10^{13} W/cm^2，此时玻璃对激光的能量吸收以非线性为主，通过多光子吸收以及雪崩电离，在焦点处产生大量的自由电子。这些自由电子与 Bi^{3+} 相结合，使其还原为 Bi^+ 或 Bi 原子。在飞秒激光诱导 Ag 纳米颗粒析出试验中，需要通过后期热处理，使 Ag 原子迁移形成团簇，才会产生颜色与吸收光谱的变化。而飞秒激光在与 Bi 掺杂玻璃作用时，无需热处理就会出现颜色改变及吸收发光光谱的变化。另外我们通过计算得知，Bi 元素在单脉冲飞秒激光照射下，其迁移的距离小于 1 nm，在这种情况下是不可能形成 Bi 团簇的。因此，飞秒激光诱导 Bi 元素价态变化是通过光致还原过程 Bi^{3+} 到 Bi^{+} 实现的，Bi 掺杂玻璃的近红外发光是由 Bi^{+} 产生的。

10.2.3 飞秒激光诱导稀土离子价态变化

图 10.4 是掺杂 Eu^{3+} 的 AlF_3 系玻璃经飞秒激光照射写入图案后用 254 nm 紫外线照射时的发光。图 10.5 是飞秒激光照射前后掺杂 Eu^{3+} 的 AlF_3 系玻璃的激发和发光光谱。由图可见，飞秒激光未照射的样品只观察到基于 Eu^{3+} 的 f—f 跃迁的吸收和发光峰。而飞秒激光照射后则观察到基于 Eu^{2+} 的 f—d 跃迁的吸收和发光峰。ESR 谱也表明，飞秒激光照射后部分 Eu^{3+} 被还原成了 Eu^{2+}，并同时形成了捕获电子空穴的缺陷。由于激光照射后形成的微结构在可见光区域不存在吸收，所以肉眼看不到任何变化，但用紫外光照射时，在激光照过的地方产生不同于基体玻璃的发光，因此可用于光存储和防伪。

掺 Sm^{3+} 的碱金属铝硼酸盐玻璃经飞秒激光照射后，发光光谱测试表明 (图 10.6)，激光聚焦的部位观察到了由 Sm^{2+}f—f 跃迁所产生的发光，表明有一部分 Sm^{3+} 已经被还原成 Sm^{2+}[12]。

利用飞秒激光对玻璃中活性离子进行空间有选择性价态操控，可实现三维光存储，与一般用飞秒激光诱导折射率变化进行存储的技术相比 [13]，可以利用活性离子在不同价态的发光谱不同的性质，信噪比更高，并且可用普通的半导体激光器作为存储数据读出的激发源。

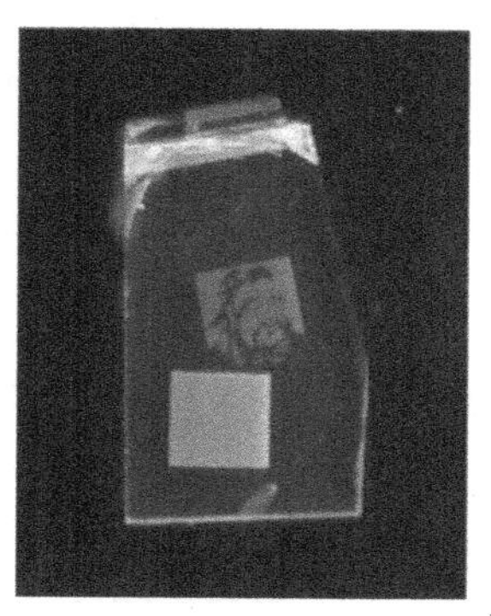

图 10.4 Eu^{3+}—Eu^{2+} 离子价态变化而在紫外光下形成的蓝色发光图案 *

* 图 10.4 与第 3 章的图 3.3 重复，但从本章内容的整体性和系统性考虑，仍然保留此图。此图的彩图见后附彩图的图 3.3。

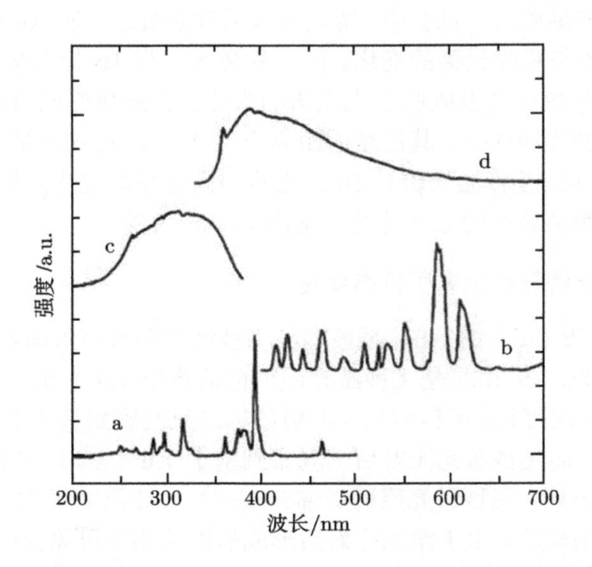

图 10.5　Eu^{3+} 掺杂氟化物玻璃在飞秒激光照射前后的激发和发射光谱

a 表示飞秒激光照射前的激发光谱；b 表示飞秒激光照射前的发射光谱；c 表示飞秒激光照射后的激发光谱；d 表示飞秒激光照射后的发射光谱

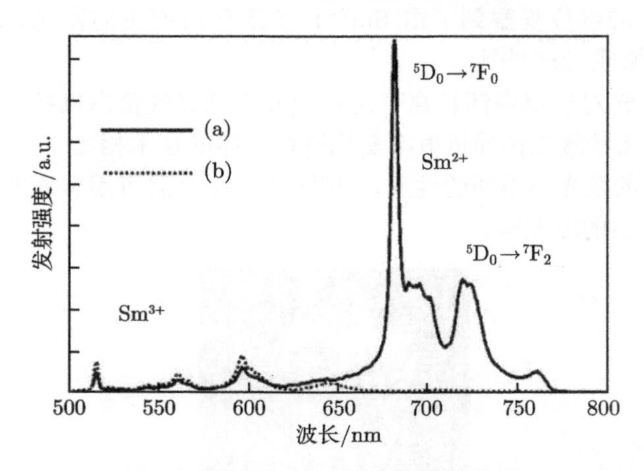

图 10.6　Sm^{3+} 掺杂氟化物玻璃在飞秒激光 (a) 照射后和 (b) 照射前的发光光谱

激发波长：488 nm

如图 10.7 所示，Miura 等演示了通过飞秒激光对 Sm 离子的价态操纵，利用激光照射前后不同价态的 Sm 离子的发光进行信息存储和读取的三维超高密度光存储 [14]，存储密度可达到 10 TB/cm^3。在实验中，他们还观察到，被飞秒激光还原的 Sm^{2+}，经连续的 488 nm 氩离子激光照射后，可以被重新氧化 [14]。这一发现为发展可擦重写式光存储提供了新的思路。飞秒激光照射位置的光谱烧孔实验发现，对应于 Sm^{2+} 的 $^7F_0 \rightarrow ^5D_0$ 跃迁的激发光谱中，在光谱烧孔波长处形成了光谱孔 [15]。

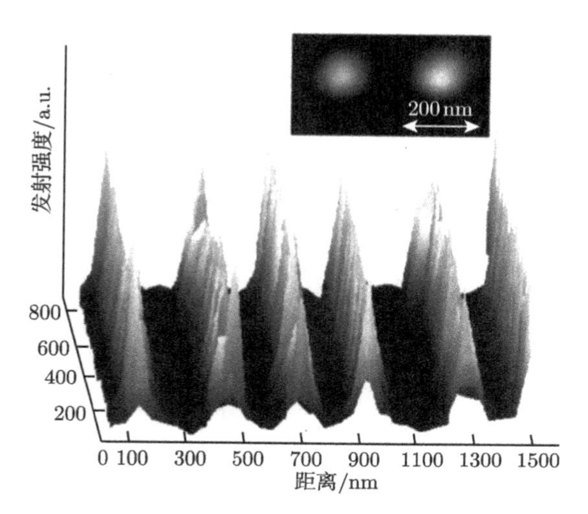

图 10.7 以 Sm^{2+} 的荧光为信号，在玻璃中读出通过飞秒激光诱导的 Sm^{3+}—Sm^{2+} 还原记录的信息

插入图表明记录存储比特单元尺寸约 200 nm

值得注意的是，在 Na_2O-B_2O_3-Al_2O_3 系统玻璃以及 AlF_3 系统玻璃中也观察到了飞秒激光照射后 Sm^{3+} 离子的还原和基于这种价态变化的不同发光。但是在 Na_2O-CaO-SiO_2 系统玻璃以及 ZBLAN 系统玻璃却没有发现 Sm 离子的还原，说明飞秒激光诱导 Sm 离子的光致还原现象与掺杂的玻璃基体有很大关系。具体机制尚不清楚，需进一步摸索。另外，探索能够低阈值存储特别是利用现有飞秒激光的种子光 (纳焦级) 就能实现空间选择性离子价态操纵的玻璃系统，将是今后一项有意义的研究课题。

10.2.4 飞秒激光诱导贵金属离子价态变化

飞秒激光由于其加工透明介质时仅在激光辐照的焦点区域发生作用，与传统的加工技术相比，可以空间选择性地控制贵金属的离子价态，如果再辅以精密的热处理技术就可以析出金属纳米颗粒并控制其尺寸和分布，这项技术已被应用于制作超快响应开关 [16]。这项激光诱导技术主要的机理在于飞秒激光能够在玻璃内部通过多光子电离导致自由电子的产生，然后自由电子与金属离子复合形成金属原子，实现对贵金属离子的价态控制，在后期热处理过程中还原的原子会聚集生长形成纳米颗粒。Qiu 等 [17] 首次报道了这种通过飞秒激光诱导玻璃内部有空间选择性的 Au 离子还原，再通过热处理，控制玻璃内部金属纳米颗粒析出的新方法。

飞秒激光聚焦照射无色透明的 Au 离子掺杂的玻璃后，玻璃中由于形成了色心而呈现灰色。在 300℃ 附近进行热处理，色心消失，玻璃变为无色透明。进一步在更高的温度进行热处理，激光照射过部分的玻璃变成红色。透射电子显微镜观测和吸收光谱表明，在飞秒激光照射过的区域析出了 Au 纳米颗粒。飞秒激光照射时，Au 离子获得电子变成 Au 原子，Au 原子在一定温度时发生迁移并聚集形成纳米粒子。改变激光照射条件，然后在相同温度下进行热处理，发现激光能量密度越高，基于 Au 纳米粒子等离子体吸收的波长向长波长移动，玻璃颜色由黄色变为红色，再变为紫色 (图 10.8)。

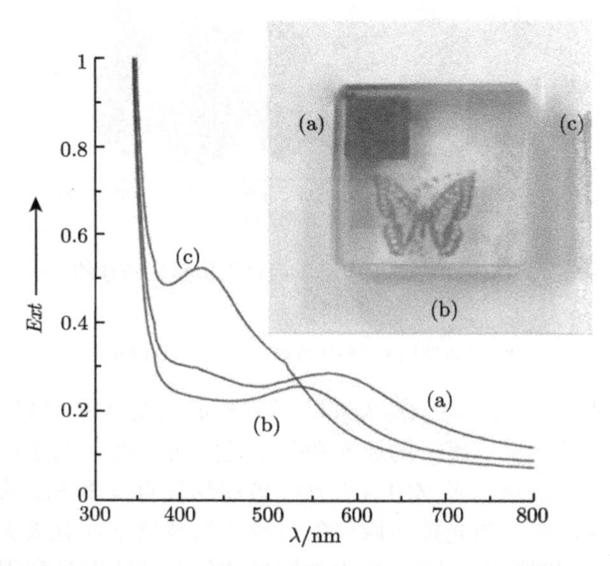

图 10.8　不同功率激光照射后，再经 550℃ 热处理 1h 后的 Au 掺杂玻璃的吸收光谱和玻璃所呈现的颜色 (后附彩图)

这种颜色的变化是由于纳米粒子的尺寸的变化，说明析出纳米粒子的尺寸可以通过激光照射条件来控制。进一步用飞秒激光照射已经析出了 Au 纳米颗粒的玻璃，然后在 300℃ 下进行热处理，发现玻璃变为无色透明 (图 10.9)。

褪色的原因可能是纳米粒子吸收激光能量后，处于高温状态，一部分 Au 原子脱离纳米粒子，纳米粒子尺寸变小或再度成为分散的原子。利用同样的方法，我们还实现了 Ag 和 Cu 纳米粒子的空间选择性析出。

Lin 等还利用飞秒激光照射和热处理结合，在价态控制的基础上成功地析出了 Pb 和 Ga 等金属纳米颗粒，以及 Si 和 Ge 等半导体纳米颗粒 [18-22]。

利用飞秒激光对离子价态进行控制，最被广泛研究的是 Ag 离子。Watanabe [23]

报道了掺 Ag 的磷酸盐玻璃在飞秒激光辐照后，在紫外灯照射下发出明亮的橘黄色荧光，如图 10.10 所示。通过对吸收光谱和激发发射光谱的分析，确认在飞秒激光的辐照下产生了 Ag^0 和 Ag^{2+}，实现了对 Ag 离子的价态及对应的荧光操控。

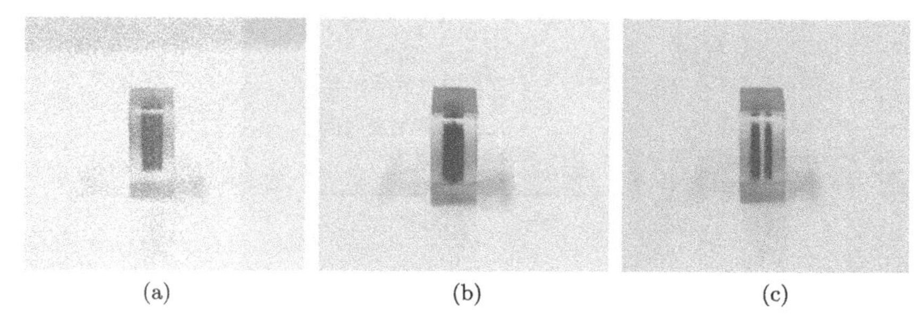

(a) (b) (c)

图 10.9 飞秒激光二次照射实现 Au 纳米粒子的空间选择性擦除

(a) 析出了纳米颗粒的玻璃；(b) 飞秒激光二次照射；(c) 300°C 热处理

图 10.10 玻璃在飞秒激光辐照后及其在紫外灯照射下的照片 (后附彩图)

类似地，通过对 Ag 离子的价态进行调控可以实现空间选择性的三维乃至四维光存储。Bellec 等对飞秒激光诱导 Ag 掺杂玻璃进行了一系列研究，建立了高重频飞秒激光脉冲作用下 Ag 的还原和团簇生长分布的模型 [24]。在此基础上，他们演示了利用飞秒激光诱导 Ag 离子价态变化的超高存储密度的三维光存储 [25]。

如图 10.11 所示，当高重频飞秒激光聚焦到掺 Ag 的玻璃内部，在激光束中心达到离子价态变化能量阈值的区域，由于多光子吸收等非线性过程，产生大量自由电子，Ag 离子捕获电子并被还原成为 Ag 原子，大量的 Ag 原子在中间生成，又由于飞秒激光多个脉冲的持续作用下，辐照区域温度升高，在温度梯度作用下，中心的 Ag 原子向外扩散并与 Ag 离子相结合形成 Ag 的团簇。另一方面，中心区域达到光分解阈值的团簇会在激光作用下又回到 Ag 离子和原子的状态，因此，在高重频飞秒激光辐照后，Ag 团簇基本只处于激发与分解阈值之间的区域，其分布构成环形的纳米级结构。

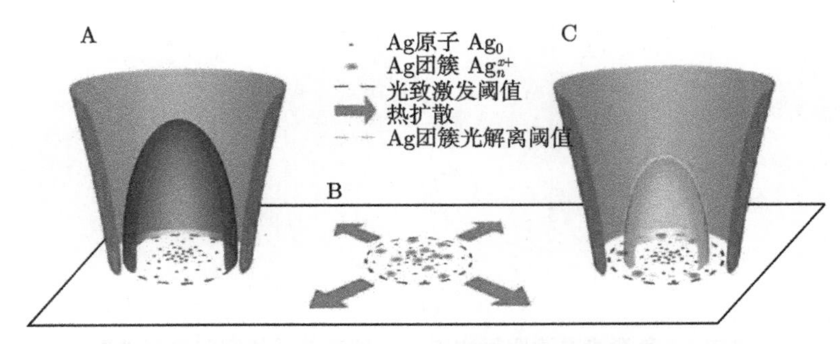

图 10.11　飞秒激光诱导 Ag 团簇生成的模型 (后附彩图)

研究发现，Ag 团簇的发光与飞秒激光辐照的通量或脉冲数的对数呈线性关系 [25]，因此利用精确控制飞秒激光辐照的脉冲数或光通量，结合空间选择性的价态操控，可以在玻璃内部实现四维光存储，并且形成的 Ag 团簇等发光中心在 350℃ 以下非常稳定，且经历多次重复读取荧光保持不变，为其作为稳定的存储介质提供了有效保障。图 10.12 演示了利用该技术无损地写入和读出的信息。

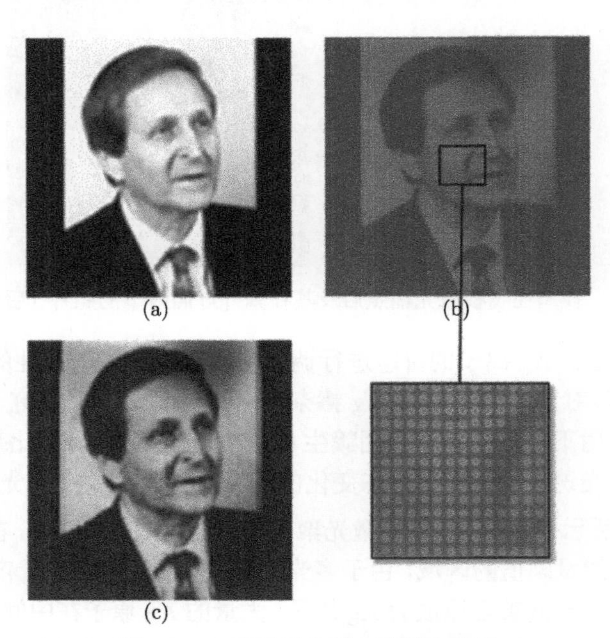

图 10.12　飞秒激光写入和读出信息

(a) 原始图案信息；(b) 写入信息；(c) 读出信息

10.3 小结和展望

本章回顾了飞秒激光实现对掺杂于玻璃中的过渡金属离子、重金属离子、稀土离子、贵金属离子的空间选择性价态调控，飞秒激光诱导的多光子吸收等非线性过程是离子价态控制的基础，并对利用离子价态变化后的发光进行三维光存储介绍。尽管利用飞秒激光已经实现了对多种离子价态进行操控，还在此基础上实现了可控金属纳米颗粒的析出，但是，对于一种离子，更改玻璃基质后可能就观察不到相应的价态变化，对于一个玻璃基质，更改另外的掺杂离子也可能观察不到价态操控，这就限制了其广泛性应用，因此，更加深入的研究和理论还需建立。对于其应用主要体现在光存储上，从机理上，价态控制是基于电子迁移达到信息记录，相比利用微孔洞进行存储等其他方法，存储速度、存储密度、信噪比等方面存在较大的优势，但仍有很多问题亟需进一步解决：

(1) 价态操控需要超低的脉冲阈值以实现超快写入速度乃至单脉冲存储，并且超快存储中易出现信噪比低、信号丢失等问题；

(2) 利用聚焦飞秒激光写入信息、利用共聚焦荧光技术读取信息，由于受二者工作距离的约束，三维写入和读取深度极其有限；

(3) 利用共聚焦荧光技术读取信息，读取速度与分辨率和信噪比之间存在矛盾。

参考文献

[1] Braun P V, Wiltzius P. Microporous materials: Electrochemically grown photonic crystals[J]. Nature, 1999, 402: 603-604.

[2] Cumpston B H, Annanthavel S P, Barlow S, et al. Two-photon polymerization initiators for three-dimensional optical data storage and microfabrication[J]. Nature, 2000, 398: 51-54.

[3] Campbell M, Sharp D N, Harrison M T, et al. Fabrication of photonic crystals for the visible spectrum by holographic lithography[J]. Nature, 2000, 404: 53-56.

[4] Huang C P, Kapteyn H C, McIntosh J W, et al. Generation of transform limited 32-fs pulses from a self-mode-locked Ti: sapphire laser[J]. Opt. Lett., 1992, 17: 139-141.

[5] Huang C P, Askai M T, Backus S, et al. 17-fs pulses from a self-mode-locked Ti: sapphire laser[J]. Opt. Lett., 1992, 17: 1289-1291.

[6] Proctor B, Wise F. Generation of 13-fs pulses from a mode-locked Ti:Al_2O_3 laser with reduced third-order dispersion[J]. Appl. Phys. Lett., 1993, 62: 470-472.

[7] Asaki M T, Huang C P, Garvey D, et al. Generation of 11-fs pulses from a self-mode-locked Ti: sapphire laser[J]. Opt. Lett., 1993, 18: 977-979.

[8] Stingl A, Lenzner M, Spielmann C, et al. Sub-10-fs mirror-dispersion-controlled Ti: sapphire laser[J]. Opt. Lett., 1995, 20: 602-604.

[9] Adachi G. Rare-earth Science[M]. Tokyo: Kagakudojin, 1999: 3.

[10] Qiu J, Zhu C, Nakaya T, et al. Space-selective valence state manipulation of transition metal ions inside glasses by a femtosecond laser[J]. Appl. Phys. Lett., 2001, 79: 3567-3569.

[11] Peng M, Zhao Q, Qiu J, et al. Generation of emission centers for broadband NIR luminescence in bismuthate glass by femtosecond laser irradiation[J]. Journal of the American Ceramic Society, 2009, 92: 542-544.

[12] Qiu J, Miura K, Suzuki T, et al. Permanent photoreduction of Sm^{3+} to Sm^{2+} inside a sodium aluminoborate glasses by an infrared femtosecond pulsed laser[J]. Appl. Phys. Lett., 1999, 74: 10-12.

[13] Glezer E N, Milosavljevic M, Huang L, et al. Three-dimensional optical storage inside transparent materials[J]. Opt. Lett., 1996, 21: 2023-2025.

[14] Miura K, Qiu J, Fujiwara S, et al. Three-dimensional optical memory with rewriteable and ultrahigh density using the valence-state change of samarium ions[J]. Appl. Phys. Lett., 2002, 80: 2263-2266.

[15] Qiu J, Miura K, Nouchi K, et al. Valence manipulation by lasers of samarium ion in micrometer-scale dimensions inside transparent glass[J].Solid State Commun., 2000, 113: 341-344.

[16] Qu S L, Gao Y C, Jiang X W, et al. Nonlinear absorption and optical limiting in gold-precipitated glasses induced by a femtosecond laser[J]. Optical Communcation, 2003, 224: 321-327.

[17] Qiu J R, Jiang X W, Zhu C S, et al. Manipulation of gold nanoparticles inside transparent materials[J]. Angewandte Chemie Internatieral Edilion, 2004, 43: 2230-2234.

[18] Lin G, Luo F, He F, et al. Space-selective precipitation of Ge crystalline patterns in glasses by femtosecond laser irradiation[J]. Opt. Lett., 2011, 36: 262-264.

[19] Lin G, Luo F, Pan H, et al. Universal preparation of novel metal and semiconductor nanoparticles-glass composites and their nonlinear optical properties[J]. J. Phys. Chem. C, 2011, 115: 24598-24604.

[20] Lin G, Luo F, Pan H, et al. Nonlinear optical properties of lead nanocrystals embedding glass induced by thermal treatment and femtosecond laser irradiation[J]. Chem. Phys. Lett., 2011, 516: 186-191.

[21] Lin G, Luo F, Pan H, et al. Formation of Si nanocrystals in glass by femtosecond laser irradiation[J]. Mater. Lett., 2011, 65: 3544-3547.

[22] Lin G, Pan H, Luo F, et al. Glass-ceramics with embedded gallium/aluminum nanoalloys formed by heat treatment and femtosecond laser irradiation[J]. J. Am. Ceram. Soc., 2012, 95: 776-781.

[23] Watanabe Y, Namikawa G, Onuki T, et al. Photosensitivity in Phosphate Glass Doped with Ag^+ Upon Exposure to Near-Ultraviolet Femtosecond Laser Pulses[J]. Applied Physics Letters, 2001, 78(15):2125-2127.

[24] Bellec M, Royon A, Bousquet B, et al. Beat the diffraction limit in 3D direct laser writing in photosensitive glass[J]. Optics Express, 2009, 17(12): 10304-18.

[25] Royon A, Bourhis K, Bellec M, et al. Silver clusters embedded in glass as a perennial high capacity optical recording medium[J]. Advanced Materials, 2010, 22(46): 5282-6.

第 11 章 飞秒激光在透明介质中制备波导器件

11.1 引　言

光波导是集成光学器件的基础。目前，光波导可以通过基质表面沉积、表面构造以及内部构造得到 [1]，能够在基底内部制作光波导的方法主要有紫外曝光 [2-4]、离子扩散 [5]、离子/中子注入 [4]、离子/中子交换 [6] 等。尽管这些方法已经很成功，但是应用范围往往局限于二维平面波导。相对于这些方法，飞秒激光直写光波导具有独特的优势。由于介质对超短脉冲激光吸收的非线性过程以及激光聚焦的能量高度局域性，通过移动介质和光束的相对位置就可以实现其他方式无法完成的三维沟道波导 (channel waveguide)。飞秒激光诱导折射率结构的空间分辨率可以突破聚焦光束的衍射极限，对介质的损伤阈值低，而且几乎可以在任何透明介质中实现波导直写，处于介质内部的波导对于环境变化的容忍度高 [7]。另外，飞秒激光加工波导不需要苛刻的真空和超净环境以及复杂的光刻工序 [8]。这对于制作高集成度、高复杂度和低成本光子器件具有重要应用价值。

自从 1996 年 [9] 飞秒激光第一次被证实能够在透明介质内部诱导折射率改变并制备光波导以来，国内外进行了广泛的研究，已有上千篇文献进行了相关报道。目前，利用飞秒激光已在包括玻璃、晶体、陶瓷和聚合物等多种材料内部制备了光波导。复杂的光波导器件，如分束器 [10-14]、耦合器 [15-17]、滤波器 [18]、波导光栅 [19,20]、连接器 [21,22]、环形共振腔 [23] 等也能利用该技术实现。除了无源光波导器件外，近年来，利用飞秒激光制备有源光波导器件的报道大量涌现，主要是光波导放大器、频率转换器和光波导激光器等。

高折射率衬比度 (Δn)、低传输损耗 (propagation loss，PL) 和截面对称是飞秒激光直写波导实用化的必要条件，目前飞秒激光直写波导的折射率衬比度为 $10^{-4} \sim 10^{-2}$，传输损耗最低可以达到约 0.1dB/cm，并出现了多种改善波导对称性的有效方法。在波导制备中，影响光波导质量的主要参数来自光学参数以及材料自身性能参数。光学参数有脉冲能量、扫描速度、波长、聚焦情况、重复频率、脉冲宽度、偏振、移动方向等。材料性能参数有带隙、晶态、热学性质和力学性质等。本章主要讨论其中对波导性能影响比较敏感的几个光学参数：激光能量、波长、重复频率、脉冲宽度、偏振。虽然材料性能对最终波导性能有决定性的影响，但是，这部分内容的深度和广度远远超出了一章所能覆盖的范围，所以本章只是简单地比较飞秒激光在晶体、玻璃、陶瓷和聚合物这四种透明材料中所获得的波导的性能。

虽然使用激光烧蚀配合离子注入等方法也可以获得表面构造波导 [24-26]，但是此时飞秒激光和物质的作用机理比激光直接诱导折射率改变要简单得多，所以本章对此不作讨论。

11.2 飞秒激光诱导透明材料折射率改变机理

尽管飞秒激光对透明材料的折射率修饰已被大量研究，但是仍然没有完整的理论模型可以描述激光诱导材料折射率改变机理。现有的模型倾向于将折射率改变分为载流子激发和引起的折射率最终改变的后续弛豫过程。加工参数和材料性质对激光和物质相互作用的物理机制有重要的影响，导致多样化理论模型的出现。

11.2.1 载流子激发

用于制作光波导的介质对于飞秒激光通常是透明的，而目前商用飞秒激光聚焦后的峰值功率密度很容易达到介质非线性效应阈值 ($\sim 10^{13}$ W/cm^2)[27]，从而，透明介质对激光能量的吸收是强非线性的，诱导的折射率改变在焦点处高度局域化，这为高精度三维光子器件制备提供了便利。

多光子电离 (multiphoton ionization，MPI)、隧穿电离 (tunneling ionization) 和雪崩电离 (avalanche ionization) 被认为是宽带隙介质的超短脉冲激发通道 [8,28-30]。

多光子电离是价带电子同时吸收多个低能量光子跃迁到导带的过程，所需吸收的光子 (光子能量为 $h\nu$) 数目 N 和介质带隙 Eg 关系必须满足 $Nh\nu > Eg$，多光子电离率可表示为 σI^N，其中，I 是功率密度，σ 是多光子吸收截面 [28]。另外，多光子吸收截面也是和激光参数有关的，如偏振 [31,32]。介质在圆偏振和线偏振光作用下的多光子电离截面分别用 $\sigma_{\rm c}$ 和 $\sigma_{\rm l}$ 表示，则 $\sigma_{\rm c}$ 和 $\sigma_{\rm l}$ 相对大小同多光子级数 N 的依赖关系可以概括为 N=1, 2 时，$\sigma_{\rm c}/\sigma_{\rm l} \sim 1$；$N$=3, 4 时 $\sigma_{\rm c}/\sigma_{\rm l} > 1$；$N \geqslant 5$ 时 $\sigma_{\rm c}/\sigma_{\rm l} < 1$[31]。

激光辐射场很强时，约束价带电子的原子库仑场受到严重扰动，瞬时电场将原子势垒宽度压缩，从而，价带电子在电场方向改变前，可能通过隧穿效应摆脱势垒束缚而电离，这个过程被称为隧穿电离。

非线性光电离过程同时包括多光子电离和隧穿电离，两者是相互竞争的过程，图 11.1 表示两者的相对贡献随辐射照度的变化。判断多光子电离和隧穿电离相对强弱的参数是 Keldysh 参数 γ[33-35]:

$$\gamma=\sqrt{\frac{E_{\rm g}}{2U_{\rm p}}} \tag{11.1}$$

其中，$U_{\mathrm{p}}=\dfrac{\mathrm{e}^2}{8\pi^2c^3\varepsilon_o m^*n}I\lambda^2$ 为有质动力势能，表示电离的电子在光电场作用下振荡的周期平均动能。当 $\gamma>1$ 时，多光子电离占主导；当 $\gamma<1$ 时，隧穿电离占主导。例如，激光作用于熔融石英 (Eg~7 eV) 和硼硅酸盐玻璃 (Eg~4 eV)，使用钛宝石振荡器 (25~30 fs，2.6 nJ，80 MHz，800 nm 倍频光) 时，多光子电离为主；使用钛宝石放大激光器 (40 fs，30 μJ，20 kHz，800 nm 倍频光) 时，隧穿电离为主 [35]。带隙为 3.3~10.2 eV 的玻璃在 110 fs 激光作用下发生损伤时，对于 800 nm 激光，隧穿电离占主导，而 400 nm 激光激发下，多光子电离占主导 [34]。一般情况下，直写波导时，激光辐射照度较低，多光子电离作用大于隧穿电离 [8]。

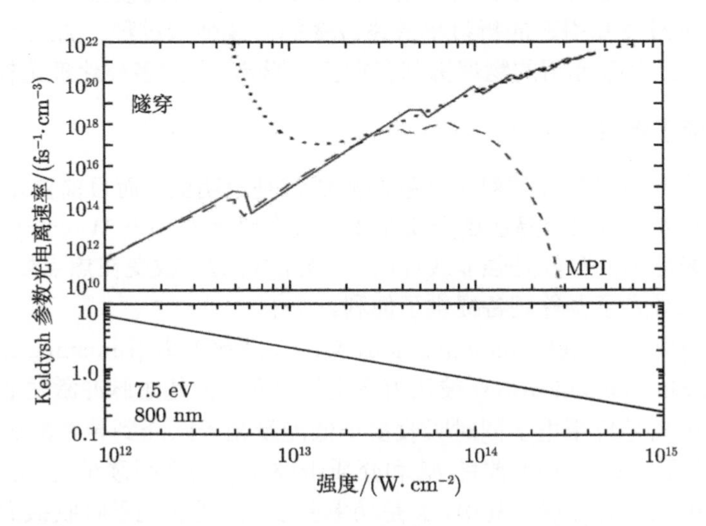

图 11.1　熔融石英玻璃 (7.5 eV 带隙宽度) 中的光电离率 (实线) 和 Keldysh 参数随 800 nm 光辐照强度变化 [34]

导带电子通过连续吸收多个低能光子而加速，当其动能高于禁带宽度时，可能通过碰撞过程使另一个价带电子电离，而自身弛豫到导带底，这个过程重复进行，导致导带电子数目呈指数增加，这就是雪崩电离。雪崩电离需要初始电子作为种子电子，由于杂质热激发的电子浓度很少 [36]，所以非线性电离是种子电子的主要来源。雪崩电离是激光作用下载流子的累积过程，从而，短脉冲激光 (对于石英玻璃，短于 10 fs；对于硼硅酸盐玻璃，短于 100 fs) 和介质作用时雪崩电离的作用可以忽略 [33]；宽带隙材料中，非线性电离更加困难，雪崩电离相对增强 [34]。

光激发导致导带载流子数目持续增加，直到载流子密度达到临界值(~10^{21}/cm) 时，等离子体频率达到激光频率形成共振，此后大部分激光能量将被吸收，激光损伤形成 [28]。

11.2.2 折射率改变

激光诱导的介质修饰对激光的能量和脉冲宽度具有很大依赖，图 11.2 显示的是不同脉冲宽度和脉冲能量决定的三种不同材料修饰。在较低脉冲能量和较短脉冲宽度作用下，激光作用区域折射率平滑改变；在较高脉冲能量和较长脉冲宽度作用下介质发生破坏性损伤；而在脉冲能量和脉冲宽度介于上述水平之间时，可能出现纳米微结构。

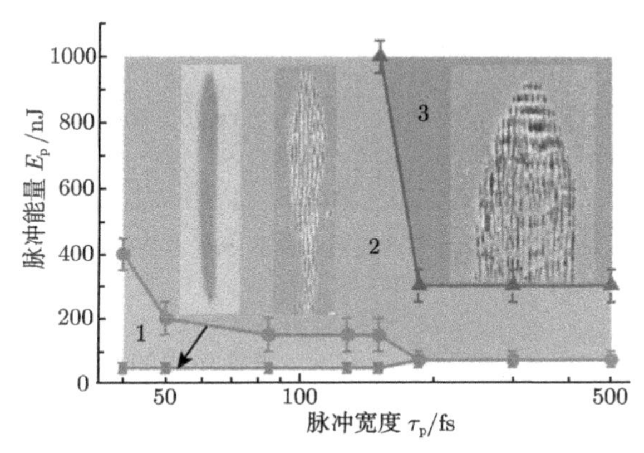

图 11.2 使用 NA=0.65 的显微物镜，不同能量和脉冲宽度决定的三种材料修饰类别图[37]

1. I 型折射率改变

根据所使用的激光强度的不同，将折射率增加分为两种类型 [38-41]。当激光脉冲能量高于介质的电离阈值但低于或接近自聚焦阈值时，能量可以均匀地沉积到透明介质内部，激发的载流子等离子体密度适中 [37]。激光作用区域未出现损伤且折射率增大，可以直接作为光波导，这种情况被广泛称为 I 型折射率改变。

I 型修饰中激光作用区域折射率增大有多种原因，与不同材料及加工参数下折射率改变机理的差异有关。总结为以下几点。

(1) 致密化

使用原子力显微镜 (atomic force microscope，AFM) 观察飞秒激光在玻璃中诱导的波导端面，发现波导相对玻璃表面发生凹陷收缩，如图 11.3 所示，从而证明，波导区域发生致密化 (densification)[42,43]。直写后的拉曼谱频移显示化学结构变化 (例如，石英玻璃中部分 5，6 元环变为 3，4 元环 [44] 以及 Si—O 键长增加和 Si—O—Si 平均键角减小 [45]；$As_{40}S_{60}$ 玻璃中部分 As—S 键断裂，而 As—As，S—S 键增多 [46]；磷酸盐玻璃中 P—O 键长减小 [47])。可能是致密化形成的原因。通过低能量飞秒脉冲辐照的石英玻璃的拉曼谱 (D2 峰) 频移，可以估计密度增加约为 8%，比使用机械方法获得的致密化低得多 [48]。致密化导致的体积变化会使周围产生应力双折射，但从硼硅酸盐和石英玻璃的双折射光斑推测的折射率改变比实际小一个量级，从而推断，折射率增加不应该只是由致密化导致 [35]。

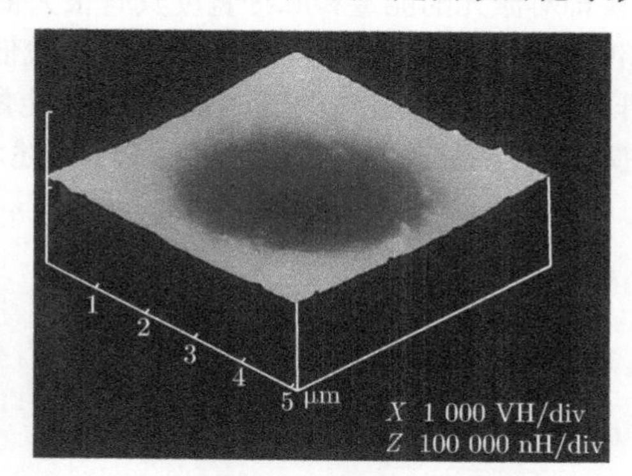

图 11.3　石英玻璃波导端面的原子力显微图 [43]

(2) 黏流化

玻璃在不同的退火温度和冷却速度下，最终形成的结构等价于温度为 T_f 的平衡态玻璃，T_f 就是玻璃的黏流化温度 (fictive temperature)。快速冷却使分子结构在达到平衡前被冻结，冷却速度越快，黏流化温度越高 [49]。对普通氧化物，如 GeO_2、硅酸盐玻璃等，黏流化温度越高，折射率和密度越小 [50,51]，但石英玻璃却表现出反常行为 [44,49,50]。

激光激发的高温等离子体在脉冲结束后被快速淬火 (rapid quench)[52]，形成结构的黏流化温度升高，从而导致折射率增大 (反常黏流化温度行为) 或减小 (正常黏流化温度行为)。但是，这种基于热效应的黏流化温度模型却遭到质疑，因为使用具有热累积效应的高重复频率激光和使用单脉冲效应的低重复频率激光获得的温度相差很大 (可达 1000 K)，但所得的波导折射率改变的差别却并不明显 [30,35]。由于飞秒激光的强场作用已经不只是影响材料的分子结构排列，像原子激发、化学键断裂、载流子弛豫等这些普通热处理中不显著的过程，在飞秒激光作用下都很容易发生。从而，我们认为，以黏流化温度作为量度的分子结构弛豫过程，在飞秒激光材料改性中的贡献是有限的。

(3) 色心形成

超短脉冲激光作用下，光子、载流子和声子发生相互耦合，自捕获激子 (self-trapped exciton)[53] 造成等离子体发生辐射跃迁 (室温下寿命为的秒量级)、无辐射跃迁 (与晶格声子耦合) 或转化为点缺陷等弛豫过程 [54]。拉曼谱和电子自旋共振谱 (elctron spin resonance，ESR) 分析表明，和紫外激光一样，在飞秒激光作用的介质内出现了色心缺陷，如石英玻璃中的过氧根、SiE′ 色心、非桥氧空穴中心 (nonbridging oxygen hole center) 等 [43]，氟化物晶体中的 F_2 与 F_3^+ 色心

等 [55,56]，钠钙硅玻璃中的 H_3^+ 色心 [57] 等。位于激光作用区浓度足够高的色心缺陷可通过 K-K 机制导致折射率改变 [35]。但是，退火实验表明，退火温度增加时，色心减少速度比折射率改变减少速度大得多 [35,58,59]，说明色心并不是唯一产生折射率变化的原因。由于色心的热稳定性差，会导致波导器件性能退化，所以，为了获得长寿命、稳定的波导器件，应该先对波导器件进行热退火或光漂白处理 [60]。

(4) 光折变

Burghoff 等 [61-63] 发现，光折变材料 $LiNbO_3$ 中诱导的波导只有 n_e 显著增加，而且在 150 ℃退火温度下就消失，从而，折射率增加被认为是光折变引起的。非线性电离产生的自由载流子，由于体光伏效应沿晶体光轴移动，空间电荷分布通过电光效应使折射率发生改变，光折变效应可以使折射率增加也可以减小。由于电光系数的不同，Δn_e 比 Δn_o 大几倍。但是飞秒激光要产生光折变效应的时间是分钟量级，这和实际不符。而且，在光折变效应小一个量级的 MgO: $LiNbO_3$ 晶体内得到相似的波导，得到的波导在均匀光照下折射率并没有减小，从而证明，光折变的贡献可以忽略。

(5) 离子重分布

在中高重复频率 (>100 kHz) 飞秒激光作用下，焦点附近玻璃组成元素发生重分布的现象已经被多次报道 [64-67]。图 11.4 是冕牌玻璃 (SiO_2 质量分数 67.3%) 在飞秒激光 (200 kHz, 120 fs) 辐照 1 s 后的六种离子的相对浓度分布，焦点中心网络形成元素 (Si, O) 相对浓度增加，网络修饰元素 (K, Na, Ca, Zn) 相对浓度减小，这可能是由于后者的化学键强度比前者小得多，所以在激光作用下更容易发生断裂并使元素向周围扩散。热累积效应导致的温度梯度被认为是元素重分布的主要原因 [68,69]。元素重分布导致的化学组分变化会改变介质的光学性质，且元

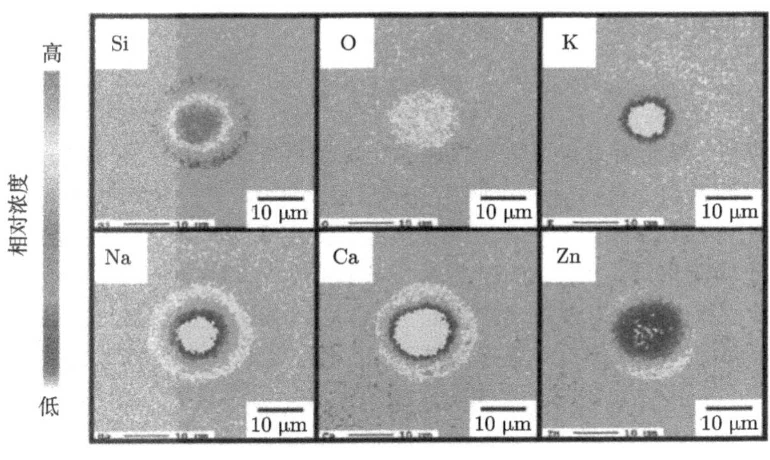

图 11.4 冕牌玻璃在激光作用后的六种离子相对浓度分布 [67]

素分布和折射率分布具有很强相关性 [69]。但是，在大多数飞秒激光制备波导器件过程中，要求扫描速度比较快，而且所用的激光也不尽是具有热累积效应的，所以元素重分布导致的折射率变化在多数情况下应该很有限。因为元素重分布要求高重复频率激光在单点的平均辐照时间较长 (~1 s)，而从前面的实验回顾中可以看出，高重复频率时移动速度很快，单点作用时间很短 (如半径为 2 μm 的焦斑，移动速度为 100 μm/s 时，单点平均作用时间只有 20ms)。

目前对于激光作用区折射率升高的理解并不深入，以上各种机制都被认为对折射率改变有贡献，在不同条件下其相对大小会有所不同，由于折射率改变的机理对提高波导性能具有指导意义，所以这方面还有待进一步深入研究。

虽然 I 型折射率增大被最早用于波导制备，但这种方法不是普适的。因为并不是在任何材料中激光作用区域都会产生折射率增加，对于具有完善结构的晶体，激光引起的晶格损伤和缺陷通常会导致密度减小 [70]。事实上，在晶体中制作 I 型波导比在玻璃中更加困难，因为所需的激光能量密度更高，而在高能量下，晶体中的非线性传播和非线性吸收会导致能量发散而无法有效沉积到焦点，降低激光能量只会使波导折射率的改变变弱 [71]，采用长激光脉冲 (~1 ps) 圆偏振光可以减小自聚焦和激光成丝的影响 [72,73]。另外，在陶瓷中制作 I 型波导也存在困难 [74]。目前只在少数晶体中获得了 I 型波导，如 $LiNbO_3$ [13,39,71,75], ZnSe 多晶 [76] 和硼酸盐晶体 (Nd^{3+}:$YCa_4O(BO_3)_3$)[77]，且这些 I 型晶体波导只能传输 TM 偏振模式 (偏振垂直于晶体表面)。由于波导区和激光直接作用区重合，晶格损伤会降低波导的非线性和电光性质 [62]，形成的波导热稳定性差 [71]。甚至在一些玻璃内，如磷酸盐玻璃 [47,78]、硅酸盐玻璃 (IOG-10)[79]、钠钙硅玻璃 [52] 等，在激光直接作用区域，密度和折射率也会减小，只在周围的区域才产生折射率增加。虽然有些报道称，在特定的参数下也能产生折射率增加，但是至少可以说明，要在这些材料中产生正折射率变化的加工参数窗口很窄 [80,81]。

2. II 型折射率改变

高功率时，激光能量快速沉积产生高密度等离子体，库仑排斥和高温高压将物质和能量以冲击波 (shock wave) 形式从焦点向外输送，导致稀疏化 (rarefaction) 或微爆炸 (micro-explosion)[82-84]，最终使焦点处折射率减小或形成空洞。而焦点周围的介质由于受到挤压，密度会增大，从而导致折射率增大 [70,85]。对于各向异性晶体，压力场将造成双折射现象。将激光直接作用区域作为包层或应力场区域作为芯层也可以形成波导，这种折射率修饰被称为 II 型。这和 I 型波导区域非线性系数减小的情况不同，II 型波导的激光损伤区域和波导区域不重合，从而波导的增益、荧光、电光和非线性性质基本不会退化。例如，在 $LiTaO_3$ 晶体中激光损伤区上方和下方产生波导，而且波导区的二次谐波信号增加 [86]。使用长脉冲 (~1 ps) 可以减小脉冲光在介质中的非线性传输，减小能量发散，利于使焦点处产生空洞损伤 [63]，图 11.5 是在相同脉冲能量不同脉冲宽度下 $LiNbO_3$ 晶体中形成的两种类型波导折射率和模场分布。(a)(b) 和 (c)(d) 分别对应脉冲宽度为 220 fs 和 1.1 ps 的实验结果，前者属于 I 型波导，而后者属于 II 型波导。图中 (a)(c) 是 n_e 分布，(b)(d) 是 633 nm 输出模场。

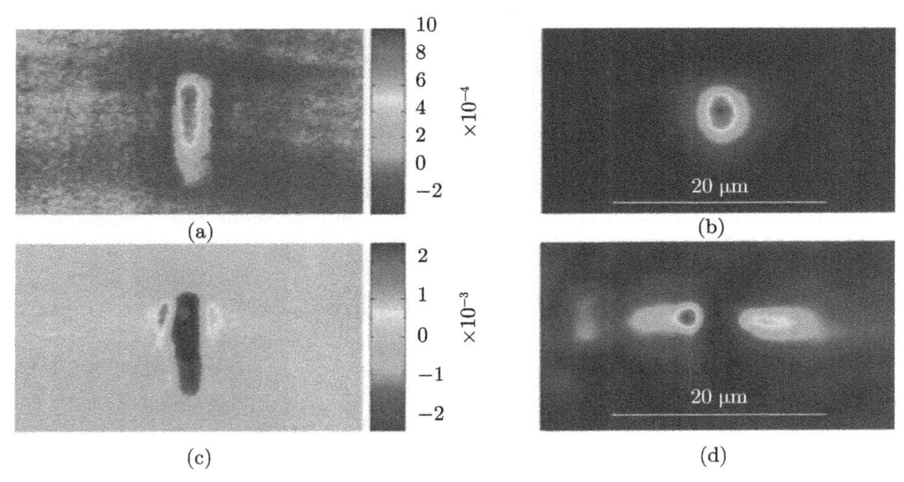

图 11.5 相同能量 (0.2 μJ) 下不同脉冲宽度的激光在 $LiNbO_3$ 晶体 (x 切割) 中形成两种类型波导[63]

3. 双折射结构

当飞秒激光能量介于 I，II 型折射率修饰中间时 [87,88]，在一些材料中 (如石英玻璃 [87,89,90]、硼硅酸盐玻璃 [90] 等) 会诱导自组织纳米结构。Shimotsuma 等 [89] 第一次在掺锗石英玻璃中使用线偏振飞秒激光诱导出 20 nm 宽、周期为深亚波长量级的纳米条纹结构，条纹和激光偏振方向垂直，条纹周期随脉冲数增加而变小，俄歇谱显示，条纹处氧元素浓度减小，条纹形成原因被认为是入射光波和等离子体波干涉导致。Bricchi 等 [88] 发现，石英玻璃中诱导的周期性条纹是由折射率增加 (宽，$\Delta n \sim 10^{-2}$) 和减少 (窄，$\Delta n \sim -10^{-1}$) 区域交替形成。Bhardwaj 等 [87] 发现，在任意角度线偏振光辐照下慢慢移动样品，自组织周期纳米结构可以维持到宏观尺度，条纹周期为 $\lambda_o/2n$，并提出了局域场增强 (local field enhancement) 效应解释条纹形成原因。图 11.6 显示线偏振 (偏振和移动方向平行或垂直) 和圆偏振飞秒激光 (NA=0.65, E_p=300 nJ, f=100 kHz, v=30 μm/s) 诱导的纳米结构，可以看出，线偏振光诱导的条纹始终和偏振方向垂直，而圆偏振光诱导的结构则是无序的。尽管微结构形成的动力学过程并不完全清楚，但是这些微结构却被发现具有特殊的光学性质，如各向异性光散射 [91]、双折射、各向异性反射、负折射率改变等 [88]。利用飞秒激光诱导的周期性结构可以实现具有特殊功能的波导，如偏振相关光波导 [84,92]、偏振分束器或耦合器 [93] 等。

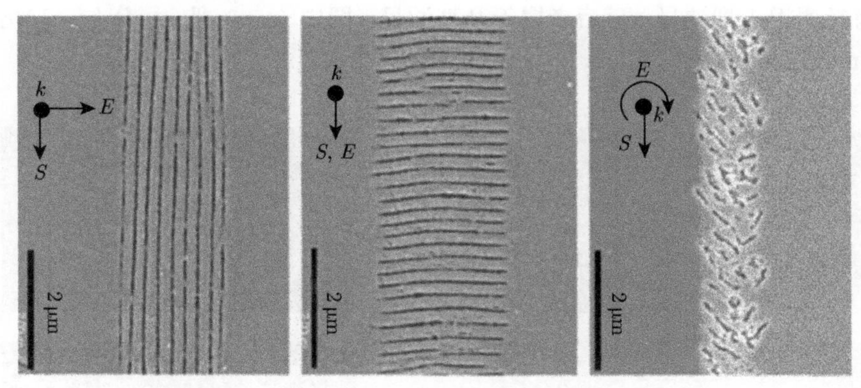

图 11.6　飞秒激光直写形成的偏振相关纳米结构 [90]

11.3　飞秒激光制备光波导

11.3.1　激光系统

目前用于制备波导的飞秒激光系统主要有三种，如图 11.7 所示，分别是高能量 (μJ~mJ) 低重复频率 (1~250 kHz) 的再生放大钛宝石激光器；高重复频率 (~10 MHz) 低能量 (几十纳焦) 的延长腔钛宝石振荡器；中等能量 (nJ~ μJ) 高重复

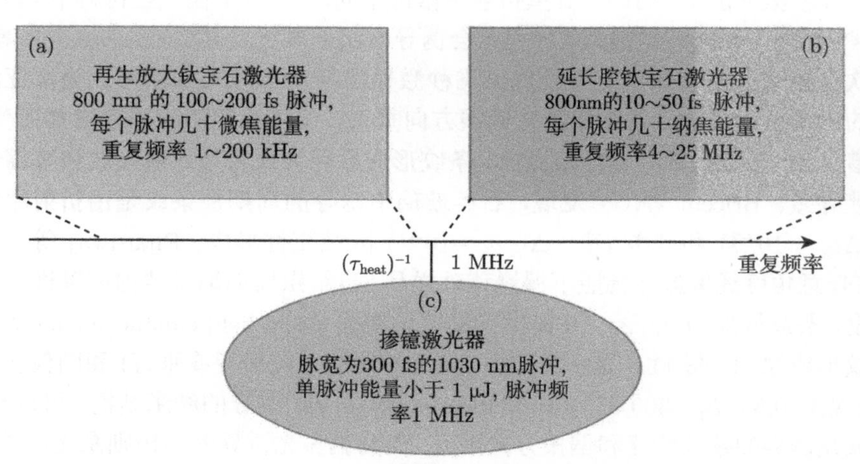

图 11.7　直写波导最重要的飞秒激光系统 [8]

频率 (~MHz) 的掺镱光纤激光器和 Yb: $KY(WO_4)_2$(Yb: KYW) 腔倒空激光振荡器 [7,8,30]。第一种能量高，可以加工几乎所有介质，但是低重复率制约了加工速度，且放大器复杂昂贵；第二种重复率高、能量低，需要使用紧聚焦物镜，但高倍物镜极短的工作距离降低了激光三维加工的能力，对高损伤阈值的晶体和宽带隙材料 (如石英玻璃和磷酸盐玻璃 [94]) 加工困难；第三种激光系统兼有以上两种系统的优点，波导加工质量高、速度快，且系统结构紧凑，价格便宜，适于工业应用。

11.3.2 直写形式

飞秒激光经过物镜聚焦到达样品内部，移动样品可实现对其选择性修饰。根据激光传播方向和样品移动方向是垂直还是平行，可以将激光波导加工分为横向 (transverse，T) 直写和纵向 (longitudinal，L) 直写 [87]。如图 11.8 所示，$\boldsymbol{S}$ 表示光束相对样品的移动方向，$\boldsymbol{k}$ 表示光束传播方向，图 (a) 表示横向直写，图 (b) 和图 (c) 分别表示从上到下和从下到上纵向直写。

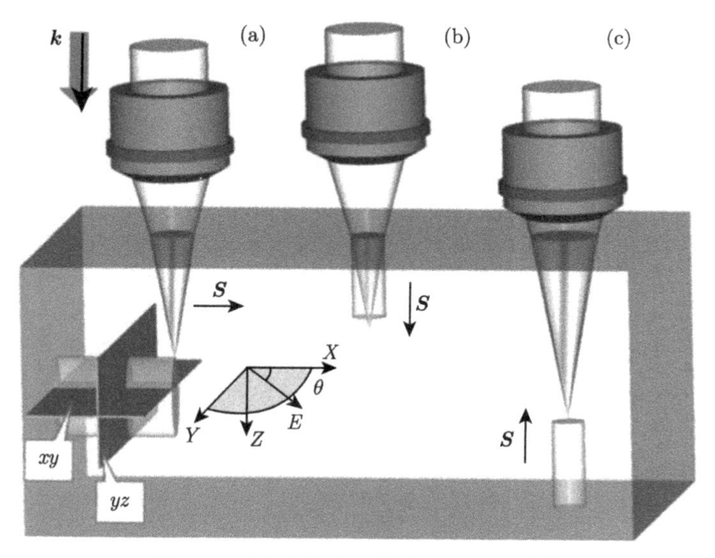

图 11.8 飞秒激光直写波导示意图 [87]

横向直写时样品横向移动范围远大于纵向移动范围，所以对聚焦物镜的工作距离要求小，高倍率和低倍率物镜都适用该方法，而且方便三维加工。但在不采取任何措施的情况下，由于球差 (紧聚焦)[95,96] 和自聚焦 (弱聚焦)[97,98] 的影响，聚焦光斑纵向尺寸会大于横向尺寸，得到的波导截面是沿激光传播方向拉长的扁长结构，不利于制作对称截面波导。而使用纵向直写得到的波导截面则是高度对称的圆形，但是，不同聚焦深度下球差的不同会导致波导直径不均匀，而且物镜有限的工作距离会限制波导的加工长度。使用中可以根据需要选择合适的方式或者进一步采取光束整形方法。另外，Yang 等 [99] 第一次观察到在非中心对称介质中，直写激光的传播方向和样品移动方向对波导结构具有重要影响，所以在晶体中制备波导时还需要考虑这种不可逆 (non-reciprocal) 效应。

11.3.3 无源波导

无源波导是集成光子器件的基础，目前已经有大量使用飞秒激光在不同介质中制作无源波导的报道，这里只列举一些典型结果 (表 11.1)，重点关注波导的折射率衬比度(Δn)，传输损耗 (propagation loss, PL) 以及所用的加工参数，如激光重复率 (repetition rate，RR)、脉冲宽度(τ_p)、激光波长(λ)、脉冲能量(E_p)、聚焦物镜倍率或数值孔径(focus，F)、直写形式(writing geometry，WG) 和波导类型 (type)。

表 11.1 不同加工参数下飞秒激光制备的波导折射率增加和传输损耗

时间	材料	Δn	PL	加工参数
1998[43]	锗掺杂二氧化硅玻璃	35/—	～0.1/ 800	200/120/810/～1/5-20/20/10/L/ Ⅰ
2003[70]	石英	10/514	5/514	1/120/800/14/10(0.25)/100/1/T/ Ⅱ
2004[100]	石英玻璃	7/633	0.8/633	150/130/800/0.5/20/5/T/多次扫描
2004[13]	$LiNbO_3$	0.6/633	1/633	1/150/775/10/20(0.4)/50/1/T/ Ⅰ
2005[101]	Si	1/1550 &1320	1.2/ 1550 &1320	1/70/2400/1.7/0.5/33/1/T/ Ⅱ
2005[102]	磷酸盐玻璃	0.35/635	0.39/ 1550	1/120/800/1.5/20(0.46)/40/1/T/ Ⅰ
2006[103]	硅酸盐玻璃	1.4/1550	0.5/ 1550	2500/60/800/7/100(1.4)/20000/1/T/-
2006[14]	聚甲基丙烯酸甲酯	0.46/633	4.2/633	1/85/800/0.185/50(0.55)/500/1/T/ Ⅰ
2007[104]	$LiNbO_3$	—	0.6/1330	700/600/1045/0.5/0.55/46000/1/T/ Ⅰ
2008[105]	硼硅酸盐玻璃 (BK7)	6/1550	0.3/ 1550	1000/300/1045/0.375/0.4/15000/1/T/ Ⅰ
2010[106]	硼硅酸盐玻璃 (BK7)	10/1550	0.5/ 1550	1100/52/800/0.0196/60(0.8)/35000/1/L/ Ⅰ
2011[77]	钕掺杂硼酸盐玻璃	11/155010/19405/3390	1.1/1550	200/350/1047/0.79/0.6/60000/多次扫描/T/多次扫描

11.3.4 波导器件

通过聚焦飞秒激光，结合三维精密移动平台，可以制备出特殊二维及三维波导器件。Homoelle 等 [10] 在石英玻璃中制作出 Y 型分束器。Streltsov 等 [15] 使用 80 MHz 飞秒振荡器在硼硅酸盐玻璃中制作出方向耦合器 (Δn ~0.0045)。Minoshima 等 [16] 使用 4 MHz 飞秒激光振荡器在 Corning 0215 玻璃中制作出 X 型光束耦合器 (Δn ~0.01)。Florea 等 [18] 使用 ~200 kHz 再生放大钛宝石激光器制作出非对称 Mach-Zehnder 波长交错滤波器 (optical interleaver)。Nolte 等 [11] 在纯石英玻璃中制作出 1×3 分束器，出射端不在同一平面，这是第一个飞秒直写的严格意义的三维光子器件。Li 等 [107] 使用 238 kHz 钛宝石激光器在石英玻璃中制作出 Mach-Zehnder 干涉仪，并用热极化产生二阶非线性系数，在其中一个臂加上电压后使其成为电光调制器。Zhang 等 [108] 使用声光调制器对高重复频率飞秒激光进行强度调制直写出布拉格光栅 (光栅周期 535.6nm, λ_B ~1550nm)，利用这种方波调制脉冲在其他材料中也得到相似结果 [19,109]，使用低重复率非交叠脉冲也能获得布拉格光栅 [110-112]。Marshall 等 [113] 将飞秒激光直写技术用于制作复杂光子回路 (图 11.9)。Fernandes 等在纯石英玻璃中制作出低传输损耗 (0.5 dB/cm) 的偏振分束器 [93](分光抑制比分别为 −19 dB 和 −24 dB) 以及双折射波导 ($\Delta n = n_v - n_h = 10^{-5} \sim 10^{-4}$)[114]。

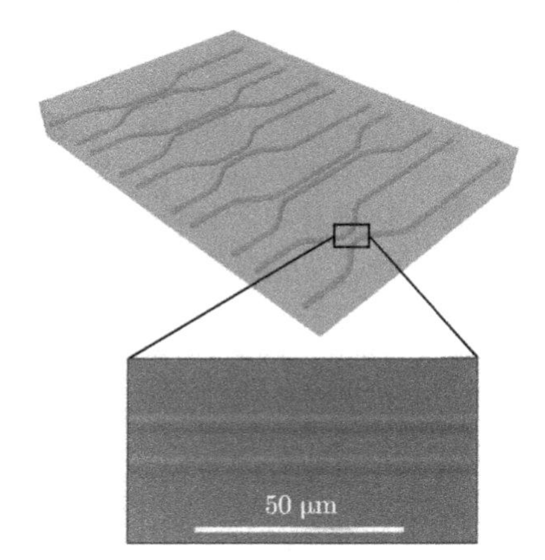

图 11.9 使用飞秒激光在单个石英片上直写的方向耦合器阵列 [113]

中心耦合区间距 10 μm

11.3.5 有源波导

近年来，飞秒制备光波导的研究主要集中在有源波导。Sikorski 等 [115] 用飞秒激光在掺钕硅酸盐玻璃中制作出波导放大器 (1054 nm 处净增益为 1.5 dB/cm)，这是第一个飞秒激光直写得到的波导有源器件。Osellame 等 [116] 使用 166 kHz 腔倒空掺镱玻璃振荡器在铒镱共掺磷酸盐玻璃中得到 1533 nm(C band) 处净增益为 1.2 dB 的波导放大器。Burghoff 等 [61] 第一次采用双线结构形成波导，使用 1kHz 钛宝石激光在 $LiNbO_3$ 晶体中获得高效倍频光波导 (1064 nm 基频光倍频效率达 49%)。Thomson 等 [117] 用 500 kHz 激光在掺铒铋酸盐玻璃中获得 1533 nm 处净增益为 16 dB 的波导放大器。Choi 等 [118] 使用高重复频率飞秒激光在含有 Ag 离子的光敏玻璃中诱导 Ag 离子还原、分离、扩散，不同价态离子团簇形成的纳米颗粒在激光纵向直写波导的横截面，通过径向分布产生径向电场。如图 11.10 所示，图 (a) 是在 405 nm 光激发下的共焦荧光图像，产生的由于 Ag^+ 分布 (图 (b)) 的径向永久电场 (E_{dc}) 和玻璃的三阶非线性系数发生作用产生二阶非线性极化率 (~1.2 pm/V)，利用该方法可以在中心对称玻璃内制备二阶非线性波导。

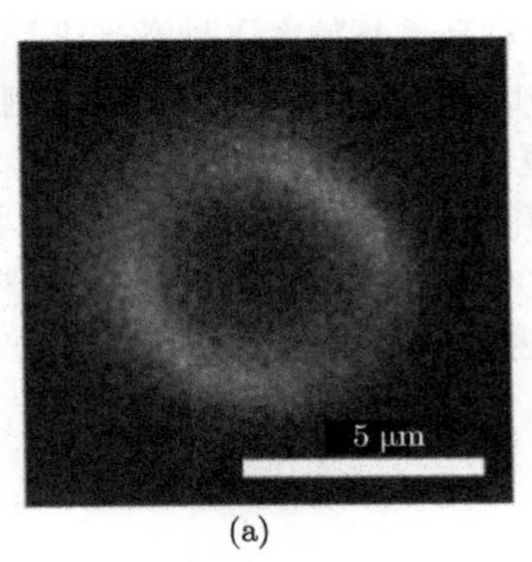

(a)

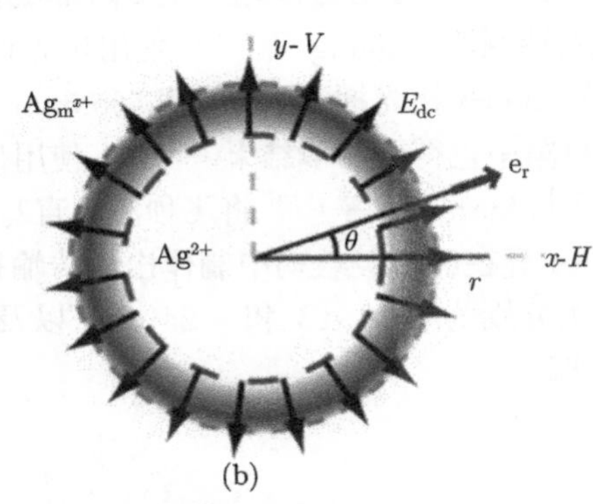

(b)

图 11.10 (a)激光诱导环形结构的共焦荧光图像；(b)Ag 离子在环内可能的径向分布示意图[118]

表 11.2 是一些利用飞秒激光制作波导激光器的结果，这里只列出了具有低抽运阈值 (P_{th}) 或高斜效率 (slop efficiency，η_s) 的实验结果。

表 11.2 不同加工参数下飞秒激光制备的波导激光器抽运阈值和斜效率

时间	材料	(P_{th}/mW)/ (λ/nm)	(η_s/%)/ (λ/nm)	(RR/kHz)/(τ_p/fs)/(λ/nm)/(E_p/uJ)/ [(F/v)/(μm/s)]/扫描/WG/类型
2004[119]	Er, Yb 共掺的磷酸盐玻璃	335 /975	~2/1534	166/300/倍频 1040/133/100(1.4)/ 500/1/T/ I
2007[120]	Er, Yb 共掺的磷酸盐玻璃	142 /980	21/1550	505/300/1040/0.436/100/100/1/T/ I
2008[121]	Er：YAG 陶瓷	68/748	60/1064	1/120/796/11/10(0.3)/50/T/双线结构
2009[20]	Yb 掺杂磷酸盐玻璃	102/976	17 /1033	1/120/800/-/20/25/1/T/ I
2009[122]	Yb：KGdW Yb：KYW	74/980	14 /1036	500/1300/1064/~400/20(0.4)/ 6000/1/T/双线结构

续表

时间	材料	(P_{th}/mW)/(λ/nm)	(η_s/%)/(λ/nm)	(RR/kHz)/(τ_p/fs)/(λ/nm)/(E_p/uJ)/[(F/v)/(μm/s)]/扫描/WG/类型
2009[123]	Nd: YAG	156/808	23/1064	1/140/775/1.5/50(0.7)/10/1、/T/双层结构
2010[124]	Nd: YAG	63/808	59/1064	1/140/775/1.3/50(0.65)/10/1/T/双层结构
2010.4[125]	Nd: YVO_4	14/808	38.7/1064	1/120/796/13/20(0.4)/50/1/T/双层结构
2010.6[74]	Nd 掺杂磷酸盐玻璃	361/808	15 /1064	500/300/1064/0.516/0.4/4000/1/T/ I
2010.7[126]	Yb: YAG	245/941	75/1030	1/150/775/1.3/50(0.65)/10/1/T/双层结构
2010.12[127]	Nd: $GdVO_4$	52/808	70 /1064	200/350/1047/0.7/0.6/17000/1/T/双层结构
2011.3[128]	Tm 掺杂的氟锗酸盐玻璃	100 /791	6/1930	500/350/1064/0.222/0.6/1000/20/T/多次扫描
2011.3[129]	Tm: ZBLAN	21/790	50/1880	5100/50/800/0.05/100(1.25)/1667/1/T/ II
2011.6[130]	Nd: GGG	29/808	25/1061	1/120/796/5.8/50(0.4)/25/1/T/双层结构
2012.3[131]	Ho, Tm: ZBLAN	20/790	20/2052	5100/50/800/0.05/100(1.25)/1667/1/T/ II

11.4 波导制备优化技术

11.4.1 改善波导对称性

波导的截面形状决定着导模的模场分布，横截面对称的波导结构和标准光纤能实现模式匹配，从而减小耦合损耗。为了改善波导截面对称性，已经出现了几种有效的方法。

1. 纵向直写

如前所述，横向直写导致波导截面对称性较差，使用紧聚焦虽然可以提高对称性，但是物镜工作距离减小很多，如 20×(NA=0.3) 物镜的工作距离是 10 mm[132] 量级，而高数值孔径的油浸物镜的工作距离只有几百微米 [133]。图 11.11(a) 是采用纵向直写方法获得的波导，其截面近似为圆形，而图 11.11(b) 是横向直写获得的波导截面，其对称性较差。

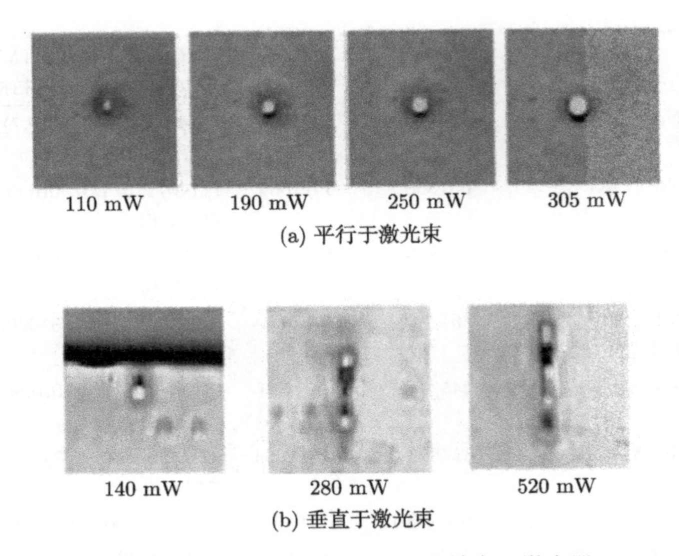

图 11.11　使用不同功率的 200 kHz 钛宝石激光器直写获得的波导截面[29]

2. 使用高重复率激光

超强激光对介质作用结束时，形成的等离子处于高度非平衡态，根据下个脉冲激发是否发生在热弛豫完成之后，可将飞秒激光和介质的作用分为热扩散方式和热累积方式 [134]。

若焦点处的热量通过电子–声子散射将热量耗散到晶格以后，下个脉冲才到来，则每个脉冲对介质的作用是相互独立的，形成的结构尺寸由聚焦光斑的大小决定。

若相邻脉冲间隔比等离子体弛豫时间短，脉冲产生的热量将发生累积，激光焦点在介质内部成为点热源。尽管激光激发过程是非线性的，但是折射率改变涉及热效应，形成的结构尺寸比实际光斑大小可以大一个量级 [59]。

区别这两种机制的临界激光频率 $f_{\rm cr}$ 可由下式 [135] 估计：

$$f_{\rm cr} = \frac{D_{\rm thermal}}{d_{\rm laser}^2} \tag{11.2}$$

其中，$D_{\rm thermal}$是介质热扩散系数，$d_{\rm laser}$是诱导结构的直径；$f_{\rm cr}$为100 kHz～1 MHz[136]，与介质的种类和聚焦情况有关。图 11.12 所示为使用 450 nJ, 1045 nm 的飞秒激光在硼硅酸盐玻璃中诱导的结构，玻璃的热膨胀系数为 0.008 $\rm m^2/s$, $d_{\rm laser}$=2 μm 时，计算可得 $f_{\rm cr}$=200 kHz。而从图中可以看出，200 kHz 时随着脉冲数目增加，激光诱导的结构逐渐变大，说明热累积效应开始出现。另外，热累积效应发生还和单脉冲能量有关，例如，在硼硅酸盐玻璃中 200 kHz 重复率发生热累积要求单脉冲能量达到~900 nJ，而对于~2 MHz 重复率只需要~80nJ 的单脉冲能量 [134]。

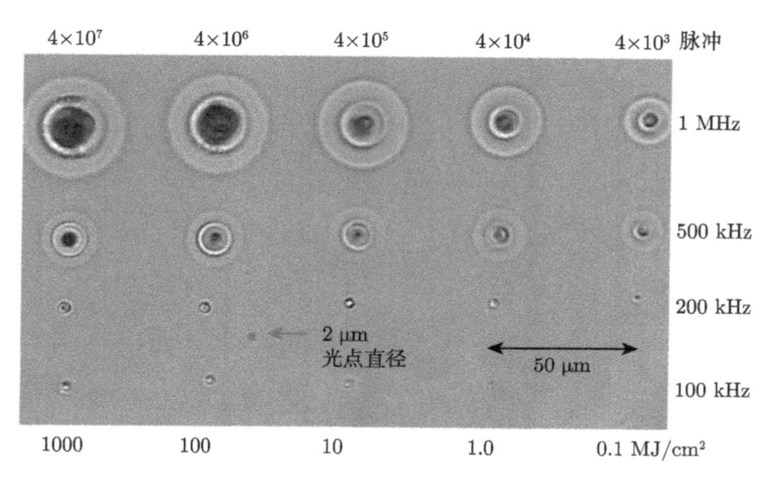

图 11.12 不同重复率和脉冲数目的飞秒激光脉冲在硼硅酸盐玻璃中热影响区域显微图像 [137]

相邻脉冲发生热累积时，各向同性的热扩散特性保证了波导截面具有较好的对称性。而且，伴随热累积的快退火过程可以减少散射中心和微损伤的形成，从而可以减小传输损耗 [104]，色心缺陷也能在热退火中减少 [138]。另外，高重复频率激光能保证更高的移动速度以及更平滑的折射率改变 [104,134]。

使用高重复率激光的限制主要是其较低的脉冲能量 (< 1 μJ)，因而在宽带隙、高损伤阈值材料中 (如石英和磷酸盐玻璃等) 难以获得高质量波导 [35]。另外，激光重复率过高可能会带来新的负面效果，如热累积使激光作用区域尺寸增大，降低了激光加工的空间分辨率 [139]；Graf 等 [140] 发现，使用 10 MHz 高脉冲能量 (>27 nJ) 钛宝石振荡器，在石英玻璃中可以获得周期和移动速度几乎无关的“珍珠链”(pearl chain) 结构，这对于波导直写是不利的。

3. 柱形棱镜对光束整形

Cerullo 等 [141,142] 提出，在聚焦物镜前加上柱形棱镜对，从而获得椭圆高斯光束以改善波导截面对称性。柱形棱镜对用于像差校正装置 [141] 如图 11.13 所示。在横向直写时，为了获得截面对称的波导，应该减小 Z 方向的尺寸，增大 Y 方向的尺寸。在 X 方向使用紧聚焦使 XZ 平面光束发散角度增加，导致激光能量密度快速降至非线性作用阈值以下，使该方向的瑞利长度 Z_{R} 减小，从而波导沿 Z 方向的尺寸减小。而 Y 方向的尺寸可以使用一对柱形棱镜来控制，通过调节其中一个棱镜位置偏移使进入物镜的光束沿 Y 方向发散，则可以增加 Y 方向的尺寸。图 11.14 是使用柱形棱镜整形过的脉冲光束制备的波导，波导截面和传输模场都是对称的。

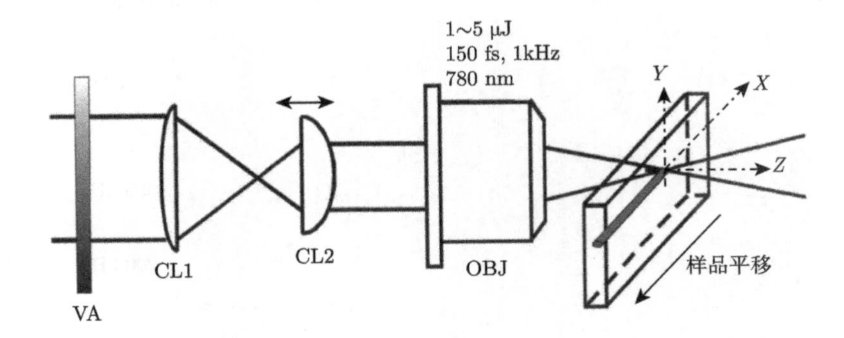

图 11.13　柱形棱镜对用于像差校正装置 [141]

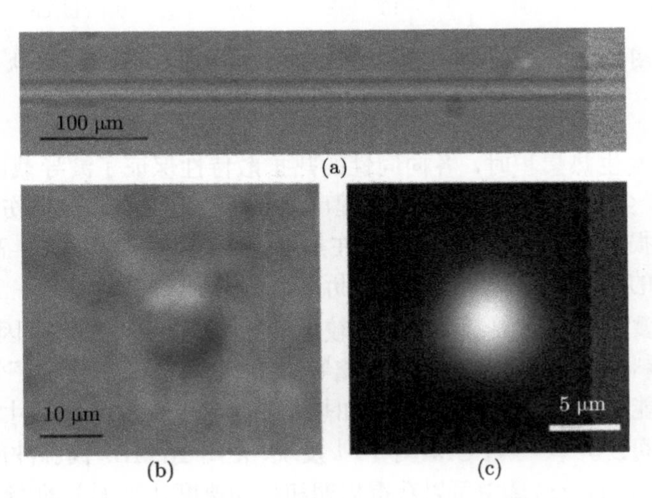

图 11.14　经过柱形棱镜整形后的激光在石英玻璃中直写的波导 [143]

4. 狭缝光束整形

Cheng 等 [144] 提出，使用矩形狭缝也可以获得和柱形棱镜相同的效果。如图 11.15(A) 左图所示，狭缝被放置在物镜前方且长度方向和样品移动方向平行，入射光束由于衍射在狭缝宽度方向被展宽 [145]，聚焦后的光斑是椭圆高斯型，和柱形棱镜对相似，形成的波导或微流通道截面对称性得到改善，如图 11.15(A) 右图所示。可以从图 11.15(B) 中看出，通过调节狭缝宽度可以调节截面纵横比。另外，在直写波导时，狭缝和物镜距离也会对波导的损耗产生影响 [102]。

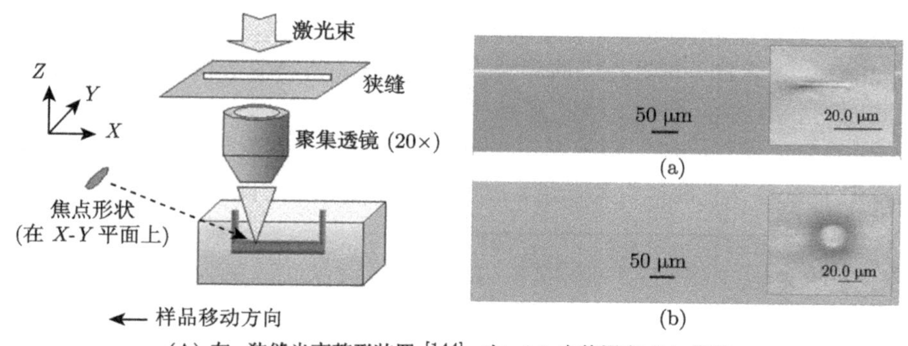

(A) 左：狭缝光束整形装置 [144]；右：(a) 未使用和 (b) 使用狭缝得到的横向直写波导[102]

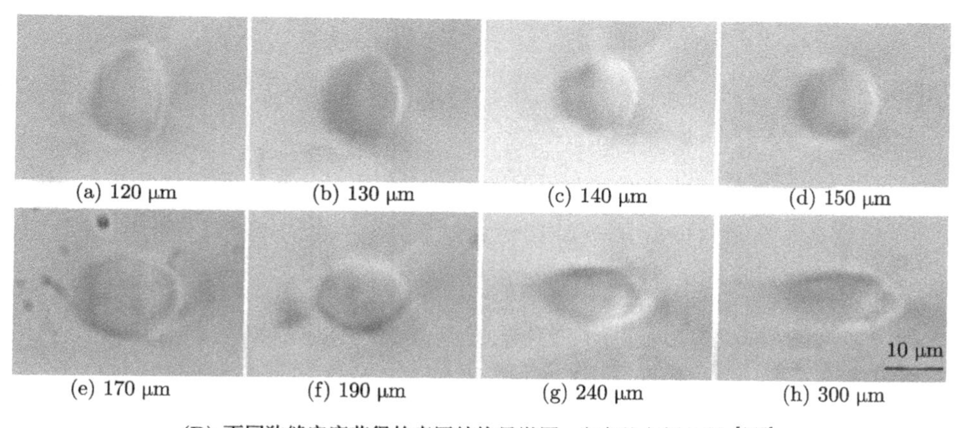

(a) 120 μm (b) 130 μm (c) 140 μm (d) 150 μm
(e) 170 μm (f) 190 μm (g) 240 μm (h) 300 μm

(B) 不同狭缝宽度获得的直写结构显微图，光束从左侧入射 [145]

图 11.15 矩形狭缝整形装置以及调整狭窄宽度获得的直写结构显微图

5. *多次扫描方法*

即使不考虑光束的非线性传播和球差的影响，聚焦光束的瑞利长度 (共焦参数)b 和光束直径 $2w_o$ 的较大差异也会使单次扫描所得的波导截面呈现近椭圆的不对称结构。b 和 w_o 由下式 [58] 决定：

$$b=\frac{2M^2f^2\lambda}{\pi w_s^2}=\frac{2M^2\lambda}{\pi NA^2} \tag{11.3}$$

$$w_o=\frac{M^2f\lambda}{\pi w_s}=\frac{M^2\lambda}{\pi NA} \tag{11.4}$$

其中，M^2 是光束衍射倍率因子，w_s 是聚焦前光斑半径，f 是物镜焦距，$NA(=w_s/f)$ 是物镜的数值孔径。由此可见，聚焦光斑的沿光束传播方向的纵向和横向比例为 $b/2w_o=1/NA$。对于非油浸物镜 ($NA<1$)，所得光斑都是沿纵向拉长的。

为了得到纵向和横向尺寸相近的波导，Liu 等 [100] 提出，采用纵向平行多次扫描 (multi-scan) 方法，每次扫描间隔很小 (~1 μm)，利用多个相互交叠并列的单波导形成矩形截面波导 (图 11.16)。最终波导插入损耗、衍射损耗和传播损耗都大大减小，并且可以通过控制扫描速度和次数获得单模和多模波导。但是获得的波导折射率改变的纵向分布近似为高斯型，而横向分布却近似阶跃型。

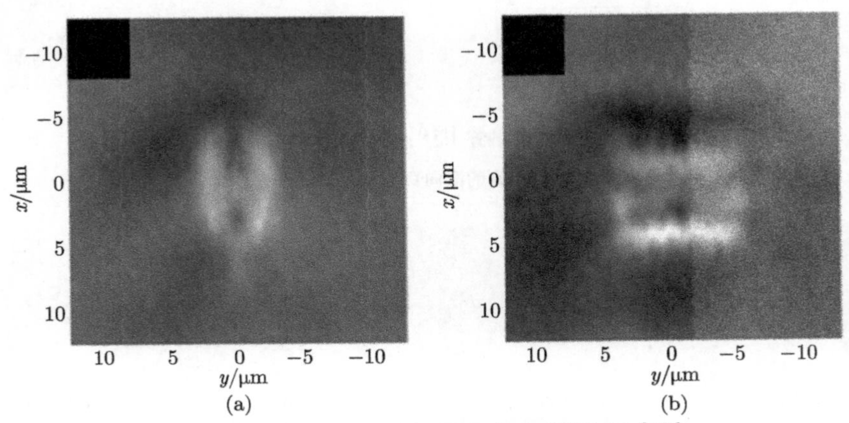

图 11.16 单次和多次扫描方式形成的波导 [100]

(a) 单次扫描波导；(b) 多次扫描波导

利用多次扫描方法，制备出了低传输损耗 (0.34 dB/cm) 和低耦合损耗 (0.1 dB/点) 的波导连接器 [21]；具有内增益 (1.7 dB@1537 nm) 的低传输损耗 (0.1 dB/cm) 掺铒氟氧硅酸盐玻璃波导 [146,147]、波导放大器 (净增益：0.72 dB@1537 nm)[148] 和波导激光器；高强度 (>30 dB) 硼硅酸盐玻璃一阶布拉格光栅 [109]。

多次扫描技术的优点在于，控制波导截面形状的参数独立于控制折射率改变的参数，条件优化更加灵活；但是，由于是基于 I 型折射率修饰，所以难以在大多数晶体和陶瓷内部使用多次扫描的方法获得波导，而且激光作用区域通常会发生非线性和电光效应退化的现象，这对于制作波导功能器件是不利的。

最近出现了利用多次扫描获得晶体波导的报道，如周期性极化 $LiNbO_3$ 晶体倍频波导 (倍频效率：18%/W@1567 nm)[71] 和高衬比度硼酸盐晶体波导 (Δn ~0.005@3.39 μm，Δn ~0.01@1.94 μm)[77]，但是获得的波导只能传导垂直偏振光 (TM 模)，前者非线性性质良好但高温热稳定性差，后者高温热稳定性未知但电光性质退化，这种热稳定性和波导光学性质难以兼得的情况，是 I 型波导面临的重要问题。

6. *应力场方法*

激光损伤区域，由于折射率减小可以作为包层形成波导 [149]，另外，还可以进一步利用激光损伤周围区域的折射率增加对光场进行约束。Burghoff[61] 等首次利

用双线结构在 $LiNbO_3$ 晶体中产生波导，这种结构利用双线之间应力场导致的折射率增高区域作为芯层，而激光损伤导致的折射率减小区域作为包层，形成波导。图 11.17(a) 是在 YAG 晶体中制作的双线波导截面显微图像，明亮区域折射率较高，应力场使周围区域产生双折射。由于双线结构具有和多次扫描方法一样的参数优化灵活性，而且加工速度更快；激光作用区域和波导区域不重合，波导区域晶格未受显著损伤，形成的波导热稳定性好；在玻璃、陶瓷、晶体等材料中都可以实现，且材料的性质 (如掺杂离子的荧光谱[130]、非线性系数[40] 等) 不会发生明显退化[125] 等优点，因而在功能波导和有源波导制备中得到广泛应用。

基于这种应力场–包层波导，出现了几种变形结构。Benayas 等 [150] 在双线波导结构的垂直方向再制作出两条损伤直线，如图 11.17(b) 所示，所形成的波导热稳定性及光约束能力提高，但由于增加了损伤结构，散射损耗会增加，而且这种结构在加工上困难得多。Lancaster 等 [129] 用多条纵向直写获得的直线作为包层围成圆形波导结构，如图 11.17(c) 所示；Beckmann 等 [151] 使用纵向直写方法获得任意截面形状的波导结构，如图 11.17(d) 所示；这两种方法有利于控制模场分布，但是三维加工能力欠缺。另外，由于使用应力场方法获得的波导对传输模式具有很强的约束能力，限制了波导间的隐失波耦合，这对于很多波导器件来说是不利的。

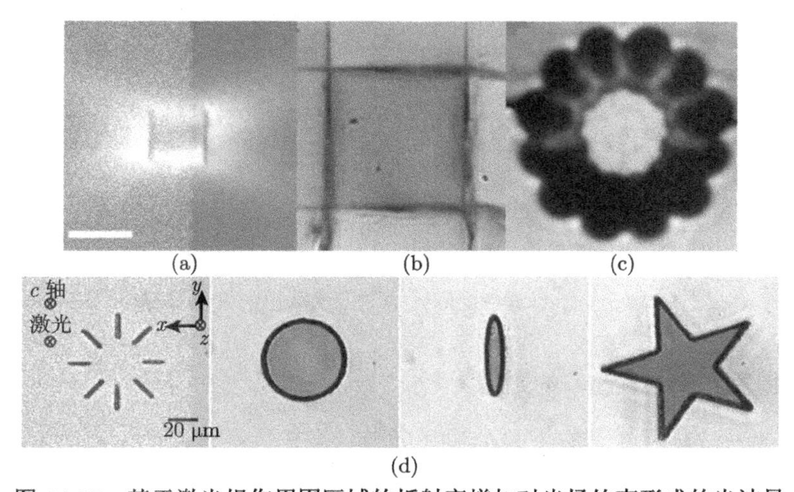

图 11.17 基于激光损伤周围区域的折射率增加对光场约束形成的光波导

(a) 双线波导 [152]；(b) 交叉成丝波导 [150]；(c) 包层受抑波导 [129]；(d) 任意包层形状波导 [151]

7. 空间光束调制

由于飞秒激光直写过程中形成的波导结构是随加工条件变化的，如球差随聚焦深度变化，而自适应光学是实现对光束能量的空间分布进行动态调整的有效办法，因此，目前已出现了很多利用空间光束调制器 (spatial light modulator，SLM) 改变光束形状的报道。例如，Sanner 等 [153] 使用非像素光寻址液晶光阀作为可编程波前校正器件，波前传感器收集经过相位调制的光束作为反馈，计算机处理后，驱动投影仪对光阀进行光寻址，从而校正波前，图 11.18 是利用这种方法获得的特殊形状的聚焦光斑。Mauclair 等 [154] 用相似的方法校正纵向直写波导时的球差。Blondin 等 [155] 使用液晶脉冲整形装置对脉冲的时间包络进行自适应优化，从而控制非线性相互作用过程。Thomson 等 [156] 采用二维可变形反射镜对脉冲空间分布进行调整。Cruz 等 [157] 用液晶空间光调制器获得像散光束，且通过改变调制器和物镜的距离，就可以改变弧矢焦点和子午焦点的能量配比，抑制其中一个就可以获得截面可控波导。

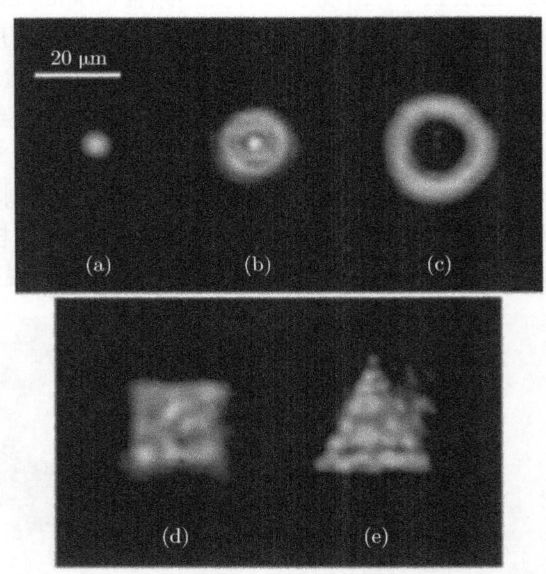

图 11.18　基于自适应空间光调制方法获得的聚焦光斑 [153]

11.4.2　提高制作波导效率的方法

实际的光波导系统含有大量的波导元件，为了达到合理的制作效率必须提高激光制备的速度，这可以通过提高样品移动速度或者采用并行直写的方法来实现。

1. 非交叠脉冲

在几乎所有波导制备的报道中，相邻脉冲都有交叠以产生低损耗高衬比度波导，这就要求样品移动的速度足够慢，尤其是在使用 1 kHz 低重复频率时 (最快每秒几百微米)。但是，Zhang 等 [72] 发现，当扫描速度很快以至于相邻脉冲所产生的结构不交叠时，也能得到低传输损耗波导，光波通过隐失波耦合在非连续波导中传输。他们使用 1 kHz 飞秒激光在石英玻璃中产生的光斑直径为 1 μm，当移动速度大于 1 mm/s 时产生的结构不重叠，但波导的损耗未显著增高 (1 mm/s 时 0.2 dB/cm)，如图 11.19 所示。

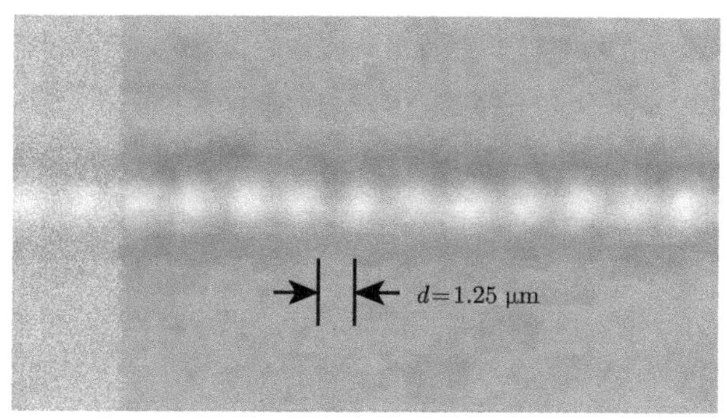

图 11.19　快速加工形成的脉冲非交叠低损耗波导 [72]

2. 并行直写

并行直写的关键在于将入射激光束分成能量、状态相同的多束。目前，已经出现了很多并行直写微结构的报道，例如，计算全息衍射光学元件获得任意静态微聚焦图案 [158]；液晶计算全息图获得任意、可变、平行光束 [159]；液晶菲涅尔棱镜获得任意、可变、平行、峰值均匀光束 [160]；液晶二值相位掩模版 [161] 和周期性矩形相位光栅 [162] 获得两束间距可变光束，并制作出基于隐失波耦合的三维分束器和耦合器；液晶计算全息图获得多束间距连续可变光束，并制作出三维连续 1×4 分束器 [163]。如图 11.20 所示，基于液晶的空间光调制器可被计算机寻址，所以能在直写过程中动态地改变光束能量的空间分布，方便地实现单次快速并行直写波导器件。

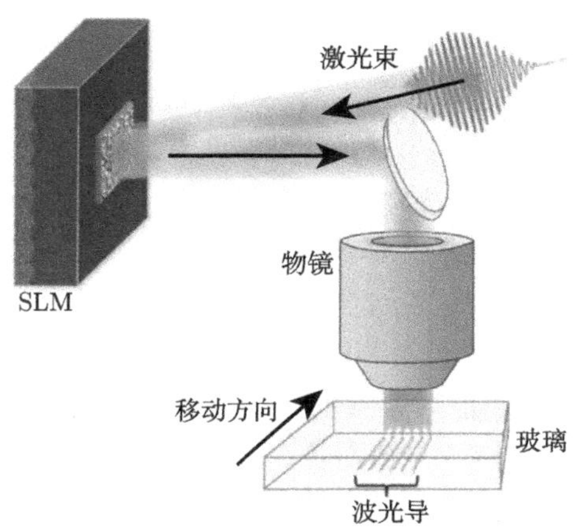

图 11.20　使用空间光调制器并行直写波导器件 [163]

11.4.3 偏振选择

波导制备过程中激光的偏振态可能影响波导的性能。Ams 等 [164] 分别用圆偏振和线偏振飞秒激光在石英玻璃中直写光波导时，发现使用圆偏振光比使用线偏振光得到的波导损耗更低，衬比度更大，并将可能的原因归结为线偏振光诱导的周期性结构所致。对于铌酸锂晶体波导，圆偏振光效果也更好 [73,104]。然而，Cheng 等 [92] 在石英晶体的纵向直写中发现，线偏振光可以诱导波导，而圆偏振不可以，他们认为是圆偏振造成的不规则结构所造成的。Temnov 等 [32] 用 10 TW/cm^2 飞秒激光作用在 6 光子吸收的石英玻璃和蓝宝石晶体时发现，线偏振光比圆偏振光引起的折射率变化更大。D. Little 等 [165] 发现，当飞秒激光在石英玻璃中的低峰值辐照度时 (小于 38 TW/cm^2)，线偏振光导致的折射率变化比圆偏振光大，而在高峰值辐照度时 (大于 42 TW/cm^2) 情况则正好相反，并且圆偏振光比线偏振光诱导的折射率变化可以大一倍。他们认为，这可能是不同条件下光电离率的差别所导致的。另外，偏振方向分别与波导平行和垂直的线偏振光，在其他条件相同的条件下，形成的波导也会有差异 [48,84,89]。

在 11.2.1 小节中已经介绍了在多光子吸收占主导地位时，电离截面 σ_c 和σ_1 相对大小同多光子吸收级数 N 的依赖关系。D. Little 等 [31] 综合上述实验结果提出，在选择直写光的偏振态时，需要同时考虑多光子电离和隧穿电离的贡献。使用参数 $N' = \langle(2E_g - U_p)/2E_{photon}\rangle$(其中 $\langle\rangle$ 表示向上取整) 代替 N，则关于 11.2.1 小节中偏振电离截面的判断准则依然近似成立。

一般情况下，窄带隙介质形成的波导对诱导激光的偏振是不敏感的，如硫系玻璃；而宽带隙介质，为了获得更高衬比度的波导，则要考虑偏振的选择，如石英玻璃、晶体等 (相对 800 nm 激光而言)。

11.5 小结和展望

本章系统地回顾了飞秒激光在无源和有源波导器件制备中所取得的实验和理论进展；总结归纳了飞秒激光在波导器件制备过程中的性能优化技术；分析了飞秒激光制备波导器件的研究趋势。经过多年的研究，飞秒激光已经被证明是制作无源光波导器件、有源光波导器件以及非线性功能光波导器件的有效工具。

尽管对于飞秒激光用于波导制备的研究已经取得了很大进展，但是相对于日趋成熟的平面光子回路 (PLC) 方法而言，飞秒激光制作的波导存在折射率衬比度低、传播损耗大等缺点。为了能使该技术实用化还需要进行大量的研究。其中如下问题值得进一步研究：

(1) 超短脉冲激光和透明介质作用的过程仍然没有得到清楚解释，对折射率改变机理认识的欠缺制约了高质量波导的制备；

(2) 为了获得大规模、高集成度或微小尺寸等波导器件，需要进一步研究高折射率衬比度、低传输损耗和低弯曲损耗波导的制备方法；

(3) 目前已有不少研究开始关注激光制备波导的速度，并取得有效成果，但对于包含大量功能波导器件的复杂光子系统，目前的制备水平仍需进一步提高；

(4) 超短脉冲激光在透明材料中诱导波导器件的技术在光通信、激光器件、微光机系统等领域已经达到应用，进一步探索该技术在其他领域的应用，将会对相关学科及领域产生促进作用，国际上一些研究组已经开始探讨飞秒激光诱导光波导器件在量子光路方面的应用 [166]。

参 考 文 献

[1] Pollnau M, Grivas C, Laversenne L, et al. Ti : Sapphire waveguide lasers [J]. Laser Phys. Lett., 2007, 4(8): 560-571.

[2] 任一涛, 黄寅, 丁心仁, 等. 紫外写入条形光波导芯区折射率的测算 [J]. 中国激光, 2011, 38(s1): s108006-1-6.

[3] 恽斌峰, 胡国华, 崔一平. 高品质因子聚合物波导微环谐振腔滤波器 [J]. 光学学报, 2011, 31(10): 1013002-1-5.

[4] Yao Y C, Dong N N, Chen F, et al. Proton beam writing of Nd:GGG crystals as new waveguide laser sources [J]. Opt. Lett., 2011, 36(21): 4173-4175.

[5] 陈方, 刘瑞鹏, 祁志美. 铌酸锂基集成光波导马赫曾德尔干涉仪的设计、制备及其特性的初步测试 [J]. 光学学报, 2010, 31(5): 0513001-1-5.

[6] 向微, 郑伟伟, 江舒杭等.玻璃基离子交换型多模光功分器研究 [J]. 光学学报, 2010, 30(s1): s100302-1-5.

[7] Ams M, Marshall G D, Dekker P, et al. Ultrafast laser written active devices [J]. Laser Photonics Rev., 2009, 3(6): 535-544.

[8] Della Valle G, Osellame R, Laporta P. Micromachining of photonic devices by femtosecond laser pulses [J]. J. Opt. a-Pure Appl. Opt., 2009, 11(1): 013001-1-18.

[9] Davis K M, Miura K, Sugimoto N, et al. Writing waveguides in glass with a femtosecond laser [J]. Opt. Lett., 1996, 21(21): 1729-1731.

[10] Homoelle D, Wielandy S, Gaeta A L, et al. Infrared photosensitivity in silica glasses exposed to femtosecond laser pulses [J]. Opt. Lett., 1999, 24(18): 1311-1313.

[11] Nolte S, Will M, Burghoff J, et al. Femtosecond waveguide writing: a new avenue to three-dimensional integrated optics [J]. Appl. Phys. a-Mater., 2003, 77(1): 109-111.

[12] Watanabe W, Asano T, Yamada K, et al. Wavelength division with three-dimensional couplers fabricated by filamentation of femtosecond laser pulses [J]. Opt. Lett., 2003, 28(24): 2491-2493.

[13] Gui L, Xu B X, Chong T C. Microstructure in lithium niobate by use of focused femtosecond laser pulses [J]. IEEE Photonic Tech. L., 2004, 16(5): 1337-1339.

[14] Sowa S, Watanabe W, Tamaki T, et al. Symmetric waveguides in poly(methyl methacrylate) fabricated by femtosecond laser pulses [J]. Opt. Express, 2006, 14(1): 291-297.

[15] Streltsov A M, Borrelli N F. Fabrication and analysis of a directional coupler written in glass by nanojoule femtosecond laser pulses [J]. Opt. Lett., 2001, 26(1): 42-43.

[16] Minoshima K, Kowalevicz A M, Hartl I, et al. Photonic device fabrication in glass by use of nonlinear materials processing with a femtosecond laser oscillator [J]. Opt. Lett., 2001, 26(19): 1516-1518.

[17] Chen W J, Eaton S M, Zhang H B, et al. Broadband directional couplers fabricated in bulk glass with high repetition rate femtosecond laser pulses [J]. Opt. Express, 2008, 16(15): 11470-11480.

[18] Florea C, Winick K A. Fabrication and characterization of photonic devices directly written in glass using femtosecond laser pulses [J]. J. Lightwave Technol, 2003, 21(1): 246-253.

[19] Marshall G D, Dekker P, Ams M, et al. Directly written monolithic waveguide laser incorporating a distributed feedback waveguide-Bragg grating [J]. Opt. Lett., 2008, 33(9): 956-958.

[20] Ams M, Dekker P, Marshall G D, et al. Monolithic 100 mW Yb waveguide laser fabricated using the femtosecond-laser direct-write technique [J]. Opt. Lett., 2009, 34(3): 247-249.

[21] Nasu Y, Kohtoku M, Hibino Y. Low-loss waveguides written with a femtosecond laser for flexible interconnection in a planar light-wave circuit [J]. Opt. Lett., 2005, 30(7): 723-725.

[22] Nasu Y, Kohtoku M, Hibino Y, et al. Waveguide Interconnection in Silica-Based Planar Lightwave Circuit Using Femtosecond Laser [J]. J. Lightwave Technol, 2009, 27(18): 4033-4039.

[23] Kowalevicz A M, Sharma V, Ippen E P, et al. Three-dimensional photonic devices fabricated in glass by use of a femtosecond laser oscillator [J]. Opt. Lett., 2005, 30(9): 1060-1062.

[24] Bi Z F, Wang L, Liu X H, et al. Optical waveguides in TiO_2 formed by He ion implantation [J]. Opt Express, 2012, 20(6): 6712-6719.

[25] Wortmann D, Gottmann J. Fs-laser structuring of ridge waveguides [J]. Appl. Phys. a-Mater., 2008, 93(1): 197-201.

[26] Bhuyan M K, Courvoisier F, Lacourt P A, et al. High aspect ratio taper-free microchannel fabrication using femtosecond Bessel beams [J]. Opt. Express, 2010, 18(2): 566-574.

[27] Rayner D M, Naumov A, Corkum P B. Ultrashort pulse non-linear optical absorption in transparent media [J]. Opt. Express, 2005, 13(9): 3208-3217.

[28] Mao S S, Quere F, Guizard S, et al. Dynamics of femtosecond laser interactions with dielectrics [J]. Appl. Phys. a-Mater., 2004, 79(7): 1695-1709.

[29] Qiu J R. Femtosecond laser-induced microstructures in glasses and applications in micro-optics [J]. Chem. Rec., 2004, 4(1): 50-58.

[30] Ams M, Marshall G D, Dekker P, et al. Investigation of ultrafast laser-photonic material interactions: challenges for directly written glass photonics [J]. IEEE J. Sel. Top. Quant., 2008, 14(5): 1370-1381.

[31] Little D J, Ams M, Withford M J. Influence of bandgap and polarization on photoionization: guidelines for ultrafast laser inscription [Invited] [J]. Opt. Mater. Express, 2011, 1(4): 670-677.

[32] Temnov V V, Sokolowski-Tinten K, Zhou P, et al. Multiphoton ionization in dielectrics: Comparison of circular and linear polarization [J]. Phys. Rev. Lett., 2006, 97(23): 237403-1-3.

[33] Lenzner M, Kruger J, Sartania S, et al. Femtosecond optical breakdown in dielectrics [J]. Phys. Rev. Lett., 1998, 80(18): 4076-4079.

[34] Schaffer C B, Brodeur A, Mazur E. Laser-induced breakdown and damage in bulk transparent materials induced by tightly focused femtosecond laser pulses [J]. Meas. Sci. Technol., 2001, 12(11): 1784-1794.

[35] Streltsov A M, Borrelli N F. Study of femtosecond-laser-written waveguides in glasses [J]. J. Opt. Soc. Am. B, 2002, 19(10): 2496-2504.

[36] Stuart B C, Feit M D, Herman S, et al. Nanosecond-to-femtosecond laser-induced breakdown in dielectrics [J]. Phys. Rev. B, 1996, 53(4): 1749-1761.

[37] Taylor R, Hnatovsky C, Simova E. Applications of femtosecond laser induced self-organized planar nanocracks inside fused silica glass [J]. Laser Photonics Rev., 2008, 2(1-2): 26-46.

[38] Couairon A, Sudrie L, Franco M, et al. Filamentation and damage in fused silica induced by tightly focused femtosecond laser pulses [J]. Phys. Rev. B, 2005, 71(12): 125435-1-11.

[39] Thomson R R, Campbell S, Blewett I J, et al. Optical waveguide fabrication in z-cut lithium niobate ($LiNbO_3$) using femtosecond pulses in the low repetition rate regime [J]. Appl. Phys. Lett., 2006, 88(11): 111109-1-3.

[40] Tu C H, Huang Z C, Zhang S G, et al. Second harmonic generation by femtosecond Yb-doped fiber laser source based on PPKTP waveguide fabricated by femtosecond laser direct writing [J]. Opt. Commun., 2011, 284(1): 455-459.

[41] 张玲, 苗飞, 冯德军, 等. 飞秒激光对光纤布拉格光栅的曝光实验研究 [J]. 中国激光, 2011,38(5): 0505006-1-6.

[42] Miura K, Qiu J R, Inouye H, et al. Photowritten optical waveguides in various glasses with ultrashort pulse laser [J]. Appl. Phys. Lett., 1997, 71(23): 3329-3331.

[43] Hirao K, Miura K. Writing waveguides and gratings in silica and related materials by a femtosecond laser [J]. J. Non-Cryst Solids, 1998, 239(1-3): 91-95.

[44] Chan J W, Huser T, Risbud S, et al. Structural changes in fused silica after exposure to focused femtosecond laser pulses [J]. Opt. Lett., 2001, 26(21): 1726-1728.

[45] Ponader C W, Schroeder J F, Streltsov A M. Origin of the refractive-index increase in laser-written waveguides in glasses [J]. J. Appl. Phys., 2008, 103(6): 063516/1-5.

[46] Efimov O M, Glebov L B, Richardson K A, et al. Waveguide writing in chalcogenide glasses by a train of femtosecond laser pulses [J]. Opt. Mater., 2001, 17(3): 379-386.

[47] Fletcher L B, Witcher J J, Reichman W B, et al. Changes to the network structure of Er-Yb doped phosphate glass induced by femtosecond laser pulses [J]. J. Appl. Phys., 2009, 106(8): 083107/1-5.

[48] Bellouard Y, Barthel E, Said A A, et al. Scanning thermal microscopy and Raman analysis of bulk fused silica exposed to low-energy femtosecond laser pulses [J]. Opt. Express, 2008, 16(24): 19520-19534.

[49] Haken U, Humbach O, Ortner S, et al. Refractive index of silica glass: influence of fictive temperature [J]. J. Non-Cryst. Solids, 2000, 265(1-2): 9-18.

[50] Gross T M, Tomozawa M. Fictive temperature of GeO_2 glass: Its determination by IR method and its effects on density and refractive index [J]. J. Non-Cryst. Solids, 2007, 353(52-54): 4762-4766.

[51] Bressel L, de Ligny D, Sonneville C, et al. Femtosecond laser induced density changes in GeO_2 and SiO_2 glasses: fictive temperature effect [Invited] [J]. Opt. Mater. Express, 2011, 1(4): 605-613.

[52] Reichman W, Click C A, Krol D M. Femtosecond laser writing of waveguide structures in sodium calcium silicate glasses [J]. Commercial and Biomedical Applications of Ultrafast Lasers V, 2005, 5714: 238-244.

[53] Petite G, Guizard S, Martin P, et al. Comment on "Ultrafast electron dynamics in femtosecond optical breakdown of dielectrics" [J]. Phys. Rev. Lett., 1999, 83(24): 5182-5182.

[54] Poumellec B, Lancry M, Chahid-Erraji A, et al. Modification thresholds in femtosecond laser processing of pure silica: review of dependencies on laser parameters [Invited] [J]. Opt. Mater. Express, 2011, 1(4): 766-782.

[55] Kurobori T, Kawamura K, Hirano M, et al. Simultaneous fabrication of laser-active colour centres and permanent microgratings in lithium fluoride by a single femtosecond pulse [J]. J. Phys-Condens. Mat., 2003, 15(25): L399-L405.

[56] Baldochi S L, Courrol L C, Samad R E, et al. Fluoride crystals growth and color center production by high intensity ultra short laser pulses [J]. Phys. Status Solidi C, 2007, 4(3): 1060-1065.

[57] Lonzaga J B, Avanesyan S M, Langford S C, et al. Color center formation in soda-lime glass with femtosecond laser pulses [J]. J. Appl. Phys., 2003, 94(7): 4332-4340.

[58] Will M, Nolte S, Chichkov B N, et al. Optical properties of waveguides fabricated in fused silica by femtosecond laser pulses [J]. Appl. Optics, 2002, 41(21): 4360-4364.

[59] Schaffer C B, Garcia J F, Mazur E. Bulk heating of transparent materials using a high-repetition-rate femtosecond laser [J]. Appl. Phys. a-Mater., 2003, 76(3): 351-354.

[60] Dekker P, Ams M, Marshall G D, et al. Annealing dynamics of waveguide Bragg gratings: evidence of femtosecond laser induced colour centres [J]. Opt. Express, 2010, 18(4): 3274-3283.

[61] Burghoff J, Grebing C, Nolte S, et al. Efficient frequency doubling in femtosecond laser-written waveguides in lithium niobate [J]. Appl. Phys. Lett., 2006, 89(8): 081108-1-4.

[62] Burghoff J, Hartung H, Nolte S, et al. Structural properties of femtosecond laser-induced modifications in $LiNbO_3$ [J]. Appl. Phys. a-Mater., 2007, 86(2): 165-170.

[63] Burghoff J, Nolte S, Tuennermann A. Origins of waveguiding in femtosecond laser-structured $LiNbO_3$ [J]. Appl. Phys. a-Mater., 2007, 89(1): 127-132.

[64] Luo F F, Qian B, Lin G, et al. Redistribution of elements in glass induced by a high-repetition-rate femtosecond laser [J]. Opt. Express, 2010, 18(6): 6262-6269.

[65] Liu Y, Shimizu M, Zhu B, et al. Micromodification of element distribution in glass using femtosecond laser irradiation [J]. Opt. Lett., 2009, 34(2): 136-138.

[66] Liu Y, Zhu B, Wang L, et al. Femtosecond laser induced coordination transformation and migration of ions in sodium borate glasses [J]. Appl. Phys. Lett., 2008, 92(12): 121113-1-4.

[67] Kanehira S, Miura K, Hirao K. Ion exchange in glass using femtosecond laser irradiation [J]. Appl. Phys. Lett., 2008, 93(2): 023112-1-4.

[68] Sakakura M, Shimizu M, Shimotsuma Y, et al. Temperature distribution and modification mechanism inside glass with heat accumulation during 250 kHz irradiation of femtosecond laser pulses [J]. Appl. Phys. Lett., 2008, 93(23): 231112-1-3.

[69] Shimizu M, Sakakura M, Kanehira S, et al. Formation mechanism of element distribution in glass under femtosecond laser irradiation [J]. Opt. Lett., 2011, 36(11): 2161-2163.

[70] Gorelik T, Will M, Nolte S, et al. Transmission electron microscopy studies of femtosecond laser induced modifications in quartz [J]. Appl. Phys. a-Mater., 2003, 76(3): 309-311.

[71] Osellame R, Lobino M, Chiodo N, et al. Femtosecond laser writing of waveguides in periodically poled lithium niobate preserving the nonlinear coefficient [J]. Appl. Phys. Lett., 2007, 90(24): 241107-1-3.

[72] Zhang H, Eaton S M, Herman P R. Low-loss type II waveguide writing in fused silica with single picosecond laser pulses [J]. Opt. Express, 2006, 14(11): 4826-4834.

[73] Nejadmalayeri A H, Herman P R. Ultrafast laser waveguide writing: lithium niobate and the role of circular polarization and picosecond pulse width [J]. Opt. Lett., 2006, 31(20): 2987-2989.

[74] Ramsay E, Thomson R R, Psaila N D, et al. Laser action from an ultrafast laser inscribed Nd-doped silicate glass waveguide [J]. IEEE Photonic Tech. L., 2010, 22(11): 742-744.

[75] Bookey H T, Thomson R R, Psaila N D, et al. Femtosecond laser inscription of low insertion loss waveguides in Z-cut lithium niobate [J]. IEEE Photonic Tech. L, 2007, 19(9-12): 892-894.

[76] Macdonald J R, Thomson R R, Beecher S J, et al. Ultrafast laser inscription of near-infrared waveguides in polycrystalline ZnSe [J]. Opt. Lett., 2010, 35(23): 4036-4038.

[77] Rodenas A, Kar A K. High-contrast step-index waveguides in borate nonlinear laser crystals by 3D laser writing [J]. Opt. Express, 2011, 19(18): 17820-17833.

[78] Chan J W, Huser T R, Risbud S H, et al. Waveguide fabrication in phosphate glasses using femtosecond laser pulses [J]. Appl. Phys. Lett., 2003, 82(15): 2371-2373.

[79] Osellame R, Chiodo N, Maselli V, et al. Optical properties of waveguides written by a 26 MHz stretched cavity Ti : sapphire femtosecond oscillator [J]. Opt. Express, 2005, 13(2): 612-620.

[80] Stoian R, Cheng G, Mauclair C, et al. 3D adaptive spatio-temporal control of laser-induced refractive index changes in optical glasses [J]. Laser-Based Micro- and Nanopackaging and Assembly V, 2011, 7921: 79210H/1-7.

[81] Dharmadhikari J A, Dharmadhikari A K, Bhatnagar A, et al. Writing low-loss waveguides in borosilicate (BK7) glass with a low-repetition-rate femtosecond laser [J]. Opt. Commun, 2011, 284(2): 630-634.

[82] Juodkazis S, Nishimura K, Tanaka S, et al. Laser-induced microexplosion confined in the bulk of a sapphire crystal: Evidence of multimegabar pressures [J]. Phys. Rev. Lett., 2006, 96(16): 166101-1-4.

[83] Mermillod-Blondin A, Bonse J, Rosenfeld A, et al. Dynamics of femtosecond laser induced voidlike structures in fused silica [J]. Appl. Phys. Lett., 2009, 94(4): 041911-1-4.

[84] Mishchik K, Cheng G, Huo G, et al. Nanosize structural modifications with polarization functions in ultrafast laser irradiated bulk fused silica [J]. Opt. Express, 2010, 18(24): 24809-24824.

[85] Bain F M, Silva W F, Lagatsky A A, et al. Microspectroscopy of ultrafast laser inscribed channel waveguides in Yb:tungstate crystals [J]. Appl. Phys. Lett., 2011, 98(14): 141108-1-3.

[86] McMillen B, Chen K P, An H L, et al. Waveguiding and nonlinear optical properties of three-dimensional waveguides in $LiTaO_3$ written by high-repetition rate ultrafast laser

[J]. Appl. Phys. Lett., 2008, 93(11): 111106-1-4.

[87] Bhardwaj V R, Simova E, Rajeev P P, et al. Optically produced arrays of planar nanostructures inside fused silica [J]. Phys. Rev. Lett., 2006, 96(5): 057404-1-4.

[88] Bricchi E, Klappauf B G, Kazansky P G. Form birefringence and negative index change created by femtosecond direct writing in transparent materials [J]. Opt. Lett., 2004, 29(1): 119-121.

[89] Shimotsuma Y, Kazansky P G, Qiu J R, et al. Self-organized nanogratings in glass irradiated by ultrashort light pulses [J]. Phys. Rev. Lett., 2003, 91(24): 247405-1-4.

[90] Hnatovsky C, Taylor R S, Simova E, et al. Fabrication of microchannels in glass using focused femtosecond laser radiation and selective chemical etching [J]. Appl. Phys. a-Mater., 2006, 84(1-2): 47-61.

[91] Kazansky P G, Inouye H, Mitsuyu T, et al. Anomalous anisotropic light scattering in Ge-doped silica glass [J]. Phys. Rev. Lett., 1999, 82(10): 2199-2202.

[92] Cheng G, Mishchik K, Mauclair C, et al. Ultrafast laser photoinscription of polarization sensitive devices in bulk silica glass [J]. Opt. Express, 2009, 17(12): 9515-9525.

[93] Fernandes L A, Grenier J R, Herman P R, et al. Femtosecond laser fabrication of birefringent directional couplers as polarization beam splitters in fused silica [J]. Opt. Express, 2011, 19(13): 11992-11999.

[94] Osellame R, Chiodo N, Della Valle G, et al. Waveguide lasers in the C-band fabricated by laser inscription with a compact femtosecond oscillator [J]. IEEE J. Sel. Top. Quant., 2006, 12(2): 277-285.

[95] Huot N, Stoian R, Mermillod-Blondin A, et al. Analysis of the effects of spherical aberration on ultrafast laser-induced refractive index variation in glass [J]. Opt. Express, 2007, 15(19): 12395-12408.

[96] Marcinkevicius A, Mizeikis V, Juodkazis S, et al. Effect of refractive index-mismatch on laser microfabrication in silica glass [J]. Appl. Phys. a-Mater., 2003, 76(2): 257-260.

[97] Couairon A, Mysyrowicz A. Femtosecond filamentation in transparent media [J]. Phys. Rep., 2007, 441(2-4): 47-189.

[98] Gattass R R, Mazur E. Femtosecond laser micromachining in transparent materials [J]. Nat. Photonics, 2008, 2(4): 219-225.

[99] Yang W J, Kazansky P G, Svirko Y P. Non-reciprocal ultrafast laser writing [J]. Nat. Photonics, 2008, 2(2): 99-104.

[100] Liu J R, Zhang Z Y, Flueraru C, et al. Waveguide shaping and writing in fused silica using a femtosecond laser [J]. IEEE J. Sel. Top. Quant., 2004, 10(1): 169-173.

[101] Nejadmalayeri A H, Herman P R, Burghoff J, et al. Inscription of optical waveguides in crystalline silicon by mid-infrared femtosecond laser pulses [J]. Opt. Lett., 2005, 30(9): 964-966.

[102] Ams M, Marshall G D, Spence D J, et al. Slit beam shaping method for femtosecond laser direct-write fabrication of symmetric waveguides in bulk glasses [J]. Opt. Express, 2005, 13(15): 5676-5681.

[103] Tong L M, Gattass R R, Maxwell I, et al. Optical loss measurements in femtosecond laser written waveguides in glass [J]. Opt. Commun., 2006, 259(2): 626-630.

[104] Nejadmalayeri A H, Herman P R. Rapid thermal annealing in high repetition rate ultrafast laser waveguide writing in lithium niobate [J]. Opt. Express, 2007, 15(17): 10842-10854.

[105] Eaton S M, Ng M L, Bonse J, et al. Low-loss waveguides fabricated in BK7 glass by high repetition rate femtosecond fiber laser [J]. Appl. Optics, 2008, 47(12): 2098-2102.

[106] Allsop T, Dubov M, Mezentsev V, et al. Inscription and characterization of waveguides written into borosilicate glass by a high-repetition-rate femtosecond laser at 800 nm [J]. Appl. Optics, 2010, 49(10): 1938-1950.

[107] Li G Y, Winick K A, Said A A, et al. Waveguide electro-optic modulator in fused silica fabricated by femtosecond laser direct writing and thermal poling [J]. Opt. Lett., 2006, 31(6): 739-741.

[108] Zhang H B, Eaton S M, Herman P R. Single-step writing of Bragg grating waveguides in fused silica with an externally modulated femtosecond fiber laser [J]. Opt. Lett., 2007, 32(17): 2559-2561.

[109] Brown G, Thomson R R, Kar A K, et al. Ultrafast laser inscription of Bragg-grating waveguides using the multiscan technique [J]. Opt. Lett., 2012, 37(4): 491-493.

[110] Zhang H B, Eaton S M, Li J Z, et al. Type II high-strength Bragg grating waveguides photowritten with ultrashort laser pulses [J]. Opt. Express, 2007, 15(7): 4182-4191.

[111] Lee A J, Rahmani A, Dawes J M, et al. Point-by-point inscription of narrow-band gratings in polymer ridge waveguides [J]. Appl. Phys. a-Mater., 2008, 90(2): 273-276.

[112] Jovanovic N, Thomas J, Williams R J, et al. Polarization-dependent effects in point-by-point fiber Bragg gratings enable simple, linearly polarized fiber lasers [J]. Opt. Express, 2009, 17(8): 6082-6095.

[113] Marshall G D, Politi A, Matthews J C F, et al. Laser written waveguide photonic quantum circuits [J]. Opt. Express, 2009, 17(15): 12546-12554.

[114] Fernandes L A, Grenier J R, Herman P R, et al. Femtosecond laser writing of waveguide retarders in fused silica for polarization control in optical circuits [J]. Opt. Express, 2011, 19(19): 18294-18301.

[115] Sikorski Y, Said A A, Bado P, et al. Optical waveguide amplifier in Nd-doped glass written with near-IR femtosecond laser pulses [J]. Electron Lett., 2000, 36(3): 226-227.

[116] Osellame R, Chiodo N, Della Valle G, et al. Optical waveguide writing with a diode-pumped femtosecond oscillator [J]. Opt. Lett., 2004, 29(16): 1900-1902.

[117] Thomson R R, Psaila N D, Beecher S J, et al. Ultrafast laser inscription of a high-gain Er-doped bismuthate glass waveguide amplifier [J]. Opt. Express, 2010, 18(12): 13212-13219.

[118] Choi J, Bellec M, Royon A, et al. Three-dimensional direct femtosecond laser writing of second-order nonlinearities in glass [J]. Opt. Lett., 2012, 37(6): 1029-1031.

[119] Taccheo S, Della Valle G, Osellame R, et al. Er : Yb-doped waveguide laser fabricated by femtosecond laser pulses [J]. Opt. Lett., 2004, 29(22): 2626-2628.

[120] Della Valle G, Taccheo S, Osellame R, et al. 1.5 μm single longitudinal mode waveguide laser fabricated by femtosecond laser writing [J]. Opt. Express, 2007, 15(6): 3190-3194.

[121] Torchia G A, Rodenas A, Benayas A, et al. Highly efficient laser action in femtosecond-written Nd : yttrium aluminum garnet ceramic waveguides [J]. Appl. Phys. Lett., 2008, 92(11): 111103-1-3.

[122] Bain F M, Lagatsky A A, Thomson R R, et al. Ultrafast laser inscribed Yb: KGd KY$(WO_4)_2$ and Yb: $(WO_4)_2$ channel waveguide lasers [J]. Opt. Express, 2009, 17(25): 22417-22422.

[123] Siebenmorgen J, Petermann K, Huber G, et al. Femtosecond laser written stress-induced Nd:Y(3)Al(5)O(12) (Nd:YAG) channel waveguide laser [J]. Appl. Phys. B-Lasers O., 2009, 97(2): 251-255.

[124] Calmano T, Siebenmorgen J, Hellmig O, et al. Nd:YAG waveguide laser with 1.3 W output power, fabricated by direct femtosecond laser writing [J]. Appl. Phys. B-Lasers O., 2010, 100(1): 131-135.

[125] Tan Y, Chen F, de Aldana J R V, et al. Continuous wave laser generation at 1064 nm in femtosecond laser inscribed Nd:YVO_4 channel waveguides [J]. Appl. Phys. Lett., 2010, 97(3): 031119-1-3.

[126] Siebenmorgen J, Calmano T, Petermann K, et al. Highly efficient Yb:YAG channel waveguide laser written with a femtosecond-laser [J]. Opt. Express, 2010, 18(15): 16035-16041.

[127] Tan Y, Rodenas A, Chen F, et al. 70% slope efficiency from an ultrafast laser-written Nd:$GdVO_4$ channel waveguide laser [J]. Opt. Express, 2010, 18(24): 24994-24999.

[128] Fusari F, Thomson R R, Jose G, et al. Lasing action at around 1.9 mu m from an ultrafast laser inscribed Tm-doped glass waveguide [J]. Opt. Lett., 2011, 36(9): 1566-1568.

[129] Lancaster D G, Gross S, Ebendorff-Heidepriem H, et al. Fifty percent internal slope efficiency femtosecond direct-written Tm^{3+}:ZBLAN waveguide laser [J]. Opt. Lett., 2011, 36(9): 1587-1589.

[130] Zhang C, Dong N N, Yang J, et al. Channel waveguide lasers in Nd:GGG crystals fabricated by femtosecond laser inscription [J]. Opt. Express, 2011, 19(13): 12503-12508.

[131] Lancaster D G, Gross S, Ebendorff-Heidepriem H, et al. 2.1 mu m waveguide laser fabricated by femtosecond laser direct-writing in Ho^{3+}, Tm^{3+} : ZBLAN glass [J]. Opt. Lett., 2012, 37(6): 996-998.

[132] Huot N, Sanner N, Audouard E. Programmable focal spot shaping of amplified femtosecond laser pulses and their application to micromachining [J]. Femtosecond Phenomena and Nonlinear Optics III, 2006, 6400(U130-U138).

[133] Wang Z, Sugioka K, Hanada Y, et al. Optical waveguide fabrication and integration with a micro-mirror inside photosensitive glass by femtosecond laser direct writing [J]. Appl. Phys. a-Mater., 2007, 88(4): 699-704.

[134] Eaton S M, Zhang H, Ng M L, et al. Transition from thermal diffusion to heat accumulation in high repetition rate femtosecond laser writing of buried optical waveguides [J]. Opt. Express, 2008, 16(13): 9443-9458.

[135] Benayas A, Silva W F, Rodenas A, et al. Ultrafast laser writing of optical waveguides in ceramic Yb:YAG: a study of thermal and non-thermal regimes [J]. Appl. Phys. a-Mater., 2011, 104(1): 301-309.

[136] Shimizu M, Sakakura M, Ohnishi M, et al. Mechanism of heat-modification inside a glass after irradiation with high-repetition rate femtosecond laser pulses [J]. J. Appl. Phys., 2010, 108(7): 073533/1-10.

[137] Eaton S M, Zhang H B, Herman P R. Heat accumulation effects in femtosecond laser-written waveguides with variable repetition rate [J]. Opt. Express, 2005, 13(12): 4708-4716.

[138] Reichman W J, Krol D M, Shah L, et al. A spectroscopic comparison of femtosecond-laser-modified fused silica using kilohertz and megahertz laser systems [J]. J. Appl. Phys., 2006, 99(12): 123112/1-5.

[139] Little D J, Ams M, Gross S, et al. Structural changes in BK7 glass upon exposure to femtosecond laser pulses [J]. J. Raman Spectrosc, 2011, 42(4): 715-718.

[140] Graf R, Fernandez A, Dubov M, et al. Pearl-chain waveguides written at megahertz repetition rate [J]. Appl. Phys. B-Lasers O., 2007, 87(1): 21-27.

[141] Cerullo G, Osellame R, Taccheo S, et al. Femtosecond micromachining of symmetric waveguides at 1.5 mu m by astigmatic beam focusing [J]. Opt. Lett., 2002, 27(21): 1938-1940.

[142] Osellame R, Taccheo S, Marangoni M, et al. Femtosecond writing of active optical waveguides with astigmatically shaped beams [J]. J. Opt. Soc. Am. B, 2003, 20(7): 1559-1567.

[143] Vazquez R M, Osellame R, Nolli D, et al. Integration of femtosecond laser written optical waveguides in a lab-on-chip [J]. Lab on a Chip, 2009, 9(1): 91-96.

[144] Cheng Y, Sugioka K, Midorikawa K, et al. Control of the cross-sectional shape of a hollow microchannel embedded in photostructurable glass by use of a femtosecond laser

[J]. Opt. Lett., 2003, 28(1): 55-57.

[145] Moh K J, Tan Y Y, Yuan X C, et al. Influence of diffraction by a rectangular aperture on the aspect ratio of femtosecond direct-write waveguides [J]. Opt. Express, 2005, 13(19): 7288-7297.

[146] Psaila N D, Thomson R R, Bookey H T, et al. Femtosecond laser inscription of optical waveguides in bismuth ion doped glass [J]. Opt. Express, 2006, 14(22): 10452-10459.

[147] Thomson R R, Bookey H T, Psaila N, et al. Internal gain from an erbium-doped oxyfluoride-silicate glass waveguide fabricated using femtosecond waveguide inscription [J]. IEEE Photonic Tech. L., 2006, 18(13-16): 1515-1517.

[148] Psaila N D, Thomson R R, Bookey H T, et al. Er : Yb-doped oxyfluoride silicate glass waveguide amplifier fabricated using femtosecond laser inscription [J]. Appl. Phys. Lett., 2007, 90(13): 131102-1-4.

[149] Okhrimchuk A G, Shestakov A V, Khrushchev I, et al. Depressed cladding, buried waveguide laser formed in a YAG : Nd^{3+} crystal by femtosecond laser writing [J]. Opt. Lett., 2005, 30(17): 2248-2250.

[150] Benayas A, Silva W F, Jacinto C, et al. Thermally resistant waveguides fabricated in Nd:YAG ceramics by crossing femtosecond damage filaments [J]. Opt. Lett., 2010, 35(3): 330-332.

[151] Beckmann D, Schnitzler D, Schaefer D, et al. Beam shaping of laser diode radiation by waveguides with arbitrary cladding geometry written with fs-laser radiation [J]. Opt. Express, 2011, 19(25): 25418-25425.

[152] Calmano T, Paschke A G, Siebenmorgen J, et al. Characterization of an Yb:YAG ceramic waveguide laser, fabricated by the direct femtosecond-laser writing technique [J]. Appl. Phys. B-Lasers O., 2011, 103(1): 1-4.

[153] Sanner N, Huot N, Audouard E, et al. Programmable focal spot shaping of amplified femtosecond laser pulses [J]. Opt. Lett., 2005, 30(12): 1479-1481.

[154] Mauclair C, Mermillod-Blondin A, Huot N, et al. Ultrafast laser writing of homogeneous longitudinal waveguides in glasses using dynamic wavefront correction [J]. Opt. Express, 2008, 16(8): 5481-5492.

[155] Mermillod-Blondin A, Mauclair C, Rosenfeld A, et al. Size correction in ultrafast laser processing of fused silica by temporal pulse shaping [J]. Appl. Phys. Lett., 2008, 93(2): 021921-1-4.

[156] Thomson R R, Bockelt A S, Ramsay E, et al. Shaping ultrafast laser inscribed optical waveguides using a deformable mirror [J]. Opt. Express, 2008, 16(17): 12786-12793.

[157] de la Cruz A R, Ferrer A, Gawelda W, et al. Independent control of beam astigmatism and ellipticity using a SLM for fs-laser waveguide writing [J]. Opt. Express, 2009, 17(23): 20853-20859.

[158] Kuroiwa Y, Takeshima N, Narita Y, et al. Arbitrary micropatterning method in femtosecond laser microprocessing using diffractive optical elements [J]. Opt. Express, 2004, 12(9): 1908-1915.

[159] Hayasaki Y, Sugimoto T, Takita A, et al. Variable holographic femtosecond laser processing by use of a spatial light modulator [J]. Appl. Phys. Lett., 2005, 87(3): 031101-1-4.

[160] Hasegawa S, Hayasaki Y, Nishida N. Holographic femtosecond laser processing with multiplexed phase Fresnel lenses [J]. Opt. Lett., 2006, 31(11): 1705-1707.

[161] Mauclair C, Cheng G, Huot N, et al. Dynamic ultrafast laser spatial tailoring for parallel micromachining of photonic devices in transparent materials [J]. Opt. Express, 2009, 17(5): 3531-3542.

[162] Pospiech M, Emons M, Vaeckenstedt B, et al. Single-sweep laser writing of 3D-waveguide devices [J]. Opt. Express, 2010, 18(7): 6994-7001.

[163] Sakakura M, Sawano T, Shimotsuma Y, et al. Fabrication of three-dimensional 1×4 splitter waveguides inside a glass substrate with spatially phase modulated laser beam [J]. Opt. Express, 2010, 18(12): 12136-12143.

[164] Ams M, Marshall G D, Withford M J. Study of the influence of femtosecond laser polarisation on direct writing of waveguides [J]. Opt. Express, 2006, 14(26): 13158-13163.

[165] Little D J, Ams M, Dekker P, et al. Femtosecond laser modification of fused silica: the effect of writing polarization on Si-O ring structure [J]. Opt. Express, 2008, 16(24): 20029-20037.

[166] Meany T, Gräfe M, Heilmann R, et al. Laser written circuits for quantum photonics[J]. Laser Photon. Rev., 2015, 9(4): 363-384.

第12章　飞秒激光诱导晶体选择性析出

12.1　引　　言

近年来，随着电子信息业的快速发展，大量传统的光学元件正逐步向集成化、系统化、多功能化、复合化和高性能化方向发展。在微纳米尺度上发展、设计新型集成光学元件的技术就显得日益重要。但目前大部分光电元器件，如表面声波器件、光调制器、电光细胞、激光倍频装置、光参量振荡器等，都是首先通过制备一批具有压电、铁电、光电、非线性光学等性能的晶体，随后通过一系列复杂的集成封装以实现组装器件的目的，这极大地增加生产工艺的成本和时间。在某些光学仪器中进行光学波长的转换时，必须依赖于非线性光学晶体通过谐波方式产生，这需要经过一系列复杂的转换传输光路才能够实现，严重制约了仪器小型化、集成化的发展。因此，直接将多功能微纳米晶体集成在光学元件内，对发展全固态光集成器件具有巨大的推动作用 [1-4]。

玻璃材料在光学波段具有良好的透过率和易加工特性，通常被认为是集成全光元器件的优良载体。同时，玻璃的原子排布方式为长程无序、短程有序，使得玻璃处于热力学亚稳态结构。此介于晶态和液态的特殊结构为某些玻璃向稳态的晶体结构的转变提供了可能。目前，通过在玻璃中析出非线性光学晶体，利用其倍频效应结合光栅、光波导等功能结构，已制备出了多种具有外场调控特性的集成光学元件，极大地促进了该领域先进材料和技术的发展 [5-7]。

从当前研究现状来看，在没有外场诱导的条件下析晶，晶体的取向通常杂乱无章，从而丧失宏观上的各向异性 [8]。普通的热处理晶化只能使析出的晶体均匀散布在玻璃体内，无法实现对晶化区域的选择性操控。

如何在玻璃中定向析晶对于制备功能性的光电材料显得尤其重要，即通过特定的外场 (光、热、电磁场) 诱导技术，使能量聚焦到玻璃内部的选定区域以实现玻璃内部晶体的可控生长。因为激光具有良好的方向性以及高能量密度的输出特性，因此，通过激光诱导技术使功能晶体在玻璃体内空间选择性地生长，成为近年来的一个研究热点。飞秒激光与连续激光及长脉冲激光相比具有超强超快的特性，是实现玻璃中定向析晶的有力手段，能直接推动全固态光集成器件的发展 [5]。

12.2　飞秒激光诱导晶体选择性析出机理

在相当长的时间内，激光诱导材料的晶化都是利用入射光子激发材料体内的电子共振跃迁以达到激光能量的吸收，这些吸收的能量传递给晶格，以热能的形式释放，因此本质上完全依赖于材料的禁带宽度和入射光子的能量。这种材料线性吸收光子能量的吸收过程与激光功率无关，只要激光波长处于材料的本征吸收区域，也就是说，入射光子能够激发电子由价带跃迁到导带，那么激光能量都能被材料吸收，并通过电子与声子或声子与声子之间的碰撞以热弛豫的方式释放。值得注意的是，尽管这种辐照方式机理比较简单，但是这种能量吸收特性实际上阻止了光子越过表面深入材料内部进行三维结构修饰。因此在这种情况下材料吸收光子是没有区域选择性的，所以光子共振线性吸收诱导玻璃转化成晶体的这种技术只能应用在一维或者二维平面。

20 世纪 90 年代，随着掺钛蓝宝石飞秒脉冲激光器的发展，借助啁啾脉冲放大技术，聚焦后的脉冲峰值功率可以达到 10^{16}~10^{18} W/cm^2，在如此高的辐照强度下，原先不能直接激发电子跃迁的光子也会被材料吸收。这是因为材料的非线性吸收过程与激光强度 I_{p} 有关，当激光强度 I_{p} 超过 10^{12} W/cm^2 时，材料中的电子将同时吸收多个光子获得电离，其在激光焦点处形成的超高场强，甚至可能直接把电子从原子的束缚中剥离出来使得材料的化学键断裂，这种微区超临界条件对随后晶体形成过程中的原子基团重组十分有利 [9]。此外，在飞秒激光与材料的作用下，由于材料的多光子吸收，又会在激光焦点区域形成大量的等离子体，这些等离子体会与激光发生耦合共振，这反过来又增加了脉冲能量的吸收效率，使得大部分脉冲能量能够沉淀在焦点区域。研究表明，材料吸收激光能量并转化为热能释放的特征时间通常是 10^{-12} s，在随后的弛豫过程中，自由电子和晶格之间通过碰撞使得能量传递给晶格形成热释放 [10,11]。因此，通过飞秒激光的连续注入，能在较短的时间内积累大量的热量导致焦点区域的局域温度上升。在这个非线性作用过程中，由于有着严格的阈值场强限制，在激光焦点处仅在超过阈值的区域才会形成多光子吸收，材料的其他部分不会受到影响，因而，采用这种加工方式可以实现三维空间选择性的操控 [12,13]。还需指出，就目前的研究情况来看，并不是所有类型的飞秒脉冲激光器都能在玻璃材料内诱导晶体的生长，1kHz 的低重复频率激光器，由于其脉冲间隔时间太长，远远大于电子把热量传递给晶格的弛豫时间，因此其热积累效应无法在固体介质内有效作用，只能在溶液等内能较高的体系中诱导晶体生成。在本书中所指的飞秒激光器，一般都是脉冲频率在 200 kHz 或以上的高重频飞秒激光系统。

材料吸收激光能量并转化为热能释放的特征时间通常是 10^{-12} s[14]。在随后的弛豫过程中，自由电子和晶格之间通过碰撞使得能量传递给晶格形成热释放，会产生几千开的高温。然后，由于热扩散过程，温度通常会在 10^{-6} s 级的时间内迅速下降至常温。当使用 250 kHz 高重复频率的飞秒激光时，激光脉冲间隔为 4 μs，所以当前一飞秒激光脉冲所产生的高温还未因热扩散过程消退完全，后一个脉冲又将能量注入材料中。这样，通过飞秒激光的连续注入，能在较短的时间内积累大量的热量，导致焦点区域的局域温度上升，可以高达几千开。图 12.1 是京都大学 Hirao 小组通过理论模拟所得 250 kHz 飞秒激光照射玻璃 1 s 后在焦点附近区域所产生的温度分布 [15]。而当使用 1 kHz 的飞秒激光时，由于其脉冲间隔时间为 1 ms，远大于热扩散过程的特征时间，所以不会产生热积累效应。

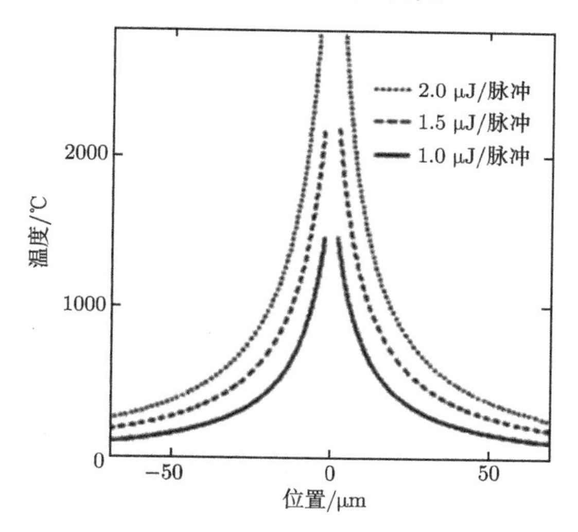

图 12.1 不同脉冲能量的 250 kHz 飞秒激光辐照玻璃 1 s 后激光焦点附近的温度分布

当聚焦后的飞秒激光入射到玻璃体内，在焦点区域诱导的多光子吸收和多光子电离，使得玻璃体内的价带电子不断地被激发成自由电子并导致大量高温高压的等离子体形成，这些等离子体又能强烈地吸收激光能量，导致激光能量的大量沉淀。同时，飞秒激光诱导的光化学作用，使得玻璃网络的原子基团之间的化学键断裂，在等离子微爆炸形成的高压和热效应的推动下，构成玻璃体系的原子基团发生重组，结合成有序的晶体结构。因此，由多光子吸收导致的能量淀积、等离子热膨胀引发的微爆炸以及玻璃基团的断裂重组，应该是飞秒激光诱导玻璃体内晶体生长的主要原因。

综合上面的机理可以得出，尽管材料吸收激光能量的过程分为线性吸收和非线性吸收两种，但是激光在玻璃体内诱导晶体生长的关键之处，还在于激光能量能够有效地沉积在选定区域以实现玻璃的局部加热，然后通过玻璃材料的熔融重组来实现晶体的生长。因此，如何能使玻璃基体有效地吸收激光能量并转化为热能积累以实现区域材料熔融，接着导致晶核成形以及晶体生长是目前该方向研究的重点。

12.3　飞秒激光诱导代表性晶体选择性析出

12.3.1　飞秒激光诱导非线性晶体选择性析出

2000 年，Miura 等 [16] 将 800 nm, 130 fs, 200 kHz 的飞秒激光经 50 倍 (数值孔径 NA=0.8) 的透镜聚焦到 BaO-Al_2O_3-B_2O_3 系统玻璃中。当激光平均为 600 mW，辐照区曝光时间为 10 min 时，激光焦点处开始析出晶体，图 12.2 为飞秒激光诱导玻璃的光学显微镜照片，发现曝光 20 min 后，焦点处明显变黑，XRD 图谱 (图 12.3) 表明飞秒激光诱导焦点处析出了 BaB_2O_4 晶体。此晶体为倍频晶体，当飞秒激光照射析出 BaB_2O_4 晶体时可以看到 400 nm 的倍频光，并且随着曝光时间的延长，倍

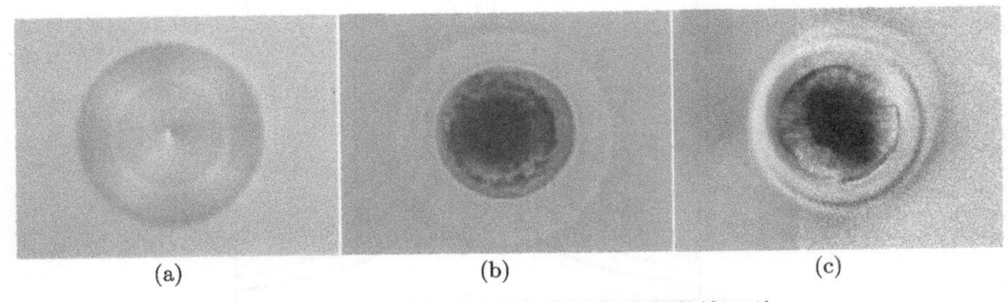

图 12.2　飞秒激光辐照玻璃的光学显微镜照片

(a) 曝光瞬间；(b) 曝光 20 min；(c) 曝光 30 min

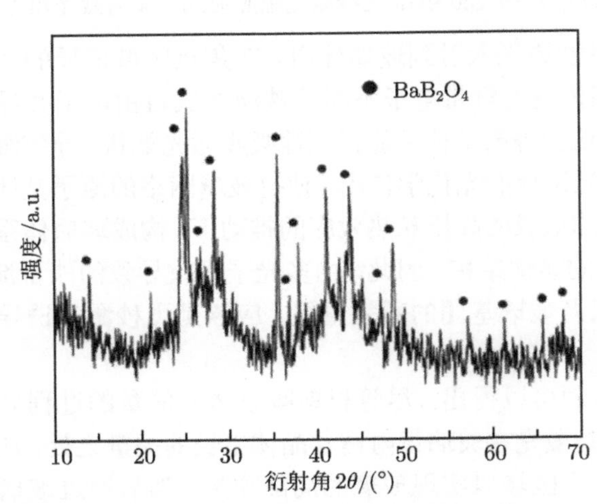

图 12.3　经平均功率为 800 mW，曝光时间为 40 min 后辐照区的 XRD 图谱

频光的强度变强 (图 12.4)。飞秒激光在玻璃内部以不同速度扫描时，会得到不同的晶体类型 (图 12.5)，当激光移动速度为 100 μm/s 时，析出的晶体明显为多晶体，而当激光扫描速度降低至 10 μm/s 时，所得到的 BaB_2O_4 晶体为类单晶。这是已知最早报道飞秒激光诱导玻璃内部空间选择性析出功能晶体的文献，有望运用于光集成的光频转换设备中。这一成果表明，飞秒激光能成功地实现玻璃中功能晶体的控制析出，并且有希望应用到光频转换器件中。此后，运用飞秒激光技术在玻璃中诱导析出了许多功能晶体，同时展示了诱人的前景。

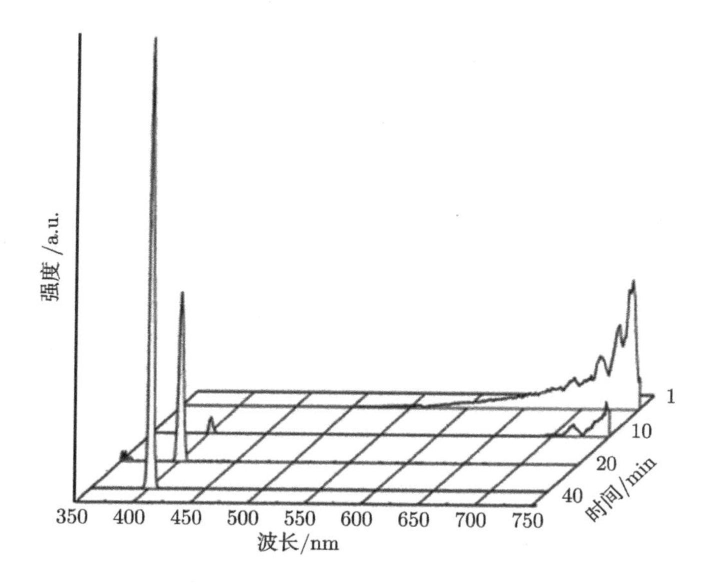

图 12.4 在飞秒激光波长 800 nm，平均功率 450 mW，脉宽 130 fs 条件下，不同曝光时间对焦点处发射光谱的影响

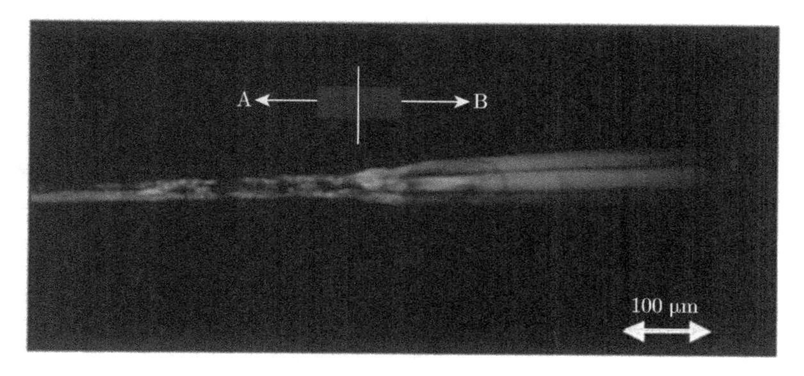

图 12.5 不同激光扫描速度 (A100，B10) 下，扫描区域的偏光显微镜照片

2007 年，Guo 等 [17] 在同一体系下，利用拉曼扫描光谱测试分析了辐照区域的微纳米晶体分布情况。图 12.6 中显示的实验结果表明，激光诱导析出了 α-BBO 和 β-BBO 两种晶相，且辐照中心区域仍显示为玻璃态。

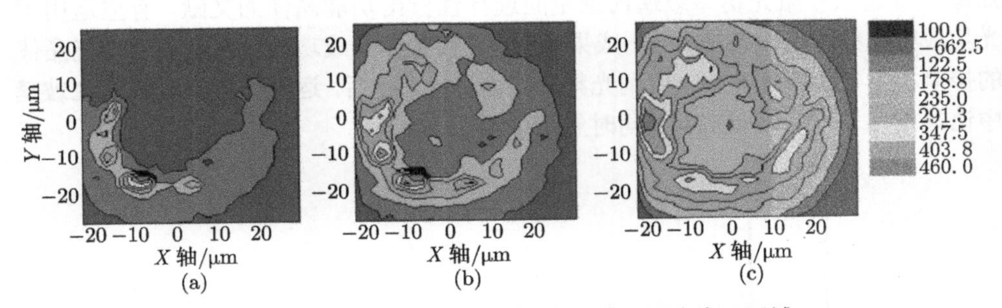

图 12.6　在 $BaO\text{-}Al_2O_3\text{-}B_2O_3$ 玻璃体系中，激光聚焦中心区域 BaB_2O_4 微晶的分布拉曼线图(后附彩图)

2005 年，Yonesaki[18] 等同样运用飞秒激光技术成功地析出了非线性功能晶体 $LiNbO_3$, $BaTiO_3$，XRD 图谱 (图 12.7) 证实，玻璃中飞秒激光辐照区析出了 $LiNbO_3$, $BaTiO_3$ 非线性功能晶体。并运用 EPMA 分析了焦点中心及外部的化学组成变化，提出飞秒激光焦点处析出功能晶体的机理。根据晶体成核和生长理论，热扩散和温度梯度的形成原子产生重排，最终导致析晶的产生 (图 12.8)。

2007 年，Dai 等 [19] 报道了用飞秒激光在玻璃中选择性析出了具有大的二阶非线性光学性能的铁电晶体 $Ba_2TiSi_2O_8$。他们运用高重频的飞秒激光，在 $33.3BaO\text{-}16.7TiO_2\text{-}50SiO_2$ 玻璃中诱导出了 $Ba_2TiSi_2O_8$ 非线性晶体，在玻璃表面 200 μm 以下飞秒激光焦点位置作用一段时间后，能观察到明显的蓝光倍频现象 (图 12.9)，

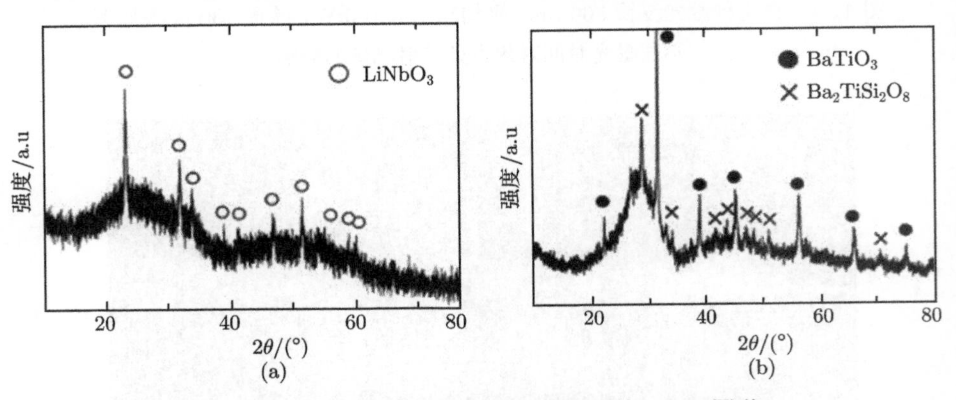

图 12.7　不同体系玻璃飞秒激光辐照后的 XRD 图谱

(a) $32.5Li_2O\text{-}27.5Nb_2O_5\text{-}40SiO_2$ 玻璃辐照区的 XRD 图谱；

(b) $5.0Na_2O\text{-}36.0BaO\text{-}39.0TiO_2\text{-}20.0SiO_2$ 玻璃辐照区的 XRD 图谱

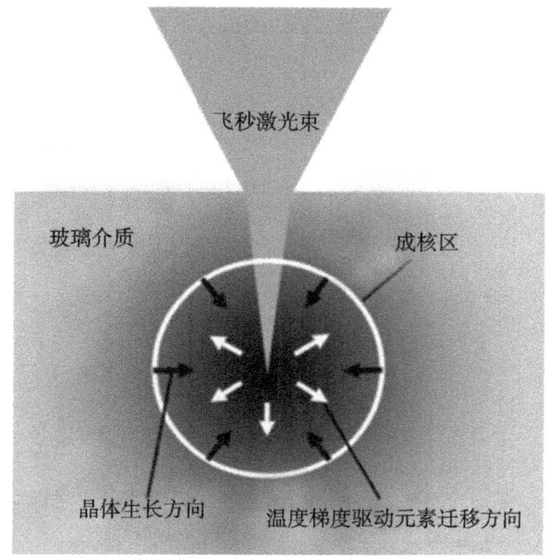

图 12.8 飞秒激光诱导玻璃选择性析晶示意说明图

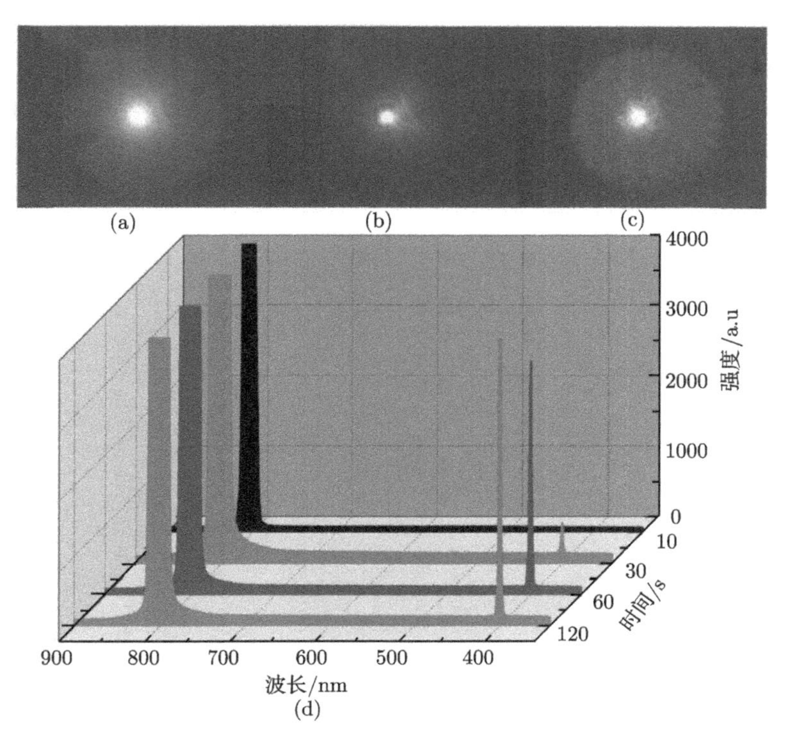

图 12.9 飞秒激光作用不同时间焦点处的光学显微镜照片 (后附彩图)

(a)10 s; (b)30 s; (c)60 s; (d) 二次谐波强度与飞秒激光作用时间的关系

未辐照区未能观察到此现象。经拉曼光谱证实，蓝光倍频现象来源于 $Ba_2TiSi_2O_8$ 非线性晶体的析出 (图 12.10)。同时，他们采集了玻璃表面 200 μm 以下经 10 s, 30 s, 60 s, 120s 后焦点区域自然光和正交偏振光下的照片 (图 12.11)，不同

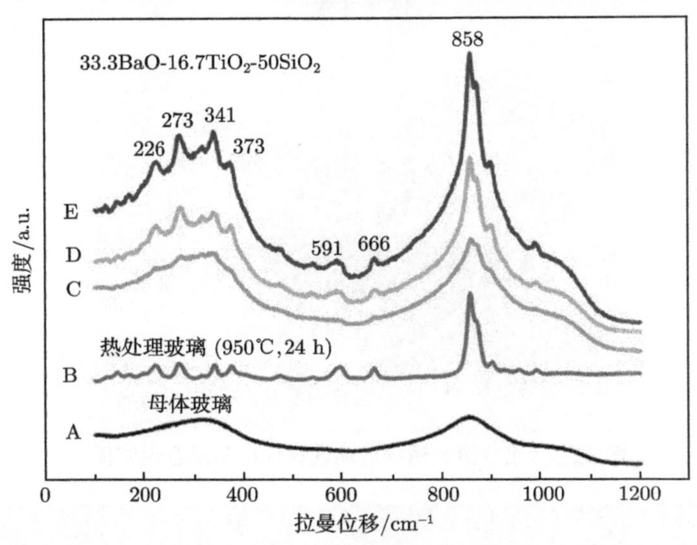

图 12.10 母体玻璃 (曲线 A)，热处理玻璃 (曲线 B)，飞秒激光辐照 30 s 后焦点区域(曲线 C)，飞秒激光辐照 60 s 后焦点区域 (曲线 D)，飞秒激光辐照120 s 后焦点区域 (曲线 E) 的拉曼光谱

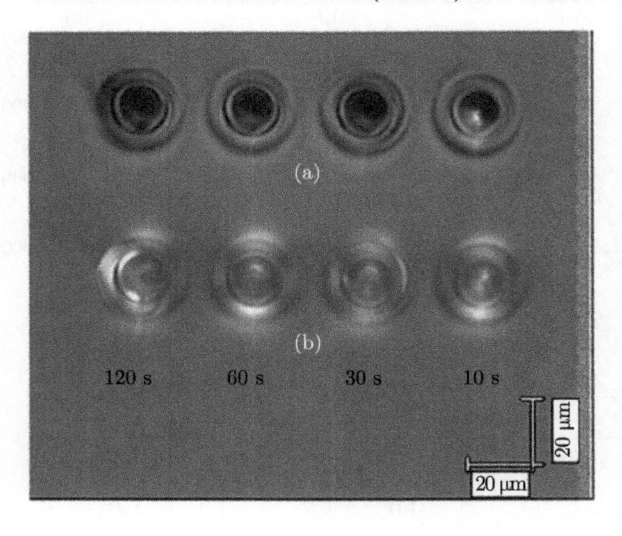

图 12.11 玻璃表面 200 μm 以下经 10 s, 30 s, 60 s, 120 s 后焦点区域自然光 (a) 和正交偏振光 (b) 下的照片

曝光时间下，飞秒激光诱导的圆形区域的半径基本相同，由于晶体的析出，在正交偏振光下观察到了彩色干涉条纹。这项技术能够运用到基于三维显示和非线性应用的频率转换装置中。

同年，Dai 等 [20] 又实现了铁电晶体 $Sr_2TiSi_2O_8$ 在玻璃中的选择性析出。$Sr_2TiSi_2O_8$ 晶体由于其不一致熔融的性质，相对于 $Ba_2TiSi_2O_8$ 而言，很难通过常规晶体生长方法来得到。$Sr_2TiSi_2O_8$ 晶体具有比 KH_2PO_4(KDP) 大八倍的二阶非线性光学极化率。同时，Dai 等讨论了 $Sr_2TiSi_2O_8$ 晶体成核和生长机理，认为 Ti^{4+} 被电还原成 Ti^{3+} 能明显增加熔体的晶化成核速率 [21]，飞秒激光诱导还原的 Ti^{3+} 能增进玻璃熔融体的晶化速度，从而促进 $Sr_2TiSi_2O_8$ 晶体的析出。这项技术在三维光存储和平板显示上具有实际应用 (图 12.12)。

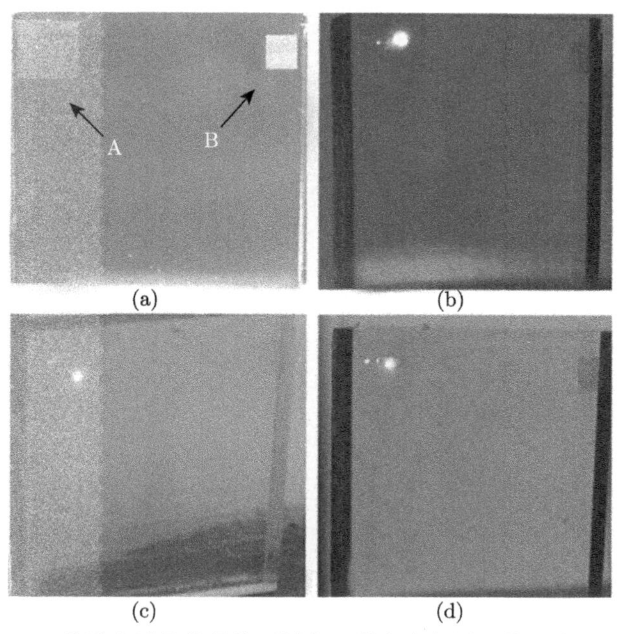

图 12.12 飞秒激光诱导的晶化区域实现激光多色显示的照片 (后附彩图)

(a) 飞秒激光在玻璃内部诱导的析晶区域；(b) 蓝基色光显示激发波长 900 nm，发射波长 450 nm；(c) 绿基色光显示激发波长 1080 nm，发射波长 540 nm；(d) 红基色光显示激发波长 1230 nm，发射波长 615 nm

2008 年，Dai 等 [22] 采用飞秒激光在 33.3BaO-16.7TiO_2-50GeO_2 玻璃中选择性地析出了 $Ba_2TiGe_2O_8$ 非线性晶体，$Ba_2TiGe_2O_8$ 晶体同样具有大的二阶非线性光学极化率，尤其是玻璃表面析出 $Ba_2TiGe_2O_8$ 晶体的二阶非线性光学极化率 d_{33} 与 $LiNbO_3$ 单晶相当。XRD 光谱和拉曼光谱同样证实了 $Ba_2TiGe_2O_8$ 晶体在玻璃中的析出。同时，晶体生长可以从玻璃表面到玻璃内部沿着激光移动方向，激光诱导玻璃表面成核，当飞秒作用区温度超过析晶温度 T_c 时，$Ba_2TiGe_2O_8$ 晶体开始生长，如图 12.13 所示，(a) 和 (b) 区域均能观察到 400 nm 蓝光；由于光散射，(c) 区域的温度低于析晶温度 T_c 未能观察到倍频蓝光。飞秒激光诱导表面成核和热积累效应导致的温度超过 T_c 是促成 $Ba_2TiGe_2O_8$ 晶体析出的主要原因。

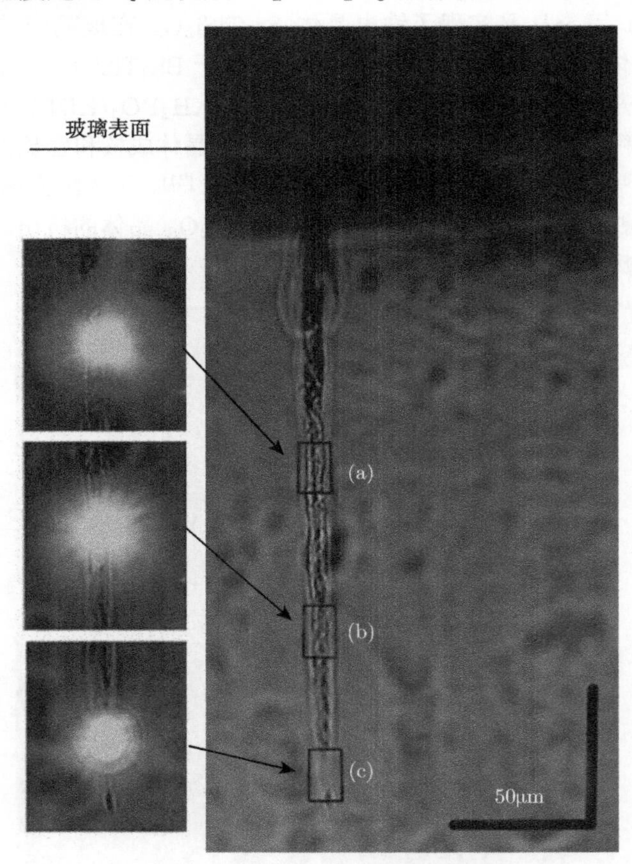

图 12.13　飞秒激光诱导定向析晶区域的横截面 (后附彩图)

(a) 和 (b) 区域的蓝光由于二次谐波的产生，没有非线性晶体在 (c) 区域析出

12.3.2　飞秒激光诱导析出的晶体对掺杂稀土离子发光的影响

飞秒激光可以在玻璃内部空间选择性地诱导非线性光学晶体的析出，由于析出的晶体具有很强的变频性能，能够使入射光产生二次谐波，因而，用产生的倍频光来激发掺杂在玻璃里面的稀土离子，有望可选择地获得多色荧光。钐 (Sm) 是一种重要的稀土元素，它在玻璃中一般以稳定的 Sm^{3+} 态存在，并且在紫外光的激发下会产生可见红光的发射。首先把 Sm^{3+} 掺杂进 $BaO\text{-}TiO_2\text{-}SiO_2$ 玻璃，然后用飞秒激光聚焦进玻璃内部对其进行辐照。

实验发现，当飞秒激光辐照初期，荧光光谱并没有显示出特别的变化，但是随着辐照时间延长，激光焦点区域的 $Ba_2TiSi_2O_8$ 晶体逐渐析出，使得入射的 800 nm 光也倍频转变为 400 nm。这个 400 nm 的二次谐波又能激发出辐照区域的 Sm^{3+}，使其发射出相应的荧光，如图 12.14 中的光谱所示。除了 400 nm 的峰外，其他在 563 nm, 600 nm 和 648 nm 的发射峰都是 Sm^{3+} 的 $^4G_{5/2} \rightarrow {}^6H_J(J=5/2, 7/2, 9/2)$ 受激跃迁辐射。此外，玻璃的吸收光谱表明该玻璃样品在 800 nm 处没有本征吸收，因此可认为在玻璃内部飞秒激光诱导析出 $Ba_2TiSi_2O_8$ 非线性光学晶体的区域，其倍频蓝光能够激发掺杂在玻璃中的 Sm^{3+} 使其发射出本征荧光 [23]。

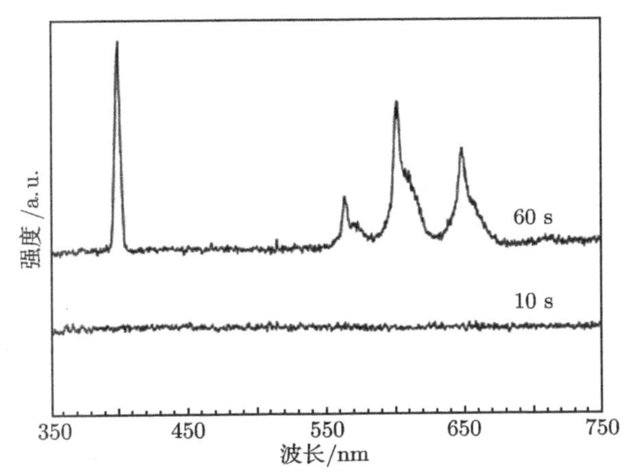

图 12.14 飞秒激光诱导玻璃内部 $Ba_2TiSi_2O_8$ 晶体析出后形成的400 nm 倍频光能激发掺杂 Sm^{3+} 的本征荧光

另外还辐照了 Eu 离子掺杂的 $BaO\text{-}TiO_2\text{-}SiO_2$ 玻璃，在实验中也观察到了相似的结果 [24]。当辐照时间大约为 60 s 时，发光光谱显示出了 5 个发射峰，除了 400 nm 的发射是入射的 800 nm 激光的二次谐波外，其余四个在 589 nm, 615 nm, 651 nm 和 700 nm 的发光峰都应该归于 400 nm 激发 Eu^{3+} 的 $^5D_0 \rightarrow {}^7H_J(J=1, 2, 3, 4)$ 受激跃迁发射。Eu^{3+} 的发光光谱及显微照片可见图 12.15。

然而，并不是所有的稀土离子在飞秒激光诱导晶体析出的情况下其本征发射可由入射激光的倍频光所激发。Zhu 等 [25] 研究了 Er^{3+} 掺杂的 $BaO\text{-}TiO_2\text{-}SiO_2$ 玻璃，如图 12.16，发现在飞秒激光辐照的焦点区域，Er^{3+} 的 525 nm($^2H_{11/2} \longrightarrow {}^4I_{15/2}$) 和 546 nm($^2S_{3/2} \longrightarrow {}^4I_{15/2}$) 处的荧光可直接由飞秒激光通过多光子激发产生，而 $Ba_2TiSi_2O_8$ 晶体析出所产生的倍频蓝光并不会对 Er^{3+} 的荧光产生增强作用。这个结果与上文中 Sm^{3+} 和 Eu^{3+} 的发光特性有所区别，他们认为可能还是和稀土离子的外层电子结构有关，这还需要进一步研究。

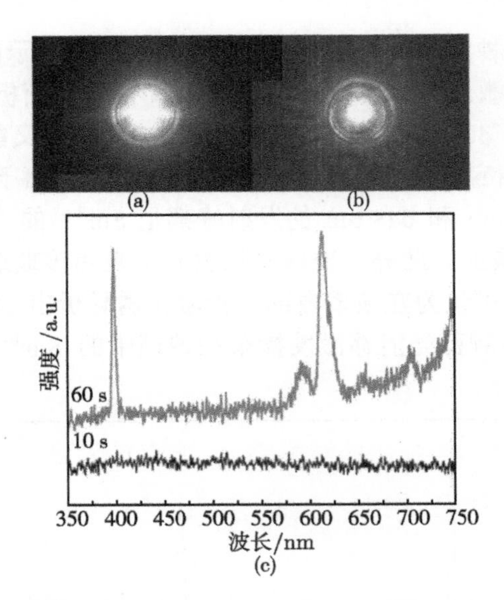

图 12.15　飞秒激光诱导玻璃内部 $Ba_2TiSi_2O_8$ 晶体析出后形成的 400 nm 倍频光能激发掺杂 Eu^{3+} 的本征荧光

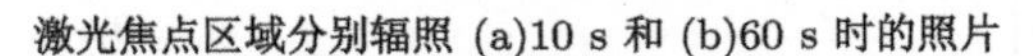
激光焦点区域分别辐照 (a)10 s 和 (b)60 s 时的照片

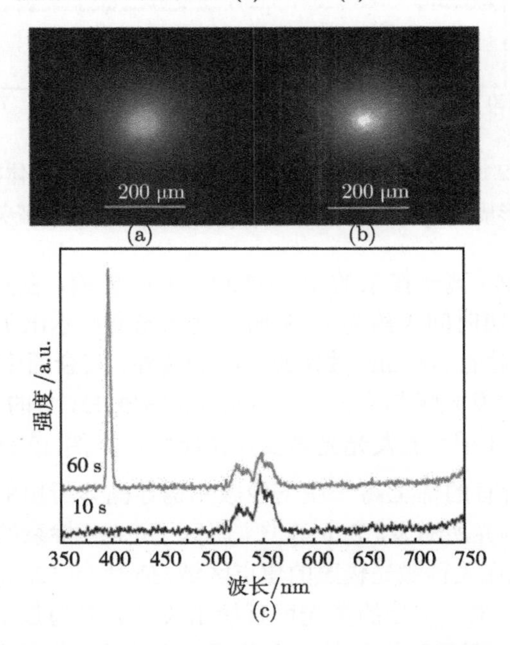

图 12.16　飞秒激光辐照 Er^{3+} 掺杂的 BaO-TiO_2-SiO_2 玻璃的荧光光谱图 (后附彩图)

(a)Er^{3+} 在飞秒激光诱导的多光子激发下产生的绿色发光；(b)$Ba_2TiSi_2O_8$ 晶体析出后形成的 400 nm 倍频光

由于飞秒激光经过自身在玻璃中诱导出的非线性光学晶体后，产生的倍频光能激发掺杂在玻璃中的稀土离子使其发生辐射跃迁，他们认为，这项技术能应用于多色显示、三维存储等领域。

2008 年，Liu 等 [26] 在 3CaO-16Al_2O_3-11Bi_2O_3-20TiO_2-50B_2O_3 玻璃中选择性析出了金红石相 TiO_2(二氧化钛) 非线性功能晶体，TiO_2 晶体化学性质稳定，具有很高的折射率 (金红石 2.73，锐钛矿 2.52)，因而是制备光栅、透镜、光子晶体和自由激光器等光功能器件的理想材料。

由于金红石相 TiO_2 具有很高的折射率，达 2.72，而玻璃基体的折射率为 1.75，两者之差高达 0.9。如果可以达到如此高的折射率差别，足以利用激光空间选择性的析晶技术制备各种高衍射效率的光栅和光子晶体等非线性光学器件。为了研究析晶区域相对玻璃基体的折射率变化，在玻璃内部用 5 μm/s 的扫描速度写入了一个 2×2 $μm^2$，间距为 15 μm 的晶态的光栅结构。图 12.17 是这个写入的光栅在正交偏振显微镜下观察的照片。

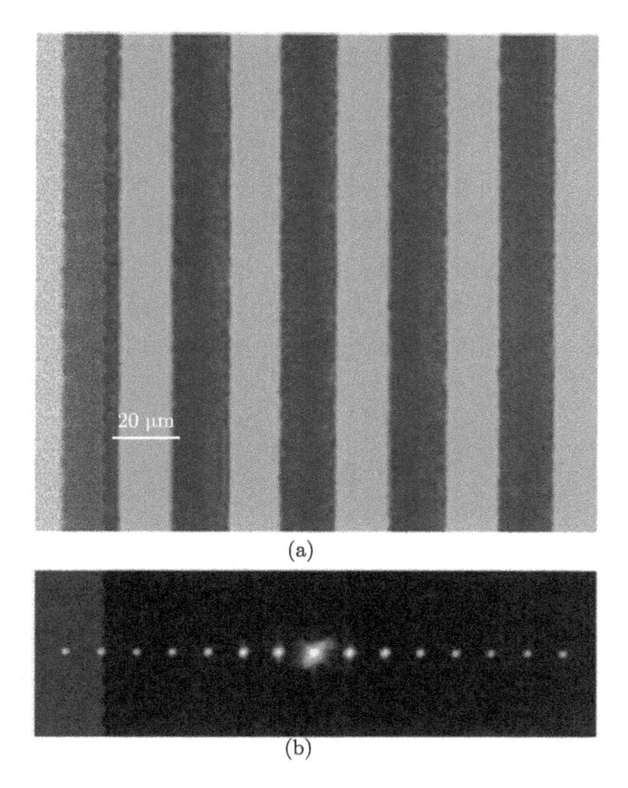

(a)

(b)

图 12.17 飞秒激光在玻璃内部写入的光栅结构

(a) 及其在 532 nm 半导体激光照射下产生的衍射花样 (b)

此外，他们计算了玻璃内部辐照区域出现晶化后的折射率变化。根据 Kogelnik 的耦合波理论，光栅的衍射效率可以近似地表达为下列公式 [25]：

$$\eta = (\pi \Delta n d / \lambda \cos\theta)$$

其中，d, λ 和 θ 分别是光栅的厚度、入射光波长和光栅衍射角度。在这里，我们用 532 nm 的半导体激光器耦合进这个光栅，测得光栅一级衍射效率为 50%，因而，我们可以计算出辐照区域材料的折射率变化 Δn 大约为 0.1。

可以看出，实测出来的折射率变化虽然比较大，但远小于理论估算。为了研究此现象产生的原因，将激光在玻璃内写入的晶态周期结构抛光到表面，用 EDX 测试分析了激光辐照的区域的元素分布。结果表明，析晶区域的折射率变化小于预计结果的原因，主要有两点：一是在激光诱导析晶的同时，也发生了光学击穿，诱导出的金红石相 TiO_2 杂乱无序，很难实现微米级的有序生长；二是在析晶的同时，析晶区域附近的元素分布发生改变，在析晶区域和玻璃基体之间，形成元素分布过渡区域，也减小了析晶部分和未析晶部分的折射率差别。

近年来，美国里海大学 Jain 领导的小组在飞秒激光析出 $LaBGeO_5$ 铁电晶体方面做了一些工作。

2009 年，他们在 La_2O_3-B_2O_3-GeO_2[27] 玻璃系统中，用飞秒激光在玻璃内部写入了三维 $LaBGeO_5$ 铁电单晶直线和曲线。之前的研究并没有涉及晶体晶格取向与晶体写入方向的关系，尤其是当写入方向发生改变时。假设在激光移动过程中，晶体直线生长，当改变激光写入方向时，晶体生长有三种可能性：① 当晶体生长方向发生弯曲时，晶格取向仍未发生改变 (图 12.18(a))；② 当晶体生长方向发生弯曲时，晶格取向沿着晶体生长方向 (图 12.18(b))；③ 当晶体生长方向发生弯曲时，如果没有晶界形成，在弯曲的区域晶格发生应变 (图 12.18(c))。

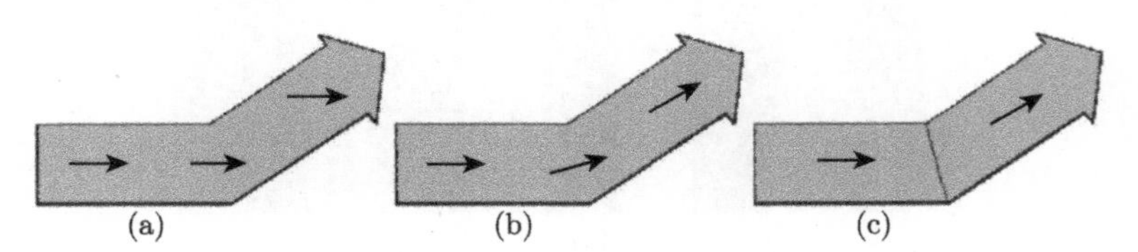

图 12.18　改变激光写入方向时，晶体生长有三种可能性

飞秒激光在玻璃中可以诱导高度取向的三维铁电晶体结构且包含有曲度为 14° 拐角的晶体线，晶体围绕玻璃态聚焦中心 (壳状结构) 生长。研究表明，当激光扫描方向缓慢改变时，其拐角处不是突然的转变，而是在不断地连续改变晶格的取向，使 $LaBGeO_5$ 晶体的生长取向继续沿着激光的扫描方向。

2010 年，他们在同样的玻璃体系中观察了改变聚焦深度时的析晶行为，对飞秒激光诱导析晶与连续激光诱导析晶进行对比时发现，飞秒激光需要更高的写入速度，而且飞秒激光写入的晶体线的中心存在玻璃相，这在连续激光诱导析晶中是不存在的。差异的来源主要是两种方法产生的温度梯度不同。相同的是，两种方法诱导的晶体晶格取向与激光写入方向一致 [28]。随后，他们又意外地发现了晶体成核对激光聚焦深度敏感，运用光学显微镜和拉曼光谱进行了分析，并用孔洞表面的非均匀成核模型进行了解释，孔洞在热作用区底部形成，析晶随即从这个区域开始，聚焦深度不同引起的温度分布改变会导致热作用区的尺寸和形状发生变化，尤其是孔洞表面，从而影响非均匀成核速率 [29]。

球面像差的存在，使得飞秒激光诱导的不同聚焦深度微结构差异明显，这对三维空间选择性析晶非常不利，为了消除这种球面像差，需要进行多层像差校正，使用空间光调制器能有效地消除不同焦点深度的影响，实现不同深度一致的加热条件 [30]，这对于在玻璃中实现三维单晶结构非常重要。但是，由此产生了附加的不利效果，即产生一系列晶体横截面形状和改变熔体部分析晶的程度。针对球面像差的校正，还需进一步的研究。

2012 年，Zhong 等 [31] 在钼酸盐玻璃中运用 800 nm, 250 kHz 飞秒激光选择性地析出了 $Dy_2(MoO_4)_3$ 铁电功能晶体。$Dy_2(MoO_4)_3$ 具有相当大的电光效应，应用前景大。他们研究了飞秒激光诱导玻璃不同深度产生微结构的变化 (图 12.19)，产生的微结构变小而且被拉长了。由于飞秒激光自聚焦和球面像差，飞秒激光诱导的非对称温度场对微结构形成和晶体的分布产生较大影响，拉曼光谱发现，在微结构底部高温区发生相变，形成了 α 相 $Dy_2(MoO_4)_3$，同时，拉曼映射表明，焦点中心的晶体生长速率慢于中心边缘。EPMA 显示了微结构元素迁移情况，发现 Mo 向中心迁移，而 O 刚好相反，向外部迁移。

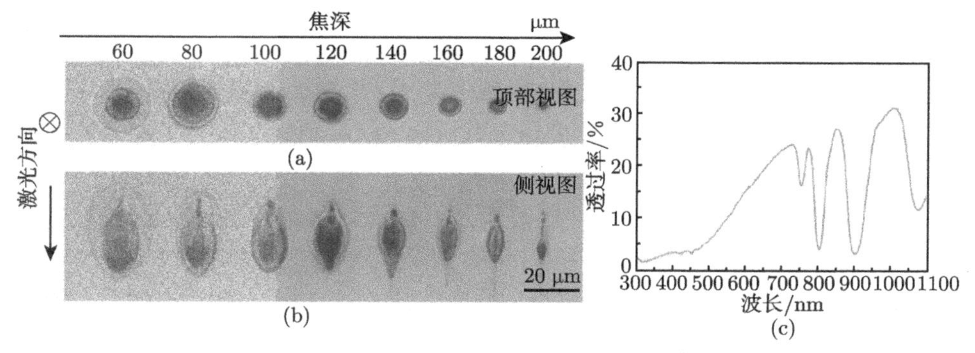

图 12.19 经 400 mW 飞秒激光辐照钼酸盐内部不同深度 30 s 后形成微结构的光学显微照片

(a) 俯视图；(b) 侧视图；(c) 玻璃样品的透过曲线

2012 年，Fan 等 [32] 在 Li_2O-Nb_2O_5-SiO_2 玻璃内部通过 300 kHz 高重复频率飞秒激光辐照，成功诱导出具有一定取向的 $LiNbO_3$ 非线性光学晶体。图 12.20 显示，$LiNbO_3$ 晶体在飞秒激光与玻璃相互作用的不同区域具有不同的生长方向，在底部和顶部区域取向随机，而在中间区域有高度的 [0001] 到 [1100] 均一取向。研究表明：通过调节激光参数能有效控制局域温度场梯度分布，进而诱导非线性晶体的定向生长。

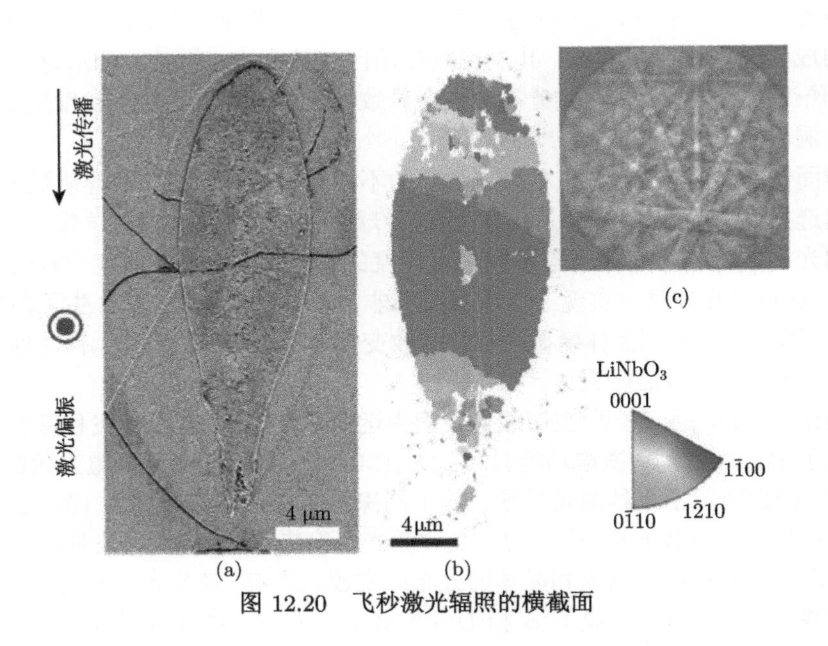

图 12.20　飞秒激光辐照的横截面

12.3.3　飞秒激光诱导半导体晶体选择性析出

2003 年，Nogami 等在 5SnO_2-95SiO_2(mol%) 玻璃中运用飞秒激光诱导技术成功地选择性析出了 SnO_2 半导体纳米晶体，析出的纳米晶体的平均直径在 5 nm 左右 [33]。通过在玻璃里掺杂 Eu^{3+} 发现，析出 SnO_2 半导体纳米晶体后，由于 SnO_2 与 Eu^{3+} 之间的能量传递，荧光强度比没有析出 SnO_2 纳米晶体的发光强度大 100 倍。这种玻璃在光学领域具有广泛应用。

京都大学 Hirao 领导的研究小组利用 200 fs, 250 kHz 的飞秒激光在硅酸盐玻璃中析出了具有高折射率的 ZnS 和 PbS 的半导体纳米粒子，制成了一级衍射效率高达 90%的光栅和具有不完全带隙的光子晶体 [34,35]，这在三维光学电路上具有较大应用前景。

12.3.4　飞秒激光诱导上转换发光晶体选择性析出

2009 年，Liu 等 [36] 实现了用飞秒激光在玻璃中析出低声子能量的 CaF_2 晶体。通过掺杂 Er^{3+}，使 Er^{3+} 进入到 CaF_2 晶体增强 Er^{3+} 的上转发光，通过飞秒激光照射诱导产生的 CaF_2 微晶，以及 Er 离子在析出的微晶中的富集，他们成功演示了一种具有很高信噪比的三维光存储，如图 12.21 所示。飞秒激光空间选择性诱导晶体生长技术可以将各种非线性光功能晶体三维集成于透明的玻璃中，在制作新型集成光学元件方面显示出了巨大的潜力。

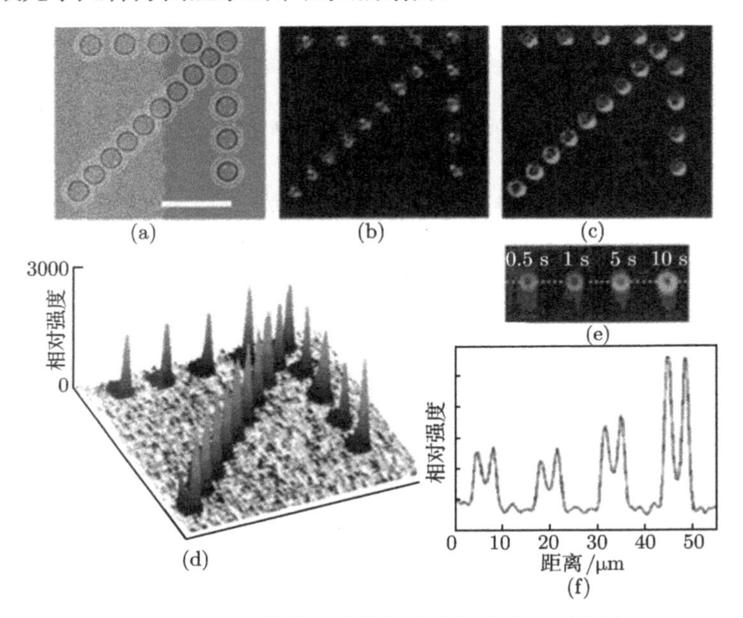

图 12.21 飞秒激光诱导的箭头图案的光学照片

(b) 和 (c) 是在 800 nm 飞秒激光照射时读出的上转换发光图片，所用激光功率分别为 10 mW 和 50 mW；(d) 是 (c) 图中上转换发光的强度分布；(e) 不同照射时间的微结构在 980 nm 飞秒激光照射下的上转换发光照片；(f) 沿着 (e) 图中白色虚线方向的荧光强度分布

这是玻璃中功能晶体的控制析出应用探索的成功范例，目前飞秒激光能实现玻璃中功能晶体的控制析出，但是在应用探索上还缺乏深入的研究。

2011 年，Wang[37] 等在 Eu^{3+} 掺杂的硅酸盐玻璃中运用飞秒激光析出了 SrF_2 晶体，在飞秒激光作用下 Eu^{3+} 还原为 Eu^{2+}，这一成果同样有可能应用到三维光信息存储。

12.4 小结和展望

飞秒激光具有高度空间选择性及超高峰值功率的特性，结合高重复频率，使得飞秒激光诱导玻璃中选择性析出功能晶体成为现实。目前，我们和国内外研究者已经实现了非线性晶体、半导体晶体和氟化物晶体的选择性析出，并完善了玻璃中飞秒激光诱导选择性析出功能晶体机制。同时，对析出晶体的成核和生长取向进行了深入研究。但是，由于存在自聚焦和球面像差等影响，要想实现玻璃中三维单晶结构的写入还有一定难度，但可以预见，随着飞秒激光技术及工艺的成熟，利用飞秒激光制备各种微结构集成光学元件将成为可能。

参 考 文 献

[1] 戴晔, 余昺鲲, 邱建荣. 激光在玻璃内诱导功能晶体新进展 [J]. 激光与光电子学进展, 2008, 45(6): 33-40.

[2] 谭皓然. 铌酸锂光波导晶体材料的发展 [J]. 硅酸盐学报，1991, 19(4): 366-372.

[3] 陈创天, 刘丽娟. 深紫外非线性光学晶体及其应用 [J]. 硅酸盐学报, 2007, 35(S1): 1-9.

[4] Chandra M S, Krishna M G, Mimata H, et al. Laser-induced second harmonic generation decay in a langmui r-blodgett fi lm: arrest-ing by polyelectrolyte templating [J]. Adv. Mater., 2005, 17(16): 1937-1941.

[5] 曾惠丹, 刘钊, 范茬兴, 等. 定向生长非线性光学微晶玻璃的制备 [J]. 硅酸盐学报, 2013, 41(4): 467-474.

[6] Corbari C, Mills J D, Deparis O, et al. Thermal poling of glass modified by femtosecond laser irradiation [J]. Appl. Phys. Lett., 2002, 81(9): 1585-1587.

[7] Honma T, Koshiba K, Benino Y, et al. Writing of crystal lines and its optical properties of rare-earth ion $Er^{3+}$and Sm^{3+} doped lithium niobate crystal on glass surface formed by laser irradiation [J]. Opt. Mater., 2008, 31(2): 315-319.

[8] Rvssel C. Oriented crystallization of glass. A review [J]. J. Non-cryst. Solids, 1997, 219: 212-218.

[9] Veiko V P, Nikonorov N V, Skiba P A. Phase-structural modification of glass-ceramic induced by laser radiation[J]. Journal of Optical Technology, 2006, 73(6): 419-424.

[10] Goldman J R, Prybyla J A. Ultrafast dynamics of laser-excited electron distributions in silicon[J]. Phys. Rev. Lett., 1994, 72(9): 1364.

[11] Chin A H, Schoenlein R W, Glover T E, et al. Ultrafast structural dynamics in InSb probed by time-resolved X-ray diffraction[J]. Phys. Rev. Lett., 1999, 83: 336-339.

[12] Miura K, Qiu J, Inouye H, et al. Photowritten optical waveguides in various glasses with ultrashort pulse laser[J]. Appl. Phys. Lett., 1997, 71(23): 3329-3331.

[13] Qiu J, Jiang X, Zhu C, et al. Manipulation of gold nanoparticles inside transparent materials[J]. Angew. Chem. Int. Ed., 2004, 43(17): 2230-2234.

[14] Gattass R R, Mazur E. Femtosecond laser micromachining in transparent materials[J]. Nature Photon., 2008, 2(4): 219-225.

[15] Sakakura M, Shimizu M, Shimotsuma Y, et al. Temperature distribution and modification mechanism inside glass with heat accumulation during 250kHz irradiation of femtosecond laser pulses[J]. Appl. Phys. Lett., 2008, 93(23): 231112.

[16] Miura K, Qiu J, Mitsuyu T, et al. Space-selective growth of frequency-conversion crystals in glasses with ultrashort infrared laser pulses[J]. Opt. Lett., 2000, 25(6): 408-410.

[17] Guo X, Yu B, Chen B, et al. Distribution of the microcrystallites generated in borate glass irradiated by femtosecond laser pulses[J]. Mater. Lett., 2007, 61(11): 2338-2342.

[18] Yonesaki Y, Miura K, Araki R, et al. Space-selective precipitation of nonlinear optical crystals inside silicate glasses using near-infrared femtosecond laser[J]. J. Non-cryst. Solids, 2005, 351(10): 885-892.

[19] Dai Y, Zhu B, Qiu J, et al. Direct writing three-dimensional $Ba_2TiSi_2O_8$ crystalline pattern in glass with ultrashort pulse laser[J]. Appl. Phys. Lett., 2007, 90(18): 181109.

[20] Dai Y, Zhu B, Qiu J, et al. Space-selective precipitation of functional crystals in glass by using a high repetition rate femtosecond laser[J]. Chem. Phys. Lett., 2007, 443(4): 253-257.

[21] Keding R, Rüssel C. The mechanism of electrochemically induced nucleation in glass melts with the composition $2BaO$-TiO_2-$2.75SiO_2$[J]. J. Non-cryst. Solids, 2005, 351(16): 1441-1446.

[22] Dai Y, Ma H, Lu B, et al. Femtosecond laser-induced oriented precipitation of $Ba_2TiGe_2O_8$ crystals in glass[J]. Opt. Exp., 2008, 16(6): 3912-3917.

[23] Zhu B, Dai Y, Ma H, et al. Space-Selective Precipitation of $Ba_2TiSi_2O_8$ Crystals in Sm^{3+}-Doped BaO-TiO_2-SiO_2 Glass by Femtosecond Laser Irradiation[J]. Chin. Phys. Lett., 2008, 25(1): 133.

[24] Zhu B, Dai Y, Ma H, et al. Direct writing Eu^{3+}-doped $Ba_2TiSi_2O_8$ crystalline pattern by femtosecond laser irradiation[J]. J Alloys Compd., 2008, 460(1): 590-593.

[25] Zhu B, Dai Y, Ma H, et al. Femtosecond laser induced space-selective precipitation of nonlinear optical crystals in rare-earth-doped glasses[J]. Opt. Exp., 2007, 15(10): 6069-6074.

[26] Liu Y, Zhu B, Wang L, et al. Femtosecond laser direct writing of TiO_2 crystalline patterns in glass[J]. Appl. Phys. B, 2008, 93(2-3): 613-617.

[27] Stone A, Sakakura M, Shimotsuma Y, et al. Directionally controlled 3D ferroelectric single crystal growth in $LaBGeO_5$ glass by femtosecond laser irradiation[J]. Opt. Exp., 2009, 17(25): 23284-23289.

[28] Stone A, Sakakura M, Shimotsuma Y, et al. Formation of ferroelectric single-crystal architectures in $LaBGeO_5$ glass by femtosecond vs. continuous-wave lasers[J]. J. Non-cryst. Solids, 2010, 356(52): 3059-3065.

[29] Stone A, Sakakura M, Shimotsuma Y, et al. Unexpected influence of focal depth on nucleation during femtosecond laser crystallization of glass[J]. Opt. Mater. Exp., 2011, 1(5): 990-995.

[30] Stone A, Jain H, Dierolf V, et al. Multilayer aberration correction for depth-independent three-dimensional crystal growth in glass by femtosecond laser heating[J]. J. Opt. Soc.

Am. B, 2013, 30(5): 1234-1240.

[31] Zhong M, Du Y, Ma H, et al. Crystalline phase distribution of $Dy_2(MoO_4)_3$ in glass induced by 250 kHz femtosecond laser irradiation[J]. Opt. Mater. Exp., 2012, 2(8): 1156-1164.

[32] Fan C, Poumellec B, Lancry M, et al. Three-dimensional photoprecipitation of oriented $LiNbO_3$-like crystals in silica-based glass with femtosecond laser irradiation[J]. Opt. Lett., 2012, 37(14): 2955-2957.

[33] Nogami M, Ohno A, You H. Laser-induced SnO_2 crystallization and fluorescence properties in Eu^{3+}-doped SnO_2-SiO_2 glasses[J]. Phys. Rev. B, 2003, 68(10): 104204.

[34] Takeshima N, Kuroiwa Y, Narita Y, et al. Fabrication of a periodic structure with a high refractive-index difference by femtosecond laser pulse[J]. Opt. Exp., 2004, 12: 4019.

[35] Takeshima N, Narita Y, Nagata T, et al. Fabrication of photonic crystals in ZnS-doped glass[J]. Opt. Lett.,2005, 30, 537-539.

[36] Liu Y, Zhu B, Dai Y, et al. Femtosecond laser writing of Er^{3+}-doped CaF_2 crystalline patterns in glass[J]. Opt. Lett., 2009, 34(21): 3433-3435.

[37] Wang X, Wu N, Shimizu M, et al. Space selective reduction of europium ions via SrF_2 crystals induced by high repetition rate femtosecond laser[J]. Journal of the Ceramic Society of Japan, 2011, 119(1396): 939-941.

第13章　飞秒激光操控金属纳米粒子

13.1　引　　言

纳米粒子，通常定义为在单个空间维度上的尺度小于 100 nm 的颗粒，属于原子和宏观物质的过渡区域。经典的描述中，物质以块体材料存在时物理和化学性质与其大小无关，但是在纳米量级上却并非如此。如一些贵金属或半导体纳米粒子的表面原子活性高、尺寸等于或小于光波波长甚至德布罗意波长，因此常常会呈现依赖于其特征尺寸的光电磁性质 [1,2]。无论是在日常生活还是科学研究中，我们都能发现这些纳米粒子的特殊应用。例如，有关金属纳米粒子最早的应用可追溯到罗马时代，有着 1600 余年历史的莱克格斯杯就是当时的一种纳米技术产品 [3]。当光线从高脚杯前方照射时 (反射光)，杯子呈现出绿色；而当光线从高脚杯后方照射时 (折射光)，杯子呈现出红色 (图 13.1)。这个奇妙的现象千百年来一直都是一个未解之谜，直到最近研究人员才发现，这是由于在熔制玻璃杯的过程中混进了直径约 50 nm 的 Au 和 Ag 粒子，纳米粒子的表面原子在特定的光照条件下会产生共振吸收，激发了核外电子在 4f 到 5d 之间的一些准连续能级间跃迁，从而呈现了玻璃杯的色彩 [4]。

(a)　　(b)

图 13.1　莱克格斯杯在 (a) 前视和 (b) 后视时所呈现出的不同色彩 [3](后附彩图)

传世的珍宝值得留恋，但是人类对自然世界的认识却永不会止步。现如今，利用飞秒激光聚焦后具有的超高峰值场强和超短作用时间等极端物理特性，研究人员已经可以通过飞秒激光辐照技术在玻璃或者有机薄膜等透明材料内部实现纳米粒子的空间选择性析出，从而在三维空间中实现各种图案的彩色显示。此外，在已经制备有球形纳米粒子的玻璃中，控制入射飞秒脉冲的偏振方向还可以调节辐照区域纳米粒子的形状，用偏振这个自由度来调节纳米粒子的共振吸收频率。这些技术在彩色立体工艺雕刻、超快光学响应和超高密度光存储等方面有很好的应用前景。

13.2　飞秒激光诱导和修饰纳米粒子的原理

掺杂有金属纳米粒子的玻璃由于其具有鲜艳的颜色，最初是作为一种装饰材料而被大量应用，比如，我们常见的金红玻璃和铜红玻璃都是通过传统的热处理退火法实现玻璃的着色 [5]。制备前首先选择合适的玻璃基体和离子掺杂材料，通过熔制后快速浇筑成型制得无色透明玻璃，然后在一定温度的热处理下，玻璃中的金属离子还原成原子并聚集长大成金属纳米粒子，这些纳米尺度的粒子由于其表面原子的能级分裂会吸收特定波长的光，这样就形成了玻璃的着色。另一种普遍应用的玻璃着色技术是离子交换法 [6]，通过玻璃基质中碱金属离子与溶液中 Ag 离子的交换及后继退火，实现溶液浸泡区域的大规模纳米粒子析出，但是这项技术除了无法控制 Ag 纳米粒子的析出区域外，还有可能在浸泡过程中腐蚀玻璃基体或在离子交换区域引进一些杂质。很明显，上述两种传统的制备方法不具有纳米粒子析出的空间选择性，而且所形成纳米粒子的尺寸和空间分布比较大，导致较宽的光学吸收波段。

20 世纪 40 年代末，美国康宁公司的 Stookey 博士开发了一种掺有 Ce^{3+} 和 Ag^{+} 的光敏玻璃 [7]，它能够通过紫外光的辐照实现表面或近表面处区域 Ag 离子的还原，这样经过热处理后会在辐照区域首先形成 Ag 纳米粒子，但是由于玻璃基体在长时间热处理后也能够自发晶化，因而前期形成的 Ag 纳米粒子会成为晶核而促进玻璃基体的后续晶化。这是目前已知最早的光诱导纳米粒子选择性析出的研究工作。随着科学技术的发展，更短波长、更高能量的光源逐步得以推广，研究人员又陆续发现除紫外光外，其他种类的辐射源也能在玻璃内诱导纳米粒子的析出。例如，通过电子束 [8]、X 射线 [9] 和离子束 [10] 辐照及后继热处理都能实现 Ag 纳米粒子在玻璃表面的析出，虽然上述几种辐照技术都实现了纳米粒子的空间选择性析出，但是也仅限于二维平面，即在玻璃表面或近表面区域。

随着飞秒激光技术的不断发展和完善，利用飞秒激光在掺杂金属氧化物的玻璃内部诱导纳米粒子成为一个研究亮点 [11-13]。飞秒脉冲激光在玻璃等透明材料内部进行微加工时，最主要的特点便是实现了完全的三维选择性，这个作用过程是以非线性效应为主导，即只在传播路径中激光场强超过材料电离阈值的区域才产生光致电离效应，而其他区域则“毫发无损”，因此在电离区域产生的自由电子会首先与玻璃网格中金属离子复合还原成金属原子，然后这些原子会被电离后产生的缺陷俘获，在热处理过程中凝聚生长形成纳米粒子 [11]。此外，通过控制入射飞秒激光的偏振方向还能在已经析出金属纳米粒子的玻璃内部对这些金属粒子的形貌进行微观修饰，从而获得特定的光学性质 [12,13]。

由于掺杂了贵金属纳米颗粒的玻璃具有超高的三阶非线性系数和超快的非线性光学响应速度 [14]，这些玻璃已经广泛地应用于超快限幅器、全光开关和光学双稳器件等。图 13.2 为在掺 Au 纳米粒子的玻璃中进行飞秒激光超快克尔效应实验所得到的光学信号衰减曲线 [15]。实验所用玻璃的厚度为 2 mm，它是将掺 0.01 mol% Au^{3+} 离子的硅酸盐玻璃经 550 ℃ 热处理 10 min 后所得。入射飞秒脉冲的宽度为 500 fs，单个光子能量设定在 Au 纳米粒子的等离子共振吸收峰位置 (2.3 eV)。从曲线中可以得到，探测光的延迟时间越接近于 0 时，克尔信号的波形越陡峭，整个信号的脉宽约为 240 fs。通过对比 CS_2 可以得到 Au 纳米粒子掺杂玻璃的三阶非线性极化率 $\chi^{(3)}$ 为 0.93×10^{-11}，约为纯 SiO_2 玻璃三阶非线性极化率 (0.28×10^{-13}) 的 300 倍，可见 Au 纳米粒子具有非常高的非线性光学响应。产生如此快的光学响应的原因可能是泵浦光在辐照区域形成了瞬态光栅结构，进而导致了自发衍射现象的形成。此外，利用飞秒激光的偏振特性可以在玻璃内诱导出和金属纳米粒子相关的二向色性结构，它们能够制作成依赖于入射光波长和偏振方向的三维偏光器和光存储器件 [13,15]。金属纳米粒子的上述优点再结合飞秒激光三维选择性析出的技术，就完全突破了以往传统激光加工中存在的空间局限性，有力地改进了现有三维全光器件的制备工艺，为实现纳米粒子在固体功能材料中的定点析出和原位组装提供了一条可行的途径。

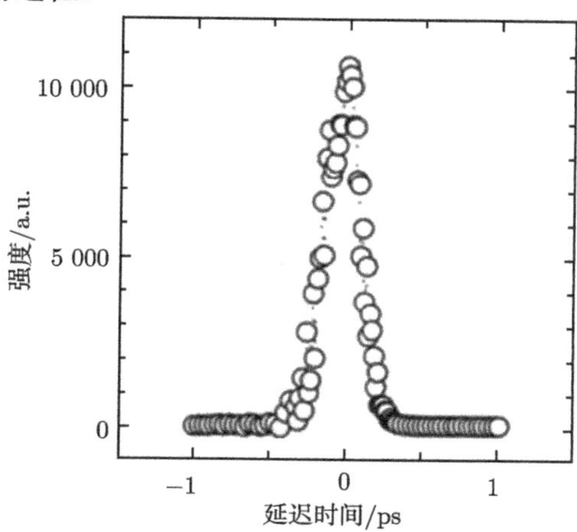

图 13.2 掺 Au 纳米粒子玻璃的超快光克尔实验的衰减曲线 [15]

鉴于上述研究内容的技术优势和重要意义，本章对这个领域的发展作了一个简介，分成以下三个部分：① 飞秒激光诱导玻璃内部金属纳米粒子的析出；② 飞秒激光诱导玻璃内部金属纳米粒子的形变；③ 飞秒激光在有机透明材料内部调控金属纳米粒子的光学特性。另外还介绍了各个技术当前的一些应用情况，最后本章对当前研究中存在的问题和挑战进行了总结和展望。

13.3 飞秒激光诱导玻璃内部金属纳米粒子的析出

利用飞秒脉冲在透明材料内部聚焦区域的非线性激发特性，2002 年，Qiu 实现了硅酸盐玻璃内部 Ag 纳米粒子的空间选择性析出 [11]。实验中将波长为 800 nm、脉宽为 120 fs、重复频率为 1 kHz 的飞秒激光脉冲通过 10× 显微物镜 (NA=0.3) 聚焦到掺 Ag^+ 的硅酸盐玻璃内部进行扫描，发现扫描区域由透明变为灰色 (图 3.3(a) 右下角蝴蝶)。随后样品在 550 ℃ 热处理 10 min 后，灰色区域又变成淡黄色 (图 13.3(a) 左上角蝴蝶)。(b) 图是这些淡黄色区域经过处理后用透射电镜进行观测的照片，其中有尺寸约为 2nm 左右的球型纳米颗粒的析出，而且未辐照区域没有发现纳米粒子的析出 [16]。能谱仪测试结果表明析出的球型纳米颗粒为金属 Ag，这样，利用飞秒激光辐照结合进一步的热处理就实现在掺 Ag^+ 的玻璃样品中诱导出 Ag 纳米粒子。

图 13.3 飞秒激光照射以及热处理后的玻璃样品的照片和透射电镜照片 (后附彩图)

(a) 飞秒激光辐照区域经 550 ℃ 热处理 10 min 后形成的黄色蝴蝶图形 [11]；

(b) 辐照区域 Ag 纳米粒子析出的透射电镜图 [16]

通过分析飞秒激光辐照前后和 550 ℃ 热处理后扫描区域的光学吸收谱，发现经过飞秒激光辐照后，样品在 240 nm 和 350 nm 处产生两个吸收峰，而在 550 ℃ 热处理后，则前两个吸收峰消失，在 450 nm 附近出现一个新的吸收峰。同时，电子自旋共振 (ESR) 谱也显示，被辐照的样品在 g ~2.10 处出现一个宽的信号，在 g ~2.00 处出现两个信号。根据上述实验现象，Qiu 等提出了以下机制用来解释 Ag 纳米粒子的生成：经过聚焦后的飞秒脉冲激光在焦点区域形成了极高的场强，从而诱导出多光子吸收或多光子电离等非线性效应，使得玻璃网格结构中一部分 SiO_4 多面体的 Si—O 键断裂，导致原先在非桥氧 2p 轨道上运动的电子被电离成自由电子，而相对应的空穴则会被非桥氧缺陷中心捕获，形成色心 HC_1 和 HC_2，因此产生了 240 nm 和 350 nm 两个吸收峰及 ESR 谱中 $g\sim2.00$ 处的两个信号。此外，辐照作用下电离形成了大量的自由电子，因此玻璃网格中的 Ag^+ 将与这些电子复合还原形成 Ag 原子，ESR 谱中 $g\sim2.10$ 处的信号即表征为 Ag 原子的形成。在进一步的热处理后，这些 Ag 原子将会聚集在一起形成 Ag 纳米粒子，从而在 450 nm 处形成表面等离子体共振吸收峰 (图 13.4)。

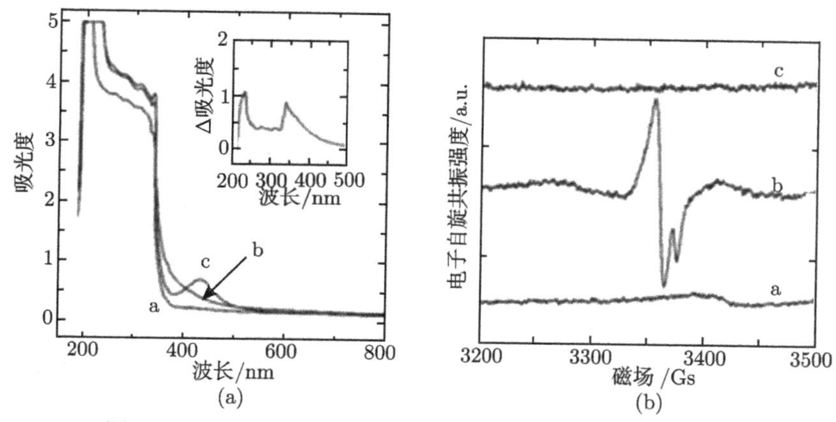

图 13.4 飞秒激光照射前后玻璃样品的吸收和 ESR 谱 [16]

(a) 吸收谱；(b)ESR 谱；其中 a, b, c 依次表示飞秒激光照射前、后和进一步的 550℃ 热处理 10 min 后的样品状态

随后，Qiu 等又在 Au^{3+} 掺杂的硅酸盐玻璃成功实现了 Au 纳米粒子的空间选择性析出 (图 13.5)。同 Ag^+ 掺杂的玻璃一样，在掺 Au^{3+} 玻璃的辐照区域分别发现了 245 nm, 306 nm, 430 nm 和 620 nm 四个新的吸收峰，它们主要归结于两个非桥氧空穴色心 HC_1 和 HC_2 及另一个 $E'(E'=Si)$ 色心的形成，这个新的色心包括一个束缚在氧空位附近 Si 原子 3p 轨道上的电子和一个束缚在碱金属原子附近氧空位上的空穴。色心通常是一种亚稳态的结构，在样品进行热处理时，色心中被捕获的电子或者空穴常常会由于热激发挣脱捕获中心的束缚，因而所形成的色心吸收会随之减弱。在这个实验中，他们发现，当温度达到 300 ℃ 时色心吸收完全消失，此时玻璃也由辐照后的灰色重新变为透明；当热处理温度进一步升高到 450 ℃ 时，被还原的 Au 原子经过聚集生长形成了纳米粒子，导致 506 nm 处出现一个新的吸收峰，同时，辐照区域变为了棕红色。根据 Mie 理论 [18]，$R=\dfrac{V_f\lambda_p^2}{2\pi C\Delta\lambda}$ (其中，V_f 为电子的费米速度，R 为金属纳米颗粒的半径，λ_p 为表面等离子体共振特征波长，$\Delta\lambda$ 为吸收带的半高全宽)，退火温度升高会加速 Au 原子聚集生长的速

度，因此，纳米粒子的平均尺寸不断增大，吸收峰对应波长也会从 506 nm 逐步增加到 526 nm, 548 nm。

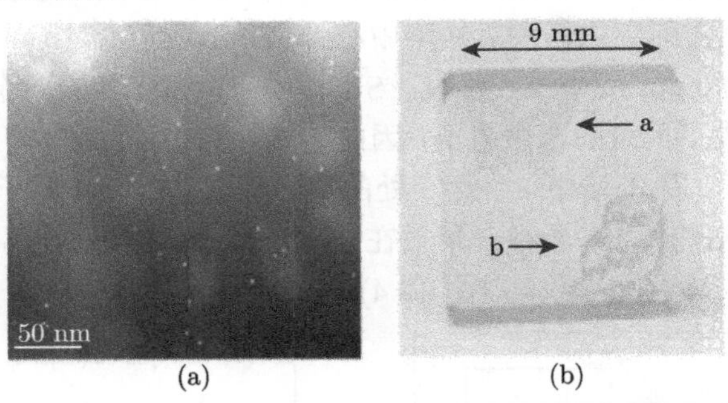

图 13.5　Au 掺杂玻璃飞秒激光照射及热处理后的透射电镜图和外观照片 (后附彩图)[17]

(a) 经 550 °C 热处理 30 min 后激光辐照区域的透射电镜图，Au 纳米颗粒尺寸范围为 6~8 nm；(b)a 为飞秒激光辐照后形成的灰色蝴蝶，b 为热处理后形成的棕红色图案

他们还研究了入射光强对 Au 纳米粒子析出过程的影响。如图 13.6 所示，不同辐照强度下的样品经 550 °C 热处理 1 小时后，辐照区域会产生不同的颜色。吸收光谱表明，随光强的增加吸收峰将从 568 nm 依次减小为 534 nm 和 422 nm。也就是说，如果热处理温度相同，纳米粒子的平均尺寸会随着光强的增加而减小，这个现象应该归咎于纳米粒子聚集生长过程中的竞争效应，同等面积下被还原的 Au 原子数量不会相差太多，但是在高光强辐照下玻璃网格中形成了更多的缺陷中心，从而更多的位置能够形成纳米粒子生长原点，因此热处理过程中，更多数量的纳米粒子会平行生长形成竞争效应，因此形成的纳米粒子会变得越来越小并且越来越密集。

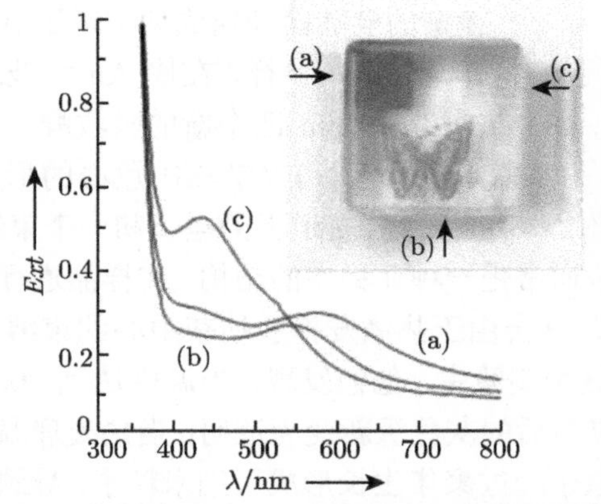

图 13.6　辐射光强对 Au 纳米粒子形成的影响 [17]*

(a) 6.5×10^{13} W/cm^2; (b) 2.3×10^{14} W/cm^2; (c) 5.0×10^{16} W/cm^2

* 此图与第 10 章的图 10.8 重复，但从本章内容的整体性和系统性考虑，仍然保持此图。此图的彩图见后附彩图的图 10.8。

但是 Zeng 等发现，类似的辐照强度实验在 Ag^+ 掺杂的硅酸盐玻璃中结果并不一样，当增大入射激光的光强、聚焦透镜的数值孔径 (瑞利长度) 或者是减小扫描速度时，纳米粒子的吸收峰值会明显增大，但峰位保持不变 [16]。这些结果都表明，飞秒激光的辐照条件会对金属纳米粒子的析出产生重要的影响。

Zhao 等通过测量飞秒激光扫描区域的一级衍射效率，研究了玻璃内 Au 纳米粒子析出对所在区域折射率的影响 [19]。研究发现，最初飞秒激光的辐照将使得材料折射率增加，但是在后继的热处理过程中，辐照区域的折射率随着温度的增加而减小，而当温度超过 450 ℃ 后，该区域的折射率又会随着温度的增加而增大。这种转变过程是由于在激光辐照和后继的热处理过程中，辐照区域出现了从色心的产生、消失到 Au 纳米粒子的析出、长大等一系列变化。上述实验现象充分说明，飞秒激光诱导玻璃内折射率变化的原因与诱导的色心、结构致密和金属纳米粒子析出有直接的联系。

在后续的研究中，研究人员陆续发现，飞秒激光除了在硅酸盐玻璃中，还能在磷酸盐和硼酸盐玻璃中诱导金属纳米粒子析出 [20,21]；同时，除了 Au 和 Ag 外，后来又发现钯 (Pd)[22]、铜 (Cu)[23] 甚至钠 (Na)[24] 等金属纳米粒子也能通过飞秒激光辐照在玻璃内部空间选择性析出。此外，一些特殊的半导体纳米粒子也能通过飞秒激光辐照的方法在玻璃中选择性析出，如 PbS 和 ZnS，其具有很高的折射率，因此在玻璃中制备出含有 PbS 或 ZnS 纳米粒子的体光栅结构能得到高达 90%的衍射效率 [25]。最近的研究还表明，一些常用的半导体量子点，如 Si 和 Ge，也能在玻璃体内选择性地析出 [26,27]。某些情况下，组成贵金属纳米粒子表面原子的外层电子能够在 4f—5d 能级间跃迁，因此，这些纳米粒子具有潜在的量子点特性，在磷酸盐 [20]、硅酸盐 [28] 和磷酸锌 [29] 玻璃基体中都可以激发出与其尺寸有关的荧光，这个特征可以应用于三维光存储领域 [30]。

此处，还需要强调的是，在该领域研究的初期，飞秒激光与物质相互作用的物理过程中非线性激发的特点，使得人们更加关注于超短的脉冲作用时间，认为飞秒激光微结构加工属于绝热过程，激光辐照区域的热影响比较小，可以忽略不计。但是后来发现，对于高重复频率 (>200 kHz) 的脉冲激光，脉冲的间隔时间相对较小，在辐照区域会产生脉冲能量累积导致的热效应 [31]。在一段时间的激光辐照后，焦点区域的温度有可能会上升到 1000 ℃，远远大于玻璃的软化温度和金属纳米粒子的析出温度，因此，用 250 kHz 的飞秒脉冲激光辐照 Ag^+ 掺杂的玻璃，无需后继的热处理便可以直接诱导金属纳米粒子的析出 [32]。此外，近期的研究还发现热积累效应的存在使得飞秒激光的焦点区域形成了一个温度梯度场，随着热流的向外扩散，包括贵金属离子在内的物质都会发生定向迁移和局域再分布，从而能在结构改性区域内对纳米粒子的析出进行精确的操控 [33]。还有一部分研究利用入射光场的空间整形来调控焦点处的热积累区域，这样可以在更小的范围内提高纳米粒子

析出的精度 [34]。综上所述，飞秒激光在玻璃内部诱导纳米粒子的定点析出，能够一步成型地实现三维空间上的光学活性中心的生长和操控，这个技术在全光器件的制备上具有巨大的潜力。

13.4 飞秒激光诱导玻璃内部金属纳米粒子的形变

飞秒激光除了能在玻璃内部直接诱导金属纳米粒子的空间选择性析出外，还能在已有纳米粒子的玻璃体内控制它们的产生、消融和形变。例如，把前文中 Au 纳米粒子析出的区域重新用飞秒激光辐照，发现这些区域又变为灰色，形成的 Au 纳米粒子被破坏，消融成小颗粒或者原子，并且伴随有色心的出现 [35]。如果进一步热处理，则又重现色心消失和纳米粒子生成、聚集、长大的过程，辐照区域变为棕红色。如图 13.7 所示，(a) 飞秒激光辐照区域由于色心出现变为灰色；(b) 样品经 300 ℃ 加热 30 min，灰色区域变为透明；(c) 在 520 ℃ 加热 30 min，透明区域变为棕红色；(d) 在棕红色区域用飞秒激光再次辐照后该区域变为灰色，形成的 Au 纳米粒子被破坏形成了小的颗粒或者原子，同时又有色心的形成；(e) 样品经 300 ℃ 加热 30 min，灰色区域变为透明，与 (a) 过程相同；(f) 在 520 ℃ 加热 30 min，透明区域又变为棕红色。这个玻璃内部纳米粒子的飞秒激光擦除技术可以反复控制 Au 纳米粒子的形成，为未来的光存储提供了一条新的途径。

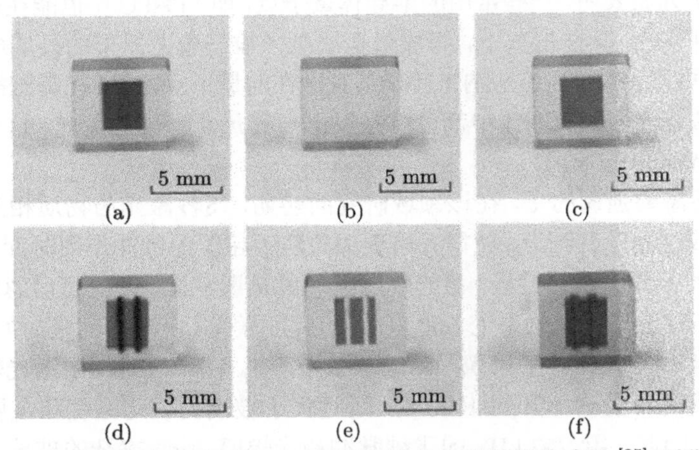

图 13.7 飞秒激光在玻璃诱导 Au 纳米颗粒的生成和消融过程 [35](后附彩图)

与飞秒激光诱导纳米粒子的产生和消融相比，利用金属纳米粒子对飞秒激光的共振吸收效应来控制它们的各向异性形变，也是一个非常有意义的研究内容。1999 年，Kaempfe 发现，只要入射飞秒激光波长满足在金属纳米粒子表面等离子体共振吸收的波长范围内，那么就可以使掺杂在玻璃中的球状纳米粒子转变为非球

状 [12]。他们用飞秒激光入射到均匀分布着球形 Ag 纳米粒子的玻璃样品内部，然后分别在平行和垂直于入射激光偏振方向上检测样品被辐射后的光学吸收谱。辐射前，Ag 纳米粒子的吸收峰在 415 nm 处，带宽约为 34 nm；而辐照后的吸收峰均发生显著的红移，且带宽增大峰值减弱。当探测光的偏振平行于入射脉冲的偏振方向时，测得的吸收峰在 510 nm 处；而当光的偏振垂直于激光脉冲时，吸收峰在 570 nm 处，且两个峰的带宽均大于 200 nm。后继的一系列实验证明，这种二向色性的吸收来源于纳米粒子的各向异性形变，而这种形变又主要由入射激光的脉冲能量和偏振方向所决定 [36]。例如，采用较低能量 ($\sim$0.4 TW/cm^2) 的多个脉冲辐照，形变后的纳米粒子主轴方向将平行于激光的偏振方向；但若采用高能量 ($\sim$3 TW/cm^2) 的单个脉冲辐照，则主轴的方向将垂直于激光的偏振方向。图 13.8 显示了两种方式辐照后形成的具有不同主轴方向纳米粒子的透射电镜图。

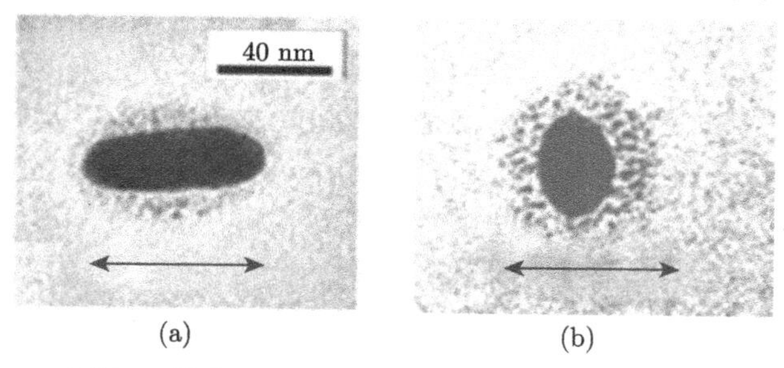

图 13.8 两种辐照模式照射后含 Ag 纳米粒子玻璃样品的电镜照片 [36]

(a) 多脉冲辐射模式；(b) 单脉冲辐射模式；双向箭头为偏振方向

为了证实入射脉冲的线偏振对金属纳米粒子的各向异性形变的影响，他们还利用单脉冲的圆偏振激光进行对比实验 [37,38]。在圆偏振光辐照下没有发现依赖于测试光偏振态的光谱变化，即辐照后的吸收光谱是完全各向同性的，但其强度小于线偏振光辐照的结果，并且光谱出现了明显的红移。

另外他们也研究了单个入射脉冲的能量分布对纳米粒子形变的影响。图 13.9(a) 中样品中纳米粒子的初始半径为 15±1 nm，相邻粒子的距离大都超过 100 nm，因此

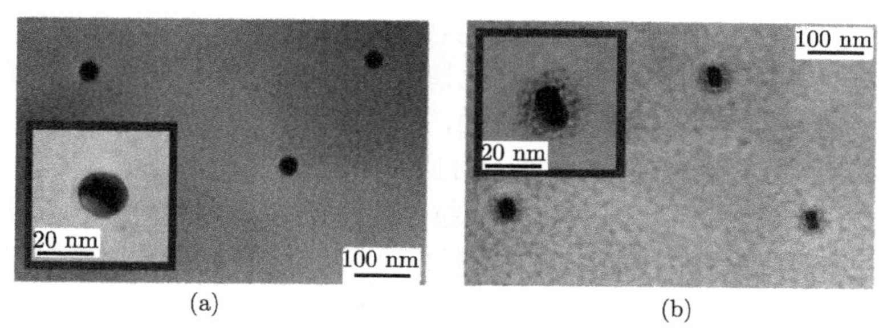

图 13.9 样品在 (a) 辐照前和 (b) 单脉冲线偏振飞秒激光辐照后的透射电镜图 [37]

可以认为它们彼此之间是没有相互作用的。图13.9(b)显示了辐照后形成的椭圆形纳米粒子，围绕着这些粒子的周围会产生一圈更微小的颗粒，它们的直径在2~4 nm，单个脉冲的能量越大周围环绕的碎屑也就越多，并且辐照后的纳米粒子基本都保持相同的变化趋势，长轴的方向彼此相互平行并都垂直于入射脉冲的偏振方向。

进一步的研究还发现，不论是线偏振脉冲还是圆偏振脉冲，辐照后都会在纳米粒子周围产生环状的尺寸较小的颗粒，这可能是因为飞秒脉冲的能量在空间截面上呈现高斯型分布，这种能量的不均匀性导致了整个辐照区域中所包含的纳米粒子形变幅度从中心到外围依次减弱，并且中心区域激发出的碎屑会溅落到纳米粒子的周围区域。由于纳米粒子的破碎或者消融产生的碎屑比较集中，因而有理由怀疑它们之间或它们与中心粒子之间存在着相互作用，而且这些相互作用还会对所测光谱产生干扰。有关理论计算表明，对于不包含环状结构但尺寸相当的椭球形金属纳米粒子，吸收光谱会随着各向异性粒子的取向产生分裂，即对应短轴的吸收峰将发生蓝移 [39]。但是这个推测与实验结果是不相符的。实验中用圆偏振飞秒激光辐照后，纳米粒子吸收峰仍然出现了红移，因此这种光谱的红移现象有很大一部分是由环绕在纳米粒子周边的碎屑造成的。Podlipensky 等还认为在纳米粒子的周围会有电离出的 Ag^+ 存在，使得该区域介电常数增加引起表面等离子体共振带发生红移；此外，环状结构也改变了纳米粒子周围的介电常数，同样导致表面等离子体共振带发生改变 [40]。

在飞秒激光诱导 Ag 纳米粒子的三维形变机制方面，Stalmashonak 等进行了详细的研究 [36]。他们用波长为 400 nm、脉宽为 150 fs、重复频率为 1 kHz 的线偏振飞秒脉冲辐照掺有 Ag 纳米粒子的钠钙玻璃，颗粒的平均尺寸为 30 nm 且分布在距玻璃表面 5 μm 内，同样是采用单脉冲高能量和多脉冲低能量两种辐照模式。如图 13.10(a) 所示，激光光束沿 z 轴传播，焦点区域的光斑尺寸为 200 μm^2，每一种模式都使入射脉冲的偏振方向沿 x 和 y 方向变化，分别为 L_x 和 L_y。经过飞秒激光辐照后的样品在 200 ℃ 下热处理 1 h，以消除诱导出来的色心和缺陷，吸收光谱也采用两种方式测量，探测光分别沿 z 轴 (S^z) 和 x 轴 (S^x)，如图 13.10(b) 所示。

在上述设定条件下发现，无论哪种辐照模式下，变化入射脉冲的偏振方向所得 Ag 纳米粒子的吸收谱都具有相反的变化趋势。这种和光吸收有关的二向色性正是由于 Ag 纳米粒子的各向异性形变引发的，也就是说，不同辐照模式下所诱导的 Ag 纳米粒子具有不同的形变特征，如图 13.11 中椭球体所示。在多脉冲低能量辐照模式下，辐照区域会得到沿 x 或者 y 方向拉伸的扁长型椭球纳米粒子，其具有旋转对称性且对称轴沿着入射激光脉冲的偏振方向；反之，单脉冲高能量辐照模式下，辐照区域会得到沿 x 或者 y 方向压缩的扁平型椭球纳米粒子，其也具有旋转对称性且对称轴沿着入射激光脉冲的偏振方向。为什么会认为出现了两种不同纵横比的椭球体纳米粒子呢？这主要是从形变后的 Ag 纳米粒子在两个正交方向下的吸收峰的频移量来判断的。通常金属纳米粒子的表面等离子体共振吸收光谱与其尺寸有直接关系，因此，如果两个正交方向的偏振光分别引起椭球体纳米粒子的共振吸收，那么两个吸收峰之间会出现明显的频移。这样就可以把两个吸收峰的差值与纳米粒子的纵横比联系起来的，频移越大表示纳米粒子的纵横比越大，因此多脉冲低能量辐射模式所得纳米粒子的纵横比明显比单脉冲模式更高。

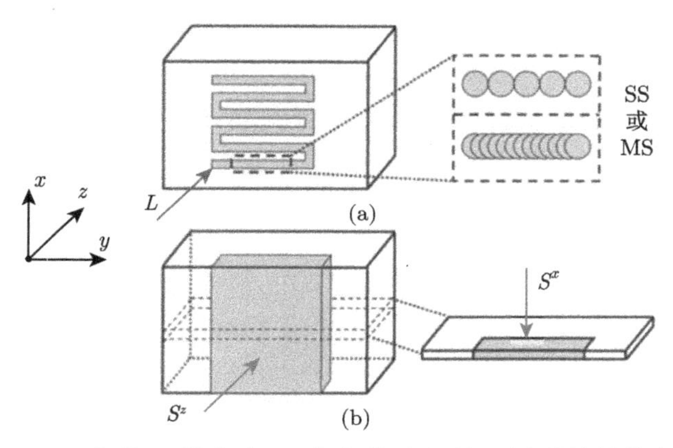

图 13.10 不同辐照模式以及吸收光谱测试时探测光的传播模式 [36]

(a) 多脉冲 (MS) 和单脉冲 (SS) 两种辐射模式；(b) 吸收光谱测试时探测光的传播模式

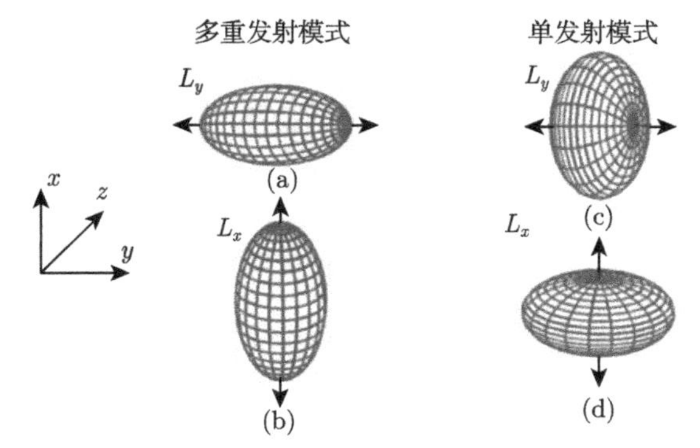

图 13.11 飞秒激光诱导各向异性纳米粒子的示意图 [36]

后续的实验进一步研究了入射飞秒激光的脉冲能量和脉冲数目对吸收峰频移现象的影响 [41]。如图 13.12 所示，辐照前玻璃内部 Ag 纳米粒子的吸收峰在 417 nm 左右。首先，我们来看单脉冲模式下的变化趋势，当脉冲能量增加到辐照区域开始出现光谱变化时，两偏振方向上共振吸收带均发生红移；随着脉冲能量继续增加，两吸收峰出现了相对频移且 p 方向比 s 方向产生了更强的红移；随后，p 方向

与 s 方向的吸收峰强度又趋于相同且峰位均为 427 nm，纳米粒子的吸收变为各向同性；如果更高的脉冲能量入射，吸收峰再次出现相对频移且 s 方向的红移量比 p 方向更大，最终超高的场强将导致 Ag 纳米粒子的破裂和消融，使得吸收峰移向较短波长且整个共振吸收带减弱。至于多脉冲辐照模式，在 s 方向上探测吸收峰会出现蓝移，并且两个偏振方向的频移都会随着脉冲数目的增加而增加，同时它们之间的相对频移量也持续增加；如果入射脉冲数目比较多 (>100)，还会使得 Ag 纳米粒子的吸收峰在 s 偏振方向探测下一直保持蓝移，产生这个变化的原因可能是因为纳米粒子被过度加热从而导致了消融；s 方向与 p 方向的共振带最大带隙出现在脉冲为 5000、光强为 0.6 TW/cm^2 时，峰值分别位于 390 nm, 525 nm 处。上述结果充分说明飞秒激光诱导纳米粒子的各向异性形变具有十分显著的脉冲累积效应。

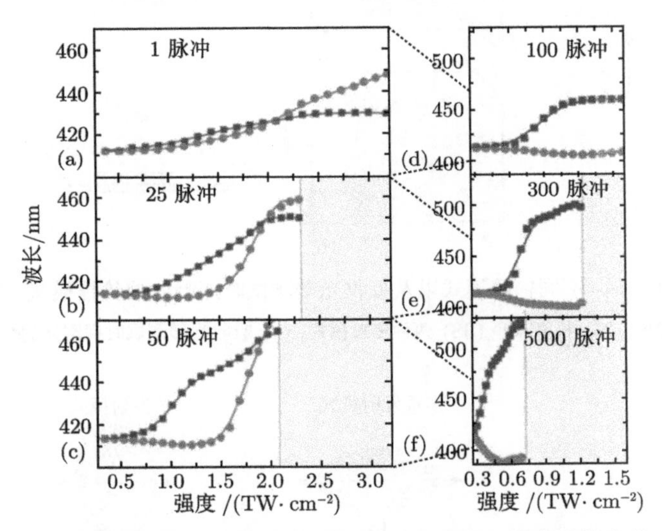

图 13.12　Ag 纳米粒子的表面等离子体共振中心波长随入射光强的变化 (后附彩图)

其中红点为垂直于入射激光偏振 (s)，蓝点为平行于入射激光偏振 (p)[41]

Stalmashonak 还根据非线性激发理论分析了飞秒激光诱导纳米粒子各向异性形变的动力学过程 [41]。如图 13.13(a) 所示，在低脉冲能量模式下，共振吸收效应使得大量电子在几个飞秒内从金属纳米粒子的表面被激发出并在球体两极附近被基质所捕获形成色心。经过几个皮秒后，这些被电离的自由电子通过逆韧致辐射效应被加速后，获得巨大动能与声子发生碰撞，通过热弛豫过程使得能量传递到晶格内，这样纳米粒子周围的玻璃材料温度升高，并进一步软化发生扭曲形变，为 Ag 纳米粒子的形变腾出了空间。同时，辐照区域材料的非线性电离，使受到自由电子撞击的纳米粒子向周围区域发射出 Ag^+ 并与纳米粒子两极附近的被捕获电子结合形成 Ag 原子。通过 Ag 原子的不断形成，在两极附近离主纳米粒子相对较远且零散分布的 Ag 原子会聚集在一起形成非常小的 Ag 团簇，如图 13.13(b) 所示。这里需要提醒的是，如果是在多脉冲辐照模式，对于下个激光脉冲所激发的自由电子，上个作用过程后剩余的 Ag 离子可能起到了捕获中心的作用，如图 13.13(c) 所示。由于入射的脉冲是线偏振的，因而脉冲波前所激发的自由电子可能会随着脉冲尾端电场振荡，集中聚集在纳米粒子的两极，然后通过与纳米粒子周围的 Ag 离子不断复合，纳米粒子沿着激光脉冲偏振的方向生长，在两极附近的非常小的 Ag 团簇变得离主纳米粒子越来越近，并与其结合，最终得到了扁长型椭球纳米颗粒，如图 13.13(d) 所示。如果是在高脉冲能量辐照模式下，由于雪崩电离的发生，在两极附近会形成包含有大量自由电子组成的高密度等离子体，如图 13.13(e) 和 (f) 所示。因为等离子将能量从电子传到晶格的弛豫时间比热扩散要小得多，自由电子与 Ag^{+} 的复合概率变小，所以纳米粒子在两极附近逐渐遭到破坏。综上所述，飞秒脉冲诱导玻璃内金属纳米粒子的各向异性形变是由两个过程决定的：① 低脉冲能量模式下纳米粒子沿着激光偏振方向生长；② 高脉冲能量模式下等离子体形成阻碍了偏振方向上原子的集聚。

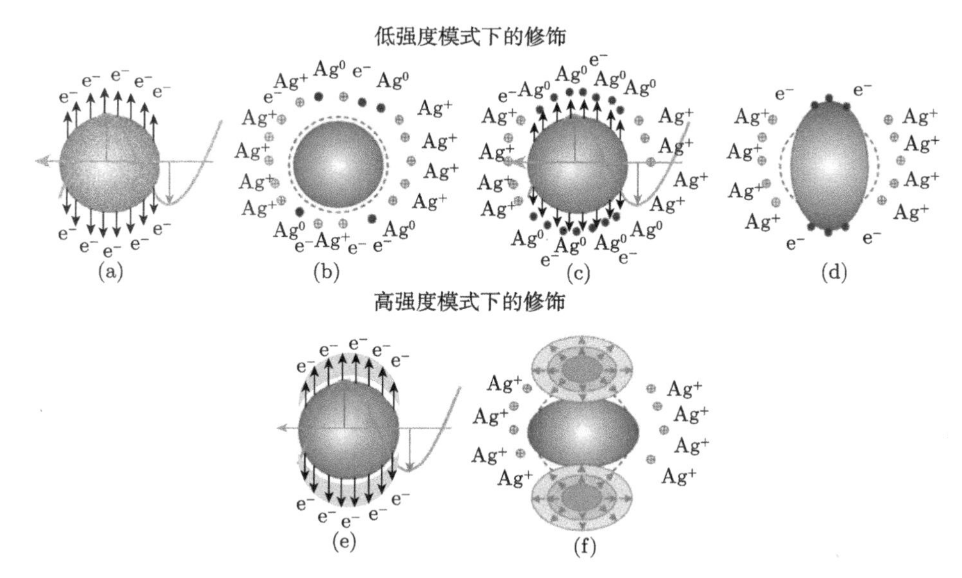

图 13.13 飞秒激光诱导球形纳米粒子各向异性形变的动力学过程 [41]

此外，除了变换入射脉冲的偏振和能量外，变换其波长也能实现辐照区域 Ag 纳米粒子光学特性的改变 [40]。如图 13.14 所示，玻璃样品中的球形 Ag 纳米粒子是非均匀分布的，总体说来其体积是从玻璃表面到内部依次减小，因此不同深度的 Ag 纳米粒子可以表现出不同的光谱宽度和表面等离子体共振吸收带，这样就能利用不同波长的飞秒激光在不同入射深度上选择性诱导 Ag 纳米粒子形变。实验中采用的是多脉冲辐照模式，吸收光谱为探测光平行于入射激光偏振方向时所得。结果显示，对于不同波长的辐照，表面等离子体共振吸收峰发生不同程度的红移，这正是因为不同波长的入射光诱导出了不同纵横比的纳米粒子。因此，可以通过选择不同波长的飞秒脉冲选择性诱导不同深度的纳米粒子形变，从而实现 Ag 纳米粒子各向异性形变的三维有序控制。而且，这个形变结果具有可逆性，当辐照后的样品经过高于玻璃转变温度的热处理后，共振吸收峰重新归于原位，意味着椭球状纳米粒子重新变为球状。

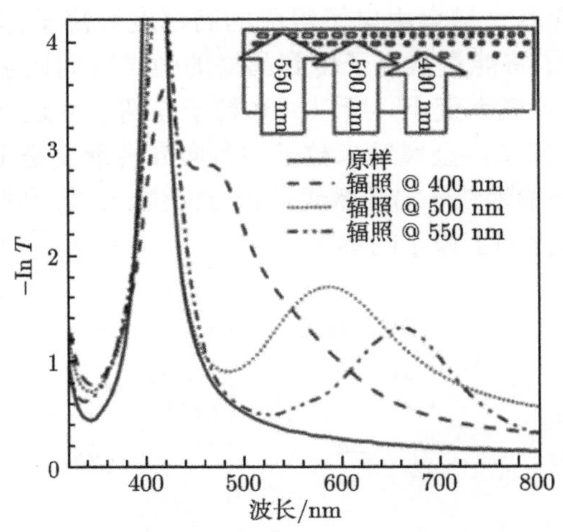

图 13.14　不同波长的飞秒激光脉冲在不同深度上选择性诱导 Ag 纳米粒子形变 [40]

近期，Stalmashonak 又利用多个波长的飞秒脉冲同时辐照掺 Ag 纳米粒子的玻璃样品，得到了大纵横比的扁长形形变，从而为 Ag 纳米粒子的各向异性形变提供了一条新的调控途径 [42]。实验用脉宽 150 fs、光强 10 GW/cm^2、波长 800 nm 和脉宽 150 fs、光强 1.3 TW/cm^2、波长 532 nm 的两种线偏振激光脉冲同时辐照掺有均匀分布球形 Ag 纳米粒子的玻璃样品，出于对比的目的，还用 532 nm 单一波长的飞秒激光辐照同一个样品。辐照区域的吸收光谱如图 13.15 所示，当 532 nm 与 800 nm 两束飞秒激光同时辐照后，被修饰的纳米粒子表面等离子体共振带在 p 方向上产生了更强的红移。这是由于入射光与纳米粒子周围电场产生共振耦合的效率是由入射光的波长决定的，在这里 532 nm 与 800 nm 飞秒激光同时辐照影响了电场增强的效率，Ag 纳米粒子发生定向光电离，从而诱导出大纵横比椭球形金属纳米颗粒。上述研究成果展示了一种大纵横比的各向异性 Ag 纳米粒子的外场调控方法，因此这项技术有望在玻璃中制备出应用于可见和近红外波段的微型集成偏振元件 [43]。

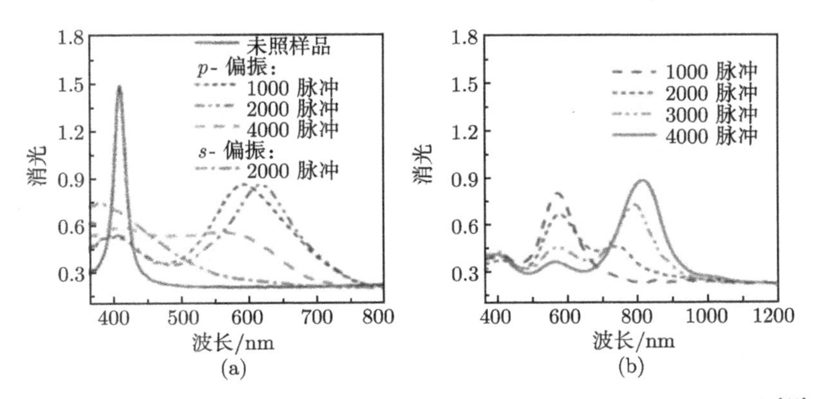

图 13.15　不同波长激光照射前后 Ag 纳米粒子掺杂玻璃的吸收光谱 [42]

(a) 未辐照样品与 532 nm 飞秒激光辐照后样品的吸收光谱；(b) 532 nm 与 800 nm 飞秒激光同时辐照后 p 方向的吸收光谱

13.5　飞秒激光在有机透明材料内部调控金属纳米粒子的光学特性

金属纳米粒子具有量子小尺寸效应，其表面原子的导带形成了准连续的能级，一旦受到外部光的辐照，相应能级中的电子便容易对入射光形成共振吸收效应，由于这个能量转移过程又与纳米粒子表面等离子体电子云的分布有关，因而，不论改变这些金属纳米粒子的尺寸还是形状都能影响其宏观上的光学特性。特别是 Au, Ag 等贵金属纳米粒子，由于其共振频率主要在可见光波段，激发光源比较丰富，这样，结合外部光场的调控就可以实现特定波长的选择性共振吸收或者荧光发射，因此在光学应用方面具有十分重要的市场前景。

在飞秒激光还未被广泛应用之前，金属纳米粒子的光学性质调控大多是通过纳秒激光或者连续激光进行的，能量吸收方式是以单光子线性吸收为主，因此，样品主要是掺杂了金属纳米粒子的溶液或者金属薄膜表面，在介质材料内部中的研究开展不多。后来，随着飞秒激光三维选择性加工方式的日益成熟，因为固体材料能够保证完整的三维构型和纳米粒子较小的空间迁移性，所以越来越多的研究集中于金属纳米粒子在固体中的光谱调控研究。

2007 年，澳大利亚的 Gu 小组发展了一种用共振波长的飞秒激光脉冲调控硅胶中 Au 纳米棒几何尺寸的技术 [44,45]。如图 13.16 所示，纵横比分别为 3 和 5 的两类 Au 纳米棒被掺入溶胶凝胶法制备的硅胶薄膜，(a) 图显示了辐照前的样品结构示意图和两类纳米棒长轴上的共振吸收峰，其中短波长 760 nm 吸收峰属于第一类纵横比为 3 的纳米棒，而长波长 920 nm 吸收峰则属于第二类纵横比为 5 的纳米棒。随后，他们把 920 nm 波长的飞秒激光脉冲聚焦到硅胶内部进行辐照。透射电镜观测发现，辐照区域第二类 Au 纳米棒会逐渐变短，原先光滑的纳米棒形变成一个两头粗、中间细的哑铃状结构，其共振吸收峰也出现了明显的蓝移，但是第一类纳米棒则没有出现明显的变化。在相继以 760 nm 和 920 nm 两个波长的飞秒激光脉冲辐照同一个区域后，后继的透射光学显微镜显示，照明波长为 760 nm 下只能看到 760 nm 激光写入的图案，而照明波长为 920 nm 下也只能看到相同波长激光辐照后的图案，两个叠加的图案不会出现相互干扰。这个技术有效地解决了金属纳米粒子用于三维光存储时读出信号的串扰问题。

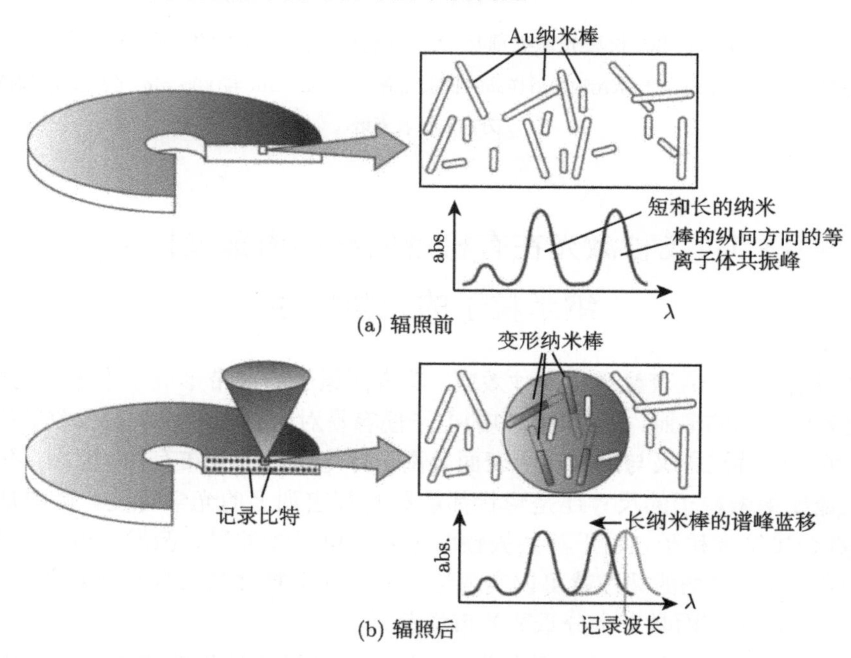

图 13.16　两类不同纵横比的 Au 纳米棒在共振飞秒激光辐照时产生形变的示意图 [45]

随后，他们小组在上述研究的基础上，又利用入射飞秒激光的偏振特性展示了五维超高密度光存储解决方案 [13]。除了空间上的三个自由度以及刚才提到的入射波长这个特殊的自由度外，有机薄膜材料中的 Au 纳米棒还表现出了很好的偏振依赖特性，这样，在一个三维存储空间内可以同时存储多个与单个自由度相关的可独立寻址的图案，极大地增加了信息存储的密度。图 13.17 为五维光学信息存储的示意图。样品中的记录层是约 1 mm 厚的掺有 Au 纳米棒的聚乙烯醇，它是在玻璃基质上通过旋转涂布制成的，记录层之间则被厚度为 10 μm 的透明黏合剂所间隔。实验中用不同入射波长和偏振方向的飞秒激光脉冲在记录层中写入不同的光学图案，每一个 Au 纳米棒都有着和其长轴尺度有关的表面等离子体共振吸收频率，辐照时光偶极子的力场与纳米粒子发生交互作用，因此，纳米棒会被加热到熔化温度，形状逐渐转变为短棒状或球状颗粒，导致特定纵横比和取向的纳米棒数量减少。此外，在信号读取方式上也有所改进，不同于上个实验中的凭借吸收光谱读取图案，这个实验中采用了双光子激发纳米棒的特征荧光，由于其吸收截面又比通常的单光子吸收截面要小 60%左右，从而有效地提高了作用区域的空间分辨率。这样，通过选用对应偏振和波长的飞秒激光快速扫描整个辐照区域，利用修饰后的 Au 纳米棒所发出的双光子荧光信号可以无杂扰地读取单个图案。他们预测，这个新技术可以在一张光盘上存储 7.2 T 的字节并能实现 1 G/s 的写入速度。

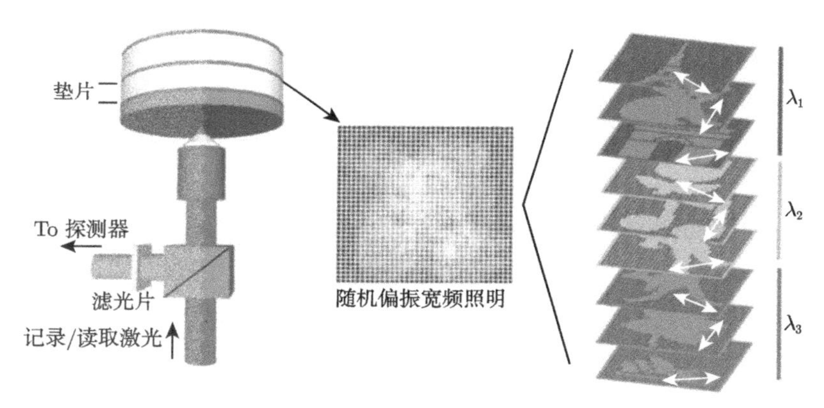

图 13.17 实验示意图及不同波长和偏振的飞秒脉冲写入的光学图案 [13]

近年来，矢量光学技术发展迅猛，其在光的偏振方面赋予了更多的非常规特征，导致了许多新奇的光学或物理现象产生，并使我们对光与物质相互作用的认识又提升到一个新的层面。上文中提到，入射飞秒激光脉冲对分散在聚乙烯醇薄膜中的 Au 纳米棒能够选择性激发，也就是说，其偏振方向与 Au 纳米棒长轴方向一致时，相应的纳米棒会产生共振吸收进而熔融形变。因此，Gu 小组利用矢量光学技术控制入射光的偏振在三维空间内任意旋转，从而能在辐照区域内细化 Au 纳米棒的三维取向，利用其共振效应实现信息的写入和读取 [46]。

图 13.18 中 (a) 是整个实验的示意图，APC 和 RPC 分别代表了方位角和径向偏振调控元件，而 δ 和 γ 则代表着两种偏振的权重因子，$P(\alpha, \varepsilon)$ 是切趾器的光瞳函数，通过调节这几个参量，可以使得入射飞秒脉冲的偏振在三维空间内任意旋转，图 (b), (c) 和 (d) 分别代表了三种不同的偏振方向。随后，已经调好偏振的飞秒激光聚焦到掺有 Au 纳米棒的薄膜内部，根据选择性激发原则，不同纵横比和不同长轴取向的 Au 纳米棒表现出了不同的激发特征。也就是说，如果研究人员利用飞秒激光的非线性效应实现了透明材料内部整个焦点区域三维选择性，那这种三

维偏振取向的控制技术则实现了焦点区域内部对不同取向的 Au 纳米棒的选择性激发。这个技术用飞秒激光进一步提高了微小区域纳米粒子的不同种类识别率，在未来包括超高密度光存储在内的外场光调控技术上有重要的应用前景。

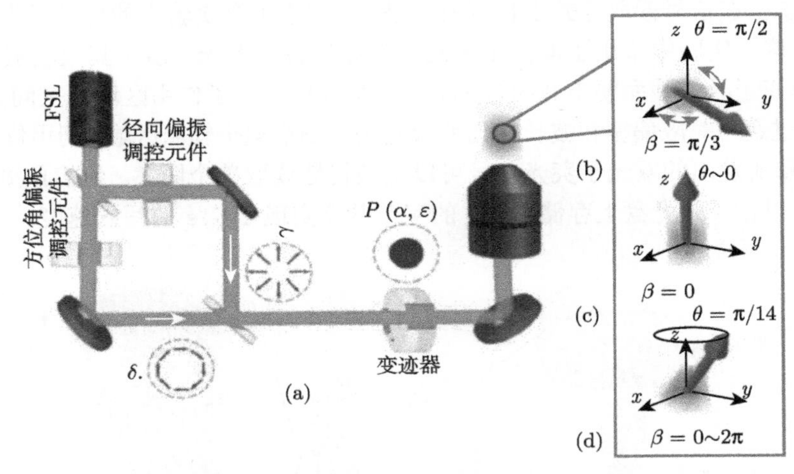

图 13.18 实验示意图和不同波长飞秒脉冲写入的光学图案 [46]

13.6 小结和展望

飞秒激光诱导纳米粒子的析出控制技术由于具有一步成型、三维选择和多重调控的明显优势，在光存储和光开关等应用领域已经显示出了巨大的潜力。但是需要看到，这项技术还远未发展成熟，还面临着一些现实的挑战。譬如，怎样才能大规模高效率地在玻璃基体内实现金属纳米粒子的有序组装；如何提升五维光存储时有机基体材料的耐久性；能否进一步提高入射光斑的空间分辨率以便于控制金属纳米棒实现单个分子的探测等。上述这些问题从这项技术诞生之初就一直萦绕在广大研究人员的心头，同时也正是这些问题指引着我们未来的努力方向。

我们相信，随着飞秒激光脉冲产生和控制技术的进一步发展，随着纳米材料制备手段的不断更新，找到上述问题的答案也为之不远了。

参 考 文 献

[1] Daniel M, Astruc D. Gold nanopartilces: assembly, supramolecular chemistry, quantum-size-related properties, and applications toward biology, catalysis, and nanotechnology [J]. Chem. Rev., 2004, 104: 293-346.

[2] Sun Y, Xia Y. Shape-controlled synthesis of gold and silver nanoparticles [J]. Science,

2002, 298: 2176-2179.

[3] Wagner F, Haslbeck S, Stievano L, et al. Before striking gold in gold-ruby glass [J]. Nature, 2000, 407: 691-692.

[4] Freestone I, Meeks N, Sax M, et al. The lycurgus cup—a roman nanotechnology [J]. Gold Bulletin, 2007, 40: 270-277.

[5] Stookey S. Coloration of glass by gold, silver, and copper [J]. J. American Ceramic Soc., 1949, 32: 246-249.

[6] Findakly T. Glass waveguides by ion exchange: a review [J]. Opt. Engineering, 1985, 24: 242244.

[7] Stookey S. Photosensitive glass [J]. Industrial & Engineering Chemistry, 1949, 41: 856-861.

[8] Hofmeister H, Thiel S, Dubiel M, et al. Synthesis of nanosized silver particles in ion-exchanged glass by electron beam irradiation [J]. Applied Physics Letters, 1997, 70: 1694-1696.

[9] Chen S, Akai T, Kadono K, et al. Reversible control of silver nanoparticle generation and dissolution in soda-lime silicate glass through X-ray irradiation and heat treatment [J]. Applied Physics Letters, 2001, 79: 3687-3689.

[10] Valentin E, Bernas H, Ricolleau C, et al. Ion beam "photography": Decoupling nucleation and growth of metal clusters in glass [J]. Physics Review Letters, 2001, 86: 99-102.

[11] Qiu J, Shirai M, Nakaya T, et al. Space-selective precipitation of metal nanoparticles inside glasses [J]. Applied Physics Letters, 2002, 81: 3040-3042.

[12] Kaempfe M, Rainer T, Berg K, et al. Ultrashort laser pulse induced deformation of silver nanoparticles in glass [J]. Appl. Phys. Lett., 1999, 74: 1200-1202.

[13] Zijlstra P, Chon J, Gu M. Five-dimensional optical recording mediated by surface plasmons in gold nanorods [J]. Nature, 2009, 459: 410-413.

[14] Qu S, Gao Y, Jiang X, et al. Nonlinear absorption and optical limiting in gold-precipitated glasses induced by a femtosecond laser [J]. Optics Communication, 2003, 224: 321-327.

[15] Qiu J, Jiang X, Zhu C. Optical properties of structurally modified glasses doped with gold ions [J]. Optics Letters, 2004, 29: 370-372.

[16] Zeng H, Qiu J, Jiang X, et al. The effect of femtosecond laser irradiation conditions on precipitation of silver nanoparticles in silicate glasses [J]. Journal of Physics: Condensed Matter, 2004, 16: 2901-2906.

[17] Qiu J, Jiang X, Zhu C, et al. Manipulation of gold nanoparticles inside transparent materials [J]. Angewandte Chemie International Edition, 2004, 43: 2230-2234.

[18] Mie G. Contributions to the optics of turbid media, particularly of colloidal metal solutions [J]. Ann. Phys., 1908, 25: 377-445.

[19] Zhao Q, Qiu J, Jiang X, et al. Mechanisms of the refractive index change in femtosecond laser-irradiated Au^{3+}-doped silicate glasses [J]. Journal of Applied Physics, 2004, 96: 7122-7125.

[20] Zhao Q, Qiu J, Jiang X, et al. Controllable precipitation and dissolution of silver nanoparticles in ultrafast laser pulses irradiated Ag^{+}-doped phosphate glass [J]. Opt. Express, 2004, 12: 4035-4040.

[21] Shin J, Jang K, Lim K, et al. Formation and control of Au and Ag nanoparticles inside borate glasses using femtosecond laser and heat treatment [J]. Applied Physics A, 2008, 93: 923-927.

[22] Zeng H, Yang Y, Jiang X, et al. Preparation and optical properties of silicate glasses containing Pd nanoparticles [J]. Journal of Crystal Growth, 2005, 280: 516-520.

[23] Teng Y, Qian B, Jiang N, et al. Light and heat driven precipitation of copper nanoparticles inside Cu^{2+}-doped borate glasses [J]. Chemical Physics Letters, 2010, 485: 91-94.

[24] Jiang N, Su D, Qiu J, et al. On the formation of Na nanoparticles in femtosecond-laser irradiated glasses [J]. Journal of Applied Physics, 2010, 107: 064301.

[25] Takeshima N, Kuroiwa Y, Narita Y, et al. Fabrication of a periodic structure with a high refractive-index difference by femtosecond laser pulses [J]. Opt. Express, 2004, 12: 4019-4024.

[26] Miura K, Hirao K, Shimotsuma Y, et al. Formation of Si structure in glass with a femtosecond laser [J]. Appl. Phys. A, 2008, 93: 183-188.

[27] Lin G, Luo F, He F, et al. Space-selective precipitation of Ge crystalline patterns in glasses by femtosecond laser irradiation [J]. 2011, 36: 262-264.

[28] Dai Y, Hu X, Wang C, et al. Fluorescent Ag nanoclusters in glass induced by an infrared femtosecond laser [J]. Chemical Physics Letters, 2007, 439: 81-84.

[29] Canioni L, Bellec M, Royon A, et al. Three-dimensional optical data storage using third-harmonic generation in silver zinc phosphate glass [J]. Opt. Letters, 2008, 33: 360-362.

[30] Royon A, Bourhis K, Bellec M, et al. Silver clusters embedded in glass as a perennial high capacity optical recording medium [J]. Adv. Mater. 2010, 22: 5282-5286.

[31] Eaton S, Zhang H, Herman P. Heat accumulation effects in femtosecond laser-written waveguides with variable repetition rate [J]. Optics Express, 2005,13: 4708-4716.

[32] Ma N, Ma H, Zhong M, et al. Direct precipitation of silver nanoparticles induced by a high repetition femtosecond laser [J]. Materials Letters, 2009, 63: 151-153.

[33] Luo F, Qian B, Lin G, et al. Redistribution of elements in glass induced by a high-repetition-rate femtosecond laser [J]. Optics Express, 2010, 18: 6262-6269.

[34] Sakakura M, Kurita T, Shimizu M, et al. Shape control of elemental distributions inside a glass by simultaneous femtosecond laser irradiation at multiple spots [J]. Opt. Letters, 2013, 38: 4939-4942.

[35] Jiang X, Qiu J, Zhu C, et al. Laser-controlled dissolution of gold nanoparticles in glass [J]. Chemical Physics Letters 2004, 391: 91-94.

[36] Stalmashonak A, Seifert G, Graener H. Optical three-dimensional shape analysis of metallic nanoparticles after laser-induced deformation [J]. Optics Letters, 2007, 32: 3215-3217.

[37] Kaempfe M, Seifert G, Berg K, et al. Polarization dependence of the permanent deformation of silver nanoparticles in glass by ultrashort laser pulses [J]. The European Physical Journal D, 2001, 16: 237-240.

[38] Stalmashonak A, Graener H, Seifert G. Transformation of silver nanospheres embedded in glass to nanodisks using circularly polarized femtosecond pulses [J]. Applied Physics Letters, 2009, 94:193111.

[39] Porstendorfer J, Berg K, Berg G. Calculation of extinction and scattering spectra of large spheroidal gold particles embedded in a glass matrix [J]. Journal of Quantitative Spectroscopy and Radiative Transfer, 1999, 63: 479-486.

[40] Podlipensky A, Abdolvand A, Seifert G. Femtosecond laser assisted production of dichroitic 3D structures in composite glass containing Ag nanoparticles [J]. Applied Physics A, 2005, 80: 1647-1652.

[41] Stalmashonak A, Podlipensky A, Seifert G, et al. Intensity-driven, laser induced transformation of Ag nanospheres to anisotropic shapes [J]. Applied Physics B, 2009, 94: 459-465.

[42] Stalmashonak A, Matyssek C, Kiriyenko O, et al. Preparing large-aspect-ratio prolate metal nanoparticles in glass by simultaneous femtosecond multicolor irradiation [J]. Optics Letters, 2010, 35: 1671-1673.

[43] Stalmashonak A, Seifert G, Unal A, et al. Toward the production of micropolarizers by irradiation of composite glasses with silver nanoparticles [J]. Applied Optics, 2009, 48: F38-44.

[44] Zijlstra P, Chon J, Gu M. Effect of heat accumulation on the dynamic range of a gold nanorod doped polymer nanocomposite for optical laser writing and patterning [J]. Optics Express, 2007, 15: 12151-12160.

[45] Chon J, Bullen C, Zijlstra P, et al. Spectral encoding on gold nanorods doped in a silica sol—Gel matrix and its application to high-density optical data storage [J]. Adv. Fun. Mater., 2007, 17: 875-880.

[46] Li X, Lan T, Tien C, et al. Three-dimensional orientation-unlimited polarization encryption by a single optically configured vectorial beam [J]. Nature Comm., 2012, 3: 998.

第 14 章 飞秒激光诱导微孔洞和气泡形成

14.1 引　言

自激光的诞生以来，激光与物质相互作用的研究就极大地吸引了人们的兴趣，而今，激光已经被广泛应用于微加工领域。早期利用 CO_2 激光或掺钕钇铝石榴石激光器微加工的机理，主要是基于加工材料对于激光脉冲能量的线性吸收所产生的热作用，从而导致材料从固态熔化为液态，进而气化为气态，实现材料加工。一方面，由于基于材料的线性吸收，微加工的材料局限于金属材料并且微加工只能在材料表面进行；另一方面，激光脉冲的持续时间远大于电子–晶格的热耦合时间以及材料内部的热扩散时间，因此，激光脉冲的能量不可避免地会扩散到周围的材料中，极大地降低了微加工的精确度，限制了激光微加工的应用。

相比于长脉冲激光，飞秒激光经聚焦后焦点处瞬间功率密度高达 10^{14} W/cm^2，即使材料在飞秒激光波长处不存在本征吸收，也能通过非线性过程吸收激光能量，形成等离子体并产生各种新奇现象 [1-5]。一方面，基于非线性过程，只有超高的功率密度的焦点处吸收激光能量，这极大地提高了微加工的精度，将激光作用材料的范围拓宽到透明材料，能够在透明材料内部诱导微孔洞等结构；另一方面，焦点附近具有超高电场强度，材料的化学键被切断，在高重频飞秒激光作用下，可产生高达数千开的温度场，导致材料熔化、蒸发，以及等离子的产生，使激光能在材料内部诱导产生不同大小与分布的微纳气泡。

14.2 飞秒激光诱导微孔洞的形成

第一次展示飞秒激光诱导的孔洞可以追溯到 1996 年。当时，哈佛大学 Mazur 课题组利用数值孔径为 0.65 的物镜把脉冲能量为 0.5 μJ，脉宽为 100 fs，波长为 780 nm 的飞秒脉冲聚焦到玻璃中，写入了直径为 1 μm 左右的小孔 [3]，孔的周围分布着一层由于高温和高压的冲击而致密化的材料。尽管飞秒激光导致了材料的重新分布，但是孔的周围并没有出现任何的裂纹，这是皮秒脉冲和纳秒脉冲无法做到的，如图 14.1 所示。随后，他们在更深入的研究中证明了可以利用飞秒激光能在各种透明材料中诱导尺度在 200~250 nm 的孔洞，例如石英玻璃、石英晶体和蓝宝石等 [4]。在蓝宝石中，他们估算出的压力值在 1700~3000 GPa。这些尺寸小于波长的小孔，最初被认为是激光自聚焦使光束束腰尺寸在 150 nm 左右导致的结果 [4]。但是，这种解释忽略了等离子体的散焦效应。另外，后来的研究中发现，即使激光能量在自聚焦阈值之下，同样可以诱导相似尺寸的小孔 [6]。

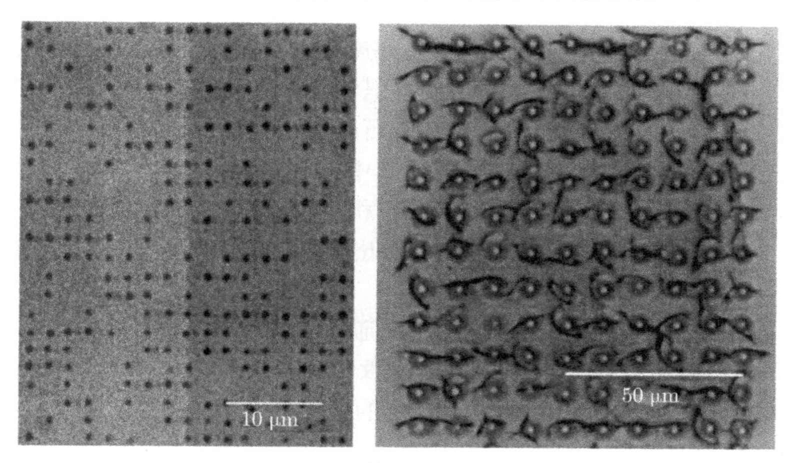

图 14.1 飞秒激光诱导的孔洞阵列

Glezer 等提出，紧聚焦的飞秒激光脉冲能够通过非线性过程被透明材料吸收，产生被高度激发的高温高压的电子–离子等离子体。这些条件只存在与激光焦点处极小的体积空间内，这种强烈的束缚和极端的条件导致了爆炸式膨胀的出现——微爆炸 [3,4,8]。焦点处的材料由于微爆炸产生的冲击而被挤压到爆炸体积的周围，冷却后形成永久性的结构变化，包括被周围致密化材料包裹的微孔洞。Juodkazis 等预测，强度超过 10^{14} W/cm^2 的飞秒脉冲可以在几个飞秒的时间内，使 0.2 μm^3 的吸收体积内的材料转变成离子态，单个飞秒脉冲 (100 nJ, 800 nm, 200 fs) 在蓝宝石晶体内可以产生高达 10 TPa 的压强和 5×10^5 K 的温度 [6]。超高的温度可以产生强大的冲击波和稀疏波，导致由未损伤的致密化壳层包裹的纳米孔洞的生成。孔洞的尺寸和冲击波影响区域 (致密化层) 取决于沉积的能量，这一规律在实验和模拟上结果一致，这表明，实验结果可以通过守恒定律和等离子体流体动力学来解释 [6,9-11]。孔洞的尺寸 D_v 可用式 (14.1) 和式 (14.2) 表达：

$$D_v=\frac{l_{\rm a}}{F}\sqrt[3]{A(E_{\rm p}-E_{\rm th})} \tag{14.1}$$

其中，$E_{\rm p}$ 为脉冲能量，$E_{\rm th}$ 为孔洞形成的阈值能量，$l_{\rm a}$ 为等离子体吸收激光辐射的深度，F 为壳层的压缩比并由式 (14.2) 表示：

$$F=(1-\delta^{-1})^{-\frac{1}{3}} \tag{14.2}$$

式 (14.2) 中，δ 为壳层的最后密度 ρ 与材料的初始密度 ρ_0 之间的比值，且 $\delta=\rho/\rho_0>1$。

14.3　飞秒激光诱导微孔洞的应用研究

Gu 等报道了不同高分子材料中飞秒激光诱导的孔洞的形成 [7,12,13]。孔洞的存在及其与基体之间巨大的折射率差值，使共焦反射显微镜成为可靠的探测工具。他们演示了多层结构中可控的孔洞可以用于只读高密度光数据存储 [7]。他们在透明的高分子体材料中制造了基于孔洞的金刚石晶格和面心立方晶格结构的光子晶体，在 [100] 晶向上观察到 3 个带隙的存在，其中第一种光子晶体的第二带隙在 32 层结构中的抑制比高达 75%。同时，在 [100] 和 [111] 两个方向上观察到大约 70%的抑制比和二阶截止带隙 (stopgaps)。他们指出，截止带隙对入射角的依赖性在 [100] 和 [111] 两个方向上具有极大的区别。

Ventura 等在固化的聚合树脂样品中，通过沿着与激光传播方向垂直的平面移动样品，利用高数值孔径的物镜，用飞秒激光照射局部熔化的方法制造出微孔通道 [14]。通道的尺寸、表面光洁度和高密度的排列可以通过调整激光能量密度和扫描速度得到优化。他们观察到横截面横向半径为 0.7~1.3 μm，沿着激光传播方向长度拉长了 50%的椭圆形通道的形成。他们在一个 20 层的木柴堆光子晶体 (层间距为 1.7 μm，平面内通道间距为 1.8 μm) 中展示了沿着堆叠方向的一个反射尖峰，以及对带隙与中心能级比值为 0.11 的 4.8 μm 红外传输高达 85%的抑制比。

利用飞秒激光直写技术，在玻璃中也成功实现率密集排列的微孔阵列的制作，如图 14.2(a) 所示 [15]。在这个微孔阵列中，可以观察到径向双折射 (图 14.2(b) 和 (c))。这个基于微孔的双折射图案体现出可以将光的自旋角动量转变为轨道光学角动量的能力，例如，它可以产生表面密度达到 10^4 cm^2 大面积的光涡流发生器阵列，如图 14.2(d)~(g) 所示。

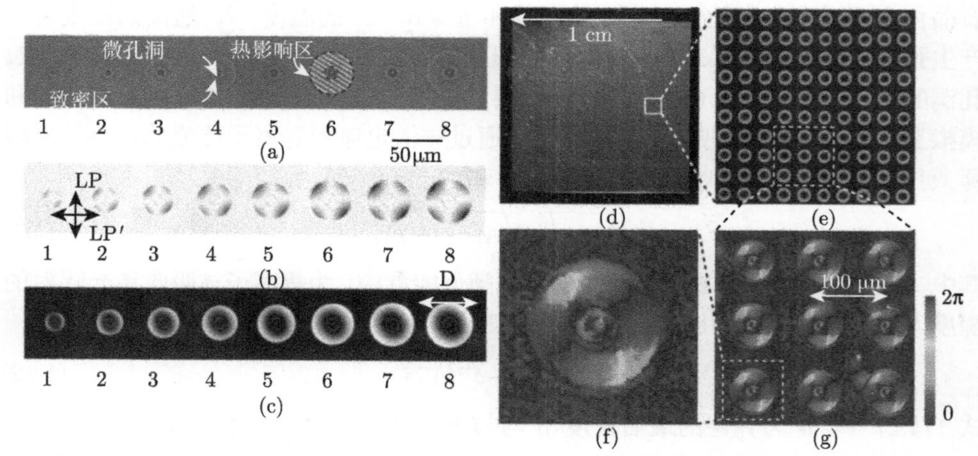

图 14.2　利用飞秒激光直写技术，在玻璃中也成功实现密集排列的微孔阵列的制作

Meunier 等还在聚碳酸酯中演示了通过改变激光在样品中的聚焦深度来控制表面球形弧顶状结构和内部微孔尺寸和形状的方法 [16]。通过对孔的尺寸和形状的控制，可以实现两个方面的应用：一是为体材料中的断裂行为研究制造人工缺陷；二是实现嵌入式的微流体通道的直接加工，省去了飞秒激光加工后还需要化学腐蚀的麻烦。

Zhou 等在具有高折射率的 Fe:LiNbO$_3$ 晶体中利用飞秒激光诱导的微爆炸制造出微孔洞 [17]。他们使用接近于微爆炸阈值的功率，在不同的深度制造了准球形的微孔结构。由于晶体的各向异性特点，由折射率失配引起的球差效应和激光的有限谱宽导致的色差的影响在 Y 方向 (切割方向，垂直于晶轴方向) 比 Z 方向弱。结果，在 Y 方向上可实现的最大加工深度大概是 Z 方向上加工深度的 5 倍。

利用飞秒激光还可以在光纤中制作微孔阵列，并进一步获得对弯曲方向敏感的传感器 [18]。微孔的尺寸可以通过改变激光的能量密度来控制。研究指出，激光的能量密度越大，孔洞的尺寸越大。他们确认了在任何情况下都只能获得椭圆形的微孔洞，这是因为激光束会受到光纤表面的柱面透镜效应的影响。此外，利用飞秒激光在光纤中诱导的孔洞，还可以通过周期性的排列形成光纤光栅 [19,20]。

14.4 微孔洞的坍塌行为

微孔洞的坍塌会导致一个直径在几十毫米的大空穴的产生，这也叫孔洞的破裂 [21]。Richter 等研究了微孔洞的这一行为过程，他们认为，这些坍塌的形成是源于激光照射后熔化的材料经历了一个快速淬冷的过程。此外，他们还分析了周期性和非周期性坍塌的形成，指出加工的参数会对坍塌的形成产生至关重要的影响。

14.5 飞秒激光在材料内部诱导气泡的形成

气泡的行为无处不在，特别是在大量的流体系统中显得异常复杂，在当代科学与技术中受到了深入研究和广泛应用 [22-25]。激光的发展为其带来了广泛的研究与应用前景。由于 Fabry-Perot 效应，通过截面或是激光写入直线的正视显微镜照片，可以观察到，紧聚焦的飞秒激光能在其辐照区域周围诱导产生尺寸为 1~3 μm 的气泡 [22,23]。

Watanabe 还报道了在激光作用下气泡沿着与激光传播方向相反的方向移动了长达 2 μm 激的距离 [22]。Yang 等发现，气泡在激光直写中是沿着垂直激光写入方向移动的，且气泡呈现非对称分布，他们将这归结于激光脉冲前沿的光压作用 [23]。

Luo 等利用聚焦的飞秒激光，通过对激光聚焦深度的控制，在硼硅酸盐玻璃中实现了不同大小和不同数量微气泡的生成 [24]。与前述不同的是，所诱导产生的气泡大多位于激光修饰区域的中心，随着深度的增加，气泡尺寸与气泡数量出现相反的变化趋势，如图 14.3 所示。当聚焦深度为 80 μm 焦深时，沿着激光写入轨迹中产生了大量的小气泡如图 14.3(a) 所示；聚焦深度 100~180 μm 时，气泡主要由规则排列的位于中心的大气泡和随机分布于大气泡周围的小气泡组成，如图 14.3(c) 所示，小气泡几乎分布于大气泡一侧；当聚焦深度达到 200 μm 以上时，则生成了大小均匀的小气泡。在增加聚焦深度的过程中，气泡的平均尺寸先增加后减小，而气泡的数量则先减少后增加。并且，通过改变激光的偏振方向发现，气泡的大小、数量、分布都没有明显变化。

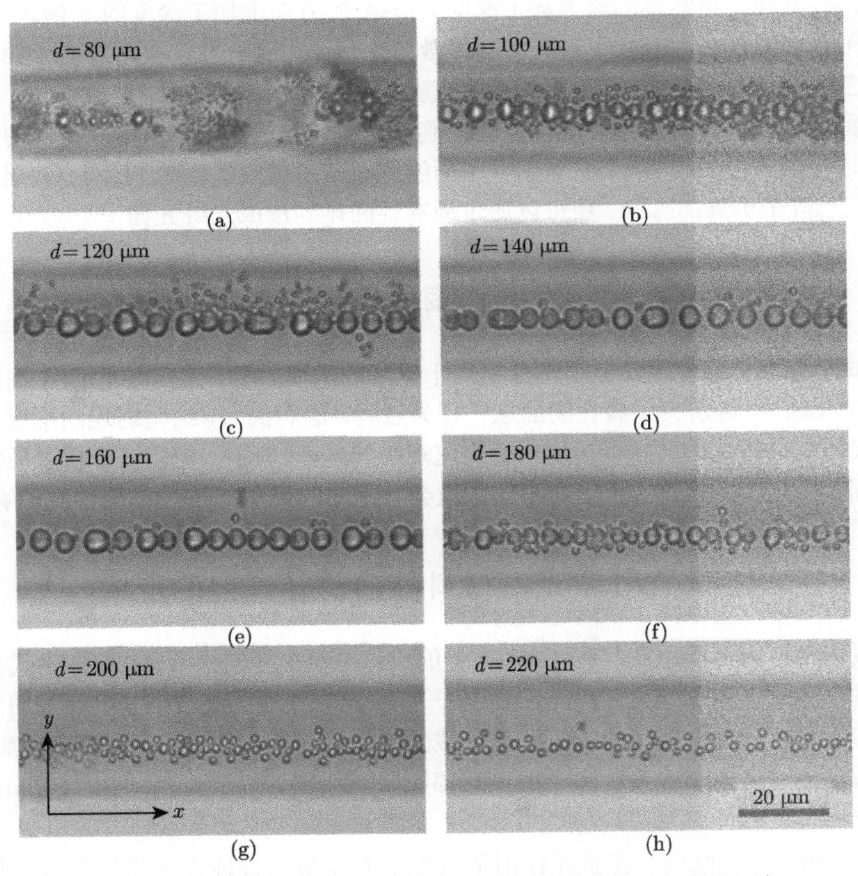

图 14.3　飞秒激光在硼硅酸盐玻璃内部不同深度诱导产生的气泡

为了解释气泡的尺寸和大小随着深度变化的关系，Luo 结合交界处的球差效应，通过理论计算得到激光轴向的光通量分布随深度变化的关系，如图 14.4 所示。计算结果表明，随着聚焦深度增加，最大激光通量减小，而激光分布跨度增加。由于更高的高通量对应着更多的等离子产生和对后续激光能量的吸收，因而高的通量能产生高的温度场。相反，最大光通量过大时，等离子体产生对激光吸收多，则作用于气泡的光辐照压小。因而等离子体的吸收和入射激光通量达到平衡时，光辐照压力最大，此后又减小，也就是说，光辐照压是随着聚焦深度先增加后减小。当飞秒激光聚焦在材料较浅的深度，如 30~100 μm，光通量大，大量的气泡产生，沿轴光辐照压力小，少数气泡在熔融流动玻璃基质的扰动下，尺寸减小，往外围移动，因而形成了数量多而小的气泡分布。随着聚焦深度的增加，光通量、温度梯度等减小，而光辐照压达到较大值，气泡沿激光轴向移动的趋势增加，并且微爆炸产生的冲击波和温度梯度加强了其移动，使气泡向激光轴向方向移动增加，数量减少，但受周围熔体扰动影响较小，使气泡保持较大的尺寸。直到聚焦深度达到 200 μm 焦深处，光通量和光辐照压力较小，气泡产生后运动不明显，形成均匀的小气泡。在这个过程中，聚焦深度变化引起的球差和光通量变化是导致气泡大小、数量变化的根本原因。

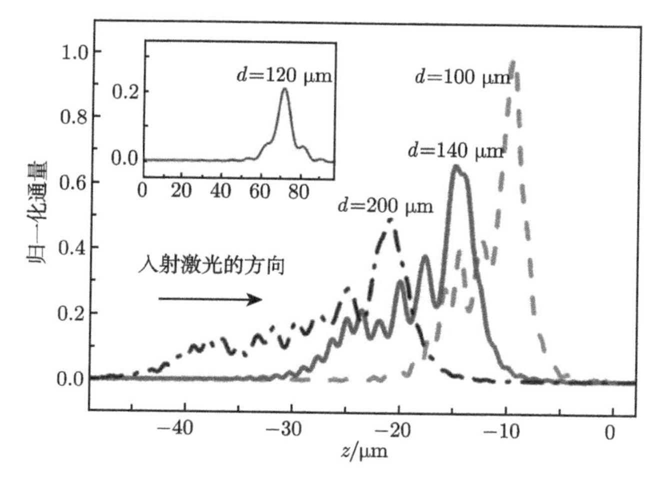

图 14.4 激光轴方向通量随聚焦深度变化的曲线

而气泡产生归因于飞秒激光作用下，熔融区域产生极端温度与压力发生的物理化学过程，如沸腾、蒸发、键的断裂和生成，进而导致相爆炸、等离子体生成和玻璃体气化等。

Bellouard[25] 等还报道了飞秒激光直写下小气泡的结合长大现象，并且气泡长大速率能超过激光扫描的速率，进而改变激光的传播，进而减弱非线性吸收过程而使温度下降到气泡形成的阈值以下，形成了沿扫描速度方向的气泡长大的排布。当飞秒激光直写的速度足够快时，激光束移动离开气泡区域，非线性吸收再次发生，最终形成气泡间断的周期性结构。通过对写入速度的合理控制，可以形成以多个乃至单个气泡为重复单元的周期性结构，如图 14.5 所示。

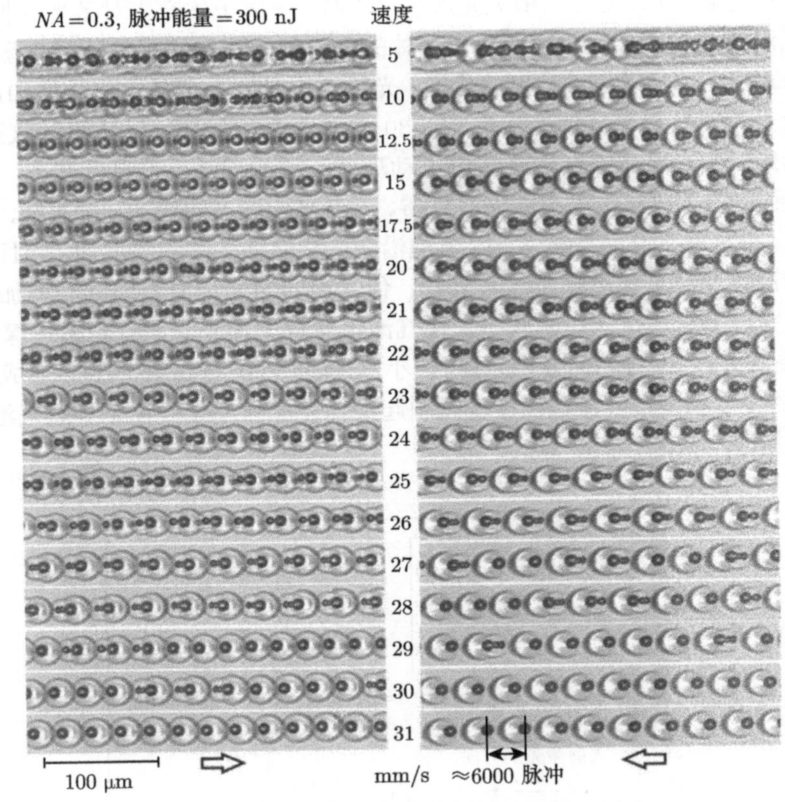

图 14.5　不同写入速度下形成的周期气泡结构

14.6　小结和展望

本章介绍了飞秒激光诱导微孔洞和气泡形成的相关机理研究及应用探索。微纳米孔洞和气泡在三维光学存储、微流体器件及微光学元件制备等方面有着潜在的应用前景。目前而言，这些研究工作虽然取得了相当的成果，但是还没有形成一个全面的研究体系。飞秒激光诱导微孔洞的形成作为飞秒激光诱导材料改性的一种，是强激光与材料相互作用的最基本形式之一，未来还需更多的研究投入。对孔洞阵列和微通道构建的深入研究，有利于对飞秒激光与材料相互作用的过程中发生的一系列物理化学反应的深入理解。另外，虽然基于气泡的双折射和波导管已经得到演示 [26]，但其形成机理尚未系统建立，并且，其在不同材料基质与飞秒激光作用下规律的分布还存在进一步摸索空间，对影响气泡的分布规律的相关参数的认识还相当有限，合理控制气泡生成将对飞秒激光修饰气泡衍射光栅等微器件大有裨益。

参 考 文 献

[1] Davis H, Miura K, Sugimoto N, et al. Writing waveguides in glass with a femtosecond laser[J]. Opt. Lett., 1996, 21: 1729.

[2] Shimotsuma Y, Kazansky P G, Qiu J R, et al. Self-organized nanogratings in glass irradiated by ultrashort light pulses[J]. Phys. Rev. Lett., 2003, 91: 247405.

[3] Glezer E N, Milosavljevic M, Huang L, et al. Three-dimensional optical storage inside transparent materials[J]. Opt. Lett., 1996, 21: 2023-5.

[4] Glezer E N, Mazur E. Ultrafast-laser driven micro-explosions in transparent materials[J]. Appl. Phys. Lett., 1997, 71: 882-4.

[5] Sun H B, Xu Y, Matsuo S, et al. Microfabrication and characteristics of two-dimensional photonic crystal structures in vitreous silica[J]. Opt. Rev. 1999, 6: 396-8.

[6] Juodkazis S, Nishimura K, Tanaka S, et al. Laser-induced microexplosion confined in the bulk of a sapphire crystal: evidence of multimegabar pressures[J]. Phys. Rev. Lett., 2006, 96: 166101.

[7] Day D, Gu M. Formation of voids in a doped polymethylmethacrylate polymer[J]. Appl. Phys. Lett., 2002, 80: 2404-6.

[8] Schaffer C B, Glezer E N, Nishimura N, et al. Ultrafast laser induced microexplosions: explosive dynamics and submicrometer structures[J]. Proc. SPIE, 1998, 3269: 36-45.

[9] Juodkazis S, Misawa H, Hashimoto T, et al. Laser-induced microexplosion confined in a bulk of silica: formation of nanovoids[J]. Appl. Phys. Lett., 2006, 88: 201909.

[10] Gamaly E G, Juodkazis S, Nishimura K, et al. Laser matter interaction in the bulk of a transparent solid: confined microexplosion and void formation[J]. Phys. Rev. B, 2006, 73: 214101.

[11] Hashimoto T, Juodkazis S, Misawa H. Void formation in glasses[J]. New J. Phys., 2007, 9: 253.

[12] Zhou G Y, Ventura M J, Vanner M R, et al. Use of ultrafast-laser-driven microexplosion for fabricating three-dimensional void-based diamond-lattice photonic crystals in a solid polymer material[J]. Opt. Lett., 2004, 29: 2240-2.

[13] Zhou G, Ventura M J, Vanner M R, et al. Fabrication and characterization of face-centered-cubic void dots photonic crystals in a solid polymer material[J]. Appl. Phys. Lett., 2005, 86: 011108.

[14] Ventura M J, Straub M, Gu M. Void channel microstructures in resin solids as an efficient way to infrared photonic crystals[J]. Appl. Phys. Lett., 2003, 82: 1649.

[15] Brasselet E, Royon A, Canioni L. Dense arrays of microscopic optical vortex generators

from femtosecond direct laser writing of radial birefringence in glass[J]. Appl. Phys. Lett., 2012, 100: 181901.

[16] Meunier T, Villafranca A B, Bhardwaj R, et al. Mechanism for spherical dome and microvoid formation in polycarbonate using nanojoule femtosecond laser pulses[J]. Opt. Lett., 2012, 37: 3168-70.

[17] Zhou G, Gu M. Anisotropic properties of ultrafast laser-driven microexplosions in lithium niobate crystal[J]. Appl. Phys. Lett., 2005, 87: 241107.

[18] Gouya K, Watanabe K. Micro-void arrays in an optical fiber machined by a femtosecond laser for obtaining bending direction sensitive sensors[J]. Proc. SPIE, 2013, 8677: 86770Q.

[19] Thomas J, Voigtländer C, Becker R G, et al. Femtosecond pulse written fiber gratings: a new avenue to integrated fiber technology[J]. Laser Photonics Rev., 2012, 6: 709-23.

[20] Kondo Y, Nouchi K, Mitsuyu T, et al. Fabrication of long-period fiber gratings by focused irradiation of infrared femtosecond laser pulses[J]. Opt. Lett., 1999, 24: 646-8.

[21] Richter S, Döring S, Burmeister F, et al. Formation of periodic disruptions induced by heat accumulation of femtosecond laser pulses[J]. Opt. Express, 2013, 21: 15452-63.

[22] Watanabe W, Itoh K. Motion of bubble in solid by femtosecond laser pulses[J]. Opt. Express, 2002,10:603-608.

[23] Yang W J, Kazansky P G, Shimotsuma Y, et al. Ultrashort-pulse laser calligraphy[J]. Appl. Phys. Lett., 2008, 93: 171109.

[24] Luo F F, Lin G, Sun H Y, et al. Generation of bubbles in glass by a femtosecond laser[J]. Opt. Commun., 2011, 284: 4592-4595.

[25] Bellouard Y, Hongler M O. Femtosecond-laser generation of self-organized bubble patterns in fused silica[J]. Opt. Express, 2011, 19: 6807-6821.

[26] Graf R, Fernandez A, Dubov M, et al. Pearl-chain waveguides written at megahertz repetition rate[J]. Appl. Phys. B, 2007, 87: 21-7.

第15章 飞秒激光照射形成三维流路

15.1 引 言

过去 20 年间，由于环保、实验精度和实验费用等方面的需要，化学反应和生物医学分析中对于降低样品和试剂使用体积的需求急剧增长。微流体系统由于能够以非常高的精度操控极微量的液体，实现微观化的化学和生物分析系统尺寸和进一步提高集成度的能力，为上述需求的满足提供了可能性，吸引了众多的关注，其研究和应用得到了飞速的发展 [1-3]。

可以用于制造微流体系统的基底材料主要有半导体 (如 Si)、聚合物和玻璃等。其中，石英玻璃等透明材料由于其良好的光学、化学和热学特性，成为构建大多数微流体系统最为理想的基底材料 [4] 。相应地，在不同材料中制备微流通道的形形色色的加工技术也不断发展成熟，它们可以分为两个基本大类: 基于光刻法的并行加工技术和基于直写的串行加工技术。其中，基于光刻法的并行加工技术可用于玻璃和半导体的微加工，包括光刻法 [5]、软光刻法 [6]、使用掩模的紫外激光烧蚀法 [7]、热压印法 [8] 和微注射造型法 [9] 等 (更详细的介绍可参考文献 [10])。这类方法的固有限制是只能进行表面的二维平面制造。因此，在制造三维微流体系统时，需要分层制造后进行堆叠、黏合和封装，需要多个掩模，增加了制造的成本和复杂性，而且黏合时使用的黏结剂容易泄漏到微通道中，严重降低了成品率，影响其实际应用 [11]。而基于直写的串行加工技术则包括质子和电子束直写技术 [12,13]，以及激光直写技术 [14-21]。

在 20 世纪 90 年代，超快飞秒激光技术的出现，为激光微加工技术带来新一轮的革新。与其他脉冲激光及连续激光不同，它具有超短脉冲、超高电场和超宽频谱等特性，使其与材料相互作用的机理和传统长脉冲激光具有很大不同。当其与透明物质相互作用时，产生形形色色的基于光与物质非线性相互作用的现象，可以实现超精细空间三维加工，为高效率高质量的三维微流通道的制备提供了可能。飞秒激光微加工的特点主要有以下四点：① 脉冲持续时间极短，且单脉冲能量较小，与材料相互作用时热扩散区域较小，实现“冷”加工 [22-24]；② 材料通过多光子吸收等非线性吸收激光能量，使得在聚焦激光焦点中心区域结构发生改变，可以突破光学衍射极限达到亚波长的空间加工精度 [25,26]；③ 飞秒激光可以聚焦到透明材料内部，在玻璃等透明材料块体内进行空间选择性的诱导改性，实现真正的三维微纳加工；④ 飞秒激光加工具有确定的不依赖于材料的破坏阈值，实现了加工材料种类的多样性。由于以上优点，使用飞秒激光在透明材料内部制备三维的微通道结构，近 10 年来得到了很大的发展。作为一种直接且无需掩模的加工手段，这种新技术近年来在微全分析系统 (micro-total analysis systems，μ-TAS)[27,28]、芯片实验室 (lab-on-a-chips，LOC)[3,4,29,30]、微机电系统 (micro electro mechanical systems，MEMS)[2,31] 等领域中都体现出越来越重要的地位。

本章主要综述了近 10 年来基于飞秒激光直写技术制备三维微流通道的研究进展，分析了当前研究中存在的问题，以及对该技术未来的发展方向提出了展望。

15.2 飞秒激光制备三维微流通道研究现状

虽然激光钻孔早已用于玻璃中一维直线腔的加工，但激光直接在空气中对材料进行微加工会产生烧蚀碎屑沉积、腔形存在锥度且长径比受限等问题 [32]，因此利用飞秒激光在透明材料中制备微流通道通常需要配备一些辅助技术。在技术发展过程中曾出现过如在真空环境中加工 [33]、辅助气体环境中加工 [34] 及利用激光自聚焦产生的光丝进行加工 [35,36] 等方法，然而这些方法的效果都不尽理想，无法完全达到微流体系统对微通道的功能要求。本节将介绍近几年发展出的解决这个难题的两种方式，一种是飞秒激光改性辅助的湿法化学刻蚀，另一种是液体辅助的飞秒激光三维烧蚀加工。中科院上海光学精密机械研究所和北京理工大学的团队在这个方向取得了很好进展。

15.2.1 飞秒激光改性辅助的化学刻蚀法

飞秒激光改性辅助的化学刻蚀法主要有两个步骤：第一步是使用紧聚焦的飞秒激光脉冲在材料内部扫描使扫描区域发生化学改性，形成不同的三维结构改性；第二步是使用酸、碱等溶液对已经发生改性的区域进行刻蚀，得到中空的微通道结构。对于光敏玻璃，在以上两步之间还需要增加热处理步骤。加工流程的示意图如图 15.1 所示 [20]。

这种微流体制备方法的优势是可以在玻璃材料上制备出较长的微通道结构，缺点是刻蚀时间较长，制得的微通道结构一般存在锥度，且对加工材料本身会形成刻蚀损伤。目前，应用该方法加工微通道的材料主要是石英玻璃和光敏玻璃两种，蓝宝石等其他一些透明材料也有所应用 [37,38]。由于 HF 溶液对上述几种材料改性区域有较高的刻蚀速率，研究一般选用一定浓度的 HF 溶液以实现较高的刻蚀选择性 (使微通道中空和连通)。激光通量、偏振状态以及刻蚀剂的选择是影响加工结果的决定性因素。

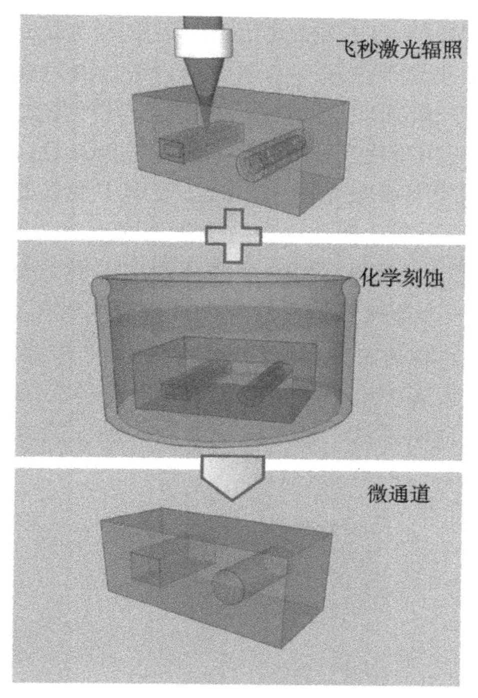

图 15.1 飞秒激光改性辅助化学刻蚀示意图 [20]

光敏玻璃的发明已有近 60 年的历史，目前较为常用的光敏玻璃是德国 Schott 公司生产的 Foturan(R) 玻璃，它是由掺杂少量银 (Ag) 离子和铈 (Ce) 离子的锂铝硅酸盐玻璃构成的。光敏玻璃上的微结构制备，最初是依赖于三价 Ce 离子对紫外光的单光子线性吸收从而失去一个电子变为四价 Ce 离子的过程，放出的自由电子使得 Ag 离子被还原为 Ag 原子，在热处理过程中，Ag 离子形成纳米团簇，作为成核剂并在玻璃基底中诱发晶态偏硅酸锂的形成，晶态偏硅酸锂连接成的网格对于 HF 溶液的高溶解性使得光致改性区域的材料得以去除，形成中空的微通道结构。但是利用玻璃对紫外光的线性吸收仍然只能在光敏玻璃表面制备二维结构，而要实现玻璃内部三维微结构的加工则需要通过非线性的多光子吸收过程。Helvajian 的课题组最早实现利用紫外纳秒激光 (355 nm 波长，光子能量小于三价 Ce 离子的带隙) 直写辅助的酸腐蚀法在光敏玻璃内部直接制备出微流体结构 [39]。随后在 1999 年，Kondo 等在一个与 Foturan 玻璃组分相似的自制光敏玻璃中，利用飞秒激光制备出一个 Y 形的微流体通道结构 [40]。

近几年来，不同脉宽和重复频率的近红外飞秒激光 (波长通常 $\geqslant$800 nm) 被广泛地用来在光敏玻璃内部制备三维的微结构 [41-43]。近红外飞秒激光较长的波长提高了非线性光反应过程中多光子吸收的阶数，优化了轴向分辨率，这对于实现真三维微加工来说是至关重要的。由飞秒激光照射引发的光反应过程的机理与紫外光照射诱导的单光子或者双光子激发有本质区别，这是因为高强飞秒激光脉冲与光敏玻璃作用可以在没有光敏剂参与的情况下直接激发产生大量的自由电子。因此，利用飞秒激光在光敏玻璃中制造微流通道可以不用掺杂 Ce 离子 [44]。

Cheng 等展示了利用飞秒激光在 Foturan 玻璃中制备的一个微流体通道混合器，如图 15.2(a)~(c) 所示 [45]。图 (b) 中右侧的两个支流为液体流入通道，左侧的水平通道作为液体的出口。两种不同的液体分别从右侧两个通道流入，在中间的节点处汇合，通过降低一个连接到流出通道的硅胶管的气压，使混合后的液体从出口导出。这个微流体混合器是由分布在玻璃内部同一个平面的微通道网络构建的。他们后来还在 Foturan 玻璃中进一步实现了一个具有多层结构的微型化学反应器，如图 15.2(d) 所示 [46]，证明了这一技术的三维结构加工能力。

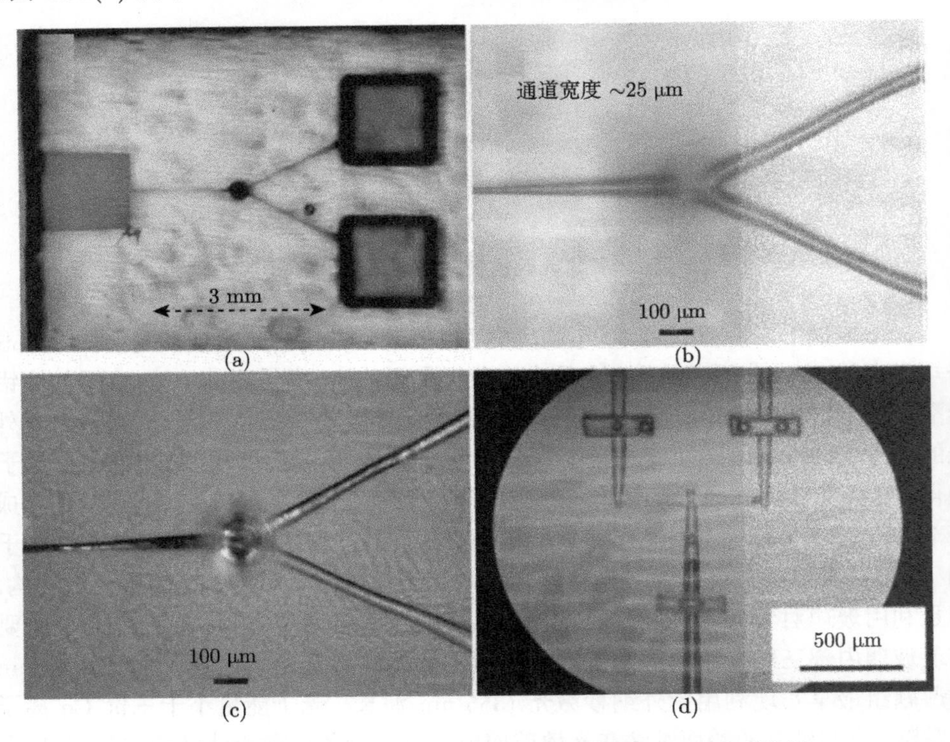

图 15.2　飞秒激光在 Foturan 玻璃中制备的微流体器件 [45,46]

光敏玻璃可以被飞秒激光刻蚀是比较容易理解的，更有趣的是，即使是通常被认为在可见区域和近红外部分区域非光敏性材料的石英玻璃，也能利用飞秒激光进行选择性刻蚀。Marcinkevičus 等 [14] 在 2001 年为利用飞秒激光在石英玻璃中制备三维微流体做了开拓性的工作，但当时加工的结构具有较低的刻蚀选择性。后来，Bellouard 等 [4] 利用飞秒激光改性辅助的化学刻蚀法在石英玻璃表面制备了开口的具有高纵横比的任意长度微通道。利用这种技术在石英玻璃中制备三维微流体通道，真正获得突破是在 2005 年，Hnatovsky 等发现飞秒激光改性区域的刻蚀速度和选择性强烈依赖于激光的偏振方向 [47]。这是因为飞秒激光照射区域形成了取向总是与偏振垂直的纳米光栅结构 [48,49]。图 15.3 展示了不同偏振的飞秒激光照射区域腐蚀后的结构取向和对应的腐蚀速度，纳米光栅是由腐蚀速度不同的两个区域交替排列的，当纳米光栅取向垂直于微通道时，会阻止 HF 溶液进入微通道，导致一个很小的腐蚀速度，当纳米光栅取向平行于微通道时，HF 溶液会沿着腐蚀速度较大的栅面进入微通道，导致一个较大的腐蚀速度。因此，通过对纳米光栅取向的控制，可以实现对刻蚀速度大约两个数量级范围的调制，如图 15.3(a) 所示。

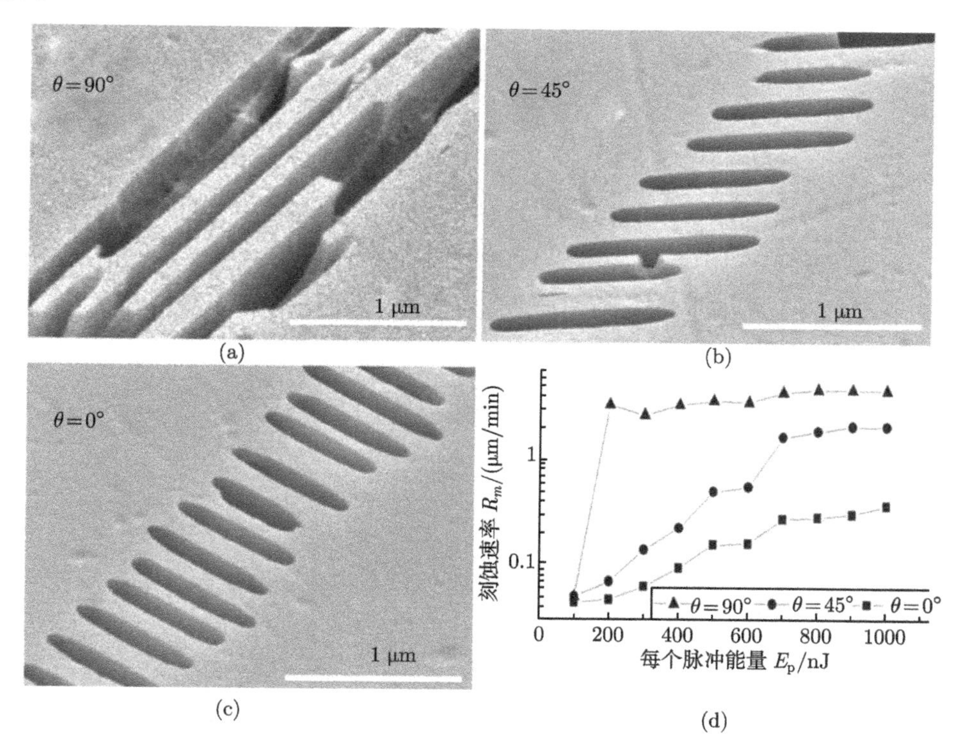

图 15.3 不同偏振的飞秒激光照射区域被 HF 溶液刻蚀后的 SEM 图和对应的腐蚀速度 [47]

Kiyama 等 [50] 使用高浓度的 KOH 溶液 (10 mol/L) 代替 HF 溶液作为刻蚀剂，在玻璃材料中制备出了长达 1 cm，直径小于 60 μm(长径比 200) 的微通道。高浓度 KOH 溶液在该方法中相对于 HF 溶液的优势是，在微通道加深的过程中不会轻易产生饱和现象，且 KOH 溶液对飞秒激光改性区的刻蚀选择性显著高于

HF 溶液，如图 15.4 所示。通过对改性区的光致发光和共焦拉曼光谱测量，他们提出，除了密度的改变以及 Si—O—Si 结构键角的减小，一种富硅结构 (Si-rich structure)SiO_x(x <2) 的形成是 KOH 溶液刻蚀效率增强的主要原因，因为该结构相对于 HF 更容易与 OH^- 发生作用 [50,51]。

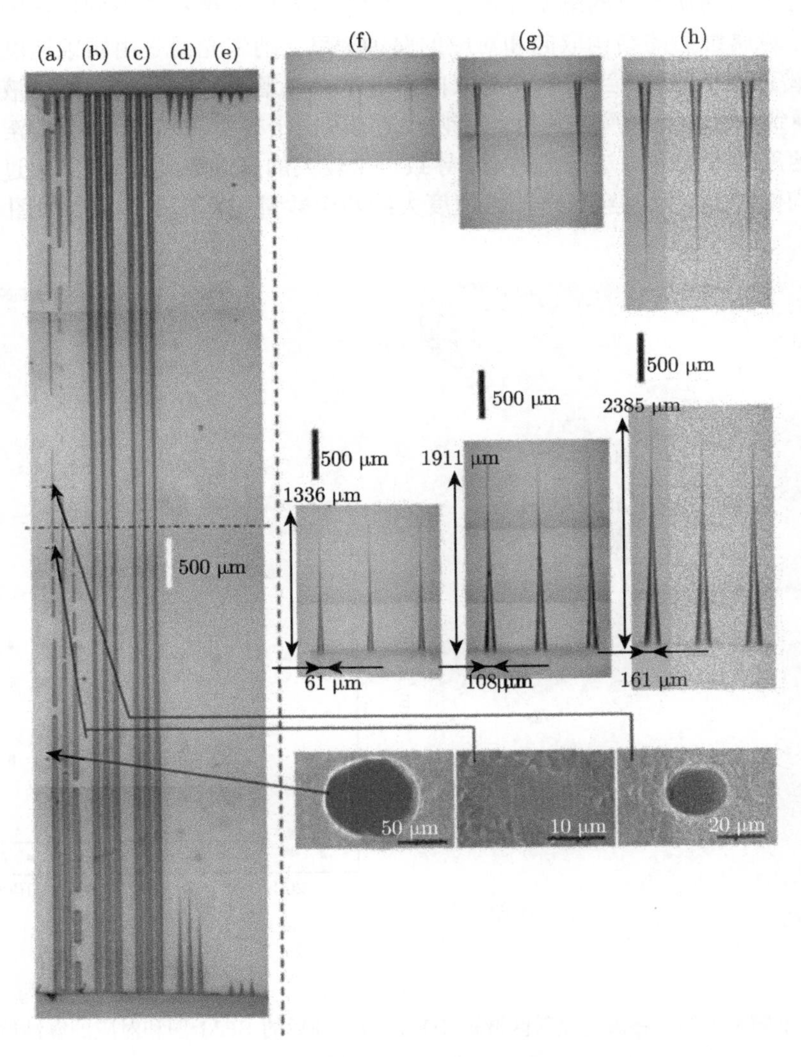

图 15.4　不同功率的飞秒激光照射后玻璃在 KOH 溶液 ((a)~(e)) 和 HF 溶液 ((f)~(h)) 中浸泡几十个小时后的显微镜照片 [50]

2014 年，Paiè等 [20] 利用飞秒激光改性辅助的化学刻蚀法，在石英玻璃中集成了一个具有水力聚焦功能的三维微流体网络器件，如图 15.5 所示。这个器件可以将微颗粒流量三维对称地限制在靠近微通道中心的微小区域内，通过进一步减小这个器件的尺寸和提高微流通道的限流能力，有望将这个器件用于细胞计数器和荧光激活的细胞排序。

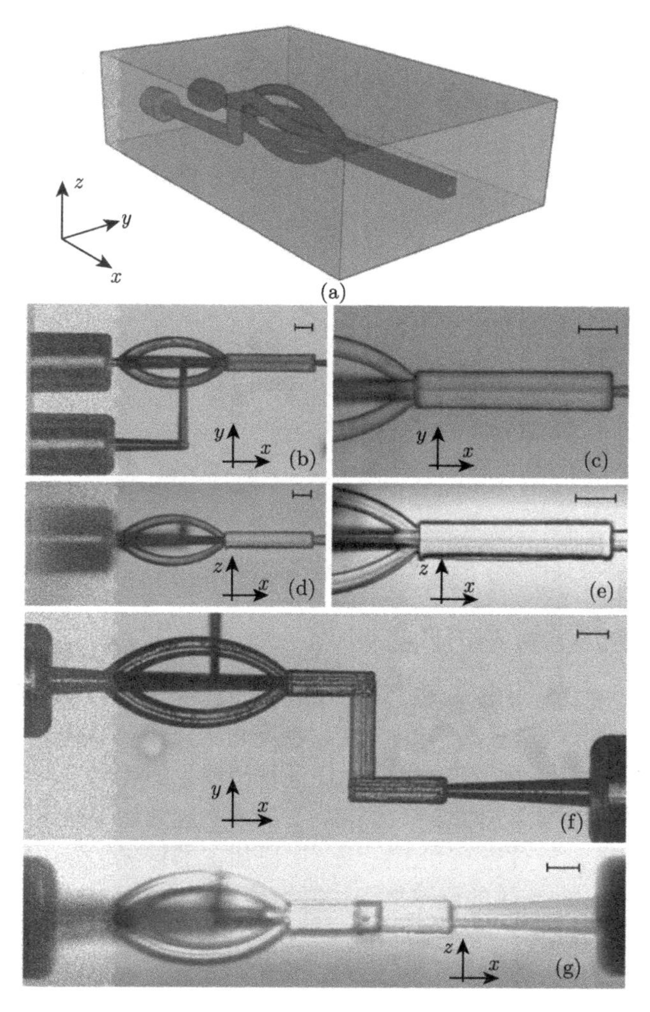

图 15.5 飞秒激光改性辅助的化学刻蚀法在石英玻璃中制备的三维微流体网络 [20]

最近，Yu 等在一种二元玻璃 (Na_2O-SiO_2) 上进一步发展了这项技术，在进行酸刻蚀之前加入了热处理的步骤，使得玻璃改性区域更加均匀化，制备出了长度达到 5 mm，直径均一的微流体通道，并通过填充罗丹明溶液的发光来证明了其结构的均匀性，如图 15.6 所示 [52]。这项技术改进的原理是飞秒激光会诱导二元玻璃选择性分相，而热处理步骤则进一步提高了分相的程度，使得激光改性区域的刻蚀速度得到很大提高，另外，分相的发生也减少了加工过程中碎屑的产生，从而进一步提高了刻蚀速率。

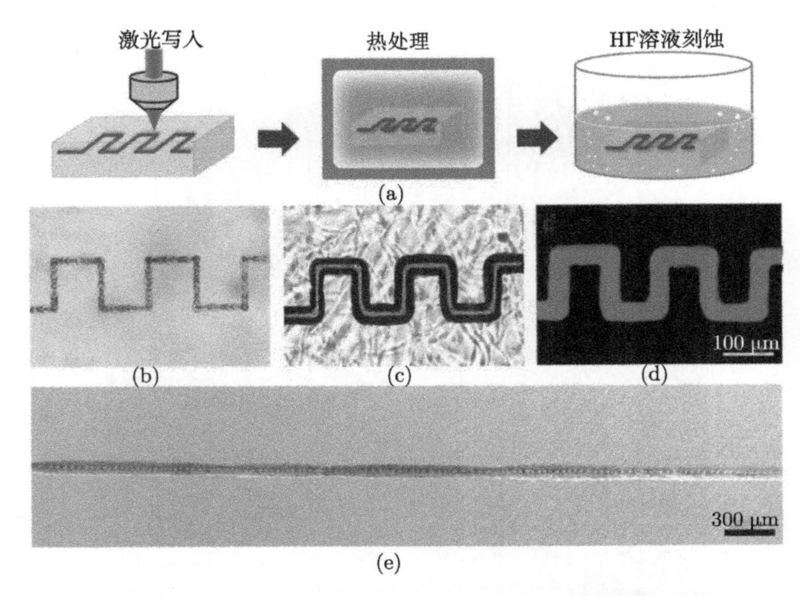

图 15.6　热处理和化学刻蚀辅助的飞秒激光诱导分相法制备的微流通道 [52]

15.2.2　液体辅助飞秒激光烧蚀法

在飞秒激光烧蚀透明电介质材料的过程中，材料首先会吸收光子的能量转变为具有金属特性的吸收型等离子体，随后，激光与等离子体的相互作用导致材料的去除，产生碎屑 [53-55]。在空气中，激光烧蚀材料产生的等离子体和碎屑在微孔达到一定深度时就很难喷射出去，液体辅助飞秒激光烧蚀加工微通道的主要机理是使等离子体和碎屑被液体带离加工区域，保证加工的持续进行。除了溶解碎屑之外，激光与材料作用时产生的强等离子体碰撞会给液体提供一个驱动力，进一步促使碎屑排出 [56-59]；此外，烧蚀过程伴随气泡的形成和破裂，其所引起的压力释放以及导致的液体对流行为和冲击波也会加速碎屑的喷出 [60,61]；从上表面开始加工时会使后续脉冲受到加工过程的持续影响，而从下表面开始加工则可以避免已形成结构的影响 [62-65]，因此，这种方法一般从材料的下表面开始自下而上进行。加工的示意图如图 15.7 所示 [57]。

2001 年，Li 等 [65] 首次提出了该加工方法，他们在石英玻璃中制备出直径 4 μm，长度超过 200 μm 的微通道，长径比达到了 50，而同样聚焦条件的激光在空气中加工的微孔长径比不超过 5。通过控制激光的扫描轨迹，利用该方法还可以制备出矩形波状、螺旋状等多种三维结构的微通道 [65-67]，如图 15.8 所示 [66]。

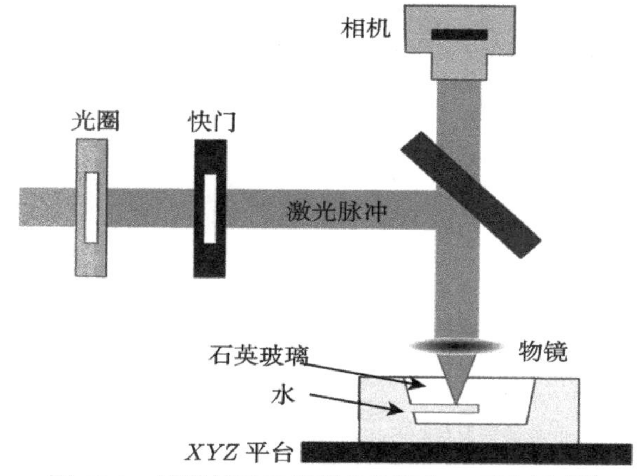

图 15.7　液体辅助飞秒激光烧蚀加工示意图 [57]

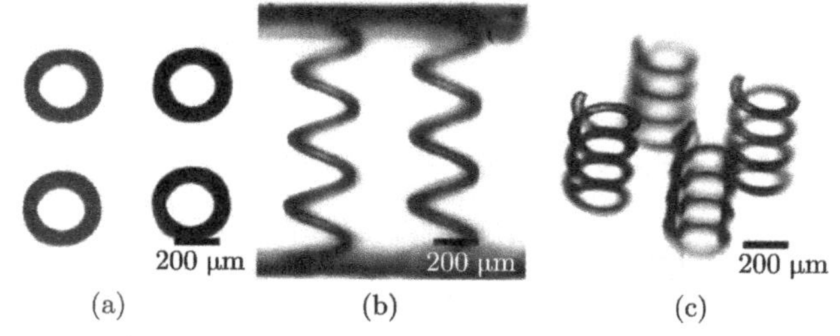

图 15.8　水辅助飞秒激光加工的螺旋微通道阵列，从左到右分别为顶视图、侧视图和全景图[66]

液体辅助的飞秒激光钻孔法的一个重要特征是，它可以用来在玻璃中制造非常狭窄的微通道，在高数值孔径物镜聚焦下，利用较低的脉冲能量 (烧蚀阈值附近) 可以制备出直径约 700 nm 的亚微米通道 [68]。但是因碎屑的排出能力随通道长度增加而急剧下降的关系，加工的通道长度仍然会被限制在 1 mm 范围内。2010 年，Liao 等 [69] 发展了一种新的方法来解决这个问题。他们使用一种多孔玻璃 (孔体积比 40%) 作为加工材料，使得在利用水辅助方法加工时，水可以随时从通道周围进入加工区域，解决了随深度增加水无法进入通道的难题。微通道激光加工完成后进行约 1150 ℃ 的后续热处理，使得多孔玻璃固化成致密结构，玻璃中的纳米孔全部消失，玻璃整体尺寸和微通道孔径有所减小，之前由于纳米孔散射而不透明的材料也变得透明，加工的流程示意图如图 15.9(a) 和 (b) 所示。使用这种方法，他们在玻璃表面下约 250 μm 得到了直径约 64 μm，长度约 14 mm 的矩形波状微通道，如图 15.9(c) 所示。使用该方法可以在多孔玻璃内部制备几乎任意长度和形状的微通道 [69-71]。2012 年，他们课题组进一步展示了利用这种材料和方法加工的具有复杂三维结构的微流体通道混流器，如图 15.10 所示 [18]。

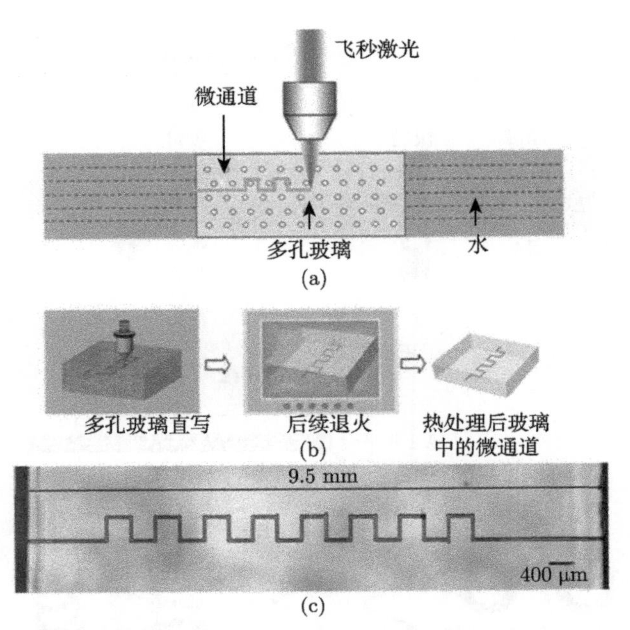

图 15.9　加工过程示意图 (a) 和 (b)，加工的结构的显微镜照片 (c)[18]

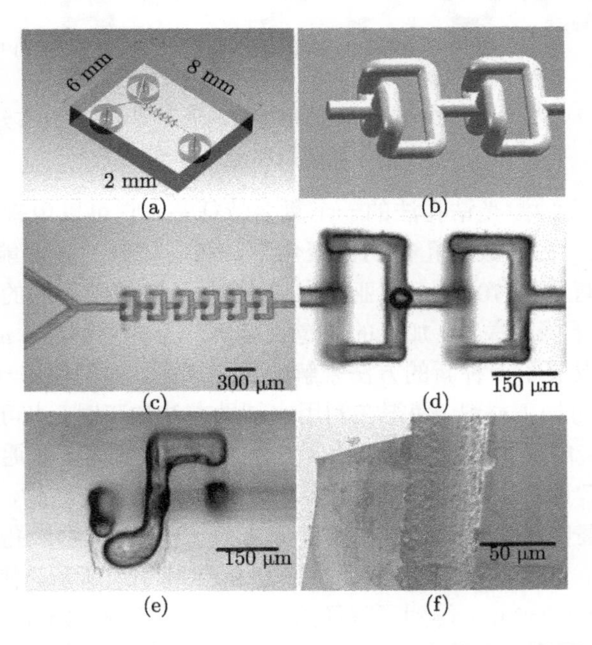

图 15.10　三维微流体混合器示意图 (a) 和 (b)，光学显微镜图像 (c)，
其中两个混合单元的显微顶视图(d)，三维微通道横
截面的显微照片(e)，以及微通道内壁的扫描电镜照片 (f)[72]

激光通量和扫描速度是该加工方法中最重要的两个参数。使用接近烧蚀阈值时的激光通量时，液体中产生的气泡体积微小、黏性较高、雷诺数较低，所以不会剧烈破裂从而使材料发生微裂纹 [68]。在一定范围内，扫描速度的降低会得到更深的微通道，但是如果速度太低的话，不断沉积的激光能量会产生过多的气泡，阻止碎屑的喷出，所以扫描速度并非越小越好 [56,72]。通过合理选择激光通量和扫描速度可以直接在玻璃材料内部加工出直径在亚微米级的三维微通道 [56,72-74]。最近，Liao 等更是直接在多孔玻璃中实现了可用于微纳集成系统的纳米级通道的加工，如图 15.11 所示 [75]。

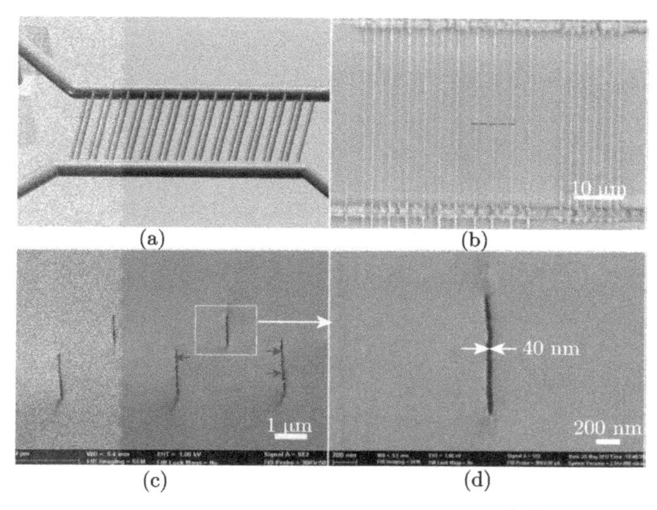

图 15.11 三纳米量级的微通道加工 [75]

(a) 连接两个微通道的双层纳米通道阵列示意图；(b) 热处理后的双层纳米通道阵列正面光学显微照片；(c) 纳米通道的横截面扫描电镜照片；(d) 单个纳米通道的横截面扫描电镜照片

15.3 改善微流通道结构性能的方法

对于很多微流体和芯片实验室方面的应用来说，微通道的横截面形状是非常重要的，因为它决定了流体动力学过程和生物学方面的功用。例如，模仿血管环境需要用到圆形的界面才能更接近于真实的流体剪切速率、速度和压力等参数。在大多数情况下，直径较小的微流体通道都是通过沿着垂直于激光传播的方向平移样品一次扫描制备的。这样制备出的微通道的横截面会由于激光焦点在传播方向的伸展而出现固有的椭圆形状，影响了微通道在很多方面的应用。为了解决这个问题，研究人员相继提出了一些技术手段来制备圆形截面的微流体通道，主要包括光束整形技术及其他一些辅助步骤。

15.3.1　激光光束空间整形

为了解决横向扫描时的微通道圆度问题，可以在激光光束聚焦之前添加狭缝，改变焦点处的能量分布 [76]，使焦点处能量分布横向扩大，但是这种方法的固有缺点是狭缝的取向只能与扫描方向平行，对于复杂三维结构的加工会造成很大困难。此外还可以用透镜像散系统来对激光光束进行空间整形 [77,78]，图 15.12 展示了 Maselli 等 [78] 使用透镜像散系统整形激光光束制得的微通道，可见，微通道的端面圆度已得到很大程度的改善，其不足之处是会损失部分激光能量或展宽激光脉冲宽度。

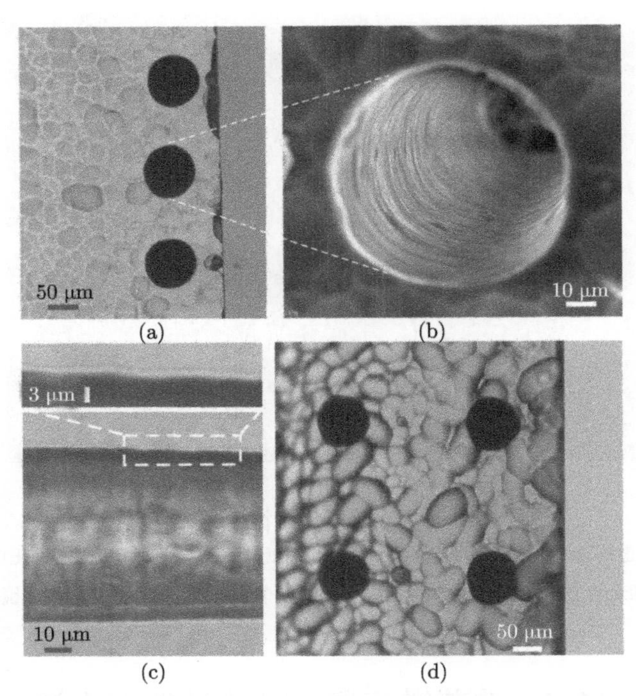

图 15.12　透镜像散系统整形激光光束制得的微通道 [78]

(a) 一列微通道的端面显微镜照片；(b) 其中一个微通道的端面扫描电镜图像；(c) 微通道一部分的径向观察显微镜图片及其边缘放大；(d) 一个 2×2 的微通道阵列的端面显微图像

当采用沿光束轴向扫描方式时，由于光束的高斯分布，微通道的圆度可以得到较好的保证，这种情况下需要尽量减小激光的发散角，以提高加工的分辨率。例如将普通高斯 (Gaussian) 激光进行空间调制得到衍射较小的贝塞尔 (Bessel) 光束 [79-81]，在加工过程中甚至不需要激光的扫描，这样不仅可以提高激光的能量利用效率，而且避免了材料其他部分受到激光能量的影响。

另一种比较有效的光束空间整形方式是光束正交整形，其作用原理如图 15.13(a)

所示 [82]。聚焦系统是由定位好的两个正交物镜组成的，它们的焦点在空间上重合。当互相垂直传播的两个飞秒脉冲在焦点处相遇时，如果时间上完全重合，就会在合成的焦点处形成同心球梯度分布的光强。图 15.13(b) 显示了利用这种方法在横向扫描和纵向扫描两种扫描方式下，均可以形成横截面为圆形的微通道。这一技术的难点是，要很好地控制和保持正交的两束脉冲在时间和空间上高度重合。

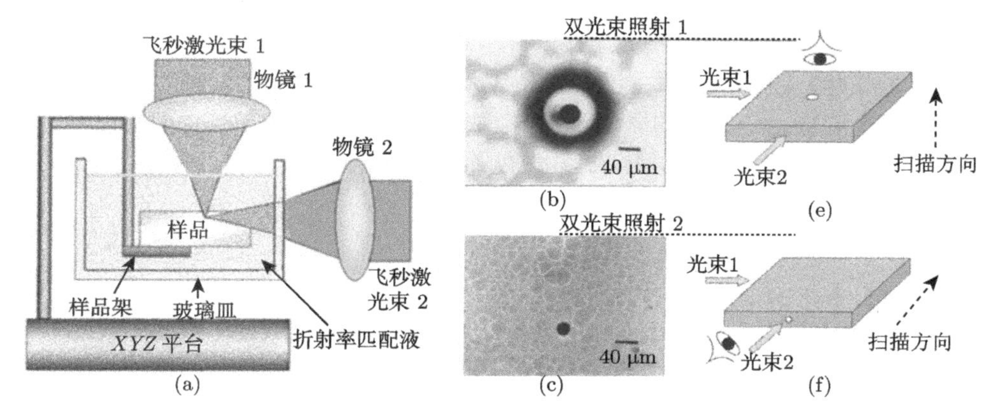

图 15.13 光束正交整形法制备微通道示意图 (a) 和该方法加工的微通道截面形状 (b) [82] 和该方法不同方向扫描 (e) 和 (f), 加工的微通道截面图 (b) 和 (c)

15.3.2 激光光束时间整形

通过超快脉冲序列设计 (调节单个脉冲的能量和脉冲间的延迟) 来控制被加工材料电子吸收激光光子的过程 (选择性激发/电离)，进而控制相变过程，有望将加工控制尺度极限从当前的单原子尺度缩小到电子层面 [83]。Jiang 等 [84,85] 通过理论研究发现，通过飞秒激光脉冲序列调控瞬时局部电子状态 (electron dynamics control，EDC)，从而控制加工过程，可以极大地提高微纳加工的精度和可重复性。Englert 等 [86,87] 进一步通过实验证实，飞秒激光脉冲序列与宽带介质材料相互作用时能够控制电子电离过程，进而控制激光加工过程。

2012 年，Jiang 等 [88] 在使用液体辅助飞秒激光加工微通道时发现，脉冲间隔为 500 fs 的双脉冲序列可以使得烧蚀效率比同等功率的传统单脉冲序列提高 56 倍，且微通道的极限长度也达到了传统脉冲的 3 倍。这是由于脉冲序列对于自由电子密度分布，即瞬时局部电子状态的调控，有效改变了材料对光子的吸收和局部的特性，进一步控制了其后激光与等离子体的相互作用过程，从而提高了激光能量的吸收效率。研究显示，同等通量的传统脉冲经由材料的非线性吸收使自由电子密度达到临界值后，其对于后续脉冲的反射率大幅上升，从而导致了较低的能量吸收效率；而同样通量的脉冲序列由于各子脉冲能量变小，自由电子密度降低从而对后续脉冲的反射率降低，提高了能量吸收效率 [89]。

15.3.3　时空聚焦整形技术

2010 年，He 等 [90] 利用脉冲时空聚焦 (spatiotemporal focusing) 整形技术，成功地在玻璃中实现了三维空间内结构均一的微通道网络结构制备。脉冲时空聚焦整形系统的结构如图 15.14(a) 所示，入射脉冲在进入聚焦物镜前，首先被一对光栅对在空间上色散，脉冲通过聚焦物镜后，不同频率成分只在焦点附近重合，实现时域上的聚焦。因此，脉冲在焦点处具有最小的脉宽和最大的峰值强度，而焦点区域外的光强会由于脉宽的展宽而急剧下降，从而提高了加工的轴向分辨率。图 15.14(b) 展示了他们利用该技术制备的微流通道网络，可以看到，不同扫描方向形成的微通道横截面都保持了很好的圆度。

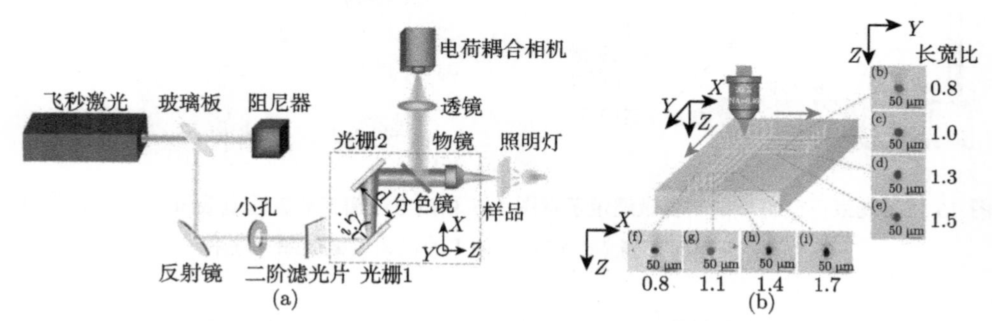

图 15.14　利用脉冲时空整形技术制备微通道结构示意图及制备的微通道截面形状 [90]

15.3.4　其他改善技术

除了对光束和脉冲进行时间和空间上的整形之外，还发展出了其他一些能比较有效地改善微通道结构性能的技术手段，主要包括样品晃动补偿法 [91] 和增加后续热处理步骤 [92] 等。

飞秒激光改性辅助化学刻蚀方法由于刻蚀过程中随着微通道深度增加而导致刻蚀效率下降，制得的微通道存在锥度，其应用性能受到一定影响，通过在加工过程中对样品进行合适的轨迹晃动，以此改变激光在“微观上”的扫描轨迹，提前设置一个反向的锥度，可以使最后形成的锥度得到补偿甚至消失。Vishnubhatla 等 [91] 使用了从材料表面开始，直径逐渐变大的螺旋状扫描方式，形成纺锤形的改性区域，从而抵消了刻蚀过程中产生的锥度，得到了无锥度的微通道，如图 15.15 所示。这种方法的一个缺点是只能用于直径较大的微通道加工。

飞秒激光改性辅助化学刻蚀的锥度问题，还可以采用在加工完成后，增加后续热处理步骤的方法解决。此外，后续热处理步骤也可以改善微通道内壁由于刻蚀而造成的较大的粗糙度。He 等 [92] 在利用飞秒激光在石英玻璃中扫描出一个“Y”

形微通道并进行酸刻蚀后，使用直径大约为 0.5 mm 氢氧焰对石英玻璃样品进行加热，样品软化后往一个方向拉伸 (最优速度 1 μm/s)，得到如图 15.16 所示的结果。样品加热拉伸之前，微通道锥度较大，截面形状为椭圆形，表面较为粗糙；加热拉伸后，锥度大大减小，截面形状变圆且在径向上较为均匀，表面粗糙度大大下降。这项技术可用于制造较大长度 (长径比超过 1000) 的狭小微通道。

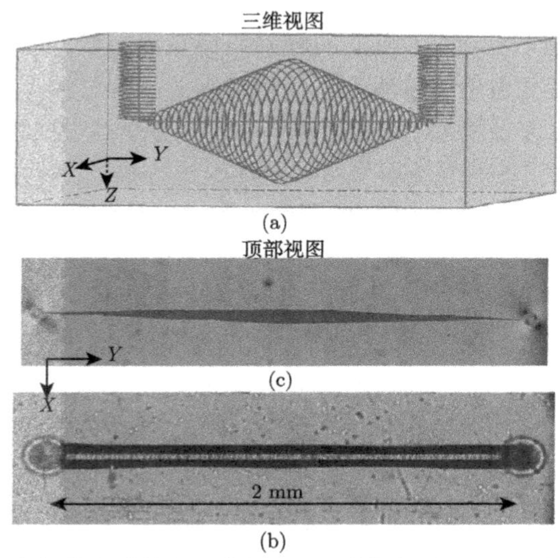

图 15.15 纺锤状螺旋扫描轨迹示意图 (a)、改性结果 (b) 以及刻蚀结果 (c) [91]

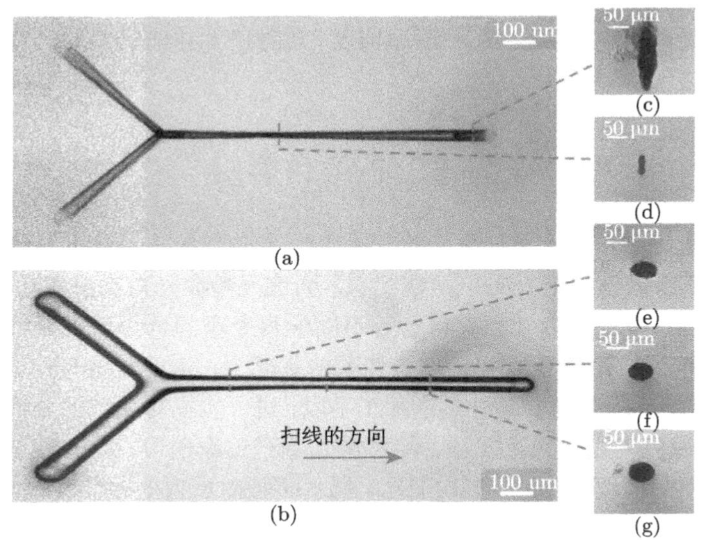

图 15.16 氢氧焰画线加热处理前 (a) 和处理后 (b) 不同截面 (c)~(g) 的对比 [92]

15.4　存在的问题

目前，基于飞秒激光的微通道制造及其应用研究已大量开展，并且不断出现新的研究成果。但是通过认真分析我们不难发现，这一方向的研究在原理研究、过程监测、质量保证、可重复性以及生产效率等方面仍存在着许多尚待解决的问题，特别是将这项技术推向产业化时，这些问题就显得尤为重要。

在原理研究方面，由于飞秒激光与透明材料的相互作用是一个超快、非线性、非平衡的复杂过程，涉及物理、化学、材料、机械等众多学科的交叉和融合，到目前为止，还没有一个完备的理论模型可以全面地进行描述。特别是在研究飞秒甚至阿秒范围的作用过程和小到纳米尺度的微加工时，制造要素的极端性使得许多经典理论在此变得不再适用。当前理论中广泛使用的一些假设和规律的具体适用范围和条件也有待进一步确定 [93]。而且，飞秒激光烧蚀过程中的相变机理取决于许多参数，如激光的能量密度、脉宽、波长、脉冲重复频率、脉冲数目和材料的光学、化学性质等，多种相变机理时常共存且可以相互转变，目前各种不同的解释和观点之间仍存在很大分歧 [94,95]。

在加工制造方面，基于飞秒激光的微通道制造也面临着诸多挑战，例如，制造精度、长径比以及通道表面粗糙度等品质达不到应用要求；微通道与其他光学或微流体分析元件的集成化还比较困难。

在加工效率方面，目前基于飞秒激光的微通道制造仍然处在实验室阶段，无法兼顾精度与效率，在用其解决工程制造问题、进行产业化时仍需要进行大量的研究工作。

15.5　小结和展望

针对以上问题，基于飞秒激光的三维微流通道制备技术未来的研究重点和发展趋势将集中于以下几个方面：① 继续深入研究飞秒激光与物质相互作用的机理，通过量子物理、分子动力学和材料学等不同学科专家的合作研究，力求建立一个完备的理论体系；② 在建立完备理论体系的基础上，实现对激光作用过程中瞬态电子动力学的调控，并结合各种纳米加工手段，进一步提高加工的分辨率和制造精度；③ 由于超快激光的快速发展，阿秒激光器已逐渐出现，有必要开展阿秒激光与物质作用下的新现象、新机制的研究，揭示阿秒时域内的超快过程，这不仅有助于我们理解飞秒过程，更有可能推动这一技术向精密化发展；④ 深入研究提高加工效率的技术，如利用液晶光调制器对激光分束，发展并行加工技术；⑤ 推进飞秒激光制备的微流通道与其他微型光电元器件集成技术的发展，丰富其功能，推广其应用范围。

相对于传统光刻工艺而言，基于飞秒激光的微通道制造灵活性较高且可以在透明材料内部实现任意形状三维加工，使得其在微流体系统等多个研究和应用领域都发挥着日益重要的作用。近十几年来，该方向的研究取得了许多有意义的成果，在机理研究和工艺改善方面也取得了很大进展。该方法被应用到了越来越多的材料加工中，对于激光光束的整形以及多种辅助技术的应用都使加工的精度和质量得到很大的改善，各种不同形态和功能的微通道结构层出不穷。通过对加工过程中深层的机理的不懈探索和研究，以及对激光在时间和空间分布上更有效的控制，将有助于加工出满足更高功能要求的微通道结构，有望将这项技术推向产业化。

参 考 文 献

[1] Whitesides G M. The origins and the future of microfluidics[J]. Nature, 2006, 442(7101): 368-373.

[2] Psaltis D, Quake S R, Yang C. Developing optofluidic technology through the fusion of microfluidics and optics[J]. Nature, 2006, 442(7101): 381-386.

[3] Craighead H. Future lab-on-a-chip technologies for interrogating individual molecules[J]. Nature, 2006, 442(7101): 387-393.

[4] Bellouard Y, Said A, Dugan M, et al. Fabrication of high-aspect ratio, micro-fluidic channels and tunnels using femtosecond laser pulses and chemical etching[J]. Optics Express, 2004, 12(10): 2120-2129.

[5] Dodge A, Fluri K, Verpoorte E, et al. Electrokinetically driven microfluidic chips with surface-modified chambers for heterogeneous immunoassays[J]. Analytical Chemistry, 2001, 73(14): 3400-3409.

[6] Zhao X M, Xia Y, Whitesides G M. Soft lithographic methods for nano-fabrication[J]. Journal of Materials Chemistry, 1997, 7(7): 1069-1074.

[7] Kim J, Xu X. Excimer laser fabrication of polymer microfluidic devices[J]. Journal of Laser Applications, 2003, 15(4): 255-260.

[8] Becker H, Heim U. Hot embossing as a method for the fabrication of polymer high aspect ratio structures[J]. Sensors and Actuators A: Physical, 2000, 83(1): 130-135.

[9] Choi J W, Kim S, Trichur R, et al. A plastic micro injection molding technique using replaceable mold-disks for disposable microfluidic systems and biochips[C]//Micro Total Analysis Systems 2001. Springer Netherlands, 2001: 411-412.

[10] Sugioka K, Cheng Y. Femtosecond laser 3D micromachining for microfluidic and optofluidic applications[M]//Springer in Applied Science & Technology. Springer, 2013.

[11] Sugioka K, Hanada Y, Midorikawa K. Three-dimensional femtosecond laser micromachining of photosensitive glass for biomicrochips[J]. Laser & Photonics Reviews, 2010,

4(3): 386-400.

[12] Van Kan J A, Bettiol A A, Watt F. Three-dimensional nanolithography using proton beam writing[J]. Applied Physics Letters, 2003, 83(8): 1629-1631.

[13] Mali P, Sarkar A, Lal R. Facile fabrication of microfluidic systems using electron beam lithography[J]. Lab on a Chip, 2006, 6(2): 310-315.

[14] Marcinkevičus A, Juodkazis S, Watanabe M, et al. Femtosecond laser-assisted three-dimensional microfabrication in silica[J]. Optics Letters, 2001, 26(5): 277-279.

[15] Osellame R, Hoekstra H J W M, Cerullo G, et al. Femtosecond laser microstructuring: an enabling tool for optofluidic lab-on-chips[J]. Laser & Photonics Reviews, 2011, 5(3): 442-463.

[16] Schaap A, Rohrlack T, Bellouard Y. Optical classification of algae species with a glass lab-on-a-chip[J]. Lab on a Chip, 2012, 12(8): 1527-1532.

[17] Sugioka K, Cheng Y. Femtosecond laser processing for optofluidic fabrication[J]. Lab on a Chip, 2012, 12(19): 3576-3589.

[18] Liao Y, Song J, Li E, et al. Rapid prototyping of three-dimensional microfluidic mixers in glass by femtosecond laser direct writing[J]. Lab on a Chip, 2012, 12(4): 746-749.

[19] Xu B B, Zhang Y L, Xia H, et al. Fabrication and multifunction integration of microfluidic chips by femtosecond laser direct writing[J]. Lab on a chip, 2013, 13(9): 1677-1690.

[20] Paiè P, Bragheri F, Vazquez R M, et al. Straightforward 3D hydrodynamic focusing in femtosecond laser fabricated microfluidic channels[J]. Lab on a Chip, 2014, 14(11): 1826-1833.

[21] Wu D, Xu J, Niu L G, et al. In-channel integration of designable microoptical devices using flat scaffold-supported femtosecond-laser microfabrication for coupling-free optofluidic cell counting[J]. Light: Science & Applications, 2015, 4(1): e228.

[22] Tönshoff H K, Momma C, Ostendorf A, et al. Microdrilling of metals with ultrashort laser pulses[J]. Journal of Laser Applications, 2000, 12(1): 23-27.

[23] Gamaly E G, Rode A V, Luther-Davies B, et al. Ablation of solids by femtosecond lasers: Ablation mechanism and ablation thresholds for metals and dielectrics[J]. Physics of Plasmas (1994-present), 2002, 9(3): 949-957.

[24] Jiang L, Tsai H L. Energy transport and material removal in wide bandgap materials by a femtosecond laser pulse[J]. International Journal of Heat and Mass Transfer, 2005, 48(3): 487-499.

[25] Kawata S, Sun H B, Tanaka T, et al. Finer features for functional microdevices[J]. Nature, 2001, 412(6848): 697-698.

[26] Xiong W, Zhou Y S, He X N, et al. Simultaneous additive and subtractive three-dimensional nanofabrication using integrated two-photon polymerization and multiphoton ablation[J]. Light: Science & Applications, 2012, 1(4): e6.

[27] Vilkner T, Janasek D, Manz·A. Micro total analysis systems. Recent developments[J]. Analytical Chemistry, 2004, 76(12): 3373-3386.

[28] Dittrich P S, Tachikawa K, Manz A. Micro total analysis systems: Latest advancements and trends[J]. Analytical Chemistry, 2006, 78(12): 3887-3908.

[29] Osellame R, Maselli V, Vazquez R M, et al. Integration of optical waveguides and microfluidic channels both fabricated by femtosecond laser irradiation[J]. Applied Physics Letters, 2007, 90(23): 231118.

[30] Qiao L, He F, Wang C, et al. A microfluidic chip integrated with a microoptical lens fabricated by femtosecond laser micromachining[J]. Applied Physics A, 2011, 102(1): 179-183.

[31] McDonald J P, Mistry V R, Ray K E, et al. Femtosecond pulsed laser direct write production of nano-and microfluidic channels[J]. Applied Physics Letters, 2006, 88(18): 183113.

[32] Weck A, Crawford T H R, Wilkinson D S, et al. Laser drilling of high aspect ratio holes in copper with femtosecond, picosecond and nanosecond pulses[J]. Applied Physics A, 2008, 90(3): 537-543.

[33] Wynne A E, Stuart B C. Rate dependence of short-pulse laser ablation of metals in air and vacuum[J]. Applied Physics A, 2003, 76(3): 373-378.

[34] Rodden W S O, Kudesia S S, Hand D P, et al. Use of "assist" gas in the laser drilling of titanium[J]. Journal of Laser Applications, 2001, 13(5): 204-208.

[35] Shah L, Tawney J, Richardson M, et al. Femtosecond laser deep hole drilling of silicate glasses in air[J]. Applied Surface Science, 2001, 183(3): 151-164.

[36] Zoubir A, Shah L, Richardson K, et al. Practical uses of femtosecond laser micro-materials processing[J]. Applied Physics A, 2003, 77(2): 311-315.

[37] Wortmann D, Gottmann J, Brandt N, et al. Micro-and nanostructures inside sapphire by fs-laser irradiation and selective etching[J]. Optics Express, 2008, 16(3): 1517-1522.

[38] Nakashima S, Sugioka K, Midorikawa K. Fabrication of microchannels in single-crystal GaN by wet-chemical-assisted femtosecond-laser ablation[J]. Applied Surface Science, 2009, 255(24): 9770-9774.

[39] Hansen W W, Janson S W, Helvajian H. Direct-write UV-laser microfabrication of 3D structures in lithium-aluminosilicate glass[C]//Photonics West'97. International Society for Optics and Photonics, 1997: 104-112.

[40] Kondo Y, Qiu J, Mitsuyu T, et al. Three-dimensional microdrilling of glass by multiphoton process and chemical etching[J]. Japanese Journal of Applied Physics, 1999, 38(10A): L1146.

[41] Masuda M, Sugioka K, Cheng Y, et al. 3-D microstructuring inside photosensitive glass by femtosecond laser excitation[J]. Applied Physics A, 2003, 76(5): 857-860.

[42] Cheng Y, Sugioka K, Masuda M, et al. 3D microstructuring inside Foturan glass by femtosecond laser[J]. Riken Review, 2003: 101-106.

[43] Sugioka K, Cheng Y. Integrated microchips for biological analysis fabricated by femtosecond laser direct writing[J]. MRS Bulletin, 2011, 36(12): 1020-1027.

[44] Hongo T, Sugioka K, Niino H, et al. Investigation of photoreaction mechanism of photosensitive glass by femtosecond laser[J]. Journal of Applied Physics, 2005, 97(6): 063517.

[45] Cheng Y, Sugioka K, Midorikawa K. Microfabrication of 3D hollow structures embedded in glass by femtosecond laser for lab-on-a-chip applications[J]. Applied Surface Science, 2005, 248(1): 172-176.

[46] Sugioka K, Masuda M, Hongo T, et al. Three-dimensional microfluidic structure embedded in photostructurable glass by femtosecond laser for lab-on-chip applications[J]. Applied Physics A, 2004, 79(4-6): 815-817.

[47] Hnatovsky C, Taylor R S, Simova E, et al. Polarization-selective etching in femtosecond laser-assisted microfluidic channel fabrication in fused silica[J]. Optics Letters, 2005, 30(14): 1867-1869.

[48] Shimotsuma Y, Kazansky P G, Qiu J, et al. Self-organized nanogratings in glass irradiated by ultrashort light pulses[J]. Physical Review Letters, 2003, 91(24): 247405.

[49] Bhardwaj V R, Simova E, Rajeev P P, et al. Optically produced arrays of planar nanostructures inside fused silica[J]. Physical Review Letters, 2006, 96(5): 057404.

[50] Kiyama S, Matsuo S, Hashimoto S, et al. Examination of etching agent and etching mechanism on femotosecond laser microfabrication of channels inside vitreous silica substrates†[J]. The Journal of Physical Chemistry C, 2009, 113(27): 11560-11566.

[51] Matsuo S, Sumi H, Kiyama S, et al. Femtosecond laser-assisted etching of Pyrex glass with aqueous solution of KOH[J]. Applied Surface Science, 2009, 255(24): 9758-9760.

[52] Yu Y, Chen Y, Chen J, et al. Fabrication of microchannels by space-selective control of phase separation in glass[J]. Optics Letters, 2016, 41(14): 3371-3374.

[53] Kautek W, Krüger J, Lenzner M, et al. Laser ablation of dielectrics with pulse durations between 20fs and 3ps[J]. Applied Physics Letters, 1996, 69(21): 3146-3148.

[54] Lenzner M, Krüger J, Sartania S, et al. Femtosecond optical breakdown in dielectrics[J]. Physical Review Letters, 1998, 80(18): 4076.

[55] Gattass R R, Mazur E. Femtosecond laser micromachining in transparent materials[J]. Nature Photonics, 2008, 2(4): 219-225.

[56] Hwang D J, Choi T Y, Grigoropoulos C P. Liquid-assisted femtosecond laser drilling of straight and three-dimensional microchannels in glass[J]. Applied Physics A, 2004, 79(3): 605-612.

[57] Li Y, Qu S, Guo Z. Fabrication of microfluidic devices in silica glass by water-assisted ablation with femtosecond laser pulses[J]. Journal of Micromechanics and Microengineering, 2011, 21(7): 075008.

[58] Zhu S, Lu Y F, Hong M H, et al. Laser ablation of solid substrates in water and ambient air[J]. Journal of Applied Physics, 2001, 89(4): 2400-2403.

[59] Kaakkunen J J J, Silvennoinen M, Paivasaari K, et al. Water-assisted femtosecond laser pulse ablation of high aspect ratio holes[J]. Physics Procedia, 2011, 12: 89-93.

[60] Vogel A, Lauterborn W, Timm R. Optical and acoustic investigations of the dynamics of laser-produced cavitation bubbles near a solid boundary[J]. Journal of Fluid Mechanics, 1989, 206: 299-338.

[61] Ren J, Kelly M, Hesselink L. Laser ablation of silicon in water with nanosecond and femtosecond pulses[J]. Optics letters, 2005, 30(13): 1740-1742.

[62] Wu Z, Jiang H, Zhang Z, et al. Morphological investigation at the front and rear surfaces of fused silica processed with femtosecond laser pulses in air[J]. Optics Express, 2002, 10(22): 1244-1249.

[63] Ran A, Yan L, Yan-Ping D, et al. Laser micro-hole drilling of soda-lime glass with femtosecond pulses[J]. Chinese Physics Letters, 2004, 21(12): 2465.

[64] An R, Hoffman M D, Donoghue M A, et al. Water-assisted femtosecond laser machining of electrospray nozzles on glass microfluidic devices[J]. Optics Express, 2008, 16(19): 15206-15211.

[65] Li Y, Itoh K, Watanabe W, et al. Three-dimensional hole drilling of silica glass from the rear surface with femtosecond laser pulses[J]. Optics Letters, 2001, 26(23): 1912-1914.

[66] Li Y, Qu S. Femtosecond laser-induced breakdown in distilled water for fabricating the helical microchannels array[J]. Optics Letters, 2011, 36(21): 4236-4238.

[67] An R, Li Y, Dou Y, et al. Water-assisted drilling of microfluidic chambers inside silica glass with femtosecond laser pulses[J]. Applied Physics A, 2006, 83(1): 27-29.

[68] Ke K, Hasselbrink E F, Hunt A J. Rapidly prototyped three-dimensional nanofluidic channel networks in glass substrates[J]. Analytical Chemistry, 2005, 77(16): 5083-5088.

[69] Liao Y, Ju Y, Zhang L, et al. Three-dimensional microfluidic channel with arbitrary length and configuration fabricated inside glass by femtosecond laser direct writing[J]. Optics Letters, 2010, 35(19): 3225-3227.

[70] Ju Y, Liao Y, Zhang L, et al. Fabrication of large-volume microfluidic chamber embedded in glass using three-dimensional femtosecond laser micromachining[J]. Microfluidics and Nanofluidics, 2011, 11(1): 111-117.

[71] Liu C, Liao Y, He F, et al. Fabrication of three-dimensional microfluidic channels inside glass using nanosecond laser direct writing[J]. Optics Express, 2012, 20(4): 4291-4296.

[72] Zhao X, Shin Y C. Femtosecond laser drilling of high-aspect ratio microchannels in glass[J]. Applied Physics A, 2011, 104(2): 713-719.

[73] Kim T N, Campbell K, Groisman A, et al. Femtosecond laser-drilled capillary integrated into a microfluidic device[J]. Applied Physics Letters, 2005, 86(20): 201106.

[74] An R, Uram J D, Yusko E C, et al. Ultrafast laser fabrication of submicrometer pores in borosilicate glass[J]. Optics Letters, 2008, 33(10): 1153-1155.

[75] Liao Y, Cheng Y, Liu C, et al. Direct laser writing of sub-50 nm nanofluidic channels buried in glass for three-dimensional micro-nanofluidic integration[J]. Lab on a Chip, 2013, 13(8): 1626-1631.

[76] Cheng Y, Sugioka K, Midorikawa K, et al. Control of the cross-sectional shape of a hollow microchannel embedded in photostructurable glass by use of a femtosecond laser[J]. Optics Letters, 2003, 28(1): 55-57.

[77] Osellame R, Taccheo S, Marangoni M, et al. Femtosecond writing of active optical waveguides with astigmatically shaped beams[J]. JOSA B, 2003, 20(7): 1559-1567.

[78] Maselli V, Osellame R, Cerullo G, et al. Fabrication of long microchannels with circular cross section using astigmatically shaped femtosecond laser pulses and chemical etching[J]. Applied Physics Letters, 2006, 88(19): 191107.

[79] Matsuoka Y, Kizuka Y, Inoue T. The characteristics of laser micro drilling using a Bessel beam[J]. Applied Physics A, 2006, 84(4): 423-430.

[80] Polesana P, Franco M, Couairon A, et al. Filamentation in Kerr media from pulsed Bessel beams[J]. Physical Review A, 2008, 77(4): 043814.

[81] Bhuyan M K, Courvoisier F, Lacourt P A, et al. High aspect ratio taper-free microchannel fabrication using femtosecond Bessel beams[J]. Optics Express, 2010, 18(2): 566-574.

[82] Sugioka K, Cheng Y, Midorikawa K, et al. Femtosecond laser microprocessing with three-dimensionally isotropic spatial resolution using crossed-beam irradiation[J]. Optics Letters, 2006, 31(2): 208-210.

[83] 蔡海龙, 闫雪亮, 王素梅, 等. 飞秒激光微通道加工研究进展 [J]. 北京理工大学学报, 2012, 32(010): 991-1003.

[84] Jiang L, Tsai H L. Repeatable nanostructures in dielectrics by femtosecond laser pulse trains[J]. Applied Physics Letters, 2005, 87(15): 151104.

[85] Wang C, Jiang L, Wang F, et al. First-principles electron dynamics control simulation of diamond under femtosecond laser pulse train irradiation[J]. Journal of Physics: Condensed Matter, 2012, 24(27): 275801.

[86] Englert L, Rethfeld B, Haag L, et al. Control of ionization processes in high band gap materials via tailored femtosecond pulses[J]. Optics Express, 2007, 15(26): 17855-17862.

[87] Itina T E, Shcheblanov N. Electronic excitation in femtosecond laser interactions with wide-band-gap materials[J]. Applied Physics A, 2010, 98(4): 769-775.

[88] Jiang L, Liu P, Yan X, et al. High-throughput rear-surface drilling of microchannels in glass based on electron dynamics control using femtosecond pulse trains[J]. Optics Letters, 2012, 37(14): 2781-2783.

[89] Jiang L, Tsai H L. Plasma modeling for ultrashort pulse laser ablation of dielectrics[J]. Journal of applied physics, 2006, 100(2): 023116.

[90] He F, Xu H, Cheng Y, et al. Fabrication of microfluidic channels with a circular cross section using spatiotemporally focused femtosecond laser pulses[J]. Optics Letters, 2010, 35(7): 1106-1108.

[91] Vishnubhatla K C, Bellini N, Ramponi R, et al. Shape control of microchannels fabricated in fused silica by femtosecond laser irradiation and chemical etching[J]. Optics Express, 2009, 17(10): 8685-8695.

[92] He F, Cheng Y, Xu Z, et al. Direct fabrication of homogeneous microfluidic channels embedded in fused silica using a femtosecond laser[J]. Optics Letters, 2010, 35(3): 282-284.

[93] Jiang L, Tsai H L. Prediction of crater shape in femtosecond laser ablation of dielectrics[J]. Journal of Physics D: Applied Physics, 2004, 37(10): 1492.

[94] Jiang L, Li L, Wang S, et al. Microscopic Energy Transport Through Photon-electron-phonon Interactions During Ultrashort Laser Ablation of Wide Bandgap Materials. Part I: Photon Absorption[J]. Chinese Journal of Lasers, 2009 36(4): 778-789.

[95] 李丽珊, 姜澜, 王素梅. Microscopic energy transport through photon-electronphonon interactions during ultrashort laser ablation of wide bandgap materials Part II: phase change[J]. 中国激光, 2009 (5): 1029-1036.

第16章　飞秒激光诱导偏振依赖纳米结构

16.1　引　　言

飞秒脉冲激光能够产生强场超快的极端物理条件，是连续激光及长脉冲激光所不能比拟的。因此，在与物质发生相互作用时，会出现一些传统理论中难见的实验现象，这些被不断发现的新现象和新效应极大地丰富和发展了人们对于光与物质相互作用的认识，并促进了相关科技领域的进步。在过去的 20 年间，随着飞秒激光产生和控制技术的日益成熟，包括化学反应优化[1]、量子相干控制[2]、功能化的微纳结构制备[3] 等许多研究领域都得到了迅速的发展。尤其是在飞秒激光制备微纳光学元件这个领域，通过精确控制飞秒脉冲的各项参数，如能量、脉冲数、波长、脉宽和偏振等，研究人员已经可以提前设计和动态调节辐照区域所产生的结构变化，因此所制备的光学元件性能和种类都得到很好的提升。例如，飞秒激光辐照到透明介质内部，根据入射脉冲的能量级别不同，可以在辐照区域诱发出不同种类的非线性电离效应从而引起三种不同类型的结构变化：当脉冲能量比较低时，辐照区域中心部分的折射率会增加，这样可以在玻璃内部直写光波导[4]；反之，当脉冲能量比较高时，则在辐照区域会诱导出等离子爆炸而形成的小孔或裂纹，这可以发展成一种三维光存储的技术[5]；第三类结构则非常特殊，当脉冲能量处于一个中间范围时，辐照区域会形成一种折射率呈亚波长周期分布的有序结构，它呈现了明显的光学双折射效应[6-8]。这种纳米结构在物理、化学和光学性质方面具有很多新奇的表现，如典型的周期性、元素再分布后的各向异性和可擦除重写等，使得其在诸多领域有着广阔的应用前景；同时，这种单光束辐照技术不需要使用相位掩模版或者搭建复杂的相干光路就能诱导出周期性的结构，一定程度上减少了制备过程中的干扰因素，具有很好的可重复性和规模化开发的潜力，因此，当前对这类结构的研究已成为超短脉冲微纳加工领域的一个热点。

本章介绍单光束飞秒激光在石英玻璃内部诱导偏振依赖纳米结构的发现过程及其基本特征，然后再详细介绍该结构的物理、化学和光学特性及相关应用领域，并对其形成的几种主要物理机制及涉及的影响因素进行了分析，最后，对当前偏振依赖纳米结构研究中存在的机遇与挑战进行了展望。

16.2 偏振依赖纳米结构的发现及其基本特征

这个有趣的物理现象最早能被追溯到 1999 年，法国的 L. Sudrie 等报告了飞秒激光辐照石英玻璃后，在辐照区域能观察到一种各向异性光散射现象[6]；与此同时，日本科技振兴机构和英国南安普顿大学的 Kazansky 等发现在 Ge 掺杂的石英玻璃里也能观察到类似的现象[7,8]。2000 年，Qiu 等发现这个具有明显偏振依赖的光散射现象还有着十分明显的记忆性，并预测了在辐照区域存在永久性偏振依赖的结构[9]。

偏振依赖纳米结构第一次在实验上被直接观测到是在 2003 年[10]，京都大学的 Shimotsuma 等通过背散射电子显微镜发现，在垂直于光传播方向上的激光聚焦平面，存在纳米尺度的光栅结构且排列方向与入射光偏振方向垂直，如图 16.1(a) 所示。通过对这种结构的俄歇电子谱探测发现，辐照区域的氧元素浓度被周期性地调制，在这种周期性条纹状结构的暗区内氧元素浓度相对偏低，而硅元素的浓度与未辐照区域相比基本保持不变，如图 16.1(b) 和 (c) 所示。这种氧元素浓度周期性变化的结构在 HF 溶液里具有明显的各向异性腐蚀速率，因此腐蚀后的表面形貌可在扫描电子显微镜进行观察[11-13]。

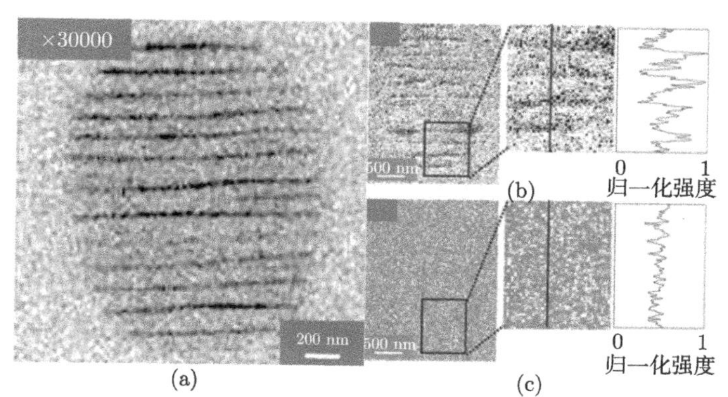

图 16.1 焦点区域的背散射电子成像 (a) 以及氧 (b) 和硅 (c) 元素在焦点区域的线分布情况[10]

进一步观察发现，在沿着光传播方向上聚焦区域结构形状呈胡萝卜形[14]，如图 16.2(a) 所示，并且，所谓的纳米光栅是一个空间上的三维体结构，分布在整个激光影响区。聚焦区域材料结构变化之所以不是圆形，是由于自聚焦效应、球差效应和其他的一些超短脉冲非线性传输效应共同作用的结果[15-18]，它们导致了飞秒激光的能量在纵轴方向上的不均匀分布，从而影响了整个相互作用区域的形状。

图 16.2(b) 是偏振依赖纳米光栅的基本结构示意图[19]。这种纳米尺度的周期性结构沿着入射光的偏振方向排列，即栅面与入射光的偏振方向垂直。由折射率为

n_1 且有相对高浓度氧缺陷的薄层 t_1 及折射率为 n_2 的厚层 t_2 交替排列形成。与未经过辐照的材料相比，t_1 层可以产生高达 -0.1 的折射率变化[20]，这种结构能表现出单轴双折射材料的光学性质。后继的研究不断证明，这种人造的三维各向异性结构充分利用了飞秒激光直写技术操控简单、无需掩模和免受二次污染的优点，使得原本各向同性的玻璃类材料具有了一些晶体的光学性质，在未来集成化光子器件的大批量生产过程中，这个技术可以有效地降低材料方面的成本。

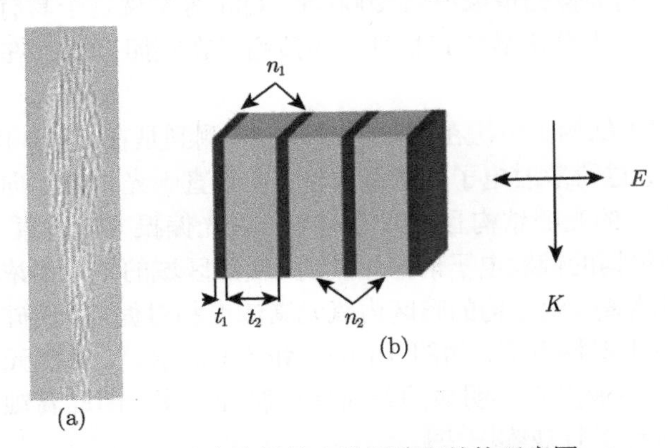

图 16.2　纳米光栅的电镜照片和结构示意图

(a) 纳米光栅结构在入射光方向上的扫描电镜照片；[14] (b) 纳米光栅结构示意图[19]

16.3　纳米光栅结构的特性

16.3.1　光学双折射现象

纳米光栅结构是由两个不同折射率层沿着入射光偏振方向周期性地交替排列而成的结构，因此它能够表现出单轴双折射材料的光学性质。这个特性成为判断超短脉冲激光辐照石英玻璃内部后在聚焦区域是否产生纳米光栅结构的基本依据，几乎所有关于纳米光栅结构的研究 (如是否形成、完整程度及演化趋势)，都以观察产生的双折射现象及信号强弱变化为重要的参考内容。光学双折射通常的观察方法为：将飞秒激光辐照过的样品置于两个正交的偏振片 P1 和 P2 之间，然后用一束普通光对其进行透射检测，用 CCD 观测是否有双折射现象产生，整个实验光路如图 16.3 所示，若有双折射现象出现，则表示有纳米光栅结构形成。

第一次从实验上系统研究纳米光栅的双折射现象是 2002 年由 L. Sudrie 等报道的[16]。如图 16.4(a) 所示，左右两组照片分别是在普通光和正交偏振光下记录的不同入射功率飞秒激光进行线扫描后的微结构情况。根据双折射信号的强度判断，飞秒激光辐照形成纳米光栅结构的功率阈值约为 1.94 MW，并且随着入射光功率的增加，双折射信号强度逐渐从弱到强；此外，从图 16.4(b) 右侧中可以明显地发现，飞秒激光辐照诱导的微结构中，引起双折射现象的部分主要集中在结构的顶部。

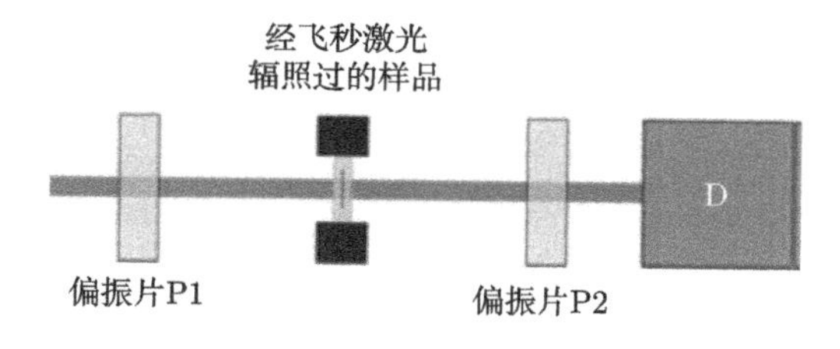

图 16.3 双折射信号测量过程示意图

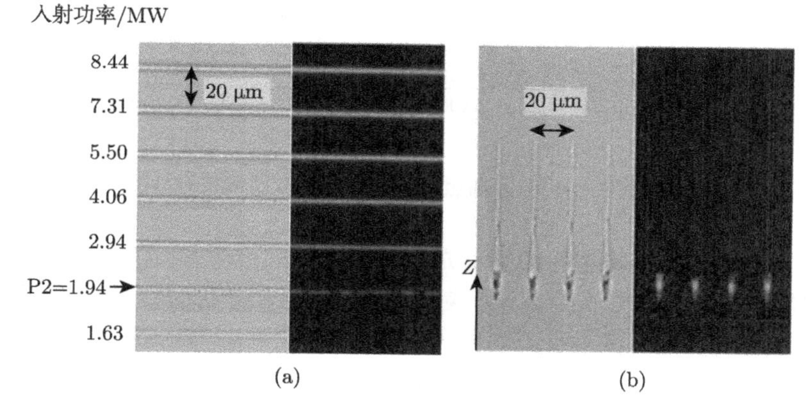

(a) (b)

图 16.4 飞秒激光直写结构的正面和侧面观察 [16]

(a) 左右两图分别是普通光和正交偏振光照明下的激光写入轨迹；(b) 顺着入射光方向观察

16.3.2 热稳定性

对于任何一个元器件来说，要想得以广泛的应用，热稳定性都是必须考虑的重要因素，况且，飞秒激光在透明介质内部诱导形成的众多微纳结构中，还经常发现色心、激子和缺陷等亚稳态的存在形式，它们都是容易受热激发而导致结构进一步变化的不稳定因素，因此，开展纳米光栅结构的热稳定性研究对于理解其形成的物理机制具有十分重要的意义。图 16.5 显示了 Richter 等研究纳米光栅结构的热稳定性变化情况，主要是测量不同热处理温度和入射脉冲数目下所观测的双折射信号强度[21]，就像飞秒激光诱导的其他微纳结构一样，研究表明，自陷激子和色心缺陷也在纳米光栅形成过程中扮演着重要的角色，因此热处理会使双折射信号强度下降，那就意味着纳米光栅结构在逐渐退化，而且温度越高，这种效果就越明显。但是研究也表明，在未达到石英玻璃的熔融温度前，双折射现象是不会消失的，比如，在 1150°C 时，双折射信号强度仍然存在且为初始时的 13%。这个研究结果一方面显示出纳米光栅结构具有非常好的热稳定性，另一方面说明纳米光栅结构的主体是由飞秒激光诱导的永久性结构变化组成。

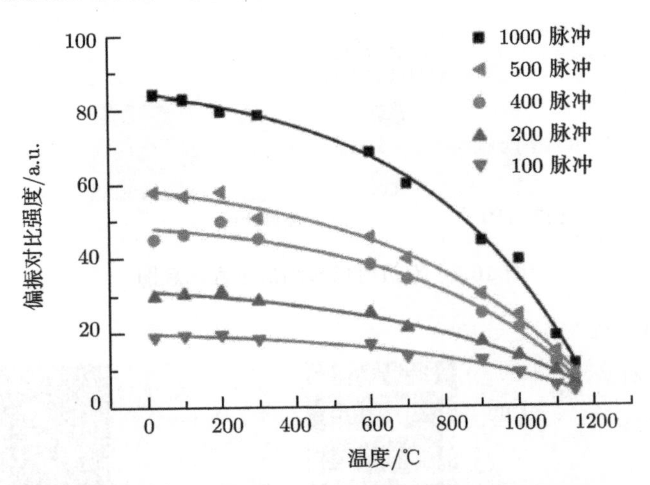

图 16.5　纳米光栅结构的脉冲辐照数和热处理温度对双折射性能的影响[21]

除了对纳米光栅结构整体的热稳定性进行研究外，也有人研究了对纳米光栅在不同温度条件的热处理下寻常光折射率 n_o 和非寻常光折射率 n_e 的热稳定性变化情况。Bricchi 等通过将相位变化转换为折射率变化的换算方法，分别观测了 n_o 和 n_e 两种折射率的热稳定性[19]。研究表明，将样品经 1100°C 热处理后，在正交偏光下仍然可以观察到双折射现象，但是双折射结构中的 n_o 和 n_e 相对于未经辐照的区域同时减小了，即 Δn_o 和 Δn_e 都变小了，并且折射率差值 $|n_e - n_o|$ 也变小了，这意味着双折射现象在退化，这和前面纳米光栅结构整体热稳定性的研究结果是相符合的。此外，也有研究人员对这种纳米光栅结构和飞秒激光诱导的各向同性折射率变化结构的热稳定性进行了对比，发现后一种结构在超过 500°C 时折射率就明显地退化[22]，不如纳米光栅结构稳定。上述研究结果充分证明了纳米光栅结构具有较好的热稳定性。

16.3.3　周期性

纳米光栅结构是由折射率分别为 n_1, n_2 的 t_1, t_2 层状结构交替排列形成的，以 $T = t_1 + t_2$ 为周期，其中的薄层由于飞秒激光诱导的氧元素扩散而生成了大量的缺陷，所以折射率明显降低，如图 16.2(b) 所示。目前的研究表明[14,23-25]，这种结构的周期符合下面的公式，即 $T = \lambda/2n$(λ 为入射光波长，n 为石英玻璃折射率)，这个公式也意味着，可以通过改变入射光波长来控制纳米光栅的周期。图 16.6 显示的是经过 800 nm, 300 nJ 的飞秒脉冲辐照后，焦点区域经过 1%的 HF 溶液腐蚀

4min 后的 AFM 照片，其纳米光栅结构周期约为 242±10 nm，与公式计算得到的周期 276 nm 大致相等 (入射光波长是 800 nm, n=1.45)[23]。

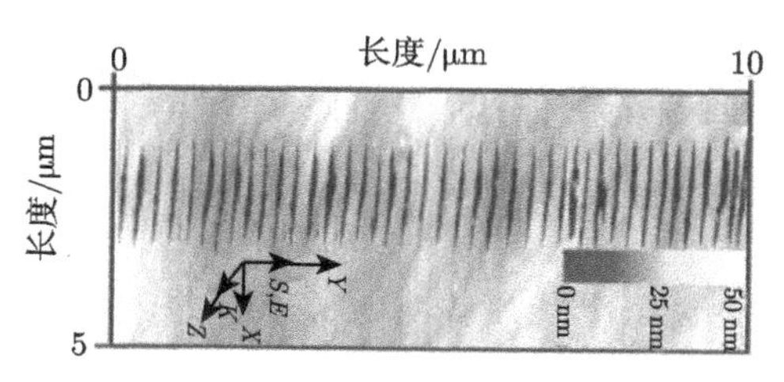

图 16.6 800 nm, 300 nJ 的飞秒脉冲辐照后焦点区域经过化学腐蚀的 AFM 照片[23]

但是这里我们需要强调的是，近期的研究陆续发现飞秒激光所诱导纳米光栅的周期不是完全由入射波长一个因素决定的，入射脉冲数目、脉冲间隔和脉冲持续时间等，也会对结构的周期有调制作用。总体上，这种周期的变化只不过是纳米光栅产生、发展和消融过程中其物理机制的一种宏观体现，具体的影响机制，后文会详细地介绍。

16.3.4 可接续性

在我们早期的理解中，纳米光栅结构的宽度是由聚焦到玻璃内部的焦点直径和材料的非线性电离化率共同决定，即使通过线扫描的方式也只能得到有限长宽度的周期结构，而无法进行大规模的自组装集成，这个缺点限制了其潜在的应用。然而，近期的研究发现, 纳米光栅结构展示了一个非常奇特的性质 —— 可接续性。这个特性为未来利用多道并行写入技术在玻璃内部制备大规模的周期性自组装结构提供了一个突破口。如图 16.7 所示，在石英玻璃内部用飞秒激光进行平行线扫描，每次扫描的光斑与上次扫描区域的重叠面积约为 50%。电镜观察发现，通

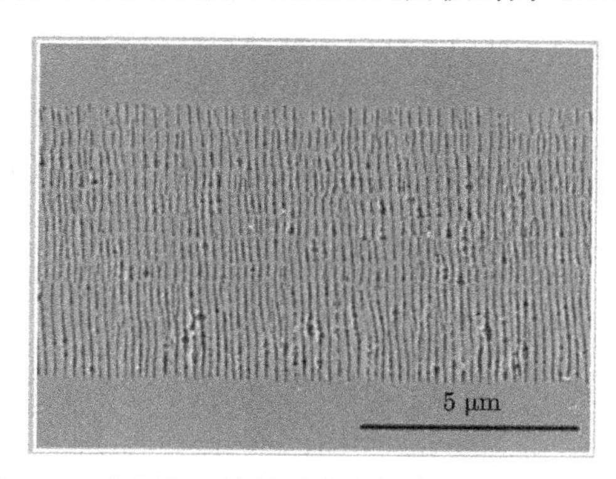

图 16.7 大面积可接续纳米光栅阵列的电镜照片[14]

过这种叠加扫线的加工方式，新扫描区域内的纳米光栅结构可以沿着前一个区域内的周期结构扩展排列，这样使得后形成的纳米光栅结构继续保持与前面一致的空间规则性，而无需考虑单个脉冲的叠加位置是否合理[14]。纳米光栅结构的周期可接续性为其应用拓展了一个新的方向，例如，文献 [26] 中就利用了可接续性实现了三维空间内纳米微流体通道的制作。

16.3.5　可重复擦写

可重复擦写是纳米光栅结构一个非常出众的特性。以往的研究充分证明，飞秒激光在石英玻璃内部形成的纳米光栅结构紧密依赖于写入光的偏振方向，其形成过程，主要是通过飞秒激光与材料的非线性相互作用而导致辐照区域内元素组分的周期性再分布，而不是常见的激光烧蚀和破坏效应，所以在纳米光栅形成的位置用另一个偏振方向的入射光再次进行辐照，可以对之前形成的纳米光栅结构进行擦除，同时形成新的光栅结构，其排列方向是垂直于后一个入射光偏振方向。图 16.8 展示了飞秒激光在石英玻璃内部擦除重写纳米光栅结构的实验[25]。首先选择四个区域同样都用 4000 个脉冲进行辐照，然后将入射激光的偏振方向旋转 45°，分别用 3 个、30 个、300 个、4000 个脉冲辐照之前四个区域。通过测量辐照区域的双折射信号强度，并用扫描电镜对新形成的结构进行观察，发现新的纳米周期结构形成与旧结构逐渐消融发生在同一段过程中。如图 16.8(a) 所示，新结构从之前光栅面的破损部分开始生长，这个结果意味着，由于缺陷和裂纹具有更低的电离化率，从而在后一阶段入射飞秒脉冲的作用下更容易产生纳米等离子体基元，由于强场作用下材料的三阶介电系数存在着各向异性，因此这些纳米等离子体基元会通过能量的共振吸收而发生各向异性的膨胀，从而成为纳米光栅结构孵化和生长的新起点，这是一种所谓的记忆性选择电离，也就是说旧结构为新结构的形成提供了

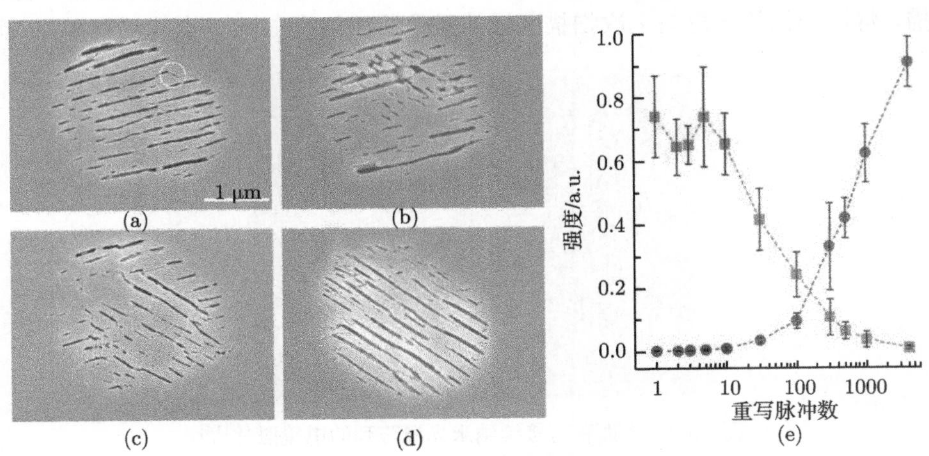

图 16.8　入射脉冲数目对纳米光栅可擦除重写效应的影响过程[25]

一条捷径。最终当 4000 个脉冲辐照之后，辐照区域形成了全新取向的纳米光栅结构，而旧的结构基本消失。通过研究图 16.8(e) 中的双折射信号强度曲线，也可以明显地发现这一变化。

16.3.6 光轴和光程延迟的可控性

纳米光栅结构由于具有双折射材料的性质，且光轴方向平行于入射光的偏振方向，因此可以通过外部光场时空域上的相位和矢量变换，使得诱导生成的纳米光栅光轴改变，并且光程发生可控的延迟。

Shimotsuma 等通过改变脉冲时间间隔、入射脉冲数目及偏振方向 (0° 和 90°)，对这种结构的光轴和光程的可控性进行了详细的研究[27]。首先，如图 16.9(a) 所示，无论脉冲时间间隔多长，当入射脉冲数目达到几百个时，双折射现象都会趋于饱和，说明纳米光栅结构的薄层内氧元素已经完成重新分布了，形成的纳米光栅结构趋于完整了。其次，当脉冲之间的间隔时间为 40 μs 时，这时的纳米光栅结构可以得到最大的光程延迟，这个间隔时间和氧元素的扩散时间相符，说明纳米光栅的折射率变化与结构中氧元素的分布有密切的联系[28]。而对小于 40 μs 的脉冲间隔所得到较低的光程延迟结构，他们认为，脉冲重复频率太高导致飞秒激光

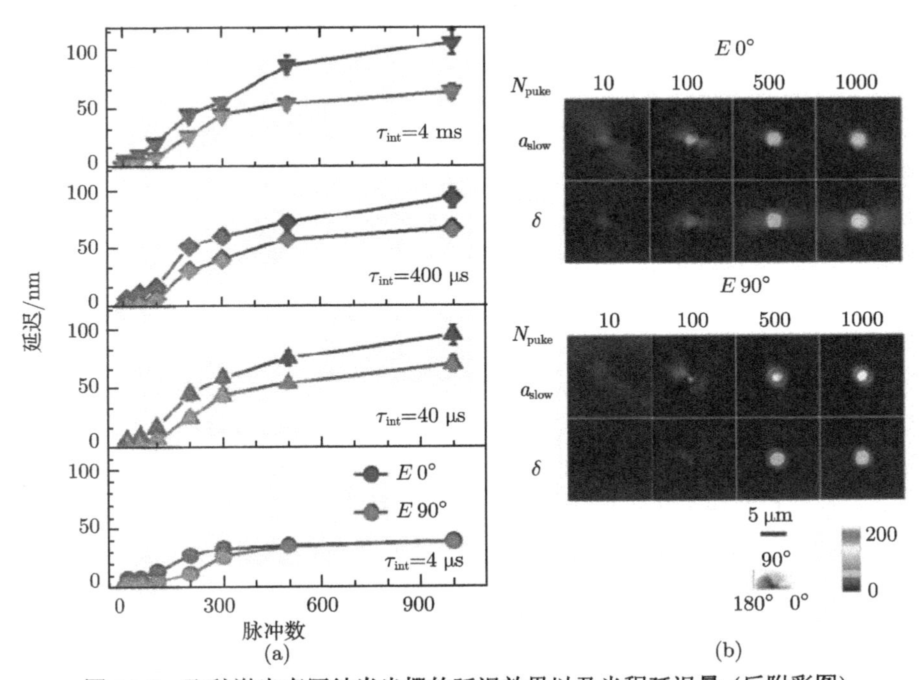

图 16.9 飞秒激光直写纳米光栅的延迟效果以及光程延迟量 (后附彩图)

(a) 两束偏振相互垂直的飞秒激光写入纳米光栅结构的延迟效果对比；(b) 相位显微镜观察下纳米光栅的慢轴方向 (a_{slow}) 和光程延迟量 (δ) 情况 [27]

在辐照区域形成了热积累，从而诱导的纳米光栅生长不规则、结构松散[29]；反之当间隔时间高于 40 μs 时，所得到的光程延迟与间隔为 40 μs 时基本相同，这进一步证明了氧元素的分布对于纳米光栅结构的重要性。

图 16.9(b) 是通过相位显微镜观测到的在入射脉冲间隔时间为 40 μs 时，不同脉冲数目辐照下纳米光栅的光轴取向和光程延迟量，图片中辐照区域的伪彩色代表着不同的光程延迟量。如图所示，在辐照后延迟没有达到饱和的前提下，还可以通过改变入射光偏振方向来独立地调节光轴的方向。而且，前面已经提到，不改变偏振方向，只是改变脉冲间隔时间和脉冲数目就可以实现对延迟量的调节，所以光程延迟和光轴方向这两个量可以通过改变辐照参数或入射光偏振方向分别独立控制，再加上空间上的三个自由度，这样五个参量可以实现五维光存储，这个发现为未来光存储技术的发展打开了一扇新的大门。

此外，进一步的研究发现偏振方向的选择也会对光程延迟量产生影响。以 40 μs 的脉冲间隔为例，在其他条件相同的情况下，0° 偏振相比于 90° 偏振能得到更大的饱和延迟量，这个现象的物理意义十分有趣，暗含了一种新的非对称性加工的特点，但是形成机理目前还不清楚。对于纳米光栅结构的光程延迟控制的物理机制方面，Ramirez 等也进行了研究并取得了一定的成果[30]。

16.3.7 方向选择性化学腐蚀

纳米光栅的构成具有各向异性的分布特征，主要是由于其薄层结构 t_1 的密度及化学组成发生了明显的变化。与未经加工过的原材料或厚层结构 t_2 相比，t_1 层的密度变小，同时氧元素比例也降低了，这个结果导致其在耐化学腐蚀性上有一定的减弱。如果能够把纳米光栅结构的方向选择性及化学腐蚀各向异性二者结合起来，就能利用可控的外部光场发展一种新型的三维光刻技术。

图 16.10(a) 是利用飞秒激光直写技术来控制辐照区域 HF 腐蚀速率的示意图[31]，其中 θ 角是入射光偏振方向与扫描方向的夹角，也是控制腐蚀速率的关键。图 16.10(b) 表明，随着入射脉冲能量的逐渐增加，与脉冲能量紧密对应的三种结构类型 (折射率增加、纳米光栅、孔洞) 具有明显不同的腐蚀特征。另一个值得注意的发现是，偏振方向的改变也会对辐照区域的腐蚀速率带来重要的影响。当入射光偏振方向与扫描方向夹角为 90° 时，纳米光栅栅面与扫描方向平行，此时辐照区域具有最高的腐蚀速率。作为对比，当入射光偏振方向与扫描方向夹角为 0° 时，纳米光栅栅面与扫描方向垂直，组成纳米光栅的众多栅面占据了整个线扫描微结构的横截面导致障壁效应的出现，这种情况下腐蚀速率相对较低，其更高的耐腐蚀性在一定程度上延缓了 HF 溶液的向前流动。而当入射光偏振方向与扫描方向夹角为 45° 时，形成的纳米光栅栅面与扫描方向的夹角也是 45°，因此腐蚀速率介于最高和最低之间。

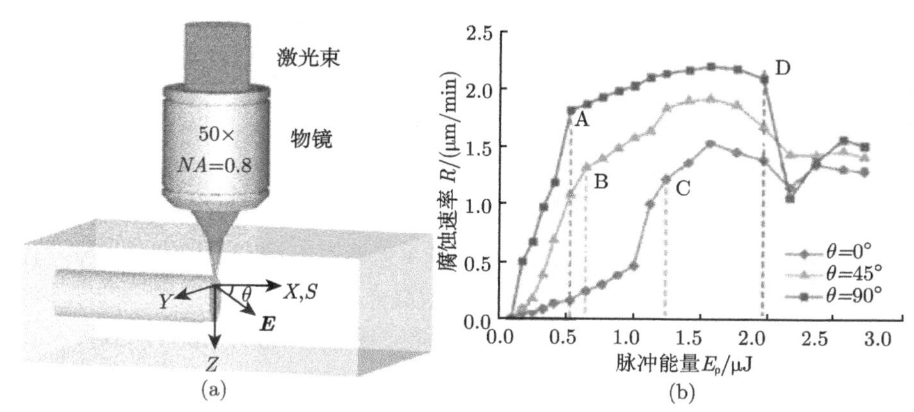

图 16.10　飞秒激光线扫描方式及化学腐蚀速率随入射激光偏振方向的变化 [32]

(a) 飞秒激光进行线扫描的实验示意图，$\boldsymbol{E}$ 表示在 XY 平面内的激光电场矢量，并与 X 轴成 θ 角；(b) 不同入射光偏振方向对化学腐蚀速率的影响

飞秒激光在石英玻璃内部辐照形成的纳米光栅结构除了以上的几种特性外，它自身还表现出一种整体呈负折射率的变化，可用来实现相位调制及各向异性光反射[8]，但是绝大多数研究还是围绕于其各向异性的特征展开，尤其集中于通过光学和材料性质的表征对其形成机制进行探索，并在此过程中以期开拓出新的物理效应和应用领域。

16.4　纳米光栅结构的应用

纳米光栅结构诸多独特的性质，如双折射现象、可接续性和可擦除重写等，使其受到不少研究人员的密切关注，不断有新开拓的应用领域被报道，下面我们就其几个主要的应用方面进行介绍。

16.4.1　光学数据存储

纳米光栅结构具有的光学双折射现象使得其在光学数据存储方面具有得天独厚的优势。目前该方向的应用研究主要集中于两类，一是利用其光轴和光程延迟的可控性实现大容量数据存储；二是利用其可擦除重写的效应实现光学数据的多次写入。

第一类光存储方式，主要通过偏振方向及入射脉冲参数的控制实现对纳米光栅结构光轴和光程延迟的独立调制，所以除了在介质空间上的三个维度，光轴方向可以作为第四维度进行旋转，其变化范围为 0° ~180°，此外光程延迟可以作为第五维度通过改变辐照条件进行调控，因而具有真正意义上的五维光学数据存储的记录优势。

图 16.11(A) 是用飞秒激光在石英玻璃中同时写入牛顿和麦克斯韦两个图像数据[32]。写入过程主要是依靠入射光的偏振变换，同时注意控制脉冲数以避免写入点的光程延迟达到饱和。该块样品中，不同图像中的光程延迟量超过了 100 nm，且在八个独立的层中利用了第五维度记录光学数据。数据的读出使用的是一套基于光学显微镜和液晶偏振补偿器组合而成的双折射信号测量系统，通过计算各个写入区域的光程延迟量，第四维度和第五维度的信息可以非常方便地被读取。

Shimotsuma 等也在实验上实现了类似的五维光学存储技术[33]。他们利用二分之一波片来控制直写光束的偏振方向，通过液晶光阀空间光调制器来调制直写光束的内部相位分布，从而在每一个聚焦区域都能实现不同的光程延迟。这样，仅仅在 20 min 的时间里，他们就在石英玻璃内部制作了一幅 3.4 mm×1.8 mm 的世界地图，存储数据通过正交偏光显微镜读出后，如图 16.11(B) 所示。根据测算，这种技术实现的五维光学数据存储容量可高达 300 Gbit/cm^3，是 12 cm 高清蓝光光盘容量的 10 倍。

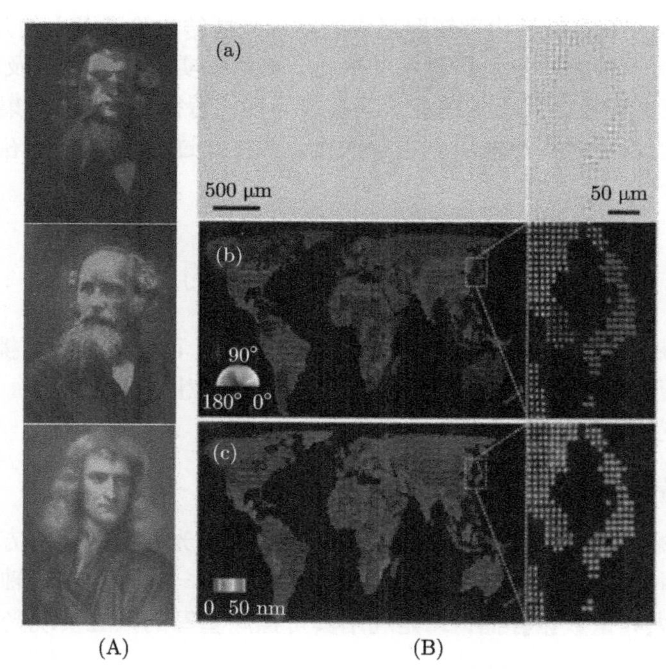

图 16.11　由飞秒激光在石英玻璃内部诱导的纳米光栅组成的存储图像[32,33]

第二类光存储方式，除了利用纳米光栅结构的可擦除特性使得数据得以反复写入外，还能使信息存储过程中出现的错误得以纠正[14]。图 16.12 中显示的是在石英玻璃内部用打点的写入方式记录的字母串“SIMS”及“IMS”，点阵之间的间隔为 5 μm。(a) 图中故意在写入过程中出现一个错误，多打了一个字母“S”，为了纠正错误，将入射光的偏振方向改变 45°，然后在组成第三个“S”的每个点重新进行辐照，结果在正交偏光显微镜下观测，发现先前的错误被纠正了，如 (b) 图所示。

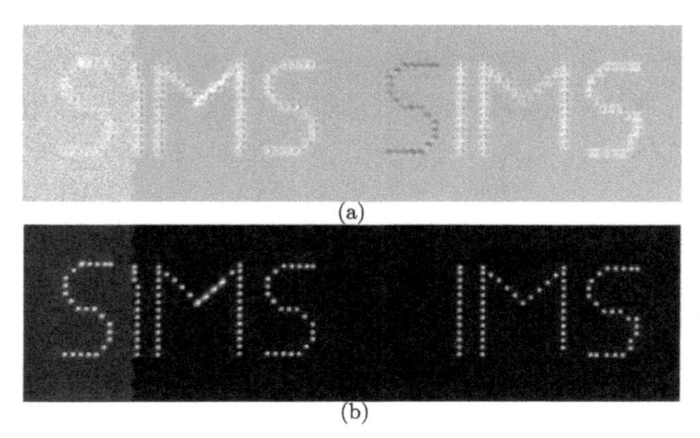

图 16.12 利用纳米光栅可擦除特性对错误写入的像素点进行纠正[14]

目前，利用纳米光栅结构实现光学数据存储的研究还处于实验室阶段，距离实际的应用还有很长的一段路要走，但正如上文所述，五维光学数据存储技术本身具有巨大的优势，如存储速度快、容量大、性质稳定等，特别是其与可擦除重写技术结合的优势是其他类型光学数据存储技术[34,35] 所不具有的，因此未来必定具有广阔的市场空间。

16.4.2 微流体通道

微流控制主要是指用微纳米尺度的元器件去实现液体样品的操控和分析，这项技术在单个生物分子探测和生物芯片制备领域具有巨大的市场需求。在微流体器件中，微流体通道是其中一个非常重要的部分，通过它的连接，可以直接在集成化、小型化的芯片实验室里实现微量液体、气体的实时检测和在线分析[36]。传统技术上，在玻璃内部微通道的制作是通过光刻实现，步骤繁琐，而利用飞秒激光直写技术并辅以酸溶液腐蚀则比传统的方法快捷简单很多，这主要是因为酸溶液会优先腐蚀被辐照的区域且腐蚀速率具有明显的各向异性特征[11,12,26,37]。正如 16.3.7 小节中所述，根据纳米光栅结构的特性，通过改变入射激光的偏振可以控制玻璃内部微通道的化学腐蚀速率[12,31]，这个性质使得飞秒激光直写微流体通道技术制作高纵横比的微流体通道具有了一定的技术优势，为三维集成微流体器件的小型化提供了一个很好的技术平台。

最近 Liao 等又利用了纳米光栅结构薄层和厚层腐蚀速率的差异，在石英玻璃内部实现了宽度小于 50 nm 的流体通道的制备[26,37]。如图 16.13(b) 所示，他们首先用飞秒激光在玻璃内部两条常规微流体通道之间写入连接线，由于这些连接线中包含有纳米光栅结构，因此在进行一定条件的酸腐蚀后，纳米光栅结构中氧元素浓度较低的区域会被优先腐蚀从而形成液体通道，而余下的部分则形成了条形障壁。(c) 图和 (d) 图显示了在连接线中制备的纳米流体通道内填充了 DNA 液体后的荧光图像照片，其中 (c) 图中通道宽度是 50 nm，而 (d) 图中是 200 nm。我们认为，利用纳米光栅结构制备微流体器件的研究已经促使相关的技术从微米尺度成功迈入到纳米尺度。

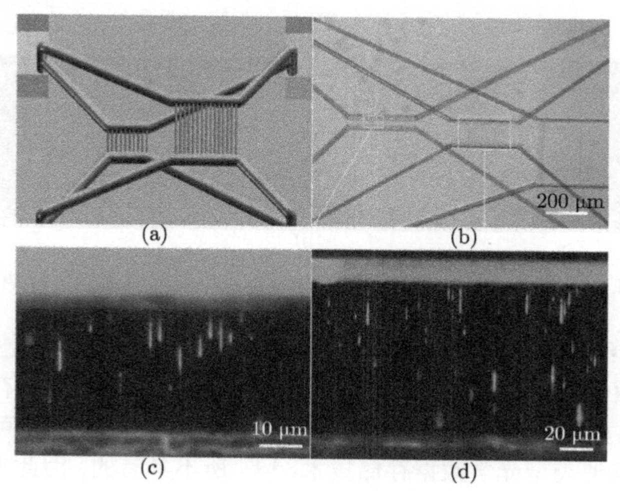

图 16.13 石英玻璃中形成的纳米通道结构 [37]
(a) 纳米流体装置的结构示意图; (b) 光学照片; (c) 荧光照片显示纳米通道阵列宽度为 50 nm; (d) 200 nm

16.4.3 微光学元件

纳米光栅结构具有单轴晶体的双折射特性，并且能够产生光程延迟，使得其在集成化光学元器件的制作方面具有一定的应用潜力。Ramirez 等利用纳米光栅的可接续性以线间隔 0.5 μm 的方式扫描了多个 2 mm×2 mm 的大面积纳米光栅结构，实现了类似于四分之一波片及二分之一波片的光学延迟效应，精度达到 ±0.01 rad[30]，图 16.14 是实验结果 (点) 与理论结果 (线) 的对比图，两者匹配得十分完美。我们近期用重复频率为 1 kHz 的飞秒激光器在石英玻璃内部制备了偏振依赖的光学衰减器，并且发现其衰减效率与所写入的纳米光栅层数有着紧密的关系[38]。进一步研究还表明，通过改变一些辐照参数，如扫线速度、方向或脉冲能量等，都能对辐照区域的光程延迟起到控制作用。

飞秒激光与石英玻璃相互作用过程中形成的纳米光栅结构，也可应用于其他多种光学元件的制备，如偏振选择性波导元件[39,40] 和光学衍射元件[41,42] 等。

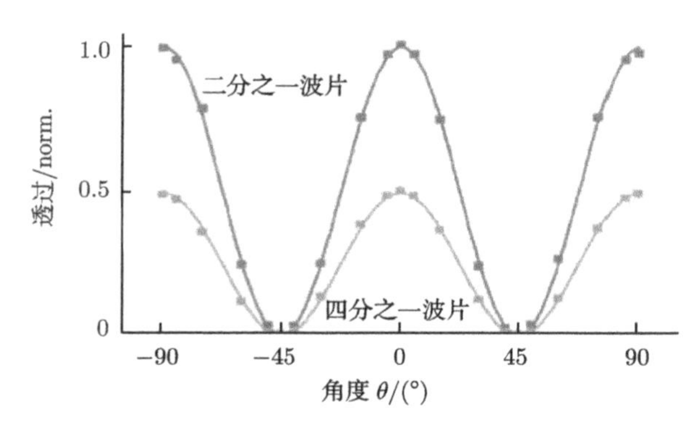

图 16.14　利用纳米光栅制备的四分之一和二分之一波片的光学特性[30]

目前虽然对纳米光栅结构的研究已经开展了一段时间，但是所开发的大部分应用仍然处于实验室阶段，一个主要的瓶颈在于纳米光栅结构的形成机制还没被完全理解，从而影响了大家对该项技术未来发展趋势的评估。因此，后继的研究仍然是一方面加强纳米光栅结构形成机理的研究，尽快从根源上弄清该结构的产生原因和物理机制；另一方面抓紧现有成果的技术开发和转化，充分发挥其独特的物理、化学和光学性质，争取早日使该项技术应用到实际生产中。

16.5　纳米光栅结构形成的物理机制研究

16.5.1　纳米光栅结构形成的三个发展阶段

根据目前的研究结果，入射飞秒脉冲的能量是纳米光栅结构形成的首要条件，只有处于适宜能量范围的飞秒激光脉冲入射到石英玻璃内部，才能在焦点区域诱导出纳米光栅结构。Richter 等通过飞秒激光在石英玻璃内部线扫描的加工方式研究了纳米光栅的生长孵化过程，并将其分为三个典型阶段[43]。

第一阶段：形成众多离散的纳米孔洞。由于玻璃内部缺陷的分布具有随机性，同时，入射光斑的场强分布也会发生不均匀波动，因此在最初的数十个脉冲作用下，在激光焦点区域会生成离散的纳米级孔洞，并且孔洞的形状已经表现出了非对称膨胀的趋势，比如，有些孔洞形成了一个个狭长的平面并平行于入射光的偏振方向排列，但是在整个线扫描的路径上，还有很大的部分没发生明显的变化。在这一阶段，这些结构变化区域没有观察到周期性，且孔洞大小也没有规律，如图 16.15(a) 所示。

第二个阶段：纳米孔洞自组织生长连接。如图 16.15(b) 所示，随着入射脉冲数目的不断增加，先前形成的孔洞发生自行生长并逐渐连接在一起，开始有一定量的纳米光栅平面出现，周期性缓慢呈现。同时，纳米孔洞出现的范围也越来越大，结构的大小和形状也显现了一定的规律。

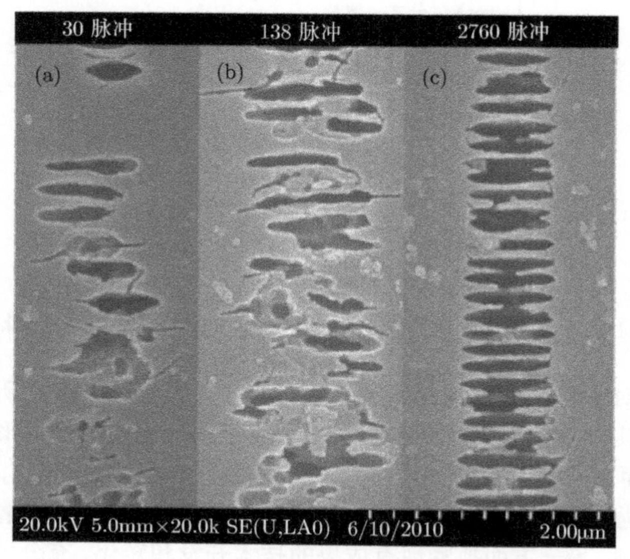

图 16.15 入射脉冲数对纳米光栅生长过程的影响[43]

第三个阶段：周期性的纳米光栅结构形成。当辐照的脉冲数目达到数百个时，从图 16.15(c) 中我们可以发现这些自组织连接的纳米结构已经具有明显的周期性。整个激光辐照区域都出现了纳米光栅结构，组成光栅平面的孔洞大小都非常均匀规则，且光栅的周期也在逐渐变小直至趋于稳定，即周期 $T = \lambda/2n$。

此外，进一步的研究还发现，在不发生材料烧蚀和击穿的情况下，入射脉冲能量的增加对于纳米光栅结构的形成具有很好的促进作用，也就是说，进入下一个阶段所需的脉冲数目是减少的。这是因为更高的脉冲能量能够在聚焦区域引发更高的电离率，激发出更大的自由电子态密度，从而在玻璃网格中储藏了更多的缺陷或激子，有效地增加了后续脉冲引发材料电离的阈值，使得更多的孔洞快速孵化出来并进行自组织生长连接[44,45]，促进了纳米光栅结构的形成。

16.5.2 目前主流的机理解释及理论模型

纳米光栅结构经过十几年的研究，特别是随着近几年实验现象和分析手段的日益丰富，研究人员对其形成机制已经有了一定程度的认识，像玻璃中的缺陷在纳米光栅结构的形成过程中起到特别重要的作用，这类基本的观点也被普遍认同。但是，由于这种纳米结构的生长和孵化过程仅发生在脉冲与物质相互作用的时间段，因此，目前还缺乏有效手段对这段飞秒量级过程进行时间分辨的直接观测，无法对作用过程中物质的演化进行精确描绘，当前主要的分析手段还是依赖飞秒脉冲所蕴含的时域、频域和空间特性之间的关联，通过观测其与物质相互作用时在光子–电子–原子–声子四个层面上所发生的信息传递、能量转化和质量迁移等宏微观外露的物理事件，推断材料发生结构改性的内在机制和动力学过程。下面我们介绍一下与纳米光栅结构形成机制相关的几种解释及理论模型。

1. 入射光场与电子等离子体波干涉机制

飞秒激光辐照固体材料的表面后在焦点区域容易形成周期性条纹结构，这些周期与入射光波长相近的结构被推测是由于入射脉冲尾场与脉冲前端激发的表面等离子体发生了相互干涉而形成的[46-49]。因此在石英玻璃内部，Shimotsuma 等第一次用背散射电子显微镜观察到纳米光栅结构时，就提出了与上述解释相类似的形成机制[10]。他们认为，在飞秒激光聚焦区域，非线性电离效应会导致大量的电子等离子体出现，那么，在入射脉冲尾端光场的耦合作用下，电子等离子体随即发生共振吸收，导致入射光场与电子等离子体出现了相互干涉的现象。

现在让我们想象一下这么一个物理过程，当飞秒激光聚焦到石英玻璃内部时，在焦点处会先通过多光子电离激发出一定数量的自由电子，这些种子电子由于逆向轫致辐射效应直接以单光子吸收的形式吸收激光能量，这样就激发出了一定体积的等离子体，进而形成电子等离子体密度波，这种波是传播方向与光传播方向平行的纵波，而这种纵波的电场方向与入射光场是在同一平面的，因此会与入射脉冲的尾端发生耦合，这样自由电子在入射光的偏振方向上运动时，导致了其态密度发生周期性的分布。简而言之，通过入射光场与电子等离子体波之间的相互干涉机制，使电子等离子体密度得到了周期性的调制，待材料快速凝固后在焦点位置中留下了永久性的周期性结构。

由于通过非线性电离效应导致了玻璃网格结构中 Si—O—Si 键的断裂，因此形成了大量的自由电子、Si═Si 键、非桥氧中心 (NBOHC) 和少量的氧原子及氧离子，这些氧原子在焦点区域的高压作用下会从高浓度区域向低浓度区域扩散，同时带负电的氧离子也会在高电子浓度区域受到相斥而迁移，因此纳米光栅结构中的低氧含量区域是与自由电子密度有直接关系的，也就是说，氧元素密度低区域的存在是缺陷致使材料被优先电离后的结果，这个区域在下一步发展中形成纳米光栅结构里的孔洞部分。

2. 纳米等离子体基元各向异性膨胀机制[14]

在飞秒激光辐照的前几个脉冲作用下，由于玻璃中自然存在的缺陷相对于基体具有较低的电离阈值，因此会导致辐照区域的材料电离和能量吸收出现不均匀分布，从而产生一些随机的电离中心。它们会在后继脉冲的辐照下进化成球状的纳米等离子体基元，增加所处区域的电离率，这是一个促进等离子体密度变大的正反馈作用。这些形成的纳米等离子体基元在不断发生膨胀时，其球面边缘场处的三阶非线性电极化率具有各向异性的特征，因此会导致这个膨胀过程也呈现明显的各向异性，从而形成椭球形的纳米等离子体，如图 16.16 所示。

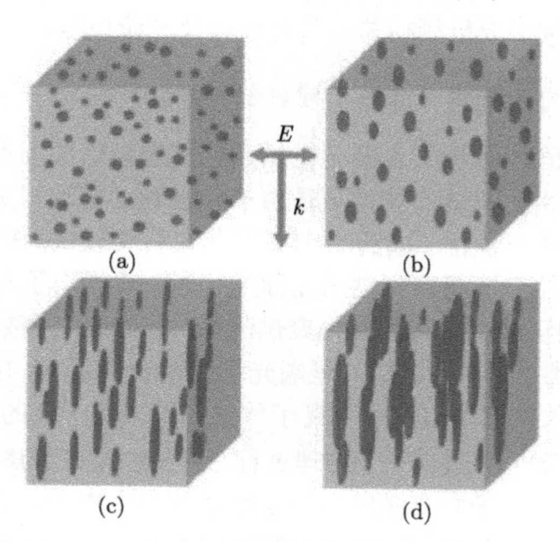

图 16.16 纳米等离子体进化成纳米平面的过程[14]

当这些纳米等离子体中心赤道面边缘处的电子态密度达到某个临界值时，会加快其各向异性的生长速度，导致椭球体进一步演化成纳米平面的形状。这些纳米面开始时也是随机分布在焦点区域，但是随着入射脉冲的积累，纳米面中电子等离子体密度增大使得激发的材料具有了类金属相，能够与入射光场发生相干使电子等离子体受到周期性的调制。根据光强和等离子体密度的分布态势，这个过程最初发生在结构变化的胡萝卜形最顶端，低阶模式的入射光场促进了纳米面变到类金属相，最终导致随机分布的纳米面自组织形成纳米光栅结构。

上面这两种物理模型从不同的角度描述了纳米光栅结构的形成过程，并肯定了材料缺陷在其中所起的作用，不可否认，两者有着各自的优点，但也存在着一些局限。如在第一个模型中，认为纳米光栅结构的周期会随着入射脉冲的能量增加而增加，这个结论与很多的研究结果是相符合的，且建议的电子等离子体波与入射光场相干机制也可以很好地解释周期性的存在。但是根据这个模型，如果要发生相干，其对等离子体的温度及密度有很高的要求，而 Taylor 等发现不需要那么高的条件一样可以形成纳米光栅结构[14]。对纳米等离子体模型来说，不均匀的等离子体边缘场强是其持续进化的主要原因，这个模型能很好地解释纳米光栅结构形成的早期，在多个脉冲作用下其孵化和自组织生长的现象。但是我们知道焦点区域受激等离子体的寿命大约是 150 fs[50,51]，比激光脉冲的间隔小了很多个数量级 (以 250 kHz 的飞秒激光器为例，脉冲间隔约 4 μs)，因此它无法解释纳米等离子体与后续脉冲的相互作用机制。此外，纳米等离子体模型预测形成的纳米光栅结构周期为 $T=\lambda/2n$，并且周期与入射光的脉冲能量和间隔无关，这与近期一些研究结果不符。例如，Liang 等就发现，如果飞秒激光辐照在石英玻璃的表面，纳米光栅中栅面的宽度和之间的间隙都会随着入射脉冲数目的增加而减少[48,49]。他们认为，在相互作用的过程中，每一个被激发的纳米等离子基元都会形成一个中心极大、两侧次级大的局域场分布模式，这些次级有效地降低了所处区域的材料电离阈值，因此，通过多脉冲积累效应，会导致一分二、二分四的裂变效果，从而使得纳米沟壑的数量不断增加，形成排列密度更大的纳米光栅结构。

3. 缺陷在纳米光栅结构形成过程中的作用

前面我们提到，通常情况下单个脉冲与玻璃发生相互作用时间一般是 100 fs 左右，远远小于脉冲的间隔时间，而样品中纳米光栅结构的生长又需要数百个脉冲的作用才能完成，因此这个时间上的鸿沟则要利用玻璃中结构缺陷的记忆特性去弥补。Richter 等就认为，短寿命的纳米等离子体对于脉冲的积累效果不起作用，而缺陷却能长期存在于辐照区域[43]。他们在实验中把脉冲时间间隔从 5 个飞秒逐步增加到几个毫秒，发现飞秒激光作用区域纳米光栅结构的形成可以分为两种情况：①在脉冲间隔较短时 ($\leqslant$500 ps)，自俘获激子的存在对纳米光栅的形成起主要作用；②在时间间隔较大时 ($\geqslant$500 ps)，主要是稳定的悬空键类型的缺陷起决定性的作用。

飞秒脉冲在聚焦区域通过非线性激发产生了自由电子，当这些自由电子被激光诱导的畸变晶格所俘获后便形成了激子[52]，而且，即使部分自由电子扩散到晶格畸变区外围，其也会陷入玻璃中无序的晶格场而形成自俘获激子[53]，这个快过程大约发生在飞秒激光与石英玻璃相互作用后最初的 150 fs 内[50,51]。这类自俘获激子可以通过观测石英玻璃是否在 5.4 ev 处存在一个特征吸收峰来进行检测[54,55]。

常温下，自俘获激子通常衰变后形成半永久性的点缺陷[52]，如非桥氧中心 (NBOHCs，悬空氧键) 和 E′(悬空硅键) 缺陷[51,56]。Wortmann 等认为这个衰变时间约为 400 ps，与近期的实验结果基本相符[57,58]。图 16.17 是自俘获激子产生及衰变的示意图。一般认为，自俘获激子的存在有利于对后续脉冲的吸收，因为电子无论是从自俘获态还是点缺陷态被激发到导带，所需要的能量都比从价带激发到导带的能量少，因此，这个变化增进了后续脉冲的耦合积累效果，加速纳米光栅结构的形成。此外，这些缺陷的产生也能使辐照区域的结构密度发生变化[59]。

4. 三维可旋转纳米光栅的调制模型

近期，我们课题组在实验过程中观察到纳米光栅结构在三维空间上的可控旋转[60]。图 16.18 中红线代表着纳米光栅的法线方向，它在线扫描结构的纵向横截面上发生了明显的旋转。我们认为这个现象产生的原因是飞秒脉冲强度前倾导致的。由于坡印亭矢量和波矢之间存在一个夹角，因此会在沿着入射光传播的方向上额外形成一个电场分量，正是这个分量使得我们能够通过改变入射光偏振的方式来实现对等离子体的纵向调制，进而可以在三维空间内对纳米光栅结构进行取向调制。

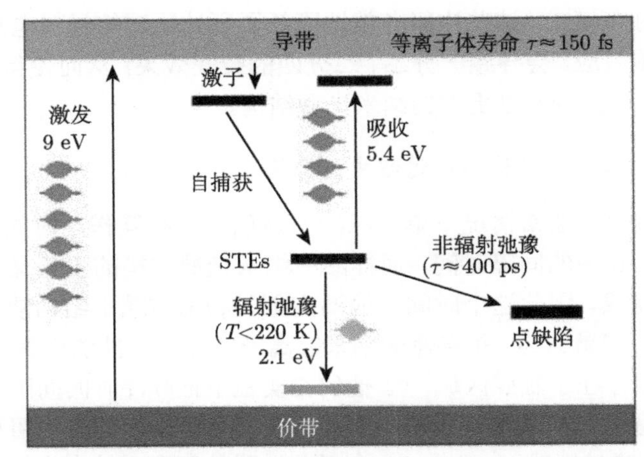

图 16.17　自俘获激子形成和弛豫成半永久性点缺陷的示意图[43]

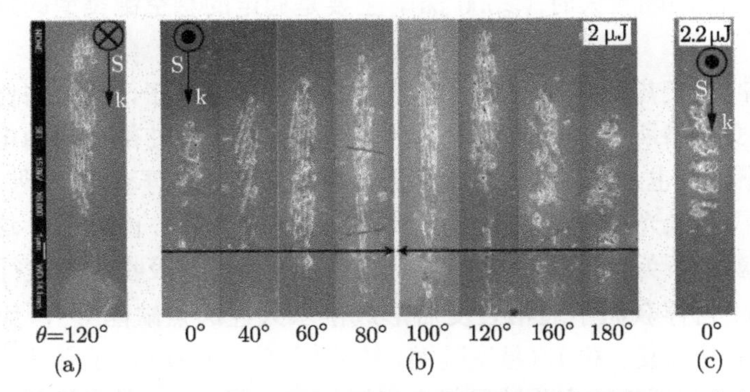

图 16.18　不同偏振方向的飞秒脉冲激光诱导的纳米光栅结构的纵向照片[60] (后附彩图)

图 16.19 是三维空间内调制纳米光栅结构的示意图，(a) 中 $\boldsymbol{k}$ 代表波矢方向，ϕ 是波矢 $\boldsymbol{k}$ 和坡印亭矢量 $\boldsymbol{p}$ 的夹角。为了简化模型，我们把 $\boldsymbol{k}$ 和 $\boldsymbol{p}$ 形成的平面设置为 y-z 平面平行，那么就可以将入射光的偏振方向分解为两个分量 $\boldsymbol{E}_{/\!/}$ 和 $\boldsymbol{E}_{\perp}$，如图 19(b) 所示，这样如果在 x-z 平面上观察纳米光栅结构，其旋转依赖于 $\boldsymbol{E}_{/\!/}$；而在 x-y 平面上观察，其旋转则由 $\boldsymbol{E}_{\perp}$ 决定。$\boldsymbol{E}_{/\!/}$ 的大小由入射激光的偏振面方位角 θ 决定，$E_{/\!/}=E\cos\theta\sin\phi$。

图 16.19(c) 中，当 $\theta=0°$ 或 $180°$ 时 $E_{/\!/}$ 最大，所以在沿着入射光的传播方向

上，观察到水平方向上的纳米光栅结构，但其间隔超过了 $d = \lambda/(2\text{nsin}\theta)$，因此我们猜测这种情况下两个相邻的纳米面间隔为 $\Lambda = \lambda/\sin\varphi$，但是还需要更多的实验数据去验证。而当 θ=90°, $E_{/\!/}$=0，此时的纳米光栅结构在垂直入射光的偏振方向上旋转，这是以往大多数研究中所观察到的结构。根据这个机制，我们可以使用带有脉冲强度前倾的入射激光，仅仅通过改变入射光的偏振方向就能同时在两个正交平面上控制纳米光栅结构的旋转，实现了飞秒激光直接纳米光栅技术从二维平面到三维空间的跨越。

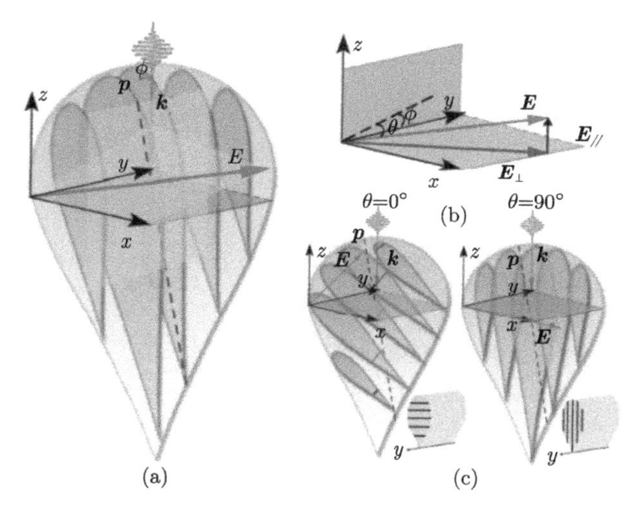

图 16.19 用脉冲强度前倾飞秒激光实现纳米光栅三维旋转的示意图[60] (后附彩图)

16.5.3 影响纳米光栅结构形成的因素

纳米光栅结构的形成与激光的辐照条件、加工系统的运行参数和材料自身性质等多种内外部因素有关，因此对于其物理机制的调查是一个颇为庞大的系统工程。从材料种类来说，目前已经被报道可以形成纳米光栅结构的透明介质材料只有石英玻璃、Ge 掺杂石英玻璃、氧化铝 (Al_2O_3) 及氧化碲 (TeO_2) 晶体[61]，都是常见的二元网格结构的固体物质，可供选择的材料种类比较有限。因此更多的研究都关注于实验过程中的外部条件，如入射光波长、脉冲的时间间隔和自身的时空域特性等，因为这些条件都能进行实时的调节，且都对纳米光栅结构的形成有明显的影响。

1. 入射光波长的作用

目前的研究证明，在合适的脉冲能量和数目作用下，飞秒激光在石英玻璃内部聚焦区域形成的纳米光栅结构周期是趋于一个稳定的数值，即周期与入射光的波长成比例，基本上满足 $T = \lambda/2n$ (λ 是入射光波长，n 是石英玻璃的折射率)，所以可以控制入射光的波长而控制光栅的周期，如图 16.20 所示[43]。虽然也有研究表明在入射脉冲数量持续增加的情况下，纳米光栅结构会发生分裂导致沟壑的增加和周期的减少，但这种情况还只是出现在几个研究特例中[48]，其物理机制还需要进一步的深入调查。

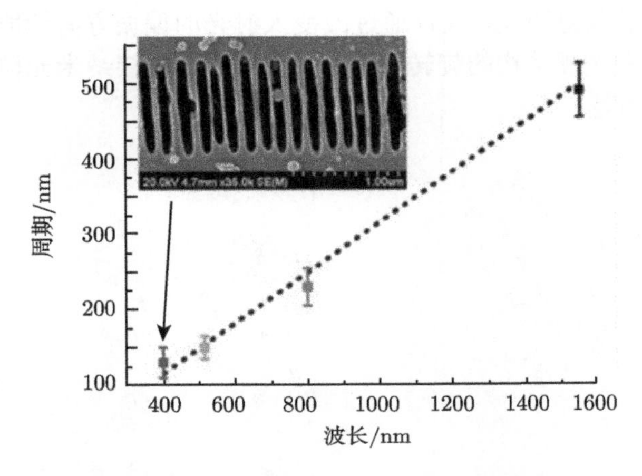

图 16.20　纳米光栅的最小周期与入射光波长的正比关系[43]

插入图显示的是 400 nm 入射光诱导的纳米光栅结构

2. 脉冲宽度的作用

脉冲宽度的变化会导致单个脉冲与材料相互作用的时间发生变化，当入射脉冲的持续宽度增加时，相互作用时间变长，从而能增强对入射光能量的非线性吸收效率，形成更多更密的电子等离子体，最终导致自俘获激子数量的增加。另一方面，脉冲宽度的增加还能使激发的等离子体存在寿命变长，从而维持自组织纳米光栅进一步生长和演化的时间，加速纳米光栅结构的形成。此外，脉冲宽度的增加会使辐照区域的电离阈值降低，有利于多脉冲的积累效应。

图 16.21 显示了不同脉冲宽度对纳米光栅结构形成的影响[62]。当飞秒激光脉

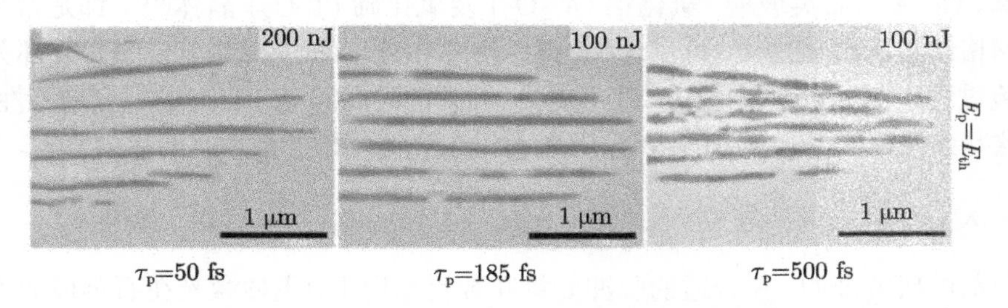

图 16.21　不同脉冲能量和宽度的飞秒激光辐照后焦点区域经 HF 溶液腐蚀后的电镜照片[62]

冲宽度从 50 fs 增加到 185 fs 时，形成规则纳米光栅结构的能量阈值从 200 μJ 降低到 100 μJ，即脉冲宽度的增加会降低形成结构的阈值；当脉冲宽度继续增加到 500 fs 后，与脉冲宽度 185 fs 时的结果相比，经过 100 nJ 脉冲辐照后的区域纳米光栅结构不再是规则整齐的，而是显示出向着紊乱无序结构发展的变化趋势，这是否是由于电子等离子体在较长脉冲激发下导致的一种“过饱和”的结构，还有待进一步的调查。

3. 脉冲时间间隔的作用

Richter 等发现在较大的脉冲时间间隔下，例如脉冲间隔高达 10 s 的情况，也可以形成纳米光栅结构，这主要是因为石英玻璃内部在飞秒激光的非线性电离作用下，产生了很多自俘获激子并迅速转换为半永久性的点缺陷，这些缺陷能够稳定地存在于辐照区域并降低材料的电离率，促进材料对后续脉冲的耦合吸收率并加速纳米光栅结构的形成[45]。此外，他们还用双脉冲延迟实验来研究了快过程中自俘获激子对入射脉冲的叠加效应，如图 16.22 所示，在入射脉冲的能量和时间间隔分别为 132 nJ 和 500 fs 时，所形成的纳米光栅结构非常整齐，但是当脉冲间隔增加后，形成的结构逐步显示出越来越多的缺陷和分叉，光栅的周期也在增加，这种情况类似于纳米光栅结构形成过程中三个阶段的倒序。他们的研究充分说明了纳米光栅形成过程中缺陷所扮演的重要角色。

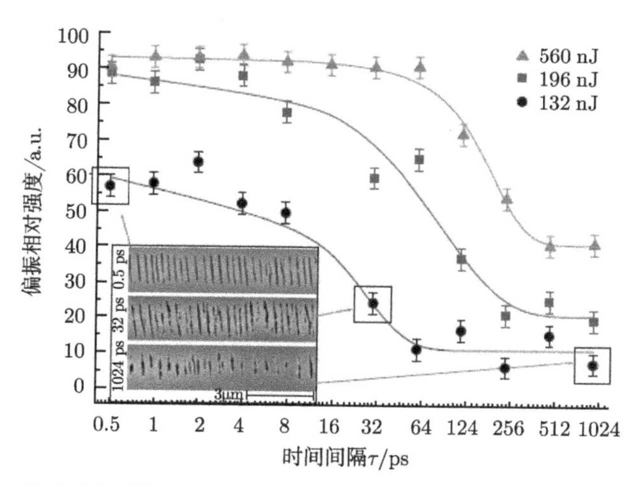

图 16.22 纳米光栅结构形成过程中脉冲间隔时间对双折射信号强度的影响[45]

4. 直写纳米光栅结构过程中出现的方向性依赖差异[63-66]

当飞秒激光在石英玻璃内部以扫线的方式发生相互作用时，如果扫描方向不同，会发现两者得到的结构存在明显的差异，如图 16.23 所示，甚至结构所属的类型都可能不同，这就是飞秒激光直写微纳结构中常常遇见的方向性依赖差异[67]。出现这种与扫描方向密切相关的结构主要是由于脉冲强度前倾的存在[63-66]。

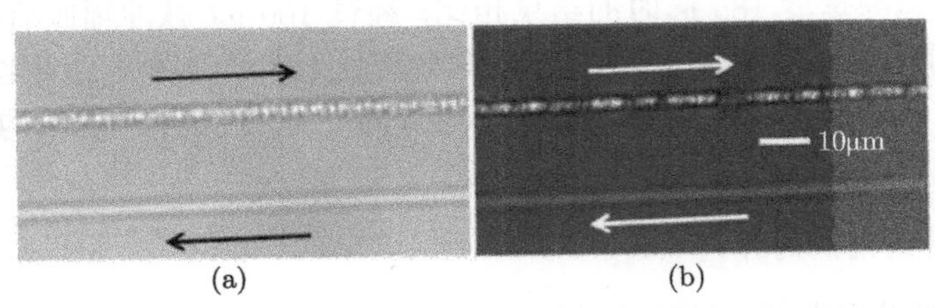

图 16.23　(a) 普通光和 (b) 正交偏振光观察下扫描方向对纳米光栅双折射现象的影响[67]

飞秒激光脉冲经过激光器内部的压缩光栅等器件导致的相位超前[63,67,68] 或者由于以非中心对称的方式经过透镜导致的强度非对称分布都会引起脉冲强度前倾[67,69,70]。此外，脉冲强度前倾也是可以引入并调节的，例如，通过 Vitek 设计的 SSTF(simultaneous spatial and temporal focusing) 系统[69] 或将相位光栅附加到液晶光阀空间光调制器上[71] 都可以引入脉冲强度前倾，并可以对其进行调制。另外，关于脉冲强度前倾的测量则可以通过频率分辨光学开关法 (frequency-resolved optical gating, FROG) 进行[65]。我们预测今后随着纳米光栅结构研究的日益深入，以及脉冲强度前倾技术的引入、控制及消除技术的日益成熟，结合飞秒脉冲矢量光场和光谱整形技术，通过控制写入激光的偏振模式和相位分布，我们可以在透明材料内部制备更多的微纳集成光学元件。

16.6　小结和展望

在石英玻璃等透明材料中通过飞秒激光直写技术诱导出的自组织偏振依赖纳米结构，是超短脉冲激光与凝聚态物质相互作用领域一个非常有趣的物理现象，而且这种结构在一定范围的辐照条件下，仅通过样品的连续移动就能制备出大规模的周期性结构，因此其在多维光学存储、微流体器件及集成光学元件制备等多个领域有着潜在的应用前景。

从当前的研究现状来看，虽然已经有一些研究人员对这类偏振依赖纳米结构的形成过程进行了探索，但由于认识的不足和研究角度的差异使得各自的观点都存在着一定的局限性，还未在这种结构的形成机制上达成完全一致。比如，我们提出的利用飞秒脉冲强度前倾对纳米光栅在三维空间内进行旋转控制这个概念，虽然在如何控制纳米光结构的三维取向方面提供了理论基础，但是对纳米结构的形成机制和影响脉冲前倾的内外部因素方面还有很多的内容需要进一步研究。近年来，国内已经有不少研究小组开展了相关的工作并取得了不错的成果，但是总体上相比于国际前沿水平我们仍处于跟踪阶段，因此我们需要有所为有所不为，争取在这个方向形成有我们自身鲜明特色的系列研究成果，形成自主知识产权，抢占科研制高点。

参 考 文 献

[1] Assion A, Baumert T, Bergt M, et al. Control of Chemical Reactions by Feedback-Optimized Phase-Shaped Femtosecond Laser Pulses [J] Science, 1998, 282: 919-922.

[2] Meshulach D, Silberberg Y. Coherent quantum control of two-photon transitions by a femtosecond laser pulses [J] Nature, 1998, 396: 239-242.

[3] Gattassand R R, Mazur E. Femtosecond laser micromachining in transparent materials [J]. Nature Photon., 2008, 2: 219-225.

[4] Davis K M, Miura K, Sugimoto N, et al. Writing waveguides in glass with a femtosecond laser [J] Opt. Lett., 1996, 21: 1729-1731.

[5] Glezer E N, Milosavljevic M, Huang L, et al. Three-dimensional optical storage inside transparent materials [J] Opt. Lett., 1996, 21: 2023-2025.

[6] Sudrie L, Franco M, Prade B, et al. Writing of permanent birefringent microlayers in bulk fused silica with femtosecond laser pulses [J] Opt. Comm., 1999, 171: 279-284.

[7] Kazansky P G, Inouye H, Mitsuyu T, et al. Anomalous anisotropic light scattering in Ge-doped silica glass [J] Phys. Rev. Lett., 1999, 82: 2199-2202.

[8] Mills J D, Kazansky P G, Bricchi E, et al. Embedded anisotropic microreflectors by femtosecond-laser Nanomachining [J] Appl. Phys. Lett., 2002, 81: 196-198.

[9] Qiu J R, Kazansky P G, Si J, et al. Memorized polarization-dependent light scattering in rare-earth-ion-doped glass [J] Appl. Phys. Lett., 2000, 77: 1940-1942.

[10] Shimotsuma Y, Kazansky P, Qiu J, et al. Self-organized nanogratings in glass irradiated by Ultrashort Light Pulses [J]. Phys. Rev. Lett., 2003, 91:247405.

[11] Hnatovsky C, Taylor R S, Simova E, et al. Polarization-selective etching in femtosecond laser-assisted microfluidic channel fabrication in fused silica [J]. Opt. Lett., 2005, 30: 1867-1869.

[12] Hnatovsky C, Taylor R S, Simova E, et al. Fabrication of microchannels in glass using focused femtosecond laser radiation and selective chemical etching [J]. Appl. Phys. A, 2006, 84: 47-61.

[13] Cai W, Libertun A R, Piestun R. Polarization selective computer generated holograms realized in glass by femtosecond laser induced nanogratings [J]. Opt. Express, 2006, 14:3785-3791.

[14] Taylor R, Hnatovsky C, Simova E. Applications of femtosecond laser induced self-organized planar nanocracks inside fused silica glass [J]. Laser and Photon. Rev., 2008, 2: 26-46.

[15] Couairon A, Sudrie L, Franco M, et al. Filamentation and damage in fused silica induced by tightly focused femtosecond laser pulses [J]. Phys. Rev. B, 2005, 71:125435.

[16] Sudrie L, Couairon A, Franco M, et al. Femtosecond laser-induced damage and filamentary propagation in fused silica [J]. Phys. Rev. Lett., 2002, 89:186601.

[17] Couairon A, Mysyrowicz A. Femtosecond filamentation in transparent media [J]. Phys. Rep., 2007, 441:47-189.

[18] Mermillod-Blondin A, Burakov I M, Meshcheryakov Y P, et al. Flipping the sign of refractive index changes in ultrafast and temporally shaped laser-irradiated borosilicate crown optical glass at high repetition rates [J]. Phys. Rev. B, 2008, 77:104205.

[19] Bricchi E, Kazansky P. Extraordinary stability of anisotropic femtosecond direct written structures embedded in silica glass [J]. Appl. Phys. Lett., 2006, 88: 111119.

[20] Bricchi E, Klappauf B G, Kazansky P G. Form birefringence and negative index change created by femtosecond direct writing in transparent materials [J]. Opt. Lett., 2004, 29:119-121.

[21] Richter S, Heinrich M, Döring S, et al. Nanogratings in fused silica: Formation, control, and applications [J]. J. Laser Appl., 2012, 24:042008.

[22] Mihailov S J, Smelser C W, Grobnic D, et al. Bragg gratings written in all-SiO_2 and Ge-doped core fibers with 800-nm femtosecond radiation and a phase mask [J]. J. Lightwave Tech., 2004, 22: 94.

[23] Bhardwaj V, Simova E, Rajeev P, et al. Optically produced arrays of planar nanostructures inside fused silica [J]. Phys. Rev. Lett., 2006, 96:057404.

[24] Yang W J, Bricchi E, Kazansky P G, et al. Self-assembled periodic sub-wavelength structures by femtosecond laser direct writing [J]. Opt. Express, 2006, 14:10117-10124.

[25] Taylor R S, Hnatovsky C, Simova E, et al. Femtosecond laser erasing and rewriting of self-organized planar nanocracks in fused silica [J]. Opt. Lett., 2007, 32:2888.

[26] Liao Y, Shen Y, Qiao L, et al. Femtosecond laser nanostructuring in porous glass with sub-50 nm feature sizes [J]. Opt. Lett., 2013, 38:187-189.

[27] Shimotsuma Y, Sakakura M, Miura K. Manipulation of optical anisotropy in silica glass [invited] [J]. Opt. Mater. Express, 2011, 1:803-815.

[28] Shimotsuma Y, Hirao K, Qiu J, et al. Nanofabrication in transparent materials with a femtosecond pulse laser [J]. J. Non-Cryst. Solids, 2006, 352: 646-656.

[29] Sakakura M, Shimizu M, Shimotsuma Y, et al. Temperature distribution and modification mechanism inside glass with heat accumulation during 250 kHz irradiation of femtosecond laser pulses [J]. Appl. Phys. Lett., 2008, 93:231112.

[30] Ramirez L, Heinrich M, Richter S, et al. Tuning the structural properties of femtosecond-laser-induced nanogratings [J]. Appl. Phys. A, 2010, 100:1-6.

[31] Yu X, Liao Y, He F, et al. Tuning etch selectivity of fused silica irradiated by femtosecond laser pulses by controlling polarization of the writing pulses [J]. J. Appl. Phys.,

2011, 109: 053114.

[32] Beresna M, Gecevičius M, Kazansky P G, et al. Exciton mediated self-organization in glass driven by ultrashort light pulses [J]. Appl. Phys. Lett., 2012, 101: 053120.

[33] Shimotsuma Y, Sakakura M, Kazansky P G, et al. Ultrafast manipulation of self-assembled form birefringence in glass [J]. Adv. Mater., 2010, 22: 4039-4043.

[34] Miura K, Qiu J, Fujiwara S, et al. Three-dimensional optical memory with rewriteable and ultrahigh density using the valence-state change of samarium ions [J]. Appl. Phys. Lett., 2002, 80:2263-2265.

[35] Arnold S, Liu C T, Whitten B, et al. Room-temperature microparticle-based persistent spectral hole burning memory [J]. Opt. Lett., 1991, 16:420-422.

[36] Manz A, Becker H. Microsystem technology in chemistry and life sciences [M]. Berlin: Springer Verlag, 1998.

[37] Liao Y, Cheng Y, Liu C, et al. Direct laser writing of sub-50 nm nanofluidic channels buried in glass for three-dimensional micro-nanofluidic integration [J]. Lab. Chip., 2013, 13: 1626-1631.

[38] Zhang F, Yu Y, Cheng C, et al. Fabrication of polarization-dependent light attenuator in fused silica using a low-repetition-rate femtosecond laser [J]. Opt. Lett., 2013, 38:2212-2214.

[39] Cheng G, Mishchik K, Mauclair C, et al. Ultrafast laser photoinscription of polarization sensitive devices in bulk silica glass [J]. Opt. Express, 2009, 17:9515-9525.

[40] 李冬娟，林灵，吕百达, 等. 低重复频率飞秒激光在石英玻璃内写入的 II 类波导的波导依赖导光性研究 [J]. 光学学报，2013, 33: 0532001.

[41] Srisungsitthisunti P, Ersoy O, Xua X. Volume Fresnel zone plates fabricated by femtosecond laser direct writing [J]. Appl. Phys. Lett., 2007, 90: 011104.

[42] Bricchi E, Mills J D, Kazansky P G, et al. Birefringent Fresnel zone plates in silica fabricated by femtosecond laser machining [J]. Opt. Lett., 2002, 27:2200-2202.

[43] Richter S, Heinrich M, Döring S, et al. Formation of femtosecond laser-induced nanogratings at high repetition rates [J]. Appl. Phys. A, 2011, 104:503-507.

[44] Rajeev P, Gertsvolf M, Simova E, et al. Memory in nonlinear ionization of transparent solids [J]. Phys. Rev. Lett., 2006, 97: 253001.

[45] Richter S, Jia F, Heinrich M, et al. The role of self trapped excitons and defects in the formation of nanogratings in fused silica [J]. Opt. Lett., 2012, 37:482-484.

[46] Van Driel H, Sipe J, Young J. Laser-induced periodic surface structure on solids : A universal phenomenon [J]. Phys. Rev. Lett., 1982, 49:1955-1958.

[47] Huang M, Zhao F, Cheng Y, et al. Origin of laser-induced near-subwavelength ripples: interference between surface plasmons and incident laser [J]. ACS Nano, 2009, 3: 4062-4070.

[48] Liang F, Vallée R, Chin S L. Mechanism of nanograting formation on the surface of fused silica [J]. Opt. Express, 2012, 20:4389-4396.

[49] Liang F, Sun Q, Gingras D, et al. The transition from smooth modification to nanograting in fused silica [J]. Appl. Phys. Lett., 2010, 96: 101903.

[50] Petite G, Daguzan P, Guizard S, et al. Conduction electrons in wide-bandgap oxides: A subpicosecond time-resolved optical study [J]. Nucl. Instrum. Methods Phys. Res. B, 1996, 107:97-101.

[51] Martin P, Guizard S, Daguzan P, et al. Subpicosecond study of carrier trapping dynamics in wide-band-gap crystals [J]. Phys. Rev. B, 1997, 55: 5799-5810.

[52] Mao S S, Quéré F, Guizard S, et al. Dynamics of femtosecond laser interactions with dielectrics [J]. Appl. Phys. A, 2004, 79:1695-1709.

[53] Song R T, Williams K S. The self trapped exciton [J]. Phys. Chem. Solids, 1990, 51: 679-716.

[54] Tanimura K, Itoh C, Itoh N. Transient Optical-Absorption and Luminescence Induced by Band-to-Band Excitation in Amorphous SiO_2 [J]. J. Phys. C, 1988, 21:1869-1876.

[55] Itoh C, Suzuki T, Itoh N. Luminescence and defect formation in undensified and densified amorphous SiO_2 [J]. Phys. Rev. B, 1990, 41:3794-3799.

[56] Stathis J, Kastner M. Time-resolved photoluminescence in amorphous silicon dioxide [J]. Opt. Lett., 1987, 35:2972-2979.

[57] Wortmann D, Ramme M, Gottmann J. Refractive index modification using fs-laser double pulses [J]. Opt. Express, 2007, 15: 10149-10153.

[58] Richter S, Jia F, Heinrich M, et al. Enhanced formation of nanogratings inside fused silica due to the generation of self-trapped excitons induced by femtosecond laser pulses [J]. Inter. Soc. Opt. Pho., 2012, 8247:82470.

[59] Chan J, Huser T, Risbud S, et al. Modification of the fused silica glass network associated with waveguide fabrication using femtosecond laser pulses [J]. Appl. Phys. A, 2003, 76:367-372.

[60] Dai Y, Wu G, Xian L, et al. Femtosecond laser induced rotated 3D self-organized nanograting in fused silica [J]. Opt. Express, 2012, 20: 18072-18078.

[61] Shimotsuma Y, Hirao K, Qiu J, et al. Nanomodification inside transparent materials by femtosecond laser single beam [J]. Mod. Phys. Lett., 2005, 19:225-238.

[62] Hnatovsky C, Taylor R S, Rajeev P P, et al. Pulse duration dependence of femtosecond-laser-fabricated nanogratings in fused silica [J]. Appl. Phys. Lett., 2005, 87:14104.

[63] Kazansky P G, Yang W, Bricchi E, et al. “Quill” writing with ultrashort light pulses in transparent materials [J]. Appl. Phys. Lett., 2007, 90:151-120.

[64] Yang W, Kazansky P G, Shimotsuma Y, et al. Ultrashort pulse laser calligraphy [J]. Appl. Phys. Lett., 2008, 93:171109.

[65] Kazansky P, Shimotsuma Y, Sakakura M, et al. Photosensitivity control of an isotropic medium through polarization of light pulses with tilted intensity front [J]. Opt. Express, 2011, 19:20657-20664.

[66] Kazansky P, Beresna M. Ultrafast-laser materials processing uncovers new anisotropy effects [J]. Lasers & Sources, 2009, 11:1855.

[67] Salter P, Booth M. Dynamic control of directional asymmetry observed in ultrafast laser direct writing [J]. Appl. Phys. Lett., 2012, 101:141109.

[68] Akturk S, Gu X, Zeek E, et al. Pulse-front tilt caused by spatial and temporal chirp [J]. Opt. Express, 2004, 12: 4399-4410.

[69] Vitek D, Block E, Bellouard Y, et al. Spatio-temporally focused femtosecond laser pulses for nonreciprocal writing in optically transparent materials [J]. Opt. Exp., 2010, 18:24673-24678.

[70] Akturk S, Gu X, Bowlan P, et al. Spatio-temporal couplings in ultrashort laser pulses [J]. J. Opt., 2010, 12:093001.

[71] Vitek D N, Adams D E, Johnson A, et al. Temporally focused femtosecond laser pulses for low numerical aperture micromachining through optically transparent materials [J]. Opt. Express, 2010, 18: 18086-18094.

第 17 章 飞秒激光诱导纳米周期性孔洞结构

17.1 引 言

飞秒激光辐照到透明介质内部时，根据焦区平均光强不同，可以在辐照区域诱发出不同种类的结构变化。当激光强度低于损伤阈值时会产生一些非破坏性的可逆结构变化，即出现色心缺陷造成的暗化或着色现象以及材料的致密化等导致的局部折射率改变[1-3]；当激光强度接近或超过光损伤阈值时会引发材料不可逆的结构变化，形成微孔洞、微裂纹和自组装周期结构[4-6]。这些微结构中，微孔洞由于其具有的特殊的中空结构，所以它在光子晶体、微腔、光存储以及衍射光学元件等领域有着很多潜在的应用[7-9]。目前公认的微孔洞的形成机理当属微爆炸理论[10]。此理论的核心内容是当飞秒激光被紧聚焦于焦区的微体积时，极高的峰值光强使得多光子电离、雪崩电离等自由电子产生效应非常明显，短时间内即可产生大量的自由电子，焦区被迅速转变为等离子体；这些等离子体对激光具有很高的吸收系数，短时间约 60%的激光能量可被等离子体吸收而沉积在焦区的微体积中，从而产生 10 TPa 量级的高压和 5×10^5 K 量级的高温；高温高压将驱动冲击波从焦区中心向外扩散，并同时伴随着稀疏波从外向内传播，诱发微爆炸，最终形成了一个被致密球壳包裹的中空结构[11]。基于上述的基本模型，微孔洞通常在激光焦区形成。在传统的激光加工方法中，飞秒激光聚焦后由于衍射效应将会发散，这种单焦区结构使得一次激光静态辐照只能产生单个微孔洞结构[12]。因此，要构建以微孔洞为基本单元的某种功能的器件，则需要将飞秒激光静态辐照与精密微纳平台的移动相结合，这将极大地降低器件制备效率[9]。近年来，研究人员已采用空间光调制器和衍射光学元件等对入射高斯光束进行波前整形以获得多焦加工光束[13,14]，这些技术在制备仅发生折射率改变的成丝结构方面，具有很强的灵活性和扩展性。然而，目前真正用于周期性微孔洞并行加工的方法则只有贝塞尔–高斯光束加工法、截断高斯光束加工法以及高斯光束紧聚焦方法。本章首先对这三种方法逐一进行简单的介绍，然后重点论述目前物理机理尚未达成共识的高斯光束紧聚焦方法，详细介绍采用这种方法制备纳米周期性孔洞结构的现象、特征、机理和应用。

17.2 飞秒激光诱导自组装孔洞结构

17.2.1 贝塞尔–高斯飞秒激光束制备周期性孔洞结构

2006 年，Gaizauskas 等[15] 将 800 nm 中心波长、150 fs 脉宽、1 kHz 重复频率的飞秒高斯光束入射到一个楔角为 0.175 rad 的锥棱镜，将高斯光束转换成了 0 阶贝塞尔–高斯光束；然后利用望远镜系统将 0 阶贝塞尔–高斯光束缩束 3.3 倍后进入样品。调节光束平均功率为 8.0 MW(相应的峰值功率远超过自聚焦临界功率)，控制光快门使辐照时间为几秒到几十秒后，在样品中形成了永久的光学破坏。从样品侧面观测到的显微照片如图 17.1 所示，沿着激光传输方向形成了周期为 8.6 μm 的孔洞阵列。根据实验条件，他们以 0 阶贝塞尔–高斯光束为输入光场，采用忽略了等离子体散焦效应的非线性薛定谔方程求解光的传播过程，得到了光能流密度分布，如图 17.2 所示。从图 17.2 中可见，能流密度分布上出现的周期性特征与显微照片上的周期性特征吻合得较好。他们根据进一步的理论分析提出了周期性孔洞形成的机理：随着传输距离的增加，多光子吸收导致的贝塞尔–高斯光束中心部分强度减少；但随着传播的进行，贝塞尔–高斯光束低能量旁瓣为中心部分供给了能量，加之自聚焦效应的联合作用，最终导致了光束中心强度的再生，最终造就了能流密度的极大极小周期交替的行为。

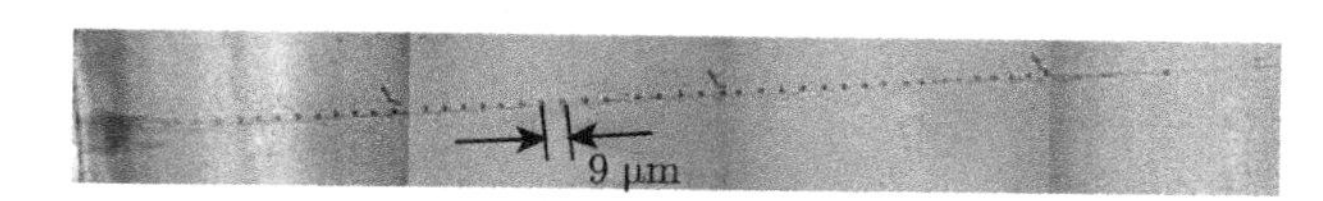

图 17.1 8000 个 0.4 mJ 的飞秒脉冲辐照后产生的微结构侧视图

激光从左边入射

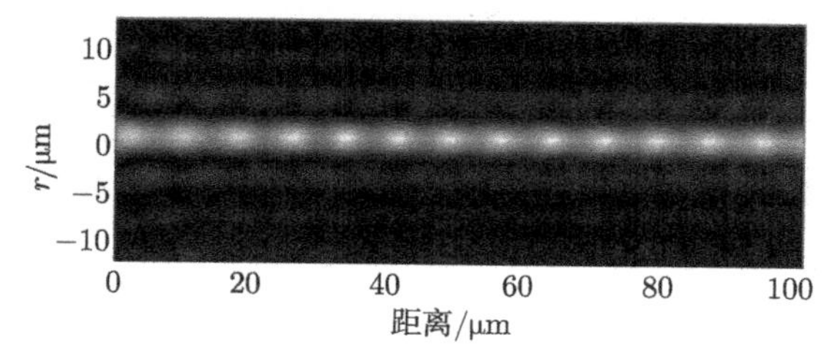

图 17.2 非线性薛定谔方程模拟得到的高斯–贝塞尔波包在玻璃中传输 100 μm 时的能流密度分布图

17.2.2 飞秒激光光束截断法制备周期性孔洞结构

除了上面所述的利用锥棱镜对光束整形的方法外，Mauclair 等[16] 还采用光束截断的方法对入射飞秒激光进行了微整形来用于周期性孔洞结构的加工。他们首先利用望远镜系统对 Ti：sapphire 再生放大器发出的 800 nm 波长的高斯光束进行扩束，然后将光束经低数值孔径的显微物镜聚焦到石英玻璃样品和 BK7 玻璃样品中。由于扩束后光束直径比物镜孔径大，入射光束边缘环形区域被切掉，只有截断后的中心光束最终得以聚焦。改变光束的扩束比即可改变光束在显微镜入瞳上的截断比 T(截断比 T 定义为高斯光束 $1/e^2$ 强度点直径与显微镜孔径的比值)。当采用脉冲能量 8～20 μJ、物镜数值孔径 NA=0.45、聚焦深度 200 μm 以及截断比 T=1 时，单脉冲辐照石英玻璃后，采用相位对比显微镜对微结构的侧面进行观察，典型图片如图 17.3 所示。可见，主焦点破坏区前端沿着激光传输方向出现了均匀周期的自组装孔洞结构。以与实验条件相同截断比的截断高斯光束为输入场，采用菲涅尔线性传输模拟方法对样品内焦区的光场分布进行了模拟，如图 17.4 所示，获得的光能流密度分布显示，在主焦点前出现了周期能流密度调制，调制周期和实验获得的周期一致性非常好。此外，他们还采用相同模型分别模拟了以非截断光束和截断光束为输入场时获得的能流分布，结果分别见图 17.5(a) 和 (b)。显然，光束的截断效应是引起周期性孔洞结构形成的主要原因。

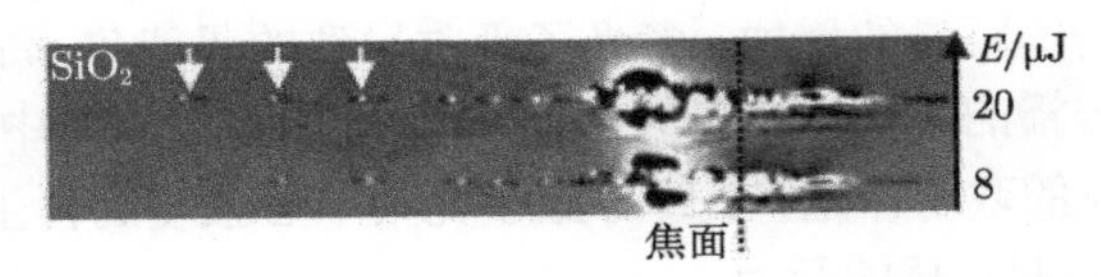

图 17.3 NA=0.45, T=1 时单脉冲辐照石英玻璃诱导的微结构的相位对比显微照片

激光沿水平方向传输

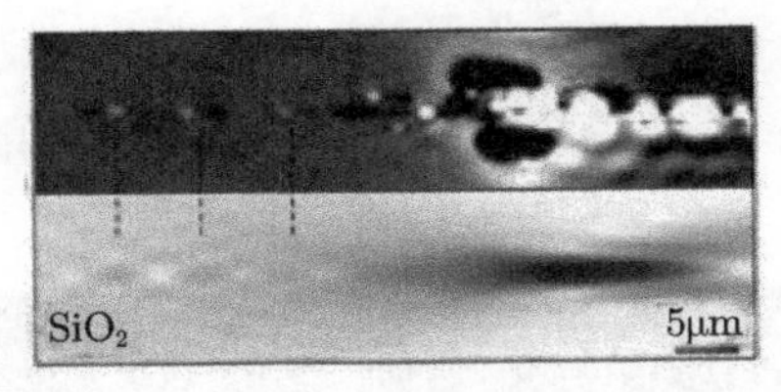

图 17.4 NA=0.45, T=1 时石英玻璃中获得的微结构的相位对比显微图片 (上) 和以该截断光束为输入场采用菲涅尔传输代码模拟的能流分布 (下)

17.2.3 高斯光束紧聚焦方法

2005 年, Kanehira 等[17] 报道了一种飞秒激光与物质相互作用的新现象。他们利用 800 nm, 120 fs, 1 kHz 的横向光强呈高斯分布的单束飞秒激光，将其用数值孔径高达 0.9 的显微物镜聚焦在硼硅酸盐玻璃内部。将焦点置于样品表面以下一定深度，在该固定位置辐照一段时间后，样品内部自发生长出沿激光传播方向的准周期性孔洞结构，方法如图 17.6 的插图所示。当脉冲能量为 10 μJ、聚焦于样品表面以下 750 μm、辐照时间为 1/4 s 时，在玻璃内部制备了微结构，对样品进行侧面抛光至

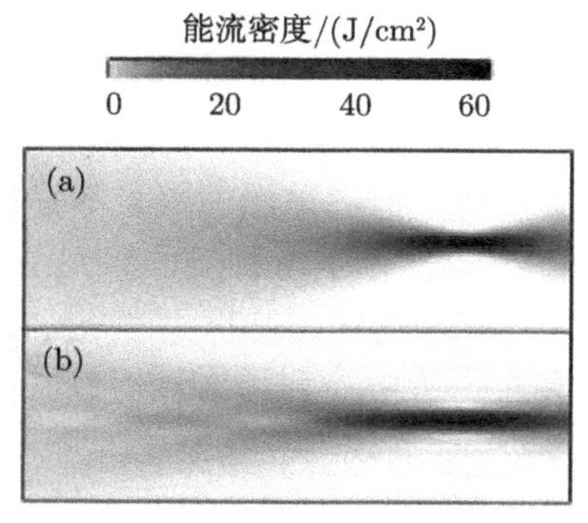

图 17.5 NA=0.45 时模拟得到的石英玻璃内部的能流密度分布

(a) 未截断光束；(b) 截断光束

微结构所在平面，抛光后裸露的微结构的扫描电镜测试结果如图 17.6(a) 所示。可见，微结构由互相分离的中空孔洞构成，孔洞之间不存在裂纹和破坏性损伤；孔洞的直径和间距都顺着激光传输方向逐渐减小，但在从底部往上 90 μm 的范围内孔洞周期性非常好，周期约为 1.7 μm，如图 17.6(b) 所示。在实验中发现，低数值孔径物镜

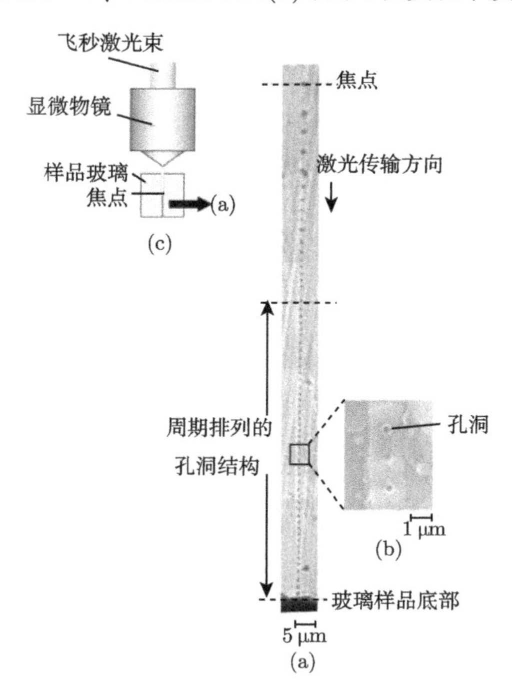

图 17.6 单光束飞秒激光诱导沿激光传播方向的纳米周期点串结构 [17]

(a) 脉冲能量为 10 μJ 的飞秒激光经数值孔径 NA=0.9 的显微物镜紧聚焦在硼硅酸盐玻璃表面以下 750 μm、持续辐照 1/4 s 所形成的微结构的光学显微镜侧视图；(b) 周期点串结构的扫描电镜照片；(c) 为微结构制备方法示意图

(NA=0.45 或 NA=0.3) 都不能产生这种结构，可能是由于在这种松聚焦下焦点处的功率密度不足以产生介质破坏。此外，单脉冲辐照只能产生成丝结构而无法诱导准周期性孔洞，只有成丝结构延伸到样品底部并且保证多脉冲辐照下，才能产生这种结构。受这种结构特征的启发，他们提出了跟表面损伤有关的一种孔洞形成机理，具体内容将在后文中详细介绍。由于这种飞秒激光在透明介质内部产生的周期性孔洞是中空的，其折射率与玻璃基体相差很大 (Δn=0.5)，又比逐点辐照的直写方法要简单不少，因此研究人员希望能利用这种现象来高效制备光通信网络中的三维光子晶体器件。然而，这种准周期性孔洞结构的周期性还不是很完美，周期的可控性也还不明确，因此，为了使这种技术更具实用性和广泛性，亟须研究周期性的起源和周期的形成条件，这就需要人们对这种现象做更深入的实验探索。

17.3　高斯光束紧聚焦法诱导周期性孔洞结构的一些重要实验进展

17.3.1　多种透明介质材料中诱导周期性孔洞结构

1. *石英玻璃中诱导周期性孔洞结构*

2005 年，Toratani 等[18] 利用同样的紧聚焦方法在石英玻璃中也诱导出了周期性孔洞结构。他们也研究了周期性孔洞的发展演变过程，当脉冲能量为 3 μJ 的激光经过数值孔径 NA=0.9 的显微物镜聚焦在石英玻璃表面以下 70 μm 时，采用电子快门控制辐照脉冲个数分别为 1 个、2 个、4 个和 8 个，制备的微结构的光学显微镜照片如图 17.7 所示。结果表明，同 S. Kanehira 等的研究结果类似，单脉冲只能诱

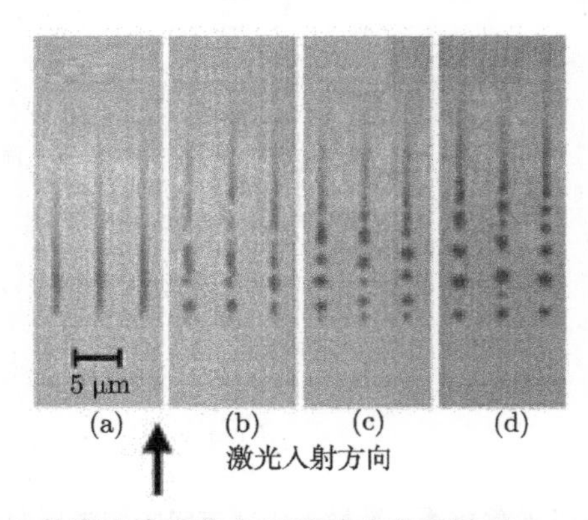

图 17.7　脉冲能量为 3 μJ 的激光束聚焦在石英玻璃表面以下 70 μm 时诱导的微结构随脉冲数的变化

(a) 单脉冲；(b)2 个脉冲；(c)4 个脉冲；(d)8 个脉冲

导一个沿着激光传输方向的丝状结构；当脉冲数增加时，丝状结构分裂为多个近球形孔洞结构。但与 Kanehira 等的结论不同的是，观察图 17.7 发现，只要具有一定的聚焦深度，即使远离样品底部，同样可以诱导出周期性孔洞结构。这一发现不仅扩展了这一方法适用条件和材料的范围，还使周期性孔洞形成的物理机理更令人困惑，引发了研究人员更加浓厚的兴趣。

2. $SrTiO_3$ 晶体中诱导周期性孔洞结构

2007 年，Song 等 [19] 也利用这一方法在高折射率 (n=2.3) 的 $SrTiO_3$ 单晶块体中诱导了周期性孔洞结构，获得的孔洞阵列在孔洞直径和孔洞间距方面更均匀、阵列长度更长 (200~300 μm)。与 Kanehira 和 Toratani 的研究结果一样，单脉冲辐照也只能诱导出线形通道结构，2 个以上脉冲才能形成离散的周期性孔洞结构。他们还研究了聚焦深度对周期性孔洞形貌的影响，如图 17.8 所示，当聚焦深度为 100 μm 时，形成的微结构的头部是泪滴形的破坏区域，随后才是准周期的孔洞结构，孔洞的直径是沿着激光传输方向而逐渐变小的，变化程度非常明显；当聚焦深度为 200 μm 和 300 μm 时，准周期性孔洞结构的长度更长，在从上向下的激光传输方向上，孔洞直径和孔洞间距也更加均匀；但是当聚焦深度更深时，飞秒激光诱导的准周期性孔洞结构非常不规则，而且孔洞阵列长度也明显变短。这些研究表明，高

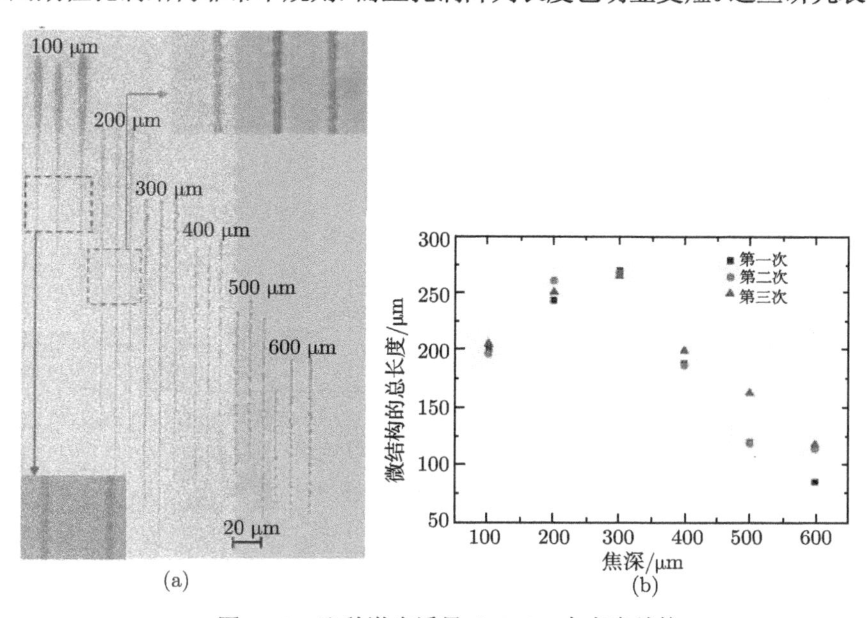

图 17.8 飞秒激光诱导 $SrTiO_3$ 中点串结构

(a) 飞秒激光聚焦在样品表面以下不同深度时形成的自组织准周期点串结构的光学显微镜图；(b) 自组织准周期点串的总长度与聚焦深度的关系

斯光束紧聚焦法制备的周期性孔洞结构对于聚焦深度很敏感。这个特点对我们探索周期性孔洞的形成机理很有启发性，将在后文中做详细论述。

3. CaF_2 晶体中诱导周期性孔洞结构

Hu 等[20] 将单脉冲能量 30 μJ 的单束飞秒激光聚焦到 CaF_2 晶体表面以下 950 μm 处，将激光辐照时间控制为 0.25 s。观察到的微结构侧视图如图 17.9 所示，沿着激光的传输方向出现了由 46 个孔洞组成的、总长度为 204 μm 的周期性孔洞结构，且从聚焦点开始，沿着激光传输的方向，不论是点的大小还是相邻点之间的距离都逐渐变小。他们发现，当脉冲能量为 25 μJ 和辐照时间为 0.25 s 时，在 CaF_2 晶体中能诱导周期性孔洞结构的聚焦深度范围很宽，约为 110 ~1000 μm。根据实验结果总结出的孔洞阵列长度随聚焦深度的变化规律如图 17.10 所示，与在 $SrTiO_3$ 晶体中得到的结论基本一致。此外，他们还发现，激光脉冲能量的增加使周期性孔洞结构沿着激光传输方向扩展明显，孔洞的数目明显增多。

图 17.9 CaF_2 晶体中用聚焦的飞秒激光诱导出的半周期点阵结构

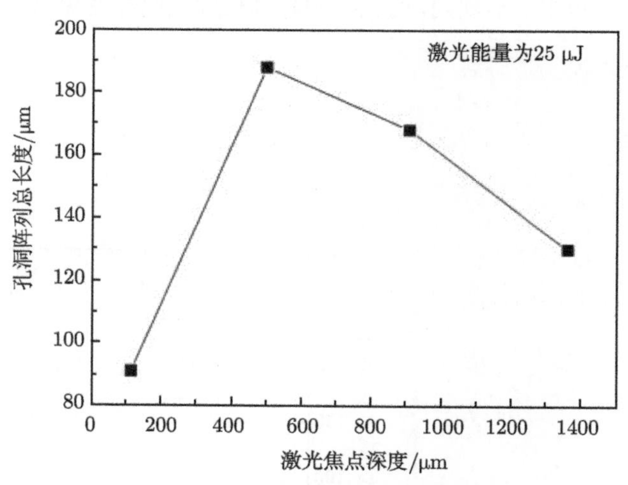

图 17.10 准周期性孔洞结构长度与激光焦点深度的关系

4. Al_2O_3 晶体中诱导周期性孔洞结构

在 CaF_2 晶体研究的基础上，Hu 等[21] 又以 Al_2O_3 晶体为样品， 采用上述相似的方法做了对比性实验。在激光脉冲能量 20 μJ、聚焦深度 110 μm、辐照时间为 0.064 s 时，在 Al_2O_3 晶体和 CaF_2 晶体中诱导的周期性孔洞结构如图 17.11

所示。在 Al_2O_3 晶体中沿着激光传输方向也形成了长度为 91 μm、孔洞数为 16 的周期性孔洞结构，孔间距和孔径沿着激光传输方向的变化规律与 CaF_2 基本一致。而在 CaF_2 晶体中，采用相同的实验条件没有制备出周期性孔洞，只是出现了丝状破坏结构。

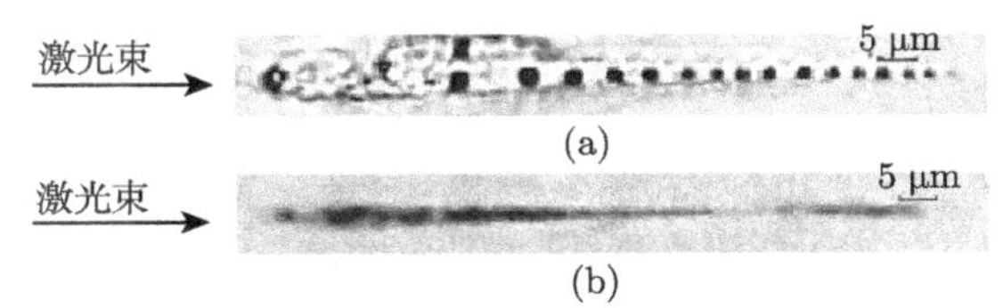

图 17.11　激光在 (a) Al_2O_3 和 (b) CaF_2 晶体中诱导的点阵结构

在图 (a) 和 (b) 中聚焦点距离表面 110 μm，激光脉冲能量为 20 μJ，聚焦点辐照的脉冲数为 64

当进一步增加聚焦深度至 300 μm，设置脉冲能量为 30 μJ、辐照时间为 0.5 s 时，Al_2O_3 晶体中诱导的周期性孔洞结构如图 17.12 所示。可见，在这个深度下，Al_2O_3 晶体中得到的孔洞阵列结构不是很规整，而且似乎出现了多列周期性孔洞结构。进一步实验发现，当聚焦深度大于 300 μm 时，无论采用多大的激光脉冲能量，辐照时间如何调整，在 Al_2O_3 晶体中都不会再产生清晰规则的点串结构。也就是说，Al_2O_3 晶体中可诱导周期性孔洞结构的聚焦深度范围仅为 100~300 μm。

激光束

图 17.12　激光聚焦在 Al_2O_3 晶体表面以下 300 μm 处诱导的点阵结构

实验条件：激光脉冲能量为 30 μJ、辐照的脉冲数均为 500 个

从上面的实验结果可以得出如下结论：规则的点阵结构的形成和激光聚焦点距上表面的距离有很大关系。当激光脉冲能量确定的时候，对于某种特定的晶体，规则清晰的点阵也只在一个确定的聚焦深度范围内形成。如果聚焦深度超出了这个范围，在辐照过后，聚焦点下方不会形成规则清晰的点阵结构，而只会出现一些破坏的痕迹。

从以上对多种透镜介质材料中诱导的周期性孔洞结构的研究，可以总结出，周期性孔洞的形成具有以下一些基本特征：①这种结构具有普适性；②高数值孔径物镜更容易诱导出这种结构；③周期性孔洞结构随脉冲能量增加而沿着激光传输方向拓展；④周期性孔洞结构对聚焦深度很敏感，对某种材料，可诱导出周期性孔洞结构的聚焦深度都存在一个特定的范围，在该范围内又存在一个最佳深度，在此深度时可制备出孔径和周期均匀、孔洞数目多且总长度长的周期性孔洞。

5. 单步诱导相互垂直的周期性孔洞结构

2007 年，Hu 等[22] 在 CaF_2 晶体中诱导周期性孔洞结构的研究中意外发现，如图 17.13 所示，当飞秒激光束垂直于样品正表面 (X-Y 面) 紧聚焦在样品内部时，如果激光束中心离样品某个侧面 (Z-Y 面) 的距离 D 很小时，飞秒激光束能够在 X-Y 面法线 (即 Z 轴激光传输方向) 和 Z-Y 面的法线方向上 (即 Z 轴方向) 诱导出相互垂直的两列周期性孔洞结构。在激光辐照过程中用 CCD 可实时观测到 Z 轴方向上的周期性孔洞，而 Z 轴激光传输方向上的周期性孔洞则要等待加工完毕后，翻转样品让 Z-Y 侧面对着 CCD 才能观测到。在脉冲能量 50 μJ、聚焦深度 600 μm、D 值 50 μm 和辐照时间 1/8 s 的实验条件下，以此方法获得的典型周期性孔洞如图 17.14 所示。在他们的实验中发现，要形成这种沿 Z 轴方向的点阵，激光功率和 D

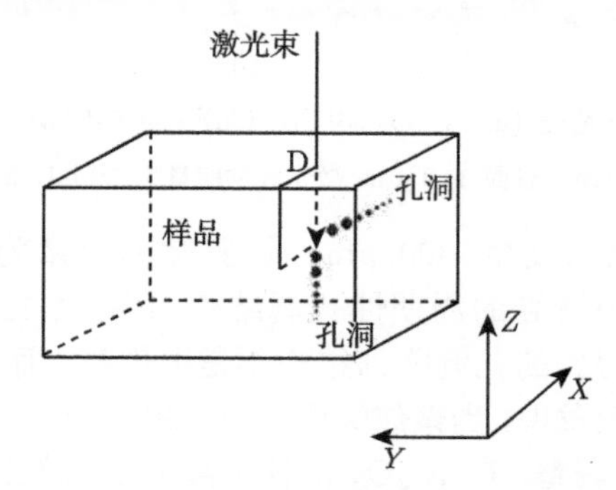

图 17.13　同时产生两列排列方向相互垂直的点阵的实验方法示意图

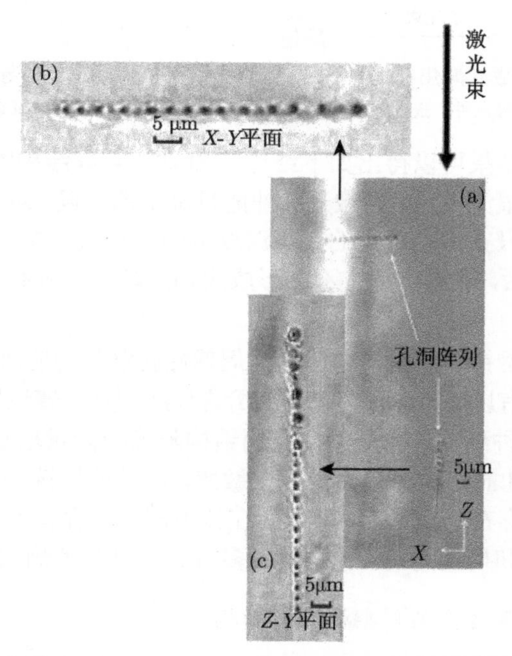

图 17.14　CaF_2 晶体中用单束飞秒激光诱导出的两列互相垂直的周期性孔洞结构

实验条件：脉冲能量 50 μJ、聚焦深度 600 μm、D 值 50 μm 以及辐照时间 1/8 s

值是关键。只有较大的激光功率和较小的 D 值才能诱导出沿着 Z 轴较长较规则的点阵结构。对于聚焦深度为 600 μm 时，只有当激光脉冲能量大于等于 50 μJ，D 值小于 100 μm 的时候，沿着 X 轴和 Z 轴的两个自组装点阵才能同时出现。根据这一规律，他们对 Z 轴方向出现的周期性孔洞结构提出了以下形成机理：当聚焦深度很深时，入射激光束在 X-Y 面所在平面上的截面圆就很大；一旦 D 很小，则入射光束只有一部分落在 X-Y 平面上，另一部分经过传输后落在 Z-Y 平面。根据几何光学规律，如图 17.15 所示，落在样品侧面 Z-Y 平面上的光束在该面上被折射，然后聚焦在晶体内部某点，设为 B 点，从侧面进入样品的激光传输沿 X 轴方向。如果初始激光能量足够大的话，这些聚焦在 B 点的光束也能诱导出自组装点阵，机理和在 Z 轴方向上的一样，不同的是这个点阵是沿着 X 轴方向，和激光的初始传输方向相互垂直。

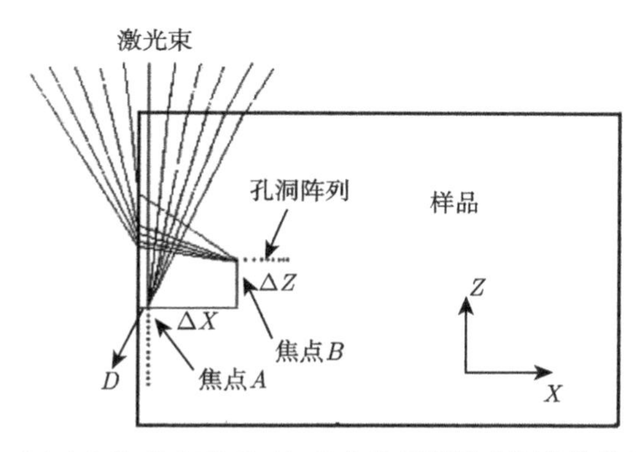

图 17.15 同时自发形成两列互相垂直的周期性孔洞结构的机理示意图

17.3.2 高数值孔径的干透镜和无油油浸透镜诱导互为倒装的周期性孔洞结构

上面提到的高斯光束紧聚焦法制备周期性孔洞结构时，采用的一般都是高数值孔径 (NA=0.9) 的干物镜。物镜使用环境是空气，因此其最大可达到的数值孔径在 0.9~0.95，要获得更大数值孔径更强聚焦能力的物镜，就必需用到滴油的油浸物镜了。众所周知，在使用油浸物镜时，只有在显微镜镜头和物体表面的空隙中滴加显微物镜标配油才能达到标称的数值孔径。Hu 等[23] 分别采用 NA=0.9 的干透镜和 NA=1.45 的不滴加油的油浸物镜，把高斯光束聚焦辐照到硅酸盐玻璃内部。当飞秒激光的脉冲能量都为 35 μJ、辐照时间为 0.25 s、聚焦深度为 110 μm 时，形成的周期性孔洞结构如图 17.16 所示。显然，虽然激光辐照条件都一样，但却得到了两个生长方向相反的点阵结构，彼此互为倒装结构。进一步研究发现，即便是增加激光脉冲能量，点阵的长度和孔洞数量会增加，但孔洞的生长方向并不会发生改变。他们发现，在相同的实验条件下，油浸物镜滴加油使用时诱导的周期性孔洞结

构比 NA=0.9 干透镜的干透镜诱导的结构要短得多，聚焦深度较浅时甚至只能形成单孔洞结构。在 Al_2O_3 晶体和石英玻璃中重复相同的实验，得出了跟在硼硅酸盐玻璃中相似的结论。

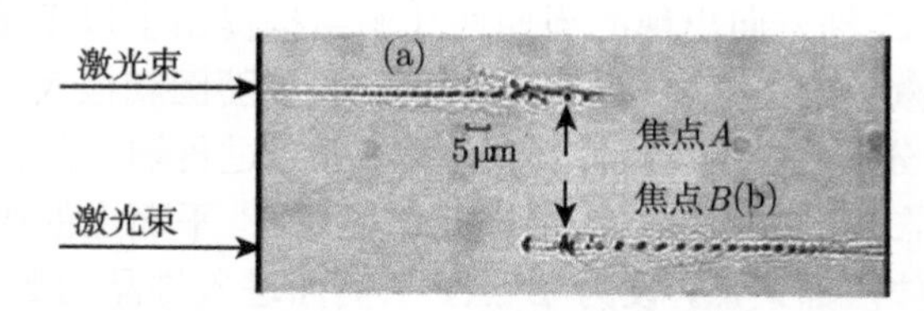

图 17.16　飞秒激光辐照后在硼酸盐玻璃中诱导出的自组装点阵结构
(a)NA=1.45 的油浸物镜不加油；(b)NA=0.9 的干物镜在空气中；
实验条件均为脉冲能量 35 μJ、辐照时间 1/4 s

17.3.3　改变油浸透镜浸润液体诱导互为倒装的周期性孔洞结构

2011 年，Luo 等[24] 以组分为 SiO_2-20Al_2O_3-20CaF_2-12YbF_3 (60 mol %) 的玻璃为样品，采用数值孔径 NA=1.25 的油浸透镜对其进行周期性孔洞结构制备。该油浸透镜标配浸油为香柏油 (折射率为 1.505)。他们在进行实验时，尝试用去离子水 (折射率为 1.33) 和 1-溴代萘 (折射率为 1.658) 来取代标配香柏油，将其填充在物镜和样品表面之间的空隙内。在脉冲能量为 5 μJ、聚焦深度为 120 μm 以及辐照时间分别为 1/16 s, 1/8 s, 1/4 s 和 1/2 s 的实验条件下，获得的周期性孔洞结构形貌见图 17.17。

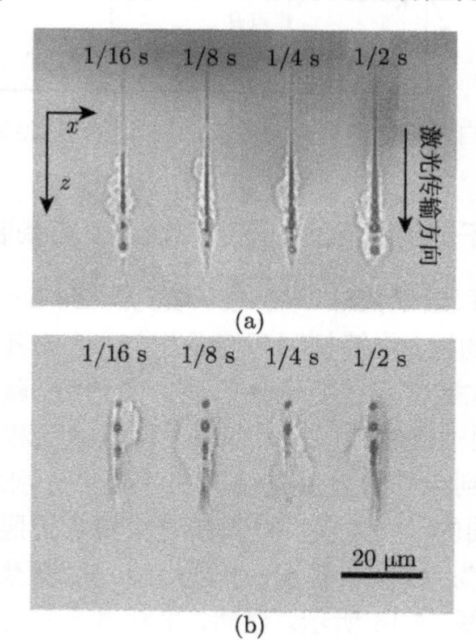

图 17.17　在脉冲能量为 5 μJ 的飞秒激光静态辐照下在玻璃内部诱导微结构侧视图
辐照时间为 1/16 s, 1/8 s, 1/4 s 和 1/2 s；使用的油浸物镜参数为 100×(NA=1.25)；(a) 和 (b) 对应的浸入液体分别为水和 1-溴代萘

当物镜的浸润液体为去离子水时获得的微结构侧视图如图 (a) 所示，当物镜的浸润液体为 1- 溴代萘时获得的微结构侧视图如图 (b) 所示。对比图 (a) 和 (b)，可见两图中微孔洞尺寸沿光传输方向 (z 轴) 的变化趋势是相反的：(a) 图中微孔洞尺寸沿 z 轴呈增加趋势，而 (b) 图中微孔洞尺寸沿 z 轴呈减少趋势。显然，从孔洞形貌上来讲这两种加工方式也形成了一种互为倒装的结构。对于图 (a) 和图 (b) 中的微结构来说，除了所用的物镜浸润液体不同之外，其他所有激光参数及写入条件都完全相同。因而，他们认为两图中微结构倒置的原因在于两种情况下光传输介质折射率对比度不同。

17.4 飞秒激光诱导纳米周期性孔洞结构的形成机理

如上所述，飞秒激光诱导的纳米周期性孔洞结构，给科研人员提供了一种利用飞秒激光单步并行加工多个中空孔洞结构的新方法。这种新现象的出现不仅对于飞秒激光在微器件领域的应用有一定价值，而且对拓展飞秒激光与透明物质相互作用的基本理论有一定意义。深入了解这种新现象的物理机理还有助于发展自组装孔洞的新型调控技术。

飞秒激光的超短脉冲特性使得焦区的峰值光强可轻松达到 10^{21} W/cm^2 量级，这种强激光辐照不仅会使焦区由于多光子吸收和雪崩电离而产生大量的自由电子等离子体，而且会使得各种非线性效应变得非常显著，特别是横向高斯分布光强引起的光的克尔自聚焦效应和自由电子等离子体密度高斯分布导致的自散焦效应。正因为此，北京大学的 Wu 等利用变分法求解非线性薛定谔传输方程，给出了令人信服的数值模拟结果，提出飞秒激光与透明材料相互作用时，自聚焦和自散焦的动态竞争导致的多次重聚焦现象是飞秒激光可诱导多焦区微结构的主要原因[25]。这一机理一度被用来定性解释这里提到的自组装孔洞结构的形成[26]。但是随着越来越多的材料中观测到类似的结构，总结实验结果发现，在透明介质材料中诱导的自组装孔洞结构的周期多半在几微米甚至亚微米量级，基本不超过 15 μm，远远小于自聚焦和自散焦引起的多焦中常见的几十微米甚至几米的周期。此外，在连续克尔自聚焦/等离子体散焦的理论框下，周期性孔洞结构应该强烈地受到脉冲峰值功率和脉冲时间宽度的影响；但是实验结果显示周期性孔洞结构对脉冲峰值功率和脉宽并不敏感。至此，直观而又显而易见的非线性效应模型的失效，使得自组装孔洞结构的机理成为一个开放性问题，引起了很多学者的关注。近期国内外一些研究小组相继提出了不同的物理模型来解释孔洞的自组装行为，下面对几个研究小组的工作进行详细介绍。

17.4.1　样品表面触发和连续脉冲辐照推动的孔洞自组装机制

最早报告自组装孔洞结构的 Kanehira[17] 小组在实验中发现，自组织点串结构具有以下两个基本特征：①自组装孔洞结构是与成丝通道共存的；②只有激光焦点聚焦到样品表面以下较深的位置并且飞秒激光单脉冲诱导的成丝区域接触到样品底部时，多个脉冲连续辐照才能诱导出这种自组织准周期结构。根据这些试验结果, 他们推测，自组织准周期点串的形成机理是这样的：当飞秒激光单脉冲诱导的成丝结构接触到样品底部时, 由于样品底面的破坏阈值高于样品内部的破坏阈值, 因此, 微爆炸最容易在样品底面首先发生；当下一个脉冲作用于样品后, 原来形成的微爆炸孔洞附近的区域由于产生了缺陷或应力，相比其他区域吸收更多的激光能量, 在该位置将由于微爆炸形成一个新的孔洞。因此，随着脉冲辐照数目的增加，该过程反复出现，最终在激光传输轴上由样品底部往上逆向形成了一串自组织孔洞。

17.4.2　电子等离子体驻波模型

材料内部电子等离子体波的激发机制主要有以下三种：①激光拍频波；②激光尾波场；③激光自共振尾波场。在前两种机制中都要求要有共振激发机制，即用于激发的飞秒激光其脉宽与电子等离子体的周期相近，或者激光的时域分布受到以电子等离子体波周期为周期的调制。在诱导自组装孔洞结构的红外激光光源中，大多数的脉宽在 120 fs，这样的共振条件无法满足。在第三种机制中，激发光源的时间分布没有特别要求，只需要激光峰值光强超过 10^{15} W/cm^2 的相对论强度即可。以脉冲能量 10 μJ 的、脉宽 120 fs 的光束被紧聚焦于 1μm 直径的微区为例，焦区峰值功率密度可轻松达到 10^{16} W/cm^2，因此以上自共振尾波场的相对论强度很容易达到。在这种方式下，相对论自聚焦和拉曼不稳定性将脉冲的时间包络调制成一列子脉冲串，子脉冲脉宽满足共振条件 $\omega_{\mathrm{pl}}\tau \approx 1$($\omega_{\mathrm{pl}}$ 为等离子体波频率，τ 为激光脉宽)。这些子脉冲将激发大振幅的电子等离子体波。在焦区产生电子等离子体行波后，由于激光脉冲继续由焦区向前传播，传播过程中多光子吸收、等离子体吸收以及光的衍射效应将导致激光脉冲峰值强度迅速减小。当峰值强度减小至不满足相对论强度条件时，电子等离子体行波的传播终止。因此，在脉冲传播一段距离后，飞秒激光产生的自由电子等离子体密度突然减小，在该处形成了大的等离子体密度梯度，这样一个大的等离子体密度梯度会导致等离子体行波发生反射。反射的等离子体行波与入射的等离子体行波发生干涉形成等离子体驻波。这种等离子体驻波将引起电子等离子体密度的稳定周期分布，等离子体密度大的峰值位置相继会引起多个微爆，从而产生一串自组装孔洞结构。在这种机理下，自组装孔洞阵列的周期应该等于等离子体波长的一半。按照等离子体波的基本理论，等离子波波长可表达为 $\lambda = 2\pi v/\omega_{\mathrm{pl}}$，$\omega_{\mathrm{pl}} = \sqrt{q_{\mathrm{e}}^2 n_0/\varepsilon_0 m_{\mathrm{e}}}$，其中，$n_0$ 为电子等离子体密度，q_{e} 为电子电荷量，ε_0 为真空介电常数，m_{e} 为电子质量，v 为等离子体波速度。对于实验观测到的几微米的孔洞周期，相应要求电子等离子体密度为 $10^{19}/\mathrm{cm}^3$，这个电子密度量级和飞秒激光与透明介质材料相互作用的一些研究中给出的数量级是一致的[28,29]。另外，从这个公式可知，等离子体波的波长与电子等离子体密度成反比，则等离子体驻波引起的孔洞结构的周期也应该与等离子体密度成反比。由于脉冲能量越大，相应产生的等离子体密度也越高；而多脉冲的孵化效应也导致脉冲数增加时等离子体密度相应增加。因此，等离子体驻波模型也可成功地解释自组装孔洞周期随激光能量和脉冲数增加而减小的实验现象[27]。

17.4.3 环境介质/样品界面折射率差别引起的球差机制

在实验中发现，自组装孔洞结构除了具有上面提到的特征外，一个共同的特征是低数值孔径显微物镜 (如 NA=0.45 或者 NA=0.3) 松聚焦激光情况下很难产生该结构, 几乎只有高数值孔径物镜紧聚焦激光才能诱导该结构。用高数值孔径的物镜聚焦激光光束会有两个直接的效果：①更强的峰值功率密度导致的更强的非线性效应；②紧聚焦下光束具有很大的会聚角，产生了明显的非傍轴效应，当同心聚焦光束通过空气和样品介质界面时，由于界面两侧介质折射率差别，会引起不同角度的光线不是聚焦在同一点，而是分散聚焦在在轴上不同的位置，这称为界面球差效应。

对于非线性效应，可以通过联合求解非傍轴非线性薛定谔方程和电子密度演化方程来考虑[31]，如下式所示：

$$
\begin{aligned}
\frac{-\mathrm{i}}{2k_0}\frac{\partial^2 A}{\partial z^2}+\frac{\partial A}{\partial z} &= \frac{\mathrm{i}}{2k_0}\boldsymbol{\nabla}_{\perp}^2 A+\mathrm{i}\hat{D}A \\
&\quad +\mathrm{i}\frac{\omega_0}{c}(n_2|A|^2)A-\frac{\sigma}{2}(\mathrm{i}\omega_0\tau_c+1)\rho A-\frac{\beta^{(m)}}{2}|A|^{2(m-1)}A\frac{\partial\rho}{\partial\tau} \\
&= \frac{1}{n_0^2}\frac{\sigma}{E_{\mathrm{g}}}\rho|A|^2+\frac{\beta^{(m)}|A|^{2m}}{m\eta\omega}-\frac{\rho}{\tau_{\mathrm{r}}}
\end{aligned}
$$

其中，A 是电场复包络函数，第一式右边分别代表衍射效应、群速度色散、克尔自聚焦效应、等离子体散焦效应、等离子体吸收效应和多光子吸收效应。采用该方程，全面考虑了大会聚入射角的强光场下各种非线性效应。

而对于界面球差效应，Török 等利用惠更斯–菲涅尔子波叠加原理和介质界面上反射折射的菲涅尔公式，分析了同心聚焦光束通过两种折射率不匹配介质的界面后的电磁衍射情况。利用该理论可以得到光传输方向上任意位置处的横向光场分布[32]，如下式所示：

$$
I_0^{(e)}=\int_0^{\phi_{\max}}(\cos\phi_1)^{1/2}(\sin\phi_1)\exp[\mathrm{i}k_0\psi(\phi_1,\phi_2,-d)]
$$

$$\times(\tau_s+\tau_p\cos\phi_2)J_0(k_1r_p\sin\phi_p\sin\phi_1)\times\exp(\mathrm{i}k_2r_p\cos\phi_p\cos\phi_2)\mathrm{d}\phi_1$$

其中，ϕ_1 和 ϕ_2 分别为入射光束中任一光线在界面上的入射角和折射角，$\psi(\phi_1,\phi_2,d)$ 为球差函数，τ_s 和 τ_p 分别为 s 偏振光和 p 偏振光在界面上的能量透过率，r_p 为场点位矢大小，k_0，k_1 和 k_2 分别为真空波数、界面左侧介质中波数和界面右侧介质中波数。

结合上述两种基本理论，Song 等[30] 提出了一种物理模型，即以会聚高斯光束为输入光场，首先采用 Török 等的界面球差理论得到脉冲从空气穿过界面到达样品后的输入光场；然后以该光场为新的输入光场，利用上面提到的非线性薛定谔方程和电子密度演化方程来联合求解样品中的光场分布。在这种模型中，首次将界面效应考虑到超短脉冲的非线性传输中，特别适用于紧聚焦情况下的实验情况。

由于非傍轴非线性薛定谔方程的计算涉及到很多物理参数，而目前参数最全的物质就是熔融石英玻璃，因此在实验和数值模拟中均采用石英玻璃作为研究对象。

当脉冲能量为 50 μJ 的飞秒激光紧聚焦 (NA=0.9) 在石英玻璃表面以下 200 μm 时，形成的典型的自组织准周期点串结构如图 17.18 所示。

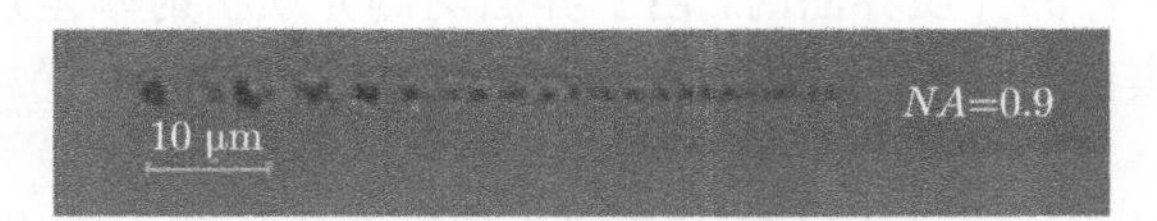

图 17.18　飞秒激光在石英玻璃中诱导的典型的自组织点串结构的光学显微镜照片

实验参数：显微物镜 NA = 0.9；激光脉冲能量 50 μJ；辐照时间 1/63 s；聚焦深度 200 μm

根据图 17.18 典型的实验参数，利用上面所提到的理论模型，模拟了紧聚焦的飞秒激光从空气入射到石英玻璃样品后的光场的二维能流密度分布，如图 17.19 所示。模拟结果的点间距最大约为 9.6 μm，最小约为 4.5 μm，与实验结果有较好的吻合。

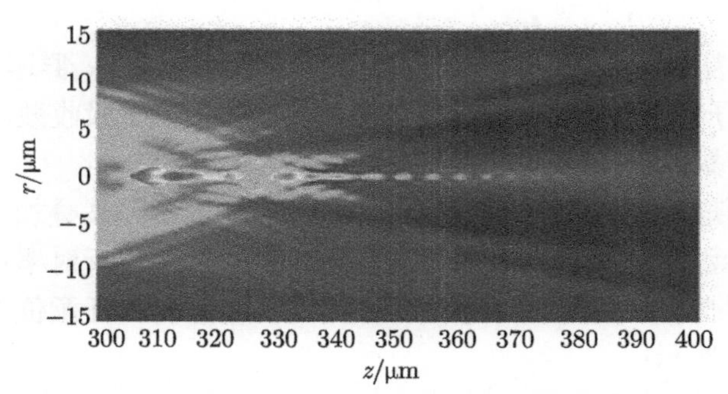

图 17.19　紧聚焦的飞秒激光在石英玻璃中的能流密度分布

模拟参数取自实验参数和文献报道的物质参数

另外，实验中他们还观测了相同脉冲能量下飞秒激光紧聚焦到样品表面以下 300 μm 时点串结构的顶视图，如图 17.20 所示。从图上可以看到，自组织点串结构的顶视图显示出两个同心圆结构。为了便于比较，图 17.21 给出了相应的能流密度的横截面分布的数值模拟结果。模拟给出的激光能流密度呈同心圆环状的分布，与给出的同心圆环状结构吻合得相当好。这一结果说明，他们的模型的确能够较好地解释实验结果。

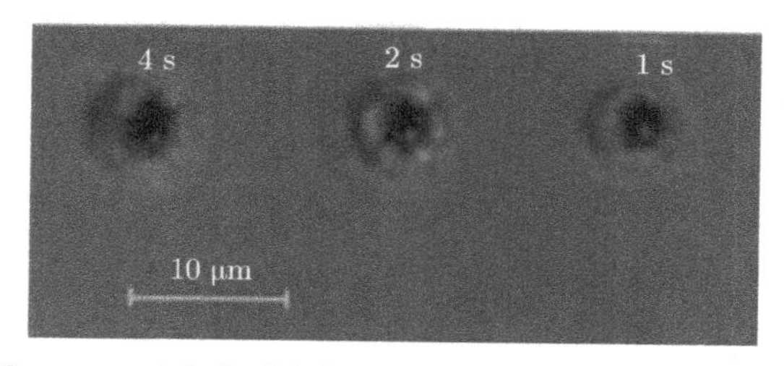

图 17.20　自组织准周期点串结构的光学显微镜顶视图

实验参数：显微物镜 $NA = 0.9$；激光脉冲能量 50 μJ；聚焦深度 300 μm；辐照时间 4 s，2 s 和 1 s

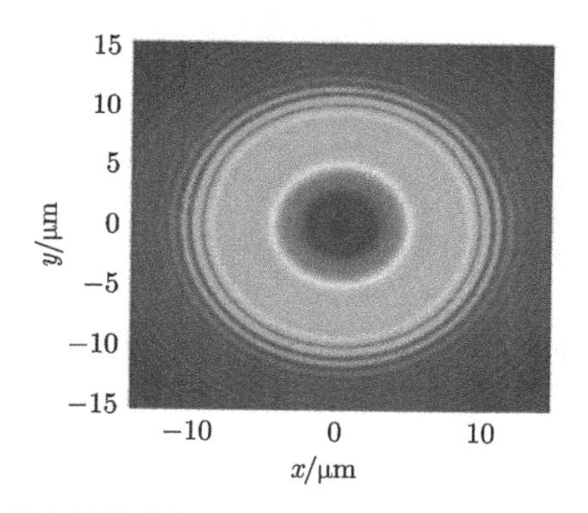

图 17.21　数值模拟给出的飞秒激光紧聚焦在样品表面以下 300 μm 时的激光能流密度横向分布图

从上节的理论模型可以看出，在模拟过程中，既考虑了界面引起的球差效应，又考虑了飞秒激光的非线性传输中的各种非线性效应 (如克尔自聚焦、等离子体散焦、等离子体吸收和多光子吸收)。为了进一步确认非线性效应和球差到底哪个在该结构形成过程中起到关键作用，取模拟参数为图 17.19 中的实验参数，我们比较了既有球差又有非线性效应情况下的模拟结果和只有球差没有非线性效应的模拟结果，如图 17.22 所示。很明显，由于多光子吸收和等离子体吸收两种非线性效应削弱了激光脉冲能量，因此球差和非线性均考虑的情况下的能流密度分布图中的峰–峰对比度比只考虑球差不考虑非线性效应情况下的峰–峰对比度要小很多。尽管克尔自聚焦和等离子体散焦效应在高数值孔径导致的超强峰值光强环境下应该非常显著，但是图 17.22 表明，这两种非线性效应基本不改变只考虑球差情况下的能流分布的总体形貌。因此，他们认为，空气和样品的折射率不匹配引起的界面球差才是紧聚焦飞秒激光诱导自组织准周期点串结构形成的主要原因。非常有希望通过调整球差的大小来控制自组织准周期点串的生长。

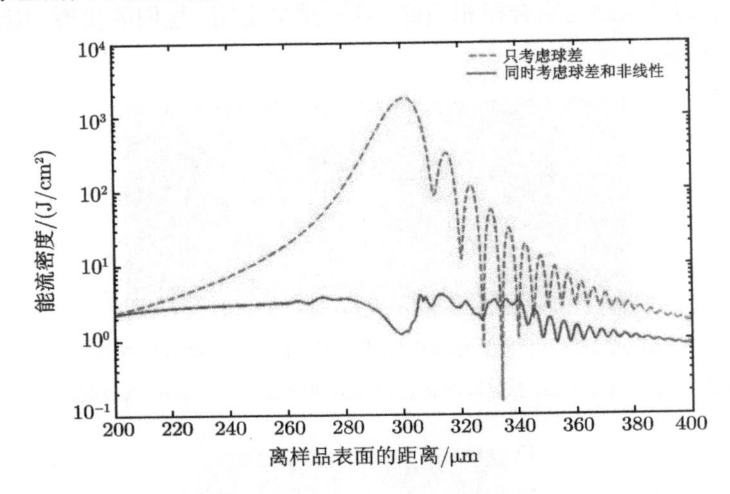

图 17.22 球差和非线性效应均考虑的情况和只考虑球差不考虑非线性情况下的轴上能流密度对比图 (半对数图)

模拟参数与实验参数一致

利用这种理论模型还详细分析了自组装孔洞结构制备过程中的一些特殊现象。比如前面提及的干透镜和不加油油浸透镜情况下出现的孔洞逆向排列现象。分析表明，只有在浸油下才能保证入射光束为同心光束，为此引入假象油层，即脉冲相当于穿过油、空气和样品组成的三介质双界面情况，如图 17.23(a) 所示；而对入射同心会

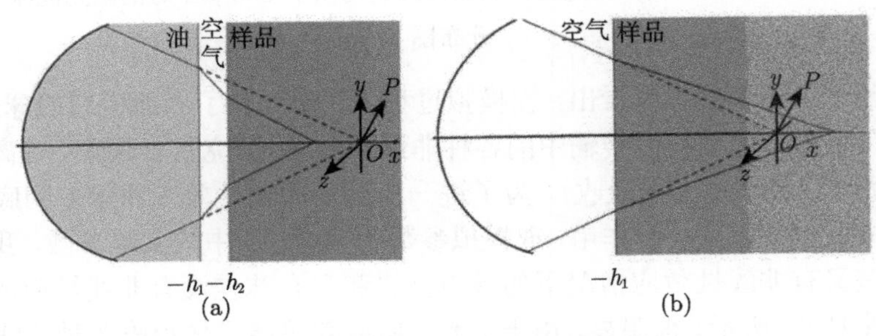

图 17.23 光穿过分层介质的模型

(a) 油浸物镜不加油；(b) 干物镜

聚光束，干透镜聚焦飞秒激光，相当于脉冲穿过空气和样品组成的双介质单界面情况，见图 17.23(b)。考虑这样两种不同的界面情况，结合非线性薛定谔传输方程获得的样品中光场的二维能流密度分布情况如图 17.24 所示。很显然，模拟得到的能流密度分布规律在两种情况下的确发生了逆向反转，这与图中的实验结果具有较好的吻合。这些理论分析表明，正是由于界面情况不同才引起自组装孔洞结构的微观形貌发生了变化。这进一步验证了我们的机理。

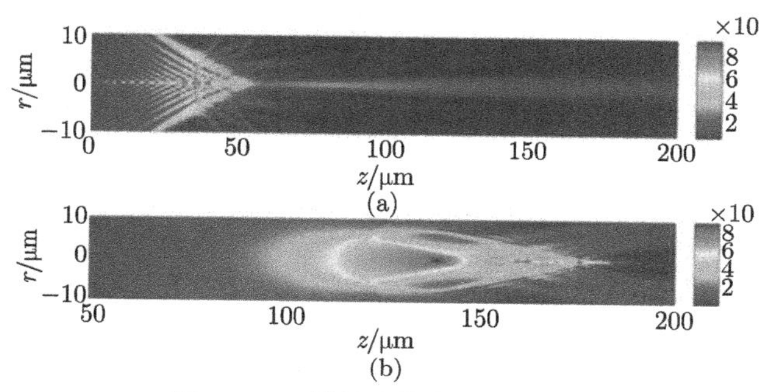

图 17.24　模拟出的激光能流密度

(a) 油浸物镜不加油情况；(b) 干物镜情况

采用同样的分析方法，也可以对前面提到的油浸物镜滴加不同浸润液体情况下得到的不同孔洞结构形貌进行解释。同样，由于所采用的油浸物镜标配的浸油为折射率为 1.515 的香柏油，因此，当滴加折射率为 1.33 的水时，为使入射光束具有同心性以保证 Török 界面球差理论的适用性，脉冲相当于穿过香柏油/水/石英样品的界面，如图 17.25(a) 所示；而当在油浸物镜和样品之间滴加折射率为 1.658 的 1- 溴代萘时，脉冲相当于穿过香柏油/1- 溴代萘/石英样品的界面，如图 17.25(b) 所示。图 17.26 是根据模型得到的模拟结果，模拟得到的激光传输轴上的光强分布与实验得到的显微结构具有较好的相似性。可见，即便是介质数目相同，只要改变介质折射率，同样可以获得形貌显著不同的自组装孔洞结构。

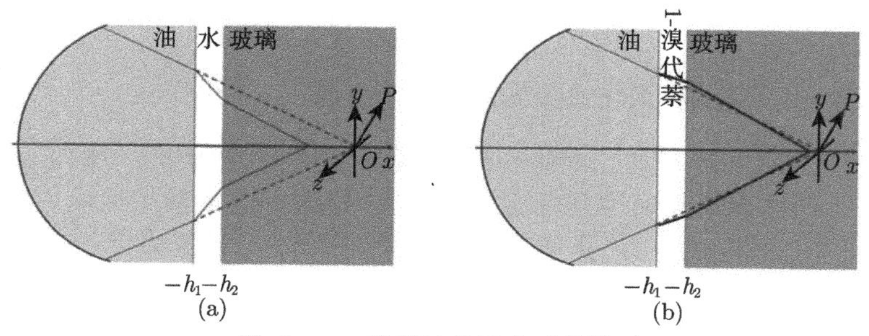

图 17.25　光穿过分层介质的模型

(a) 油浸物镜不加油加水；(b) 油浸物镜不加油加 1- 溴代萘

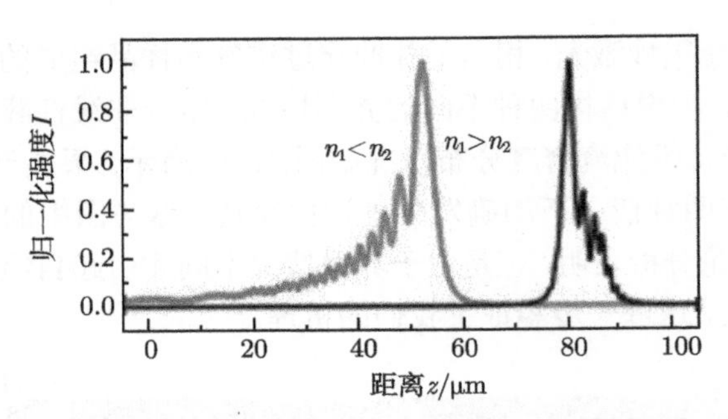

图 17.26 在油浸物镜 (n_1=1.515) 与样品 (n_3=1.508) 之间添加不同浸润液体情况下轴上归一化激光强度

(a) 加水 (n_2=1.33); (b) 加 1-溴代萘 (n_2=1.658)

综上所述，将界面球差引入到飞秒激光与材料的非线性相互作用的理论框架中来，能较好地解释飞秒激光诱导自组装孔洞结构的一些有趣的实验现象。究其本质，在所有具体模型中，非线性效应的考虑因素都是一致的，区别仅在于不同实验条件下界面情况不同。因此，界面球差确实在自组装孔洞结构形成中占有主导地位。按照 Török 界面球差理论，决定电磁场分布形式的关键在于球差函数：

$$\psi=\sum_{j=1}^{N-1}h_j(n_{j+1}\cos\theta_{j+1}-n_j\cos\theta_j)$$

其中，$N-1$ 表示 N 层介质的共 $N-1$ 个界面，n_{j+1} 和 n_j 代表第 j 界面两侧的折射率值，θ_{j+1} 和 θ_j 代表第 j 界面上的光线入射角和折射角，h_j 代表第 j 界面在光轴上相对于入射会聚光束的同心点的位置。我们已经以上面的一系列实验和近似的数值模拟证实了界面调控会影响球差函数的具体形式，进而会影响自组装孔洞结构的形貌特征。未来有希望进一步以球差函数为切入点，设计更加新颖的界面形式来调控自组装孔洞的周期特征。

17.5 飞秒激光诱导周期性孔洞结构的应用

17.5.1 周期性孔洞结构用作涡旋光束阵列产生器

近几年，涡旋光束由于在囚禁和操控原子及其他微粒中的应用而引起了不少关注和研究。所谓涡旋光束即具有连续螺旋状相位的光束，换句话说，光束的波阵面既不是平面也不是球面，而是像旋涡状，具有奇异性。涡旋光束具有柱对称的传播性质，此种光束的漩涡中心是一个暗核，在此光强小时，在其传播过程中也保持中心光强为零。涡旋光束的相位波前成螺旋形分布，所以波矢量有方位项，且其绕着涡旋中心旋转，而正是因为这个旋转，光波携带了轨道角动量。如何从一个高斯基模变换到涡旋光束，已经提出了许多方法，比如，在腔内放螺旋相位片和用柱面镜或楔形镜可产生光学涡旋。

2006 年，Beresna 等[33] 利用上面介绍的高斯光束紧聚焦法也在石英玻璃中加工了周期性孔洞结构。他们采用的激光光源为一台 Yb: KGW 的锁模再生放大器，该系统以 200 kHz 的重复频率发射中心波长为 1030 nm、脉宽为 270 fs 的飞秒激光脉冲。将激光功率为 325 mW 的飞秒激光束首先转变成圆偏振光，然后利用 100 倍 (NA=0.7) 的显微物镜聚焦在石英玻璃表面以下 60 μm 处。当辐照脉冲数比较少时，得到的微结构形貌如图 17.27 所示，微结构形貌与上面提到的周期性孔洞结构特征基本一致，都表现为沿着激光传输方向的一列均匀分布的孔洞；但当脉冲数增多时，只留下微结构顶部的一个大孔洞，其他小孔洞都被擦除并被转变成熔融状烧蚀痕迹。微结构形貌随脉冲数的较大变化主要可能归结于高重复频率激光脉冲的累积效应、孵化效应以及热效应。在这项研究中，他们还采用了 Abrio 双折射观测测量系统对周期孔洞微结构的侧面和顶面进行了观测，发现了一个有趣的现象：Abrio 双折射观测测量系统中以圆偏振光为显微镜观测系统的照明光源时，观测到的周期性孔洞结构中每个孔洞里面都产生了类涡旋结构 (如图 17.28(a) 和 (c))，但观测到的涡旋中心光强并不为零，并且涡旋的手性可以通过改变照明圆偏振光的手性来调节。对于这种奇特现象的出现，他们做了如下的分析。

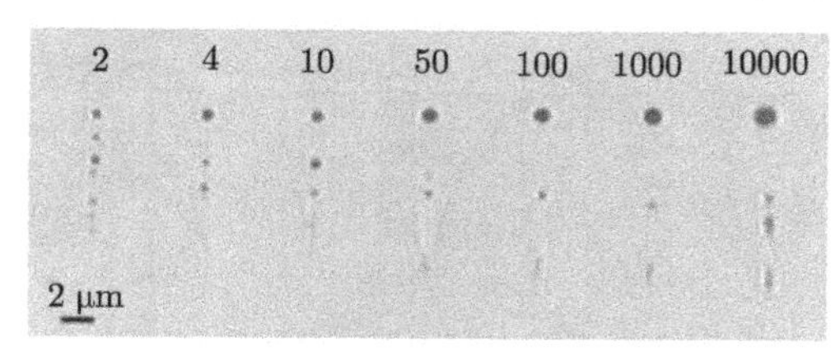

图 17.27 紧聚焦辐照诱导的微结构的侧视图

辐照脉冲个数如图顶部所示，激光是从上往下传输的

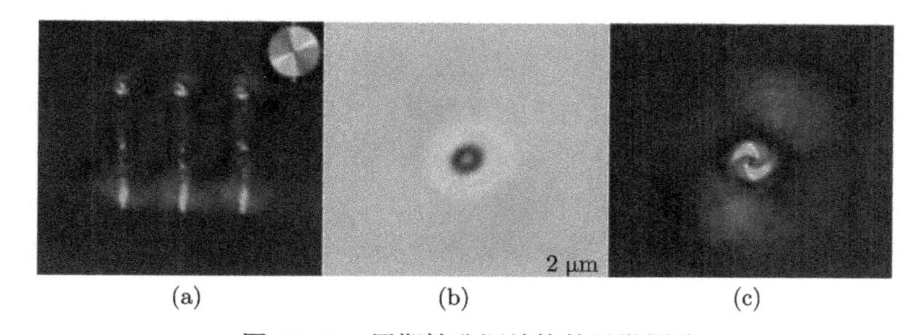

图 17.28 周期性孔洞结构的显微图片

(a)Abrio 双折射测量系统观测到的周期性孔洞侧视图；(b) 普通光学显微镜观测到的周期性孔洞结构的顶视图；(c) Abrio 双折射测量系统观测到的周期性孔洞顶视图

根据光学原理中菲涅尔公式的基本知识，自然光入射到界面上时，透射光为部

分偏振光 (平行于入射面的光振动占优势)。相似的，圆偏振光入射到界面上时，透射光也为部分偏振光 (平行于入射面的光振动占优势)。那么当一个圆偏振平面波从某种均匀介质垂直入射到另外一种介质构成的小球上时，由于光在界面上的截面形状为球冠，则入射光在小球表面引起的差分反射会导致入射圆偏振光变成径向偏振光 (图 17.29(a) 中虚线圆的径向)。根据光学原理，径向偏振器可用琼斯矩阵表达为

$$\boldsymbol{M}=\begin{pmatrix}\cos^2\phi & \cos\phi\sin\phi\\ \cos\phi\sin\phi & \sin^2\phi\end{pmatrix}$$

而左旋圆偏振光用琼斯矩阵表达为 $\boldsymbol{E}_0\begin{pmatrix}1\\ i\end{pmatrix}$

则圆偏振光通过径向偏振器后转变成 $E_{\text{linear}}=\boldsymbol{M}\cdot E_{\text{in}}=\dfrac{1}{2}\boldsymbol{E}_0\mathrm{e}^{\mathrm{i}2\phi}\begin{pmatrix}1\\ -i\end{pmatrix}+\dfrac{1}{2}\boldsymbol{E}_0\begin{pmatrix}1\\ i\end{pmatrix}$

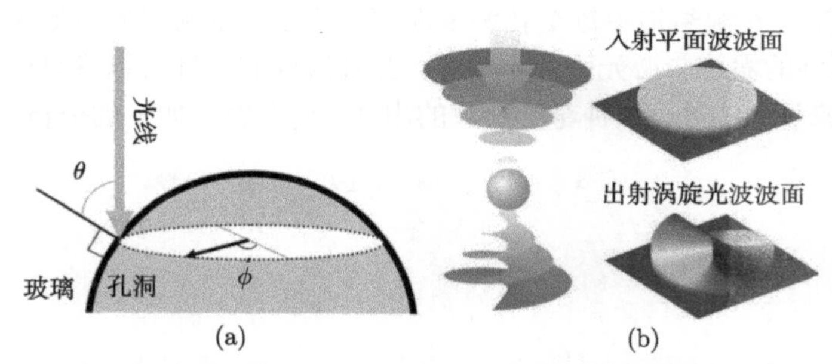

图 17.29　光入射到一个各向同性球体上 (a) 光入射到玻璃基体内一个微孔洞上的示意图，(b) 圆偏振平面光经过球体界面后被转变成涡旋光束

从上式可知，从径向偏振器出来的光由两部分组成，一部分为光学轨道角动量为 $l=2\hbar$ 的右旋圆偏振涡旋光束，另一部分为左旋圆偏振平面光束。这两部分光的混合效果形成了他们实验上观测到的中心不为零的光学涡旋现象。从上述分析可知，圆偏振平面光经过球体后一部分转变为圆偏振涡旋光了，如图 17.29(b) 所示。

为了让观测得到的光学涡旋特征更明显，即只让前一部分涡旋光束成分出现而让平面光被滤掉，他们采用了以下改进的观测方案，如图 17.30 所示。使这两种成分的混合光再通过一个四分之一波片，则前者转换成线偏振涡旋光束，后者转换成线偏振平面光，但两者的偏振方向互相垂直。此时如在光路的最后加上一个偏振片，使其透振方向与涡旋光束偏振方向一致，则第二部分的线偏振平面光则无法通过偏振片。因此最终从偏振片出来的光是线偏振的涡旋光束。用这种光路观测得到的微孔洞内的光学涡旋如图 17.31 所示。

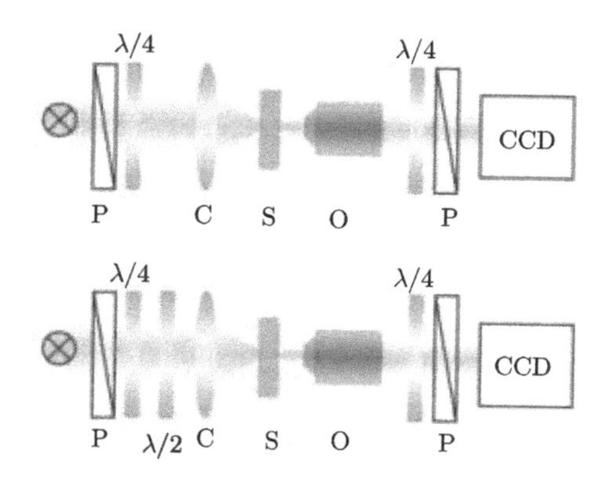

图 17.30 改进的涡旋光束观测装置

P 表示偏振片，C 表示聚焦透镜，S 表示样品，O 表示物镜

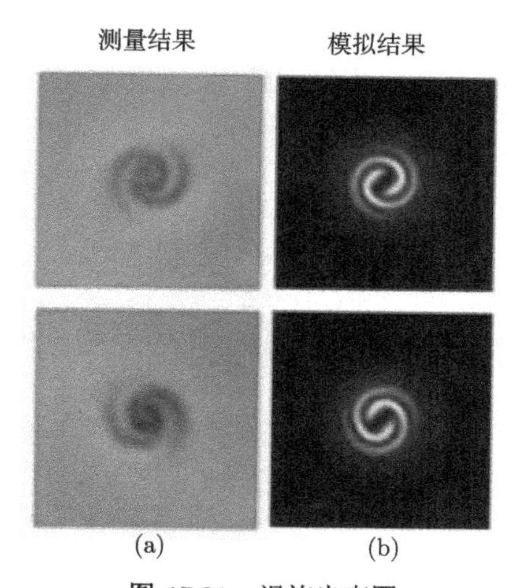

图 17.31 涡旋光束图

(a) 用改进装置观测到的涡旋光束；(b) 根据理论计算得到的涡旋光束

17.5.2 利用类周期性孔洞结构制备光波导以及光波导阵列

2007 年，Méndez 等[34] 采用数值孔径 NA=0.3 的显微物镜，将脉冲能量 26 μJ、脉宽 120 fs、中心波长 800 nm 的激光聚焦在石英玻璃表面以下 750 μm 处，静态辐照一段时间，得到的显微结构侧视图如图 17.32 所示。微结构是由沿着激光传输方向上的两部分组成，靠近激光入射端的是微弱折射率改变区域；远离激光入射端的是类孔洞阵列结构。因此，当他们沿与激光传输轴垂直的方向以 35 μm/s 的速度移动样品台，刻写的直线其实是一个烧蚀平面。然后每间隔 30 μm 重复上述扫描，刻画出一组平行面阵。然后将样品旋转 90°，重复以上操控 (图 17.33)。最终获得的微结构为

两组垂直面交叉形成的立方网格结构，如图 17.34 所示。他们采用标准的端部耦合方法将 632 nm 的 He-Ne 激光耦合到波导阵列当中，耦合方案如图 17.35(a) 所示，测试时可将 632 nm 激光耦合至某个单独网格波导中进行测试。导光性能的测试结果示意图见图 17.35(b)，可导光的区域有三种微区：第一种是被垂直方向孔洞结构所截断的折射率改变区域 (RIM-VLD)，该微区测试结果见图 17.36(a) 所示；第二种是折

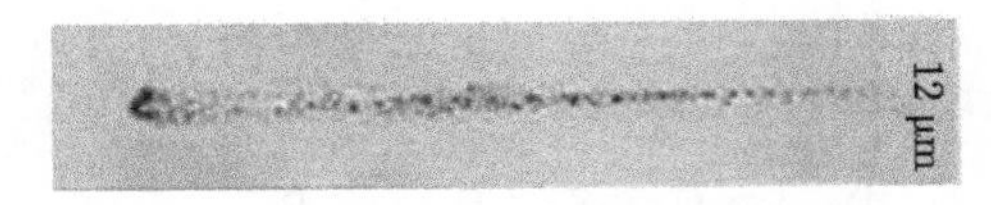

图 17.32　脉冲能量为 26 μJ 的激光聚焦在石英玻璃表面以下 750 μm 获得的微结构侧视图

激光传输方向从左向右

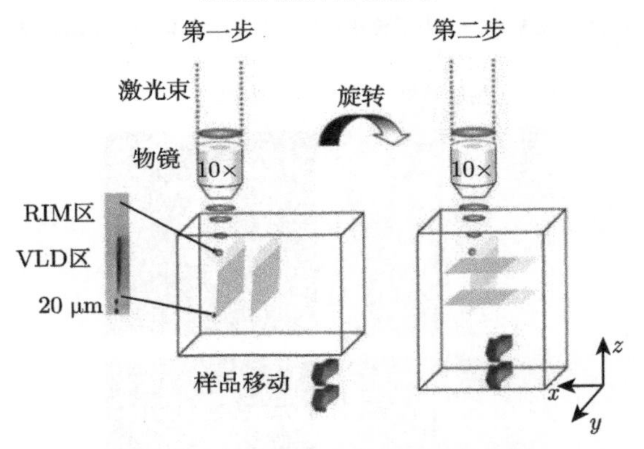

图 17.33　网格阵列结构的激光刻写方法示意图

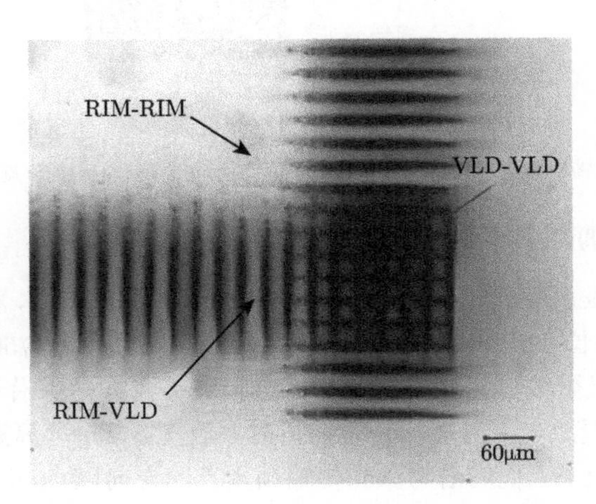

图 17.34　石英玻璃中写入的阵列结构显微图

不同区域根据特征相应标记为 VLD-VLD 区、RIM-VLD 区、RIM-RIM 区

射率改变区与孔洞结构区的连接区 (VLD-RIM joining)；第三种是被四面孔洞结构所包围的微区 (VLD-VLD)，该微区测试结果如图 17.36(b) 所示。在这三种微区中，虽然第三种 VLD-VLD 微区导光的传输损耗达到了 6 dB/cm，比前两种的传输损耗 1.2~1.5 dB/cm 大了不少，但前两种导光区在 600°C 下加热 60 min 后完全无法进行光传输，而 VLD-VLD 微区的传输损耗反而降低了 15%，说明 VLD-VLD 微区的导光性能具有很好的热稳定性。这种优势使得图中由 VLD-VLD 微区组成的网格结构非常有希望用作紧凑的分束器、功率分割器等光学器件，还可用于研究非线性光学波导中的空间光子学问题。

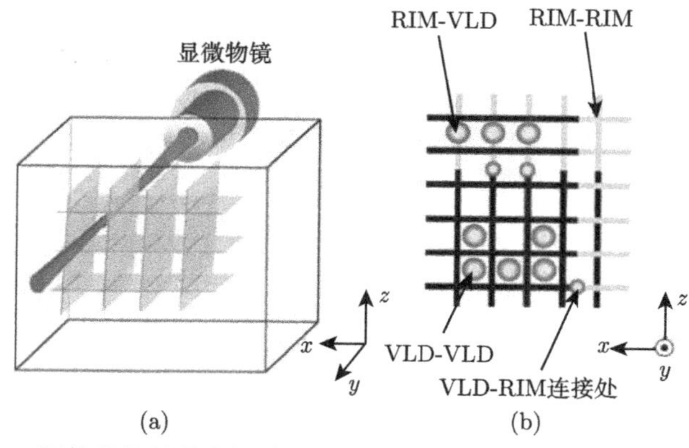

图 17.35 网格结构的导光测试方法 (a) 及网格结构可导光区域示意图 (b)

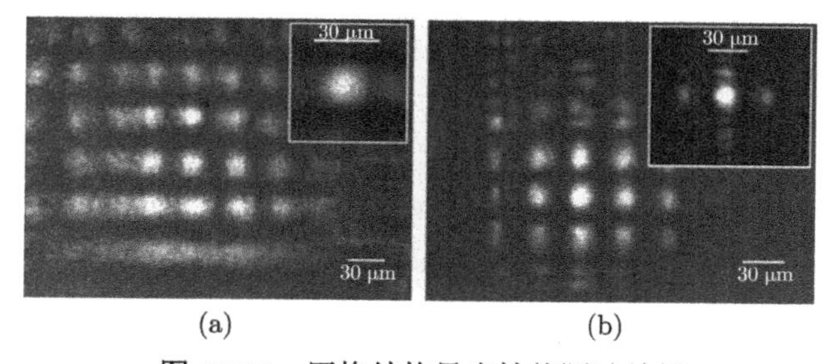

图 17.36 网格结构导光性能测试结果

(a) 632 nm 的 He-Ne 光耦合到被垂直方向孔洞结构所截断的折射率改变区域 (RIM-VLD)；(b)632 nm 的 He-Ne 光耦合到被四侧孔洞结构围成的微区 (VLD-VLD)

17.5.3 利用周期性孔洞结构制备衍射光栅

2011 年，Wang 等[35] 采用高斯光束紧聚焦方法制备微结构时，发现即便单个激光脉冲也能在激光传输方向产生周期性孔洞结构。这一发现不仅打破了我们对周期性孔洞形成需要脉冲累积效应的传统认识、有助于人们探索其更根本的形成机理，而且为人们高效快速制备光子晶体、光学衍射器件、三维光存储位等提供了一种新方法。在实验中他们就展示了用这种单脉冲效应快速制备衍射光栅。他们沿着与激光传输轴垂直的方向移动样品台，当速度足够高使移动速度与相邻脉冲时间间隔的乘积大于单脉冲诱导的烧蚀区的直径时，在扫描方向刻写出的不是连续的直线而是离散的孔洞结构，孔洞之间的间距取决于扫描速度，而在激光传输方向上则由于单脉冲诱导自发形成了周期性孔洞结构。采用这种高速线扫描方法，在垂直于激光传输轴的平面上 1 cm×1 cm 的面积内以 10 mm/s 的速度刻写一组平行直线，设置线间距为单条直线内相邻孔洞间距，获得了图 17.37 所示的三维的孔洞阵列结构，耗费的时间仅不足 5 min。他们用 632.8 nm 的 He-Ne 激光对三维孔洞阵列的衍射性能进行了测试，测试时激光垂直入射到刻写的平行线所在的平面上，测试的结果如图 17.38 所示。样品平台扫描时定位精度的原因导致了孔洞在线扫描方向上排列得不够整齐，因此本应表现为二维光栅的衍射图案最终却表现为一维光栅的衍射效果。尽管这样，只要改进平台提高平台移动精度和定位精度，以自组装孔洞结构为基本单元快速制备三维衍射光学元件是值得探索的一项高效加工技术，可成百甚至上千倍地提高加工速率。利用周期性孔洞结构可一步制备多个微通道[36]。

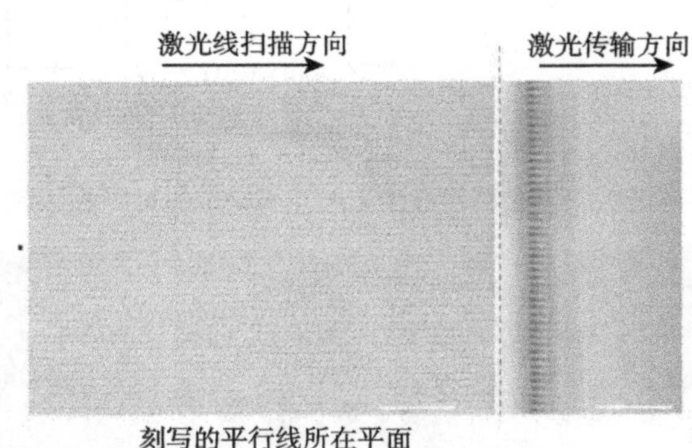

图 17.37　三维孔洞阵列结构的显微图

顶视图 (左)；侧视图 (右)

图 17.38　632 nm 的 He-Ne 激光垂直入射到三维孔洞阵列上，测试得到的衍射图案

目前已报道的周期性孔洞结构多数是在透明材料内诱导的。2010 年，Li 等发现，利用高斯光束紧聚焦方法，对 800 nm 红外飞秒激光具有高度线性吸收效率的

硅片内部也可制备出沿着激光传输方向排列的周期性孔洞结构。当沿着垂直于激光传输方向移动样品时，相邻周期性孔洞自发连通形成多个微通道，刻写装置如图 17.39 所示。由于硅片具有不透明特性，因此其内部微通道的贯通性无法采用注射液体法验证，而是通过抛光硅片侧面至任意位置时都可观测到多个微通道截面来确认的，如图 17.40 所示。这种微通道在微流体领域具有广泛应用。硅材料本身是电子工业最常用的半导体材料，因此，将这种方法与传统的半导体加工工艺结合起来，可用于构建集成微流体功能和微电子功能的芯片实验室。

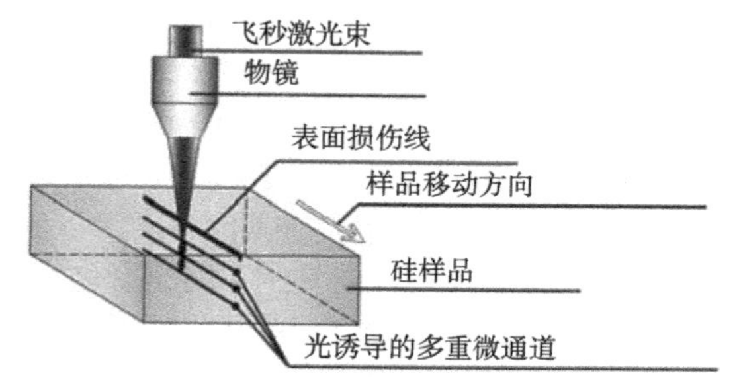

图 17.39 单线扫描制备多通道示意图

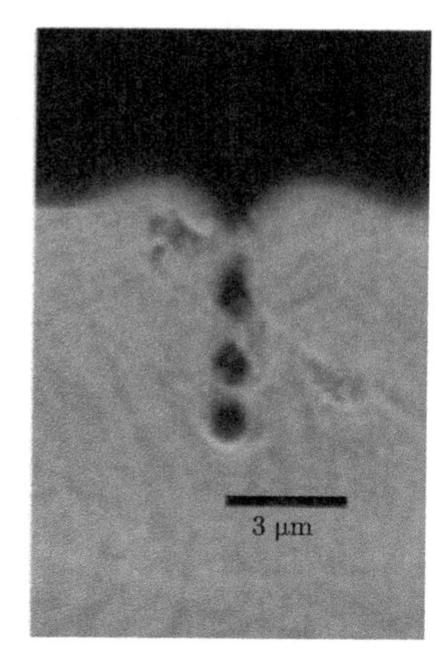

图 17.40 2.5 mW 功率下硅片中诱导的多通道结构的抛光剖面侧视图

17.5.4 利用周期性孔洞结构制备条纹取向可控的自组织微光栅

利用高斯光束紧聚焦法诱导的周期性孔洞结构已经在刻写硅片内部多微通道中发挥了作用，刻写的微通道与激光扫描方向平行且垂直于激光传输方向。设想将沿着垂直于激光轴的方向线扫描应用到透明材料中，是否也可以诱导垂直于激光传输轴的微条纹阵列呢？Song 等在 $SrTiO_3$ 晶体中做了尝试，证实的确可以制备类似微光栅的微条纹阵列结构，但是条纹取向却超乎意外。实验中，用 $NA=0.9$ 的显微物镜将脉冲能量为 45 μJ、重复频率为 1 kHz 的飞秒激光紧聚焦在样品表面以下 200 μm 处，沿着垂直于激光传播方向的 y 轴以 200 μm/s 的速度扫描激光焦点。典型微结构的光学显微镜照片如图 17.41 所示。图中的激光传输方向从左向右，激光焦点从下往上扫描。从图中可以看出，单束飞秒激光沿垂直于激光传输方向的直线进行一维扫描确实诱导出条纹方向近似垂直于激光传输方向的二维自组织微光栅结构。进一步研究发现，调节扫描速度分别为 300 μm/s, 250 μm/s, 200 μm/s, 150 μm/s, 100 μm/s 和 50 μm/s 时，诱导的自组装微光栅结构如图 17.42 所示。图中的插图展示了表征光栅结构的方法，其中，S 表示激光焦点扫描方向，g 表示光栅条纹方向，θ 代表激光扫描方向和条纹方向的夹角。定义当光栅条纹方向矢 g 位于扫描方向矢 S 的左边时 θ 为正，反之为负。从图 17.42 可以清楚地看到，随着激光焦点扫描速度的减小，微光栅条纹的取向发生了明显变化，夹角 θ 渐渐从负值变化为正值。有趣的是，在某个临界扫描速度下，角度 θ 接近于 0，即微光栅的条纹沿着激光扫描的方向生长。为了进一步确认条纹方向随着扫描速度的变化是一个本质的物理现象而不是三维电动平台移动误差引起的假象，他们做了另外一组实验，即在固定激光焦点扫描速度为 80 μm/s 的情况下研究激光脉冲重复频率的改变对微光栅结构的影响，实验上采用的激光脉冲能量为 45 μJ，激光聚焦深度仍然为表面以下 200 μm，激光脉冲重复频率分别为 166 Hz, 333 Hz 和 500 Hz，实验结果如图 17.43 所示。从图中可以看出，尽管三种情况下激光扫描速度保持不变，但飞秒激光诱导的自组织微光栅的条纹角度随着脉冲重复频率的变化有了明显不同。总之，这两组实验发现，自组织微光栅条纹的方向本质上是随着单位扫描长度上辐照脉冲个数的不同而改变的。根据 Watanabe 等对多脉冲持续静态辐照某个固定位置可诱导微孔洞的位移现象的解释，我们提出了类似的机理来解释这种微光栅的条纹倾斜现象及其条纹变化情况。

此外，将脉冲能量 50 μJ 的激光紧聚焦在 $SrTiO_3$ 晶体表面下 100 μm，沿垂直于激光传输方向扫描诱导自组装微光栅结构时候，发现这种方法诱导的自组装微

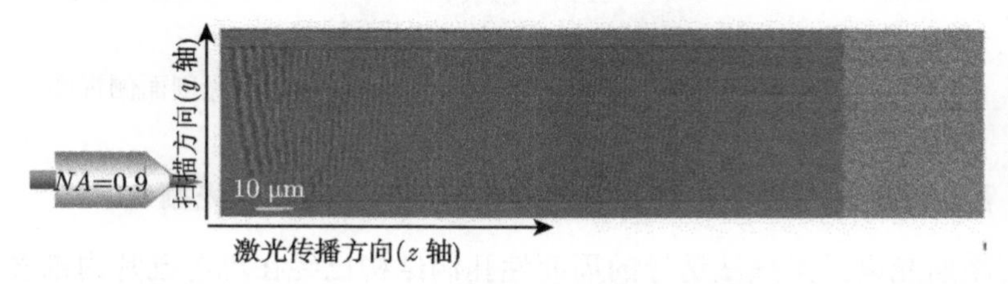

图 17.41　飞秒激光一维直写诱导的自组织微光栅结构的典型光学显微镜照片

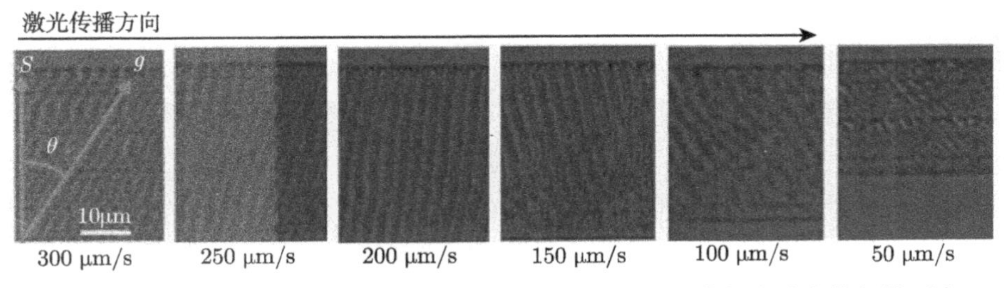

图 17.42 激光焦点扫描速度对自组织光栅结构的影响 (其他实验参数保持不变)

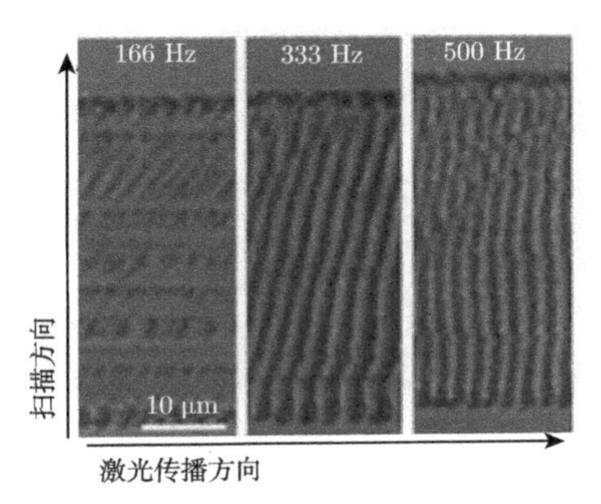

图 17.43 激光焦点扫描速度固定为 80 μm/s 情况下微光栅结构随激光脉冲重复频率的变化

光栅的条纹取向还与辐照线偏振激光的偏振方位角有关，如图 17.44 所示。显然，所有偏振态下诱导的微结构侧面都显示为具有倾斜条纹的准规则的自组装微光栅结构，条纹取向角仍以竖直方向为基准。有趣的是，随着偏振方位角的增加，微光栅的条纹取向似乎倾斜得更厉害、条纹周期也更细小。我们还采用对图像进行二维傅里叶变换的方法对条纹取向的变化做了定量分析，变换得到的频域图像和相应的定量分析结果分别见图 17.45 和表 17.1。可见，每个微光栅对应的频域图都含有两个空间频率矢 ($\boldsymbol{G}_x$, $\boldsymbol{G}_y$)，沿着激光传输方向分别对应微光栅的头部、中部和尾部的空间变化情况 (频率矢量大小对应着条纹的间距，频率矢量的方向对应着条纹取向角 θ)。对任一微光栅而言，从头部到尾部，空间频率矢量 ($\boldsymbol{G}_z$, $\boldsymbol{G}_y$) 的方向大致上是绕着零频率点发生了逆时针方向旋转，表明条纹取向角 θ 的绝对值缓慢增大；而频率矢量的大小则明显增大，表明条纹间距明显减小。重点比较 0°, 45°, 90° 偏振方位角情况下的频域图发现，总体而言，微光栅头部、中部、尾部中任一部位对应的空间频率矢量的方向基本上都随着偏振方位角的增加而绕着零频率点发生了逆时针旋转，而频率矢量大小则都随着偏振方位角的增加而减小。也就是说，偏振方位角越大，微光栅条纹的取向角 θ 的绝对值就越大，条纹间距就越小。可以推测，这种偏振方位角不同引起的微光栅形貌的变化，可能是由于激光偏振方向与脉冲强度前倾的相对方位不同引起的。

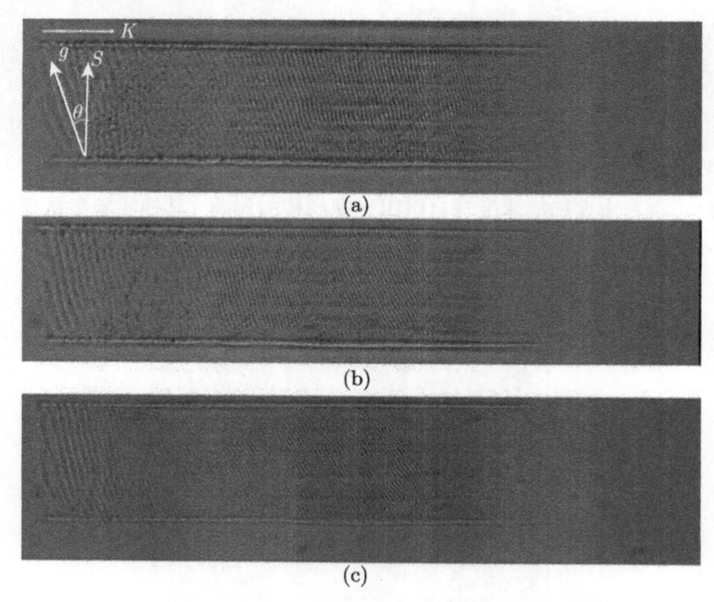

图 17.44　$SrTiO_3$ 晶体中不同方位角线偏振光诱导的自组装微光栅的显微图片

(a) 方位角 0°(度对应激光器原始偏振)；(b) 方位角 45°；(c) 方位角 90°

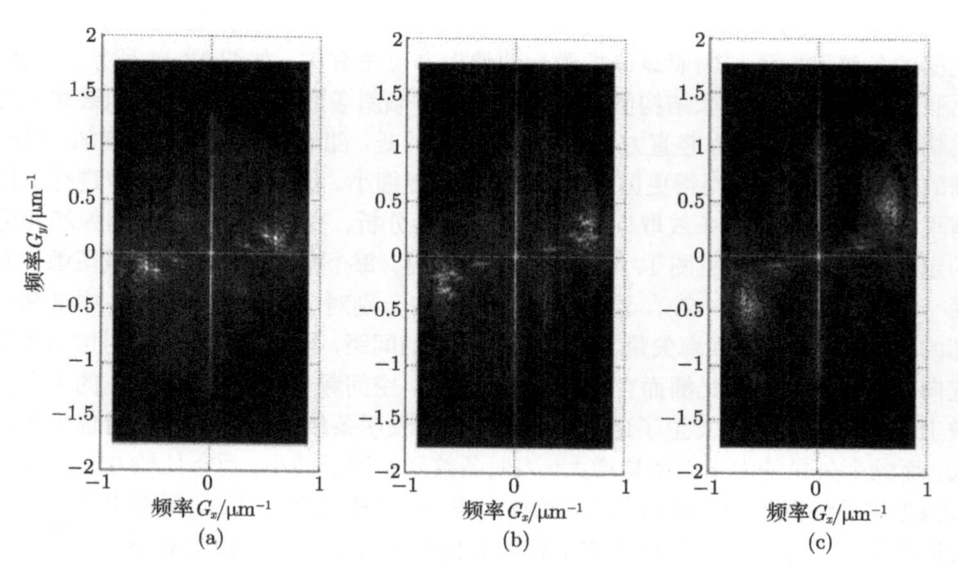

图 17.45　用二维傅里叶变换方法分析图 17.44 获得的频域图像

(a) 方位角 0°；(b) 方位角 45°；(c) 方位角 90°

表 17.1 对图 17.45 进行定量分析得到的微光栅周期特征参量

	空间频率矢 $(\boldsymbol{G}_x, \boldsymbol{G}_y)$	方位角 θ	空间频率 $/\mu m^{-1}$	周期 $/\mu m$	微光栅的部位
(a)	$(-0.32, 0.08)$	14.0°	0.33	3.03	左
	$(-0.49, 0.18)$	20.1°	0.52	1.92	中间
	$(-0.58, 0.15)$	14.5°	0.60	1.67	右
(b)	$(-0.31, 0.09)$	14.4°	0.32	3.12	左
	$(-0.56, 0.16)$	15.9°	0.58	1.72	中间
	$(-0.63, 0.33)$	27.6°	0.71	1.41	右
(c)	$(-0.36, 0.10)$	15.9°	0.36	2.75	左
	$(-0.66, 0.49)$	32.0°	0.78	1.26	中间
	$(-0.67, 0.42)$	36.5°	0.82	1.22	右

与传统的微光栅制备技术飞秒激光焦点逐线扫描法和双光束干涉法相比，上述方法具有加工效率高、实验方法简单和技术要求低的特点。在实验中还发现，通过延长激光焦点的扫描长度，用这种方法很容易制作大面积的微光栅结构，这种现象为高速加工大面积微光栅提供了新的思路。

17.6 小结和展望

紧聚焦飞秒激光于透明介质内部一定深度处，固定焦点静态辐照后可诱导自组织周期性孔洞结构，是飞秒激光与材料相互作用领域一个有趣的物理现象。由于这种结构本身具有一维周期结构，仅需结合平台的一维和二维运动，就可实现二维和三维大面积周期结构的快速制备，因此其在三维光学存储、微流体器件及微光学元件制备等方面有着潜在的应用前景。从目前的研究现状来看，这个研究方向虽然已经取得了一些进展，但是，无论从形成机理方面还是从调控技术方面都还有很多探索的空间。就机理而言，尽管我们提出的界面球差模型解释了一些孔洞排列形式变化的现象，但是由于界面球差理论主要只取决于光传输路径上的介质的折射率和介质的厚度，理论上将飞秒激光聚焦在相同折射率的样品中的相同深度应该具有近似的孔洞周期，但是实验发现相同折射率的样品中形成的结构在周期上还可能有较大的差别，所以具体是什么物理参数或者物理效应导致了这种差异性还需要通过实验加以验证，也许界面球差模型还需要进一步的补充和修正。此外，孔洞结构的形成到底是单脉冲即可诱导还是需要多脉冲累积，实验方面的证据还不是很充分，只有通过高速摄像机实时观测并捕捉到孔洞的形成过程才更有说服力。在调控技术方面，重点要发展孔洞尺寸和孔洞周期均一化技术，以便这种周期结构更具实用性。可能发展的调控手段包括：对光束整形改变光束在横截面上的光强分布和采用空间光调制器对横截面上光场的相位进行精密调控。

参 考 文 献

[1] Schaffer C B, Brodeur A, García J F, et al. Micromachining bulk glass by use of femtosecond laser pulses with nanojoule energy[J]. Opt. Lett., 2001, 26(2): 93-95.

[2] Yamada K, Watanabe W, Toma T, et al. Changes in filaments formed in glasses by femtosecond laser pulses[J]. Opt. Lett., 2001, 26(1): 19-21.

[3] Efimov O M, Gabel K, Garnov S V, et al. Color-center generation in silicate glasses exposed to infrared femtosecond pulses[J]. J. Opt. Soc. Am. B, 1998, 15(1): 193-199.

[4] Watanabe W, Toma T, Yamada Y, et al. Optical seizing and merging of voids in silica glass with infrared femtosecond laser pulses[J]. Opt. Lett., 2000, 25(22): 1669-1672.

[5] Kanehira S, Miura K, Fujita K, et al. Optically produced cross patterning based on local dislocations inside MgO single crystals[J]. Appl. Phys. Lett., 2007, 90: 163310.

[6] Shimotsuma T, Kazansky P G, Qiu J, et al. Self-organized nanogratings in glass irradiated by ultrashort light pulses[J]. Phys. Rev. Lett., 2003, 91: 247405.

[7] Zhou G, Gu M. Direct optical fabrication of three-dimensional photonic crystals in a high refractive index $LiNbO_3$ crystal [J].Opt. Lett., 2006,31(18): 2783-2785.

[8] Hong M H, Luk'yanchuk B, Huang S M, et al. Femtosecond laser application for high capacity optical data storage[J]. Appl. Phys. A, 2004, 76(4-6): 791-794.

[9] Watanabe W, Kuroda D, Itoh K, et al. Fabrication of fresnel zone plate embedded in silica glass by femtosecond laser pulses[J]. Opt. Express, 2002, 19(10): 978-983.

[10] Glezer E N, Mazur E. Ultrafast laser driven micro-explosions in transparent materials[J]. Appl. Phys. Lett., 1997, 71(7): 882-884.

[11] Juodkazis S, Nishimura K, Tanaka S, et al. Laser-induced microexplosion confined in the bulk of a sapphire crystal: evidence of multimegabar pressures[J]. Phys. Rev. Lett., 2006, 96,166101.

[12] Zhou G. Anisotropic properties of ultrafast laser-driven micro-explosions in lithium niobate crystal[J]. Appl. Phys. Lett., 2006, 87(24): 241107.

[13] Kuroiwa Y, Takeshima N, Narita Y, et al. Arbitrary micropatterning method in femtosecond laser microprocessing using diffractive optical elements[J]. Opt. Express, 2004, 12(9): 1908-1915.

[14] Mauclair C, Cheng G, Huot N, et al. Dynamic ultrafast laser spatial tailoring for parallel micromachining of photonic devices in transparent materials[J]. Opt. Express, X(5): 3531-3542.

[15] Gaizauskas E, Vanagas E, Jarutis V, et al. Discrete damage traces from filamentation of Bessel-Gauss pulses[J]. Opt. Lett., 2006, 31(1): 80-82.

[16] Mauclair C, Mermillod-Blondin A, Landon S, et al. Single pulse ultrafast laser imprinting of axial dot arrays in bulk glasses[J]. Opt. Lett., 2011, 36(6): 325-327.

[17] Kanehira S, Si J, Qiu J, et al. Periodic nanovoid structures via femtosecond laser irradiation[J]. Nano Lett., 2005, 5(8): 1591-1595.

[18] Toratani E, Kamata M, Obara M. Self-fabrication of void array in fused silica by femtosecond laser processing[J]. Appl. Phys. Lett., 2005, 87(X): X1103.

[19] Song J, Wang X, Xu J, et al. Microstructures induced in the bulk of $SrTiO_3$ crystal by a femtosecond laser[J]. Opt. Express, 2007, 15(5): 2341-2347.

[20] Hu X, Dai Y, Yang L, et al. Self-formation of quasiperiodic void structure in CaF_2 induced by femtosecond laser irradiation[J]. J. Appl. Phys., 2007, 101(2): 023112.

[21] Hu X, Song J, Zhou Q, et al. Self-formation of void femtosecond array in Al_2O_3 crystal by laser irradiation[J]. Chin. Phys. Lett., 2008, 6(5): 1-3.

[22] Hu X, Qian B, Zhang P, et al. Self-formed microvoid array perpendicular to the femtosecond laser propagation direction in CaF_2 crystals[J]. Laser Phys. Lett., 2008, 5(5): 394-397.

[23] Song J, Luo F, Hu X, et al. Mechanism of femtosecond laser inducing inverted microstructures by employing different types of objective lens[J]. J. Phys. D: Appl. Phys., 2011, 44: 495402.

[24] Luo F, Song J, Hu X, et al. Femtosecond laser-induced inverted microstructures inside glasses by tuning refractive index of objective's immersion liquid[J]. Opt. Lett., 2011, 36(11): 2125-2127.

[25] Wu Z, Jiang H, Luo L, et al. Multiple foci and a long filament observed with focused femtosecond pulse propagation in fused silica[J]. Opt. Lett., 2005, 27(6): 448-450.

[26] Dai Y, Hu X, Song J, et al. Self-assembled quasi-periodic voids in glass induced by a tightly focused femtosecond laser[J]. Chin. Phys. Lett., 2007, 24: 1941.

[27] Sun H, Song J, Li C, et al. Standing electron plasma wave mechanism of void array formation inside glass by femtosecond laser irradiation[J]. Appl. Phys. A, 2007, 88: 285-288.

[28] Nguyen N T, Saliminia A, Liu W, et al. Optical breakdown versus filamentation in fused silica by use of femtosecond infrared laser pulses[J]. Opt. Lett., 2003, 28: 1591-1593.

[29] Schaffer C B, Brodeur A, Mazur E. Laser-induced breakdown and damage in bulk transparent materials induced by tightly focused femtosecond laser pulses[J]. Meas. Sci. Technol., 2001, 12: X84.

[30] Song J, Wang X, Hu X, et al. Formation mechanism of self-organized voids in dielectrics induced by tightly focused femtosecond laser pulses[J]. Appl. Phys. Lett., 2008, 92(9): 092904.

[31] Sudrie L, Couairon A, Franco M, et al. Femtosecond laser-induced damage and filamentary propagation in fused silica[J]. Phys. Rev. Lett., 2002, 89: 186601.

[32] Török P, Varga P. Electromagnetic diffraction of light focused through a stratified medium[J]. Appl. Opt., 1997, 36(11): 2305-2312.

[33] Beresna M, Gecevičius M, Bulgakova N M, et al. Twisting light with micro-spheres produced by ultrashort light pulses[J]. Opt. Express, 2011, 20(19): 18989-18996.

[34] Méndez C, Vázquez de Aldana J R, Torchia G A, et al. Optical waveguide arrays induced in fused silica by void-like defects using femtosecond laser pulses[J]. Appl. Phys. B, 2007, 86: 343-346.

[35] Wang X, Chen F, Yang Q, et al. Fabrication of quasi-periodic micro-voids in fused silica by single femtosecond laser pulse[J]. Appl. Phys. A, 2011, 102: 39-44.

[36] Li C, Shi X, Si J, et al. Photoinduced multiple microchannels inside silicon produced by a femtosecond laser[J]. Appl. Phys. B, 2010, 98: 377-381.

第18章 飞秒激光诱导离子重新分布

18.1 引　　言

在集成光学元器件中，如光存储器、三维立体显示、光波导激光器和光子晶体等，光学性能是一个非常重要的指标。光学玻璃作为构成光学元器件的关键材料，玻璃组分决定了它的折射率、吸收光谱和荧光光谱等许多重要参数。因此，对玻璃组分的调控可以实现不同的光功能。目前已经有一些方法可以用来改变玻璃组分，例如热处理[1]、离子注入[2] 和离子交换[3] 等。但这些方法都不能在玻璃材料内部实现空间选择性地控制玻璃微区组成。近年来，利用飞秒激光辐照在玻璃内部诱导微纳结构的方法为这一问题提供了解决方案。

飞秒激光具有超短脉冲和超高的峰值功率，当聚焦的飞秒激光被耦合进透明材料中，将会诱导产生多光子吸收、隧道电离和雪崩电离等非线性效应。而且，材料在飞秒激光的波长处只存在非线性吸收，此非线性吸收的本质导致其诱导的任何变化仅局限在激光聚焦微区。这种空间限制性结合激光束扫描或样品移动，从而能在玻璃内部实现复杂结构的三维微加工[4]。

而高重复频率 (如 250 kHz) 的飞秒激光与透明材料相互作用时所展现的独特性质，使利用高重复频率飞秒激光对透明材料微加工逐渐成为材料学和超快光学领域的一个研究热点。

当高重复频率的飞秒激光聚焦到透明材料内部时，由于激光聚焦点附近会产生明显的热积累效应，可以采用单脉冲能量相对较低的脉冲实现对材料的加工和改性，大大减少了微裂纹等激光诱导缺陷的产生。另外，高重复频率的飞秒激光由于在一定的时间内发射大量的激光脉冲，可以实现更高效率的加工。因此，在透明材料中直写入低损耗光波导、耦合器及制备光功能晶体等方面，高重复频率飞秒激光被认为是有效的加工手段[5-7]。飞秒激光辐照透明材料时，其能量会被透明材料通过多光子电离等各种非线性过程所吸收，吸收的能量通过电子与声子或声子与声子之间的碰撞将部分能量传递给晶格以热能形式释放，在辐照点附近产生很高的温度，最后通过热传导方式热能由聚焦中心向周围扩散，导致在一定范围内材料结构和性能发生改变。对 250 kHz 高重复频率的飞秒激光来说，其激光脉冲的时间间隔仅为 4 μs，而聚集中心温度通过热扩散过程降至室温所需的时间通常为 10^{-6} s 级[4]，所以，当前一飞秒激光脉冲所产生的高温还未因热扩散过程消退完全，后一个脉冲就已经达到辐照区域。因此，这样通过飞秒激光的连续注入，焦点区域温度会因热量的大量积累而急剧上升，可以高达几千开尔文，进而引起材料的熔化、化学键的断裂及成分改变。而当使用 1 kHz 的飞秒激光时，由于其脉冲时间间隔为 1 ms，远大于热扩散过程的特征时间，所以不会产生热积累效应。高重复频率飞秒激光在焦点区域不仅会诱导热积累效应，而且会产生冲击波[8]，进而引起辐照区域残余应力的分布以及局域结构的扭曲。

另外，因热积累效应形成的高温会通过热扩散在焦点附近区域形成一个温度梯度场，在温度梯度的作用下，各种离子在辐照区域进行迁移形成元素的重新分布，同时也会导致玻璃内部近程有序结构的变化。我们知道，玻璃的化学组成影响其光学性能的变化，因此可以利用飞秒激光对玻璃成分空间选择性诱导实现玻璃性能的三维调控。另外，飞秒激光辐照过程中，由于非线性光致电离作用在辐照区域会产生大量的自由电子和空穴，玻璃中掺杂的具有荧光性能的离子捕获载流子而引起价态改变，进而影响荧光性能。在离子迁移的基础上，通过飞秒激光对玻璃荧光性能进行微观调控，不仅有望在光波导制备、高密度光学存储及光开关等领域形成广泛应用，而且可以为光子学器件的制备提供理论依据。

18.2 飞秒激光在不同玻璃中诱导离子重新分布

18.2.1 飞秒激光在硼酸盐玻璃中诱导离子重新分布

B_2O_3 玻璃是由硼氧三角体 $[BO_3]$ 组成的，而随着网络修饰体如碱金属氧化物的加入，$[BO_3]$ 可以转变为完全由桥氧组成的硼氧四面体 $[BO_4]$，从而使网络得到加强。另外，温度和压力可以影响硼酸盐玻璃的微观结构，所以，利用飞秒激光辐照在聚焦区所产生的高温和高压场，可能会诱导硼酸盐玻璃的短程有序结构发生变化，进而实现空间选择性地改变其物理化学性质。

Liu 等利用显微拉曼光谱和能谱技术，研究了 250 kHz, 800 nm, 150 fs 飞秒激光辐射诱导二元碱硼酸盐玻璃 $15Na_2O$-$85B_2O_3$ 中 B^{3+} 配位结构转变和 Na^+, O^{2-} 迁移[9]。

图 18.1 为硼钠玻璃中与激光诱导的微球中心不同距离位置对应的显微拉曼光谱。硼钠玻璃的显微拉曼光谱在 774 cm^{-1} 和 806 cm^{-1} 处出现两个峰。在 806 cm^{-1} 处的峰是由硼钠玻璃结构中的硼氧三角体中氧原子局域化的呼吸振动而形成。在 774 cm^{-1} 处的峰是由硼钠玻璃结构中五硼酸盐基团产生的信号，而五硼酸盐基团除了包括 $[BO_3]$ 三角体还具有 $[BO_4]$ 四面体结构[10]。

用 A_r 表示硼氧三角体环和五硼酸盐基团的相对含量的变化。图 18.2 为激光诱导形成的微球内相对积分强度 A_r 随位置变化的关系曲线。激光诱导形成的微球

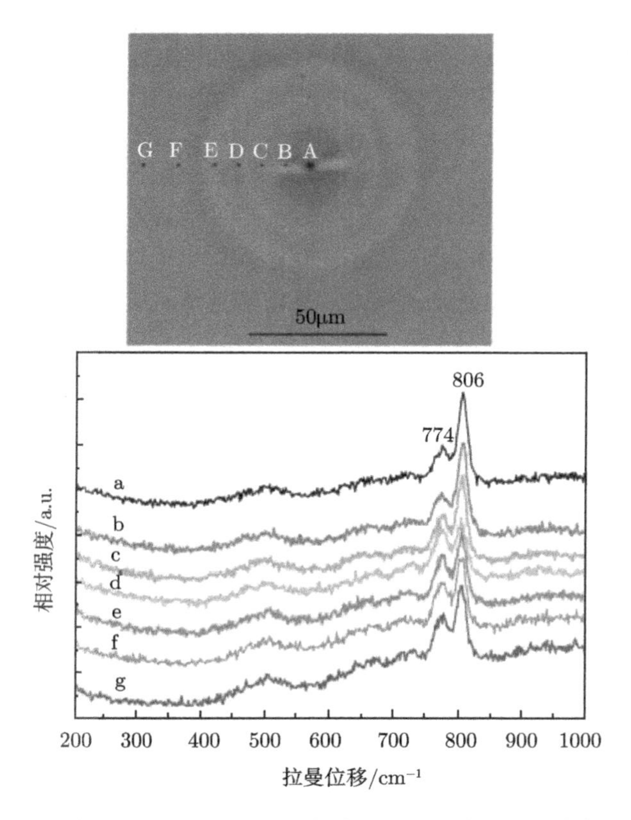

图 18.1　硼钠玻璃中与激光诱导圆环状结构中心不同距离位置对应的显微拉曼光谱

谱线 a～g 分别与光学显微镜照片中的 A, B, C, D, E, F, G 各位置相对应

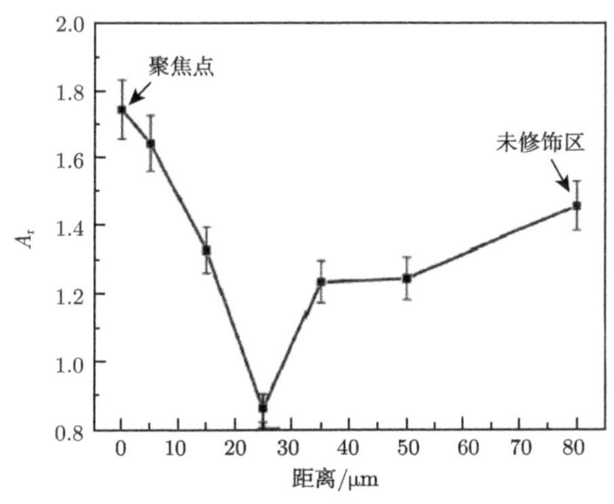

图 18.2　相对积分强度比值 A_r 随激光诱导的圆环状结构内位置变化的关系曲线

的中心处具有最高的相对积分强度比 A_r 值，说明在微球中心处相对其他位置在组成上具有最大含量的 $[BO_3]$ 三角体。随着与微球的中心处的距离增加后，A_r 值迅速降低，直到大约距微球的中心 25 μm 处，A_r 达最小值。这说明，随着与微球的中心处的距离增加，$[BO_3]$ 三角体相对含量降低，亦即 $[BO_4]$ 四面体比例增加。随着与微球的中心处的距离进一步增加，A_r 开始增加，说明 $[BO_3]$ 三角体相对含量开始增加，直至达微球直径范围之外，A_r 值与未经飞秒激光照射时玻璃基体相同。

进而，他们用 EDX 分析了激光诱导的微结构中的元素分布 (图 18.3)，发现 Na 离子和 O 离子相对含量在激光聚焦处低于玻璃基体水平，而在微结构内部距离焦点 20 μm 处，也就是 A_r 值下降处增加。

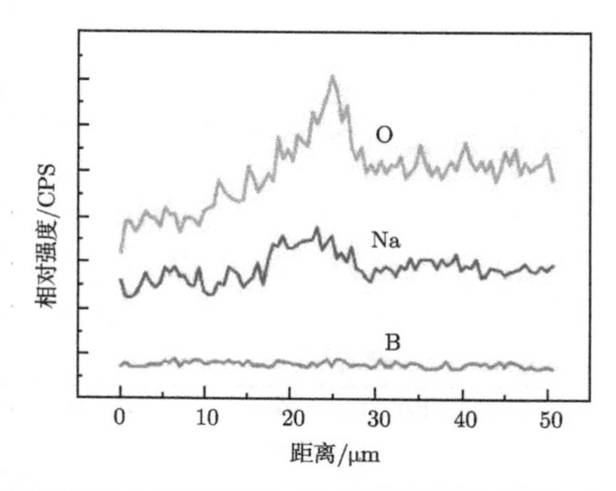

图 18.3　圆环状结构内外各元素相对含量随与激光聚焦处距离的变化关系

飞秒激光脉冲与介质的相互作用涉及几种非线性吸收过程，包括多光子电离、隧道电离和雪崩电离。这些依赖于激光辐射条件和材料的机制可以导致辐射区域产生高温高压。在 250 kHz 飞秒激光辐射过程中，250 000 个激光脉冲能量在 1 s 内淀积在一个非常小的区域内。如此高的能量淀积的速度以致热积累效应发生。聚焦点的温度可以达到超过 2000°C，并且产生一个显著的温度分布[11]。温度对热扩散系数的影响有如下关系式：$D = D_0 e^{-Q/RT}$，此处 Q 为扩散活化能。由于高温引起的高扩散系数，不同种类的离子将从聚焦点附近扩散出去。特别地，Na 离子和非桥氧键弱，并具有低的活化能，从而它们将容易从激光修饰中心迁往几微米远的低温区，而导致元素的重分布。

由于强扩散效应，聚焦点处的 Na 离子和间隙 O 离子浓度变为最小值。随着距离中心越远，它们浓度增加并在某一位置达到最大值。当距离中心更远时，浓度又开始下降并逐渐达到非辐射区的水平。

B 原子的浓度几乎保持不变，这是因为，它们是玻璃形成的骨架，彼此键强强，故而能不受激光诱导的温度场影响。伴随着非桥氧的减少，[BO_4] 形成，即 BO_3+NBO→BO_4。Na 离子离 [BO_4] 单元近，它能补偿 [BO_4] 的负电荷。因此，B 离子的配位在距激光聚焦点一定距离处从三配位到四配位变化。由于压力相对于温度而言，对热扩散系数影响小，所以他们认为温度场对 B 配位态的变化和 Na 离子的迁移起主要作用。飞秒激光诱导 B 配位变化为透明材料的内部微修饰提供了一个新方法。众所周知，玻璃中不同离子的发光性质对它们的配位环境非常敏感。飞秒激光辐射引起空间选择性地配位转变，从而改变掺杂发光离子的发光性质，这会成为一种在玻璃中制造光功能器件的有前景的技术。

18.2.2 飞秒激光在硅酸盐玻璃中诱导离子重新分布

2001 年，Chan 等在研究飞秒激光照射后石英玻璃中微区结构变化时，通过拉曼光谱发现一部分 Si 离子的配位数由 4 增加到 6，从而提出玻璃的致密化是飞秒激光诱导引起折射率增加的原因[12]。这是最早的关于飞秒激光照射后玻璃微区组分变化的报道。

光学活性离子掺杂的玻璃作为固体激光器的典型增益介质，具有优异的发光性能。如果通过飞秒激光辐照诱导元素分布和结构变化，可以改变光学活性离子掺杂玻璃的微区发光性质，那将对许多集成光学应用具有重要的研究意义。

为此，Liu 等研究了利用 800 nm, 80 fs, 250 kHz 飞秒激光辐照 $20Na_2O$-10CaO-$70SiO_2$-$4Eu_2O_3$ 玻璃[13]。

图 18.4 为 800 mW 功率的飞秒激光辐照 Eu^{3+} 掺杂的 Na_2O-CaO-SiO_2 玻璃后激光焦点附近元素的分布图。Si^{4+} 和 O^{2-} 在焦点处附近相对含量增加，而在焦点外圈一“环带”形状区域相对含量下降。而 Ca^{2+} 的元素分布呈现出与 Si^{4+} 和 O^{2-} 相反的规律，它们在焦点处附近相对含量减少，而在焦点外圈一“环带”形状区域发生富集。此现象的产生是由于激光照射时诱导的组成离子的迁移。飞秒激光与玻璃作用的机理相当复杂，很多因素均会影响最后的元素分布。在用高重复频率的飞秒激光照射玻璃时，脉冲能量会不断注入到焦点区域. 然后通过声子–电子耦合转换成热能。这个可能导致温度急剧上升，高到足够融化焦点区域的玻璃，离子间的键都被打断，形成玻璃熔体。由于在激光焦点附近温度很高，因此各种离子具有很高的扩散系数；而在离焦点一定距离温度较低处，各种离子扩散系数较低。从而，总体效果是，各种离子由激光聚焦处向温度较低的外围区域发生迁移，并在激光焦点处形成疏松的结构。不同的离子的扩散能力是不同的，Ca^{2+} 作为玻璃网络改性剂具有更强的扩散能力，而相对扩散能力较低的网络形成体 Si^{4+} 只有较少的量往外迁移，于是各元素相对含量相对于玻璃基体发生了重新分布。另外还发现 Eu^{3+} 在“环带”形状区域发生富集，说明激光照射也可以改变掺杂的 Eu 的元素分布。

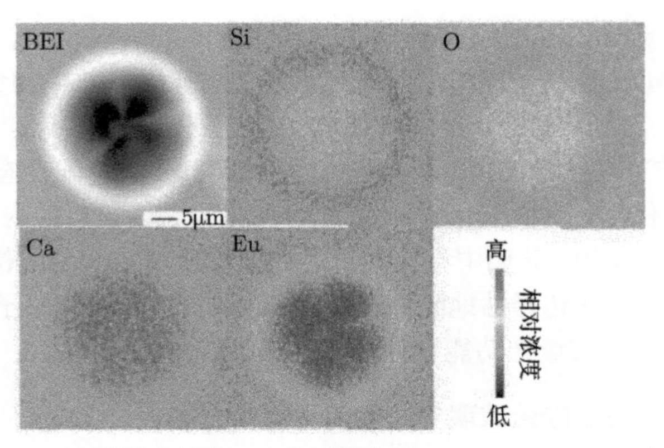

图 18.4　飞秒激光辐照 Eu 离子掺杂的 Na_2O-CaO-SiO_2 玻璃后焦点附近的元素分布 (后附彩图)

由于 Eu 离子具有优越的发光性能，他们预计 Eu 离子浓度的改变会导致玻璃微区发光性质的改变，并采用共聚焦荧光光谱研究了元素分布改变区域的发光性能。图 18.5 为激光在玻璃内部诱导微结构内部不同位置在 514 nm 光源激发下所得的共聚焦荧光光谱。光谱中 578 nm, 592 nm, 611 nm 和 653 nm 的发射峰分别由 Eu^{3+} 的 $^5D_0 \rightarrow {}^7F_0$, $^5D_0 \rightarrow {}^7F_1$, $^5D_0 \rightarrow {}^7F_2$ 和 $^5D_0 \rightarrow {}^7F_3$ 电子跃迁产生。他们发现，在激光焦点附近区域，发射强度相对于未经激光辐照的玻璃基体大大降低，这是由于在激光焦点处，激光能量很高，会产生光学击穿和大量的色心等缺陷。它们对激发光产生了吸收和散射，从而使得 Eu^{3+} 的发射强度大大降低。而我们发现，图 18.5 中的 B 点处，也就是图 18.4 中对应的 Eu 离子相对含量增加的区域，Eu 离子的发射强度相对于未经照射的玻璃基体增加了 20%。

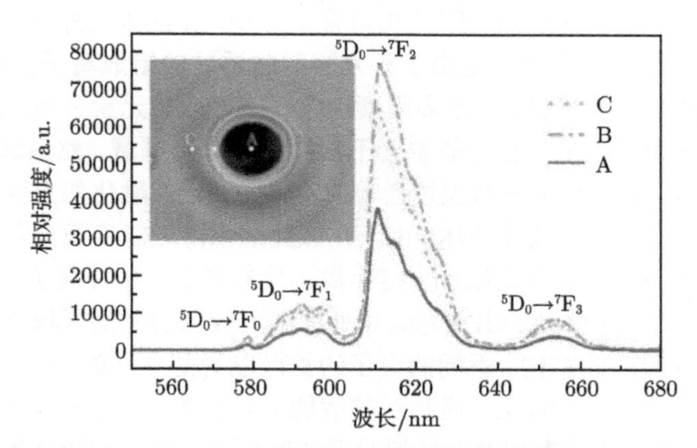

图 18.5　激光在玻璃内部诱导微结构内部不同位置所得的共聚焦荧光光谱

插入图为激光在玻璃内部诱导微结构的光学显微照片，其中 A, B, C 三点与谱线相对应；荧光光谱测试的激发光源为波长 514 nm 的 Ar 离子激光器

以前研究表明，利用拉曼光谱可以检测飞秒激光照射会诱导玻璃的配位环境发生变化，如使得 Si 的配位数从 4 增加到 6，这种玻璃网络基体的变化也有可能引起掺杂离子的光学性能的变化[12]。于是，他们用拉曼光谱研究了激光照射区域不同位置的结构变化，发现 Si 的配位数并无变化，另外，他们研究了激光照射区域不同位置 $^5D_0 \rightarrow {}^7F_2$ 和 $^5D_0 \rightarrow {}^7F_1$ 跃迁对应的发射峰相对强度之比值 R，发现也没有明显变化，这点也可以说明 Eu 的配位环境没有改变。因为如果 Eu 离子的配位环境改变了，R 值会发生明显改变[14]。基于以上结果，他们认为 Eu^{3+} 的发射强度的增加是由于其相对含量增加引起的。

他们利用飞秒激光诱导的元素迁移，成功实现了对具有光学活性的稀土离子的微区元素分布的控制。利用共聚焦荧光光谱测试，证实通过控制微区元素分布可以实现微区荧光性能的改变。这一基于激光操控元素分布的微区荧光控制技术在波导制备、光学存储等应用上的广阔前景。

光学活性离子中除了稀有金属离子，过渡金属离子也可以通过飞秒激光诱导局部改变发光性能。过渡金属 Cu^+ 的发光峰中心波长位于 600 nm 左右，相比于 Cu^{2+}，Cu^+ 更加稳定，适宜作为活性发光中心进行掺杂。

Teng 等研究了硅酸盐玻璃 $50SiO_2$-$30B_2O_3$-$5Al_2O_3$-5NaCl-$3ZrO_2$-5CuCl-$2SnO_2$ (mol%) 在飞秒激光 (250 kHz, 800 nm, 120 fs) 照射以后的元素重新分布现象[15]。

利用飞秒激光直写的方法，在硅酸盐玻璃样品内部沿着垂直于玻璃表面的方向由下至上写入了一系列线形结构。将玻璃的上表面抛去，直线结构的断面就暴露在玻璃表面上。在这一区域内进行了电子探针元素分析，结果如图 18.6 所示。背散射电子照片对于元素的摩尔质量非常敏感，对于多组分的玻璃材料来说，也就取决于玻璃材料组分的平均摩尔质量。因此，背散射电子照片中出现圆形及环形的结构，说明在这些区域内，玻璃组分的平均摩尔质量发生了变化。具体分析其中玻璃组成元素的分布，发现这些元素的分布情况大致可以分为三组：① Si 和 O 元素，在激光聚焦区域的中心位置，这两种元素的含量较高，在周围区域形成了一个环形的含量较低的区域；② Sn, Zr, Al 和 Na 元素，这些元素在中心区域的相对含量较低，而在周围区域则形成了环状的含量较高的区域；③ Cu 元素，出现了两个含量较高的区域，分别位于飞秒激光照射区域的中心位置和外面的环形区域，同时其环形区域的直径远大于第二组元素形成的环形区域的直径。

飞秒激光照射透明材料的过程中，由于其脉冲能量在时间和空间上高度集中，基于多光子吸收、雪崩电离等非线性效应会产生一个热场。单脉冲产生的热场的温度可高达 3000 K[16]。高重复频率飞秒激光照射时，单脉冲产生的热场在热累积效应的作用下逐渐形成一个高温热场。在激光聚焦区域，高温热场可以导致玻璃材料的熔化和键的断裂。玻璃组成离子在熔体中可以发生迁移，其迁移速率可由下式表示：

$$D = D_0 e^{-Q/RT} \tag{18.1}$$

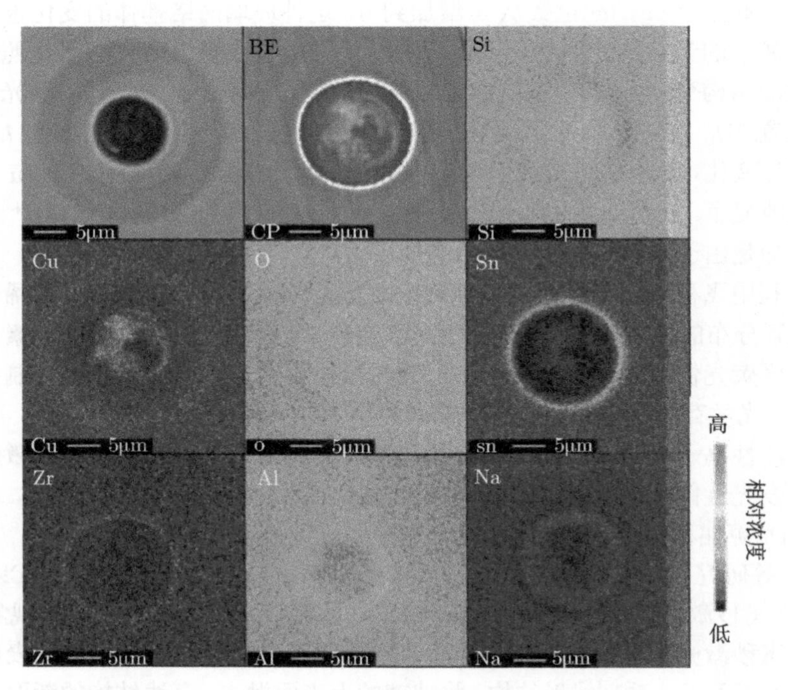

图 18.6　飞秒激光照射以后激光照射区域的显微光学照片，背散射电子照片和电子探针元素分析结果 (后附彩图)

分析元素：Si, Cu, O, Sn, Zr, Al 和 Na

式中，D 为离子的迁移速率；D_0 为在极限条件下离子的最大迁移速率；Q 为迁移所需的活化能；R 是气体常数；T 为环境温度。从式中可以看出随着环境温度的上升，离子的扩散速率增加；在同样的环境温度下，活化能较小的离子迁移速率较大。因此，在高重复频率飞秒激光诱导产生的高温热场的作用下，各种玻璃组成离子会从激光聚焦区域的中心位置向周围温度较低的区域迁移。而在迁移过程中，飞秒激光诱导的温度梯度是各种离子迁移的主要驱动力。对于不同的玻璃组成元素，其离子在高温热场下的迁移速率也不一样。总的来说，玻璃网络结构形成离子 (如 Si^{4+} 和 O^{2-} 等) 的迁移速率要低于玻璃网络改性离子 (如 Al^{3+},Zr^{4+},Sn^{4+} 和 Na^{+} 等) 的迁移速率。因此，在高温热场的作用下，玻璃网络改性离子快速地从激光聚焦中心向周围区域迁移，在温度较低的区域形成环状的含量富集区域；而在激光聚焦区域的中心位置，玻璃网络改性离子相对含量的降低导致玻璃网络形成离子相对含量的升高，而在这一区域内，玻璃网络形成离子的实际含量相比于飞秒激光照射前也是降低的。这样就形成了图 18.6 中所示的玻璃网络形成离子富集在激光聚焦区域的中心位置，玻璃网络改性离子富集在周围区域形成环状结构的现象。从图 18.6 中我们可以看出，不同的玻璃网络改性离子形成的环形区域的直径也有区别。这一点，可以通过不同离子的迁移速率的差别来解释。在同一环境温度下，离子的迁移速率取决于它的活化能。对比这几种元素的活化能，我们发现，Sn^{4+} 和 Zr^{4+} 的活化能大小一样 (216 kJ/mol)[17]。Al^{3+} 的活化能为 234 kJ/mol[18]，Na^{+} 的活化能为 223 kJ/mol[19]。根据这四种离子的活化能的大小，我们可以对它们的离子迁移速率大小进行排序，进而对这四种离子迁移形成的环状区域的直径进行排序，$D_{\mathrm{Sn}} \approx D_{\mathrm{Zr}} > D_{\mathrm{Na}} > D_{\mathrm{Al}}$，这一顺序与电子探针元素分析的结果相吻合。

下面讨论 Cu 元素的分布情况。从图 18.6 中可以看出 Cu 元素同时富集在飞秒激光聚焦的中心区域和外部直径较大的环状结构处。在激光聚焦中心处富集的 Cu 元素是由于析出的 Cu 纳米颗粒所导致的，因为这一富集区域的形状和尺寸与红色区域相一致。在周围区域富集的 Cu 元素则是由 Cu^{+} 所导致的。这样看起来，Cu 纳米颗粒在激光聚焦中心位置的析出和 Cu^{+} 的向外迁移似乎是矛盾的。但其实并不是，因为这两个过程并不是同时出现的。Cu 纳米颗粒的析出位于飞秒激光改性区域的底部，在激光聚焦中心位置以下大约 10 μm 的地方[20]。而元素迁移在 x-y 平面内则主要是发生在激光聚焦中心所在的平面内，因为此处的温度最高，各种离子的迁移速率最大。所以，我们利用飞秒激光在玻璃内由下到上写入直线结构的时候，飞秒激光扫描路径上的材料首先经历各种元素向外迁移的过程，随后才是 Cu 纳米颗粒的析出过程。

在之前的一些飞秒激光诱导的元素重新分布的报道中，元素重新分布的现象都发生在飞秒激光照射过程中玻璃基体熔化的区域内，也就是图 18.6 背散射电子照片中明亮的圆环以内。然而，除了 Si, O, Sn, Zr, Al 和 Na 等元素的重新分布位于这一区域以内外，观察到 Cu 元素的富集出现在亮环以外的区域。这一区域的温度处于玻璃转变温度 (T_{g}) 和玻璃熔化温度 (T_{m}) 之间。对于 Cu 元素异常的远距离迁移，我们仍然可以从其活化能的数值上来解释。Cu^{+} 离子的活化能为 92 kJ/mol，而其他元素的活化能均大于 200 kJ/mol。虽然数值上仅相差 3 倍左右，但由于在式 (18.1) 中，Q 位于指数项，因此它对于离子迁移速率的影响十分明显。所以 Cu^{+} 的迁移速率要远远大于其他离子。利用这一点，Cu^{+} 被广泛应用于快离子导体材料中。所以在高重复频率飞秒激光照射引起的高温热场的作用下，Cu^{+} 可以快速地向外迁移，甚至是迁移到温度处于 T_{g} 和 T_{m} 之间的区域。

利用 405 nm 的激光器做为激发光源，测试了飞秒激光照射以后激光聚焦区域的荧光强度分布，如图 18.7 所示。图中颜色明亮的区域荧光强度较高，颜色阴暗的区域荧光强度较低。荧光强度分布的结果与电子探针元素分析中 Cu 元素的分布结果一致。

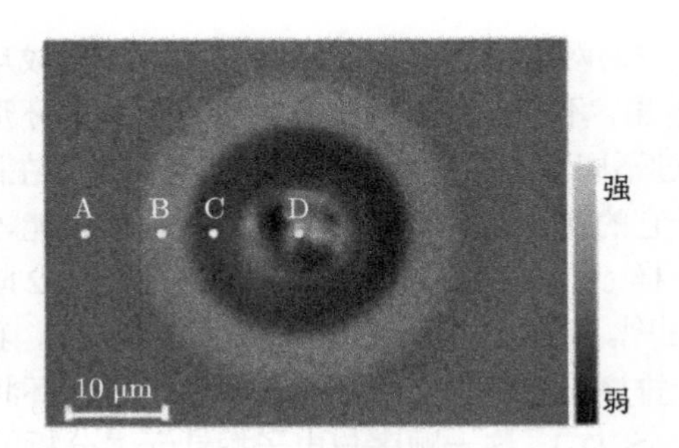

图 18.7　飞秒激光照射区域的荧光强度分布

测试了图 18.7 中 A,B,C 和 D 四个位置的荧光光谱曲线，如图 18.8 所示。荧光峰的中心波长位于 625 nm，对应于 Cu^{+} 中电子从 3d 到 4p 轨道的跃迁，以及金属间电荷转移[21]。电子探针元素分析中测到的 Cu 元素不仅包括 Cu 离子还包括 Cu 原子和 Cu 纳米颗粒等，而荧光强度分布中测到的仅仅是 Cu^{+} 的发光。所以，电子探针元素分子结果中 Cu 元素的分布与图 18.7 中 Cu^{+} 荧光强度的分布有所不同。他们考虑了折射率变化对荧光强度的影响。飞秒激光照射引起的折射率变化一般为 10^{-2} ~10^{-3} 数量级。荧光强度对于材料折射率的依赖性可以用下式表示：

$$L_1/L_2 = n_1^2/n_2^2 \tag{18.2}$$

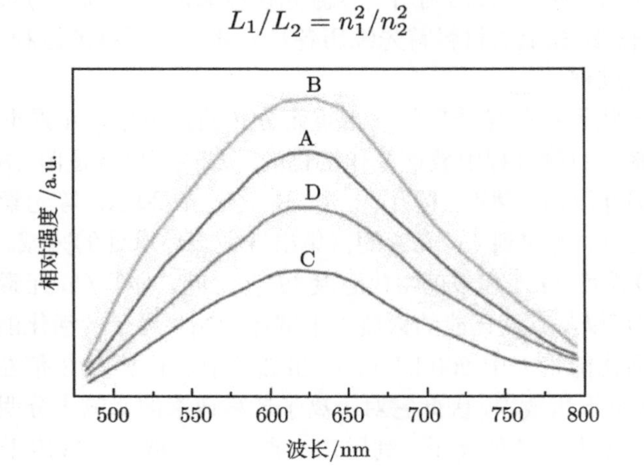

图 18.8　在 405 nm 光源激发下 A,B,C 和 D 四处的共聚焦荧光光谱

式中，L_1 和 L_2 分别代表在不同折射率的材料中的荧光强度；n_1 和 n_2 分别代表两种材料的折射率。由于飞秒激光照射引起的折射率差异不大，因此它对荧光强度变化的贡献也很小。所以观察到的荧光强度的分布主要是由 Cu^{+} 的重新分布造成的。在实验中，采用的高重复频率飞秒激光的脉冲能量呈现高斯分布，因此在 x-y 平面内诱导产生的热场是圆形的。元素分布，包括光学活性离子的分布也呈现圆环

状。近年来出现的激光脉冲整形技术，使我们可以控制激光脉冲能量的分布。利用这一技术，可以控制飞秒激光引起的高温热场的分布，进而对各种元素的分布实现更多样的操控。

之前所有的这些工作都着重于讨论垂直入射方向的光影响区域元素分布现象，而没有关注平行光入射方向的影响区截面的元素重分布现象。事实上，当飞秒激光被物镜聚焦后从空气入射到材料内部，两种传输介质折射率不匹配会引发界面球差。球差效应会导致光斑焦点在纵向 (平行光轴方向) 方向的延伸及纵向光场强度的调制。因此，很有必要探讨球差效应对玻璃内部元素重分布的影响。

选择氟氧化物玻璃 $60SiO_2$-$20Al_2O_3$-$20CaF_2$-$10YbF_3$ (mol%) 作为研究对象，利用 250 kHz, 800 nm, 40 fs 飞秒激光聚焦在样品内部，沿着垂直于激光传输方向的直线扫描激光焦点加工样品。样品经激光加工后，侧面抛光至光影响区，最后经电子微探针分析仪分析玻璃组成元素相对浓度分布和显微拉曼谱仪分析 Yb^{3+} 的荧光光谱分布[22]。

图 18.9(a) 是由电子微探针分析仪测得的光学影响区域的背散射电子图和不同

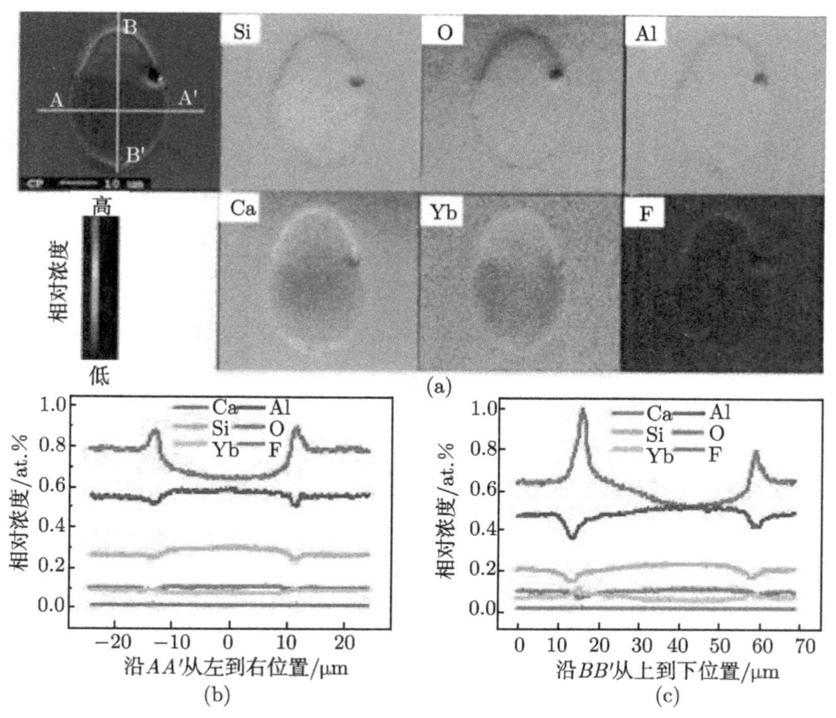

图 18.9 Yb 掺杂氟氧玻璃飞秒激光照射后的离子分布 [22] (后附彩图)

(a) 光影响区元素相对浓度分布的电子探针面扫描分析图；

(b) 和 (c) 是沿背散射图中 AA' 和 BB' 的线扫描分析图

元素相对浓度轮廓图。不同元素相对浓度轮廓图反映了一个现象，相对于未受光影响区域来说，玻璃网络形成体的 Si^{4+}, O^{2-} 和 Al^{3+} 在光影响区域中心区相对浓度较高，而在光影响区域外围相对浓度较低。然而，对玻璃网络修饰体的 Ca^{2+}, Yb^{3+} 和 F^- 来说，相对浓度分布刚好与网络形成体离子相反。图 18.9(b) 和 (c) 是背散射电子图 18.9(a) 中 AA' 和 BB' 的线扫描结果。从结果可以看出，所有元素相对浓度的变化趋势是沿 AA' 线对称分布，而沿 BB' 线非对称分布。显然，所有元素的浓度分布在 y-z 面上呈现轴对称分布。这些结果说明元素重分布在光学影响区域中的实现。

进一步调查了光影响区域的共焦荧光光谱。所用显微拉曼光谱仪的激发光源波长是 785 nm。激发光辐照光影响区域所探测到的荧光峰位对应 975 nm，这源自 Yb^{3+} 的 $^2F_{5/2} \to ^2F_{7/2}$ 跃迁。从图 18.10(a) 中可以看出，激发光斑从影响区外围的 A 点移动到中心的 C 点，荧光峰强度逐渐变小；从图 18.10(b) 和 (c) 可以看出，光影响区域的横向和纵向扫描所得到的荧光强度变化趋势与图 18.9(b) 和 (c) 完全一致。图 18.10 的结果从另一方面说明了光影响区域元素分布的相对变化。

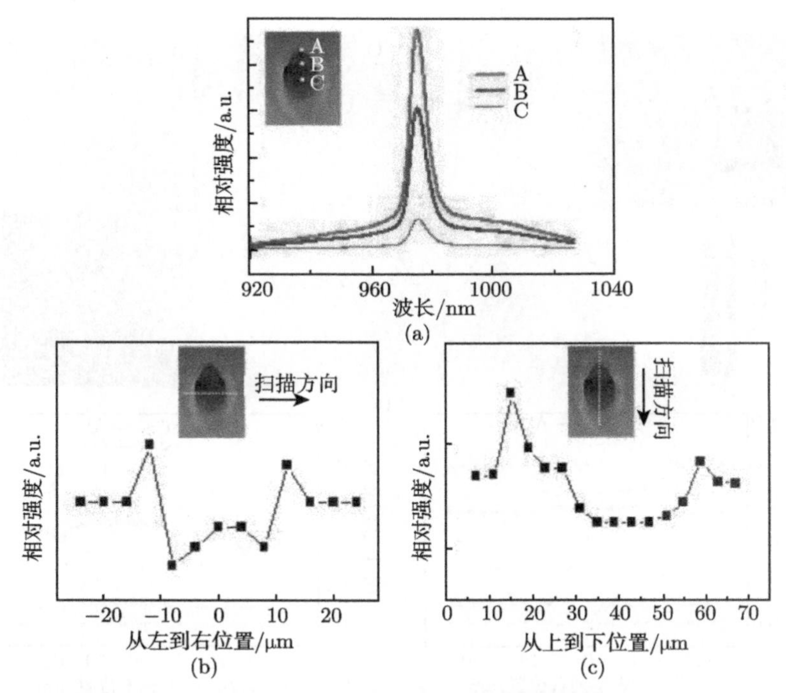

图 18.10　Yb 掺杂氟氧玻璃飞秒激光照后的发光分布 [22]

(a) 飞秒激光诱导微结构中标注区域 Yb^{3+} 离子的荧光光谱，激发光源波长为 785 nm；(b) 和 (c) 975 nm 荧光峰强度随线扫描变化分布图 (线扫描位置如插图所示)

关于在平行光传输方向光影响区截面的元素分布结果与之前报道的关于在垂直传输方向光影响区截面的元素分布结果相比，有相同和不同之处。相同之处是：玻璃网络形成体离子的元素相对浓度分布在光影响区域的中心区较高，在光影响区域的外围较低；而玻璃网络修饰体离子的元素相对浓度分布在光影响区域的中心区较低，在光影响区域的外围较高。不同之处在于：之前报道的关于在垂直传输方向光影响区域截面元素分布是圆对称，而这里的结果是沿激光传输轴对称，并且在光影响区顶部和底部区域出现元素分布第一和第二极大值。我们认为球差效应是导致平行光传输方向光影响区截面的轴向延伸和元素分布非圆对称的主要原因。

2011 年，Luo 等还报道了 250 kHz 飞秒激光诱导 Bi 掺杂氟氧玻璃 SiO_2-$20Al_2O_3$-$20CaF_2$-$3Bi_2O_3$ (60 mol%) 的元素重分布[23]。他们发现，在飞秒激光辐射后，玻璃样品的网络形成体 Si, O 和 Al 离子在修饰区的中心区域的相对浓度高于未修饰区。网络修饰体 Ca 离子的修饰区相对浓度低于未修饰区，而 Bi 离子分布与之相反。这是首次观察到网络修饰体的不同分布情况。当高重复频率飞秒激光被聚焦进玻璃中，辐照区的热积累导致局部熔化和网络形成体与修饰体之间的键断开。温度梯度驱动离子迁移。高扩散系数的修饰体将比形成体从聚焦中心扩散得更远。Si, O, Al 的迁移行为一致，同文献 [9], [22] 类似。然而，Bi 的反常行为我们认为是由于 Bi 离子被还原成 Bi，然后在玻璃基体中形成 Bi 纳米液滴。Bi 和 Ca 分布的差异 (图 18.11) 可以这样解释：首先，高重复频率飞秒激光辐照导致局部熔化和断键，然后网络修饰体 (Bi 和 Ca 离子) 迁离激光辐照区，同时，一些 Bi 离子被还原成元素态 Bi 并组合成 Bi 纳米液滴；第二，激光辐照后，修饰区的玻璃体从熔化到再固化。在玻璃体形成再固化过程中，Bi 纳米液滴因较低的凝固温度而仍然存在，又因毛细管效应，它们从边缘迁到了中心区域。同时，一些自由 Ca 离子

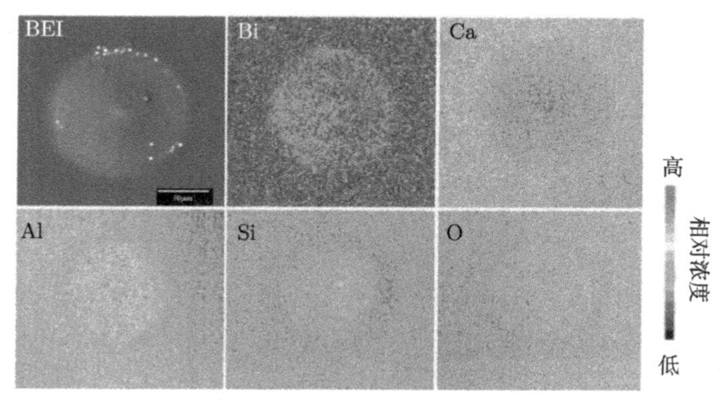

图 18.11　激光辐照修饰区背散射电子图像 (BEI) 和各离子相对浓度的分布图 (后附彩图)

填充了 Bi 纳米液滴迁离而留下的空位。该动态过程直到修饰区温度降到 Bi 纳米液滴的凝固点而停止。结果，激光修饰区中心的 Bi 相对浓度较高。而且，虽然修饰区 Ca 离子的相对浓度低于未修饰区，但是修饰区边缘也没有最大值，这与之前的研究不同[9,22]。所以，Bi 的行为对 Bi 和 Ca 离子的浓度分布有影响，而这在以前的研究中并没观察到。这些结果对超快脉冲激光与物质相互作用的理论研究和 Bi 掺杂玻璃中波导激光器的制备具有重要意义。

18.2.3 飞秒激光在锗酸盐玻璃中诱导离子重新分布

铋锗酸盐玻璃具有高的折射率和三阶非线性，且具有从可见光到中红外的宽透过光谱。我们选择铋锗酸盐玻璃作为研究飞秒激光诱导微结构变化的研究对象，讨论了所形成的微结构用作光波导器件的可能性[24]。

如图 18.12 所示，采用平均功率为 870 mW 的飞秒激光 (120 fs, 250 kHz, 800 nm) 辐照 Bi_2O_3-60GeO_2 (40 wt.%) 玻璃样品后，由 EPMA 测试获得的焦点附近区域的背散射电子图像 (BEI) 和元素分布图像。背散射图像上的明暗对比，反映的是所观察表面上不同元素间的原子质量差异。因此，背散射图像中直径为 60 μm 的圆环状区域实际上是飞秒激光辐照后焦点位置附近发生了元素重新分布的区域。如 EPMA 图像所示，相比于未辐照区域，辐照区域的网络形成体 Ge^{4+} 和 O^{2-} 富集在内部结构的中心，而在内部结构的边界却分布较少。相反，网络改变体 Bi 离子在内部结构中心的相对含量却少于边界区域。Bi 离子富集的圆环状区域与背散射图像中所显示的圆环状亮区呈现出空间一致性，因为 Bi 元素相对于玻璃样品中的其他元素具有较大的原子质量，Bi 离子的迁移引起了背散射图像中的对比度。这些现象表明飞秒激光辐照后在焦点附近区域发生了离子迁移，Ge 和 Bi 元素分别富集在内部结构的中心区域和边界区域。

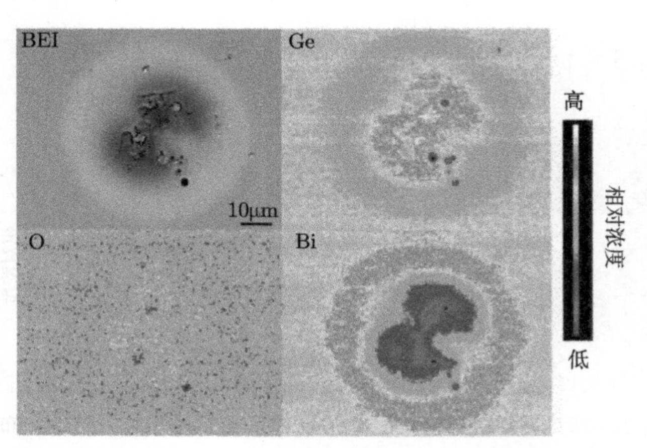

图 18.12 飞秒激光辐照后焦点区域的背散射图像 (BEI) 和元素分布的 EPMA 图像

高重复频率飞秒激光诱导玻璃样品内部离子迁移的机理，可以解释如下：当高重复频率的飞秒激光聚焦到玻璃样品内部时，焦点区域的温度会超过 3000 K，将会导致玻璃局域的熔化和化学键的断裂[11]。随后的热扩散使激光诱导区域内形成温度梯度，进而在温度梯度的驱使下发生离子迁移。玻璃中网络改变体由于具有较大的扩散系数，将会从焦点中心向外迁移到边界区域。而网络形成体与氧离子具有较强的结合能，将会向焦点中心迁移以填补 Bi 离子外移所产生的空位。具有较大扩散系数的离子拥有较大的能力去削弱由于离子迁移所产生的浓度差，因而，离子迁移是一个动态过程。在飞秒激光辐照的初始阶段，由于温度和压力梯度，元素不得不从诱导区域的中心向外迁移。而后，尽管有部分元素在浓度梯度的驱使下由诱导区域的边界向焦点中心迁移，但是由温度梯度产生的元素的重新分布在曝光结束后被迅速“冻结”下来。所以，边界区域网络改变体的相对强度高于中心区域，而网络形成体的相对强度却呈现相反的分布趋势。

飞秒激光诱导玻璃内部离子的空间选择性分布及局域残余应力的改变能够改变诱导区域的折射率分布，因此有望通过写入飞秒激光脉冲的空间强度分布改变来实现三维光波导的加工。这些发现也给我们提供了飞秒激光诱导玻璃显微结构的新思路，对我们寻求光电子器件的潜在应用有很大帮助。

18.3 小结和展望

在本章中，介绍了高重复频率飞秒激光照射在玻璃内部诱导产生的元素重新分布现象。对元素重新分布现象在不同玻璃体系内出现的机理进行了探索，同时研究了活性发光中心离子在飞秒激光照射以后的重新分布现象，演示了利用高重复频率飞秒激光照射在玻璃内部空间选择性的控制微区荧光性能。激光空间选择性诱导离子迁移技术，在制作光波导等集成光学元件方面显示出了巨大的潜力。目前，在技术和机理方面有很多不成熟的地方，尤其是在诱导出的结构的形状和各元素相对改变量方面，还得不到有效的控制。这些问题的克服需要我们做更多更深入的实验和理论研究。

参 考 文 献

[1] Zhou S, Dong H, Feng G, et al. Broadband optical amplification in silicate glass-ceramics containing β-Ga_2O_3:Ni^{2+} nanocrystals[J]. Opt. Express, 2007, 15: 5477-5481.

[2] Zatsepin D A, Green R J, Hunt A, et al. Structural ordering in a silica glass matrix under Mn ion implantation[J]. J. Phys-Condens. Mat., 2012, 24: 185402.

[3] Quaranta A, Rahman A, Mariotto G, et al. Spectroscopic investigation of structural rearrangements in silver ion-exchanged silicate glasses[J]. J. Phys. Chem. C, 2012, 116:

3757-3764.

[4] Gattass R R, Mazur E. Femtosecond laser micromachining in transparent materials[J]. Nat. Photonics, 2008, 2: 219-225.

[5] Miura K, Qiu J, Inouye H, et al. Photowritten optical waveguides in various glasses with ultrashort pulse laser[J]. Appl. Phys. Lett., 1997, 71:3329-3331.

[6] Dai Y, Zhu B, Qiu J, et al. Direct writing three-dimensional $Ba_2TiSi_2O_8$ crystalline pattern in glass with ultrashort pulse laser[J]. Appl. Phys. Lett., 2007, 90: 181109.

[7] Eaton S M, Merchant C A, Iyer R, et al. Efficient frequency doubling in femtosecond laser-written waveguides in lithium niobate[J]. Appl. Phys. Lett., 2008, 92: 081105.

[8] Hu H, Wang X, Zhai H, et al. Generation of multiple stress waves in silica glass in high fluence femtosecond laser ablation[J]. Appl. Phys. Lett., 2010, 97: 061117.

[9] Liu Y, Zhu B, Wang L, et al. Femtosecond laser induced coordination transformation and migration of ions in sodium borate glasses[J]. Appl. Phys. Lett., 2008, 92: 121113.

[10] Meera B, Ramakrish J. Raman spectral studies of borate glasses[J]. J. Non-Cryst. Solids, 1993, 159: 1-21.

[11] Eaton S M, Zhang H, Herman P R, et al. Heat accumulation effects in femtosecond laser-written waveguides with variable repetition rate[J]. Opt. Express, 2005, 13: 4708-4716.

[12] Chan J W, Huser T R, Risbud S H, et al. Structural changes in fused silica after exposure to focused femtosecond laser pulses[J]. Opt. Lett., 2001, 26: 1726-1728.

[13] Liu Y, Shimizu M, Zhu B, et al. Micromodification of element distribution in glass using femtosecond laser irradiation[J]. Opt. Lett., 2009, 34: 136-138.

[14] Nageno Y, Takebe H, Morinaga K, et al. Effect of modifier ions on fluorescence and absorption of Eu^{3+} in alkali and alkaline earth silicate glasses[J]. J. Non-Cryst. Solids, 1994, 169: 288-294.

[15] Teng Y, Zhou J, Lin G, et al. Ultrafast modification of elements distribution and local luminescence properties in glass[J]. J. Non-Cryst. Solids, 2012, 358: 1185-1189.

[16] Sakakura M, Terazima M, Shimotsuma Y, et al. Heating and rapid cooling of bulk glass after photoexcitation by a focused femtosecond laser pulse[J]. Opt. Express, 2007, 15: 16800-16807.

[17] La Tourrette T, Wasserburg G J, Fahey A J. Self diffusion of Mg, Ca, Ba, Nd, Yb, Ti, Zr, and U in haplobasaltic melt[J]. Geochim. Cosmochim. Ac., 1996, 60: 1329-1340.

[18] Murphy S T, Uberuaga B P, Ball J B, et al. Cation diffusion in magnesium aluminate spinel[J]. Solid State Ionics, 2009, 180: 1-8.

[19] Jund P, Sunyer E, Jullien R. Sodium diffusion in an artificially frozen silica glass[J]. J. Non-Cryst. Solids, 2006, 352: 5188-5191.

[20] Teng Y, Zhou J, Luo F, et al. Controllable space selective precipitation of copper nanoparticles in borosilicate glasses using ultrafast laser irradiation[J]. J. Non-Cryst.

Solids, 2011, 357: 2380-2383.

[21] Fu W, Gan X, Che C, et al. Cuprophilic interactions in luminescent copper(i) clusters with bridging bis(dicyclohexylphosphino)methane and iodide ligands: spectroscopic and structural investigations[J]. Chem. Eur. J., 2004, 10: 2228-2236.

[22] Luo F, Qian B, Lin G, et al. Redistribution of elements in glass induced by a high-repetition-rate femtosecond laser[J]. Opt. Express, 2010, 18: 6262-6269.

[23] Luo F, Lin G, Pan H, et al. Elemental redistribution in glass induced by a 250-kHz femtosecond laser[J]. J. Non-Cryst. Solids, 2011, 357: 2384-2386.

[24] Tu Z, Teng Y, Zhou J, et al. Raman spectroscopic investigation on femtosecond laser induced residual stress and element distribution in bismuth germinate glasses[J]. J. Raman Spectrosc., 2013, 44: 307-311.

第 19 章 飞秒激光诱导高温高压相形成

19.1 引 言

在极端的温度和压力下，常规材料有趋向转变成具有密实原子排布和超常物理性能的新致密相 (亚稳相) 的行为，导致一些新物质、新材料的产生[1-4]。与常规条件下制造的材料相比，高温高压下形成的材料往往具有独特的优越性能，例如超硬、超导性能[1]。例如，多晶型的亚稳态 Si 材料被预测存在很广泛的性能 (从半导体性到半金属性)，而预测的另外一些尚未在环境压力下观察到的亚稳相 (如 st12 相)，则很可能具有超导性能[3,4]。这意味着这一类的材料不仅具有科研意义，而且具有重要的技术价值。此外，这一类物质与处在地球深处和其他行星内核里的物质结构相似，研究其在超高温高压下的变化规律，对研究地球和其他行星内核里发生的过程大有裨益[1,5,6]。

很久以前，人们就开始试图模拟这类过程和研究材料在极端压力和温度下的行为[7]。随着金刚石压腔 (DAC) 的发明，这些研究取得了极大的进展[8-11]。在过去的一百年里，压力和温度的记录得到不断的提升，目前已经可以得到几兆巴 (Mbar, 1 bar=10^5Pa) 的压力，同时可以利用激光加热到超过 3000 K 的高温[1,12-14]。事实上，最近已有研究人员在实验室中创造出地心的环境 (364GPa,5500°C)[15]。一些更极端的瞬态高温高压条件甚至可以通过爆炸或者超强激光获得[16-19]。然而，利用 DAC 能创造的最大静态高温高压条件受到金刚石杨氏模量的限制，难以进一步提高，无法满足许多新相新材料形成所需的条件。通过爆炸或长脉冲高功率激光创造的瞬态极端条件形成的新材料暴露在环境中，难以观察和保存。

飞秒激光的出现为这些问题的解决提供了可能。飞秒激光由于其超短的脉宽和超高的峰值功率，紧聚焦到材料内部之后，只需要很小的平均功率，就能诱导限制在很小空间内的微爆炸，产生极端的高温和高压条件[20-23]。这种束缚在透明材料内部的微爆炸产生的极端条件诱导的材料变化，可以经过快速的淬冷过程保存下来，便于后续的研究和应用。

19.2 飞秒激光诱导局域高温高压特点

脉冲宽度为 ~100 fs，脉冲能量为 100 nJ 的激光脉冲，经过紧聚焦到晶体材料内部较深位置后强度可达 $\sim 10^{14}\mathrm{W/cm^2}$，会将密度为几个 $\mathrm{MJ/cm^3}$ 的能量沉积在一个亚微米级的体积内，可以同时提供高达 TPa 的压力和超过 10^5K 的温度。这一能量密度数倍于任何材料的强度，可以使凝聚态的材料过热而转变为高熵态的致密等离子体。在这样一种状态下，初始的晶态结构排列已不复存在，变为温密物质 (warm dense matter)[24]。温密物质是物质介于固体和等离子体之间的一种非平衡态。在这种状态下，电子和原子核之间相互作用的潜能和电子的动能大致处于同一个数量级。在这样一个由完全无序的、远离热力学平衡的混合元素组成的热稠密等离子体冷却过程中，不同材料结构可以自发组织形成[25]。这样，当激光诱导的等离子体中的无序原子排列，等容地以一个空前的淬冷速率 (10^{14} K/s) 冷却到室温时，新的结构形成了[20]。很明显，这些条件对于制造难以通过其他实验方法合成的新的亚稳相是极为有利的。这种从完全无序的状态到形成新结构的实验路径，和利用计算机系统随机搜索新结构的方法 (ab initio random structure searching，AIRSS) 类似。利用 AIRSS 方法曾经成功预测了具有非常规空间排列的原子和价电子结构的铝 (Al) 的存在[26]。受限微爆炸最重要的一个特点是，有能力实现利用这种新方法生成非寻常相，使之保存在原始晶体内，可以进行后续的性能表征和开发。目前，利用飞秒激光诱导微爆炸的方法，已经实现了一种新的具有超密实结构的 bcc-Al 相和 Si 的一些四方晶型新相的合成[27,28]。

19.3 飞秒激光诱导高温高压相的进展

2011 年，Vailionis 等利用数值孔径为 1.4 的油镜把能量为 130 nJ 的激光脉冲 (800 nm, 150 fs) 聚焦到一块 80 μm 厚的蓝宝石晶体板内，诱导了微爆炸，如图 19.1 所示[27]。他们通过同步辐射微区 XRD(μXRD) 分析了微爆炸周围的材料结构。他们发现，测试到的 XRD 峰位与数据库中预测的一种面心立方 (bcc) 相的 Al(空间群 Im-3m, 晶格常数为 2.866 Å) 峰位高度吻合，从而确认微爆炸导致了一种从未在试验中观察到的新的 Al 的高压相形成，如图 19.2(b) 和 (c) 所示。根据 Rietveld 精修和谢乐公式，推算出产生的这种相的平均晶粒尺寸约为 18 nm。

他们对 bcc-Al 高压相形成的原因和过程进行了更多的分析和研究。相关研究提出，在完全束缚的条件下 Al 离子和 O 离子在空间上的分离是 bcc-Al 高压相形成的原因[23,24,27,29]。能量高于光学击穿阈值的飞秒脉冲破坏了 Al_2O_3 的化学键，使 Al 原子和 O 原子电离形成等离子体，存在于焦点区域直到温度降低到热电离阈值 (~10 eV) 以下。在这个等离子体中，Al 离子和 O 离子以不同的速率扩散和散射，使这两种离子可以实现在空间上的分离，如图 19.3 所示。

通过扩散进行的空间分离只能在热等离子体状态下进行。在热等离子体中，原子被电离，离子间的库仑散射取决于卢瑟福横截面，而卢瑟福横截面正比于相互作用粒子的离子电荷的平方，反比于粒子的约化质量的平方和相对速度的四次方，如下式所示：

$$\sigma_{1,2} \propto Z_1^2 Z_2^2 \mu^2 (v_1 - v_2)^{-4}$$

其中，Z_1, Z_2 分别为碰撞粒子的离子电荷量，$\mu = \dfrac{M_1 M_2}{M_1 + M_2}$ 为粒子约化质量，$(v_1 - v_2)$ 为粒子的相对速度。

基于卢瑟福横截面建立的一个模型表明，如果 O 的扩散距离超过 100nm，那么 O 和 Al 之间完全可能实现几十纳米的空间分离，从而导致 bcc-Al 的形成[29]。具体来说，O 和 Al 的空间分离取决于两者之间的相对扩散速度和扩散时间，而扩散时间则取决于等离子体的寿命。由于等离子体中电子到离子的能量传递时间正比于离子的质量，因而 O 离子先从电子中获得能量，在激光脉冲作用后 3~27 ps 内开始迁移，

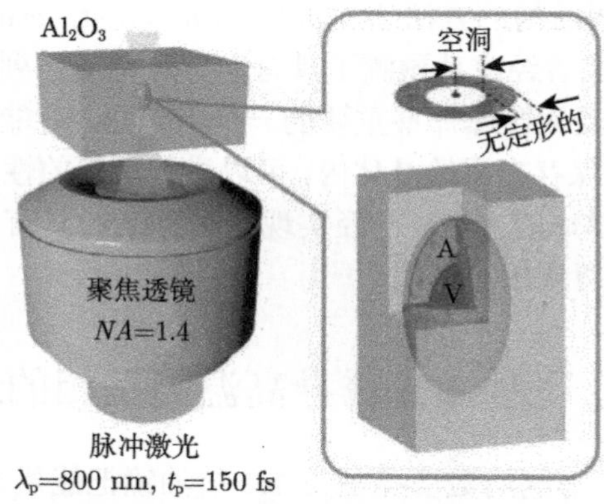

图 19.1 飞秒激光在蓝宝石晶体中诱导空间束缚的微爆炸示意图

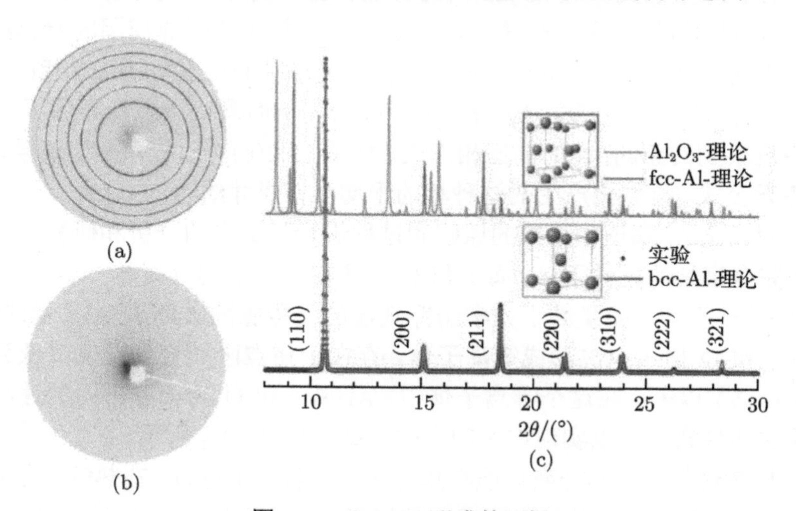

图 19.2 bcc-Al 形成的证据

(a) 和 (b) 分别对应于获得 (c) 中上下两个微区 XRD 图的位置

而 Al 离子的迁移则是从 5~45 ps 左右才开始[24]。因此，在 Al 离子被加热到开始迁移的时候，O 离子已经迁移到离 Al 离子几十纳米以外的区域。Vailionis 等估算出两种离子间最大的分离距离约为 32 nm，这为 Al 纳米晶的形成提供了足够大的距离。Gamaly 等还特别展示了当使用的激光通量高于电离阈值 50 倍时，能量能高效地被块体材料吸收，使微爆炸产生的非理想等离子体中离子分离得到增强[23]。此外，材料组分的分离也被分子氧的发现所证实[30,31]。

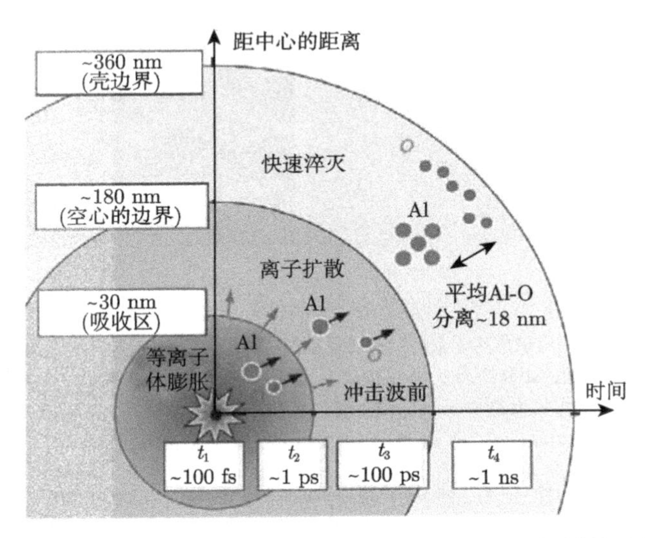

图 19.3 在等离子体状态下通过元素的空间分离合成新材料示意图

另外，当激光脉冲消失后，能量耗散开始，而电子碰撞导致的热电离仍然可使电离过程维持在几乎和激光脉冲作用过程中一样的水平。固体材料因为过热而形成等离子体，导致冲击波的产生，而等离子体从焦点中心区域膨胀使材料受压形成一个致密化的壳层，而焦点中心也由此形成一个孔洞。

2014 年，Rapp 等利用类似的实验手法，在一个表面长有 10 μm 厚的透明 SiO_2 层的单晶 Si 表面，通过飞秒激光诱导的微爆炸产生的极端条件，观察到 Si 的多种晶型产生[28]。由于 Si 的不透明性，他们巧妙地利用透明的 SiO_2 层作为束缚介质，使得 Si 表面产生了束缚的微爆炸，创造了制造高温高压相所需的极端条件。实验中使用的飞秒激光重复频率为 1 kHz，样品以 2 mm/s 的速度沿与激光传播方向垂直的平面匀速移动，以保证单脉冲微爆炸条件和导致的改性区域和孔洞相邻之间有 2 μm 的间隔，如图 19.4(b) 所示。微爆炸诱导产生的新结构通过聚焦离子束 (FIB) 研磨的方法把样品减薄到约 80 nm 的厚度后，利用透射电镜 (TEM) 进行了表征，如图 19.4(c) 和 (d) 所示。从 Si 的改性区域获得的选区电子衍射花样显示，除了常见的金刚石立方结构 Si(dc-Si) 以外，还有许多以前从未观察到的面间距参数。这说明该区域出现了多个晶型的 Si。从暗场 TEM 照片中，推算出的晶粒尺寸约为 10~30 nm。

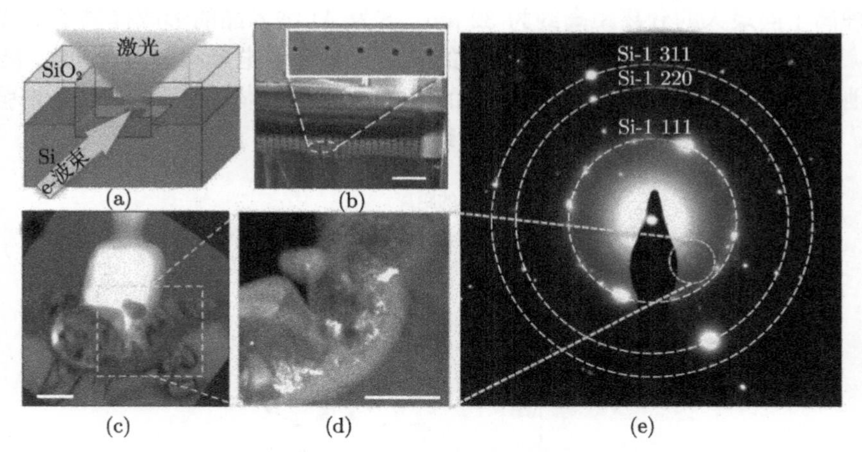

图 19.4 飞秒激光在 Si 晶体中诱导微爆炸实验

(a) 微爆炸产生的位置和利用聚焦离子束切割样品示意图；(b) 通过 FIB 打开的孔洞的扫描电镜图片，放大的局部图显示孔与孔之间的距离约为 2 μm，标尺为 10 μm；(c)Si/SiO_2 界面的孔洞 (激光从上面顶部入射) 的明场 TEM 照片，标尺为 200 nm；(d)Si 表面下冲击波影响区域放大的暗场 TEM 照片，标尺为 200 nm；(e) 图 (c) 中虚线标记区域的电子衍射图像

他们首先通过利用 dc-Si 结构的反射精确校正的 TEM 参数，判断衍射花样中所有非 dc-Si 结构反射的面间距；然后把衍射图样与已知的压力诱导的 Si 的亚稳相对照匹配；再把不能归结于任何已知 Si 相的反射与通过计算机搜索计算的面间距进行匹配；最后，为了进一步确认给定的相的产生，在选区电子衍射图样的基础上，对该相的单晶衍射图样做了模拟。通过这四步，同时从面间距和角度两个方面确认微爆炸导致了至少四种四方晶系的 Si 新晶型的产生：bt8-Si、st12-Si、Si-VIII 和 t32-Si。其中前面两种是首次在块体材料中合成，并可以保存下来进行后续的研究。通过计算，这两种新相很可能拥有非常有趣的性能，例如，bt8-Si 的密度为 2.73 g/cm^3，比 dc-Si 要高出 17%，计算出的它的电子结构在费米能级的态密度很低，很可能表现为金属性，但是由于根据 DFT 方法计算的带隙通常都是被低估的[44]，因此它很可能是一种窄带隙的半导体，有可能成为制造太阳能电池的好材料，并且它的纳米粒子形式可用于下一代的光伏应用中的多重激子生成。

19.4 小结和展望

本章简要介绍了利用飞秒激光诱导微爆炸产生的极端条件制造新材料的原理和相关研究进展。总体来说，这一方向的研究刚刚兴起，很多技术方面的细节还没有解决，比如，如何提高利用这种方法制造新材料的效率，怎样把制造出的新材料从原始材料中分离出来，这些都是亟待解决的问题，但是，这种利用微爆炸技术制造新材料的方法具有其他方法难以比拟的优势，它将在新材料的研发、性能研究以及应用上大放异彩。

参 考 文 献

[1] McMillan P F. New materials from high-pressure experiments[J]. Nature materials, 2002, 1(1): 19-25.

[2] Ma Y, et al. Transparent dense sodium. Nature, 2009, 458: 182-185.

[3] Teter D M, Hemley R J, Kresse G, et al. High pressure polymorphism in silica[J]. Phys. Rev. Lett., 1998, 80: 2145-2148.

[4] Sekine T, He H, Kobayashi T, et al. Shock-induced transformation of β-Si3N4 to a high-pressure cubic-spinel phase[J]. Appl. Phys. Lett., 2000, 76: 3706-3708.

[5] Ahrens T. Dynamic compression of Earth materials[J]. Science, 1980, 207: 1035-1041.

[6] Drake R P. High-energy-density physics[J]. Phys. Today, 2010, 63: 28-33.

[7] Katrusiak A. High-pressure crystallography[J]. Acta Crystallogr, 2008, A64: 135-148.

[8] Weir C, Lippincott E, Valkenburg A V, et al. Infrared studies in the 1- to 15-micron region to 30.000 atmospheres[J]. J. Res. Natl Bur. Stand., 1959, 63A: 55-62.

[9] Piermarini G J, Block S. Ultrahigh pressure diamond-anvil cell and several semiconductor phase transition pressures in relation to the fixed point pressure scale[J]. Rev. Sci. Ins., 1975, 46(8): 973-979.

[10] Jayaraman A. Diamond anvil cell and high-pressure physical investigations[J]. Rev. Mod. Phys., 1983, 55(1): 65.

[11] Bassett W A, et al. A new diamond anvil cell for hydrothermal studies to 2.5 GPa and from -190 to 1200°C[J]. Review of Scientific Instruments, 1993, 64(8): 2340-2345.

[12] Léger J M, et al. Discovery of hardest known oxide[J]. Nature, 1996, 383: 401.

[13] Zerr A, et al. Synthesis of cubic silicon nitride[J]. Nature, 1999, 400: 340-342.

[14] Ruoff A, Rodriguez C, Christensen N. Elastic moduli of tungsten to 15 Mbar, phase transition at 6.5 Mbar and rheology to 6 Mbar[J]. Phys. Rev. B, 1998, 58: 2998-3002.

[15] Tateno S, Hirose K, Ohishi Y, et al. The structure of iron in earth's inner core[J]. Science, 2010, 330: 359-361.

[16] Trunin R F. Shock compressibility of condensed materials in strong shock waves generated by underground nuclear explosions[J]. Phys. Usp., 1994, 37: 1123-1146.

[17] Hicks D G, Celliers P M, Collins G W, et al. Shock-induced transformation of Al2O3 and LiF into semiconducting liquids[J]. Phys. Rev. Lett., 2003, 91: 035502.

[18] Brygoo S, et al. Laser-shock compression of diamond and evidence of a negative slope melting curve[J]. Nat. Mater., 2007, 6: 274-277.

[19] Eggert J H, et al. Melting temperature of diamond at ultrahigh pressure[J]. Nat. Phys., 2010, 6: 40-43.

[20] Glezer E, Mazur E. Ultrafast-laser driven micro-explosions in transparent materials[J]. Appl. Phys. Lett., 1997, 71: 882-884.

[21] Juodkazis S, et al. Laser-induced microexplosion confined in the bulk of a sapphire crystal: evidence of multimegabar pressures[J]. Phys. Rev. Lett., 2006, 96: 166101.

[22] Gamaly E G, et al. Laser-matter interaction in the bulk of a transparent solid: confined microexplosion and void formation[J]. Phys. Rev. B, 2006, 73: 214101.

[23] Gamaly E G, Rapp L, Roppo V, et al. Generation of high energy density by fs-laser induced confined microexplosion[J]. New J. Phys., 2013, 15: 025018.

[24] Gamaly E G, et al. Warm dense matter at the bench-top: Fs-laser-induced confined micro-explosion[J]. High Energy Density Phys., 2012, 8: 13-17.

[25] Drake R P. High-energy-density physics[J]. Phys. Today, 2010, 63: 28-33.

[26] Pickard C J, Needs R J. Aluminium at terapascal pressures[J]. Nat. Mater., 2010, 9: 624-627.

[27] Vailionis A, et al. Evidence of superdense aluminium synthesized by ultrafast microexplosion[J]. Nat. Commun., 2011, 2: 445.

[28] Rapp L, et al. Experimental evidence of new tetragonal polymorphs of silicon formed through ultrafast laser-induced confined microexplosion[J]. Nat. Commun., 2015, 6.

[29] Mizeikis V, et al. Synthesis of super-dense phase of aluminum under extreme pressure and temperature conditions created by femtosecond laser pulses in sapphire[C]. Proc SPIE, 2013, 8249: 82490A.

[30] Lancry, et al. Ultrafast nanoporous silica formation driven by femtosecond laser irradiation[J]. Laser Photon. Rev., 2013, 7: 953-962.

[31] Bressel L, et al. Observation of O_2 inside voids formed in GeO_2 glass by tightly focused fs-laser pulses[J]. Opt. Mater. Exp., 2011, 1: 1150-1157.

第 20 章　飞秒激光诱导溶液中纳米粒子形成

20.1　引　　言

纳米材料是指某一个维度的尺度在 1~100 nm 的低维材料，如超细粒子 (零维材料)、碳纳米管 (一维材料)、石墨烯 (二维材料)。由于纳米材料的结构特点，其具有量子尺寸效应、表面效应、库仑阻塞效应、表面效应等大尺度块体材料所不具有的性能，有望发现新奇的性能而得到广泛的应用。随着纳米材料概念的提出和纳米技术的发展，纳米材料在人类文明和人们的日常生活中发挥着越来越深远而广泛的影响。各种新奇的现象被发现，充实和扩展着人类对自然和自身的认识。纳米材料的应用已深入到各个领域，从基础医疗到各种常用电子器件，再到各种精密器械，纳米材料都展现着自己独特的魅力、能力和潜力。同时，纳米材料的广泛使用和与之相伴的纳米技术的进步，使得器件趋向于微型化、集成化和多功能化，精密度和灵敏度越来越高，新的应用也不断涌现。

迄今为止，已经可以通过很多方法和途径合成各种尺寸、结构和化学成分的纳米材料，但是这些方法大都有一定的缺陷。比如，气相法和液相法制备的纳米材料，一般都需要后续处理。气相法一般适用于制备组成和结构简单的纳米材料，且需要提供较高的温度和较严格的气氛控制，也很难实现同步表面修饰。液相法一般需要复杂的前驱体，从而容易带来污染。另外液相法的产率普遍比较低，反应过程复杂，需要精确控制。固相法一般适合于合成结构简单的纳米材料，难以实现结构的控制。尤其是，在一步法合成亚稳相、表面修饰和复合纳米材料方面，目前仍然缺乏通用的简单有效的方法。鉴于上述的一些缺点，学者们在不断开拓新的方法，以实现纳米材料更深入的研究和更多的应用。

近年来，因与上述方法相比具有很多独特的优势，液相脉冲激光烧蚀法制备各种纳米材料成为了研究热点[1,2]。由于超快的能量注入速率和液体对激光诱导的等离子体的压缩作用，脉冲激光烧蚀技术能在局部环境产生高温高压及很高的物质粒子密度 (可达 $10^{22}\sim10^{23}/\mathrm{cm}^3$)。特别是液相飞秒激光烧蚀法，在激光聚焦的局部区域，温度可达 10 000 K 以上，压强在 20 GPa 以上。这种极端的环境为制备高温高压亚稳相及用常用方法不能制备的新物质的方面提供了可能性和有利条件。

相对气体环境而言，液相脉冲激光烧蚀法更简洁，环境更易控制，并可在室温下产生更极端的环境，比如可以产生更高的温度和压强，更高的粒子密度[3-5]。同时，在高温高压的极端环境中，来自于靶材和溶液介质的粒子会发生各种反应 (图 20.1(b))，从而可以通过更换靶材与液体介质来更容易地制备多种纳米材料，具有更好的实用价值。液体的冷却效果好，能实现高温等离子体的快速冷却，从而生成各种物质，并限制纳米粒子的长大。另外，由于液体的密度大，容易压缩限制激光烧蚀等离子体的膨胀，从而形成更高温更高压的环境，制备更多在气态或真空环境不能制备的物质，甚至能制得许多亚稳相，因而具有很好的实用与理论价值[6-10]。再之，在特定的溶剂或者在液体介质中加入一定量的表面活性剂，可以同步实现粒子尺寸和表面结构，甚至是形貌的控制。最后，在溶液中加入更多的其他的物质，可以实现烧蚀制备的纳米材料与其他纳米材料的复合，从而一步制备出复合纳米材料。相对于很多传统的制备纳米材料的方法，液相脉冲激光烧蚀法有着独特的优点：一是简单环保，不需要很复杂的反应前驱体和介质，可以使用水、乙醇等常见无毒的溶液作为反应环境和介质；二是室温下的极端局部环境可以允许各种不同反应的发生，可能产生新的现象和物质；三是可以实现同步表面修饰和复合；四是可以作为一种通用的制备各种纳米材料的方法，迄今为止，已经实现了金属、氧化物、半导体、有机物等纳米材料的合成。

同时，相对于广泛应用的纳秒激光，飞秒激光烧蚀法也具有独特的优势。由于飞秒激光的脉冲宽度 (~100 fs) 短于声子能量传输时间 (~ps)，所以飞秒脉冲的能量是在全部注入局部区域之后才开始往外传输的。如前所述，由于飞秒脉冲的脉宽更短，所能产生的峰值功率更高，局部区域的温度和压强也更高。Perez 等的计算表明，液相飞秒激光烧蚀法所产生的温度在 10 000 K 以上，压强在 20 GPa 以上[11]。这种更极端的环境也更有利于制备出更高温高压的物质，甚至是得到全新的结构和纳米材料。另外，飞秒激光烧蚀时，等离子体的冷却速率也更快。同时，由于飞秒激光的热效应小，液相飞秒激光更适合于控制纳米材料的尺寸。即使不用表面活性剂，液相飞秒激光烧蚀法也可以合成出尺寸很小的纳米粒子，并且一般都比纳秒激光烧蚀制备的尺寸要小，从而可以避免表面活性剂等带来的污染。再之，由于冷却速率快，飞秒激光烧蚀法可以使靶材和表面活性剂分子的化学成分更好地在纳米材料中保持下来，这样有利于得到预设的化学组成和表面结构。特别是在制备有机物纳米粒子时，这个特点有利于减小有机物的降解[12]。独特的优越性使液相飞秒激光烧蚀法成为了纳米粒子制备技术研究领域的一大新热点，是制备纳米结构特别是亚稳态纳米相的一种新途径[12]。

20.2 飞秒激光在溶液中制备纳米粒子的类型和原理

无论使用的是纳秒激光还是飞秒激光，液相脉冲激光烧蚀法所用的装置都主要是由激光系统和靶材系统组成。根据所使用的靶材类型不同来划分，目前比较常用的有两类：①块体靶材；② 分散在溶液中的颗粒或者前驱体，如图 20.1 所示。图 20.1(a) 系统适用于块体靶材，图 20.1(b) 系统适用于的靶材为分散于溶液中的颗粒和各种前驱体。对于同一类靶材，飞秒激光和纳秒激光制备纳米粒子的原理相似，下面对以上两类靶材分别讨论。

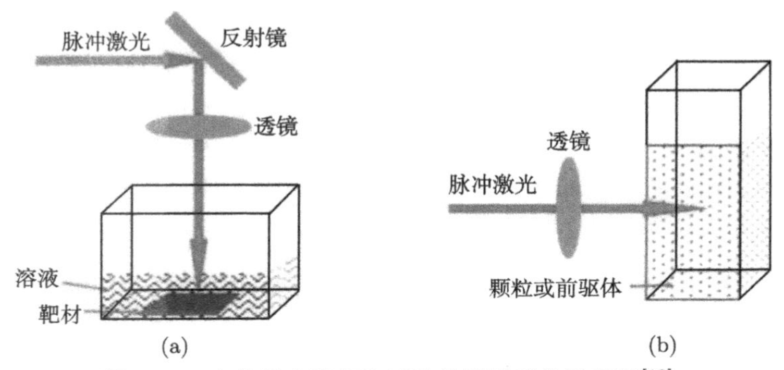

图 20.1 飞秒激光液相烧蚀法的靶材系统示意图[12]

(a) 块体靶材；(b) 分散在溶液中的颗粒或者前驱体

20.2.1 块体靶材液相脉冲激光烧蚀法原理

图 20.2 是块体靶材飞秒激光液相烧蚀法制备纳米材料的过程和原理图。脉冲激光经过透镜聚焦之后，穿过靶材上面一层液体介质，然后照射到固液界面处。激光能量注入后，能量密度变得很高，这不仅可以导致单光子吸收，还可能导致多光子吸收。这些被吸收的能量在数皮秒之后通过电子–电子和电子–声子碰撞传输到晶格。这样在极短的时间内，被照射靶材的局部区域的温度会急剧升高。在这种极端高温的条件下，局部材料会发生熔化、爆炸式沸腾甚至气化，从而产生烧蚀现象，被烧蚀的材料有往外发射的趋势。同时在极端的高温下，局部区域的电子发射很严重，从而导致材料的高度离子化。被烧蚀的材料在高温热效应和库仑排斥力的作用下急剧向外发射和膨胀。由于这种往外膨胀的粒子束 (包括原子、原子团簇和离子等) 是高度离子化的，所以常被称为等离子体束[13,14]。

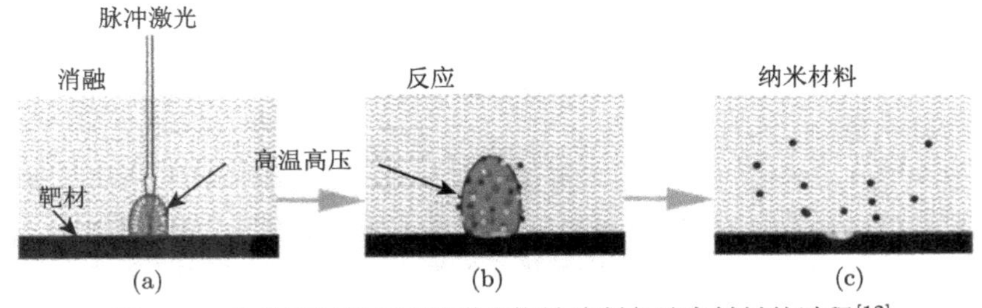

图 20.2 块体靶材液相飞秒激光烧蚀法制备纳米材料的过程[12]

等离子体的膨胀往往可以进一步导致冲击波的产生，这种冲击波以很快的速度往靶材和液体介质中传播，进一步加速等离子体的膨胀。冲击波的半径随着时间的增加会逐渐变大[15,16]。在等离子体膨胀和冲击波往外传播的时候，周围的液体会压缩并阻碍这种膨胀和传播，从而使得等离子体内部的温度和压强进一步提高。在冲击波的前端，很大的压力梯度以及等离子体和周围液体很强烈的热交换作用可以导致气泡的产生，如图 20.3 所示[15,16]。气泡也可能来自于靶材本身的气化。这种气泡里面可能含有各种分子和原子，比如来自于溶液分解所产生的以及靶材气化而产生的氧气和氢气等成分[17]。当气泡内的压强达到与等离子体中周围的压强相平衡时，气泡的半径即达到最大值。随后便开始塌缩，在这个过程中，气泡所携带的能量会被释放出来。球形气泡所携带的能量可以用以下公式来计算：

$$E_{\mathrm{B}} \approx \frac{4\pi}{3} R_{\max}^3 (P_\infty - P_{\mathrm{B}}) \tag{20.1}$$

其中，$R_{\max}$ 为气泡的最大尺寸，P_∞ 为液体中的压强，P_{B} 为气泡内的压强。

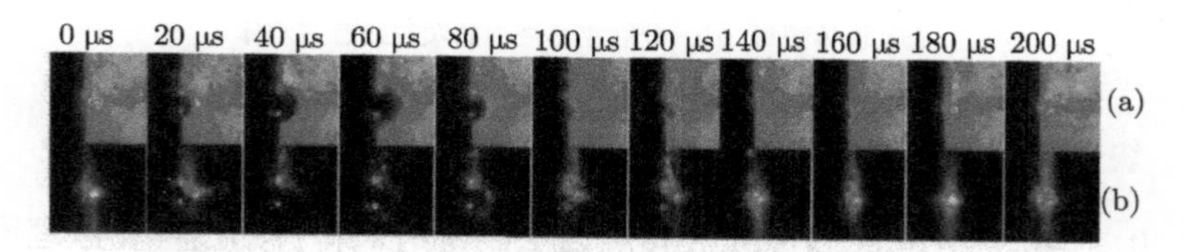

图 20.3　激光烧蚀靶材时产生的气泡对激光的散射 [15,16]

(a) 脉冲激光烧蚀浸于水中的钛靶材时诱导的气泡空间分布图；(b) 气泡对激光的散射图

这个能量又促使新的冲击波的产生，这个冲击波—气泡的循环可以持续数次[17]。在等离子体膨胀的同时，周围的液体会不断压缩等离子体，并将能量传输出去，从而使等离子体的温度下降。在这个过程中各种化学反应会在等离子体和气泡中发生，纳米材料的形核和长大不断地进行着。由于冷却速率极快，纳米粒子的生长时间很有限，所以形成的纳米颗粒尺寸一般都比较小。形核速率可以用以下公式来估算：

$$\frac{\mathrm{d}\nu}{\mathrm{d}t} = K \exp\left(-\frac{16\pi\sigma^2 m^2}{3k_{\mathrm{B}}^3 q\rho_{\mathrm{l}}} - \frac{T_{\mathrm{eq}}^2}{T_{\mathrm{v}}(T_{\mathrm{eq}} - T_{\mathrm{v}})^2}\right) \tag{20.2}$$

其中，T_{eq} 为固液平衡温度，q 为蒸发热，T_{V} 为气化温度，ρ_{l} 为液体密度，m 为原子量或者分子量，K 为比例系数。

小角 X 射线衍射表明，气泡中可能存在不同尺寸的纳米粒子[18,19]。气泡塌缩之后，纳米材料会被释放出来，并可能在等离子体中继续长大和团聚[14]。另外这种气泡的塌缩也可以将一部分产生的纳米材料拉回到靶材表面，从而减少了分散溶液中的量[16]。

20.2.2 散颗粒耗材液相脉冲激光烧蚀法

除了固体靶材以外，分散在溶液中的颗粒也可以作为靶材，经过脉冲激光烧蚀之后，产生纳米材料。这种脉冲激光烧蚀法具有三维加工的特点，可以产生分散性更好、颗粒尺寸更小更均匀的纳米颗粒[20]。迄今为止，分散颗粒靶材液相脉冲激光烧蚀法制备纳米材料的机理，主要可能有三种：光致热烧烛、库仑爆炸以及近场增强烧蚀，如图 20.4 所示[21]。光致热烧蚀是指溶液中的颗粒吸收脉冲激光的能量之后，表面温度快速升高，直至表面熔化甚至是气化。由于周围液体的快速冷却作用，蒸发或者气化的原子和团簇在表面附近发生凝聚，形成纳米颗粒[22,23]。光致热烧蚀主要发生在纳秒激光烧蚀过程中，因为其热效应很明显。另外，当飞秒激光的脉冲能量足够小的时候，光致热烧蚀也有可能发生，并产生尺寸为几个纳米的纳米粒子，有报道通过原位瞬态光谱和数值计算证实了光致热烧蚀的存在[24,25]。Furlani 等的研究表明，光致热烧蚀也可能产生气泡[26]。

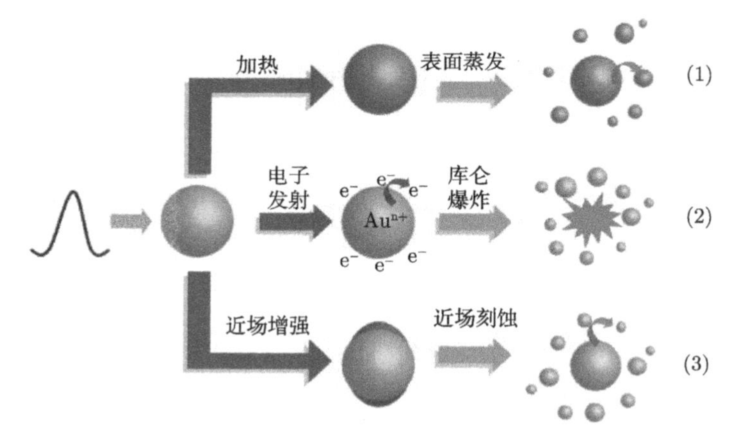

图 20.4 脉冲激光烧蚀分散在溶液中的颗粒制备纳米材料的原理示意图[21]

当入射的能量足够高时，特别是飞秒激光烧蚀，靶材的电子温度会急剧升高，可达 10 000 K 以上，从而导致强烈的电子发射现象，被烧蚀的靶材高度离子化[21,24,25,27]。当电子的能量传输给晶格之后，晶格的温度也会急剧上升，直至发生表面熔化。这种高度离子化的液体在强烈的库仑力作用下发生爆炸式分裂，从而产生纳米颗粒。库仑爆炸法需要很高的脉冲能量和电子发射量，所以需要很高的脉冲能量密度。最近，Plech 等报道了近场增强烧蚀现象[28]。他们发现，当入射的脉冲能量很低，甚至低于靶材 (Au 纳米颗粒) 的等离子体形成和爆炸熔化的阈值时，烧蚀现象仍然能够发生。于是他们认为，这是由于激光在照射到 Au 纳米颗粒时，极化增强效应使得 Au 纳米颗粒表面的光场强增大 (增大倍数可达 10 倍以上)，进而导致 Au 纳米颗粒表面的温度快速上升，发生崩裂，产生尺寸更小的纳米颗粒。不过，这个理论最近也受到了其他学者的质疑，还需要更多的研究来阐释这个过程和机理[21]。

20.2.3　前驱体靶材液相脉冲激光烧蚀法的过程与机理

由于飞秒脉冲激光的功率密度很高，在局部产生高温高压，可以使溶液中的前驱体分子和溶剂分子分解或者还原。在这种条件下，目前学者们认为主要有两种途径来形成纳米材料：光致热分解和光致还原[29-31]。光致热分解的过程主要是前驱体分子在高温等离子体内部分解产生原子或者团簇。这些原子或者团簇经过长大团聚形成纳米材料。光致还原的过程主要包括高温条件下自由电子的产生和前驱体离子被自由电子还原为原子两个过程。另外，自由电子也可以由光照直接诱导产生 (单光子或者多光子吸收)[12]。

20.3　飞秒激光在溶液中制备纳米粒子的研究进展

许多传统的纳米粒子制备方法都需要特殊的前驱体、复杂的分离和提纯工序，而飞秒激光液相烧蚀法则可以在一个可控、无污染的环境 (如纯去离子水) 中进行，这就使得制备无污染的纳米粒子变为可能。这种方法由于不会因为降低表面的污染和毒性而使产率受到限制，在制备应用于生物和医学上的纳米粒子和胶体溶液时具有巨大的优势。目前，飞秒激光液相烧蚀法制备的纳米粒子主要可以分为三类：①金属和合金纳米粒子；②半导体纳米粒子；③其他功能纳米粒子。

20.3.1　无表面活性剂的纳米粒子制备

从 2003 年开始，Kabashin 等开始利用飞秒激光液相烧蚀法在去离子水中制备 Au 胶体纳米粒子[32,33]。当使用的激光功率较高时，制备的 Au 纳米粒子的尺寸呈双峰粒度分布。分散度较低的第一个纳米粒子群的平均尺寸分布范围在 3~10nm 左右，且这种分布几乎不受烧蚀激光通量的影响。分散度很高的第二个 Au 纳米粒子群的粒径随着激光通量的下降而表现出大幅降低的特点。如上所述，纯粹基于光子的非热烧蚀和等离子体相关的热烧蚀分别是低分散和高分散 Au 纳米粒子群的成因，这项工作还指出，较低的激光通量会促进小尺寸纳米粒子的形成。

为了控制纳米粒子的尺寸，他们使用了“两步法”来制备小尺寸和窄分布的 Au 纳米粒子[34-36]：第一步，利用飞秒激光烧蚀 Au 块体靶材，制备尺寸相对较大 (几十纳米)、尺寸分布较宽的 Au 纳米粒子；第二步，通过飞秒激光自调制产生白光超连续谱，用以继续照射第一步生成的纳米粒子，从而大幅减小了纳米粒子的平均尺寸及尺寸的分布范围，同时还提高了溶液的稳定性。Au 纳米粒子的最终尺寸与胶体的初始性质无关，而是主要取决于第二步照射所使用的激光能量。这些工作表明，利用飞秒激光烧蚀预先使用其他方法制备的 Au 纳米粒子，通过诱导库仑爆炸产生的分裂效应，可以获得尺寸更小、分布更均匀的纳米粒子。这种方法也为 Hashimoto 课题组的工作所证实[21,24,25]。他们展示了 60 nm 左右的 Au 纳米粒子，利用飞秒激光液相烧蚀法照射后，可以产生直径 3 nm 左右的 Au 纳米粒子。此外，使用离心法分离也是从初始产品中获得小尺寸纳米粒子的可选方法[37]。图 20.5(a) 和 (b) 展示了利用不同的离心速度从飞秒激光烧蚀产生的初始纳米粒子中获得的平均尺寸分别为 7.3 nm, 21.2 nm 和 31.3 nm 的三种 Au 纳米粒子。

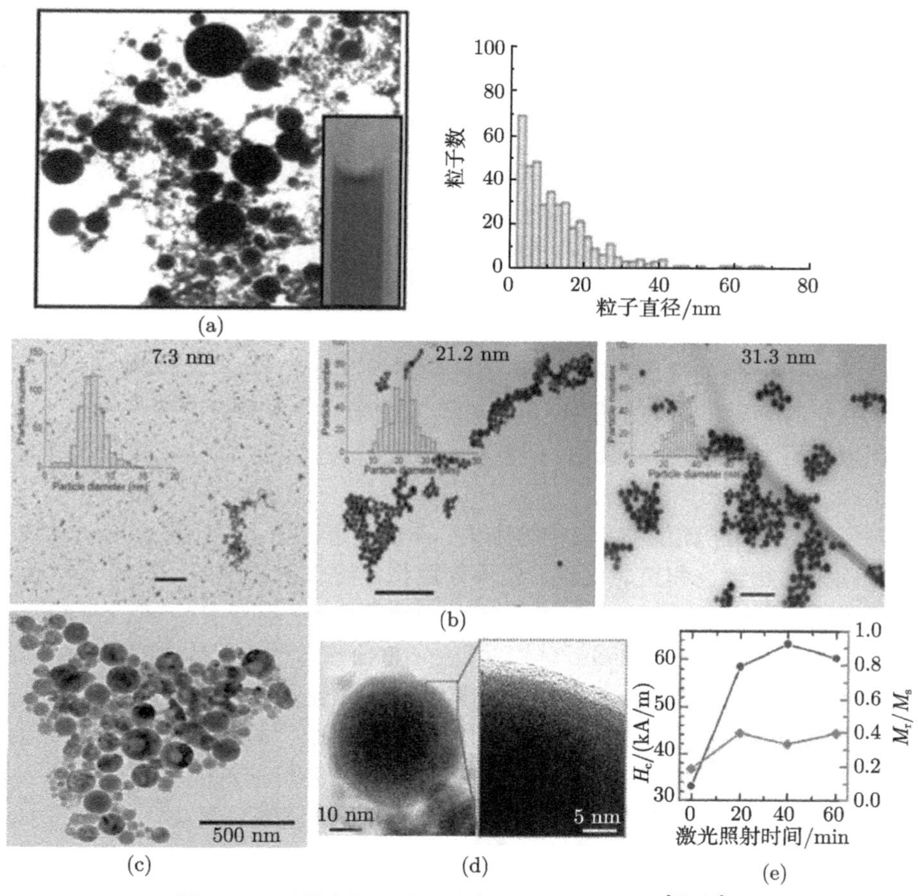

图 20.5 透射电镜图片和纳米粒子尺寸分布图[37-39]

(a) 飞秒激光烧蚀法在去离子水中制备的 Au 纳米粒子；(b) 利用离心法不同速度分离后的三种尺寸分布；(c)Al 纳米粒子的透射电镜图；(d) 飞秒激光烧蚀法制备 $Nd_2Fe_{14}B$ 纳米粒子的典型透射电镜图；(e)$Nd_2Fe_{14}B$ 纳米粒子的矫顽力和剩磁强度与激光照射时间的关系图

Barcikowski 课题组最近也报道了利用飞秒激光烧蚀法在水中制备 Au 纳米粒子的工作[40-42]。在他们的工作中主要讨论了激光重复频率、脉冲能量和空穴化气泡的性质对流体动力学直径尺寸和产率的影响。

在有机溶液中，包括 n-己烷，二乙醚、甲苯、2-丙醇、丙酮以及甲醇溶液，利用飞秒激光烧蚀法可以成功制备钴 (Co) 和 Au 纳米粒子[43]。用飞秒激光进一步照射前述制备的 Co 胶体和 Au 胶体的混合溶液，使邻近的纳米粒子互相连接和聚合，还可以制备出同时包含 Co 和 Au 纳米粒子的异质结构纳米粒子[44]。

Tsuji 等利用飞秒激光烧蚀法，在水中实现了尺寸为 40 nm 左右的 Ag 纳米粒子的制备[45]。与通常制备出的球形纳米粒子不同，他们在实验中观察到了不规则的 Ag 纳米粒子，但是导致这种差别的具体原因还需要进一步的证实。Barcikowski 利用同样的方法，在流动的水中也制备出了 Ag 纳米粒子[46]。他们指出，与在静水中制备纳米粒子相比，在流水中制备纳米粒子可以改善重复性和提高纳米粒子产率达 380%。

Stratakis 等利用飞秒激光在乙醇溶液中烧蚀块体铝靶材的方法，制备了高稳定性的 Al 纳米粒子[47]。高分辨率透射电镜研究表明，产生的 Al 纳米粒子大多数是包含着单晶的无定形相。由于局部氧化层的存在，这种方法制备的 Al 纳米粒子与周围空气的反应很慢，因而能有效地钝化表面以防止进一步的氧化。他们这个课题组还报道了在乙醇、水和 n-丙醇中制备多孔 Al 和 Ti 纳米粒子的工作，如图 20.5(c) 所示[39]。他们提出，环境液体的分解产生了氢气 (H_2)，随后聚集形成气泡。在纳米粒子的冷却和固化过程中，氢气在金属纳米粒子中释放而形成气孔。Rao 课题组在极性不同的溶液 (如氯仿、四氯化碳、水、环己烷和二氯甲烷) 中，同样成功制备了 Al 纳米粒子[48,49]。

对于某些应用，如生物、催化等来说，合金纳米粒子往往比纯金属纳米粒子具有更好的生物相容性和抗氧化性。在不使用稳定配体的情况下，利用飞秒激光烧蚀法在不同溶液中可以制备各种各样的合金纳米粒子，包括 $Nd_2Fe_{14}B$, NiTi, PtIr, $Ni_{48}Fe_{52}$, Sm_2Co_{17}, PtPb, CuIn, CuGa 和 CuInGa[38,50-54]。制备出的合金纳米粒子的化学计量比取决于相应烧蚀靶材的元素组成和使元素蒸发的热量[52]。制备出的金属间化合物 $Nd_2Fe_{14}B$ 纳米粒子的平均尺寸为 30 nm，这个尺寸远小于理论单磁畴的尺寸 (120 nm)，如图 20.5(d) 所示。由图可见，环境溶剂的分解形成了一个自发钝化的无定形碳层，限制了 $Nd_2Fe_{14}B$ 纳米粒子的团聚和氧化。$Nd_2Fe_{14}B$ 纳米粒子的矫顽力随着照射时间的增加而增加，尽管其结晶度有所下降，如图 20.5(e) 所示。各种测试方法表明，靶材的化学计量比在制备出的 NiTi 和 PtIr 纳米粒子胶体溶液中得到了很好的保存[50,51]。Hagedorn 等研究发现，丙酮和水由于存在团聚或氧化效应，会阻碍具有稳定化学计量比的 PtPb 纳米粒子的形成，而甲醇和乙醇则相对更合适[53]。为了减小制备的 PtPb 纳米粒子的尺寸，他们采用了二次照射的方法，但是这样会带来一些副作用，如纳米粒子无定形化和热分解。

20.3.2 半导体纳米粒子制备

半导体纳米粒子是飞秒激光液相烧蚀法制备的另一类具有重要应用的纳米粒子。Rioux 等利用飞秒激光在去离子水或 D_2O 中烧蚀靶材的方法，制备了尺寸为 2.4 nm 的 Si 纳米粒子[55]。为了控制尺寸，使用的激光通量为接近烧蚀阈值的低能量密度 (~0.05 J/cm^2)。根据 Intartaglia 等的研究，照射激光通量的增加会导致纳米粒子尺寸长大，粒径分布变宽，如图 20.6 所示[56]。另外一些课题组也展示了利用这种方法制备的粒径分布较宽的 Si 纳米粒子[57-60]。制备的纳米粒子的尺寸和粒径分布可以通过调整烧蚀时间、激光脉宽、能量密度或者后续的超声清洗和过滤操控来控制。当尺寸减小到几个纳米之后，Si 纳米粒子可以受激发而发光。Blandin 等通过飞秒激光烧蚀分散在不同含氧量的水中的 Si 胶体微粒的方法制备了 Si 纳米粒子[20]。实验获得了高浓度的尺寸为 2 nm 的纳米粒子胶体。制备的纳米粒子的最终尺寸可以通过改变初始微胶体的浓度得到控制。例如，当微胶粒的浓度从 0.08 g/L 增加到 0.5 g/L 时，制备的 Si 纳米粒子的平均尺寸从 1~2 nm 增加到 20~25 nm。

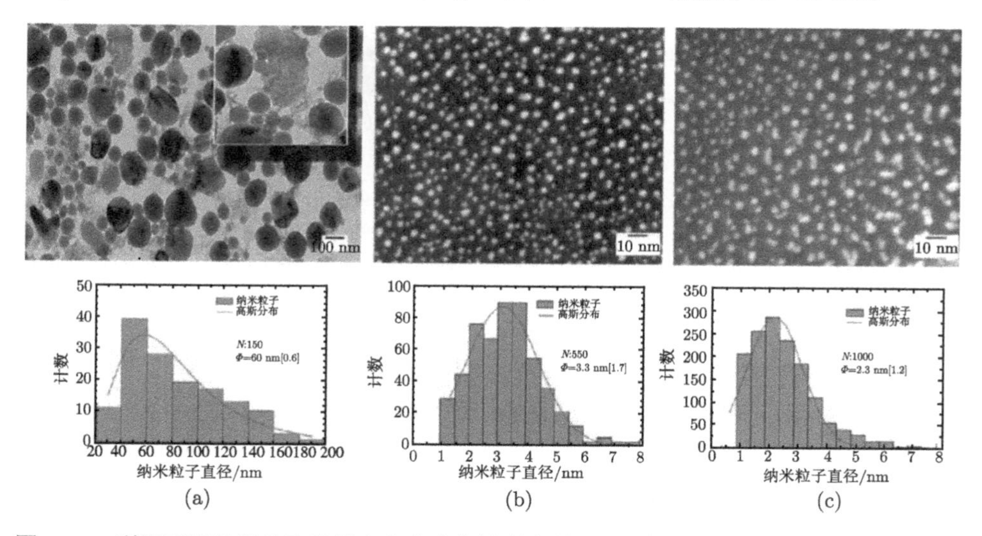

图 20.6 利用不同能量的飞秒激光在水中烧蚀制备的 Si 纳米粒子透射电镜 (TEM) 和扫描透射显微镜照片[56]

(a) 0.40 mJ; (b) 0.27 mJ; (c) 0.16 mJ

Tan 等使用飞秒激光烧蚀法在 1-己烯和丙烯酸/乙醇的混合溶液中分别制备了分散性很好的疏水性和亲水性发光 Si 纳米粒子，如图 20.7 所示[61,62]。疏水性纳米粒子与亲水性纳米粒子的尺寸分别约为 2.4 nm 和 1.9 nm。FTIR 和 XPS 表征表明，疏水性和亲水性 Si 纳米粒子的表面分别被一层疏水性和亲水性有机物所修饰。正是这种表面修饰抑制了硅纳米粒子的团聚，使其保持单分散状态。在液相飞秒激光烧蚀的极端环境中，活性很高的 Si 纳米粒子易与溶液的中不饱和有机物发生加成反应，从而形成表面修饰。

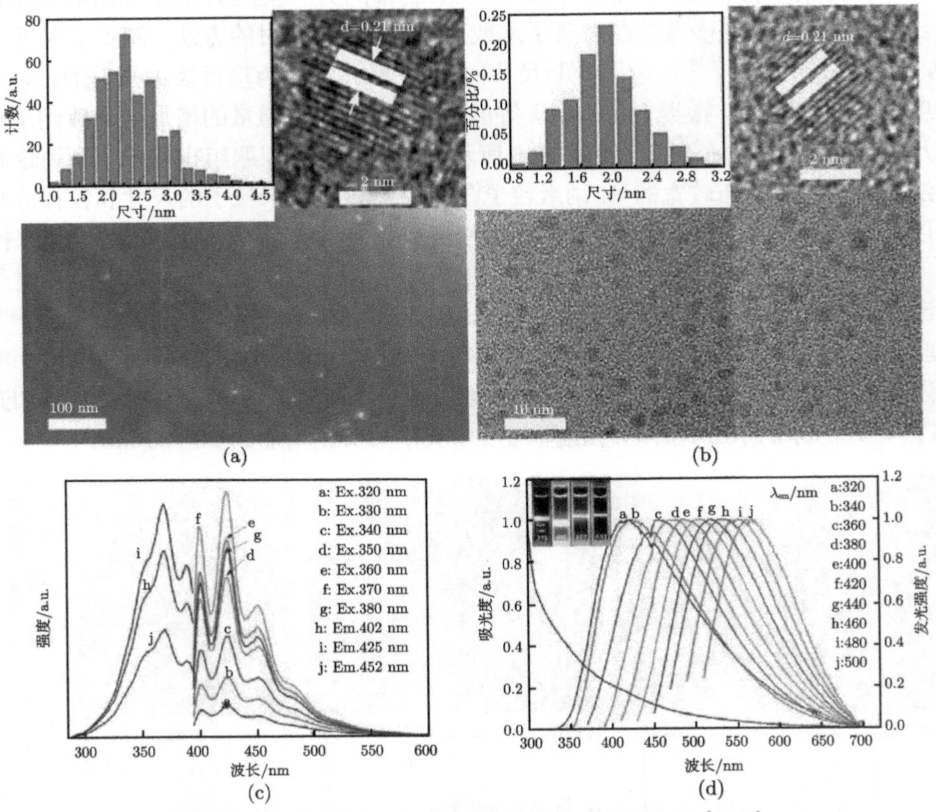

图 20.7 激光烧蚀形成的 Si 纳米颗粒和发光光谱 [61,62]

(a) 疏水性 Si 纳米粒子和 (b) 亲水性 Si 纳米粒子的 TEM 图，插图为粒径分布图和高分辨率透射电镜 (HRTEM) 图；(c) 疏水性 Si 纳米粒子的激发和发光光谱图；(d) 亲水性 Si 纳米粒子的吸收光谱和发光光谱，插图为亲水性 Si 纳米粒子在水溶液中被波长为 375 nm, 405 nm, 457 nm 和 532 nm 的激光激发的发光图片

Gong 等通过飞秒激光在水中烧蚀的方法，利用不同的激光通量成功制备了 CdS 和 CuZnS 量子点[63,64]。当激光通量从 11.5 mW/cm^2 提高到 16.0 mW/cm^2 时，制得的纳米粒子的平均粒径从 2 nm 增加到 8.6 nm，粒径的分布也变得更宽，相应地，带隙宽度随之减小[63]。当使用高激光通量时，他们观察到纳米粒子的粒径呈双峰分布[64]。Semaltianos 等报道了利用飞秒激光液相烧蚀法制备 CdTe, CdSe 和 ZnTe 量子点的工作[65,66]。他们观察到，各种量子点的尺寸分布均为对数正态函数分布，它们的晶体结构与对应的块体材料相同，但是其中活性更高的元素，在所使用的条件下在量子点中的含量稍高于另一种元素。

Said 等在不同溶液，如去离子水、乙醇、十二硫醇和十八硫醇中利用飞秒激光烧蚀靶材的方法制备了 ZnO 纳米粒子[67]。不同溶液中制备出的粒子尺寸都在几个纳米范围。镁 (Mg) 掺杂的 ZnO 纳米粒子也通过这种方法在乙醇中成功制备出[68]。随着 Mg 掺杂浓度的增加，激子发射出现蓝移，表明 ZnO 纳米粒子的带隙变宽。

我们课题组以金属锆 (Zr) 做靶材，利用飞秒与纳秒激光液相烧蚀法在氨水中分别成功制备了立方相和四方相二氧化锆。但是，使用这两种脉冲激光在水中合成的均为单斜相和四方相二氧化锆的混合物[6]。我们认为，脉冲激光烧蚀所产生的 Zr 原子或者基团在极端的高温高压环境下与等离子体中的 O 原子或者基团发生反应，生成亚稳相二氧化锆。周围液体的快速冷却作用使这种亚稳态保存下来。同时，溶液 pH 的不同决定了最终产物的稳定性。pH 越高，越有利亚稳相的稳定存在。由于飞秒激光的峰值功率要比纳秒激光的高很多，所产生的温度和压强也更高。同时，等离子的冷却速率也更高。所以我们认为飞秒激光比纳秒激光更有利于高温相的生成和稳定[6]。此外，我们组还利用飞秒激光在乙醇中烧蚀 α-Bi_2O_3 块体靶材的方法，成功制备出 α-Bi_2O_3 纳米粒子[69]。

20.3.3 其他功能纳米粒子制备

Santagata 等利用不同频率的飞秒激光照射水中的石墨靶材，观察到不同纳米粒子的形成[70]。当激光重复频率为 10~100 Hz 时，形成了尺寸为 1~5 nm 的类金刚石碳纳米粒子 (diamond-like carbon)；当激光重复频率为 1000 Hz 时，形成了金刚石纳米粒子，生成的粒子团聚形成尺寸为 300 nm 以内的纳米颗粒。

Tan 等也使用飞秒激光液相烧蚀法制备出了金刚石纳米粒子，通过调控靶材和溶液，实现了对金刚石纳米粒子的尺寸、结构、表面性质和光学性质的调控，如图 20.8 所示[8,9]。飞秒激光烧蚀分散在丙酮或者乙醇中的玻璃态碳球、石墨粉末或者碳化甘蔗渣粉末制备出了不同尺寸的金刚石纳米粒子。特别地，利用玻璃态碳球在丙酮中制备的纳米粒子 (Gla-a-NDs) 的平均尺寸为 2.0 nm，小于一般方法所能制备的金刚石纳米粒子的尺寸。金刚石纳米粒子的表面氧化态从 Gla-e-NDs(玻璃态碳球乙醇中制备)，到 Gra-e-NDs(石墨粉乙醇中制备)，再到 Gla-a-NDs 逐渐提高，其光致发光最强峰随着氧化程度的提高而红移。其中 Gla-e-NDs 的发光主要集中在紫外和蓝色波段，最大值在 373 nm。Gra-e-NDs 的发光主要集中在蓝色波段，最大峰位在 434 nm。Gla-a-NDs 的荧光主要为蓝绿色到绿色，最强峰在 496 nm。在金刚石纳米粒子的紫外可见吸收光谱和激发光谱中，可以观察到数个明显的高度局域化 π 电子能态和缺陷能态峰。他们认为金刚石纳米粒子的发光途径主要有两种: 高度局域化 π 能态和缺陷能态的电子辐射性跃迁。氧化程度越高，缺陷能态电子跃迁导致的荧光越强，进而导致发光峰的红移。同时，非辐射性跃迁也会减少，从而使荧光寿命变短。高度局域化 π 能态电子的跃迁主要产生紫外发光。

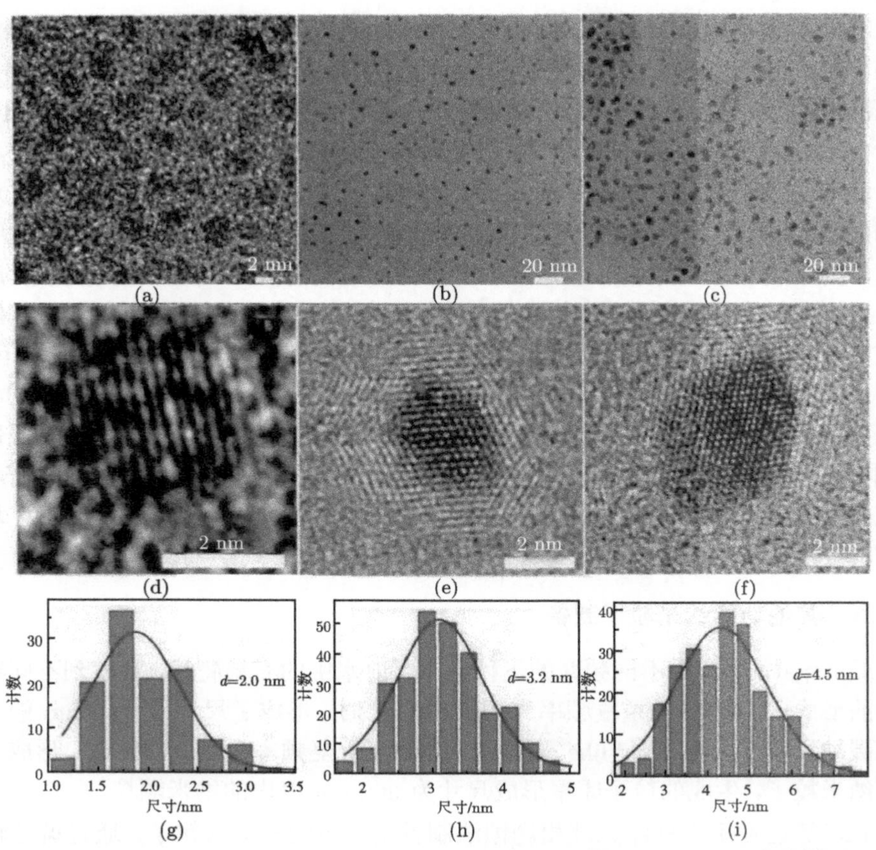

图 20.8 Gla-a-NDs, Gla-e-NDs 以及 Gra-e-NDs 的 TEM 图 ((a)~(c)) 和高分辨 TEM 图 ((d)~(f))(后附彩图)

(g) (h) (i) 分别对应 (a) (b) (c) 的尺寸分布

此外，他们还利用浸在乙醇中石墨块和碳化甘蔗渣块作为靶材，制备了不同尺寸的石墨纳米粒子，利用飞秒激光烧蚀苯溶液中的石墨块制备了空心碳纳米结构[1]。他们还实现了使用飞秒激光烧蚀分散在乙醇溶液中的石墨烯，制备出复合石墨烯球，这是第一次报道用飞秒激光诱导石墨烯组装形成球。通过控制飞秒激光脉冲的能量和照射时间，可以在很大范围内控制石墨烯球尺寸: 40 nm~3 μm。复合石墨烯球中含有大量的尺寸为几个纳米的碳纳米粒子。在不同波长光激发下，石墨烯球可以发出不同颜色的光。随着波长增加，发光峰红移。他们认为石墨烯在飞秒激光诱导下发生了层层组装，形成球状结构。同时，在被飞秒激光照射过程中，石墨烯先发生了氧化 (时间较短时)，接着又发生了还原 (时间较长时)，这种氧化和还原过程促进了石墨烯的组装。

Tan 等利用飞秒激光烧蚀法一步实现了氧化石墨烯的还原以及与超细纳米粒

子的复合[71]。利用液相飞秒激光烧蚀法，他们制备了超细 Ag 纳米粒子–石墨烯复合材料以及超细 ZnO 纳米粒子–石墨烯复合材料。Ag 纳米粒子与 ZnO 纳米粒子都是以单分散的形式生长在石墨烯上，其尺寸主要在 3 nm 以下。其中，ZnO 呈现为两种新型六方相结构。他们认为飞秒激光诱导产生的自由电子和氧离子分别在 Ag 与 ZnO 纳米粒子的形成过程中起着很重要的作用。同时，其大量的异质形核、超快冷却速率以及很小的热效应等因素限制了纳米粒子的尺寸，从而有利于形成超细纳米粒子。

Masuhara 等利用飞秒激光烧蚀水中块体酞菁氧化钒 (IV) (VOPc) 晶体的方法，制备了尺寸为 17 nm 的单分散 VOPc 纳米粒子[72]。与他们前期利用纳米激光烧蚀法制备的产品相比，飞秒激光烧蚀制备出的 VOPc 纳米粒子具有更小的粒径和更窄的尺寸分布[72,73]。

目前而言，飞秒激光液相烧蚀法制备的纳米粒子主要集中于上述三类，本章仅概述了其中一些具有代表性的工作，还有更多有趣的工作没有包括进来，有兴趣的读者可以自行查阅。

20.4 飞秒激光液相烧蚀法制备纳米粒子的应用

20.4.1 生物学应用

飞秒激光液相烧蚀法是制备无污染纳米颗粒的一种绿色工具。此方法制备出的无配体纳米粒子具有良好的生物相容性，可以和细胞进行无毒的相互作用，如图 20.9(a) 所示[37]。Sobhan 等演示了没经过任何修饰的 Au 纳米粒子可以正常进入细胞。各种表征技术获得的结果显示，绝大多数的纳米粒子都处在细胞质中。他们观察到细胞对纳米粒子的摄取具有尺寸依赖性，粒径大于 20 nm 的 Au 纳米粒子进入细胞的比值最大 (图 20.9(b))。

飞秒激光液相烧蚀法制备的 NiTi 合金纳米粒子对干细胞具有良好生物相容性，可以充当细胞生长的纳米制动器[5]。细胞生殖实验和环境 SEM 中均没有发现纳米粒子对细胞生长和融合具有副作用，使这种材料在干细胞的机械刺激应用方面具有很大吸引力。

Rioux 等揭示了飞秒激光液相烧蚀法在水中制备的 Si 纳米粒子是一种纯净的光敏剂，在激光照射下可以产生单态氧，产率可达使用光卟啉时的 10%[55]。因此，这种方法制备的 Si 纳米粒子有望用于治疗学、防腐剂和消毒剂等。使用这种无极光敏剂的潜在优势包括稳定、单态氧释放无光漂白性、容易清除和低毒性。高量子产率和明亮的共焦显微镜图像为生物相容的 Au 纳米粒子在生物成像方面的应用提供了可靠的条件，如图 20.9(c) 所示[59]。

与生物分子共轭成对后，这些功能纳米粒子表现出极好的生物相容性和高渗透性，为更多的生物学应用提供了可能。图 20.9(d) 表明，孵化体现了未经设计和经过功能化设计的 Au 纳米粒子都成功内化在细胞中[74]。

利用飞秒激光液相烧蚀法在寡核苷酸溶液或寡核苷酸 + 生理盐水复合缓冲液中制备的 AuAg 合金纳米颗粒可用于高灵敏度的电浆核酸检测[75]。

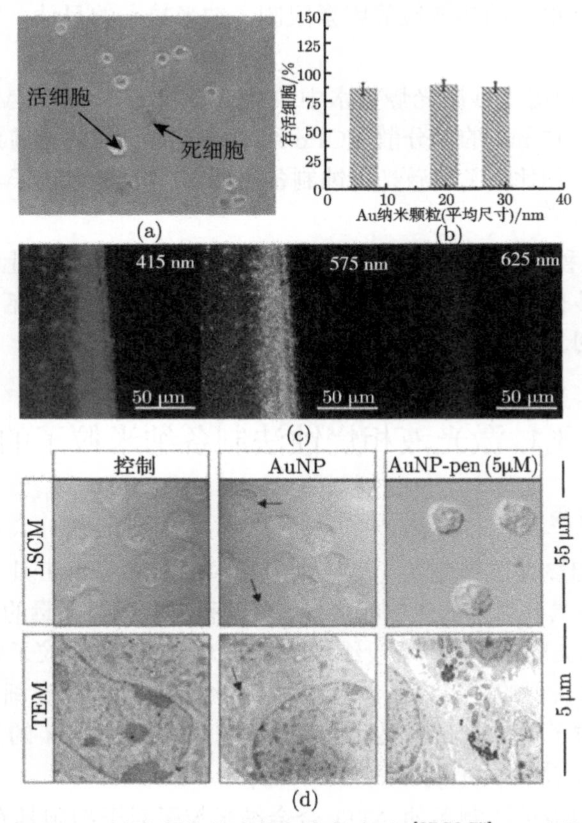

图 20.9　Au 纳米颗粒的生物相容性实验 [37,59,75]　(后附彩图)

(a) 利用 Au 纳米粒子孵化 20h 后，暴露在台盼蓝中的细胞 (20 倍放大)；(b) 纯 Au 纳米粒子对 AR42J 胰腺肿瘤细胞株的毒性，抗原由功能化的 Au 纳米粒子特殊标记；(c)Au 纳米粒子在不同波长的光激发下的荧光显微照片，渗透对细胞与 Au 纳米粒子的共轭内化的影响；(d) 代表性的激光扫描共焦显微照片 (上方，红色是 Au 纳米粒子在 543nm 激发下的背散射) 和透射电镜照片 (底部)

20.4.2　光学应用

Zeng 等[30] 以及 Zhao 等[76] 报道了飞秒激光制备的 Au 和 Ag 胶体的纳秒非线性光学性能，如图 20.10 所示。在 Au 胶体中，我们观察到与强度无关的非线性折射 (图 20.10(a))，这意味着制备的 Au 胶体在光信息处理方面具有潜在应用[76]。Ag 纳米粒子表现出很强的光限幅性能 (图 20.10(b))，可应用于眼睛保护和灵敏光学元件免受激光伤害和损伤[30]。类似的结果在 Pd, Pt 和 Al 胶体中也有报道[31,77−79]。

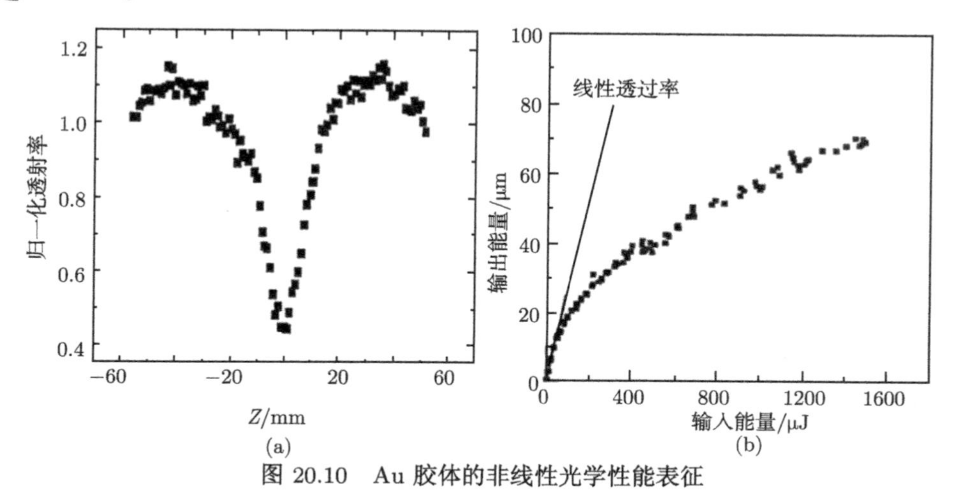

图 20.10 Au 胶体的非线性光学性能表征

(a)Au 胶体的开孔 Z 扫描曲线；(b)Ag 胶体的光限幅性能曲线

20.4.3 催化应用

我们利用飞秒激光液相烧蚀法制备的 α-Bi_2O_3 具有良好的光学催化性能，在 365nm 发光二极管的照射下光降解蓝胭脂红的效果甚至优于商用 TiO_2 催化剂 (P25)，如图 20.11(a) 所示[69]。

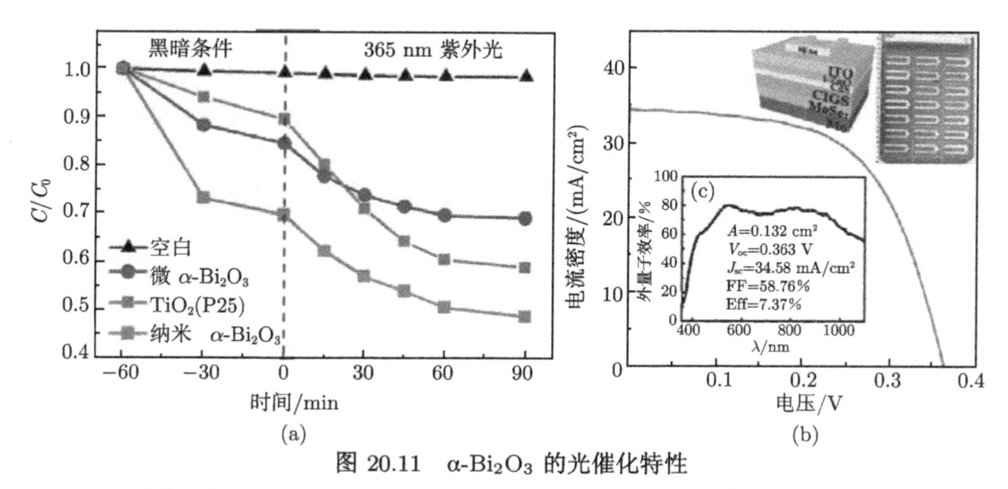

图 20.11 α-Bi_2O_3 的光催化特性

(a) 溶液中的蓝胭脂红在没有光催化剂和不同光催化剂存在时的光降解过程[69]；(b)Mo 金属薄板上的 CIGS 太阳能电池的伏安曲线，右上插图为该太阳能电池的结构示意图 [54]；(c) 测试的外量子效率特征[54]

金属间化合物 PtPb 纳米粒子具有稳态电化学响应性能，可用于甲酸的氧化[53]。氧化的初始电势相对于标准氢电极是 200 mV，峰值电势相对于标准氢电极是 440 mV。

20.4.4 其他应用

关于小尺寸有机纳米粒子的研究，预示着飞秒激光液相烧蚀法可以用于弱水溶性的药物组分临床前筛查工具，特别是当药效不足的时候[72,80-82]。飞秒激光液相烧蚀法制备的 PtIr 纳米粒子具有超临界的带负电荷的表面，可以促进电泳沉积，1min 内可在三维神经电极 PtIr 表面制造出纳米尺度的粗糙度[51,83]。这个结果表明，飞秒激光液相烧蚀法制备的纳米粒子可以在很短的时间范围内，在不改变基板表面化学组成的前提下，对合金植入体的表面纳米形貌进行三维修饰。$Cu(In,Ga)Se_2$(CIGS) 薄膜太阳能电池是通过电泳沉积，由飞秒激光液相烧蚀法制备的 CuIn 和 CuGa 合金纳米粒子制造而成的[54]。最后，这些 CIGS 太阳能电池在 Mo 薄板的一个激活区域表现出的能量转换效率高达 7.37%，如图 20.11 (b) 和 (c) 所示。

20.5 小结和展望

飞秒激光液相烧蚀法为制备功能纳米材料提供了一种快速、简易和绿色环保的技术，这是其他传统制备方法如胶体化学等所无法实现的。迄今为止，大多数关于飞秒激光液相烧蚀法的研究主要集中在纳米材料的制备及其结构性能的表征。然而，被烧蚀材料的基础物理过程和在极端条件下纳米材料形成的机理还远远没有被理解透彻。特别是对飞秒激光烧蚀实验过程中的瞬态参数如温度和压力的测试仍然面临着很大的挑战。

近来，已有越来越多的研究将努力的重心放在了飞秒激光液相烧蚀法制备纳米材料的机理和应用探索方面。除了必要的模拟研究，我们还需要更多的实验技术手段，如原位泵浦探测光谱仪、时间分辨发光光谱仪和小角 X 射线散射分析等，来检测飞秒激光液相烧蚀法制备纳米材料的细节信息。为了提高产率和实现对纳米材料精细结构的控制，对溶液流动、双脉冲烧蚀技术、脉冲整形技术和制备条件的最优化作更多更细致的研究，是不可或缺的。

参 考 文 献

[1] Kazakevich P V, Simakin A V, Voronov V V, et al. Laser induced synthesis of nanoparticles in liquids[J]. Applied Surface Science, 2006, 252(13): 4373-4380.

[2] Amendola V, Meneghetti M. Laser ablation synthesis in solution and size manipulation of noble metal nanoparticles[J]. Physical Chemistry Chemical Physics, 2009, 11(20):

3805-3821.

[3] Kumar B, Thareja R K. Laser ablated copper plasmas in liquid and gas ambient[J]. Physics of Plasmas (1994-present), 2013, 20(5): 053503.

[4] Kumar B, Yadav D, Thareja R K. Growth dynamics of nanoparticles in laser produced plasma in liquid ambient[J]. Journal of Applied Physics, 2011, 110(7): 074903.

[5] Patel D N, Singh R P, Thareja R K. Craters and nanostructures with laser ablation of metal/metal alloy in air and liquid[J]. Applied Surface Science, 2014, 288: 550-557.

[6] Tan D, Lin G, Liu Y, et al. Synthesis of nanocrystalline cubic zirconia using femtosecond laser ablation[J]. Journal of Nanoparticle Research, 2011, 13(3): 1183-1190.

[7] Tan D, Teng Y, Liu Y, et al. Preparation of zirconia nanoparticles by pulsed laser ablation in liquid[J]. Chemistry Letters, 2009, 38(11): 1102-1103.

[8] Tan D, Zhou S, Xu B, et al. Simple synthesis of ultra-small nanodiamonds with tunable size and photoluminescence[J]. Carbon, 2013, 62: 374-381.

[9] Tan D, Yamada Y, Zhou S, et al. Carbon nanodots with strong nonlinear optical response[J]. Carbon, 2014, 69: 638-640.

[10] Tan D, Yamada Y, Zhou S, et al. Photoinduced luminescent carbon nanostructures with ultra-broadly tailored size ranges[J]. Nanoscale, 2013, 5(24): 12092-12097.

[11] Perez D, Béland L K, Deryng D, et al. Numerical study of the thermal ablation of wet solids by ultrashort laser pulses[J]. Physical Review B, 2008, 77(1): 014108.

[12] Tan D, Zhou S, Qiu J, et al. Preparation of functional nanomaterials with femtosecond laser ablation in solution[J]. Journal of Photochemistry and Photobiology C: Photochemistry Reviews, 2013, 17: 50-68.

[13] Yang G W. Laser ablation in liquids: applications in the synthesis of nanocrystals[J]. Progress in Materials Science, 2007, 52(4): 648-698.

[14] Amendola V, Meneghetti M. What controls the composition and the structure of nanomaterials generated by laser ablation in liquid solution?[J] Physical Chemistry Chemical Physics, 2013, 15(9): 3027-3046.

[15] De Bonis A, Sansone M, D'Alessio L, et al. Dynamics of laser-induced bubble and nanoparticles generation during ultra-short laser ablation of Pd in liquid[J]. Journal of Physics D: Applied Physics, 2013, 46(44): 445301.

[16] De Giacomo A, Dell'Aglio M, Santagata A, et al. Cavitation dynamics of laser ablation of bulk and wire-shaped metals in water during nanoparticles production[J]. Physical Chemistry Chemical Physics, 2013, 15(9): 3083-3092.

[17] Yan Z, Chrisey D B. Pulsed laser ablation in liquid for micro/nanostructure generation[J]. Journal of Photochemistry and Photobiology C: Photochemistry Reviews, 2012, 13(3): 204-223.

[18] Wagener P, Ibrahimkutty S, Menzel A, et al. Dynamics of silver nanoparticle formation and agglomeration inside the cavitation bubble after pulsed laser ablation in liquid[J].

Physical Chemistry Chemical Physics, 2013, 15(9): 3068-3074.

[19] Lavisse L, Le Garrec J L, Hallo L, et al. In-situ small-angle X-ray scattering study of nanoparticles in the plasma plume induced by pulsed laser irradiation of metallic targets[J]. Applied Physics Letters, 2012, 100(16): 164103.

[20] Blandin P, Maximova K A, Gongalsky M B, et al. Femtosecond laser fragmentation from water-dispersed microcolloids: toward fast controllable growth of ultrapure Si-based nanomaterials for biological applications[J]. Journal of Materials Chemistry B, 2013, 1(19): 2489-2495.

[21] Hashimoto S, Werner D, Uwada T. Studies on the interaction of pulsed lasers with plasmonic gold nanoparticles toward light manipulation, heat management, and nanofabrication[J]. Journal of Photochemistry and Photobiology C: Photochemistry Reviews, 2012, 13(1): 28-54.

[22] Takami A, Kurita H, Koda S. Laser-induced size reduction of noble metal particles[J]. The Journal of Physical Chemistry B, 1999, 103(8): 1226-1232.

[23] Inasawa S, Sugiyama M, Yamaguchi Y. Bimodal size distribution of gold nanoparticles under picosecond laser pulses[J]. The Journal of Physical Chemistry B, 2005, 109(19): 9404-9410.

[24] Werner D, Hashimoto S. Improved working model for interpreting the excitation wavelength-and fluence-dependent response in pulsed laser-induced size reduction of aqueous gold nanoparticles[J]. The Journal of Physical Chemistry C, 2011, 115(12): 5063-5072.

[25] Werner D, Furube A, Okamoto T, et al. Femtosecond laser-induced size reduction of aqueous gold nanoparticles: in situ and pump-probe spectroscopy investigations revealing coulomb explosion[J]. The Journal of Physical Chemistry C, 2011, 115(17): 8503-8512.

[26] Furlani E P, Karampelas I H, Xie Q. Analysis of pulsed laser plasmon-assisted photothermal heating and bubble generation at the nanoscale[J]. Lab on a Chip, 2012, 12(19): 3707-3719.

[27] Yamada K, Tokumoto Y, Nagata T, et al. Mechanism of laser-induced size-reduction of gold nanoparticles as studied by nanosecond transient absorption spectroscopy[J]. The Journal of Physical Chemistry B, 2006, 110(24): 11751-11756.

[28] Plech A, Kotaidis V, Lorenc M, et al. Femtosecond laser near-field ablation from gold nanoparticles[J]. Nature Physics, 2006, 2(1): 44-47.

[29] Zhao C, Qu S, Qiu J, et al. Photoinduced formation of colloidal Au by a near-infrared femtosecond laser[J]. Journal of Materials Research, 2003, 18(07): 1710-1714.

[30] Zeng H, Zhao C, Qiu J, et al. Preparation and optical properties of silver nanoparticles induced by a femtosecond laser irradiation[J]. Journal of Crystal Growth, 2007, 300(2): 519-522.

[31] Herbani Y, Nakamura T, Sato S. Synthesis of near-monodispersed Au-Ag nanoalloys by high intensity laser irradiation of metal ions in hexane[J]. The Journal of Physical Chemistry C, 2011, 115(44): 21592-21598.

[32] Sylvestre J P, Kabashin A V, Sacher E, et al. Femtosecond laser ablation of gold in water: influence of the laser-produced plasma on the nanoparticle size distribution[J]. Applied Physics A, 2005, 80(4): 753-758.

[33] Kabashin A V, Meunier M. Synthesis of colloidal nanoparticles during femtosecond laser ablation of gold in water[J]. Journal of Applied Physics, 2003, 94(12): 7941-7943.

[34] Besner S, Kabashin A V, Meunier M. Fragmentation of colloidal nanoparticles by femtosecond laser-induced supercontinuum generation[J]. Applied Physics Letters, 2006, 89(23): 233122.

[35] Besner S, Kabashin A V, Meunier M. Two-step femtosecond laser ablation-based method for the synthesis of stable and ultra-pure gold nanoparticles in water[J]. Applied Physics A, 2007, 88(2): 269-272.

[36] Besner S, Kabashin A V, Winnik F M, et al. Ultrafast laser based "green" synthesis of non-toxic nanoparticles in aqueous solutions[J]. Applied Physics A, 2008, 93(4): 955-959.

[37] Sobhan M A, Sreenivasan V K A, Withford M J, et al. Non-specific internalization of laser ablated pure gold nanoparticles in pancreatic tumor cell[J]. Colloids and Surfaces B: Biointerfaces, 2012, 92: 190-195.

[38] Yamamoto T, Shimotsuma Y, Sakakura M, et al. Intermetallic magnetic nanoparticle precipitation by femtosecond laser fragmentation in liquid[J]. Langmuir, 2011, 27(13): 8359-8364.

[39] Kuzmin P G, Shafeev G A, Viau G, et al. Porous nanoparticles of Al and Ti generated by laser ablation in liquids[J]. Applied Surface Science, 2012, 258(23): 9283-9287.

[40] Menéndez-Manjón A, Chichkov B N, Barcikowski S. Influence of water temperature on the hydrodynamic diameter of gold nanoparticles from laser ablation[J]. The Journal of Physical Chemistry C, 2010, 114(6): 2499-2504.

[41] Menéndez-Manjón A, Barcikowski S. Hydrodynamic size distribution of gold nanoparticles controlled by repetition rate during pulsed laser ablation in water[J]. Applied Surface Science, 2011, 257(9): 4285-4290.

[42] Hahn A, Barcikowski S, Chichkov B N. Influences on nanoparticle production during pulsed laser ablation[J]. Pulse, 2008, 40(45): 50.

[43] Boyer P, Meunier M. Modeling solvent influence on growth mechanism of nanoparticles (Au, Co) synthesized by surfactant free laser processes[J]. The Journal of Physical Chemistry C, 2012, 116(14): 8014-8019.

[44] Boyer P, Ménard D, Meunier M. Nanoclustered Co-Au particles fabricated by femtosecond laser fragmentation in liquids[J]. The Journal of Physical Chemistry C, 2010, 114(32): 13497-13500.

[45] Tsuji T, Kakita T, Tsuji M. Preparation of nano-size particles of silver with femtosecond laser ablation in water[J]. Applied Surface Science, 2003, 206(1): 314-320.

[46] Barcikowski S, Menéndez-Manjón A, Chichkov B, et al. Generation of nanoparticle colloids by picosecond and femtosecond laser ablations in liquid flow[J]. Applied Physics Letters, 2007, 91(8): 083113.

[47] Stratakis E, Barberoglou M, Fotakis C, et al. Generation of Al nanoparticles via ablation of bulk Al in liquids with short laser pulses[J]. Optics Express, 2009, 17(15): 12650-12659.

[48] Podagatlapalli G K, Hamad S, Sreedhar S, et al. Fabrication and characterization of aluminum nanostructures and nanoparticles obtained using femtosecond ablation technique[J]. Chemical Physics Letters, 2012, 530: 93-97.

[49] Hamad S, Podagatlapalli G K, Sreedhar S, et al. Femtosecond and picosecond ablation of aluminum for synthesis of nanoparticles and nanostructures and their optical characterization[C]. In SPIE LASE. International Society for Optics and Photonics. 2012: 82450L.

[50] Barcikowski S, Hahn A, Guggenheim M, et al. Biocompatibility of nanoactuators: stem cell growth on laser-generated nickel-titanium shape memory alloy nanoparticles[J]. Journal of Nanoparticle Research, 2010, 12(5): 1733-1742.

[51] Jakobi J, Menéndez-Manjón A, Chakravadhanula V S K, et al. Stoichiometry of alloy nanoparticles from laser ablation of PtIr in acetone and their electrophoretic deposition on PtIr electrodes[J]. Nanotechnology, 2011, 22(14): 145601.

[52] Jakobi J, Petersen S, Menéndez-Manjón A, et al. Magnetic alloy nanoparticles from laser ablation in cyclopentanone and their embedding into a photoresist[J]. Langmuir, 2010, 26(10): 6892-6897.

[53] Hagedorn K, Liu B, Marcinkevicius A. Intermetallic PtPb Nanoparticles Prepared by Pulsed Laser Ablation in Liquid[J]. Journal of the Electrochemical Society, 2013, 160(2): F106-F110.

[54] Guo W, Liu B. Liquid-phase pulsed laser ablation and electrophoretic deposition for chalcopyrite thin-film solar cell application[J]. ACS Applied Materials & Interfaces, 2012, 4(12): 7036-7042.

[55] Rioux D, Laferrière M, Douplik A, et al. Silicon nanoparticles produced by femtosecond laser ablation in water as novel contamination-free photosensitizers[J]. Journal of Biomedical Optics, 2009, 14(2): 021010-021010.

[56] Intartaglia R, Bagga K, Brandi F, et al. Optical properties of femtosecond laser-synthesized silicon nanoparticles in deionized water[J]. The Journal of Physical Chemistry C, 2011, 115(12): 5102-5107.

[57] Semaltianos N G, Logothetidis S, Perrie W, et al. Silicon nanoparticles generated by femtosecond laser ablation in a liquid environment[J]. Journal of Nanoparticle Research,

2010, 12(2): 573-580.

[58] Kuzmin P G, Shafeev G A, Bukin V V, et al. Silicon nanoparticles produced by femtosecond laser ablation in ethanol: size control, structural characterization, and optical properties[J]. The Journal of Physical Chemistry C, 2010, 114(36): 15266-15273.

[59] Intartaglia R, Bagga K, Scotto M, et al. Luminescent silicon nanoparticles prepared by ultra short pulsed laser ablation in liquid for imaging applications[J]. Optical Materials Express, 2012, 2(5): 510-518.

[60] Alkis S, Okyay A K, Ortac B. Post-treatment of silicon nanocrystals produced by ultrashort pulsed laser ablation in liquid: toward blue luminescent nanocrystal generation[J]. The Journal of Physical Chemistry C, 2012, 116(5): 3432-3436.

[61] Tan D, Ma Z, Xu B, et al. Surface passivated silicon nanocrystals with stable luminescence synthesized by femtosecond laser ablation in solution[J]. Physical Chemistry Chemical Physics, 2011, 13(45): 20255-20261.

[62] Tan D, Xu B, Chen P, et al. One-pot synthesis of luminescent hydrophilic silicon nanocrystals[J]. RSC Advances, 2012, 2(22): 8254-8257.

[63] Gong W, Zheng Z, Zheng J, et al. Water soluble CdS nanoparticles with controllable size prepared via femtosecond laser ablation[J]. Journal of Applied Physics, 2007, 102(6): 064304.

[64] Zheng J, Zheng Z, Gong W, et al. Stable, small, and water-soluble Cu-doped ZnS quantum dots prepared via femtosecond laser ablation[J]. Chemical Physics Letters, 2008, 465(4): 275-278.

[65] Semaltianos N G, Logothetidis S, Perrie W, et al. CdTe nanoparticles synthesized by laser ablation[J]. Applied Physics Letters, 2009, 95(3): 033302.

[66] Semaltianos N G, Logothetidis S, Perrie W, et al. II-VI semiconductor nanoparticles synthesized by laser ablation[J]. Applied Physics A, 2009, 94(3): 641-647.

[67] Said A, Sajti L, Giorgio S, et al. Synthesis of nanohybrid materials by femtosecond laser ablation in liquid medium[C]//Journal of Physics: Conference Series, IOP Publishing, 2007, 59 (1): 259.

[68] Chelnokov E, Rivoal M, Colignon Y, et al. Band gap tuning of ZnO nanoparticles via Mg doping by femtosecond laser ablation in liquid environment[J]. Applied Surface Science, 2012, 258(23): 9408-9411.

[69] Lin G, Tan D, Luo F, et al. Fabrication and photocatalytic property of α-Bi_2O_3 nanoparticles by femtosecond laser ablation in liquid[J]. Journal of Alloys and Compounds, 2010, 507(2): L43-L46.

[70] Santagata A, De Bonis A, De Giacomo A, et al. Carbon-based nanostructures obtained in water by ultrashort laser pulses[J]. The Journal of Physical Chemistry C, 2011, 115(12): 5160-5164.

[71] Tan D. Preparation of functional nanomaterials bv pulsed laser ablation in liquid [D]. Hangzhou: Zhejiang University, 2014.

[72] Sugiyama T, Asahi T, Masuhara H. Formation of 10 nm-sized Oxo (phtalocyaninato) vanadium (IV) particles by femtosecond laser ablation in water[J]. Chemistry Letters, 2004, 33(6): 724-725.

[73] Tamaki Y, Asahi T, Masuhara H. Nanoparticle formation of vanadyl phthalocyanine by laser ablation of its crystalline powder in a poor solvent[J]. The Journal of Physical Chemistry A, 2002, 106(10): 2135-2139.

[74] Petersen S, Barchanski A, Taylor U, et al. Penetratin-conjugated gold nanoparticles-design of cell-penetrating nanomarkers by femtosecond laser ablation[J]. The Journal of Physical Chemistry C, 2010, 115(12): 5152-5159.

[75] Dallaire A M, Rioux D, Rachkov A, et al. Laser-generated Au-Ag nanoparticles for plasmonic nucleic acid sensing[J]. The Journal of Physical Chemistry C, 2012, 116(20): 11370-11377.

[76] Zhao C, Qu S, Gao Y, et al. Preparation and nonlinear optical properties of Au colloid[J]. Chinese Physics Letters, 2003, 20(10): 1752.

[77] Fan G, Ren S, Qu S, et al. Mechanisms for fabrications and nonlinear optical properties of Pd and Pt nanoparticles by femtosecond laser[J]. Optics Communications, 2013, 295: 219-225.

[78] Fan G, Qu S, Wang Q, et al. Pd nanoparticles formation by femtosecond laser irradiation and the nonlinear optical properties at 532 nm using nanosecond laser pulses[J]. Journal of Applied Physics, 2011, 109(2): 023102.

[79] Podagatlapalli G K, Hamad S, Sreedhar S, et al. Fabrication and characterization of aluminum nanostructures and nanoparticles obtained using femtosecond ablation technique[J]. Chemical Physics Letters, 2012, 530: 93-97.

[80] Kenth S, Sylvestre J P, Fuhrmann K, et al. Fabrication of paclitaxel nanocrystals by femtosecond laser ablation and fragmentation[J]. Journal of Pharmaceutical Sciences, 2011, 100(3): 1022-1030.

[81] Sylvestre J P, Tang M C, Furtos A, et al. Nanonization of megestrol acetate by laser fragmentation in aqueous milieu [J]. Journal of Controlled Release, 2011, 149(3): 273-280.

[82] Ding W, Sylvestre J P, Bouvier E, et al. Ultrafast laser processing of drug particles in water for pharmaceutical discovery[J]. Applied Physics A, 2014, 114(1): 267-276.

[83] Menendez-Manjon A, Jakobi J, Schwabe K, et al. Mobility of nanoparticles generated by femtosecond laser ablation in liquids and its application to surface patterning[J]. Journal of Laser Micro/Nanoengineering, 2009, 4(2): 95-99.

索　　引

彩　　图

图 3.3　Eu^{3+}—Eu^{2+} 离子价态变化在紫外光下形成的蓝色发光图案

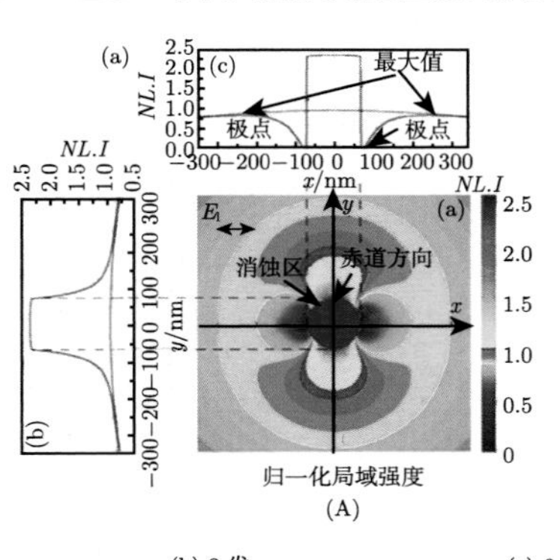

(A)

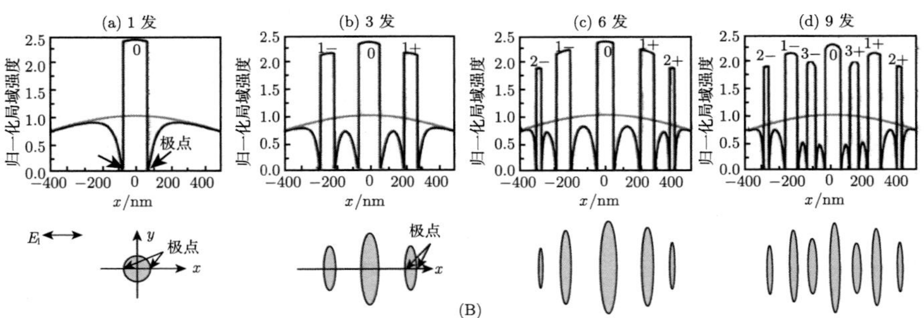

(B)

图 7.11　基于纳米等离子体模型和孵化效应的纳米光栅形成机制模型 [80]

(A) 一个脉冲后的局域强度分布；(B) 根据模型对图 7.10 中结构的解释

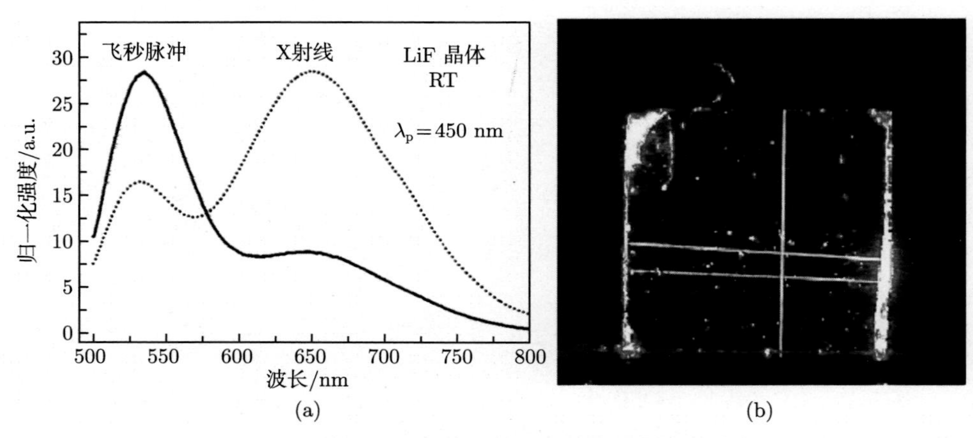

图 9.4　LiF 诱导结构的发射光谱及发光图像 [22]

(a) 飞秒激光和 X 射线在 LiF 晶体中诱导的色心发射谱；(b) 飞秒激光在 LiF 晶体中刻写的波导在 450nm 波长激发下的荧光图像

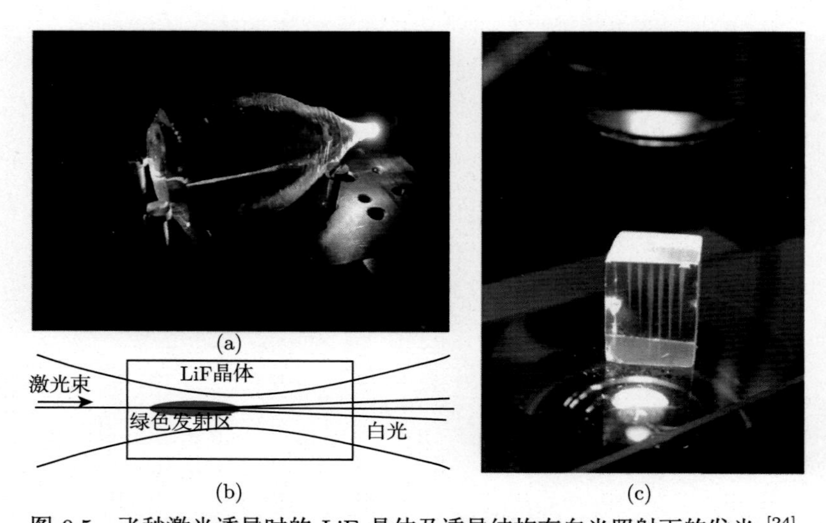

图 9.5　飞秒激光诱导时的 LiF 晶体及诱导结构在白光照射下的发光 [24]

(a) 飞秒激光辐照时沿着光路方向的绿光发射和白光产生 (激光从左边入射)；(b) 图 (a) 中光路的示意图：色心在束腰 (焦点) 和白光前产生，束腰后由于束腰位置发生晶体破坏对激光束造成散射而没有色心形成；(c) 在白光激发下 F_3^+ 心的发光 (激光从样品上表面入射)

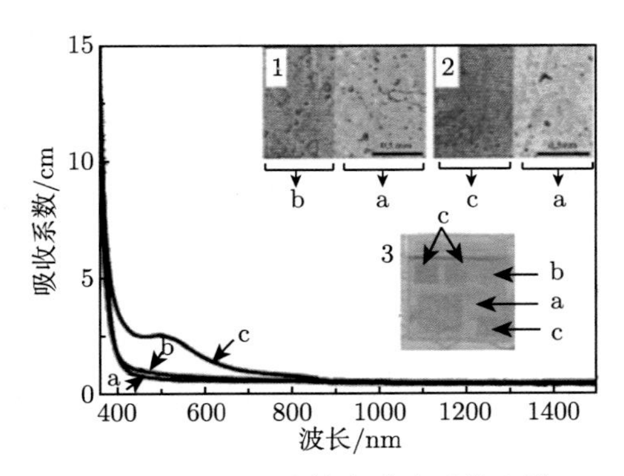

图 10.2　Bi 元素掺杂玻璃吸收光谱

a 表示飞秒激光未辐照区域；b 表示辐照激光能量为 1 μJ；c 表示辐照激光能量为 2.5 μJ；插图为未辐照区域和辐照区域的显微照片

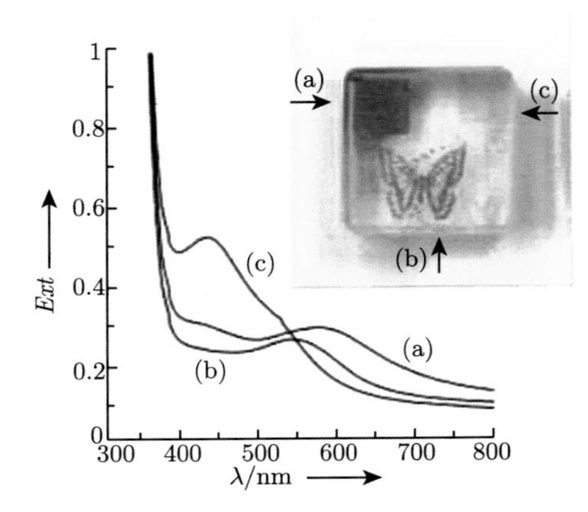

图 10.8　不同功率激光照射后，再经 550℃ 热处理 1h 后的 Au 掺杂玻璃的吸收光谱和玻璃所呈现的颜色

图 10.10　玻璃在飞秒激光辐照后及其在紫外灯照射下的照片

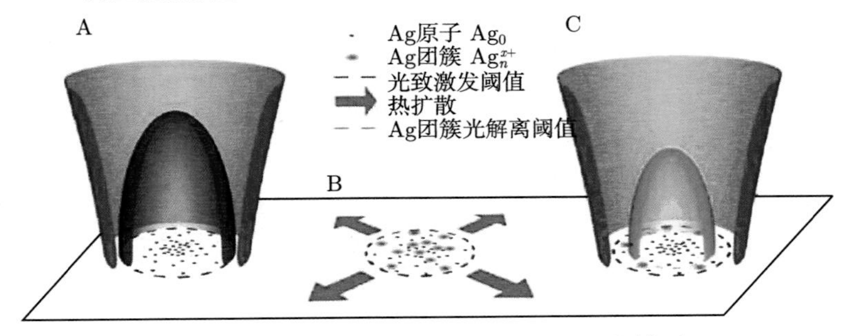

图 10.11　飞秒激光诱导 Ag 团簇生成的模型

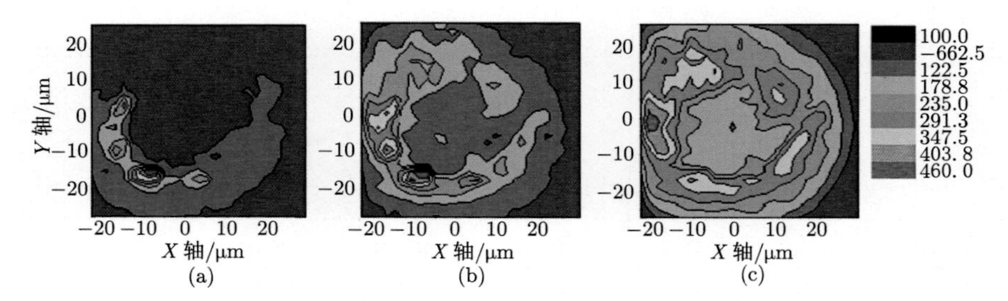

图 12.6　在 $BaO-Al_2O_3-B_2O_3$ 玻璃体系中，激光聚焦中心区域 BaB_2O_4 微晶的分布拉曼线图

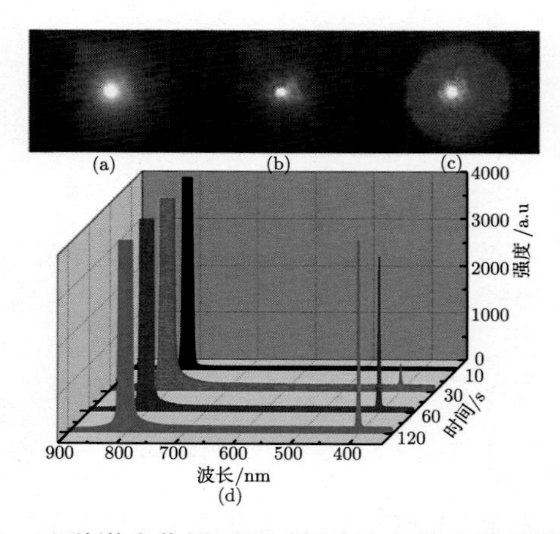

图 12.9　飞秒激光作用不同时间焦点处的光学显微镜照片

(a)10s；(b)30s；(c)60s；(d) 二次谐波强度与飞秒激光作用时间的关系

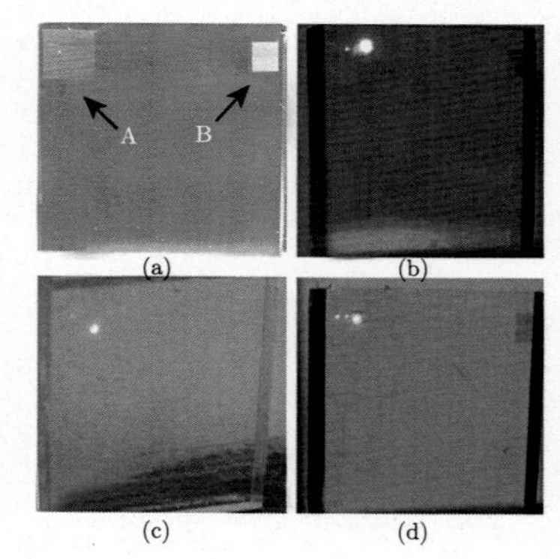

图 12.12　飞秒激光诱导的晶化区域实现激光多色显示的照片

(a) 飞秒激光在玻璃内部诱导的析晶区域；(b) 蓝基色光显示激发波长 900 nm，发射波长 450 nm；

(c) 绿基色光显示激发波长 1080 nm，发射波长 540 nm；

(d) 红基色光显示激发波长 1230 nm，发射波长 615 nm

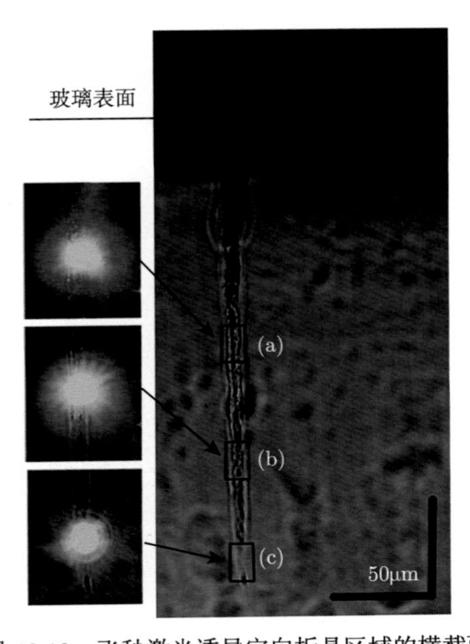

图 12.13 飞秒激光诱导定向析晶区域的横截面

(a) 和 (b) 区域的蓝光由于二次谐波的产生，没有非线性晶体在 (c) 区域析出

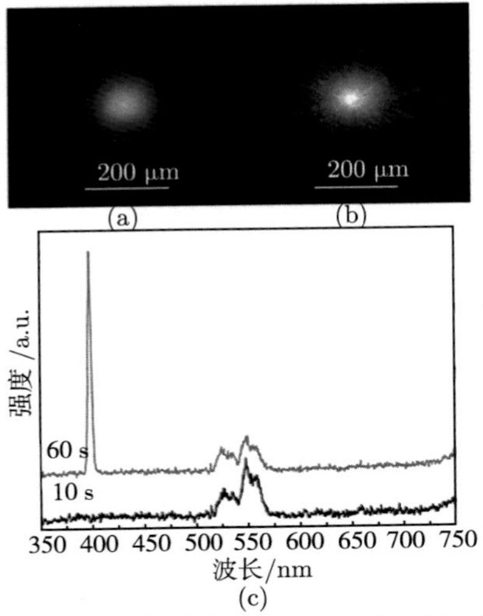

图 12.16 飞秒激光辐照 Er^{3+} 掺杂的 BaO-TiO_2-SiO_2 玻璃的荧光光谱图

(a)Er^{3+} 在飞秒激光诱导的多光子激发下产生的绿色发光；(b)$Ba_2TiSi_2O_8$ 晶体析出后形成的 400nm 倍频光

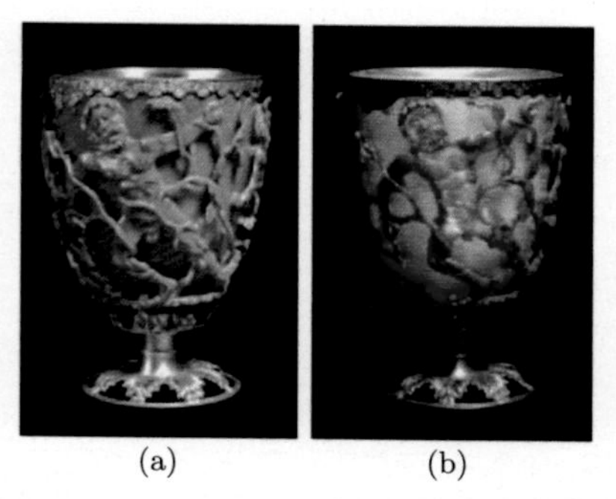

图 13.1　莱克格斯杯在 (a) 前视和 (b) 后视时所呈现出的不同色彩 [3]

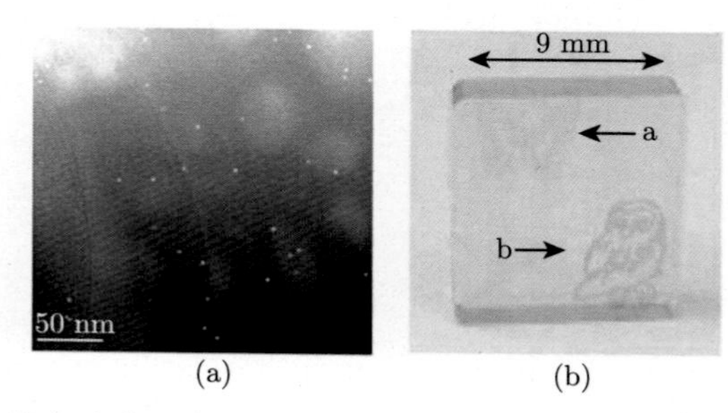

图 13.5　Au 掺杂玻璃飞秒激光照射及热处理后的透射电镜图和外观照片 [17]

(a) 经 550 ℃ 热处理 30 min 后激光辐照区域的透射电镜图，Au 纳米颗粒尺寸范围为 6~8 nm；(b)a 为飞秒激光辐照后形成的灰色蝴蝶，b 为热处理后形成的棕红色图案

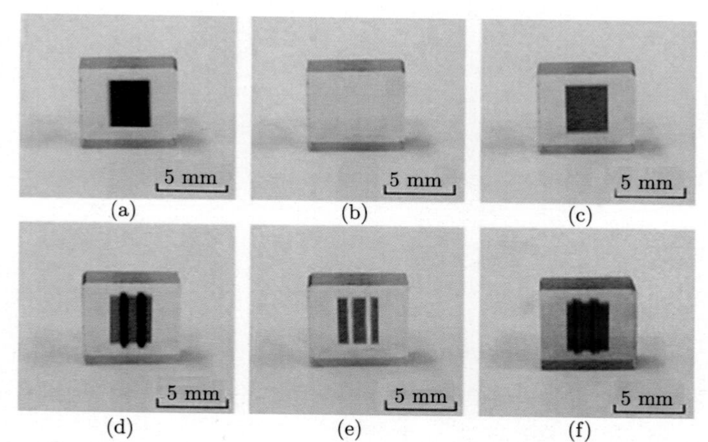

图 13.7　飞秒激光在玻璃诱导 Au 纳米颗粒的生成和消融过程 [35]

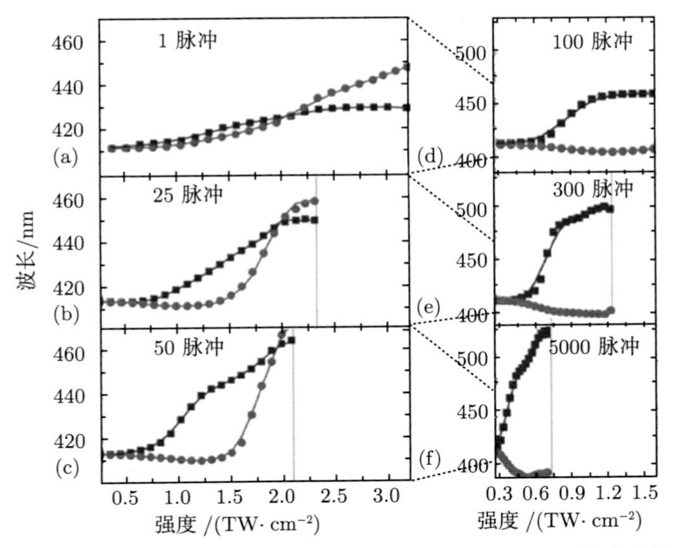

图 13.12　Ag 纳米粒子的表面等离子体共振中心波长随入射光强的变化

其中红点为垂直于入射激光偏振 (s)，蓝点为平行于入射激光偏振 (p)[41]

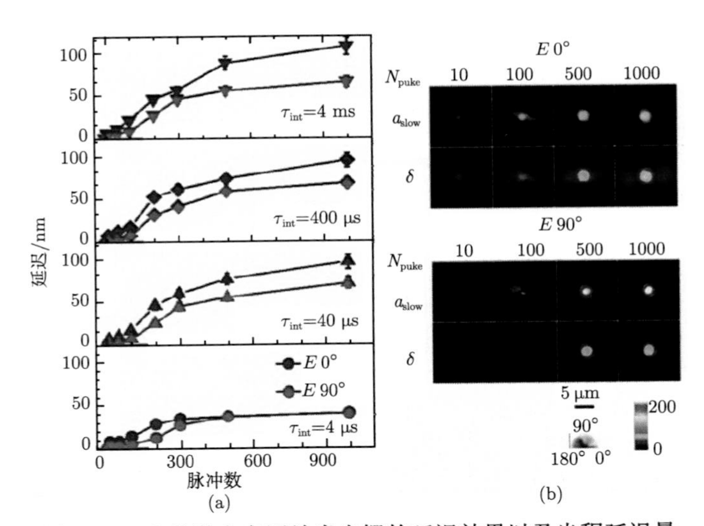

图 16.9　飞秒激光直写纳米光栅的延迟效果以及光程延迟量

(a) 两束偏振相互垂直的飞秒激光写入纳米光栅结构的延迟效果对比；(b) 相位显微镜观察下纳米光栅的慢轴方向 (a_{slow}) 和光程延迟量 (δ) 情况 [27]

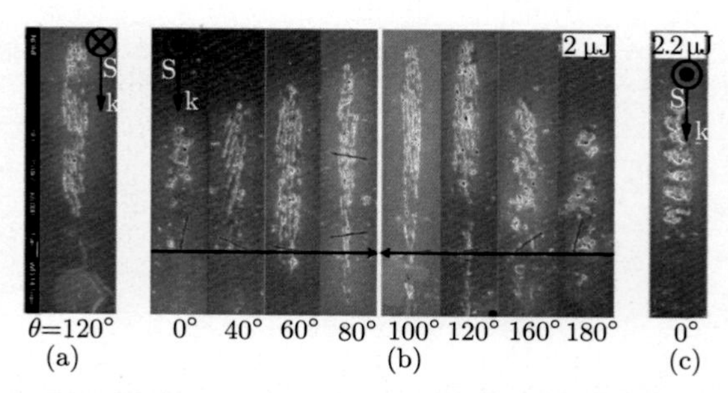

图 16.18　不同偏振方向的飞秒脉冲激光诱导的纳米光栅结构的纵向照片[60]

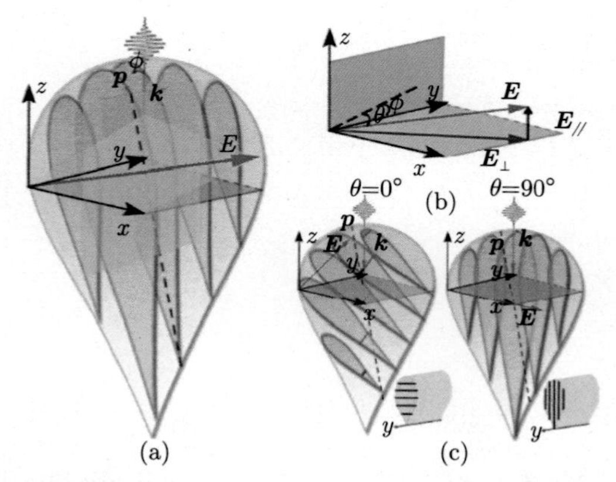

图 16.19　用脉冲强度前倾飞秒激光实现纳米光栅三维旋转的示意图[60]

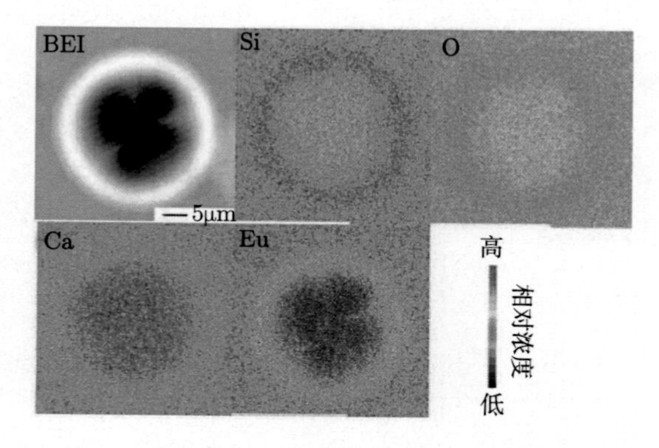

图 18.4　飞秒激光辐照 Eu 离子掺杂的 Na_2O-CaO-SiO_2 玻璃后焦点附近的元素分布

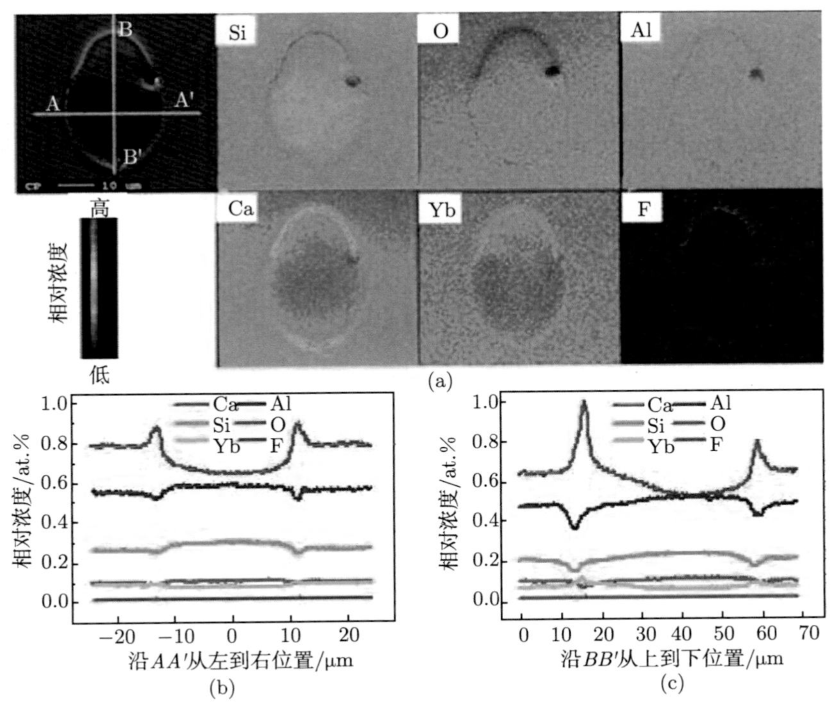

图 18.9　Yb 掺杂氟氧玻璃飞秒激光照射后的离子分布 [22]

(a) 光影响区元素相对浓度分布的电子探针面扫描分析图；
(b) 和 (c) 是沿背散射图中 AA' 和 BB' 的线扫描分析图

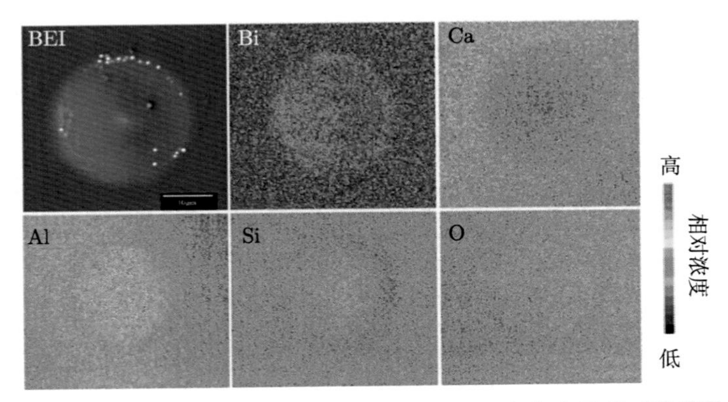

图 18.11　激光辐照修饰区背散射电子图像 (BEI) 和各离子相对浓度的分布图

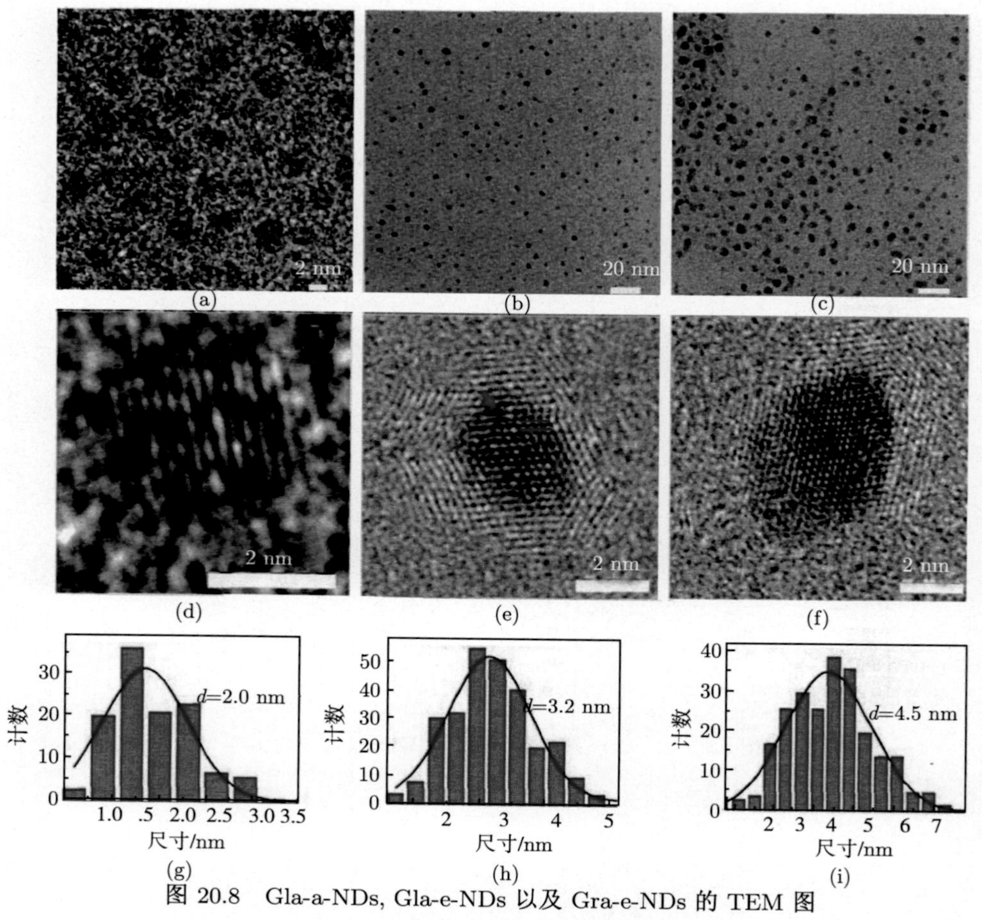

图 20.8 Gla-a-NDs, Gla-e-NDs 以及 Gra-e-NDs 的 TEM 图 ((a)~(c)) 和高分辨 TEM 图 ((d)~(f))

(g) (h) (i) 分别对应 (a) (b) (c) 的尺寸分布

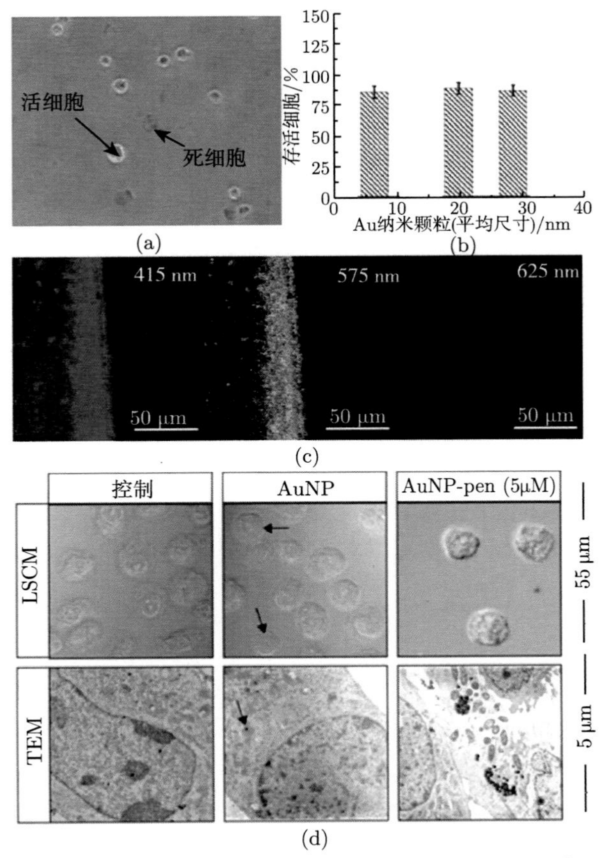

图 20.9　Au 纳米颗粒的生物相容性实验 [37,59,75]

(a) 利用 Au 纳米粒子孵化 20h 后，暴露在台盼蓝中的细胞 (20 倍放大)；(b) 纯 Au 纳米粒子对 AR42J 胰腺肿瘤细胞株的毒性，抗原由功能化的 Au 纳米粒子特殊标记；(c)Au 纳米粒子在不同波长的光激发下的荧光显微照片，渗透对细胞与 Au 纳米粒子的共轭内化的影响；(d) 代表性的激光扫描共焦显微照片 (上方，红色是 Au 纳米粒子在 543nm 激发下的背散射) 和透射电镜照片 (底部)